实用工程机械传动装置设计手册

SHIYONG
GONGCHENG JIXIE
CHUANDONG ZHUANGZHI
SHEJI SHOUCE

◉ 张 展 主编

化学工业出版社

·北京·

《实用工程机械传动装置设计手册》详细介绍了各种常用工程机械传动装置的构造原理、设计方法及……首先介绍工程机械变速器的设计方法，并给出常用参数，然后按照常用机械的种类分别介绍传……原理及设计方法。书中还介绍了国内外先进机械传动装置的典型实例。本书的特点是内容系统完……计算与机械结构并重，内容丰富，资料翔实，实用性强。

《实用工程机械传动装置设计手册》可供工程机械传动装置的科研人员、设计人员以及相关工程技术……习和使用，同时还可供高等院校相关专业师生参考阅读。

图书在版编目（CIP）数据

实用工程机械传动装置设计手册/张展主编. —北京：化学工业出版社，2016.10
ISBN 978-7-122-27616-2

Ⅰ.①实… Ⅱ.①张… Ⅲ.①工程机械-机械传动装置-机械设计-技术手册 Ⅳ.①TH13-62

中国版本图书馆 CIP 数据核字（2016）第 160375 号

责任编辑：高　震　　装帧设计：韩　飞
责任校对：王素芹

出版发行：化学工业出版社（北京市东城区青年湖南街 13 号　邮政编码 100011）
印　　装：大厂聚鑫印刷有限责任公司
787mm×1092mm　1/16　印张 22¼　字数 556 千字　2017 年 1 月北京第 1 版第 1 次印刷

购书咨询：010-64518888（传真：010-64519686）　售后服务：010-64518899
网　　址：http://www.cip.com.cn
凡购买本书，如有缺损质量问题，本社销售中心负责调换。

定　　价：88.00 元
京化广临字 2016—16 号

《实用工程机械传动装置设计手册》编写人员名单

主　　编： 张　展

参编人员： 殷爱国　刘述斌　张弘松　骆　健

曾建峰　邢淮阳　马　凯　杨富松

前言

工程机械是集机械、电子、液压技术一体化的产物。现代工程机械产品的技术水平在一定程度上代表着一个国家的工业水平。要增强国力，要国家的长治久安与兴旺发达，其重要的方面，就是要有强大的机械制造业，强大的工程机械制造体系。

振兴机械制造业是中国由机械制造大国走向机械制造强国的必由之路。在国家大力发展装备制造业政策的号召和驱动下，我国的机械工业获得了巨大的发展，自主创新的能力不断加强，高技术、高性能、高精尖的现代化装备不断涌现，各种新材料、新工艺、新结构、新产品、新方法、新技术不断产生、发展并投入实际应用，大大提升了我国机械设计与制造的技术水平和国际竞争力。我国工程机械的门类比较齐全，系列、品种不断增加，已形成专业化生产的格局，并建立了一批具有相当技术实力的工程机械生产基地和工程施工队伍。工程机械设计、制造及使用已成为我国独立的工业体系和行业。但是，总体来看，我国的装备制造业仍处于较低水平，距离发达国家还有很大差距。机械设计是装备制造的龙头，是装备制造过程中的核心环节，因此全面提升我国机械设计人员的设计能力和技术水平非常关键。近年来，各种先进技术在机械行业的应用和发展，正在使机械设计的传统内涵发生巨大变化，这就给广大机械设计人员提出了更高的要求。

伴随着这些变化，传统的机械传动设计资料、机械设计工具书已逐渐呈现出诸多不足，不能完全满足新时期机械设计人员的实际工作需要。针对这种情况，同时为了适应生产、科研、教育方面的需要，我们编写了《实用工程机械传动装置设计手册》。这是一项与时俱进、有重大意义的创新工程，对推动我国传动机械设计技术的发展将发挥重要的作用。

《实用工程机械传动装置设计手册》详细介绍了各种常用工程机械传动装置的构造原理、设计方法及相关参数。首先介绍工程机械变速器的设计方法，并给出常用参数，然后按照常用机械的种类分别介绍传动机构的原理及设计方法。本书对于从事工程机械传动装置设计工作起到一个抛砖引玉的作用。

本书由张展任主编。殷爱国、刘述斌、张弘松、骆健、曾建峰、邢淮阳、马凯、杨富松参加编写。全书由张展统稿。编写过程中得到天津工程机械研究所张全根教授、汪敏玉教授，上海交通大学张国瑞教授，同济大学归正教授，上海理工大学崔建昆教授、麦云飞教授的大力支持，在此深表感谢。

由于我们水平有限，书中恐有不妥之处，恳请广大读者批评指正。

编者

2016 年 4 月

CONTENTS

目录

第1章　工程机械变速器的设计

1.1　概述

1.1.1　变速器的功用

（1）改变动力机械和作业机械间的传动比，以满足作业机械对作业速度和转矩变化范围的需要。

（2）改变作业机械的作业方向，实现正向运行和逆向运行。

（3）利用变速器空挡切断动力，在动力运行情况下，作业机械能停止运行，便于启动和运行工况下实现安全停车。

（4）需要有动力输出时，应有动力输出装置。

1.1.2　对变速器的要求

（1）具有足够的挡位与合适的传动比，使工程机械具有良好的牵引性、高的生产率及燃料使用经济性。

（2）结构简单，传动效率高，工作可靠，使用寿命长，维护方便。

（3）操作轻便、可靠，不会出现同时挂两个挡、自行脱挡和跳挡现象。

（4）动力换挡变速器则要求其换挡离合器接合平稳、传动效率高。

（5）重量轻、体积小，噪声低等。

1.1.3　变速器的类型

按操纵方式和轮系型式分类

1.1.3.1　按操纵方式分类

（1）机械换挡　操作者用人力操纵换挡机构直接进行换挡。换挡时需中断动力机械传给变速器的动力。机械换挡变速器的优点是结构简单，工作可靠，零件少，体积和重量一般较小，制造方便，传动效率较高、价格便宜。其缺点是操纵复杂，换挡时需切断动力、劳动强度大。该变速器一般用于装有主离合器的机械传动系中。

① 机械换挡变速器按前进挡参加传动轴的数目不同，可分为二轴式，平面三轴式，空

间三轴式和多轴式几种。

a. 二轴式变速器各个前进挡是由输入轴与输出轴之间的一对齿轮啮合传出。该变速器的特点是结构简单，传动效率高。该变速器只满足挡位数较少，传动比范围小的设计要求。

b. 平面三轴式变速器是输入轴、输出轴布置在同一轴线上，可以获得直接挡。由于输入轴、输出轴、中间轴处在同一平面内，因此称为平面三轴式变速器。该变速器的每个挡位由两对齿轮啮合传出、其中输入轴至中间轴的一对齿轮称为常啮合齿轮。

c. 空间三轴式变速器是输入轴，中间轴和输出轴在空间呈三角形布置，在输入轴与输出轴之间装有倒挡惰轮，可以获得多个倒退挡。

d. 完成前进挡的轴数大于三轴的变速器为多轴变速器。

② 机械换挡变速器按自由度可分为单级变速器（或称非组成式变速器）和串联变速器（或称组成式变速器）。

a. 单级变速器为两自由度，只要结合一个接合元件就能得到一个挡位。

b. 串联变速器由两个或两个以上变速器串联组成。自由度为 3 或 3 以上，需要结合两个或两个以上接合元件才能得到一个挡位。

串联变速器又可分为轴向串联和横向串联两种。

轴向串联是将变速器按轴线方向串联布置。该变速器轴向尺寸长，横向尺寸小，适用于输入轴和输出轴需要在同一轴线的场合。

横向串联是将变速器横向串联连接。该变速器横向尺寸大，轴向尺寸短，适用于输出轴相对输入轴需要有降距的场合。

③ 机械换挡变速器按换挡方式可分为滑动齿轮换挡、啮合套换挡和同步器换挡三种。

a. 滑动齿轮换挡的优点是结构简单、紧凑。缺点是换挡不轻便、换挡时齿端面受到较大冲击，导致齿轮早期损坏，滑动花键磨损后易造成脱挡，噪声大。

b. 啮合套换挡一般适用于斜齿轮传动。由于齿轮常啮合，减少了噪声和动载荷，提高了齿轮的强度和寿命。啮合套换挡结构简单，缺点是还不能完全消除换挡冲击。

c. 同步器换挡可保证齿轮在换挡时不受冲击，操纵轻便，缩短换挡时间。缺点是结构复杂，制造精度要求高，轴向尺寸有所增加，铜质同步环的使用寿命较短。

（2）动力换挡　在动力换挡变速器中，齿轮通过轴承支承在轴上，齿轮与轴的结合和分离通过离合器来实现。离合器的分离和接合一般是用油压操纵，离合器的接合和分离借助于动力机的动力，故称动力换挡。

动力换挡的优点是操纵轻便简单，换挡快，换挡时动力切断的时间可降低到最低限度，可以实现负荷下不停车换挡。缺点是结构复杂，换挡元件（离合器或制动器）上有摩擦功率损失。

该变速器多数用于液力机械传动系统中。

1.1.3.2　按轮系形式分类

按轮系形式可分为定轴变速器和行星变速器。

（1）定轴变速器　该变速器中所有齿轮的支承轴都是固定的，且有两种换挡方式：机械换挡和动力换挡。定轴变速器的优点是结构简单，加工与装配精度容易保证，造价低。其缺点尺寸、重量较大。

动力换挡定轴变速器全部采用摩擦离合器换挡，由于离合器工作条件较行星变速器恶劣，在一定程度上影响变速器使用寿命。

（2）行星变速器　行星变速器只有动力换挡一种方式。行星变速器的优点是结构紧凑，载荷容量大、传动效率高、齿间负荷小，以制动器代替旋转离合器、径向载荷相互平衡、采用浮动支承使行星轮载荷均衡。输入输出轴同轴线，容易实现动力换挡。其缺点是结构复杂，制造和安装比较困难。

1.1.4　基本原理

1.1.4.1　变速、变矩原理

一对齿数不同的齿轮啮合传动时，即可变速、变矩。例如，小齿轮的齿数 $z_1=17$，大齿轮的齿数 $z_2=34$，大齿轮的直径是小齿轮的两倍，则在相同的时间内小齿轮转过一圈时，大齿轮只转过半圈，大齿轮的转速为小齿轮的一半，而转矩为小齿轮的两倍。可见两齿轮的转速与其齿数成反比、转矩与其齿数（直径）成正比。若小齿轮是主动轮，其转速经大齿轮传出时就降低了，而转矩却增大了。工程机械变速器就是根据这一原理，利用若干大小不同的齿轮副传动而实现变速、变矩的。

1.1.4.2　换挡原理

（1）机械换挡变速器　若将图 1-1 中齿轮 3 与 4 脱开，改为齿轮 6 与 5 啮合，则由于齿数 $z_6>z_5$、$z_5<z_3$，于是 $i_{1.6}=\frac{z_2z_6}{z_1z_5}>\frac{z_2z_4}{z_1z_3}=i_{1.4}$，普通齿轮变速器就是通过改换大小不同的齿轮副啮合、改变传动比，满足所需要的输出转速和转矩。

齿轮 1 与 2、3 与 4 分别啮合时，输出轴的转速高，则转矩小，此时的齿轮啮合挡位称为高速挡；齿轮 1 与 2、5 与 6 分别啮合时，输出轴的转速低、转矩大，此时齿轮啮合挡位称为低速挡；齿轮 4、6 均不与齿轮 3、5 啮合时，则动力不能传递到输出轴，这就是变速器的空挡。

（2）动力换挡变速器　动力换挡变速器的挡位变换是通过液压操纵换挡离合器来实现的，其基本原理如图 1-2 所示。其由动力输入轴、中间轴，动力输出轴，换挡离合器及齿轮等组成。换挡离合器的主动片通过主动毂固装在动力输入轴上，并随之转动。从动片分别与

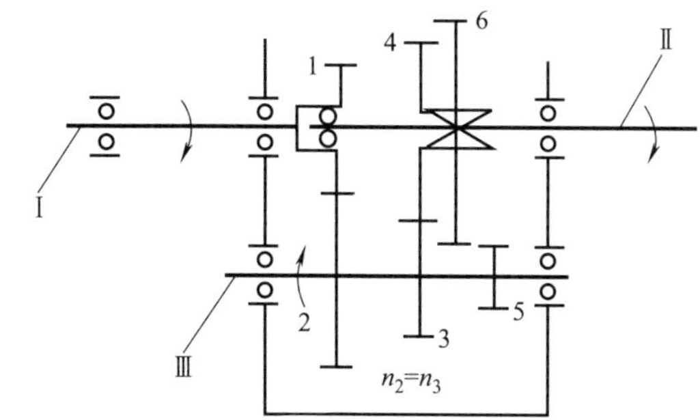

图 1-1　两级齿轮传动简图

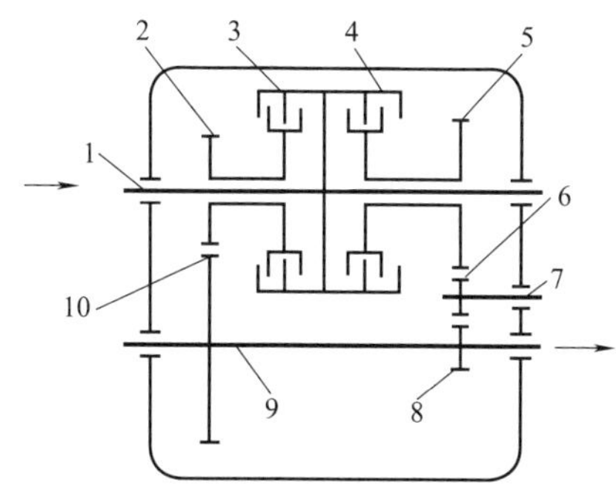

图 1-2　动力换挡变速器工作原理
1—动力输入轴；2,5,6,8,10—齿轮；3,4—换挡离合器；7—中间轴；9—动力输出轴

齿轮 2、5 的轮壳固装在一起。齿轮 2、5 滑套在动力输入轴上，并各自单独旋转。齿轮 8、10 固装在动力输出轴上，分别与齿轮 2、5 相啮合。齿轮 6 滑套在中间轴上（而中间轴在此仅起支承作用），并同时与齿轮 5、8 相啮合。

换挡离合器 3、4 都处于分离状态时，动力传至主动片后便无法继续传递，变速器处于空挡。若换挡离合器 3 接合，4 分离时，动力自输入轴经换挡离合器 3、齿轮 2 及 10，最后由输出轴输出。此时的齿轮 5、6、8 及换挡离合器 4 的从动片随输出轴空转，主动片随输入轴旋转，互不干涉。同时，换挡离合器 4 接合、3 分离时，变速器便实现另一个挡位。

上述动力换挡变速器的传动特点是，齿轮与轴的位置固定，故又称其为定轴动力换挡变速器。与此对应的行星动力换挡变速器如图 1-3 所示。其包括太阳轮、内齿圈、行星架和三个行星轮等主要零件。行星轮滑套在行星架上，同时与太阳轮、内齿圈相啮合。该变速器可以在太阳轮、内齿圈和行星架三个基本元件中任选两个作为动力输入和输出元件，采用制动或其他方法使另一元件固定，或以给定速度旋转（称为给该元件一个约束），这样，单排行星齿轮传动变速器就以某一传动比传递动力。如果改变被固定元件，则动力输入与输出元件的传动比也随之改变。如果所有元件均无约束，则行星轮失去传递作用。根据这个原理，单排行星齿轮传动可以具有六个不同传动比方案，如图 1-4 所示。

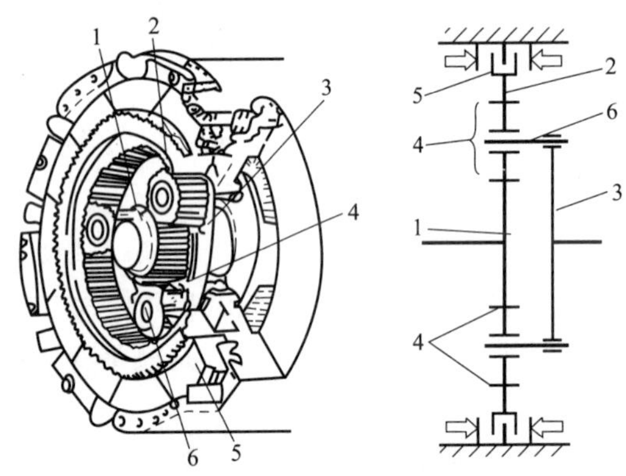

图 1-3　单排行星齿轮式动力换挡变速器

1—太阳轮　2—内齿圈　3—行星轮架

4—行星轮　5—换挡离合器　6—行星轮轴

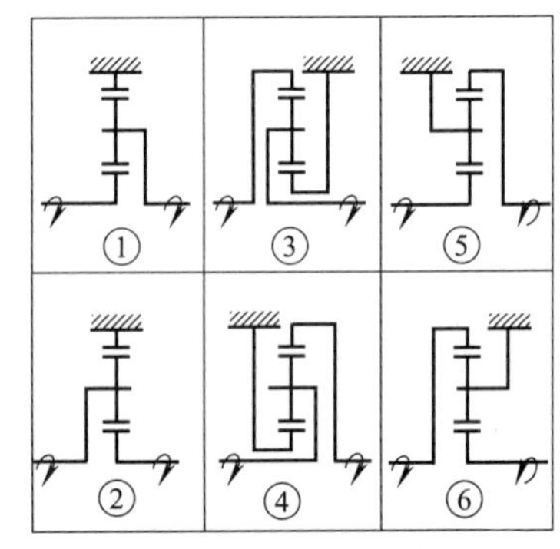

图 1-4　单排行星齿轮传动方案

方案①内齿圈固定，动力由太阳轮输入、行星架输出，两者转向相同。

方案②内齿圈固定，动力由行星架输入、太阳轮输出，两者转向相同。

方案③太阳轮固定，动力由内齿圈输入、行星架输出，两者转向相同。

方案④太阳轮固定，动力由行星架输入、内齿圈输出，两者转向相同。

方案⑤行星架固定，动力由太阳轮输入、内齿圈输出，两者转向相反。

方案　行星架固定，动力由内齿圈输入、太阳轮输出，两者转向相反。

图 1-3 所示的传动属上述方案①，其内齿圈 2 被换向离合器刹住，动力由太阳轮输入、行星架输出。显然，当换向离合器处于分离状态时，则无约束，行星轮失去传递作用。

行星齿轮动力换挡变速器，就是由这样一排或两排行星齿轮传动而构成，通过液压操纵换向离合器实现各个挡位的变换。

1.1.4.3　换向原理

由图 1-5 可知，由于相啮合的一对齿轮旋转方向相反，所以每经一齿轮副传动，其输出轴便改变一次旋转方向，如图 1-5（a）所示经过两对齿轮 1 和 2、3 和 4 传动时，其输出轴与输入轴的旋转方向又相同，这就是普通三轴式变速器在工程机械前进时的传动情况。如图 1-5（b）所示，在中间轴与输出轴之间加上第四根轴，并在其上装有惰轮 4，则由于又多了一个齿轮传动副，从而使输出轴与输入轴的转向相反，这就是普通三轴式变速器在工程机械倒车时的传动情况。惰轮称为倒挡轮，其轴为倒挡轴。

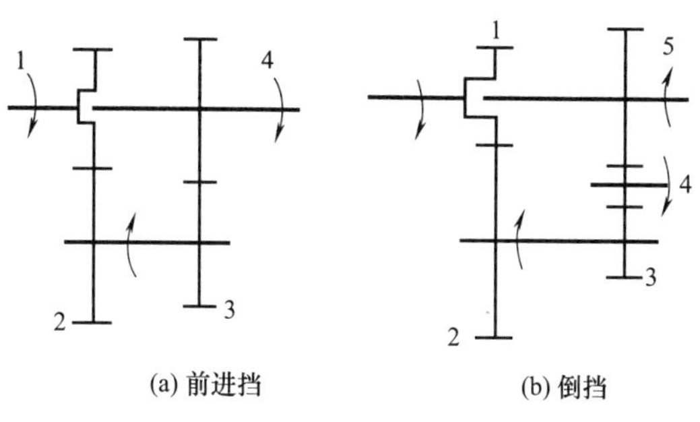

图 1-5　齿轮传动的换向关系

1.2　变速器设计

1.2.1　变速器的传动比范围 d、公比值 q、挡位数 z 和各挡传动比 i 的确定

$$传动比范围\ d=\frac{i_{max}}{i_{min}}$$

式中　i_{max}——最大传动比；

i_{min}——最小传动比。

$$公比\ q=\frac{i_1}{i_2}=\frac{i_2}{i_3}=\cdots=\frac{i_{z-1}}{i_z}$$

式中　z——挡位数；

i_1、i_2、…、i_z——Ⅰ挡、Ⅱ挡、…、z 挡传动比

$$传动比\ i=\frac{n_1}{n_2}$$

式中　n_1、n_2——变速器输入和输出转速，r/min。

（1）传动比范围 d 的确定　变速器的传动比范围 d 取决于作业机械要求的最大工作速度和最大牵引力。

工程机械可按以下公式计算变速器的最大传动比 i_{max} 和最小传动比 i_{min}。

$$i_{max}=\frac{F_{kmax}r_k}{T_{Tmax}i_o i_b \eta_k \eta_o \eta_b}$$

$$i_{min}=0.377\frac{r_k n_{Tmax}}{V_{max}i_o i_b}$$

式中　F_{kmax}——作业机械最大牵引力，N；

r_k——驱动轮滚动半径，m；

T_{Tmax}——发动机与变矩器共同工作时变矩器的最大输出转矩或发动机最大输出转矩，N·m；

i_o——主传动的传动比；

i_b——轮边传动比；

η_k——变速器传动效率；

η_o——主传动的传动效率；

η_b——轮边传动效率；

n_{Tmax}——机器克服滚动阻力时变矩器输出轴的最大转速或发动机额定转速，r/min；

V_{max}——车辆最高行驶速度，km/h。

(2) 公比值 q 的选取原则和预定公比值 q'　公比值是各挡传动比分布规律性指标，选取正确与否，直接影响功率的合理利用和变速器的挡位数。公比 q 选取过大，会降低变矩器的平均使用效率；选取过小，会增加变速器的挡位数，使变速器与操纵系统复杂化，提高了造价。

公比选择原则：

① 以最少挡位满足工作力和工作速度的要求；

② 提高动力机的功率利用率。一般牵引作业型车辆公比值较大，运输作业型车辆公比值较小；

③ 与变矩器相配使用的变速器，应保证变矩器经常在高效率传动范围工作，通常指效率为 0.70～0.75 以上时的传动范围，因此变矩器高效率传动范围宽的 q 值可取大些，尽量使公比值等于或接近于变矩器的最高传动效率传动范围 d_B。

根据公比选择原则，参照变矩器高效率传动范围并结合不同机种的不同工况，可以预定公比值 q'。

(3) 挡位数 z 和公比值 q 的确定　确定挡位数应使各挡传动比构成公比为 q 的几何级数。因为按几何级数划分排挡所需挡位数极少，在挡位数一定时可保证各挡在高效范围内工作，功率利用较好。

根据选择传动比范围 d 和预定公比值 q'，可按下式预定挡位数 z'

$$z'=\frac{\lg d}{\lg q'}+1$$

将预定挡位数 z' 圆整为整数，即为选定的挡位数 z，然后按选定的挡位数 z 和传动比范围 d，按下式求出实际公比 q

$$q=\sqrt[z-1]{d}$$

(4) 传动比 i 的选取　选取传动比，应根据以上介绍的传动比范围 d，挡位数 z，公比值 q 综合考虑确定，传动比选取太大，构件受力大，变速器体积大；选取太小，构件及轴承转速高，且使整机主传动和终传动比加大。因此选择变速器传动比时不宜太大或太小。

对于液力机械传动轮式车辆，变速器Ⅰ挡（慢速挡）传动比的选择原则：应保证由发动机与变矩器共同工作的最大工作转矩所决定的牵引力 F_{jmax} 大于或等于由行走机构附着条件所决定的最大附着力 $F_{\phi max}$，即 $F_{jmax}>F_{\phi max}$。

变速器高速挡传动比的选择原则：保证车辆在水平良好道路上高速行驶时，由发动机与变矩器共同工作的最小工作转矩所决定的驱动力 F_{jmin} 应小于或等于车辆本身的行驶阻力 F_k，即 $F_{jmin}\leqslant F_k$。

1.2.2 机械换挡变速器的设计

1.2.2.1 设计的一般原则

① 尽量缩短传动路线，即减少从输入轴至输出轴传动齿轮啮合对数，提高传动效率。

② 利用公用轴减少轴数，采用公用齿轮，减少齿轮数目。

③ 实现倒挡的惰轮轴应尽量布置在轴上合力小的一侧。

④ 为减少轴的变形，应将受力大的齿轮布置在靠近轴承处。

⑤ 相邻挡位的齿轮应相邻布置，这样，相邻挡位齿轮便可合用同一啮合套，换挡操作较方便。

⑥ 采用重叠轴向空间，以减少变速器轴向长度，各轴上的零件尽量沿轴向紧凑布置。

⑦ 一对齿轮的传动比不宜选择过大，一般应控制在3以内，否则齿轮大小相差悬殊将影响到变速器结构的紧凑性。

⑧ 当采用斜齿轮传动时，应适当选取同一轴上负载齿轮的螺旋角方向，使其轴向力相互平衡，以减轻轴承上的轴向载荷。

⑨ 配齿时，选择最小齿轮的齿数，除了注意根切条件外，还要考虑结构要素，如安放轴承的可能性，中心距要求等。对于公用齿轮，因其双向受载，工作条件较差，故尺寸要相应大些。

1.2.2.2 减速器主参数的确定

变速器主参数包括中心距 a、齿轮模数 m、齿宽 b、螺旋角 β 及选配齿轮齿数 z。设计时，一般采用统计和类比的方法初步确定变速器的主要参数。

首先，找现有的同类机械，同一等级、结构类型相似的变速器来作为参考。分析其参数上是否适当，对比新设计的变速器与参考变速器，在使用工况上和结构上的不同之处，适当选择参数。

设计者必须做一定的统计调查，系统掌握同类变速器的主参数数据，并采用数理统计方法，求出变速器的主参数与该变速器相配的动力机械的额定转矩之间数量关系，如多大功率的机械、变速器的中心距和齿轮模数应取多大，最好能以经验公式来表示，以供设计新变速器时参考。

按类比法初定主参数后，再进行详细分析计算，最后再确定主参数。主参数的合理性，待样机试制成功后经台架试验和工业性试验及用户使用后方可验证。

(1) 中心距 a　中心距 a 的大小直接影响到变速器结构的紧凑性。因此，在保证传递动力和最大转矩，齿轮有足够接触强度，结构布置有可能实现的情况下，应尽可能采用较小的中心距。

中心距 a 主要取决于两个因素。

① 保证齿轮有必要的疲劳强度。

② 使轴、轴承在变速器壳上布置得开、即所定中心距的值，应当保证变速器的轴承孔之间有必要的壁厚。

可按以下经验公式初选中心距 a

$$a=K_a\sqrt[3]{T_1}$$

式中　a——输出轴与中间轴间的中心距，即变速器传递转矩最大的齿轮副间的中心距；

K_a——中心距系数，与使用变速器的主机有关；

T_1——变速器Ⅰ挡被动齿轮所传递转矩，N·m：

$$T_1=T_n i_1$$

式中　T_n——动力机额定转矩，N·m；

i_1——从动力机至变速器Ⅰ挡输出齿轮的传动比。

表 1-1 列出一些履带推土机变速器中心距系数 K_a 和模数系数 K_m，可供设计时参考。

表 1-1　中心距系数 K_a 和模数系数 K_m

推土机型号	上海-120	宣化-120	移山-180	T-180	T-320
发动机额定转矩/(N·m)	562	471	702	702	1285
T_1/(N·m)	1599	1020	1658	1570	3983
中心距 a/mm	157.5	155.29	187.4	186.7	243.53
齿轮螺旋角 β	0°	15°	23°	22°30′	22°30′
模数 m_n/mm	7	5	5	5	6
中心距系数 $K_a=\dfrac{a}{\sqrt[3]{T_1}}$	13.5	15.4	15.8	16.1	15.4
模数系数 $K_m=\dfrac{m_n}{\sqrt[3]{T_1}}$	0.60	0.50	0.42	0.43	0.38

a 的值，仅仅是初选的草图和供选配齿轮齿数用的。可按初选中心距 a 对齿轮进行强度验算，检查中心距定得是否合理。

齿轮齿数确定后，可按下式计算中心距 a

对直齿圆柱齿轮
$$a=\frac{m}{2}(z_1+z_2)$$

式中　m——模数；

z_1——主动齿轮齿数；

z_2——被动齿轮齿数。

对斜齿圆柱齿轮
$$a=\frac{m_n}{2}\frac{(z_1+z_2)}{\cos\beta}$$

式中　m_n——斜齿圆柱齿轮法面模数；

β——斜齿圆柱齿轮分度圆上螺旋角。

(2) 齿轮模数 m　齿轮模数 m 是决定轮齿大小和几何参数的主要参数。其直接决定齿轮弯曲强度，为增大弯曲强度，应选用大的模数。当中心距和传动比一定时，若选用小的模数，可增加齿数，使齿轮重合度增大，提高传动平稳性。因此，在满足抗弯强度的前提下，应尽量采用较小的模数。

变速器各挡传动齿轮所受的力大小不同，从受力角度来看，受力大的齿轮应取大的模数，受力小的齿轮应取小的模数。但许多变速器，从制造方便出发，受力大的低挡传动齿轮采用大的模数，其余采用小模数，也有用一种模数。

可用下面的经验公式来初选模数 m'。

$$m'=k_m\sqrt[3]{T_1}$$

式中　T_1——变速器Ⅰ挡被动齿轮所传递转矩，N·m；

K_m——模数系数，见表1-1。

对斜齿轮 m' 应为法面模数。计算出的模数、应按国家标准取相近的标准值。

(3) 齿宽 b　齿宽 b 的大小直接影响齿轮的强度，在一定范围内，b 愈大强度愈高。但变速器的轴向尺寸和重量亦增大。齿宽过大时，随着齿宽的增大，齿面上的载荷不均匀性亦增大，甚至于使齿轮的承载能力降低。所以在保证必要强度的条件下，齿宽不宜过大。

通常根据模数 m 的大小来选取齿宽 b：

对于直齿轮 $b=(4.4\sim7)m$；

对于斜齿轮 $b=(6\sim9.5)m_n$。

中心距和模数一定时，齿宽 b 可用调节齿所受的应力，根据各对齿轮上受力不同选取不同齿宽，对负荷大的齿轮常增大齿宽以提高承载能力。对负荷小的齿轮可减少齿宽。以减小变速器的轴向尺寸和重量。

(4) 斜齿轮的螺旋角 β　斜齿轮承载能比直齿轮大，斜齿轮最少齿数可比直齿轮少，因此，采用斜齿轮能使变速器结构紧凑。斜齿轮在啮合传动时，齿逐渐进入啮合，同时啮合齿数比直齿轮多，重合度比直齿轮大，因此，传动平稳。螺旋角 β 愈大，上述特点愈显著。但螺旋角 β 太大，齿轮的轴向力较大，从而增加轴承的轴向载荷。螺旋角 β 太小，不能充分发挥斜齿轮传动的优点。

螺旋角 β 按下式计算

$$\sin\beta=\frac{\pi\varepsilon_\beta m_n}{b}$$

式中　ε_β——斜齿轮传动纵向重合度。当 ε_β 为1时，斜齿轮齿廓表面的接触线长度不变，使传动平稳；

m_n——斜齿轮法面模数；

b——齿轮工作齿宽，一般 $b=(6\sim9.5)m_n$。

当一根轴上有两个斜齿轮同时工作时，最好使同时工作的两个斜齿轮所产生的轴向力能相互抵消或抵消一部分。因此，两个斜齿轮的螺旋角旋向应相同，因为两个斜齿轮中的一个是主动齿轮，另一个是被动齿轮，螺旋方向相同，轴向力相反，就能互相抵消一部分轴向力。

(5) 齿轮齿数　选配齿轮齿数即确定各挡齿轮齿数。其具体配齿方法和变速器传动方案有关。

① 选配齿轮的前提条件是：

a. 已知变速器各挡传动比 $i_Ⅰ$、$i_Ⅱ$、$i_Ⅲ$、……。

b. 已经选定了中心距 a 和齿轮模数 m_n 以及斜齿轮的螺旋角 β。

② 配齿程序如下：

a. 分配传动比　若变速器的输入和输出须经两对以上齿轮完成，则需根据传动简图将已定变速器的传动比分配到各对齿轮。

$$i=i_1 i_2\cdots i_n$$

式中　i_1，i_2，…，i_n——完成该挡传动比的各对齿轮传动比。

b. 确定齿数和 z_Σ　按中心距 a、模数 m_n 和螺旋角 β 计算齿数和 z_Σ

直齿轮
$$z_\Sigma=\frac{2a}{m}$$

斜齿轮 $$z_{\Sigma}=\frac{2a\cos\beta}{m_{n}}$$

如果采用变位齿轮传动，则齿数和的值可以和上式的计算值不等，一般可相差 1～2 个齿。

c. 确定各对齿轮齿数　由各对齿轮的传动比及齿数和 z_{Σ} 来确定各对齿轮的齿数

$$z_{1}=\frac{z_{\Sigma}}{i+1}$$

$$z_{2}=z_{\Sigma}-1$$

式中　z_1、z_2——主动齿轮、被动齿轮的齿数；

i——啮合齿轮的传动比。

③ 配齿时应考虑以下几点：

a. 由于齿数必须是整数，故配齿所得的实际传动比 i' 往往与原来所需的传动比 i 有差别。其变化率 δ

$$\delta=\frac{i'-i}{i}=\frac{i'}{i}-1$$

b. 设计中要防止不应该相接触的齿产生干涉。

c. 一对齿轮的传动比一般应小于 3，以免出现过大的齿轮，使箱体外形尺寸过大。

d. 最少齿数受不根切条件和齿顶变尖条件限制外，还受齿轮轮毂最小厚度的限制，特别是齿轮内要布置轴承时。

e. 配齿时尽可能将某些齿轮凑成相同且通用，这对制造工艺、修理等都有好处。

1.2.3　定轴动力换挡变速器的设计

(1) 传动类型与选择

① 按自由度分，可分为两自由度，三自由度和四自由度等。

两自由度，只要结合一个离合器，得到一个挡位。三自由度，要结合两个离合器，得到一个挡位。

四自由度，要结合三个离合器，得到一个挡位。

采用多自由度方案，变速时，空转的离合器数目少，且能减少离合器相对空转时的转速。缺点是换挡时需分离和结合的离合器数目多，使换挡操纵复杂，且换挡性能也差。

② 按换挡方式可分为全部动力换挡及动力和机械混合换挡两种。混合换挡可减少离合器，简化结构，但不能完全发挥动力换挡的全部优势。

③ 按换挡离合器布置位置，可分为离合器布置在变速器箱体内和变速器箱体外两种。前者离合器受力情况较好，但离合器维修不如后者方便。

(2) 换挡离合器的计算

① 离合器所需传递的转矩 T_n，N·m

$$T_{n}=T_{i}i_{in}$$

式中　T_i——变速器输入转矩，N·m；

i_{in}——从变速器输入轴至离合器的传动比。

② 离合器所能提供的转矩 T_{nm}

$$T_{nm}=F\mu R_{cp}nK$$

式中 F——作用在摩擦片上的法向压紧力，N；

$$F=F_z+F_i-F_t$$

$$F_z=p_z\pi(r_2^2-r_1^2)$$

F_z——推动离合器活塞油的静压力，N；

p_z——离合器操纵油压，Pa；

r_2——液压缸外半径，m；

r_1——液压缸内半径，m；

F_i——旋转液体离心力产生的动压力，N；

F_t——活塞回位弹簧力，N；

μ——摩擦因数（对湿式离合器，粉末冶金摩擦片材料取 0.08）；

R_m——摩擦合力的作用半径

$$R_m=\frac{R_2+R_1}{2}$$

R_2——摩擦片外半径，m；

R_1——摩擦片内半径，m；

n——摩擦表面对数；

$$n=s+t-1$$

s——主动片的数目；

t——被动片的数目；

K——考虑离合器传递转矩时，离合器花键处的摩擦阻力引起串联压紧着的各摩擦片间压紧力递减系数。K 值根据摩擦面对数的不同可按表 1-2 选取。

表 1-2 摩擦片间压紧力递减系数 K

摩擦面对数 n	2	4	6	8	10	20
K	0.99	0.98	0.97	0.96	0.95	0.91

（3）离合器储备系数 β

$$\beta=\frac{T_{nM}}{T_n}$$

式中 T_{nM}——离合器所能提供的转矩，N·m；

T_n——离合器所需传递的转矩，N·m。

与变矩器相配使用的变速器中换挡离合器一般 β 值取 1.05～1.25。

（4）确定离合器的布置位置 在定轴动力换挡变速器中，换挡离合器可以放在不同位置，而与传动比无关。合理布置离合器的位置十分重要，其影响变速器的结构和尺寸，离合器参数以换挡性能。

在选择离合器的布置位置时，应注意限制离合器主、被动片间的最大相对转速。在设计中，为减小离合器和变速器的尺寸，在满足离合器主、被动片间最大相对转速限制条件下，应尽可能将离合器布置在高速轴，这样有可能使离合器尺寸统一，便于生产。

一般取离合器主、被动片间相对转速的最大值为

$$n_{nmax}^{H}<(2.5\sim3)n_i$$

式中　n_i——变速器输入轴转速。

（5）摩擦片数　一般取 10～16 片。片数少，分离时工作状况好，间隙分布均匀，容易保证摩擦片的润滑，但片数少将增加离合器径向尺寸，使变速器尺寸增大。

（6）摩擦片外径 D_2 和内径 D_1 的比值 τ　当摩擦片外径 D_2 确定后，如 τ 值取得过小，摩擦片内径过小，结构布置往往有困难，特别是当摩擦片内鼓内要布置分离弹簧时，τ 值小，内、外径差值大，内、外径的圆周速度相差大，滑动摩擦时温升不一致，易产生翘曲，摩擦片的磨损也不均匀，同样的压紧力下传递转矩也小。但 τ 值取得过大，在压紧力不变的条件下，使摩擦片受压面积减少，比压增加。一般，定轴动力换挡变速器 τ 值取 0.6～0.8。

（7）比压 q　比压 q 为单位面积上的压力。q 按下式计算

$$q=\frac{F}{A_o}$$

式中　F——作用在摩擦片上的法面压紧力；

A_o——扣除沟槽后的摩擦片净面积。

比压 q 过大，摩擦片的磨损和发热严重。比压 q 小，离合器尺寸增大。比压 q 不能过小，否则摩擦片之间可能被油膜隔开，将大大降低摩擦系数。在设计中，对经常使用的、摩擦片相对空转转速高的离合器和滑磨功较大的离合器，比压取得小些。一般取 $q=2$～3.5MPa，最大不超过 4MPa。

（8）换挡离合器结构类型　换挡离合器可按离合器的组成方式、连接方式、压紧方式、分离弹簧形式进行分类。

① 按离合器组成可分为单离合器、双离合器和双作用离合器三种。

两个单离合器连接在一起组成双离合器。

双作用离合器的特点是两个离合器的作用相互有联连，一个离合器结合，另一离合器必须分离。

② 按连接方式分为两种　一种是齿轮与离合器内鼓相连，轴与离合器外鼓相连；另一种是齿轮与离合器外鼓相连，轴与离合器内鼓相连。

液压缸一般布置在轴上或与相连的离合器鼓上。因为液压缸一般是从轴中孔道进压力油。

③ 按摩擦片压紧方式可分为活塞压紧和液压缸压紧两种。

活塞压紧时，液压缸轴向固定不动，用活塞轴向移动来压紧摩擦片。

液压缸压紧时，活塞轴向固定不动，液压缸轴向移动压紧摩擦片。

④ 按摩擦片分离弹簧形式分为用螺旋弹簧和用碟形弹簧两种。

利用螺旋弹簧时，可用一个大螺旋弹簧布置在中央，也可用数个小螺旋弹簧布置在圆周。

弹簧布置在中央可利用离合器内鼓内的径向空间来布置弹簧，可减少轴向尺寸。

当离合器内鼓径向尺寸小，分离弹簧与摩擦片不能沿轴线方向重叠布置时，为了不增加离合器轴向尺寸，可采用轴向尺寸最短的碟形弹簧。

（9）变速器主参数的确定

① 齿轮模数 m　可用类比法选一个成熟的变速器作基型，其结构和使用条件与所设计的变速器相似，根据两者所传递的转矩，便可估算齿轮模数 m

$$m=m_j\sqrt[3]{\frac{T}{T_j}}$$

式中　m、m_j——设计变速器和基型变速器的齿轮模数；

T、T_j——设计变速器和基型变速器的传递转矩。

也可根据变速器输出轴最大转矩 T_{K1} 按下式进行估算

$$m=0.33\sqrt[3]{T_{K1}}$$

式中　T_{K1}——变速器Ⅰ挡最大输出转矩，N·m；

$$T_{K1}=T_o i_1$$

T_o——变速器输入轴最大转矩，N·m；

i_1——变速器Ⅰ挡传动比。

② 确定中心距 a　一般由离合器尺寸决定。齿轮模数 m 确定后，可按下式确定中心距 a

$$a=\frac{m}{2}(z_1+z_2)$$

式中　z_1、z_2——一对齿轮传动主动齿轮和被动齿轮的齿数。

③ 齿宽 b　齿宽 b 的大小直接影响齿轮的强度。一般以其与中心距 a 或模数 m 的比例系数来确定齿宽 b。齿宽系数 $b_m^*=\frac{b}{m}=5.5\sim8.5$。直齿轮取小值，斜齿轮取较大值。受力较大的低速挡齿轮或经常工作的工作挡齿轮，取较大值。

1.2.4　行星动力换挡变速器的设计

1.2.4.1　变速器的主要传动方案

工程机械行星变速器多采用 2K-H（NGW）型传动，其基本构件是两个中心轮（太阳轮与内齿圈和一个行星架）。

工程机械常用的 2K-H（NGW）型行星变速器传动方案及传动比的计算公式如表 1-3 所列。

表 1-3 中编号 1～7 为前进挡单排传动；8～16 为前进挡双排传动；编号 17～19 为前进挡三排传动；编号 20～26 为倒退挡行星排传动。

表 1-3 中 K 为行星排特性参数（下角标为行星排的编号），可按下式计算

$$K=z_b/z_a$$

式中　z_a——太阳轮齿数；

z_b——内齿圈齿数。

1.2.4.2　行星变速器传动简图设计

（1）传动简图设计内容

① 根据变速器的挡数和传动比，确定传动简图。

② 初步确定特性参数 K。

③ 确定各行星排太阳轮、行星轮和内齿圈的齿数。

④ 配齿完成后，运用传动比及传动效率公式、精确计算各行星排特性参数 K，各挡传动比和各挡效率。

表 1-3　工程机械行星变速器常用传动方案和传动比

编号	1	2	3	4	5	6	7
传动简图	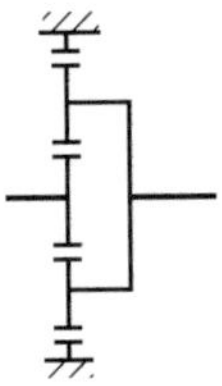	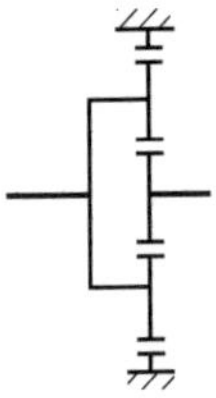	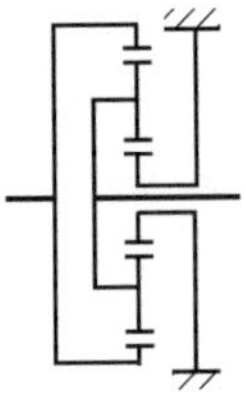	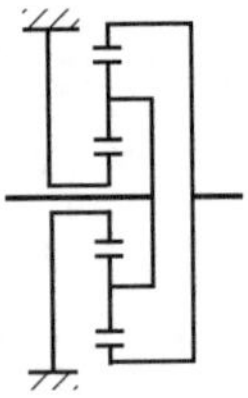	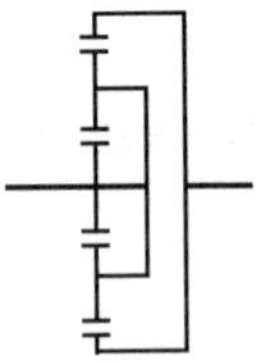	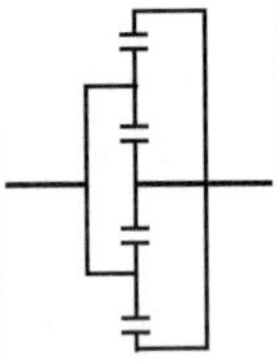	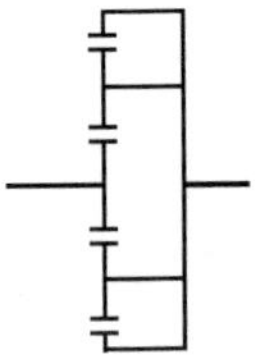
传动比	$1+K$	$\dfrac{1}{1+K}$	$\dfrac{1+K}{K}$	$\dfrac{K}{1+K}$	1	1	1

编号	8	9	10	11	12	13	14
传动简图	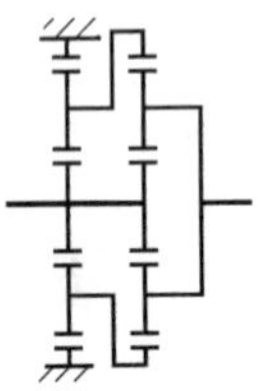 1　2	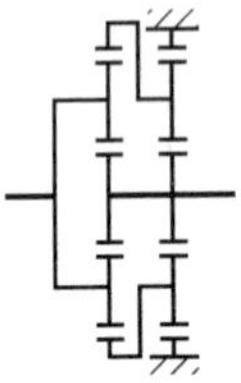 1　2	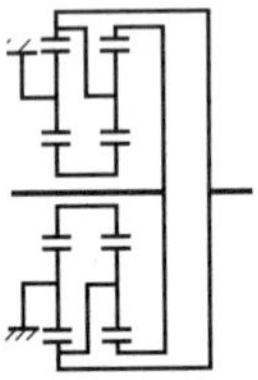 1　2	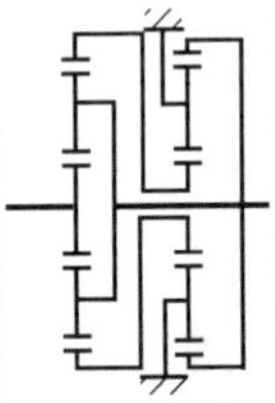 1　2	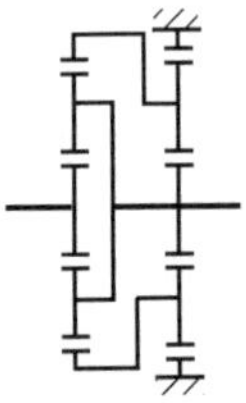 1　2	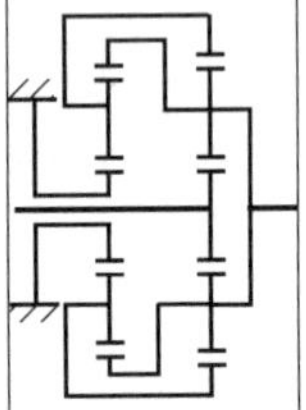 1　2	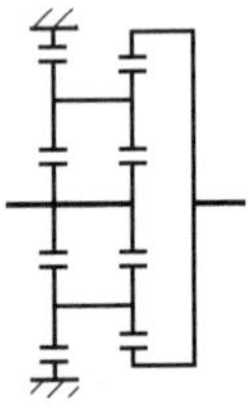 1　2
传动比	$\dfrac{(1+K_1)(1+K_2)}{1+K_1+K_2}$	$\dfrac{1+K_1+K_2}{(1+K_1)(1+K_2)}$	$\dfrac{1+K_1+K_2}{K_2}$	$1+K_1+K_1K_2$	$\dfrac{1+K_2+K_1K_2}{1+K_2}$	$\dfrac{1+K_1+K_2}{1+K_1}$	$\dfrac{(1+K_1)K_2}{K_2-K_1}$

编号	15	16	17	18	19
传动简图	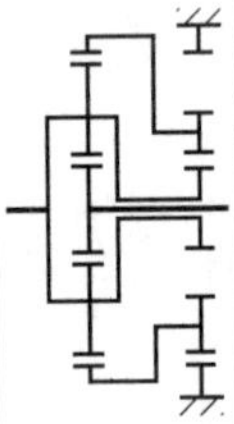 1　2	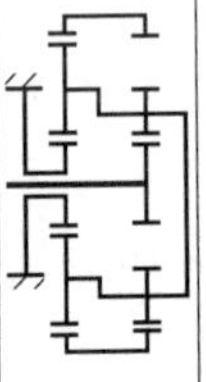 1　2	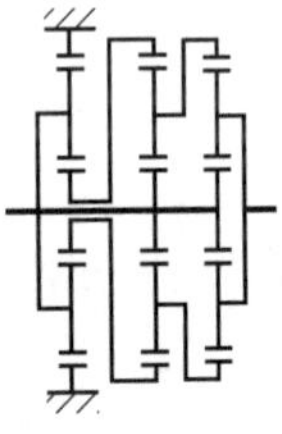 1　2　3	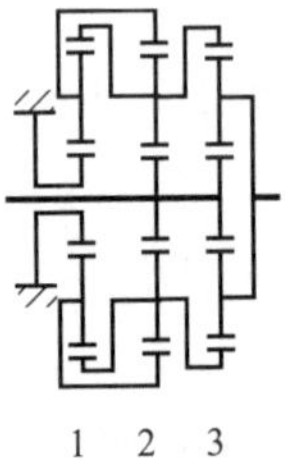 1　2　3	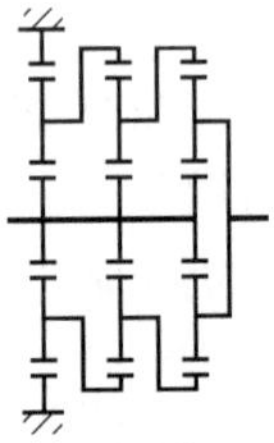 1　2　3
传动比	$\dfrac{1-K_2}{1-K_2-K_1K_2}$	$\dfrac{K_1+K_2}{K_1}$	$\dfrac{(1+K_2)(1+K_3)}{1+K_2+K_3+K_2K_3(1+K_1)}$	$\dfrac{(1+K_3)(1+K_1+K_2)}{1+K_1+K_2+K_3+K_1K_3}$	$\dfrac{(1+K_1)(1+K_2)(1+K_3)}{(1+K_1)(1+K_2)+K_3(1+K_1+K_2)}$

编号	20	21	22	23	24	25	26
传动简图	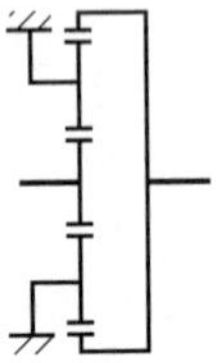	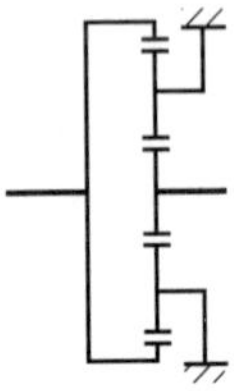	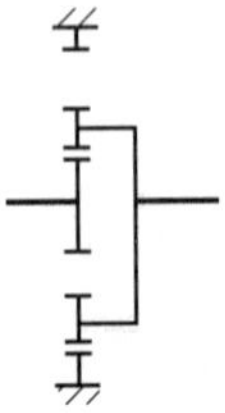	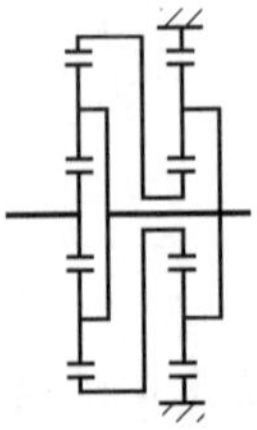 1　2	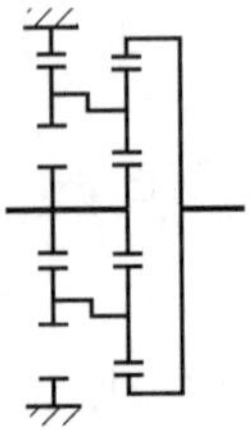 1　2	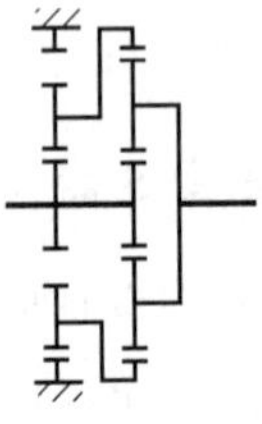 1　2	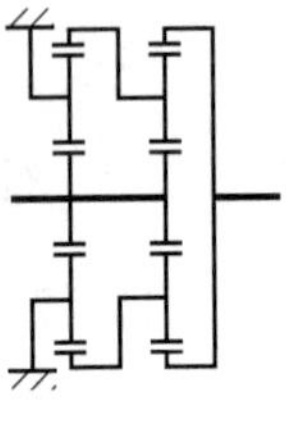 1　2
传动比	$-K$	$-\dfrac{1}{K}$	$1-K$	$1-K_1K_2$	$\dfrac{K_2(1-K_1)}{K_1+K_2}$	$\dfrac{(1-K_1)(1+K_2)}{1-K_1+K_2}$	$\dfrac{-K_1K_2}{1+K_1+K_2}$

(2) 对传动简图的要求

① 能实现所需的挡位数及传动比。

② K 应在 1.5～4 范围内。

③ 行星排尽量采用内齿圈制动，其次是行星架制动，采用太阳轮制动。结构上往往很难实现，尤其在多行星排的结构中更难实现。

④ 各挡传动效率高，尤其是常用挡位。倒挡用得较少，允许效率稍低，一般不低于 0.88。

⑤ 尽可能在行星排中不出现功率循环现象。一般，前进挡不允许存在功率循环，倒退挡允许存在一定的循环功率

⑥ 各构件的转速要小，特别是行星轮相对行星架的转速要小。摩擦元件的主、被动片间相对转速也要小。

⑦ 摩擦元件传递的力矩要小。

1.2.4.3 行星变速器主要参数的确定

(1) 行星传动齿轮齿数的选择　行星传动中齿轮齿数的确定，不仅应满足传动比的要求，同时还需根据安装的需要，考虑以下配齿条件。

① 同心条件　对 2K-H 型行星传动，其三个基本构件的旋转轴线必须重合于主轴线，即其中心轮与行星轮组成的所有啮合副的实际中心距必须相等，即 $a_{ac}=a_{bc}$，其中 a_{ac} 为太阳轮与行星轮中心距，a_{bc} 为行星轮与内齿圈中心距。

对于标准齿轮传动或高度变位齿轮传动，同心条件为

$$z_b=z_a+2z_c$$

式中　z_b——内齿圈齿数；

z_a——太阳轮（即中心轮）齿数；

z_c——行星轮齿数。

若采用角度变位齿轮传动，同心条件为

$$\frac{z_a+z_c}{\cos\alpha'_{ac}}=\frac{z_b-z_c}{\cos\alpha'_{bc}}$$

式中　α'_{ac}——太阳轮和行星轮的啮合角；

α'_{bc}——内齿圈和行星轮的啮合角。

② 邻接条件　在行星齿轮传动中，相邻两个行星轮不相互碰撞，必须保证它们之间有一定间隙，通常最小间隙应大于半个模数，这个限制称为邻接条件。相邻两个行星轮的中心距 L 应大于最大行星轮的顶圆直径 d_{ac}，如图 1-6 所示。

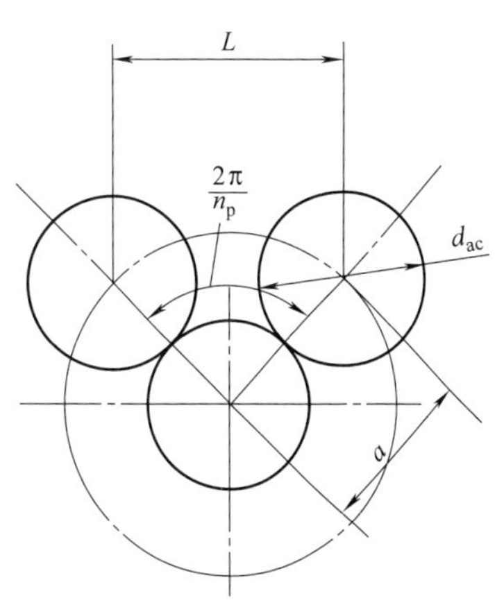

图 1-6　邻接条件分析

$$L>d_{ac}\quad 或\quad 2a_{ac}\sin\frac{\pi}{n_p}>d_{ac}$$

式中　d_{ac}——行星轮齿顶圆直径；

a_{ac}——太阳轮与行星轮中心距；

n_p——行星轮个数。

从分析 2K-H（NGW）型中可以看出，当不断增大传

动 i_{aH}^{b}时，则 z_c/z_a 比值也不断增大，会受邻接条件限制；当增加行星轮个数 n_p，也同样会受邻接条件的限制。所以邻接条件限制了行星轮个数和传动比的增大。表 1-4 为根据邻接条件列出的对于不同行星轮个数可能达到的最大传动比，供设计时参考。

表 1-4　根据邻接条件确定对应行星轮个数 n_p 可能达到的最大传动比 $(i_{aH}^{b})_{max}$，$(z_c/z_a)_{max}$ 和 $(z_b/z_c)_{min}$ 值

<table>
<tr><th colspan="3">行星轮个数 n_p</th><th>2</th><th>3</th><th>4</th><th>5</th><th>6</th><th>7</th><th>8</th></tr>
<tr><td rowspan="2">NGW 型
$(i_{aH}^{b})_{max}$</td><td rowspan="4">z_{min}</td><td>>13</td><td rowspan="5">不限</td><td>12.7</td><td>5.77</td><td>4.1</td><td>3.53</td><td>3.21</td><td>3</td></tr>
<tr><td>≥18</td><td>12.8</td><td>6.07</td><td>4.32</td><td>3.64</td><td>3.28</td><td>3.05</td></tr>
<tr><td rowspan="2">$(z_b/z_a)_{max}$</td><td>>13</td><td>5.35</td><td>1.88</td><td>1.05</td><td>0.76</td><td>0.60</td><td>0.50</td></tr>
<tr><td>≥18</td><td>5.4</td><td>2.04</td><td>1.16</td><td>0.82</td><td>0.64</td><td>0.52</td></tr>
<tr><td colspan="3">$(z_b/z_c)_{min}$</td><td>2.1</td><td>2.47</td><td>2.87</td><td>3.22</td><td>3.57</td><td>3.93</td></tr>
<tr><td colspan="3">用于重载的 NGW 型$(i_{aH}^{b})_{max}$</td><td>1</td><td>12</td><td>4.5</td><td>3.5</td><td>3</td><td>2.8</td><td>2.6</td></tr>
</table>

在变速器的实际设计中，邻接条件多控制在如下范围内

$$2a_{ac}\sin\frac{\pi}{n_p}-d_{ac}\geqslant 5\sim 8\text{mm}$$

③ 装配条件　一个行星轮可以同时和太阳轮及内齿圈相啮合，但装有 n_p 个行星轮后（一般 $n_p=3\sim4$），要使所有行星轮都同时和太阳轮及内齿圈正确啮合，就需满足一定的装配条件。

为满足装配条件，各行星轮与太阳轮和内齿圈在安装时，均可处于正确的啮合位置，即每相邻的两个行星轮及与其相啮合的太阳轮所构成的封闭齿廓曲线 L_1 必须是齿轮节圆齿距 p 的整数倍。当行星轮均布时，则应满足下列条件。

$$\frac{z_a+z_b}{n_p}=q\ \text{（整数）}$$

式中　z_a——太阳轮齿数；

z_b——内齿圈齿数。

若$\frac{z_a+z_b}{n_p}\neq q$（整数时），为了使行星轮的装配尽可能接近于均布，则取 q'值接近于$\frac{z_a+z_b}{n_p}$的整数值。

于是，行星轮不能均布时的安装角 β，其计算步骤如下：

a. 计算$\frac{z_a+z_b}{n_p}$，取接近于$\frac{z_a+z_b}{n_p}$的整数值 q'。

b. 计算安装角 β　$\beta=\frac{360°}{z_a+z_b}q'$。

c. 若 q'与$\frac{z_a+z_b}{n_p}$的差值较大时，求出的 β 后应校核邻接条件。

［例 1-1］ 已知一行星齿轮传动 $z_a=22$，$z_b=60$，行星轮个数 $n_p=4$，求行星轮间的安装角 β。

解
$$\frac{z_a+z_b}{n_p}=\frac{22+60}{4}=20.5$$

由于行星轮为非均布，取 $q'=20$，则安装角（行星轮 c_1 与 c_2 间的夹角见图 1-7）为

$$\beta_1=\frac{360°}{z_a+z_b}q'=\frac{360°}{22+60}\times20=87.8°$$

而行星轮 c_2 与 c_3 间的夹角 β_2

$$\beta_2=180°-\beta_1=180°-87.8°=92.2°$$

即为对称非均布装配。

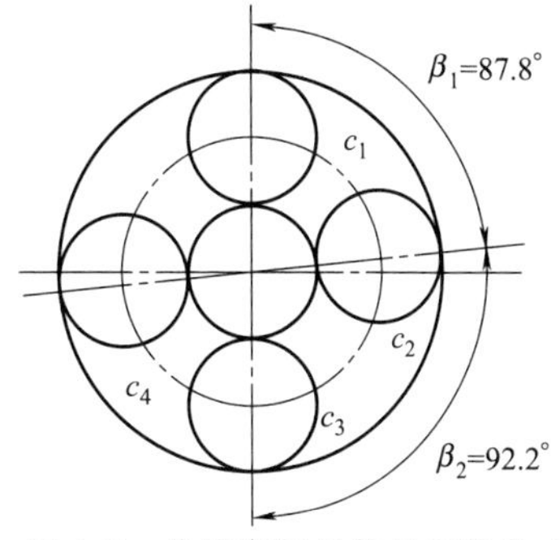

图 1-7 非均布行星轮的安装角 β

满足上述要求，一般重载行星齿轮传动装置最佳的齿数匹配，见表 1-5，供设计行星齿轮减速器时参考使用。

表 1-5 重载行星传动常用齿数的匹配

公称传动比	太阳轮齿数	行星轮齿数	内齿圈齿数	实际传动比	强度情况
3.15	35	20、19	76	3.1714	弯曲强度高
	36	21、20	78	3.1667	
	37		80	3.1622	
	38	22、21	82	3.1579	均衡区
	39		84	3.1538	
	40	23、22	86	3.15	
	41		88	3.1463	平稳性较好
	42	24、23	90	3.1463	
	43		92	3.1395	
	44	25、24	94	3.1364	
3.55	29	22、21	73	3.5173	弯曲强度高
	30	24、23	78	3.6	
	31		80	3.5806	
	32	25、24	82	3.5625	均衡区
	33		84	3.5455	
	34	26、25	86	3.5294	
	35		88	3.5143	平稳性较好
	36	28、27	93	3.5833	
	37	29、28	95	3.5676	
4	25	24、23	74	3.96	弯曲强度高
	26	26、25	79	4.0385	
	27	27、26	81	4	
	28		83	3.9643	均衡区
	29	29、28	88	4.0345	
	30	30、29	90	4	
	31		92	3.9677	平稳性较好
	32	32、31	97	4.0313	
	33	33、32	99	4	
4.5	21	27、26	75	4.5714	弯曲强度高
	22		77	4.5	
	23	29、28	82	4.5652	
	24	30、29	84	4.5	
	25	32、31	89	4.56	均衡区
	26		91	4.5	
	27	34、33	96	4.5555	
	28	35、34	98	4.5	平稳性较好
	29		100	4.4483	

续表

公称传动比	太阳轮齿数	行星轮齿数	内齿圈齿数	实际传动比	强度情况
5	19	29、28	77	5.0526	弯曲强度高
	20		79	4.95	
	21	31、30	84	5	
	22	33、32	89	5.0455	
	23	34、33	91	4.9565	均衡区
	24	36、35	96	5	
	25		98	4.92	
	26	40、39	106	5.0769	平稳性较好
	27		108	5	
5.6	17	31、30	79	5.6471	弯曲强度高
	18	33、32	84	5.6667	
	19		86	5.5263	
	20	35、34	91	5.55	
	21	37、36	96	5.5714	均衡区
	22	41、40	104	5.7273	
	23		106	5.6087	
	24	43、42	111	5.625	平稳性较好
6.3	17	37、36	91	6.3529	弯曲强度高
	18	39、38	96	6.3333	
	19	42、41	104	6.4737	
	20	43、42	106	6.3	均衡区
	21	45、44	111	6.2857	
	22	47、46	116	6.2727	
7.1	16	41、40	98	7.125	弯曲强度高
	17	44、43	106	7.2353	
	18	46、45	111	7.1667	
	19	48、47	116	7.1053	均衡区
	20	50、49	121	7.05	
8	14	41、40	97	7.9286	弯曲强度高
	15	45、44	105	8	
	16	47、46	110	7.875	
	17	50、49	118	7.9412	均衡区
	18	54、53	126	8	
9	13	45、44	104	9	弯曲强度高
	14	49、48	112	9	
	15	52、51	120	9	
	16	56、55	128	9	均衡区
	17	59、58	136	9	

（2）行星传动齿轮齿数的确定

① 确定齿轮齿数时应考虑的问题

a. 应满足 K 值，$K=z_b/z_a$ 的要求。

b. 根据齿轮轮齿根切条件，齿轮最少齿数不少于14～17。不许产生根切时，最少齿数为17；允许微量根切时，最少齿数为14。最少齿数的选择还应考虑齿轮在轴或轴承上安装的可能性。

c. 为便于零件加工，变速器各行星排齿轮模数和内齿圈齿数尽可能相同。

d. 为平衡径向载荷，应使各行星轮沿圆周均布或采用对称但非等间隔布置。

e. 满足配齿条件。

② 行星传动齿轮齿数的确定方法

a. 根据同心条件确定行星排中的最小齿轮；对具有单行星轮的内齿圈行星传动、在已知行星排参数 K 后，最小齿轮的判别式为

$$\frac{z_c}{z_a}=\frac{K-1}{2}$$

当 $K>3$ 时，$z_c>z_a$，$\frac{K-1}{2}>1$，太阳轮为最小齿轮。

当 $K<3$ 时，$z_c<z_a$，$\frac{K-1}{2}<1$，行星轮为最小齿轮。

b. 根据装配条件配置行星传动齿轮齿数

当 $K>3$ 时，将 $z_b=Kz_a$ 代入装配条件公式，$\frac{z_a+z_b}{n_p}=q$ 中太阳轮齿数的计算公式为

$$z_a=\frac{qn_p}{1+K}$$

当 $K<3$ 时，将 $z_a=\frac{qn_p}{1+K}$代入公式$\frac{z_c}{z_a}=\frac{K-1}{2}$，得行星轮齿数的计算公式为

$$z_c=\frac{qn_p(K-1)}{2(K+1)}$$

在应用以上公式计算太阳轮和行星轮齿数的过程中，当代入 K 值，q 取某一整数时，计算的 z_a 和 z_c 值可能不为整数，可将其圆整，然后再代回原式，重新算出行星排特性参数的精确值。

最小齿轮齿数确定后，根据公式

$$\frac{z_c}{z_a}=\frac{K-1}{2}\text{和 } z_b=Kz_a$$

定出其行星排其他齿轮的齿数。

也可将行星齿轮传动的传动比进行精确配齿，根据三个约束条件，合并成一个非角度变位齿轮传动时的总配齿公式

$$z_a:z_c:z_b:q=z_a:\frac{(i_{aH}^b-2)}{2}z_a:(i_{aH}^b-1)z_a:\frac{i_{aH}^b}{n_p}z_a$$

（同心条件）（传动比条件）（装配条件）

式中各项齿数应为正整数，其传动比 i_{aH}^b最好用分数式表示。对角度变位齿轮传动，也可先按上式配齿总公式先进行配齿，再将行星轮 z_c 减少 1～2 齿，然后进行角度变位的参数计算。

［例 1-2］　已知一行星齿轮传动，太阳轮输入、内齿圈固定、行星架输出，传动比$i_{aH}^b=5.333$，行星轮个数 $n_p=4$，要求进行配齿。

解　① 验算邻接条件，根据 $i_{aH}^b=5.333$，$n_p=4$，查表 1-4 得，按邻接条件容许的传动 $i_{aH}^b=5.33$，可见 $i_{aH}^b=5.333$ 是满足邻接条件的。

② 将已知参数代入总配齿公式

$$i_{aH}^b=5.333=\frac{16}{3}\text{（用计算器进行换算）}$$

$$z_a:z_c:z_b:q=z_a:\frac{(i_{aH}^b-2)}{2}z_a:(i_{aH-1}^b)z_a:\frac{i_{aH}^b}{n_p}z_a$$

$$=z_a : \frac{\left(\frac{16}{3}-2\right)}{2}z_a : \left(\frac{16}{3}-1\right)z_a : \frac{\frac{16}{3}}{4}z_a$$

$$=z_a : \frac{5}{3}z_a : \frac{13}{3}z_a : \frac{4}{3}z_a$$

可见，当 z_a 为 3 的倍数，如 $z_a=15$，18，21，24，…，就可以使总配齿公式各项均为正整数。

③ 确定齿轮齿数，该设计综合考虑强度及传动平稳性条件等，取 $z_a=24$，因而计算得

$$z_c=\frac{5}{3}z_a=\frac{5}{3}\times24=40$$

$$z_b=\frac{13}{3}z_a=\frac{13}{3}\times24=104$$

$$q=\frac{4}{3}z_a=\frac{4}{3}\times24=32$$

结果：非角度变位齿轮传动的配齿数 $z_a=24$，$z_c=40$，$z_b=104$

对角度变位齿轮传动，该设计将行星轮齿数减少一个齿，因而得

$$z_a=24,\quad z_c=39,\quad z_b=104$$

(3) 行星轮个数 n_p 的确定　行星轮个数越多越容易发挥行星齿轮传动的优点，但行星轮个数的增加会使其载荷均衡困难，而且由于邻接条件限制又会减小传动比的范围。通常，$n_p=3\sim4$，少数到 $n_p=6$。

(4) 行星排齿轮变位系数的选择　合理采用变位齿轮可以得到以下好处：获得准确的传动比，提高啮合的传动质量和承载能力，在传动比得到保证的前提下，得到正确的中心距，在保证装配及同心条件下，使齿数的选择具有较多的自由。

为了充分发挥行星齿轮传动的优越性，使内啮合与外啮合趋于等强度，通常采用不等的角度变位：

外啮合　$\alpha_{ac}=24°\sim26°$

内啮合　$\alpha_{bc}=17°\sim20°$

(5) 齿轮模数的确定

① 模数 m 由强度计算确定，并选用标准值，尽可能采用 2.5mm、3mm、4mm 三种模数。

② 在强度允许的前提下，应选取较小的模数，较多的齿数。

1.3 工程机械动力换挡变速器技术要求

1.3.1 技术要求

1.3.1.1 一般要求

(1) 变速器应按经规定程序批准的产品图样及技术文件制造，并符合本标准的规定。如

用户有特殊要求时，应与制造厂协商。

（2）引进产品应按引进的图样和技术文件制造，并应符合本标准的规定。

1.3.1.2　齿轮

（1）齿轮材料推荐使用 20NiCrMoH、20CrMnTi、20CrMnMo、35CrMoV、40Cr、42CrMo 和 45 钢。对材料有特殊要求时，按“供货技术协议”的规定执行。在保证齿轮承载能力和性能指标的前提下，允许选用其他材料。

（2）齿轮精度等级应符合图样要求，并不低于 GB/T 10095—2008 规定的 7 级，在行星传动中，内齿圈的精度等级可较相应的太阳轮或行星轮精度等级低一级。

（3）低碳合金钢齿轮的渗碳有效硬化层深度、硬度和齿轮的金相组织应符合：

① 齿轮齿面硬度应不低于 58HRC；有效硬化层深度推荐为模数 m_n 的 0.12～0.25 倍，模数大于 8 的齿轮取下限值；

② 模数 m_n 小于 8 时，齿轮心部硬度应为 33～45HRC；模数 m_n 等于或大于 8 时，齿轮心部硬度为 29～45HRC；

③ 齿轮副齿数比大于 3 时，允许大齿轮齿面硬度比相同材料的小齿轮的齿面硬度值降低 2～3HRC，但应不低于 56HRC；

④ 有摩擦副的轴径、孔径和端面硬度应不低于 58HRC，其余淬火表面的硬度不低于 45HRC；

⑤ 渗碳齿轮的热处理要求除本标准已明确规定者外，其余应符合 JB/T 5944—1991 中 4.3.5 的规定。

注：1. 有效硬化层深度规定从齿面到 51HRC 部位的距离。2. 齿轮心部硬度测试位置在齿中心线与齿根圆相交处。

（4）中碳合金钢齿轮硬度及金相组织应符合：

① 中碳合金钢齿轮齿面淬火硬度为 50～58HRC；

② 行星式变速器中的内齿圈齿轮齿面硬度应不低于 40HRC，有效硬化层深度大于 0.25mm 时的齿轮心部硬度应为 248～302HBW。

③ 感应加热淬火件应符合 JB/T 5944—1991 中 4.3.4 的规定。

（5）齿轮精度等级为 7 级时，齿轮齿面粗糙度 Ra 值应不大于 1.6μm，内齿圈齿轮齿面粗糙度 Ra 值应不大于 3.2μm。

（6）齿轮孔径作轴承外圈使用时，其表面硬度应不低于 58HRC，表面粗糙度的 Ra 值应不大于 0.8μm，圆柱度公差和圆度公差应不低于 6 级。

注：本标准所规定的形状和位置公差的等级按 GB/T 1182、GB/T 1184 的规定。

（7）齿轮基准端面跳动公差等级应不低于 7 级。

1.3.1.3　轴类零件

（1）材料推荐使用 20CrMnTi、20CrMnMo、20Cr、20、40Cr、40CrMnMo 和 42CrMo 钢。对材料有特殊要求时按“供货技术协议”规定。在保证传动轴性能指标的前提下允许选用其他材料。

（2）渐开线花键的公差等级与配合应符合 GB/T 3478 的规定，矩形花键的精度与配合应符合 GB 1144 的规定。

(3) 花键轴的渗碳层深度为模数 m_n 的 0.15~0.3 倍，受摩擦的轴径、端面及外花键渗碳（碳氮）表面硬度应不低于 55HRC。相配内花键渗碳（碳氮）表面硬度应不低于 53HRC。热处理要求应符合 JB/T 5944—1991 中 4.3.5 的规定。

(4) 中碳合金钢的轴推荐用感应淬火处理，感应淬火前应经正火或调质处理。感应淬火后，有摩擦副的轴径和端面表面硬度为 50~58HRC，花键齿面硬度应不低于 50HRC。感应加热淬火件应符合 JB/T 5944—1991 中 4.3.4 的规定。

(5) 行星式动力换挡变速器中行星轮轴的表面硬度应不低于 60HRC，表面粗糙度 *Ra* 值应不大于 0.40μm，圆柱度公差等级应不低于 6 级。

(6) 零件表面应光滑、清洁，不应有飞边、毛刺；表面不允许有锈斑，油孔应畅通，安装轴承的轴颈不应有明显的凹痕、刀痕、擦伤及螺旋状凸起。

(7) 零件应采用无损伤检测方法检查，若采用磁粉探伤方法检查，检查后应进行退磁。

1.3.1.4 铜基摩擦片、纸基摩擦片

(1) 摩擦衬片的摩擦磨损性能应符合表 1-6 的规定。

表 1-6 摩擦衬片的摩擦磨损性能

能量负荷许用值 C_m	动摩擦系数(平均值) μ_d	静摩擦系数(静止值) μ_j	磨损率 δ /(cm^3/J)
>320	0.06~0.08	0.12~0.14	<1.6×10^{-9}

(2) 对摩擦片的技术要求、试验方法和检验规则应符合 ZBJ 19019 的规定。

(3) 摩擦片花键的压力角推荐使用 30°，花键公差等级应符合 GB/T 3478.1 中 6~7 级的规定。使用 20°压力角时，应符合 GB/T 10095—2008 中的有关规定。其齿侧间隙均应在 0.25~0.35mm 之间。

(4) 摩擦片的厚度公差及形状公差应符合表 1-7 的规定。

表 1-7 摩擦片的厚度公差及形状公差

摩擦片外径/mm	公差/mm		
	厚度	平行度	平面度
100~300	≤0.08	≤0.05	≤0.25
>300~500	≤0.10	≤0.06	≤0.30

(5) 芯板和摩擦衬片的连接应黏结牢固，不允许有掉块或影响零件使用的其他任何脱离层。

(6) 最大允许残留磁通密度量为 0.005T。

(7) 外观要求应符合：

① 摩擦片不应有锈蚀，使用防护层时，应不影响摩擦片的性能；

② 摩擦片不允许留有直径大于 1.5mm 的“汗滴”；

③ 摩擦片不许压齿，但边缘与齿根的距离应小于 1.5mm；

④ 摩擦片不允许有裂纹，油槽底不允许露芯板；

⑤ 摩擦片应有倒角，应清除油槽飞边，表面粗糙度 *Ra* 值应不大于 6.3μm。

1.3.1.5 离合器回位弹簧

(1) 材料推荐使用力学性能不低于 60Si2Mn 和 65Mn 的弹簧钢。圆柱螺旋弹簧性能和

精度应符合 GB 1239.4 的规定，碟形弹簧的产品质量应符合 JB/T 53394 的规定。

（2）在温度为 130℃的条件下，使负荷从 0 至 150N，再从 150N 到 0，反复试验 1×10^6 次后，弹力减弱应小于 25N。

1.3.1.6　铸件

（1）变速器壳体、离合器油缸体及活塞等重要铸件，推荐使用力学性能不低于 HT 200 的灰铸铁。

（2）铸铁件应符合 JB/T 5937 的规定。

（3）行星式动力换挡变速器中的行星架、连接盘等零件采用铸件时，推荐使用力学性能不低于 QT 450-10 的球墨铸铁，技术条件应符合 JB/T 5938 的规定，采用铸钢件时，其力学性能应不低于 JB/T 5939 规定的 ZG310-570 的要求。

1.3.1.7　机械加工要求

（1）变速器壳体应符合：

① 与齿轮副相关的轴孔中心距公差应符合 GB/T 10095—2008 中有关中心距极限偏差的规定；

② 壳体接触平面的平面度公差应不低于 7 级；

③ 平行轴孔中心线之间的平行度公差应不低于 7 级；

④ 轴孔中心线对基准面的平行度公差应不低于 7 级；

⑤ 同一轴心线上轴孔之间的同轴度公差应不低于 7 级；

⑥ 有相互垂直要求的轴线相交孔，垂直度公差应不低于 7 级；

⑦ 基准面与轴孔中心线的垂直度公差应不低于 7 级；

⑧ 精度等级要求较高的轴孔应标注圆度和圆柱度公差。

（2）行星架应符合：

① 中心距偏差可按下式计算：

$$f_a < \pm 6\,\frac{\sqrt[3]{a}}{1000}$$

式中　f_a——中心距偏差，mm；

　　a——中心距，mm。

② 任意两行星轴孔之间距公差可按下列公式计算：

当行星轮个数为 3 时

$$f_e < 3.5\,\frac{\sqrt{a}}{1000}$$

当行星轮个数大于 3 时

$$\sum f_e < 1.7 f_e$$

式中　f_e——各行星轮轴孔之间距公差，mm。

③ 各行星轮轴孔中心线平行度公差应不低于 6 级，对基准轴线的平行度公差应不低于 6 级；

④ 行星架偏心误差应小于行星轮轴孔公差之半；

⑤ 行星架加工后应进行静平衡试验，不平衡力矩应小于表 1-8 的规定或按图样要求。

表 1-8　行星架不平衡力矩

中心距离/mm	≤80	>80～120	>120～180
不平衡力矩×10^{-4}/(N·m)	≤118	≤147	≤196

（3）活塞及油缸应符合

① 与摩擦片接触工作表面的平面度公差应不低于 7 级，表面粗糙度 Ra 值应不大于 3.2μm；

② 安装密封环的内孔或轴径表面的径向跳动公差应不低于 7 级，表面粗糙度 Ra 值应不大于 1.6μm。

（4）机械加工件的位置度公差按 GB 13319 的规定，其余按 JB/T 5936 的规定。

1.3.1.8　非机械加工表面要求

（1）有压力油道的箱体、行星架、油缸体、活塞和控制阀体等铸件应经耐压试验，试验压力应符合图样要求。

（2）铸件非加工表面的型砂、芯砂应清理干净，并涂防锈漆。

（3）零件涂漆表面的漆膜应均匀，不得有皱皮、漏涂等现象。

（4）铸造油道表面应使用专用溶液清洗，以保持清洁。

（5）离合器齿片、弹簧、锁片及螺栓等均应进行表面处理，以防止锈蚀。

1.3.1.9　装配

（1）所有零件需经检查并符合图样要求，外购件、配套件应具有合格证明书方可进行装配。

（2）装配前应将所有零部件清洗干净，各处油道应畅通并无污物。

（3）调整圆锥滚子轴承轴向间隙至 0.1～0.13mm。

（4）变速器装配除应符合图样标注的技术要求外，还应符合 JB/T 5945 的规定。

（5）变速器装配后，应进行下列检查：

① 装配的正确性；

② 外观质量。

（6）装配后的变速器要进行试验，检查其装配质量。试验前应将离合器的油压调试到设计值范围。

1.3.2　试验方法

（1）出厂试验　出厂试验按 JB/T 9720—2001 的规定进行，检测项目如下：

① 变速器各挡运转是否平稳，有无冲击和异常噪声；

② 各密封面有无渗漏现象；

③ 各挡离合器接合是否平稳，有无冲击和滞后现象，离合器脱开时，是否有带排现象，变速器操纵阀是否灵活、准确；

④ 测试变速器的空载损失；

⑤ 检查变速器各工作油压；

⑥ 检查变速器噪声。

（2）型式试验　新设计的或经过重大改进的变速器在鉴定或进行质量考核时，应进行型式试验。型式试验除检查出厂试验的项目外，还应按 JB/T 9720—2001 的规定进行检测及试验。

① 变速器传动效率；

② 变速器换挡冲击值；

③ 变速器的可靠性。

（3）可靠性试验　变速器经出厂试验合格后，按下列方法进行不少于 1000h 的装机试验：

① 装载机用动力换挡变速器按 JB/T 51148 或 JB/T 51147 的规定；

② 推土机用动力换挡变速器按 JB/T 12461—2015 的规定。

1.4　工程机械变速器的主要传动形式和基本参数

我国工程机械变速器的主要传动形式及基本参数见表 1-9，传动简图见图 1-8～图 1-30。我国几种工程机械主要技术参数见表 1-10；其结构形式见表 1-11。

表 1-9　我国工程机械主要产品的变速器形式及基本参数

序号	主机	主机型号	主机功率/kW/转速/(r/min)	变速器形式	传动比										传动简图
					前进						倒退				
					1	2	3	4	5	6	1	2	3	4	
1	轮式装载机	ZL10	40.4/2400	定轴动力换挡	2.159	0.768					2.207	0.785			图 1-8
2		ZL15	53/2400		2.207	0.785					2.159	0.768			
3		ZL20	66/2000	行星动力换挡	2.135	0.573					1.562				图 1-9
4		ZL30	74/2000		3.391	1.017					2.373				图 1-10
5		ZL30	74/2000		2.58	0.69					1.88				图 1-9
6		ZL30E	85/2400	定轴动力换挡	3.357	1.660	0.628				3.204	1.585	0.599		图 1-11
7		ZL30D	80/2400		3.430	1.706	1.016	0.504			3.457	1.719	1.023	0.509	图 1-12
8		ZLM30	74/2200		6.400	2.292	1.189				5.142	1.842	0.955		图 1-13
9		ZL30	81/2500		3.82	2.08	1.09	0.59			3.05	0.87			图 1-14
10		936E	99/2200	行星动力换挡	5.03	2.75	1.53	0.87			4.50	2.46	1.37	0.78	图 1-15
11		ZL45	118/2000	定轴动力换挡	4.776	2.388	1.316	0.658			4.776	2.388	1.316	0.658	图 1-16
12		ZL50	154/2200	行星动力换挡	2.696	0.723					1.976				图 1-9
13		ZL50	154/2200		2.155	0.578					1.577				
14		ZL50D	162/2200	定轴动力换挡	3.488	1.806	1.126	0.583			3.488	1.806	1.126	0.583	图 1-16
15		ZLM50	154/2100		3.828	2.126	1.210	0.672			3.783	2.076	1.182	0.657	图 1-17
16		ZL60E	155/2100	行星动力换挡	3.22	0.83					2.38				图 1-9
17		966F	158/2200		5.61	3.14	1.77	1.00			4.91	2.75	1.55	0.87	图 1-15
18		ZL60	160/2200		2.17	0.61					1.71				图 1-18
19		ZL60D	162/2200	定轴动力换挡	3.488	1.806	1.126	0.583			3.488	1.806	1.126	0.583	图 1-16
20		ZL60	170/2300		3.918	2.366	1.125	0.611			3.918	2.366	1.125		图 1-19
21		ZL80	200/2100	行星动力换挡	2.86	0.83					2.33				图 1-18
22		980S	198/2100		0.62	3.71	2.09	1.18			5.80	3.24	1.83	1.03	图 1-15

续表

序号	主机	主机型号	主机功率/kW/转速/(r/min)	变速器形式	传动比										传动简图
					前进						倒退				
					1	2	3	4	5	6	1	2	3	4	
23	履带推土机	T120	88/1500	定轴机械换挡	3.00	1.88	1.31	0.91	0.65		2.50	1.56	1.09	0.76	图 1-20
24		T160	118/1850		2.41	1.71	1.19	0.85	0.58		1.85	1.32	0.92	0.65	图 1-21
25		T180	128/1850		2.41	1.71	1.27	0.85	0.58		1.85	1.32	0.98	0.65	
26		T200	158/1800		2.52	1.67	1.20	0.84	0.62		1.92	1.28	0.91	0.62	图 1-22
27		T220	162/1800		2.04	1.42	0.97	0.66	0.52		1.71	1.19	0.82	0.55	
28		TY140	104/1900	行星动力换挡	1.50	0.85	0.54				1.24	0.76	0.44		图 1-23
29		TY160	118/1850		2.08	1.18	0.71				1.60	0.90	0.55		
30		TY180	128/1850		2.08	1.18	0.71				1.60	0.90	0.55		
31		TY220	162/1800		2.33	1.24	0.68				1.93	1.03	0.56		图 1-24
		TY320	235/2000		2.76	1.46	0.80				2.28	1.21	0.66		
		TY410	302/2000		3.23	1.71	0.94				2.67	1.42	0.77		
32		D6D	103/1900		1.50	0.85	0.54				1.24	0.76	0.44		图 1-25
33		D7G	147/2000		1.80	1.02	0.65				1.50	0.84	0.53		
34	轮式推土机	TL180	140/2100		2.16	0.58	0.55				1.58	1.51			图 1-26
35		TL180	132/2000	定轴动力换挡	4.98	2.51	1.15	0.58			4.98	2.51	1.15	0.58	图 1-12
36		TL210A	154/2200		4.98	2.51	1.15	0.58			4.98	2.51	1.15	0.58	
37	平地机	PY160A、B	118/2000		14.933	9.117	6.288	4.342	2.651	1.829	14.67	4.267			图 1-27
38		PY160C	118/2000		4.776	2.388	1.316	0.658			4.776	2.388	1.316	0.658	图 1-16
39		PY180	132/2200		5.906	3.904	2.594	1.692	1.176	0.706	5.906	2.594	1.170		图 1-19
40	铲运机	CL7	132/2100	行星动力换挡	3.81	1.94	1	0.72			4.65	3.13			图 1-28
41	叉车	CPCD3	40/2400	定轴动力换挡	16.507						16.507				图 1-29
42		CPCD4	40/2800		19.091						19.091				
43		CPCD5	65/2200		1.829	0.65					1.829	0.65			图 1-30
44		CPCD6	80/2200		1.467	0.682					1.467	0.682			

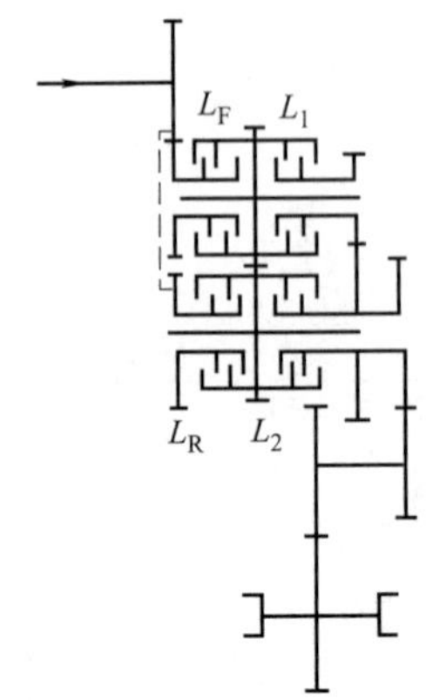

图 1-8 ZL10、ZL15 变速器

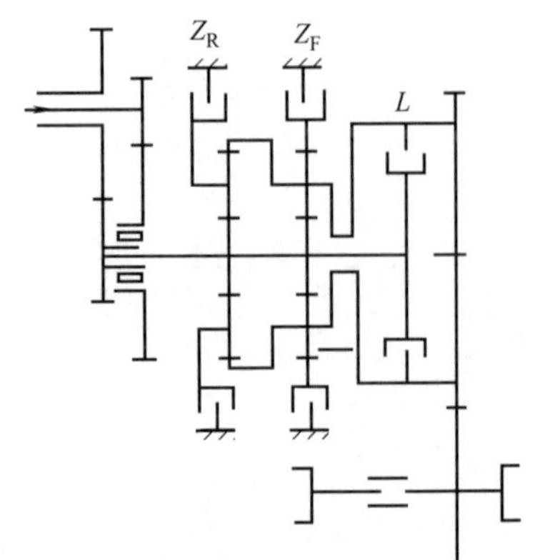

图 1-9 ZL20、ZL30、ZL50、ZL60E 变速器

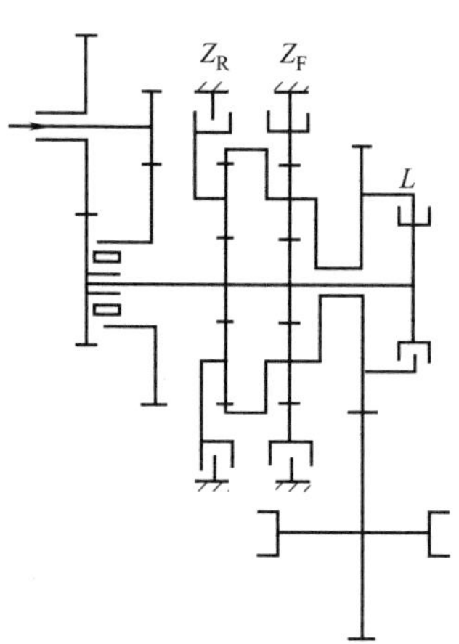

图 1-10 ZL30 变速器

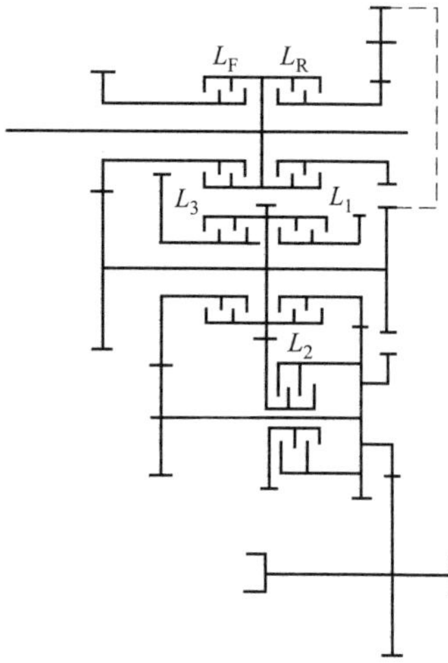

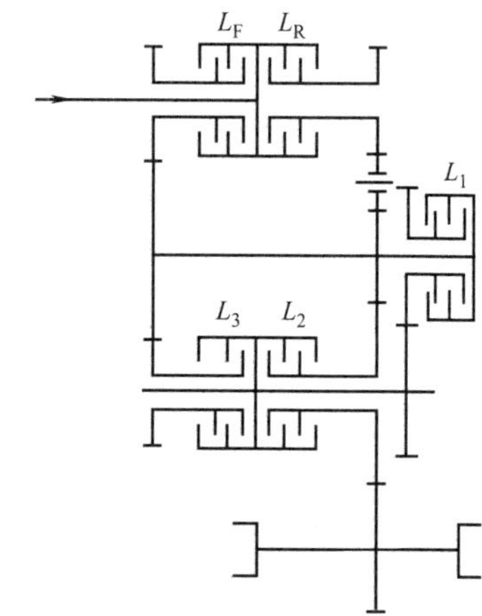

图 1-11 ZL30E 变速器

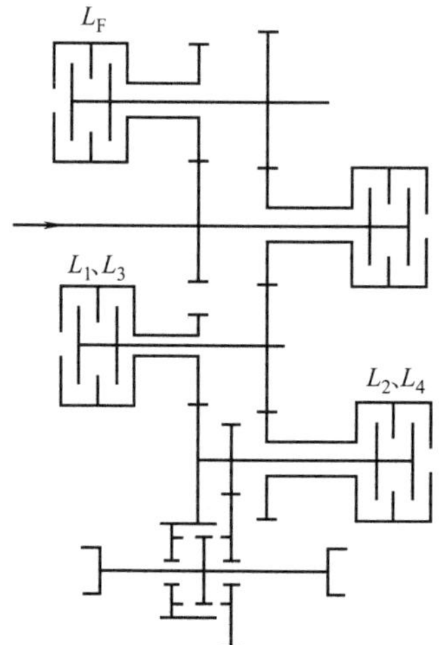

图 1-12 ZL30D、TL180、TL210A 变速器

图 1-13 ZLM30 变速器

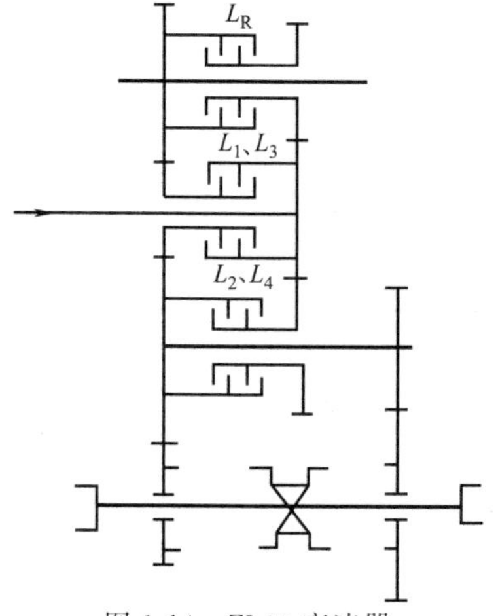

图 1-14 ZL30 变速器

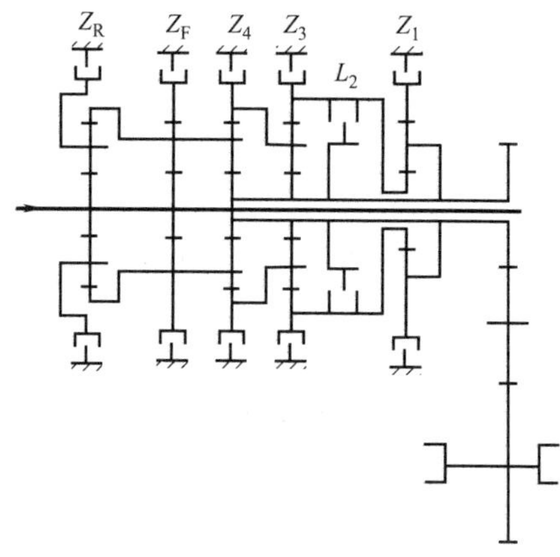

图 1-15 936E、966F、980S 变速器

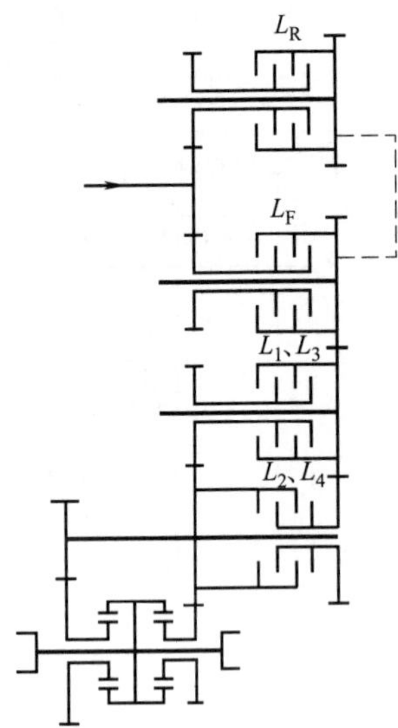

图 1-16　ZL45、ZL50D、ZL60D、PY160C 变速器

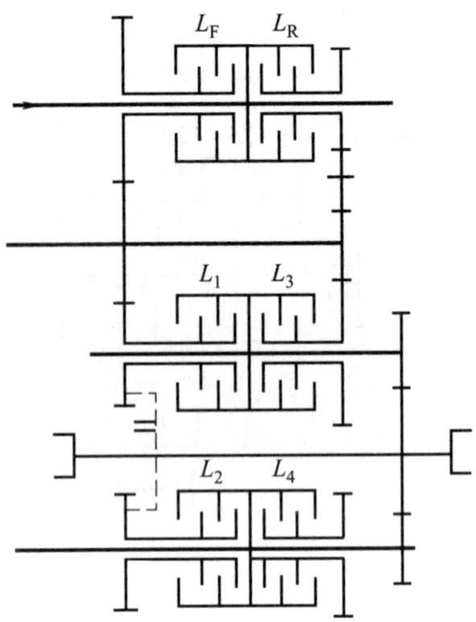

图 1-17　ZLM50 变速器

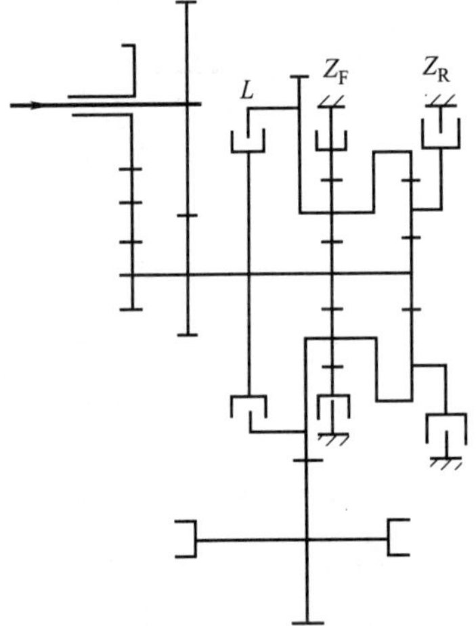

图 1-18　ZL60、ZL80 变速器

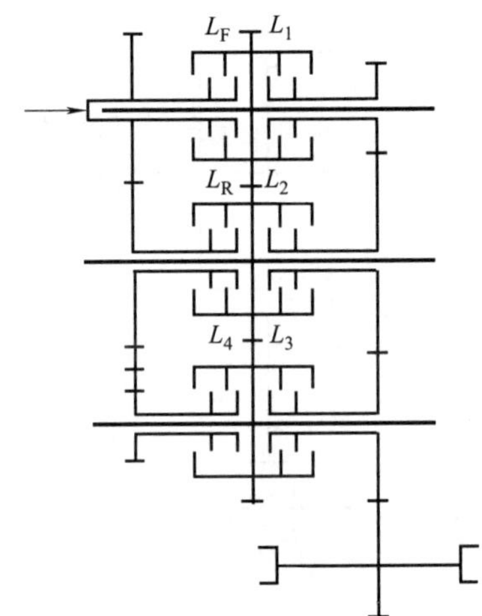

图 1-19　ZL60 变速器

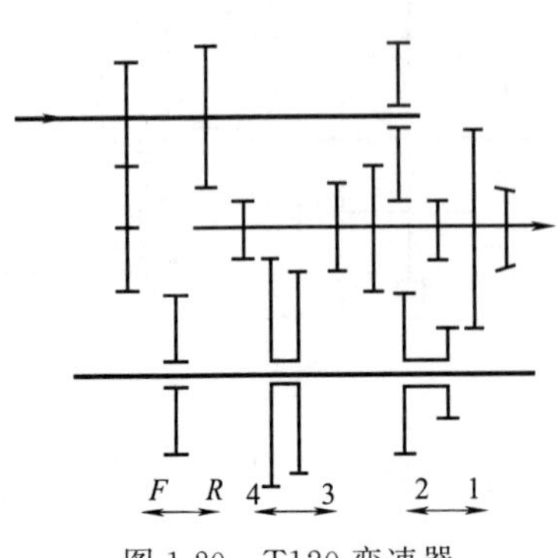

图 1-20　T120 变速器

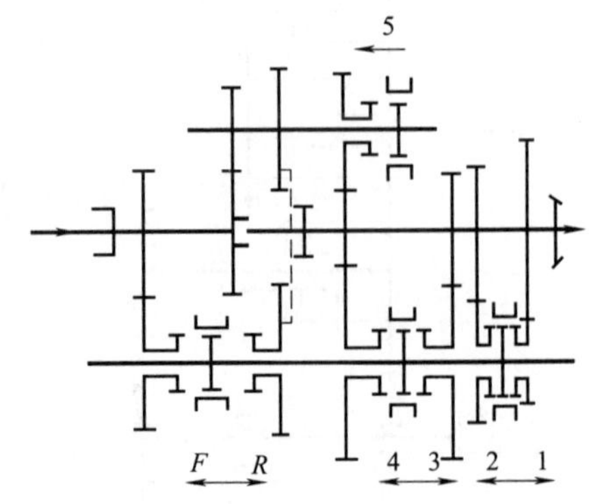

图 1-21　T160、T180 变速器

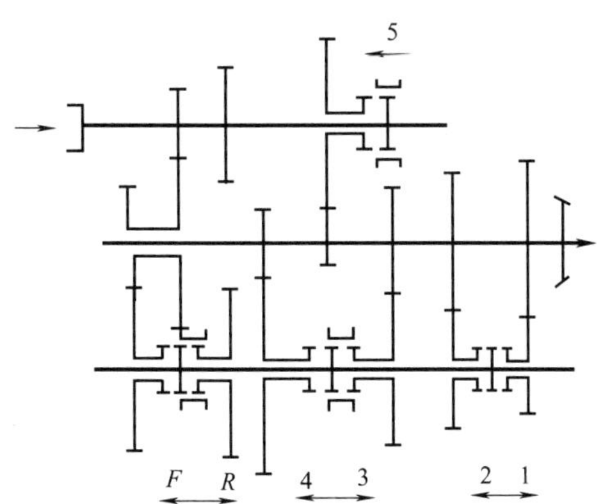

图 1-22　T200、T220 变速器

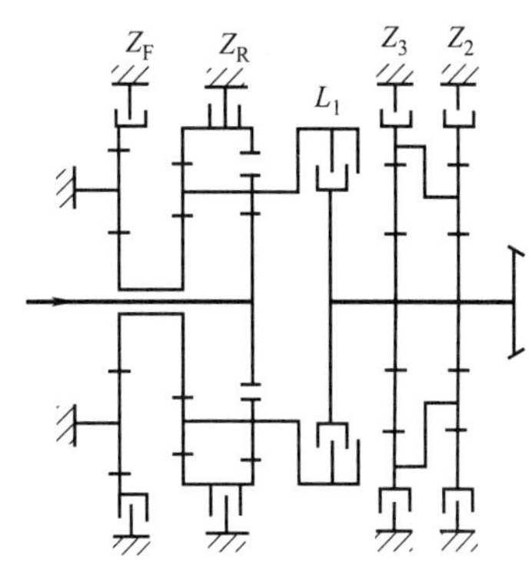

图 1-23　TY140、TY160、TY180 变速器

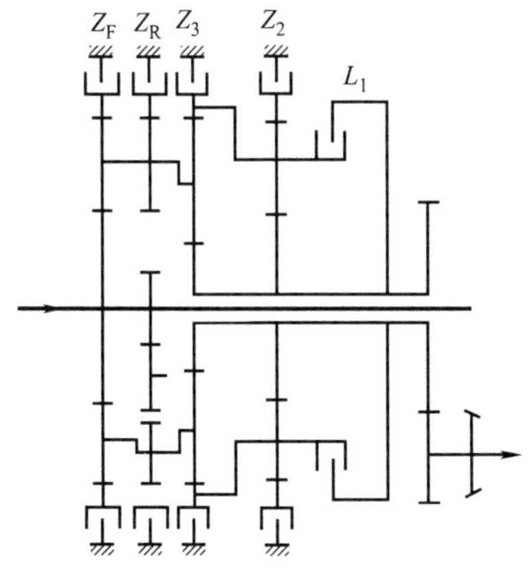

图 1-24　TY220、TY320、TY410 变速器

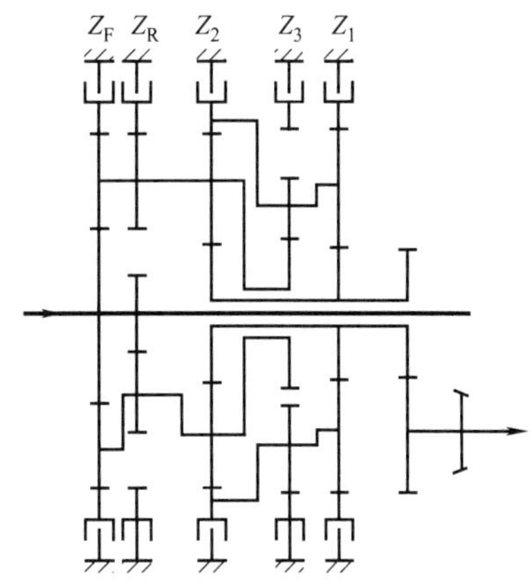

图 1-25　D6D、D7G 变速器

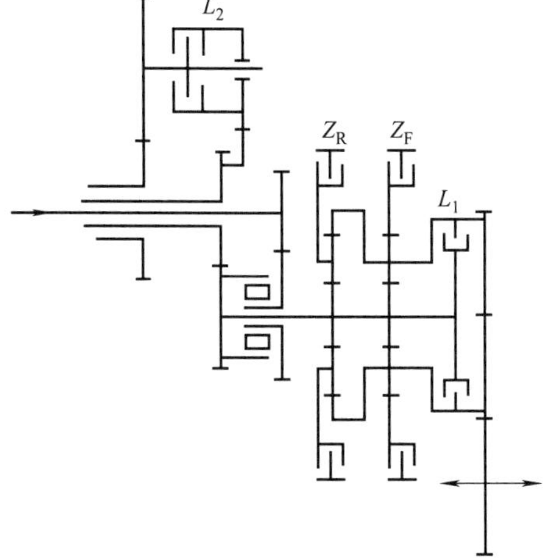

图 1-26　TL180 变速器

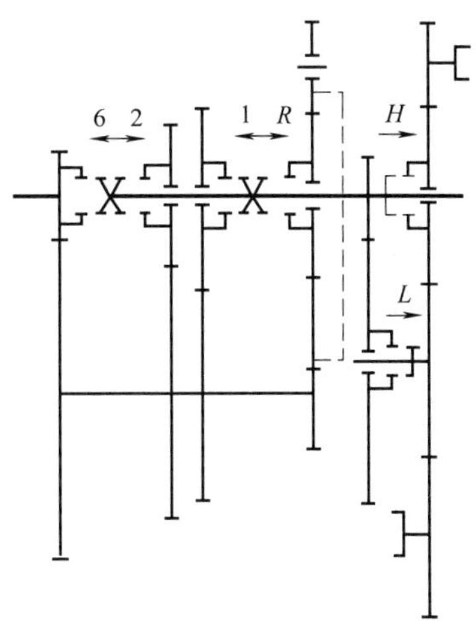

图 1-27　PY160A、PY160B 变速器

表 1-10 几种工程机械主要技术参数表[23]

主要技术参数 \ 工程机械型号 \ 顺序	1	2	3	4	5	6	7	8	9	10	11	12	13
	T140-1 型履带式推土机	TY-220 型、征山-200 型履带式推土机	T-320 型履带式推土机	TY-320 型履带式推土机	TL210A 型轮胎式推土机	CL7 型自行式铲运机	ZL30 型铰接式装载机	ZL40 型铰接式装载机	ZL50 型铰接式装载机	PY-160B 型平地机	W4-60 型液压挖掘机	YZJ10 型液压振动铰接式压路机	SD7 型高驱动轮式推土机
发动机型号	6135K-3S	6135AZK 或康明斯 NT855	6150Z	12V 135AK	6135 K-2a	6135 K-12d	6100	6120	6135 Q-1	6135K -10	4120 FT2	4135 G-4	WD 615 T6(维坊)
发动机汽缸数	6	6	6	12	6	6	6	6	6	6	4	4	6
缸径×行程/mm×mm	135×140	135×150	150×160	135×150	135×140	135×140	100×120	120×140	135×140	135×140	120×140	135×140	126×130
最大功率/(kW/r/min)	103/1500	150/1800	240/2000	245/2000	154/2200	132/2100	175/2000	104/2000	164/2200	168/2000	59/1800	175/1500	162/2100
最大力矩/(N·m)/(r/min)	660/1250	960/1400	1310/1500	1420/1400	751/1400	711/1400	370/1500	620/1300	800/1300	647/1400	360/1200	380/1250	995
最大牵引力/kN	137.5	200.6	27.6	29.7	136	—	72	108	160	80.8			198
最大行驶速度/(km/h)	10.61	9.51	12.9	11.8	42	36	32	35	35	35.1	29.1	17.8	F10.9，R13.2
轴距/mm	—	—	—	—	3470	5927	2500	2660	2760	6000	2960		—
爬坡能力/度	30°	30°	30°	30°	25°	20°	30°	30°	30°	20°	20	17.5°	
推土板尺寸/mm	3762×1037	4155×1100	4130×1590	4130×1590	3354×1230	—	—	—	—	3660×610	—	振动轮 ϕ1524×2134	4215×1130
铲斗(或挖斗)容量/m^3	—	—	—	—	—	7～9	1.5	2	3(堆尖)	—	0.6		—
装载重量/kN	—	—	—	—	—	130	30	36	50	—	—	振频 1700/min	—
机重/kN	170	246	33.7(不带松土器)	33.7(不带松土器)	174	173	92	115	165	142	136	100	240
最小离地间隙/mm	400	410	470	470	—	—		450	315	300			
最小转弯半径/mm	—	—	3800	3800	6500	14000(最小转向幅)	5065	5230(后轮外侧)	5700(后轮外侧)	8200	6500	5200	
外形尺寸/mm													
长	5486	7000	8560	8560	7390	10025	6000	6444	6760	8146	7595	5360	5910
宽	3762	4155	4130	4130	3354	3292	2350	2500	2850	2575	2750	2440	4215
高	2842	3144	3640	3640	3510	3000	2800	3170	2700	3340	3850	2410	3402
轮胎形式	—	—	—	—	23.5～25	23.5～25	14.00～24	16.00～24	24.5～25	14.00～24	12.5～20		—
轮胎气压/kPa	—	—	—	—	300～320	320～350	前 3.260 后 2.260	280	260	350			—
接地比压/kPa	65	70(不带松土器)	87	87	—	—	—	—	—	—	—		75
制造工厂	宣化工程机械厂	沈阳桥梁厂、山东推土机总厂等	上海彭浦机器厂	上海彭浦机器厂	郑州工程机械厂	郑州工程机械厂	成都工程机械厂	厦门工程机械厂	柳州、厦门工程机械厂	天津工程机械厂	贵阳矿山机器厂	洛阳建筑机械厂	宣化工程机械厂

表 1-11　几种工程机械的结构形式[23]

主要技术参数 \ 工程机械型号 \ 顺序	1	2	3	4	5	6	7	8	9	10	11	12	13
	T140-1 型履带式推土机	TY-220 型、征山-200 型履带式推土机	T-320 型履带式推土机	TY-320 型履带式推土机	TL210A 型轮胎式推土机	CL7 型自行式铲运机	ZL30 型铰接式装载机	ZL40 型铰接式装载机	ZL50 型铰接式装载机	PY-160B 型平地机	W4-60 型液压挖掘机	YZJ10 型液压振动铰接式压路机	SDT 型高驱动轮式推土机
1. 传动													
传动方式	机械式	机械式	机械式	液力机械式	液力机械式	液力机械式	液力机械式	液力机械式	液力机械式	液力机械式	机械式	液压式	液力机械式
液力变矩器形式	—	—	—	单相三元件式	三相四元件综合式	三相四元件综合式	双涡轮式	双涡轮式	双涡轮式	三相四元件式	—	—	单相三元件式
闭锁离合器	—	—	—	无		湿式单片	无	无	无	有	—	无	
主离合器形式		湿式三片	湿式四片	无	无	无	无	无	无	干式单片	干式双片	—	无
变速箱形式				行星式	定轴式	行星式	行星式	行星式	行星式				行星式
换挡动力	人力	人力	人力	油压动力换挡	油压动力换挡	油压动力换挡	油压动力换挡	油压动力换挡		油压动力换挡	人力		油压动力换挡
换挡方式(或元件)	滑动齿轮	套合器	套合器	摩擦副	摩擦副	摩擦副	摩擦副	摩擦副	摩擦副	套合器	套合器	摩擦副	
前进挡数	5	5	6	3	4	4	2	2	2	6	5		3
倒退挡数	4	4	4	3	4	2	1	1	1	2	1		3
2. 转向													
转向方式	转向离合器式	转向离合器式	转向离合器	转向离合器	铰接	铰接	铰接	铰接	铰接	前轮＋后轮	前轮偏转	铰接	转向离合器
转向器形式	干式多片	湿式多片	湿式多片	湿式多片	BZZ1-1000	球面蜗杆滚轮式		循环球齿条齿扇式	循环球齿条齿扇式	转向辅助器		转向辅助器	
转向传动装置	油压随动	油压单作用(或双作用)	油压单作用	油压单作用	油压随动	油压随动	油压随动	油压随动	油压随动	油压随动	油压随动		油压
3. 制动													
主制动器形式	带式浮式	带式浮式	带式浮式	带式浮式	钳盘式	蹄式	钳盘式	钳盘式	钳盘式	自动增力蹄式	蹄式		多片盘式
制动驱动形式	人力杠杆	人力杠杆	油压助力	油压助力	气助力油压	气压		动力油压	气助力油压或动力油压	气助力油压	气压		液压
4. 工作装置													
工作装置操纵形式	油压	油压	油压	油压	油压	油压	油压	油压	油压	油压	油压	油压	液压

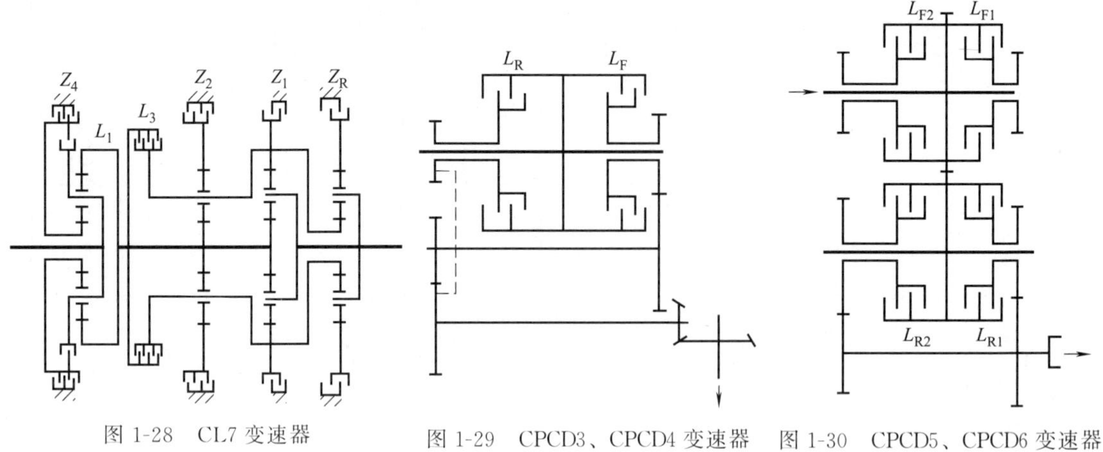

图 1-28　CL7 变速器　　图 1-29　CPCD3、CPCD4 变速器　　图 1-30　CPCD5、CPCD6 变速器

1.5　供设计者参考的几个数据表

（1）动力换挡行星变速器传动范围，国内外统计值见表 1-12。

表 1-12　动力换挡行星变速器传动比范围

机种		国内	国外
装载机	配单涡轮变矩器 双涡轮变矩器 双导轮变矩器	2.7～6.8 3.33～3.73	3.17～7.48 2.9～3.8
叉车	配单涡轮变矩器 双涡轮变矩器	2.1～2.5 —	2～3.1 2.73～2.9
推土机① 铲运机① 平地机①		3.3～3.7 5.29～ —	2.8～4 5.29～16 8.3～11

① 均为配单涡轮变矩器

（2）表 1-13 为天津工程机械研究所单、双涡轮系列变矩器的高效率传动范围和国外变矩器高效率传动范围统计值。效率取为 0.75（括号内效率取为 0.7）。

表 1-13　变矩器高效率传动范围

传动范围 d_B \ 组号	国内 1	2	3	4	5	6	7	8	国外
单涡轮变矩器	2.5	2.29	2.38	2.29	2.19	2.14	1.99	2	2～2.6
双涡轮变矩器	3.32 (4.86)	3.34 (4.8)	3.69 (4.87)	3.19 (4.46)	3.8 (4.77)	3.09 (4.44)	3 (4.173)	2.8 (3.83)	3 左右 (4.5 左右)

（3）表 1-14 为国外几大公司动力换挡变速器转速比公比统计值

（4）国外几大公司行星传动部分前进Ⅰ挡转速比统计值，见表 1-15。

表 1-14 行星变速器转速比公比

机型 \ 公司		美国阿里森(Allison)	美国卡特彼勒(Caterpillar)	日本小松(KOMATSU)
装载机	单涡轮变矩器	1.67～2.9	1.72～1.9	1
	双涡轮变矩器	2.9～3.8	1	1
叉车	单涡轮变矩器	2.9	1	
	双涡轮变矩器	3.73左右	1	1
推土机		1.67～1.82	1.58～1.8	1.61～1.78
铲运机		1.4～1.95	1.25～1.8	
平地机			1.36～1.57	

表 1-15 前进Ⅰ挡转速比

前进挡位数 \ Ⅰ挡转速比 \ 公司		美国阿里森	美国卡特彼勒	日本小松
前进2个挡位	单涡轮	2.9左右 1.64	1	1
	双涡轮	3.9	1	1
前进3个挡拉		3～8	1.22～4.08	2.07～3.45
前进4个挡位		3.8～4	4.08～5.6	3.62～7.76
前进6个挡位		3.81～4	2.1～2.3	5.33

(5)美国卡特彼勒公司和日本小松公司的功率等级与对应模数、内齿圈齿数统计值，见表1-16。

表 1-16 功率与模数、齿数对应值

美国卡特彼勒公司(Caterpillar)

轮式装载机 型号	轮式装载机 kW/(r/min)	履带推土机 型号	履带推土机 kW/(r/min)	内齿圈齿数	模数/mm
920	58.82/2200	D4E	55.15/2000	74、75、77	2.12
930	73.53/2200				
950B	113.97/2200			83、84	2.54
966D	147.06/2200			90	
		D5B	77.21/1750	81、82、84	
980C 988B	198.53/2100 275.74/2200			88、90	3.175
		D6D D7G	102.94/1900 147.06/2000	80	
		D8L D9L	246.32/1900 238.24/1900	84、90	
992C	507.35/2200				4.2
		D10	514.71/1800		

日本小松公司(Komatsu)

履带推土机 型号	履带推土机 kW/(r/min)	内齿圈齿数	模数/mm
D53A	80.88/1900	78	2.5
D65A	102.94/1850	72、78、79	3
D65E	113.97/1850		
D85A	161.76/1800	81	4
D85E	161.76/1800		
D155A	235.29/2000		
D355	301.47/2000	81、84	4.5
D455	455.88/2000		

(6)图1-31所示为日本小松公司履带推土机的行星变速器的 m、$(d)_b$ 和发动机功率的关系图。可供设计时参考。

从图中可以看出，在一定的马力范围，变速器 m 和 $(d)_b$ 数值的选取是一样的，这说明该公司的行星变速器在一定功率范围内是可以通用的，这样可以避免品种规格过多。

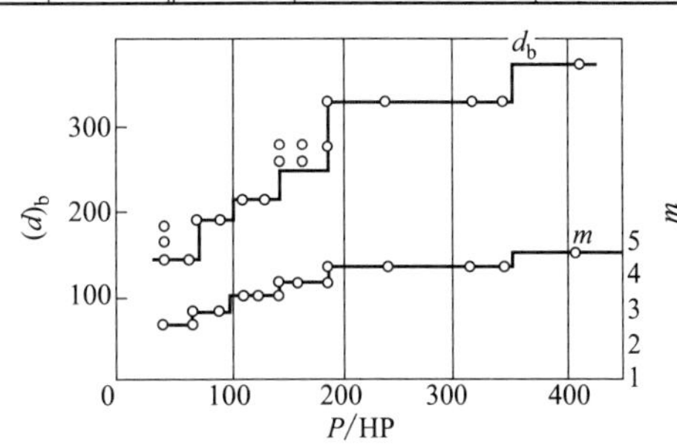

图 1-31 日本小松推土机 m、$(d)_b$ 与功率关系曲线

（7）德国 ZF 公司的动力换挡变速器

① 按最大行驶速度，工程机械一般分为：低速 $V_{max}\leqslant 20km/h$ 的，如挖掘机、履带拖拉机、平板拖车、叉车、轮式压路机等；中速 $V_{max}\leqslant 40km/h$ 的，如轮式装载机、平地机、起重机等；高速 $V_{max}>40km/h$ 的，如翻斗车、轮式推土机等。这些工程机械对变速器的要求是：质量好、可靠性高、寿命长、各速度挡都能全功率换挡、噪声低、能从 1 挡或 2 挡直接换为倒挡等。根据三种最大行驶速度范围，工程机械对变速器的具体要求见表 1-17。

表 1-17　对动力换挡变速器的要求

项目＼要求＼速度		低速 $V_{max}\leqslant 20km/h$	中速 $V_{max}\leqslant 40km/h$	高速 $V_{max}>40km/h$
挡位数	前进	2 或 3 挡	3 或 4 或 6 挡	4 或 6 挡
	倒退	2 或 3 挡	最多 3 挡	最多 3 挡
是否整挡均为动力换挡		是	是	是
要用变矩器或湿式离合器		变矩器（$K_0=2\sim3.5$）	变矩器（$K_0=3.5\sim3.0$）部分带有制动器，导轮装有单向离合器	变矩器带有单向离合器和自动闭锁离合器
是否有分动齿轮箱		无，但也可带一个中心距很小的简单齿轮箱	有，带前后桥脱开装置	有，带前后桥脱开装置或带 1∶1 或 1∶2 的轴间差速器
是否带动力输出箱		至少有一个（全转矩）	至少有一个（全转矩）	至少有两个（全转矩）
该箱是否可换挡		不可以	至少有一个可换挡	均可换挡
是否有停车制动器		无	有	有
是否有紧急转向泵		无	50%	100%
变矩器是否分离安装		否	50%	80%
是否有第三制动系统		无	50%	100%
是否采用电控系统		30%	60%	100%
是否有转速表驱动装置		有	有	有

② 变速器的结构　变速器的结构如图 1-32 所示，其是由若干个动力换挡齿轮机构组成，在工作方式上与以前车辆上用的传动箱无太大差别，至少有 3 个前进挡 3 个倒挡，也可扩展为 6 个前进挡 3 个倒挡。设计时把变速器箱壳制成整体式的，可以减少零部件数量和加工面。箱体箱壳内有一个液力变矩器、一个带齿轮泵的吸油法兰、三个双离合器总成及相应的齿轮机构。这种离合器允许各挡在全功率下换挡，而且可以从 1 挡或 2 挡换为倒挡。部分齿轮箱用液压操纵，各种型号的变速器的液压操纵都相同，可以互换，只是在装配方法上有一些不同。

表 1-18 列出了在各种工况下可选用的传动比。其中 6 挡动力换挡变速器各挡传动比之间的级差很小，使发动机转速能适应各种地形条件，特别适用于翻斗车或起重机底盘。

表 1-18　传动比

	排挡	3 挡			4 挡		6 挡	
前进	1 挡	3.6	5.099	5.986	5.099	5.986	5.986	5.986
	2 挡	2.594	2.594	2.594	2.594	2.594	3.42	3.904
	3 挡	1.178	1.178	1.178	1.178	1.178	2.594	2.594
	4 挡	—	—	—	0.672	0.672	1.48	1.692
	5 挡	—	—	—	—	—	1.178	1.178
	6 挡	—	—	—	—	—	0.672	0.768
倒退	1 挡	3.6	5.099	5.986	5.986	5.986	5.986	5.986
	2 挡	2.594	2.594	2.594	2.594	2.594	2.594	2.594
	3 挡	1.178	1.178	1.178	1.178	1.178	1.178	1.178

挡位数	2挡	3挡	4或6挡
WG121 和 WG181 系列	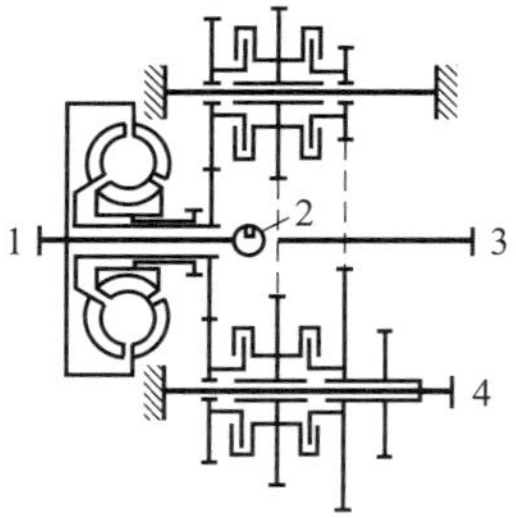	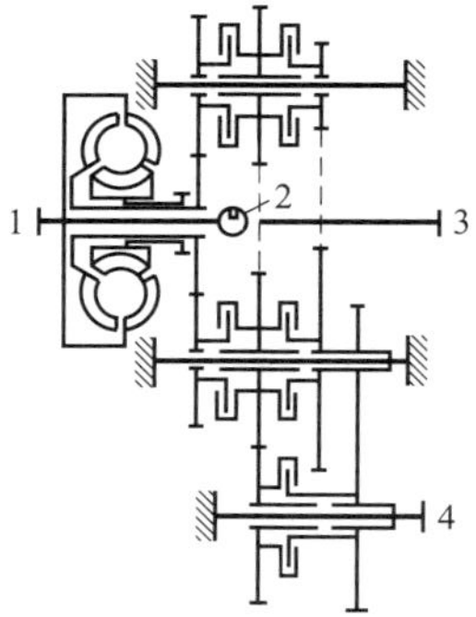	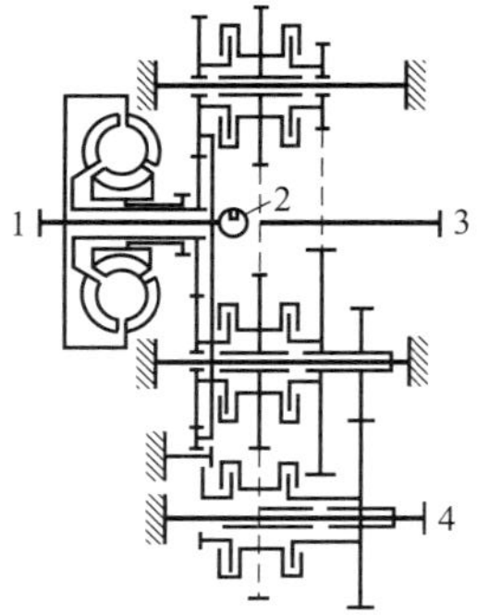
		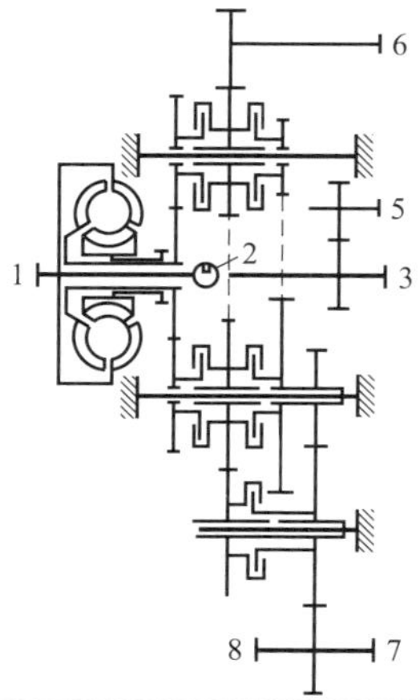	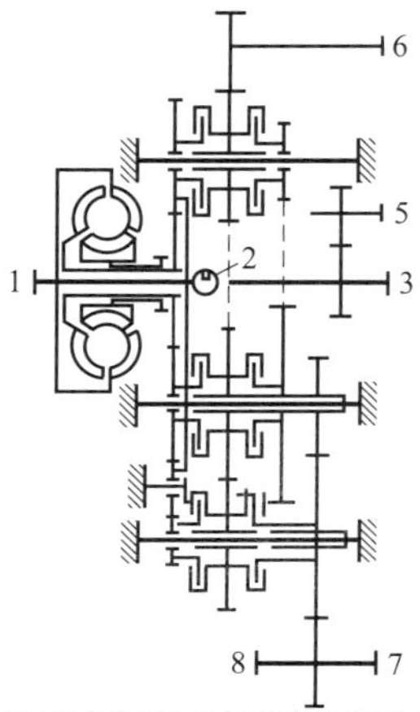

图 1-32　ZF 公司动力换挡变速箱

1—输入轴；2—液压泵；3—功率输出轴(从发动机获得动力)；4—输出轴；5—可选用的动力输出轴；
6—功率输出轴(从变速箱获得动力)；7—前轿驱动轴；8—后轿驱动轴

（8）美国阿里森（Allison）公司行星动力换挡变速器　美国阿里森公司是世界上驰名的变速器专业生产厂之一。该公司生产的2000～8000系列的行星动力换挡变速器主要用于工程机械和建筑机械等设备。轮式装载机行星变速器，图1-33（a）所示系美国阿里森公司生产的轮式装载机行星变速器传动简图，具有两个前进挡和一个倒退挡；图1-33（b）所示具有三个前进挡和三个倒退挡。

阿里森公司生产的部分行星动力换挡变速器型号及主要性能见表1-19。

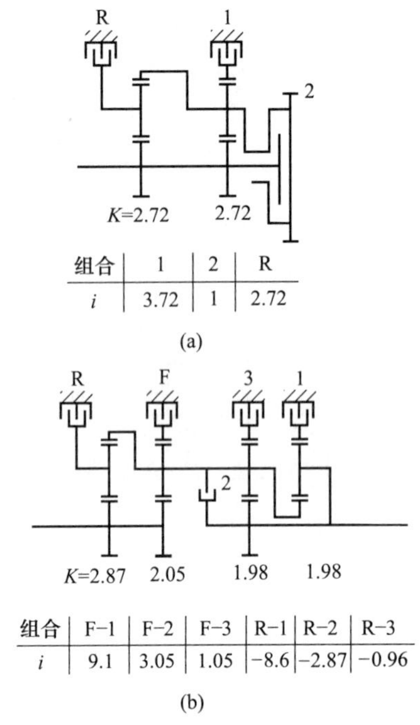

图1-33　美国阿里森轮式装载机行星变速器传动简图

表1-19　美国阿里森公司部分行星动力换挡变速器系列

系列	型号	形式	适用功率/HP	挡数		最大输入转速/(r/min)	输入转矩 T_{max}/(N·m)	最大变矩比 K_0
				前进	倒退			
TT	1120-1	长悬箱式	70～110	2	1	3000	249	4.44
	2420-1	长悬箱式	100～150	2	1	3000	346	4.8/6.69
	2420-1	长悬箱式	100～150	2	1	3000	346	4.8/5.05
TRT	2210-3	短悬箱式	150	1	1	3000	348	4.8～6.69
	2220-1	长悬箱式	150	2	2	3000	346	4.8～6.69
	2220-3	短悬箱式	150	2	2	3000	346	4.8～6.69
	2420-1	长悬箱式	150	2	2	3000	346	5.05
	4420-1	长悬箱式	275	2	2	2800	622	4～6.45
	4421	长悬箱式	325	2	2	2800	760	4～6.45
CCT	3341	直连式	100～175	4	2	3000	481	2.88～3.5
	3361	直连式	100～175	6	1	3000	484	2.88
	3441	直连式	150～200	4	2	3000	554	2.88
	3461	直连式	150～200	6	1	3000	554	2.88～3.51
CT	3341-7	悬箱式	100～175	4	2	3000	484	2.88～3.51
	3361-7	悬箱式	100～175	6	1	3000	484	2.88～3.51
	3441-7	悬箱式	150～200	4	2	3000	554	2.88
	3461-7	悬箱式	150～200	6	1	3000	554	2.88

1.6　行星动力变速器设计实例

设计实例的结构图，见图1-34～图1-36。行星排特性参数见表1-20。

表 1-20　行星排特性参数

行星排	齿轮	齿数 z	模数 m	变位系数 x	分度圆直径 d	顶圆直径 da	测量参数 W_K M	中心距 a	行星排特性 K	行星轮个数 n_p
第Ⅰ行星排	太阳轮	30	$m=3$	0.235	90	97.2h9	$K=4, W_K=32.74$	$a_1=76.5$ ±0.0150	$K_1=\frac{70}{30}=2.3333$	$n_p=5$
	行星轮	20		0.3	60	67.6h9	$K=3, W_K=23.597$			
	内齿圈	70		0.835	210	208.8H9	$d_m=6, M_{max}=204.059$ $M_{min}=203.815$			
第Ⅱ行星排	太阳轮	28	$m=3$	0.532	84	93h9	$K=4, W_K=33.257$	$a_2=84$ ±0.0175	$K_2=\frac{82}{28}=2.9286$	$n_p=5$
	行星轮	27		0	81	86.8h9	$K=4, W_K=32.132$			
	内齿圈	82		0.532	246	243H9	$d_m=6.0$ $M_{max}=238.219$ $M_{min}=237.928$			
第Ⅲ行星排	太阳轮	28	$m=3$	0.532	84	93h9	$K=4, W_K=33.257$	$a_3=84$ ±0.0175	$K_3=\frac{82}{28}=2.9286$	$n_p=5$
	行星轮	27		0	81	86.8h9	$K=4, W_K=32.132$			
	内齿圈	82		0.532	246	243H9	$d_m=6.0, M_{max}=242.219$ $M_{min}=237.928$			
第Ⅳ行星排	太阳轮	37	$m=3$	0.2302	111	118.2h9	$K=5, W_K=41.880$	$a_4=91.5$ ±0.0175	$K_4=\frac{83}{37}=2.2432$	$n_p=5$
	行星轮	23		0.3	69	76.6h9	$K=4, W_K=32.579$			
	内齿圈	83		0.832	249	247.8H9	$d_m=6.5$ $M_{max}=240.990$ $M_{min}=240.734$			

传动线的传动比：

1. 前进一挡　$i_1=1+K_3=1+82/28=3.9286$（制动Ⅲ）
2. 前进二挡　$i_2=\frac{(1+K_2)(1+K_3)}{1+K_2+K_3}=2.251$（制动Ⅱ）
3. 前进三挡　$i_3=\frac{(1+K_3)(1+K_1+K_2)}{1+K_1+K_2+K_3+K_1K_3}=1.535$（制动太阳轮Ⅰ）
4. 前进四挡（直接挡）　$i_4=1$
5. 前进五挡　$i_5=\frac{(1+K_1)(1+K_3)}{1+K_1+K_2+K_3+K_1K_3}=0.817$
6. 前进六挡　$i_6=\frac{(1+K_3)}{(1+K_2+K_3)}=0.573$
7. 倒挡　$i_7=1-K_3K_4=1-2.9286\times2.2432=-5.569$　（制动Ⅳ）

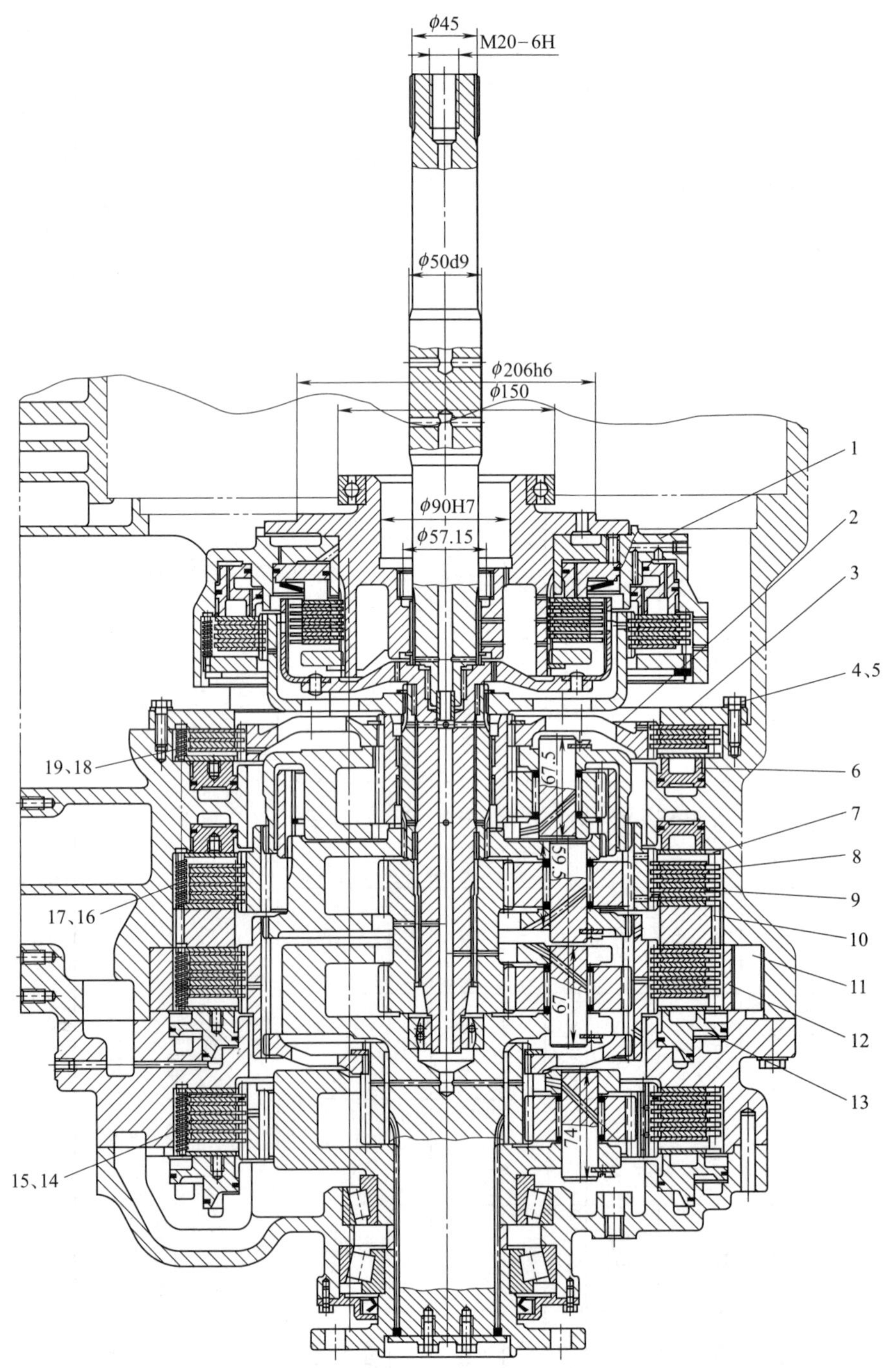

φ45
M20-6H
φ50d9
φ206h6
φ150
φ90H7
φ57.15
67.5
59.5
67
74
1
2
3
4、5
6
7
8
9
10
11
12
13
19、18
17、16
15、14

图 1-34　行星动力变

技术参数

1. 发动机功率 290～320HP（213～235kW）
2. 发动机最大转矩 $T \geqslant 1150\text{N}\cdot\text{m}$
3. 发动机最大转矩点为 $n=1500\text{r/min}$ 左右
4. 涡轮轴最大输出转矩 $T_{max}=2400\text{N}\cdot\text{m}$

传动线传动的传动比

行星排参数							
行星排号	齿圈齿数	太阳轮齿数	行星轮齿数	行星排特性 K	齿轮模数	中心距	行星轮个数
一排	70	30	20	2.333	3	76.5	5
二排	82	28	27	2.928	3	84	
三排	82	28	27	2.928	3	84	
四排	83	37	23	2.243	3	91.5	

挡位	传动比
前进一挡	$i_1=1+K_3=1+82/28=3.9286$
前进二挡	$i_2=\dfrac{(1+K_2)(1+K_3)}{1+K_2+K_3}=2.251$
前进三挡	$i_3=\dfrac{(1+K_3)(1+K_1+K_2)}{1+K_1+K_2+K_3+K_1K_3}=1.535$
前进四挡	$i_4=1$（直接挡）
前进五挡	$i_5=\dfrac{(1+K_1)(1+K_3)}{1+K_1+K_2+K_3+K_1K_3}=0.817$
前进六挡	$i_6=\dfrac{(1+K_3)}{(1+K_2+K_3)}=0.573$
倒挡	$i_7=1-K_3K_4=-5.569$

序号	名称	数量	材料	重量 单件	重量 总计	备注
19	回位弹簧导杆	10	45	0.003	0.03	
18	一排活塞回位弹簧	10	65Mn	0.002	0.02	
17	回位弹簧导杆	10	45	0.005	0.05	
16	二排活塞回位弹簧	10	65Mn	0.004	0.04	
15	回位弹簧导杆	20	45	0.0006	0.012	
14	三、四排活塞回位弹簧	20	65Mn	0.005	0.1	
13	制动三、四活塞总成	2	组合件	0.958	1.916	
12	第三行星排制动座	1	6063	3.4	3.4	
11	平键	4	45	0.2	0.8	
10	二至三制动间隔板	1	6063	2.7	2.7	铝镁合金
9	制动摩擦片	21	组合件	0.054	1.134	
8	制动钢片(二)	16	50	0.082	1.312	
7	制动钢片(一)	7	50	0.084	0.588	
6	制动一、二活塞总成	2	组合件	0.717	1.434	
5	垫圈 8	14	65Mn	0.0003	0.0042	
4	螺栓 M8×25	14	8.8	0.07	0.98	
3	制动一背板	1	50	6	6	
2	行星排总成	1	组合件	80.106	80.106	
1	闭锁离合器总成	1	组合件	58.534	58.534	

速器（六进一退）

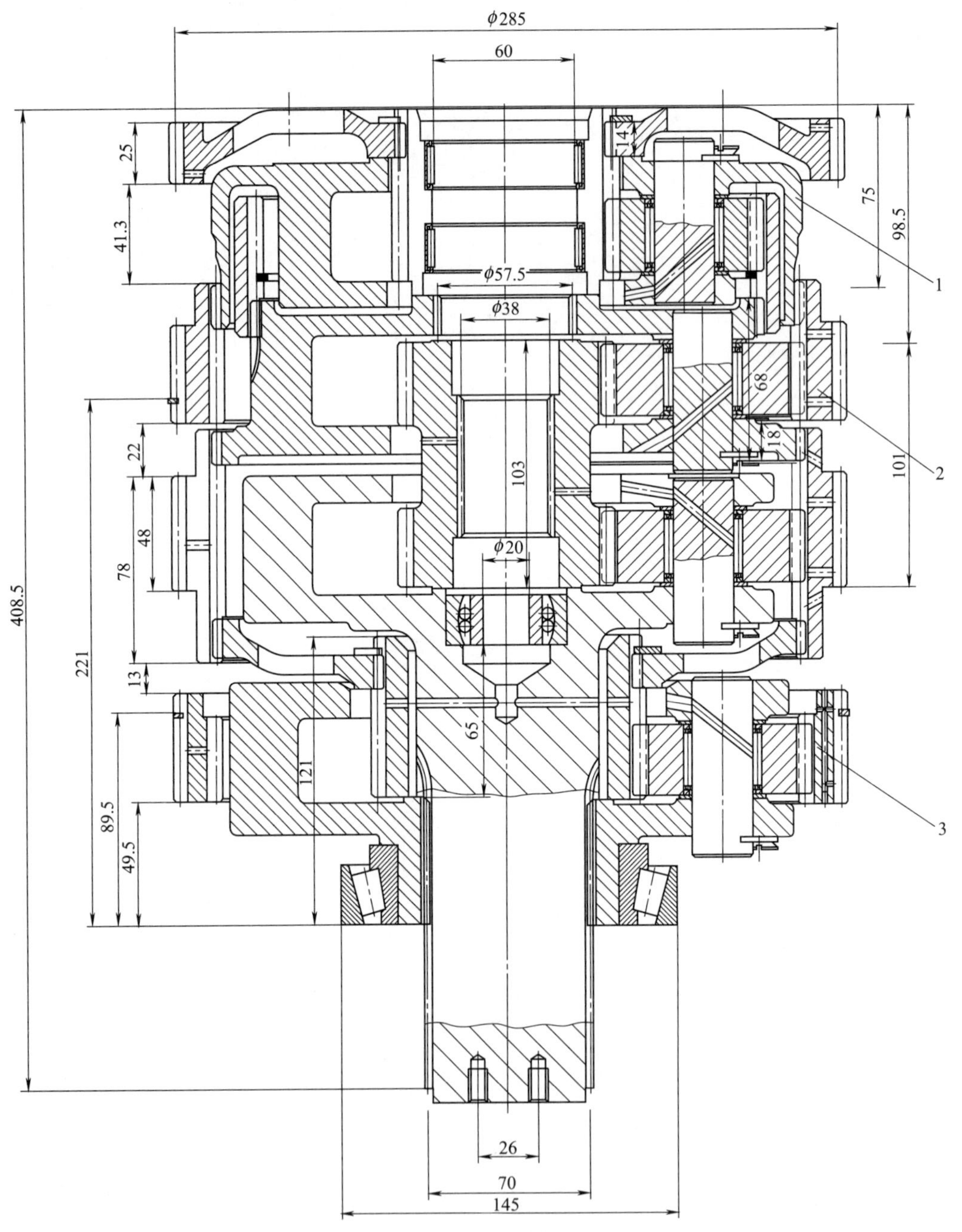

3	第四行星排总成	1	组合件	24.982	24.982	
2	第二、三行星排总成	1	组合件	41.77	41.77	
1	第一行星排	1	组合件	19.354	19.354	
序号	名称	数量	材料	单件	总计	备注
				重量		

图 1-35　行星排总成

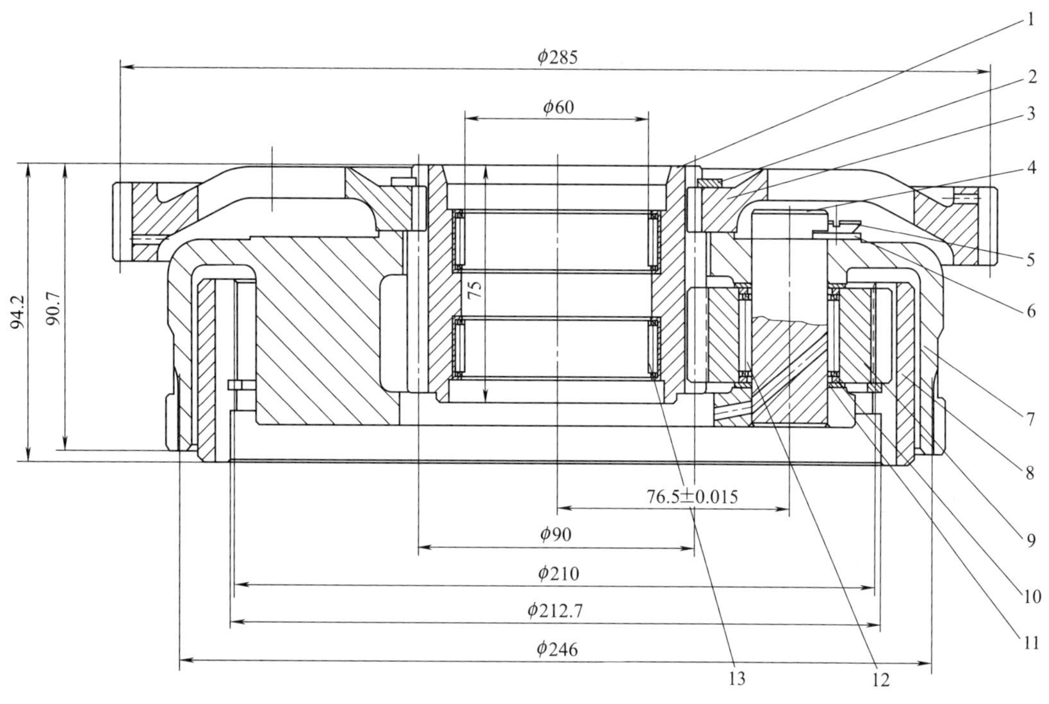

技术要求

行星齿轮装配后单侧向间隙在 0.2～0.4 之间。

序号	名称	数量	材料	重量 单件	重量 总计	备注
13	滚针轴承 K60×68×20	2	组合件	0.079	0.158	
12	滚针轴承 K25×33×25K	5	组合件	0.04	0.2	
11	止推垫	10	填充 15%石墨聚酰亚胺	0.002	0.02	
10	滚针轴承调整环	10	GCr15	0.004	0.04	
9	第一行星排行星轮	5	20CrNiMo	0.65	3.25	
8	第一行星排内齿圈总成	1	焊接件	2.8	2.8	
7	行星架	1	ZG40Cr	6.2	6.2	
6	行星齿轮轴止动板	5	Q235A	0.007	0.035	
5	开槽沉头螺钉 M8×8	10	5.8	0.001	0.01	
4	行星齿轮轴	5	20CrNiMo	0.12	0.6	
3	制动一制动鼓	1	42CrMo	4.7	4.7	
2	挡圈 95	1	65Mn	0.041	0.041	
1	第一行星排太阳轮	1	20CrMnMo	1.3	1.3	

图 1-36　第一行星排

第2章 推土机变速器

2.1 主要类型和基本参数

推土机可分为履带推土机和轮式推土机两种。我国主要生产履带推土机，生产轮式推土机的厂家较少。

履带推土机采用两种型式的变速器：一种是机械换挡变速器，前进五挡，倒退四挡；一种是行星式动力换挡变速器，前进三挡，倒退三挡。机械换挡变速器通过联轴器与主离合器相连。行星式动力换挡变速器通过联轴器与变矩器相连。

轮式推土机采用动力换挡变速器，有行星式和定轴式两种。行星式动力换挡变速器前进三挡，倒退两挡。定轴式动力换挡变速器前进四挡，倒退四挡。

表2-1为我国推土机变速器的主要类型和基本参数。

表2-1 国产推土机变速器的主要类型和基本参数[4]

序号	主机	主机型号	(主机功率/转速)/[kW/(r/min)]	变速器型式	传动比									生产厂
					前进					倒退				
					1	2	3	4	5	1	2	3	4	
1	履带推土机	T120	88/1500	机械换挡	3.00	1.88	1.31	0.91	0.65	2.50	1.56	1.09	0.76	青海齿轮厂
2		T160	118/1850		2.41	1.71	1.19	0.85	0.58	1.85	1.32	0.92	0.65	青海齿轮厂
3		T180	128/1850		2.41	1.71	1.27	0.85	0.58	1.85	1.32	0.98	0.65	青海齿轮厂
4		T200	158/1800		2.52	1.67	1.20	0.84	0.62	1.92	1.28	0.91	0.62	青海齿轮厂
5		T220	162/1800		2.04	1.42	0.97	0.66	0.52	1.71	1.19	0.82	0.55	四川齿轮厂
6		TY140	104/1900	行星式动力换挡	1.50	0.85	0.54			1.24	0.70	0.44		青海齿轮厂
7		TY160	118/1850		2.08	1.18	0.71			1.60	0.90	0.55		青海齿轮厂
8		TY180	128/1850		2.08	1.18	0.71			1.60	0.90	0.55		青海齿轮厂
9		TY220	1621/1800		2.33	1.24	0.68			1.93	1.03	0.56		青海、四川齿轮厂
10		TY320	235/2000		2.76	1.46	0.80			2.28	1.21	0.66		青海、四川齿轮厂
11		TY410	302/2000		3.23	1.71	0.94			2.67	1.42	0.77		青海齿轮厂
12		D6D	103/1900		1.50	0.85	0.54			1.24	0.70	0.44		四川齿轮厂
13		D7G	147/2000		1.80	1.02	0.65			1.50	0.84	0.53		四川齿轮厂
14	轮式推土机	TL180	140/2100	行星式动力换挡	2.16	0.58	0.55			1.58	1.51			厦门工程机械股份公司
15		TL180	132/2000	定轴式动力换挡	4.98	2.51	1.15	0.58		4.98	2.51	1.15	0.58	郑州工程机械厂
16		TL210A	154/2200		4.98	2.51	1.15	0.58		4.98	2.51	1.15	0.58	郑州工程机械厂

2.2 推土机变速器典型结构

2.2.1 T160、T180推土机变速器

图2-1为该变速器的传动简图。

变速器传动比计算公式见表2-2。

该变速器为前进五挡，倒退四挡机械换挡变速器。变速器由四根轴，十六个齿轮和四个啮合套组成。四根轴包括输入轴，输出轴，中间轴和副轴。输入轴和输出轴在同一轴线上，输出轴的一端支承在输入轴的齿轮上。该变速器为常啮合齿轮，可提高齿轮的强度和寿命。采用啮合套换挡，换挡时可减少噪声和动载荷。三个啮合套毂通过花键固定在副轴上，一个啮合套毂通过花键固定在中间轴上。四个啮合套分别与四个啮合套毂啮合。齿轮 z_B 与输入轴连成一体，齿轮 z_A 通过花键固定在输入轴上。六个空套齿轮 z_H、z_I、z_J、z_K、z_L、z_M 通过轴承支承在副轴上。输出轴与小螺旋锥齿轮 z_Q 连成一体。

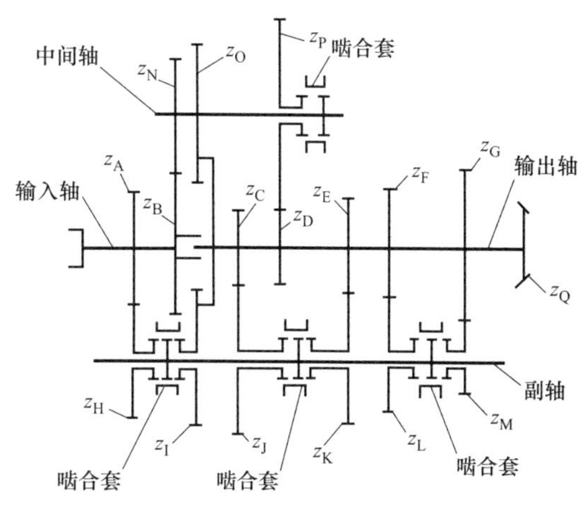

图2-1　T160、T180推土机变速器传动简图

T160推土机变速器和T180推土机变速器的结构相同。仅一对齿轮的齿数不同。见表2-3。

表2-2　T160、T180推土机变速器传动比计算公式

挡位		啮合套	传动比计算公式	传动比	
				T160	T180
前进	Ⅰ	左移15,右移13	$i_{F1}=\frac{z_H}{z_A}\cdot\frac{z_G}{z_M}$	2.41	2.41
	Ⅱ	左移15,左移13	$i_{F2}=\frac{z_H}{z_A}\cdot\frac{z_F}{z_L}$	1.71	1.71
	Ⅲ	左移15,右移14	$i_{F3}=\frac{z_H}{z_A}\cdot\frac{z_E}{z_K}$	1.19	1.27
	Ⅳ	左移15,左移14	$i_{F4}=\frac{z_H}{z_A}\cdot\frac{z_C}{z_J}$	0.85	0.85
	Ⅴ	左移4	$i_{F5}=\frac{z_N}{z_B}\cdot\frac{z_D}{z_P}$	0.58	0.58
倒退	Ⅰ	右移15,右移13	$i_{R1}=\frac{z_N}{z_B}\cdot\frac{z_I}{z_O}\cdot\frac{z_G}{z_M}$	1.85	1.85
	Ⅱ	右移15,左移13	$i_{R2}=\frac{z_N}{z_B}\cdot\frac{z_I}{z_O}\cdot\frac{z_F}{z_L}$	1.32	1.32
	Ⅲ	右移15,右移14	$i_{R3}=\frac{z_N}{z_B}\cdot\frac{z_I}{z_O}\cdot\frac{z_E}{z_K}$	0.92	0.98
	Ⅳ	右移15,左移14	$i_{R4}=\frac{z_N}{z_B}\cdot\frac{z_I}{z_O}\cdot\frac{z_C}{z_J}$	0.65	0.65

表 2-3 T160 推土机和 T180 推土机变速器的差别

机型	T160	T180
三挡主动齿轮 K 的齿数 z_K	27	28
三挡从动齿轮 E 的齿数 z_E	34	33

2.2.2 T220 推土机变速器

图 2-2 为该变速器的传动简图。

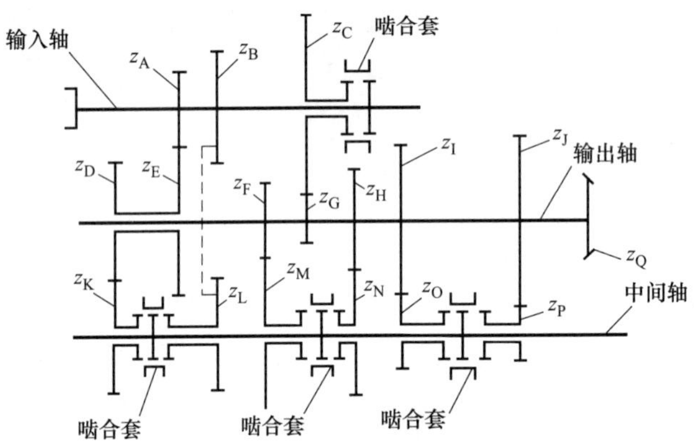

图 2-2 T220 推土机变速器传动简图

变速器传动比计算公式见表 2-4。

表 2-4 T220 变速器传动比计算公式

挡位		啮合套	传动比计算公式	传动比
前进	Ⅰ	左移 15,右移 13	$i_{F1}=\frac{z_E}{z_A}\cdot\frac{z_K}{z_D}\cdot\frac{z_J}{z_P}$	2.04
	Ⅱ	左移 15,左移 13	$i_{F2}=\frac{z_E}{z_A}\cdot\frac{z_K}{z_D}\cdot\frac{z_I}{z_O}$	1.42
	Ⅲ	左移 15,右移 14	$i_{F3}=\frac{z_E}{z_A}\cdot\frac{z_K}{z_D}\cdot\frac{z_H}{z_N}$	0.97
	Ⅳ	左移 15,左移 14	$i_{F4}=\frac{z_E}{z_A}\cdot\frac{z_K}{z_D}\cdot\frac{z_F}{z_M}$	0.66
	Ⅴ	左移 6	$i_{F5}=\frac{z_G}{z_C}$	0.52
倒退	Ⅰ	右移 15,右移 13	$i_{R1}=\frac{z_L}{z_B}\cdot\frac{z_J}{z_P}$	1.71
	Ⅱ	右移 15,左移 13	$i_{R2}=\frac{z_L}{z_B}\cdot\frac{z_I}{z_O}$	1.19
	Ⅲ	右移 15,右移 14	$i_{R3}=\frac{z_L}{z_B}\cdot\frac{z_H}{z_N}$	0.82
	Ⅳ	右移 15,左移 14	$i_{R4}=\frac{z_L}{z_B}\cdot\frac{z_F}{z_M}$	0.55

该变速器为前进五挡，倒退四挡机械换挡变速器。该变速器由三根轴（输入轴，输出轴，中间轴），十五个齿轮和四个啮合套组成。该变速器为常啮合齿轮，这可提高齿轮的强度和寿命。采用啮合套换挡，换挡时可减少噪声和动载荷。带有外齿的三个啮合套毂通过花键固定在中间轴上。带有外齿的一个啮合套毂通过花键固定在输入轴上。带有内齿的四个啮

合套与四个啮合套毂啮合并可随拨叉移动。

齿轮 z_E 和齿轮 z_D 为双联齿轮，通过轴承空套在输出轴上。齿轮 z_C 通过轴承空套在输入轴上。齿轮 z_K，z_L，z_M，z_N，z_O，z_P 均通过轴承空套在中间轴上。齿轮 z_A，z_B 通过花键固定在输入轴上。齿轮 z_F、z_G、z_H、z_I，z_J 通过花键固定在输出轴上。输出轴与小螺旋锥齿轮 z_Q 连成一体。

2.2.3 TY160、TY180 推土机变速器

该变速器通过传动轴与液力变矩器相连。变矩器直接与发动机相连。

图 2-3 为变矩器—变速器的传动简图。

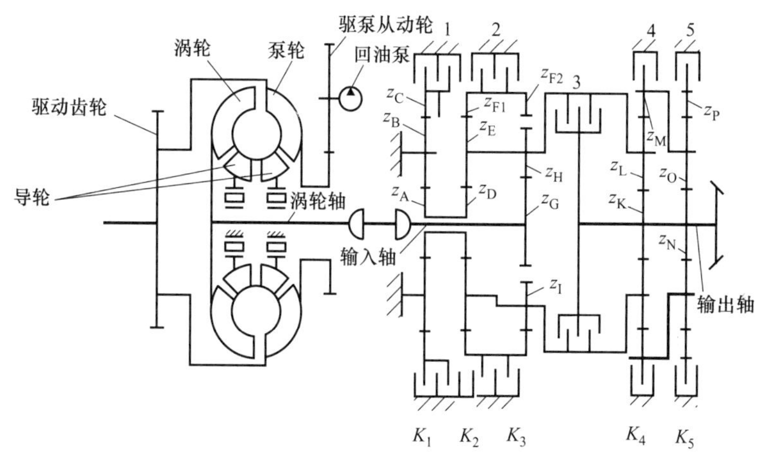

图 2-3　TY160、TY180 推土机变矩器—变速器传动简图

变速器传动比计算公式见表 2-5。

表 2-5　变速器传动比计算公式

挡位		结合离合器	传动比计算公式	传动比
前进	Ⅰ	1 号和 3 号	$i_{F1}=\frac{K_2+K_3}{K_2}$	2.08
	Ⅱ	1 号和 5 号	$i_{F2}=\frac{K_2+K_3}{K_2}\quad\frac{1+K_4+K_5}{(1+K_4)(1+K_5)}$	1.18
	Ⅲ	1 号和 4 号	$i_{F3}=\frac{K_2+K_3}{K_2}\quad\frac{1}{1+K_4}$	0.71
倒退	Ⅰ	2 号和 3 号	$i_{R1}=1-K_3$	1.6
	Ⅱ	2 号和 5 号	$i_{R2}=(1-K_3)\frac{1+K_4+K_5}{(1+K_4)(1+K_5)}$	0.91
	Ⅲ	2 号和 4 号	$i_{R3}=(1-K_3)\frac{1}{1+K_4}$	0.55

注：$K_2=\frac{z_{F1}}{z_D}=\frac{72}{30}=2.4$　$K_3=\frac{z_{F2}}{z_G}=\frac{78}{30}=2.6$

$K_4=\frac{z_M}{z_K}=\frac{79}{41}=1.93$　$K_5=\frac{z_P}{z_N}=\frac{79}{41}=1.93$

该变矩器为单级、双导轮、三相、四元件变矩器、两导轮内装有超越离合器。

驱动齿轮与发动机飞轮内齿啮合。发动机动力通过驱动齿轮传至泵轮、泵轮的转动，使

液流靠离心力沿泵轮叶片流向涡轮，使涡轮旋转。涡轮通过花键与涡轮轴固定在一起，涡轮的转动通过涡轮轴传至输出法兰盘。驱泵从动轮驱动回油泵。回油泵将变矩器泄漏到变矩器壳内的液压油抽回到变速器油底壳。

该变速器为行星式动力换挡变速器，由五个行星排，五个离合器（其中四个制动器，一个闭锁离合器）组成。该变速器为前进三挡，倒退三挡，完成一个挡位需同时结合两个离合器。

五个行星排中，3 号太阳轮 z_G 通过花键与输入轴相连。1 号太阳轮 z_A 和 2 号太阳轮 z_D 为双联齿轮，空套在输入轴上。3 号离合器毂，4 号太阳轮 z_K，5 号太阳轮 z_N 通过花键与输出轴相连。1 号行星架用螺栓固定在变速器箱体上。

五个行星排齿轮齿数见表 2-6。

表 2-6　TY160、TY180 推土机变速器行星排齿轮齿数

齿轮	太阳轮		行星轮		内齿圈	
行星排	编号	齿数	编号	齿数	编号	齿数
1 号	z_A	30	z_B	21	z_C	72
2 号	z_D	30	z_E	21	z_{F1}	72
3 号	z_G	30	z_H / z_I	21 / 21	z_{F2}	78
4 号	z_K	41	z_L	19	z_M	79
5 号	z_N	41	z_O	19	z_P	79

2.2.4　TY220、TY320 推土机变速器

变速器通过传动轴与液力变矩器相连。变矩器直接与发动机相连。

图 2-4 为变矩器—变速器的传动简图。

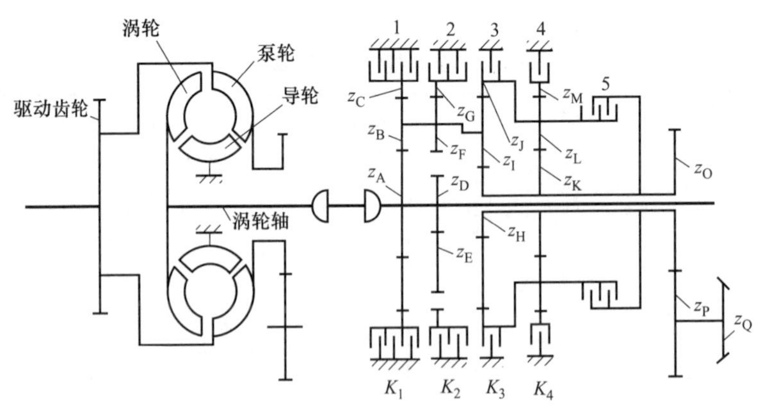

图 2-4　TY220、TY320 推土机变矩器——变速器传动简图

变速器传动比计算公式见表 2-7。

该变矩器为单级、单相，三元件变矩器。驱动齿轮与发动机飞轮上的内齿啮合，将动力传至泵轮。泵轮的转动使液流受离心力沿泵轮叶片流向涡轮，使涡轮旋转。涡轮通过涡轮毂用花键与涡轮轴相连，涡轮轴通过花键与变矩器输出法兰盘相连。涡轮的转动通过涡轮轴传至输出法兰盘。导轮通过螺栓与导轮毂相连，导轮毂通过花键与导轮座相连，导轮座用螺栓固定在变矩器壳体上。

表 2-7　变速器传动比计算公式

挡位		结合离合器	传动比计算公式	传动比	
				TY220	TY320
前进	Ⅰ	1 号和 5 号	$i_{F1}=(1+K_1)\frac{z_P}{z_O}$	2.33	2.76
	Ⅱ	1 号和 4 号	$i_{F2}=\frac{(1+K_1)(1+K_3+K_4)}{(1+K_3)(1+K_4)}\frac{z_P}{z_O}$	1.24	1.46
	Ⅲ	1 号和 3 号	$i_{F3}=\frac{1+K_1}{1+K_3}\frac{z_P}{z_O}$	0.68	0.80
倒退	Ⅰ	2 号和 5 号	$i_{R1}=(1-K_2)\frac{z_P}{z_O}$	1.93	2.28
	Ⅱ	2 号和 4 号	$i_{R2}=\frac{(1-K_2)(1+K_3+K_4)}{(1+K_3)(1+K_4)}\frac{z_P}{z_O}$	1.03	1.21
	Ⅲ	2 号和 3 号	$i_{R3}=\frac{1-K_2}{1+K_3}\frac{z_P}{z_O}$	0.56	0.66

注：$K_1=\frac{z_C}{z_A}=\frac{81}{33}=2.45$　$K_2=\frac{z_G}{z_D}=\frac{81}{21}=3.86$

$K_3=\frac{z_J}{z_H}=\frac{81}{33}=2.45$　$K_4=\frac{z_M}{z_K}=\frac{81}{42}=1.93$

TY320 推土机变速器与 TY220 推土机变速器结构相同。由于输出主动齿轮 z_O 和输出从动齿轮 z_P 的齿数不同，获得了不同的传动比。输出齿轮齿数见表 2-8。

离合器摩擦片和钢片的数目也不相同。见表 2-9。

TY220、TY320 推土机变速器为行星式动力换挡变速器。该变速器由四个行星排，五个离合器（其中四个为制动器、一个为闭锁离合器）组成。该变速器为前进三挡，倒退三挡。完成一个挡位需同时结合两个离合器。

表 2-8　TY220、TY320 推土机变速器输出齿轮齿数

机型	TY220	TY320	机型	TY220	TY320
输出主动齿轮齿数 z_O	34	30	输出从动齿轮齿数 z_P	23	24

表 2-9　TY220、TY320 推土机变速器摩擦片数和钢片数

名称＼离合器	1 号		2 号		3 号		4 号		5 号	
型号	TY220	TY320	TY220	TY320	TY220	TY320	TY220	TY320	TY220	TY320
摩擦片数	4	5	3	4	2	3	2	2	3	5
钢片数	3	4	2	3	1	2	1	1	2	4

四个行星排的齿轮齿数见表 2-10。

表 2-10　TY220、TY320 推土机变速器行星排齿轮齿数

离合器	太阳轮		行星轮		内齿圈	
	编号	齿数	编号	齿数	编号	齿数
1 号	z_A	33	z_B	24	z_C	81
2 号	z_D	21	z_E / z_F	23 / 24	z_G	81
3 号	z_H	33	z_I	24	z_J	81
4 号	z_K	42	z_L	19	z_M	81

2.2.5　TL210A 推土机变速器

该变速器通过传动轴与液力变矩器相连。变矩器通过内齿圈与发动机飞轮相连。

变速器传动比计算公式见表 2-11。

表 2-11　变速器传动比计算公式

挡位		结合离合器	高低挡	传动比计算公式	传动比
前进	Ⅰ	L_F 和 $L_{1.3}$	L	$i_{F1}=\frac{z_5}{z_4}\cdot\frac{z_7}{z_6}\cdot\frac{z_{11}}{z_8}$	4.98
	Ⅱ	L_F 和 $L_{2.4}$	L	$i_{F2}=\frac{z_5}{z_4}\cdot\frac{z_9}{z_5}\cdot\frac{z_{11}}{z_8}$	2.51
	Ⅲ	L_F 和 $L_{1.3}$	H	$i_{F3}=\frac{z_5}{z_4}\cdot\frac{z_7}{z_6}\cdot\frac{z_{10}}{z_7}$	1.15
	Ⅳ	L_F 和 $L_{2.4}$	H	$i_{F4}=\frac{z_5}{z_4}\cdot\frac{z_9}{z_5}\cdot\frac{z_{10}}{z_7}$	0.58
倒退	Ⅰ	L_R 和 $L_{1.3}$	L	$i_{R1}=\frac{z_2}{z_1}\cdot\frac{z_5}{z_3}\cdot\frac{z_7}{z_6}\cdot\frac{z_{11}}{z_8}$	4.98
	Ⅱ	L_R 和 $L_{2.4}$	L	$i_{R2}=\frac{z_2}{z_1}\cdot\frac{z_5}{z_3}\cdot\frac{z_9}{z_5}\cdot\frac{z_{11}}{z_8}$	2.51
	Ⅲ	L_R 和 $L_{1.3}$	H	$i_{R3}=\frac{z_2}{z_1}\cdot\frac{z_5}{z_3}\cdot\frac{z_7}{z_6}\cdot\frac{z_{10}}{z_7}$	1.15
	Ⅳ	L_R 和 $L_{2.4}$	H	$i_{R3}=\frac{z_2}{z_1}\cdot\frac{z_5}{z_3}\cdot\frac{z_9}{z_5}\cdot\frac{z_{10}}{z_7}$	0.58

图 2-5 为变矩器—变速器的传动简图。

该变矩器为单级、双导轮、三相，四元件变矩器，最大变矩系数为 3.7。

内齿圈与发动机飞轮相连，发动机动力通过内齿圈→外齿轮→罩轮→泵轮。泵轮旋转，使液流靠离心力沿泵轮叶片流向涡轮，使涡轮旋转，动力由涡轮轴输出。从涡轮出来的液体一部分通过变矩器出口流入冷却器，另一部分经第一，二导轮传给泵轮，循环工作。当液体冲向导轮叶片时，导轮给予液体以一定的反作用转矩，这个转矩和泵轮给予液体的转矩，全部传给涡轮，因此涡轮起到了增大转矩的作用。第二导轮和第一导轮与超越离合器外圈固定在一起，超越离合器是棘轮结构。导轮旋转时，变矩器为偶合工况，可提高高速行驶时的传动效率。

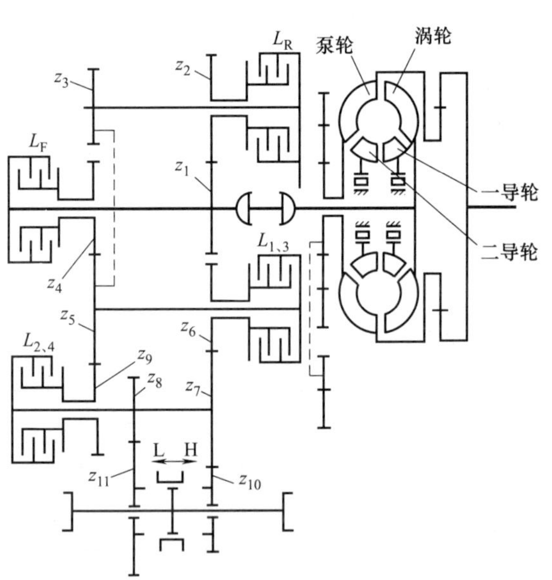

图 2-5　TL210A 推土机变矩器—变速器传动简图

装配时，第一导轮（叶片数 37 片）与第二导轮（叶片数 31 片）的位置不能错，应使导轮的旋转方向与发动机的旋转方向相同，另一方向转动导轮时，导轮固定不动。

该变速器为定轴式动力换挡变速器。由四个离合器、五根轴、十一个齿轮组成。四个离合器完成两个前进挡，两个倒退挡，再与高低挡配合得到四个前进挡和四个倒退挡。

2.2.6　TY 系列履带式推土机的行星式动力换挡变速器

如图 2-6 所示的为功率 $p=300\text{kW}$ 推土机四进四退变速器传动图。由六个行星排、六个操纵元件（均为制动器）构成。分析时要将其分解为前（行星排Ⅰ、Ⅱ）、中（行星排Ⅲ、

Ⅳ)、后（行星排Ⅴ、Ⅵ）三变速器进行自由度及挡数分析、计算各挡的传动比。要注意的是Ⅱ、Ⅴ两行星排亦系双星行星排。

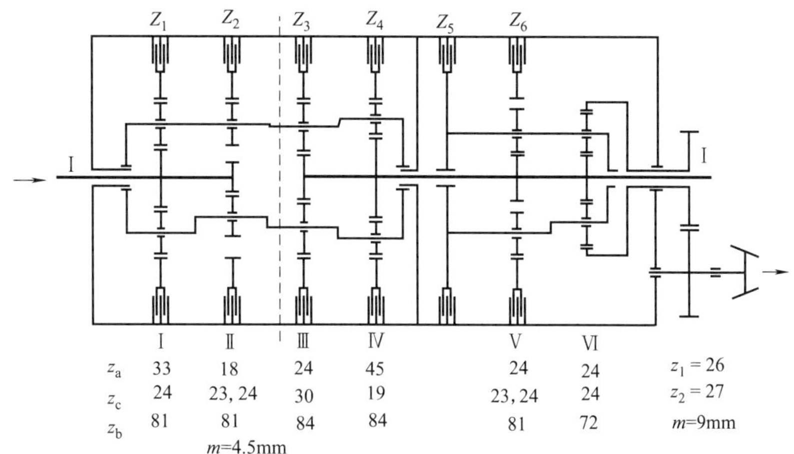

图 2-6 300kW（410hp）推土机行星变速器传动图

但是，液力机械传动的履带式推土机，其挡数多为三进三退。图 2-7 为 TY-240（320）型推土机的行星变速器传动图。它是具有四个行星排、五个操纵元件（四制动器、一离合器）的三进三退变速箱，其第二排是双星行星排。图 2-8 为其中的一种结构。

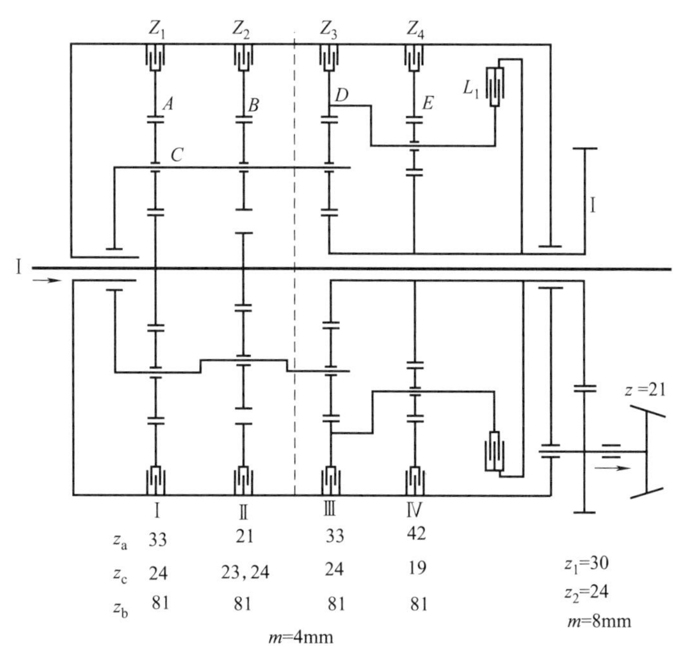

图 2-7 TY-240（320）型推土机行星变速器传动图

从推土机的使用要求考虑，应具备较多的倒退挡，因此三进三退变速器比四进两退变速器好，故广为采用。

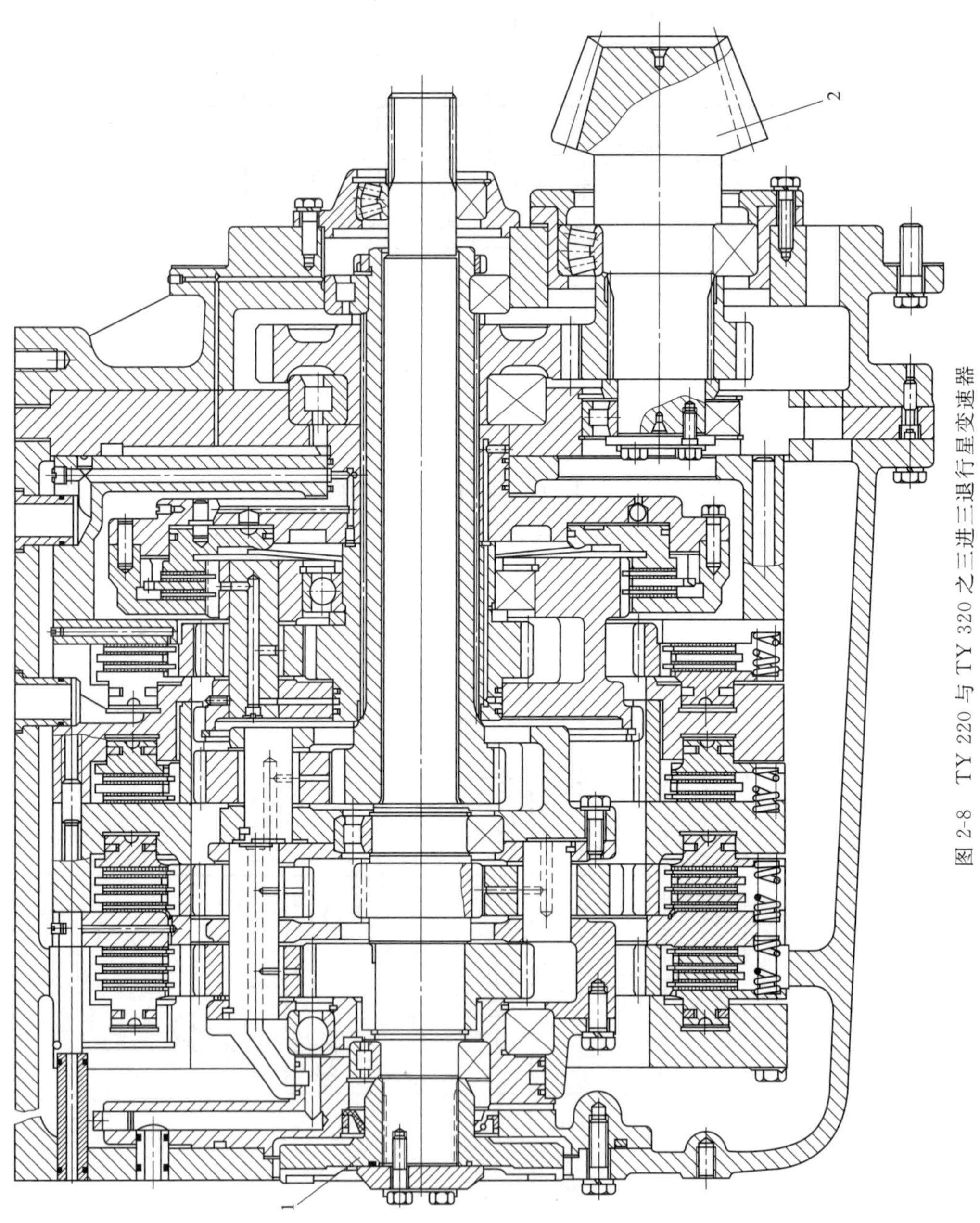

图 2-8 TY 220 与 TY 320 之三进三退行星变速器

1—输入轴接盘；2—变速箱输出轴螺旋圆锥齿轮

2.2.7　卡特彼勒（Caterpillar）公司行星式动换挡变速器

2.2.7.1　941B、951C、D4E之动力换挡变速器

图2-9为D4E型推土机上采用的行星式动力换挡变速器，其表示行星变速器拆开的大致情况。

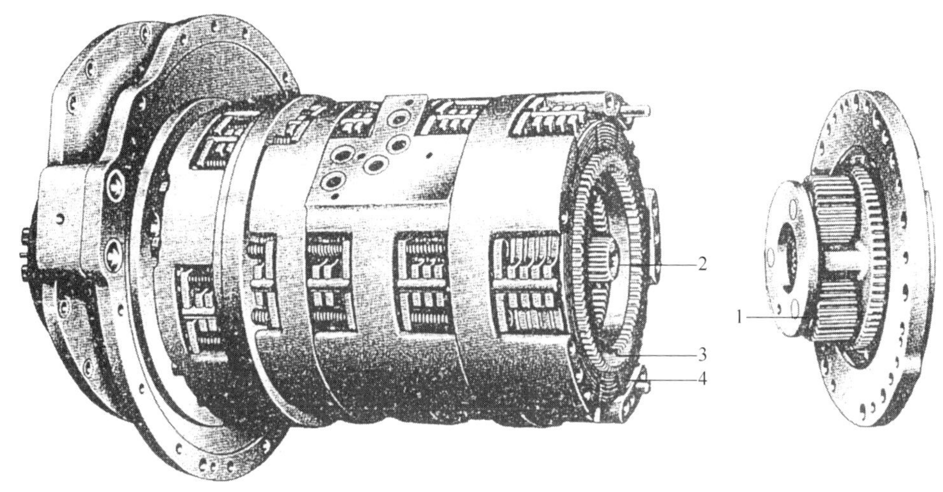

图2-9　D4E行星式动力换挡变速器拆卸图

1—行星轮；2—太阳轮；3—内齿圈；4—离合器片

表2-12与图2-10为四川齿轮厂引进之941B、951C型装载机，D4E型推土机的行星式动力换挡变速器行星排传动参数与结构。

这是一个三进三退的变速箱。

表2-12　川齿D4E行星排传动参数表

齿数 \ 行星排	Ⅱ挡行星排	Ⅲ挡行星排	前进挡行星排	后退挡行星排
太阳轮齿数 z_a	37	37	25	22
行星轮齿数 z_c	20	20	26	26
内齿圈齿数 z_b	77	77	77	74

2.2.7.2　920、930、613B、G系列之行星式动力换挡变速器

图2-11为四川齿轮厂引进之卡特彼勒920、930型装载机和613B型铲运机所用之行星式动力换挡变速器。图2-11与图2-10相比较，只是在其输入端串入一个离合器，其余部分，包括各挡行星排的运动学参数均不变。因此，增加了一个高速前进挡，得到四个前进挡，改善了行驶性能。图2-12为Caterpillar G系列六挡平地机（12G、120G、130G、140G）用的动力换挡变速箱。可将此变速箱（不含进退挡箱）用简图2-13表示。图2-14则为其不同挡位的传动路线图。

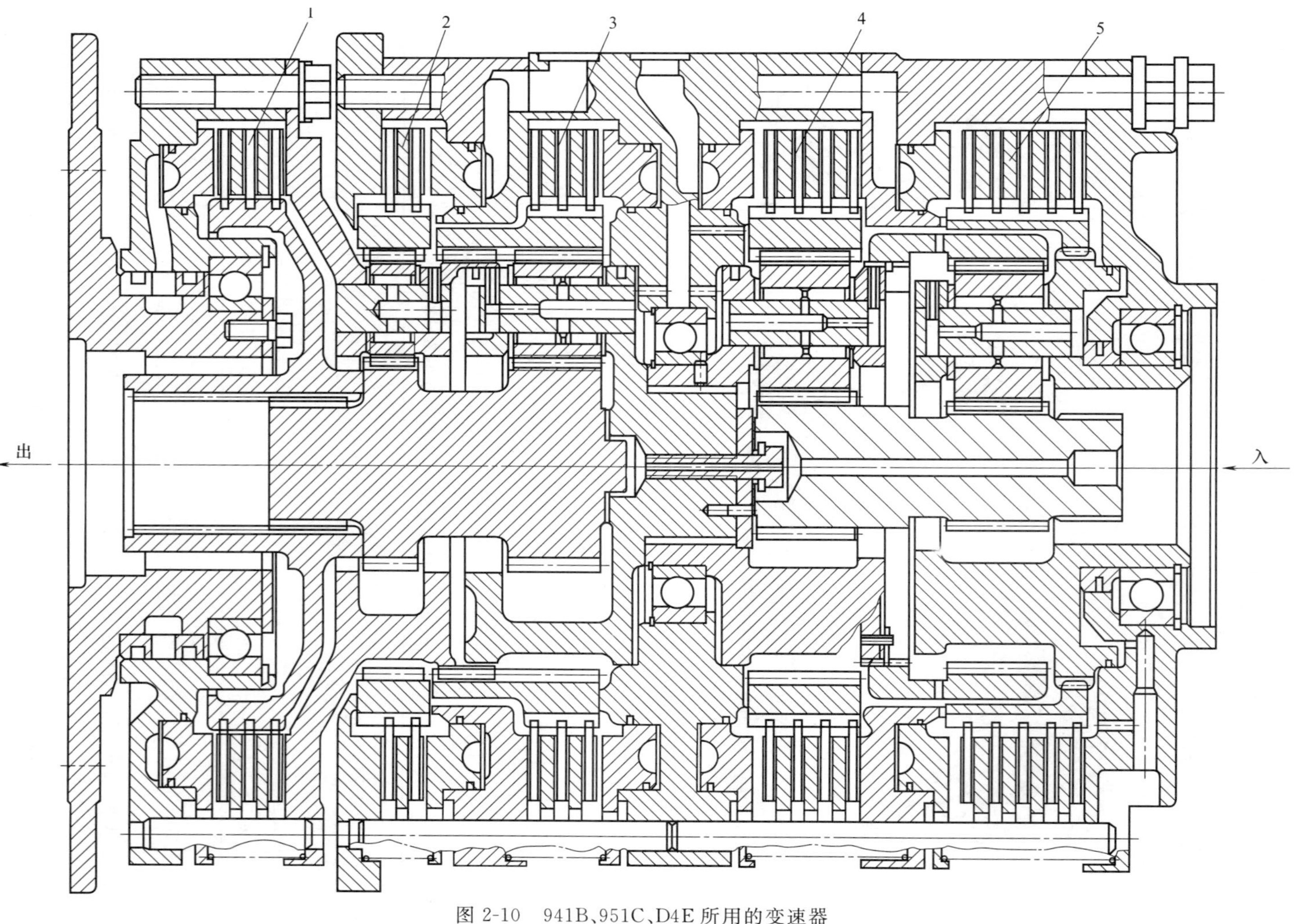

图 2-10　941B、951C、D4E 所用的变速器

1—Ⅰ挡离合器；2—Ⅱ挡制动器；3—Ⅲ挡制动器；4—前进挡制动器；5—后退挡制动器

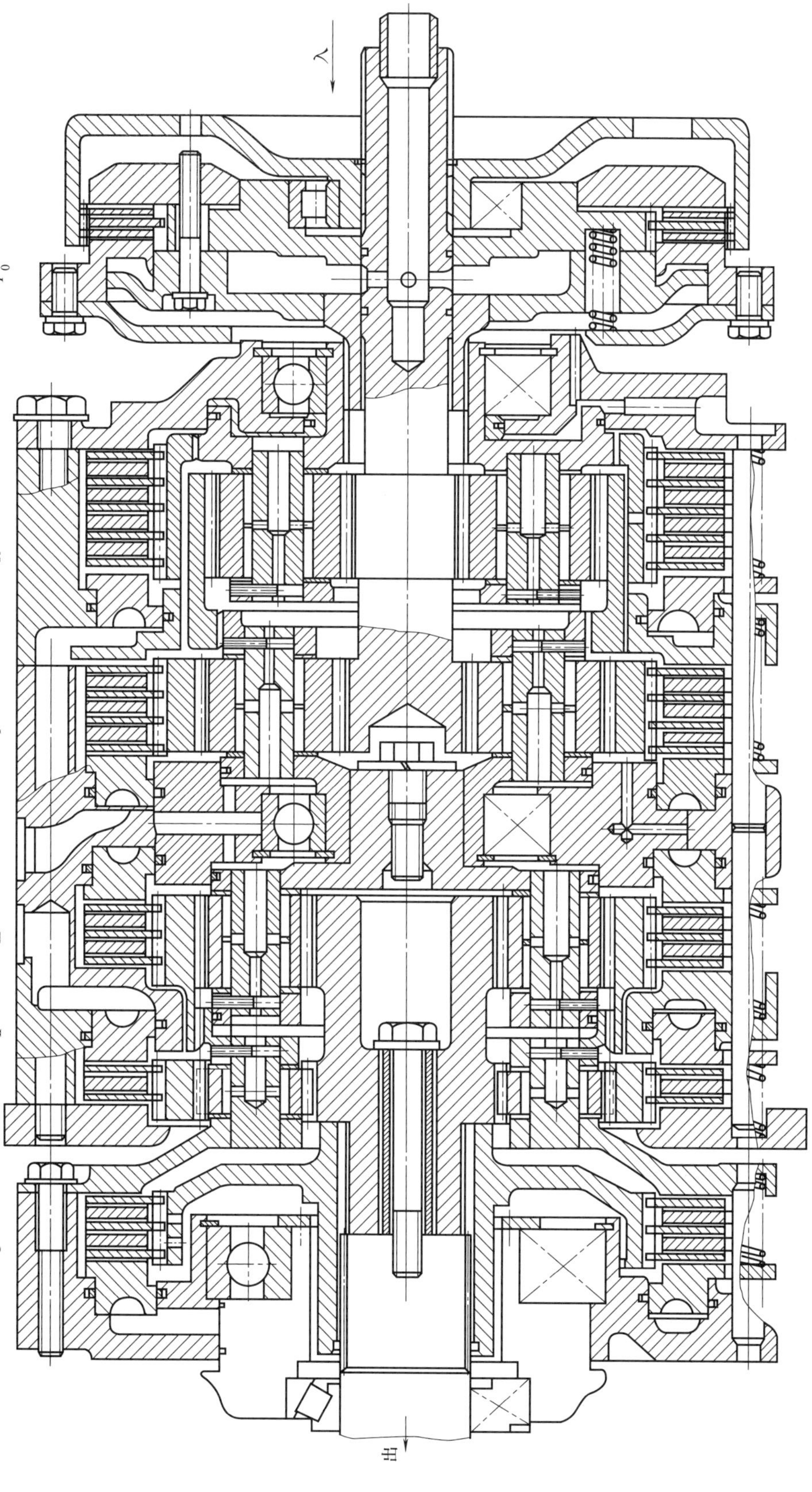

图 2-11　920,930,613B用的行星式变速器

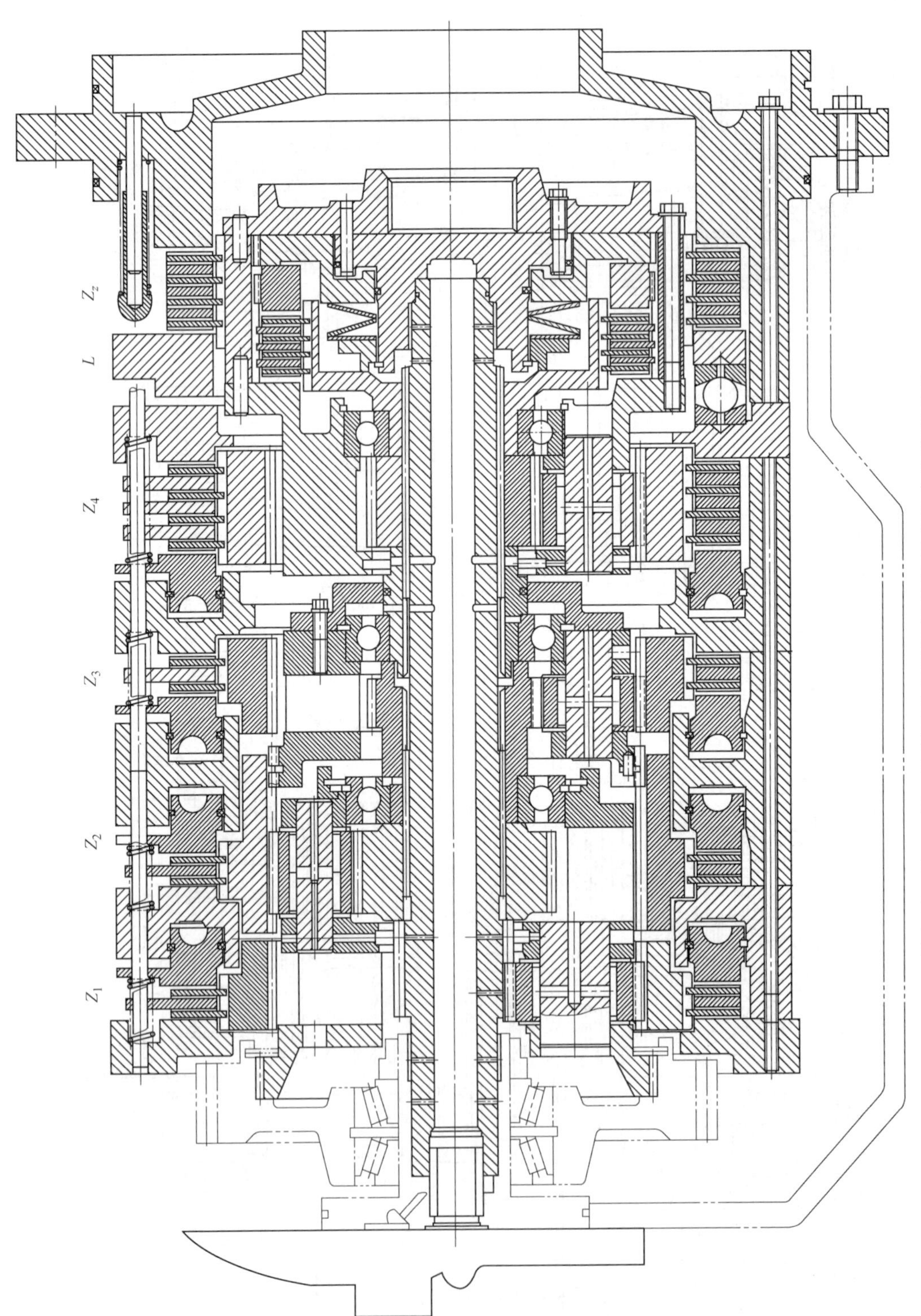

图 2-12 Caterpillar G 系列六挡平地机的行星式动力换挡变速器

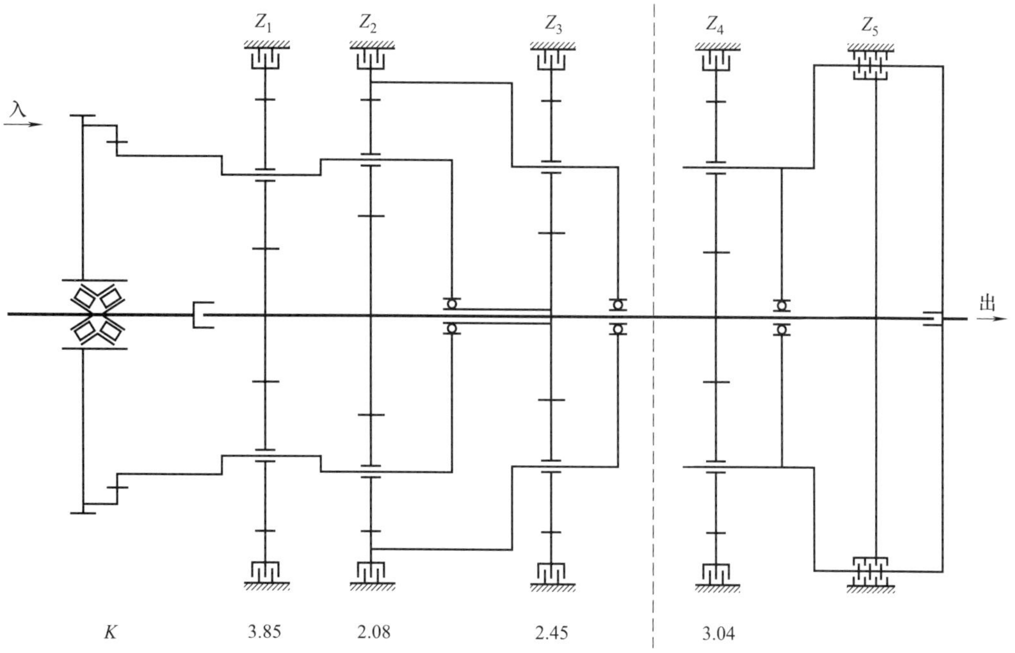

图 2-13　Caterpillar G 系列六挡平地机变速器传动简图

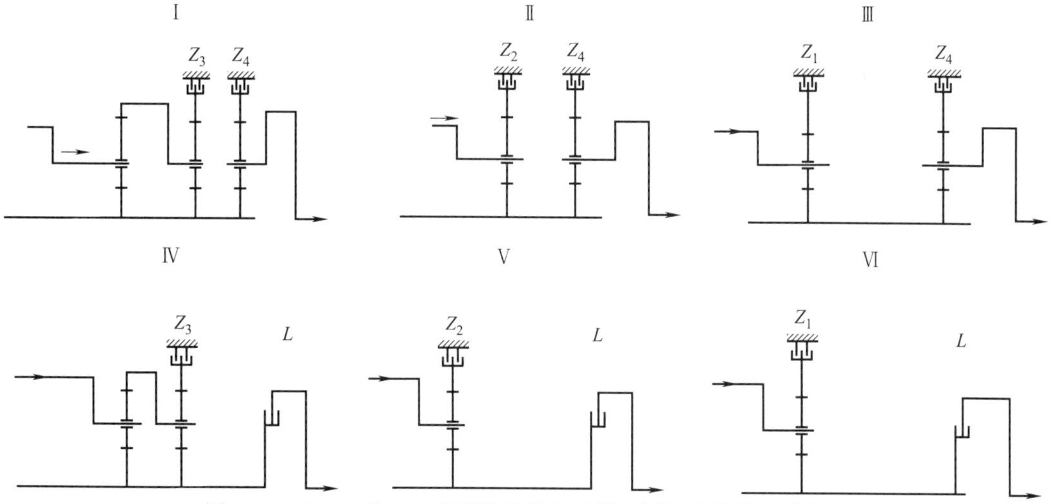

图 2-14　Caterpillar G 系列平地机变速器不同挡位的传动路线图

对于平地机，这种作业时精度要求高的机械设备，以不采用液力机械传动而采用机械传动为宜；它需要多个前进挡、多个后退挡，应具备进退各六个挡，重型平地机甚至具备进退各八个挡，发动机动力先传入一个定轴式进退挡箱，再传入此行星式六挡变速器。然后经主传动、差速器、左右链传动箱驱动后轮。而标准结构的平地机，前桥只是转向桥，不装转向驱动桥，使传动系简化。

2.2.8　Caterpillar D8R 型推土机的行星式动力换挡变速器

图 2-15 为 D8（D8N、D8R）型推土机的行星式动力换挡变速器。

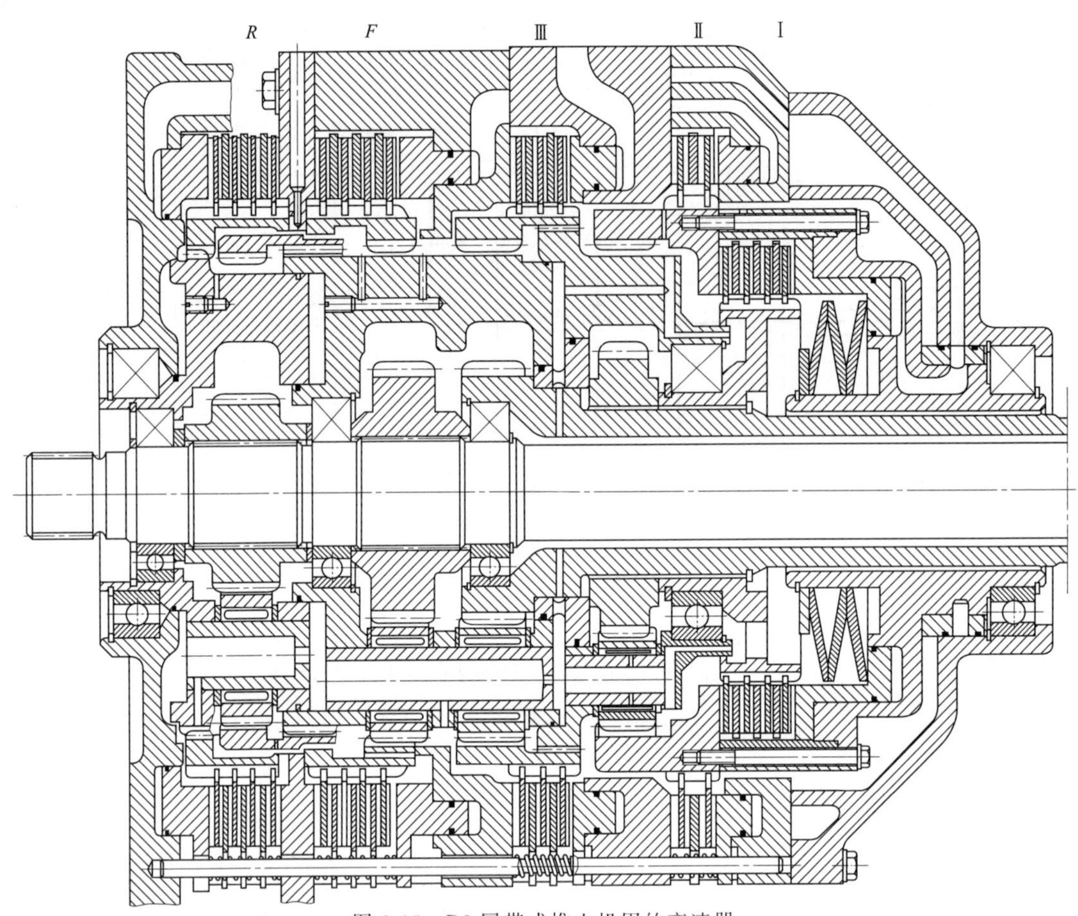

图 2-15　D8 履带式推土机用的变速器

此变速器各行星排的原始传动参数见表 2-13，供读者参考。

这种三进三退变速器亦由五个（2+3）操纵元件实现进退共六个挡位（2×3=6），但没有双星行星排。它与转矩分流器的组合，用于 Caterpillar 高位驱动轮系列的履带式推土机中。

表 2-13　传动参数表

齿数 \ 挡位	R	F	Ⅲ	Ⅱ
z_a	34	36	36	50
z_c	24	27	27	20
z_b	82	90	90	90

2.2.9　动力换挡变速器的检测与维护

动力换挡变速器是传动系统的核心部分，价格昂贵、结构复杂。在实际使用中，司机往往在机器已不能正常工作时才不得不将其拆下进行维修，以致丧失了最佳维修时机，降低了变速器的使用寿命。在此根据实际使用者的经验，介绍变速器需进行维修时出现的异常现象。

动力换挡变速箱中的离合器属于易损部件。为了防止损坏变速箱中价格昂贵的轴承和齿轮，应定期检查和保养变速箱。国外典型变速箱的维修时间间隔是5000～10000h。根据我国情况，在正常使用下，每隔2500～5000h即应检查离合器的磨损情况，但更重要的是随时把握异常信号。由于动力换挡变速器不可能很快失效，在摩擦片首次出现磨损痕迹后，通常离合器还能继续使用750～1000h。如在此期间进行检查和保养，并及时更换摩擦片、密封件和个别轴承，则可挽救大部分未损坏的零件，如钢片、齿轮、轴、液压缸和大部分轴承等。

首先分析离合器损坏的原因，动力换挡变速器的离合器接合时，液压力经活塞克服弹簧力并压紧摩擦片。其过程是随着液压力的增加，摩擦片与金属盘接触并逐渐压紧。每次换挡时，摩擦片都要与钢片发生摩擦，设计中虽已考虑用冷却液散发摩擦产生的热量，但冷却的作用有限。当变薄时，离合器就需要更多的液压油使摩擦片与钢片充分接合，此时就必须进一步使发动机加速。当发动机加速到很高的空转速度时，摩擦片在钢片上的打滑时间也随之延长，由此而产生的摩擦热量会更大，当液压油变热时间和温度的增长足以改变变速器中的密封特性时，变速箱就会产生内泄漏。而内泄漏又从两个方面引起热量迅速增加：第一，高压油经损坏的密封泄漏而引起摩擦，使油温继续升高；第二，由于漏油会减少系统中油液的流量，为了充分接合离合器，液压泵就要输送更多的油液来产生接合离合器所必需的油压，也即需要发动机再行加速，使液压泵输出更大的流量，如此恶性循环，最终导致离合器过热或烧损，直至完全失效。

实际上，离合器在失效前往往出现以下异常情况。

① 离合器失效以前，机器虽然还可以工作，但变速器内的油液已变质，黏度下降并含有金属杂质。因此，应在推荐的换油间隔以前更为频繁地分析变速箱的油样。离合器的磨损是变速箱故障扩大的标志，如果金属杂质进入齿轮或卡住齿轮使其不能对中，再不停车就会研碎变速箱中的其他构件。

② 换挡性能下降是离合器损坏前的征兆。开始打滑时，离合器被黏住，当平稳加速时，机器会向前冲击，此时应停机检修。

③ 离合器操纵油压下降。当机器必须加速才能使离合器接合时，就说明离合器已出现过度磨损或密封失效现象。因此，测量变速器的油压和观察油温的上升就可判定离合器的磨损情况。与此同时还应分析油质，若油液中出现铁或铬的微粒，则表明齿轮已开始磨损。

2.3　终传动与中央传动

2.3.1　终传动

履带式推土机运行速度低，牵引力大，传动系统总的减速比大，同时为了降低中央传动和离合器以及整个传动系所传递的力矩，以减小零部件尺寸，总是希望增加终传动的速比。现在终传动一般都采用二级减速。

多数履带式推土机两级终传动采用外啮合直齿圆柱齿轮传动，图2-16为150kW级推土机终传动，其特点是结构较简单。

如图2-16所示，驱动轮11与轮毂9之间，用六个平键传递力矩。由于六个键槽加工时

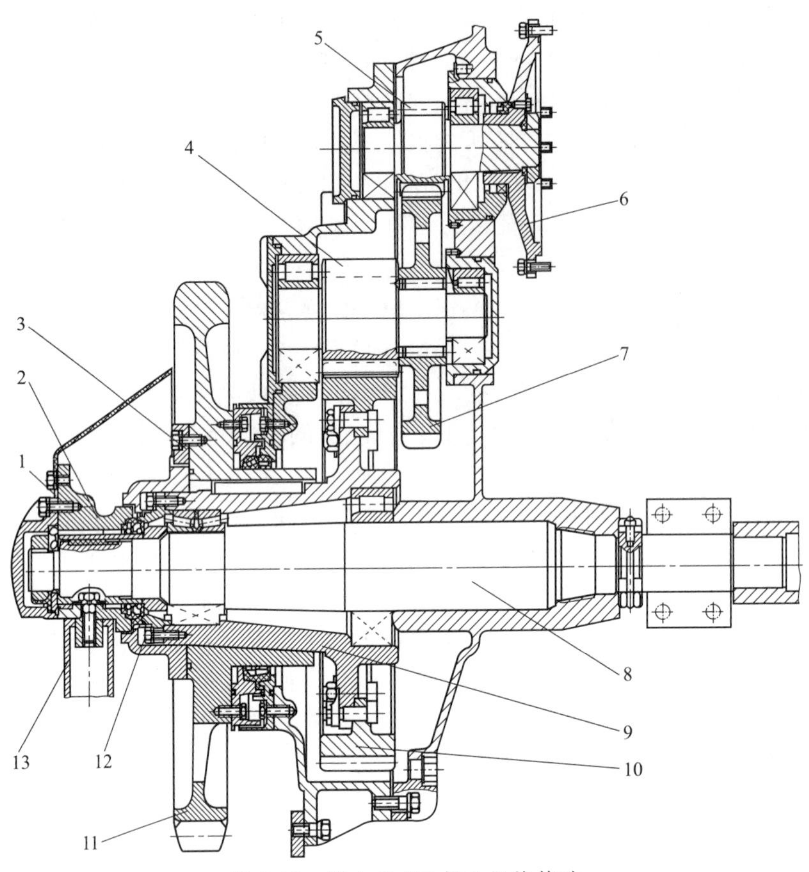

图 2-16 征山 T-220 推土机终传动

1—轴承；2—外浮动油封；3—内浮动油封；4—第二级小齿轮；5—第一级小齿轮；6—接盘；7—第一级大齿轮；8—驱动轮轴；9—轮毂；10—第二级大齿轮；11—驱动轮；12—轴承盖；13—履带架

的分度误差与对称度误差，使装配困难，即使装好了受力也不均匀，容易损坏。因此，改用锥形连接花键。锥形连接花键的特点如下。

① 在齿长方向上内外齿侧全面接触，齿侧形成过盈配合，连接强度高。

② 锥面配合无间隙，定心精度高，自锁性能好。

③ 尺寸小，传递转矩大。

④ 工艺性好，可在普通设备上进行加工。

通过多齿面、无间隙锥花键连接，使连接副二者形成一个严密的整体。在驱动轮齿受到推土机反复制动、转向及大载荷冲击时，可有效地保护大齿圈及连接螺栓不易损坏。

天津移山推土机终传动第一级为圆柱齿轮减速，第二级为行星齿轮减速，如图 2-17 所示。其特点是齿轮模数可以小一些，此推土机一级减速和行星减速的齿轮模数均为 9mm。还有结构尺寸小、零部件受力均衡等优点，但结构复杂。

表 2-14 列出了几种履带式机械终传动的主要参数。

此外，在图 2-16 所示 150kW（约 200hp）级推土机这类常用的终传动结构中，履带架与机架正好铰接于驱动轮轴线上。而移山推土机的终传动结构，铰点需另设并前移一段距离。因此，当履带架因工地崎岖不平而相对于机架绕铰点摆动时，会在驱动轮轮齿、轮毂、轴承、后轴上引起较大的附加冲击载荷。

上海彭浦机器厂研制的上海 410（hp）推土机的终传动与图 2-17 类似。

表 2-14　终传动主要参数

机器型号	第一级			第二级			总传动比
	模数 m	z_1	z_2	模数 m	z_3	z_4	
东方红-75 拖拉机		13	63				4.85
上海-120 推土机	9	11	28	10.5	11	54	12.50
移山-160 推土机	9	13	61	9	（太阳轮）17	（内齿圈）49	18.25
移山-180 推土机	10	13	64	9	20	55	18.50
150kW(200hp)级推土机	9	12	45	12	12	55	17.20
TY240(320)推土机	10	12	45	14	12	55	17.20

图 2-16 表示在驱动轮轮毂 9 两侧有两个端面油封 2 及 3，图 2-17 的结构也有两个端面油封，通常称之为浮动油封或浮式油封。如图 2-18 所示，动环 1 与定环 2 的接触面 A 为密封端面。在动环 1 与轮毂 7 之间，以及在定环 2 与油封盖 5 间的斜面处，都夹入一个圆形断面的橡胶环 6，拧紧轴端的螺钉，两个橡胶环产生弹性变形，既使斜面处得到密封，又使两个密封环的端面贴紧。当密封环的端面磨损时，橡胶环的弹性起一定的补偿作用，仍能保持端面贴紧。密封圈 3 防止油从该处沿轴的花键渗漏出去。这种油封的结构简单，密封效果好。橡胶“O”形圈一般采用聚氨酯橡胶，也有用丁腈橡胶制成的。油环采用特殊耐磨铸铁（或合金钢）制作。

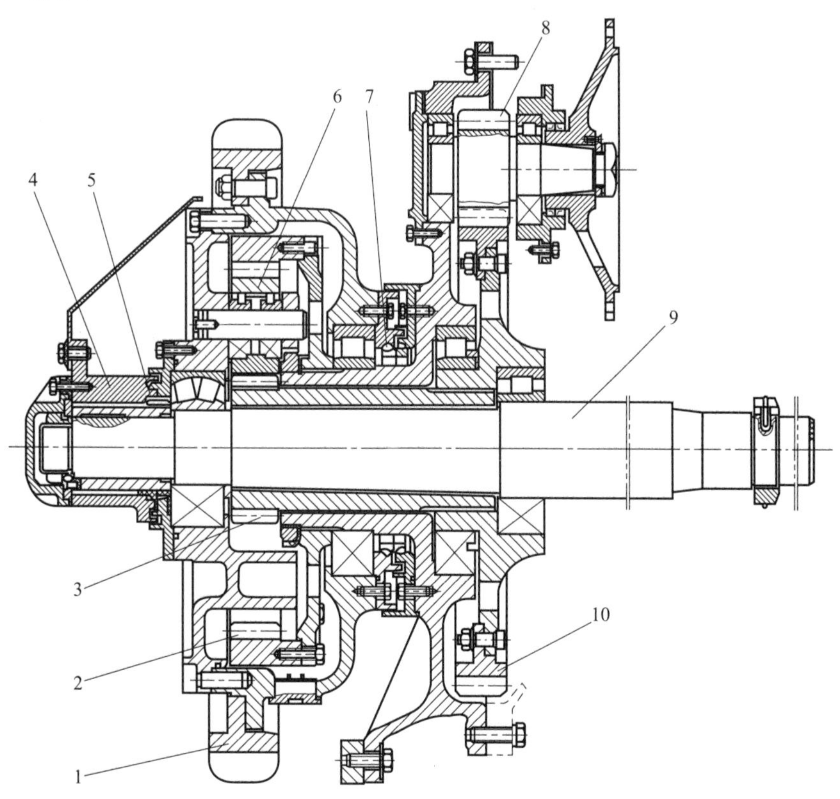

图 2-17　移山推土机的两级终传动

1—驱动轮；2—第二级齿圈；3—太阳轮；4—轴承；5—外浮动油封；6—第二级行星轮；7—内浮动油封；8—第一级小齿轮；9—半轴；10—第一级大齿轮

2.3.2 中央传动

传动系的部件化设计是推土机的重要特点，从而使保养维修方便，停机时间缩短，整机可靠性提高。

液力转矩分流器装在发动机飞轮壳上，其传出的转矩用长传动轴传到装在推土机后部的变速器，经变速器套轴回传到中央传动（图 2-19），经图 2-19 中之齿轮 1、3、4、5，再经半轴 6、7 分传到左右转向离合器（图 2-20）与终传动（图 2-21）。

图 2-20 的密封的湿式多片离合器与制动器无需调整，且防尘防水。图 2-21 之终传动，在检查或更换齿轮、大多数的轴承与油封时，无需拆断履带。如拆断履带则可将终传动连转向制动器、离合器一起拆下，在换上备用的一套的同时，修理拆下的一套。

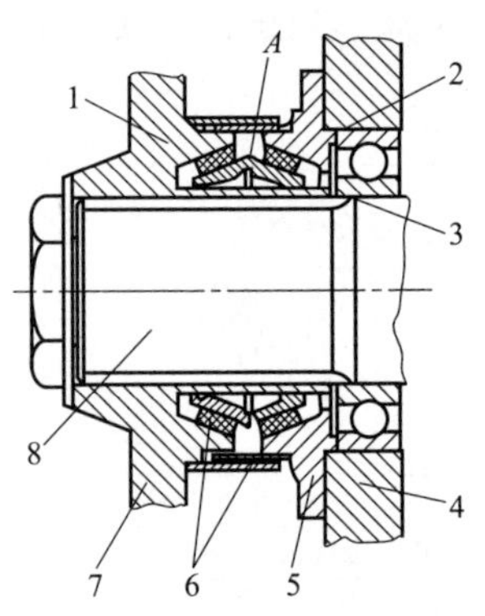

图 2-18 浮动油封

1—动环；2—定环；3—密封圈；4—箱体；5—油封盖；6—橡胶环；7—轮毂；8—转轴

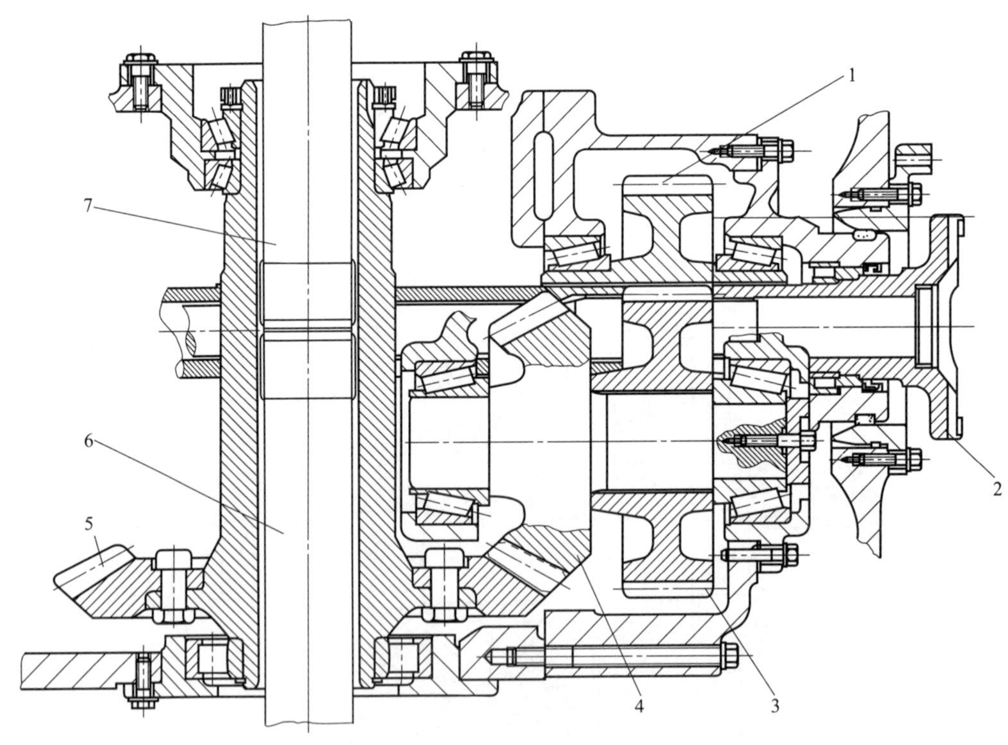

图 2-19 D8R 中央传动

1—主动齿轮（$z_1=42$）；2—接变速箱输出轴的接盘；3—从动齿轮（$z_3=34$）；4—主动螺旋圆锥齿轮（$z_4=22$）；5—从动螺旋圆锥齿轮（$z_5=31$）；6—半轴，接左转向离合器；7—半轴，接右转向离合器

图 2-20 的油道 8 共有三条，图上仅显示一条。三条之一经内毂 9 通离合器油室 11；另一通制动器油室 10，第三条是离合器与制动器的润滑油道。

推土机直线运行时，压力油供入油室 10，使制动器片在分离位。行驶转弯时，拉动相应的转向操纵杆将压力油供入相应的油室 11，使相应的转向离合器分离。急转弯时，将此操纵杆拉到极限位置，将供入油室 10 的压力油排出，转向制动器接合，将内毂 9 抱住不动。

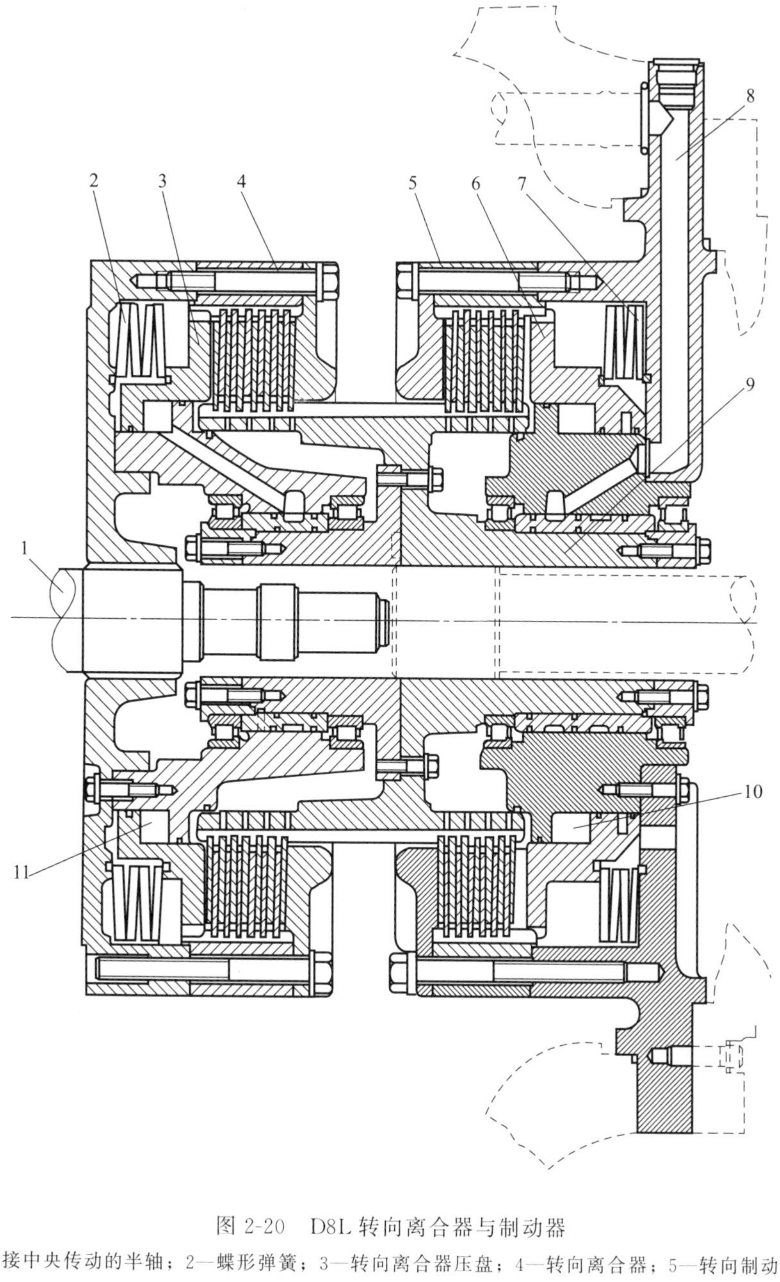

图 2-20　D8L 转向离合器与制动器

1—接中央传动的半轴；2—蝶形弹簧；3—转向离合器压盘；4—转向离合器；5—转向制动器；6—转向制动器压盘；7—蝶形弹簧；8—油道；9—内毂；10，11—油室

如踩下制动踏板，则转向离合器与转向制动器因两油室的压力油排出而在接合状态。全部传动系停止转动，而液力变矩器处于制动工况。

图 2-21 的两级终传动为内齿圈固定式，根据各齿轮齿数可以方便地确定其传动比 i，即

$$i=(K_1+1)(K_2+1)$$

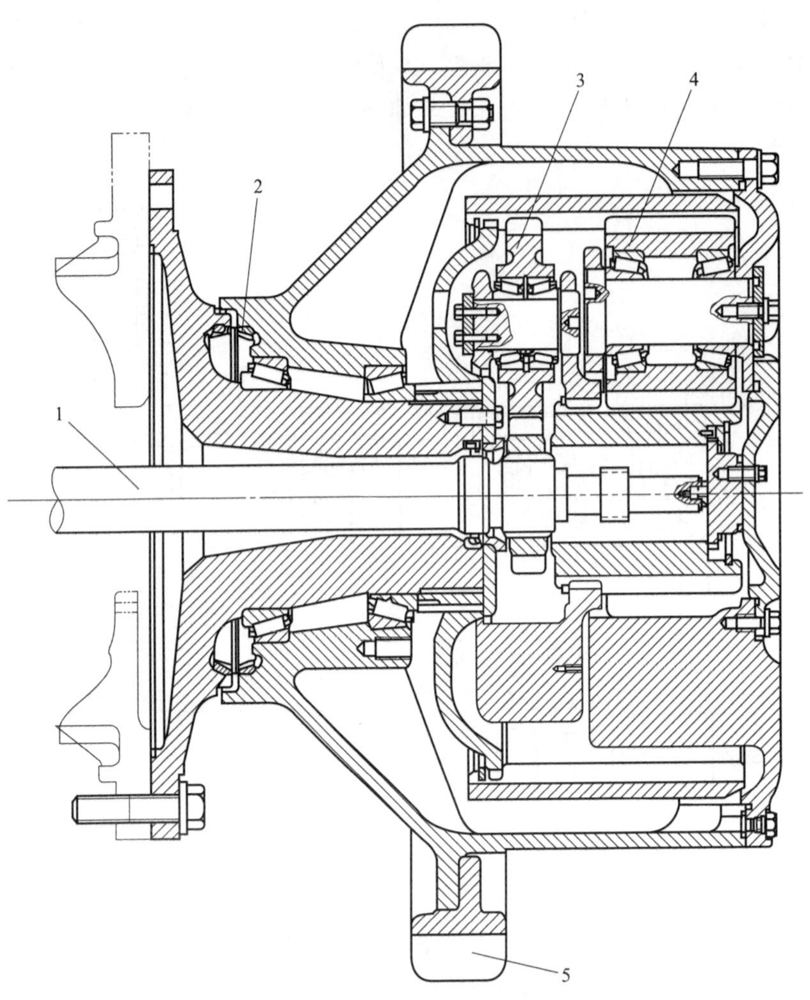

图 2-21　D8R 终传动

1—接转向离合器的半轴；2—浮动油封；3—一级行星轮；4—二级行星轮；5—驱动链轮

$z_a=18$；$z_c=21$；$z_b=62$（一、二级相同）

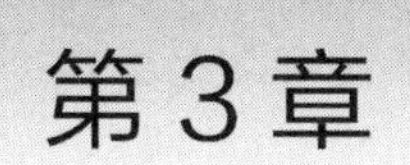

第3章 挖掘机械传动装置

3.1 工程机械齿轮产品的概况

工程机械齿轮产品主要包括工程机械车桥、液力变速器、行星减速器和齿轮产品等。

(1) 工程机械车桥　轮式工程机械车桥的结构形式与其悬挂形式密切相关，其与主机车架的连接普遍采用非独立悬挂或刚性连接，因此车桥一般多为整体式结构。整体式车桥主要由桥壳、主减速器（含差速器)、半轴、制动器以及轮边减速器构成。桥壳以铸造桥壳为主，国内通常采用铸钢材料，国外以高强度铸铁材料为主，桥壳体与轮边端轴通过焊接或螺栓连接。主减速器锥齿轮副分为格里森渐缩齿制、奥里康等高齿制螺旋齿形以及双曲线齿形；差速器国内一般采用对称式锥齿轮行星差速器（普通差速器)，锥齿轮近年来多采用精锻齿轮，国外主要采用限滑差速器（No-Spin、摩擦片式、变传动比）以及差速锁等，国内在某些机种（平地机、压路机）上使用。制动器国内以钳盘式制动器为主，部分使用蹄式制动器，少数机种使用湿式制动器；国外则以湿式制动器为主。工程机械载荷大、速度低，故要求减速比大，较之其他车辆，工程机械一般有轮边减速器；轮边减速器以NGW型行星轮系组成，少数为NW型，轮边减速速比大，承载能力高。

典型产品：

① 装载机驱动桥（前、后桥驱动)：5t装载机车桥以引进的法国SOMA结构，柳工、厦工CAT型结构为主，整体式结构，铸钢桥壳，轮边减速，钳盘式制动。目前，两种技术在互相取长补短，并逐渐向SOMA结构靠拢。高配置主机目前使用ZF公司AP400系列，采用高强度球墨铸铁桥壳，湿式制动。

② 叉车驱动桥（前桥驱动)：5t叉车桥以引进消化的日本TCM技术为主，铸钢桥壳，整体式结构，轮边减速，蹄式制动。

③ 平地机驱动桥（后桥驱动)：132.40kW（180马力）平地机桥以天津工程机械厂引进德国O&K技术为主，三段式结构，高强度球墨铸铁桥壳，蹄式或钳盘式制动；三级减速，最后一级为链传动减速；差速器采用NO-Spin限滑差速器。

④ 压路机桥（后桥驱动)：18t压路机桥，整体式结构，铸钢桥壳，轮边减速，钳盘式制动。

⑤ 汽车起重机车桥（前桥转向，中、后桥驱动)：16t采用三桥，中桥为贯通桥；以引进SOMA技术为主，无缝钢管扩张成型桥壳，轮边减速，蹄式制动。大吨位主机使用德国Kessler驱动桥，高强度钢板拼焊桥壳。

(2) 液力变速器　液力变速器一般由液力变矩器、多挡动力换挡变速器和控制系统组成。液力变矩器按结构分为铸造式和冲焊式两种结构；按特征分为综合式变矩器和非综合式变矩器。以上各类工程机械均有使用。多挡动力换挡变速器则分为全动力、机械高低挡+动力换挡结构；控制系统分为机液、电气液、电液换挡三种；结构形式有行星式和定轴式，定轴式多用于中、小吨位，行星式多用于大吨位。连接方式则有发动机、变矩器、变速器三者直接相连，发动机与后两者间通过传动轴连接以及发动机与变矩器直连。

典型产品：

① 装载机双变 ZL40/50 双变，起始于1970年柳工与天工所合作开发的Z450。由双涡轮液力变矩器加行星式动力换挡变速器组成。两前进挡，一后退挡，可自动实现4个前进挡，两个后退挡。高端主机配套ZF WG系列电控半自动液力变速器，带KD挡（强制换低挡）功能。

② 叉车变速器 以引进消化TCM技术为主，有带同步器的机械变速器，5t以上为带三元件液力变矩器的定轴式液力机械变速器。

③ 推土机变速器 以引进消化日本小松D85、D65技术为主的国产化产品，为行星式液力双变。

④ 压路机变速器 杭齿引进ZF技术消化改进的DB132电液控动力换挡变速器、徐州良羽3D120电气液控动力换挡变速器等。

⑤ 汽车起重机 中小吨位采用国产多挡机械变速器，大吨位则采用进口自动变速器。

（3）行星减速机 行星减速器是一种用途广泛的产品，具有体积小、质量轻，承载能力高，传动比范围大等特点，适用于工程建筑机械、起重运输、冶金、矿山、石油化工、轻工纺织、船舶和航空航天等行业。工程机械行星减速机主要用于挖掘机、工程起重机、旋挖钻机、压路机、摊铺机以及履带式车辆，包括回转、行走、卷扬以及驱动工作装置的减速器，一台工程机械有3～7台减速器。采用多级行星减速、差动机构，速比大，承载能力强；采用标准化、模块化设计，不同产品可按模块化组合而成。

3.2 轮边减速器的设计

（1）轮边减速器（以T60为例）的用途 轮边减速器用于工程机械行走传动装置，以液压马达驱动，带动2K-H（NGW）型三级行星齿轮减速器，外壳输出，驱动轮胎行走。因传动比大，承载能力高，结构紧凑，通常以2K-H（NGW）型居多，也有用2K-H（NW）型行星传动。

（2）轮边减速器的技术参数（见表3-1）

表3-1 轮边减速器的技术参数

最大输入转矩	$T_{1max}=407N \cdot m$	输出转矩	$T_2=56939N \cdot m \approx 57kN \cdot m$
最大输入转速	$n_{1max}=609r/min$	使用系数	$K_A=1.75$
最大输出转速	$n_{2max}=4.35r/min$	传动比	$i=-139.9$

（3）轮边减速器的特性参数 传动简图如图3-1所示。特性参数见表3-2。

表3-2 轮边减速器特性参数

级别	名称	齿数	模数	变位系数	行星轮个数	中心距
第Ⅰ级传动	太阳轮	$z_1=15$	$m=3$	$x_1=0.2$	$n_p=3$	$a_Ⅰ=78.5\pm0.015$
	行星轮	$z_2=36$		$x_2=0.527$		
	内齿圈	$z_3=87$		$x_3=1.25$		
第Ⅱ级传动	太阳轮	$z_4=18$	$m=4.5$	$x_4=0.444$	$n_p=3$	$a_Ⅱ=101.5\pm0.0175$
	行星轮	$z_5=25$		$x_5=0.781$		
	内齿圈	$z_6=69$		$x_6=1.385$		

续表

级别	名称	齿数	模数	变位系数	行星轮个数	中心距
第Ⅲ级传动	太阳轮	$z_7=21$	$m=4.5$	$x_7=0.490$	$n_p=5$	$a_{Ⅲ}=105\pm0.0175$
	行星轮	$z_8=24$		$x_8=0.4477$		
	内齿圈	$z_9=69$		$x_9=1.385$		

传动比的计算如下：

$$i_{19}=-\frac{z_3}{z_1}-\left(1+\frac{z_3}{z_1}\right)\frac{z_6}{z_4}-\left(1+\frac{z_3}{z_1}\right)\left(1+\frac{z_6}{z_4}\right)\frac{z_9}{z_7}$$

$$=-\frac{87}{15}-\left(1+\frac{87}{15}\right)\times\frac{69}{18}-\left(1+\frac{87}{15}\right)\times\left(1+\frac{69}{18}\right)\times\frac{69}{21}=-139.9$$

负号表示输入转向与输出转向相反。

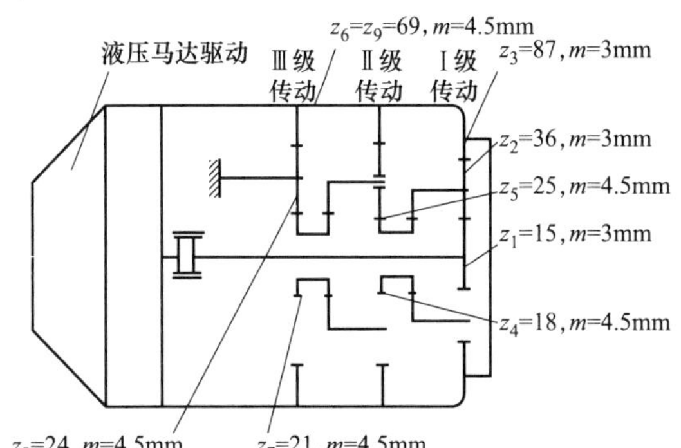

图 3-1　轮边减速器传动简图

(4) 减速器结构图　减速器的结构图，如图 3-2 所示。

1) 技术要求

① 各零部件必须清洗干净后进行装配，不得将任何杂物带入箱体内。

② 齿面接触斑点沿齿高不小于 50%，沿齿长不小于 70%。

③ 各端盖结合面涂密封胶以防渗漏油。

④ 装配时，各螺栓、螺孔用丙酮清洗干净，并涂“乐泰”242 厌氧胶防松。

⑤ 装配时，轴承的轴向间隙应调整好，通常有圆螺母时，先拧紧，使轴承呈无间隙状态，然后反转调整螺母，得到的间隙 0.16～0.25mm，再锁紧，应注意杂物的清理。

⑥ 装配注油时，应保证放油口在下方。

⑦ 装配后进行空载试车，按工作的转向运行 2h，运行应平稳，噪声不大于 72dB (A)。油池温升不得高于 40℃，各结合面及密封处不得有渗漏油现象。本产品采用浮动密封环，密封采用德国的宝色霞板产品。

⑧ 润滑油采用 GB 5903 中的 L—CKC320 极压齿轮油。

⑨ 液压马达的连接螺栓 M20×40，如若被拆卸，应在螺纹处涂厌氧胶，并按 358N·m 力矩拧紧。

2) 几种典型零件图

① 图 3-3 花键套 42CrMo 质量：15kg

② 图 3-4 内摩擦片 65Mn 质量：0.15kg

③ 图 3-5 外摩擦片 65Mn (芯部)质量：0.15kg

④ 图 3-6 垫圈 45　质量：0.3kg

⑤ 图 3-7Ⅲ级太阳轮 $z=21$，$m=4.5$　20Cr2Ni4A　质量：4.1kg

⑥ 图 3-8Ⅱ级太阳轮 $z=18$，$m=4.5$　20Cr2Ni4A　质量：1.9kg

⑦ 图 3-9 耐磨环Ⅰ　GCr15　质量：0.05kg

⑧ 图 3-10Ⅰ级太阳轮 $z=15$，$m=3$　20Cr2Ni4A　质量：1.98kg

⑨ 图 3-11 止推垫块　GCr15　质量：0.01kg

⑩ 图 3-12 隔套Ⅰ　GCr15　质量：0.004kg

⑪ 图 3-13Ⅰ级行星轮 $z=36$，$m=3$　20Cr2Ni4A　质量：1.13kg

⑫ 图 3-14Ⅰ级行星架 $z=18$，$m=4.5$　42CrMo　质量：25kg

⑬ 图 3-15 输入端盖 $z=87$，$m=3$　42CrMo　质量：30kg

⑭ 图 3-16Ⅱ级行星轮 $z=25$，$m=4.5$　20Cr2Ni4A　质量：2.2kg

⑮ 图 3-17 内齿圈 $z=69$，$m=4.5$　42CrMo　质量：102kg

⑯ 图 3-18Ⅱ级行星架 $z=21$，$m=4.5$　42CrMo　质量：8.25kg

⑰ 图 3-19Ⅲ级行星轮 $z=24$，$m=4.5$　20Cr2Ni4A　质量：2.1kg

⑱ 图 3-20Ⅲ级行星架　42CrMo　质量：22.2kg

⑲ 图 3-21 卡环　45#　质量：1.9kg

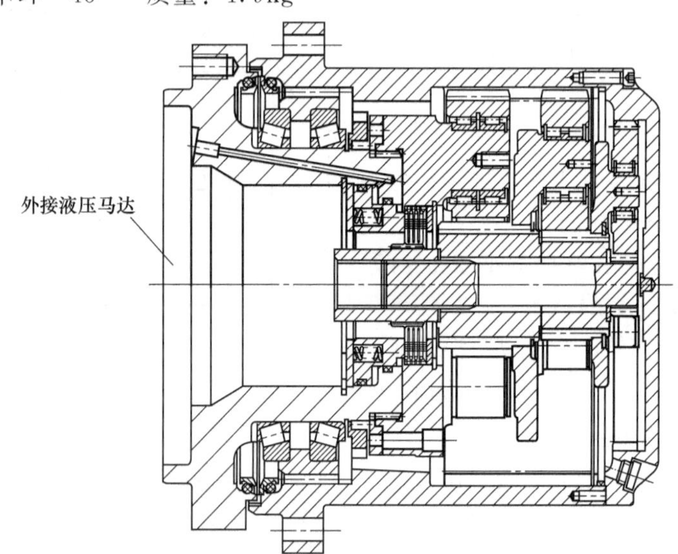

图 3-2　轮边减速器（$i=-139.9$）

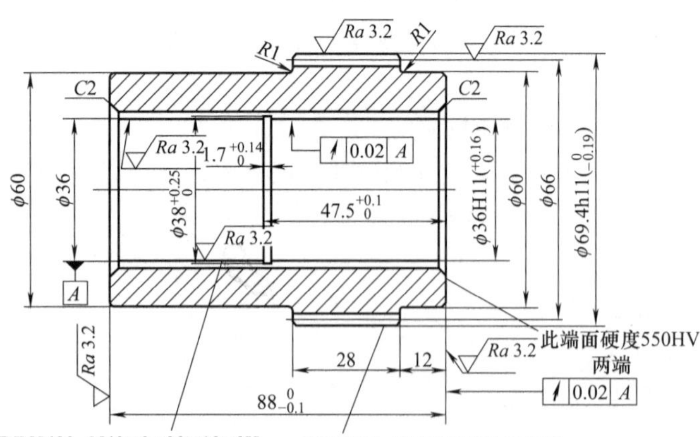

DIN5480—N40×2×30×18×9H　　DIN5480—W70×3×30×22×8f

技术要求

1.锻件进行超声波检测检查，不得有裂纹等锻造缺陷。

2.调质处理245～285HBW。

3.花键氮化处理，深度不小于0.3～0.5mm，表面硬度不小于550HV。

4.锐边倒钝，未注倒角C1。

Ra 12.5 (√)

渐开线内花键参数表			
公称直径		d_B	40mm
模数		m	2mm
压力角		α	30°
齿数		z	18
基准齿廓		DIN5480	
变位量		x_m	−0.9
理论齿根圆直径		d_{f2}	$40^{+0.52}_{0}$mm
精度等级		DIN 5480-9H	
测量	量棒直径	D_N	ϕ3.5mm
	棒间距	M_i	$(32.739^{+0.121}_{+0.044})$mm
渐开线外花键参数表			
公称直径		d_B	70mm
模数		m	3mm
压力角		α	30°
齿数		z	33
基准齿廓		DIN5480	
变位量		x_m	0.35
理论齿根圆直径		d_{f2}	$(63.4^{0}_{-0.019})$mm
精度等级		DIN5480-8f	
测量	跨测齿数	k	4
	公法线长度	W_k	$(31.99^{-0.039}_{-0.070})$mm

图 3-3　花键套（材料：42CrMo）

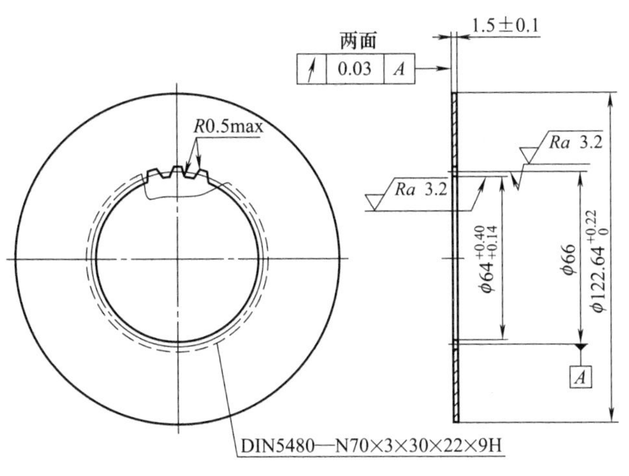

渐开线内花键参数表			
公称直径		d_B	70mm
模数		m	3mm
压力角		α	30°
齿数		z	22
基准齿廓		DIN5480	
变位量		x_m	−0.35mm
理论齿根圆直径		d_{f2}	$(70^{+0.74}_{0})$mm
精度等级		DIN5480-9H	
测量	量棒直径	D_N	φ5.25
	棒间距	M_i	$(59.042^{+0.151}_{+0.057})$mm

Ra 12.5 (√)

技术要求

1. 热处理硬度47～54HRC。
2. 锐边倒钝。

图 3-4 内摩擦片（材料：65Mn）

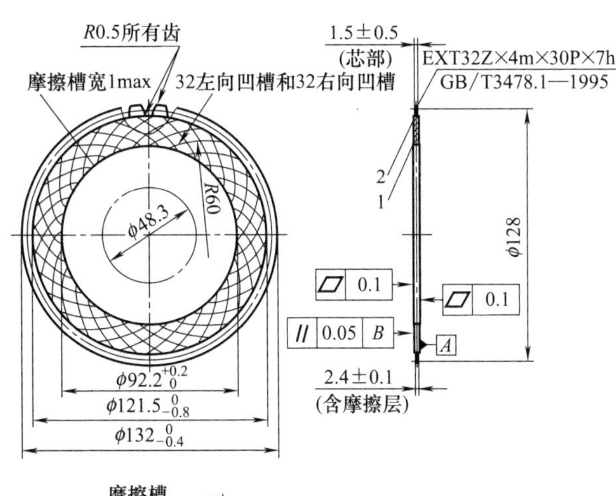

渐开线外花键参数表		
齿数	z	32
模数	m	4mm
压力角	α	30°
小径	D_{ic}	φ$122^{0}_{-0.4}$mm
渐开线起始圆直径最大值	D_{Femax}	φ123.48mm
齿根圆弧最小曲率半径	R_{emin}	R0.8mm
大径	D_{ec}	φ$132^{0}_{-0.4}$mm
公差等级与配合类型	7h GB/T 3478.1—2008	
实际齿厚最小值	s_{min}	6.054mm
实际齿厚最大值	s_{max}	6.197mm
齿距累积公差	F_p	0.119mm
齿形公差	f_f	0.075mm
齿向公差	F_β	0.014mm
跨测齿数	k	6
公法线长度	W_{min}	65.615mm
	W_{max}	65.740mm

技术要求

1. 摩擦层材料S156，硬度67.4～83.7HRB，芯部65Mn。
2. 锐边倒钝。

图 3-5 外摩擦片（材料：65Mn）

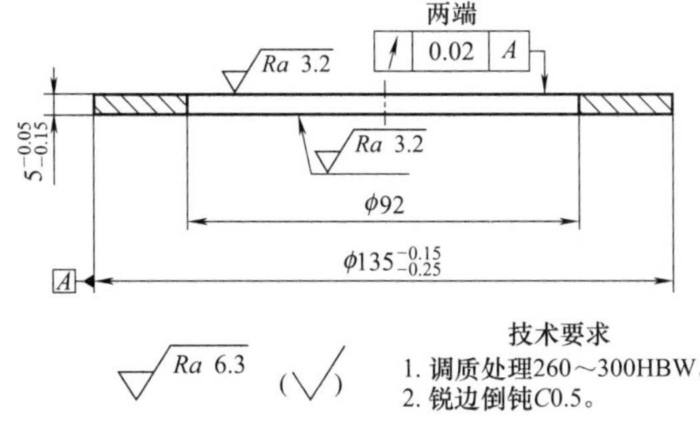

Ra 6.3 (√)

技术要求

1. 调质处理260～300HBW。
2. 锐边倒钝C0.5。

图 3-6 垫圈（材料：45）

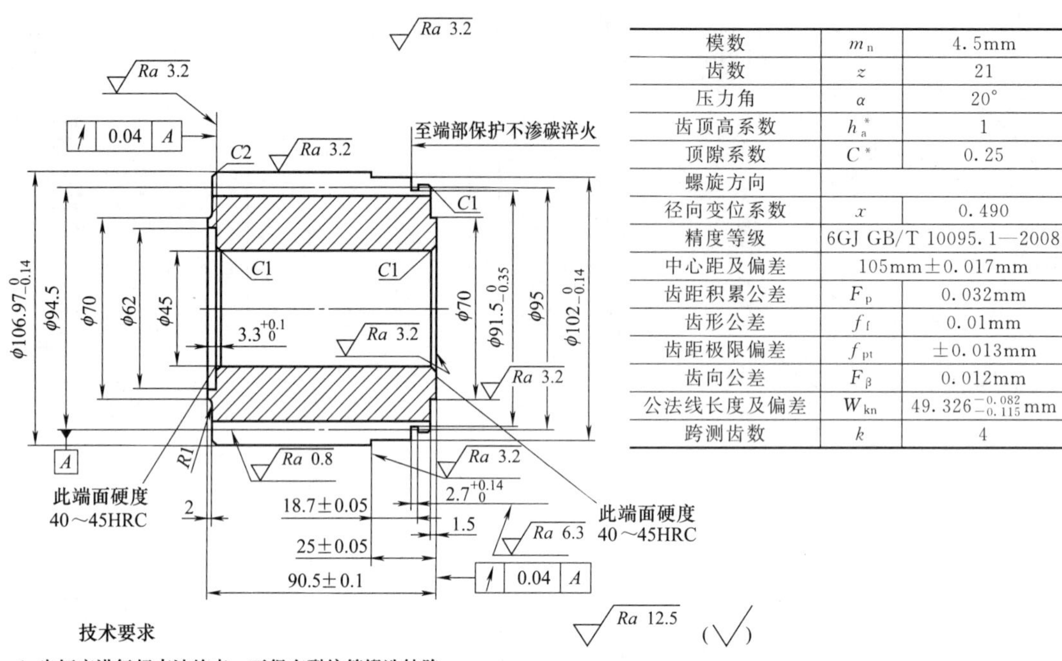

模数	m_n	4.5mm
齿数	z	21
压力角	α	20°
齿顶高系数	h_a^*	1
顶隙系数	C^*	0.25
螺旋方向		
径向变位系数	x	0.490
精度等级	6GJ GB/T 10095.1—2008	
中心距及偏差	105mm±0.017mm	
齿距积累公差	F_p	0.032mm
齿形公差	f_f	0.01mm
齿距极限偏差	f_{pt}	±0.013mm
齿向公差	F_β	0.012mm
公法线长度及偏差	W_{kn}	$49.326_{-0.115}^{-0.082}$mm
跨测齿数	k	4

技术要求

1. 齿坯应进行超声波检查，不得有裂纹等锻造缺陷。
2. 渗碳淬火，有效硬化层0.9～1.3mm，齿面硬度58～62HRC，芯部硬度36～42HRC。
3. 磨齿后，齿面应进行检测，不得有裂纹等缺陷。
4. 磨齿后，轮齿强化喷丸处理，喷丸强度"A"试片，弧高度f0.36～0.4，覆盖率≥100%。
5. 齿廓修形，齿向修鼓。
6. 锐边倒钝。

图 3-7　Ⅲ级太阳轮（材料：20Cr2Ni4A）

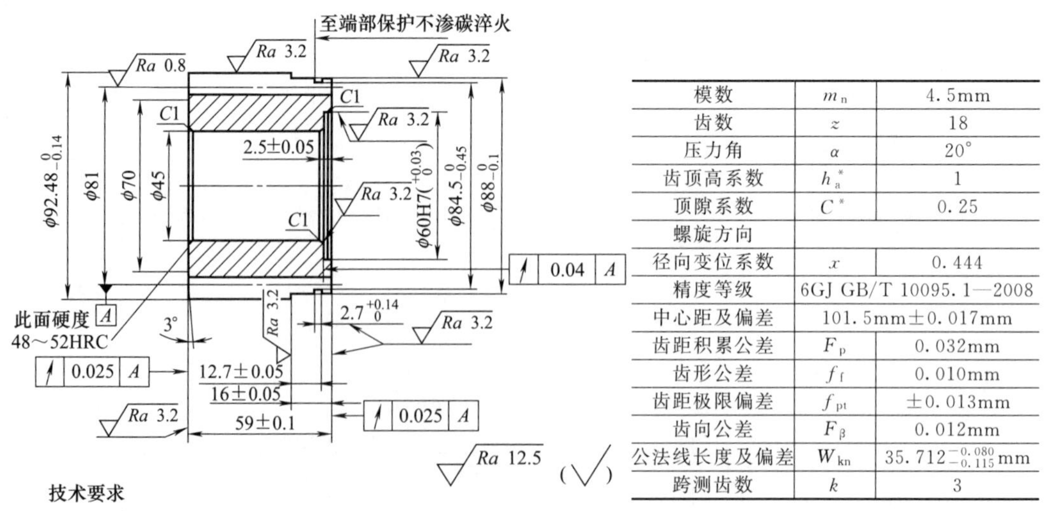

模数	m_n	4.5mm
齿数	z	18
压力角	α	20°
齿顶高系数	h_a^*	1
顶隙系数	C^*	0.25
螺旋方向		
径向变位系数	x	0.444
精度等级	6GJ GB/T 10095.1—2008	
中心距及偏差	101.5mm±0.017mm	
齿距积累公差	F_p	0.032mm
齿形公差	f_f	0.010mm
齿距极限偏差	f_{pt}	±0.013mm
齿向公差	F_β	0.012mm
公法线长度及偏差	W_{kn}	$35.712_{-0.115}^{-0.080}$mm
跨测齿数	k	3

技术要求

1. 齿坯应进行超声波检查，不得有裂纹等锻造缺陷。
2. 渗碳淬火，有效硬化层0.9～1.3mm，齿面硬度58～62HRC，芯部硬度36～42HRC。
3. 磨齿后，齿面应进行检测，不得有裂纹等缺陷。
4. 磨齿后，轮齿强化喷丸处理，喷丸强度"A"试片，弧高度f0.36～0.4，覆盖率≥100%。
5. 齿廓修形，齿向修鼓。
6. 锐边倒钝。

图 3-8　Ⅱ级太阳轮（材料：20Cr2Ni4A）

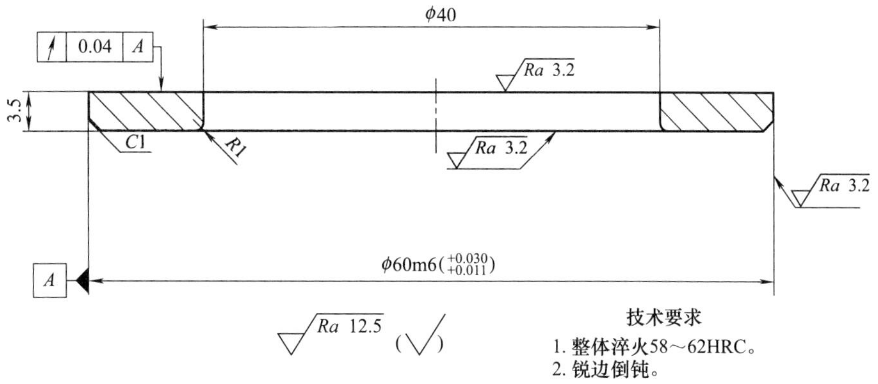

图 3-9 耐磨环Ⅰ（材料：GCr15）

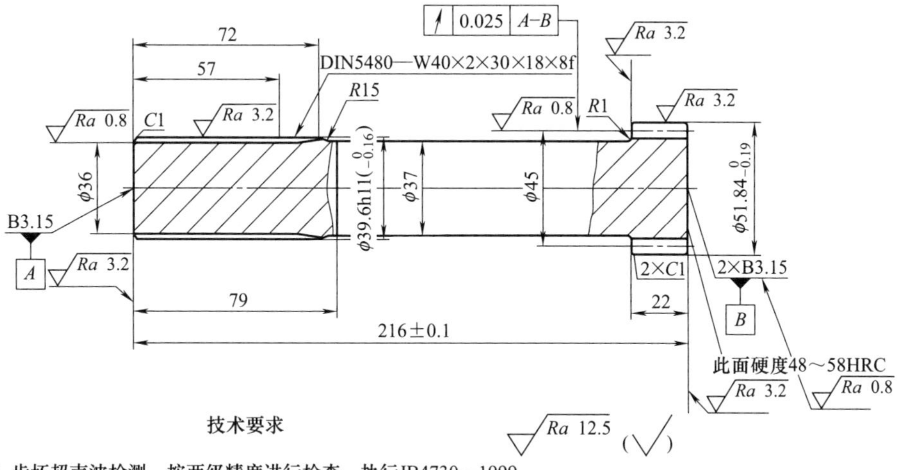

1. 齿坯超声波检测，按两级精度进行检查，执行JB4730—1999。
2. 齿面渗碳淬火，有效硬化层0.5～0.8mm，齿面硬度58～62HRC，芯部硬度36～42HRC(包括花键)。
3. 磨齿后齿面进行检测，不得有裂纹等缺陷。
4. 磨齿后齿面强力喷丸处理，喷丸强度“A”试片，弧高度f0.36～0.4，覆盖率100%。
5. 齿廓修形，齿向修鼓。

模数	m_n	3mm
齿数	z	15
压力角	α	20°
齿顶高系数	h_a^*	1
顶隙系数	C^*	0.25
螺旋方向		
径向变系数	x	0.2
精度等级	6GJ GB/T 10095—2008	
中心距及偏差	78.5mm±0.015mm	
齿距积累公差	F_p	0.025mm
齿形公差	f_f	0.008mm
齿距极限偏差	f_{pt}	±0.010mm
齿向公差	F_β	0.009mm
公法线长度及偏差	W_{kn}	$14.325_{-0.087}^{-0.062}$mm
跨测齿数	k	2

渐开线外花键参数表			
公称直径		d	40
模数		m	2
压力角		α	30°
齿数		z	18
基准齿廓		DIN $5480_{-0.83}^{0}$	
变位量		x_m	0.9
理论齿根圆直径		d_{f2}	$35.6_{-0.83}^{0}$mm
公差等级		DIN 5480-8f	
测量	跨测齿数	k	4
	公法线长度	W_k	$21.621_{-0.056}^{-0.032}$mm

图 3-10 Ⅰ级太阳轮（材料：20Cr2Ni4A）

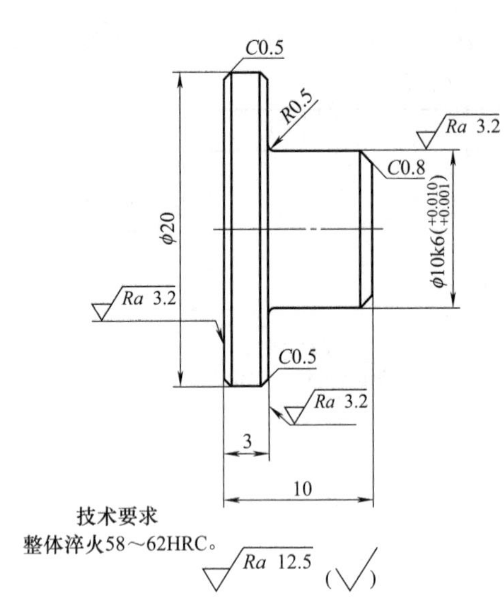

技术要求

整体淬火58～62HRC。

Ra 12.5 (√)

图 3-11　止推垫块（材料：GCr15）

技术要求

1. 热处理淬火硬度58～62HRC。
2. 锐边倒钝。

Ra 12.5 (√)

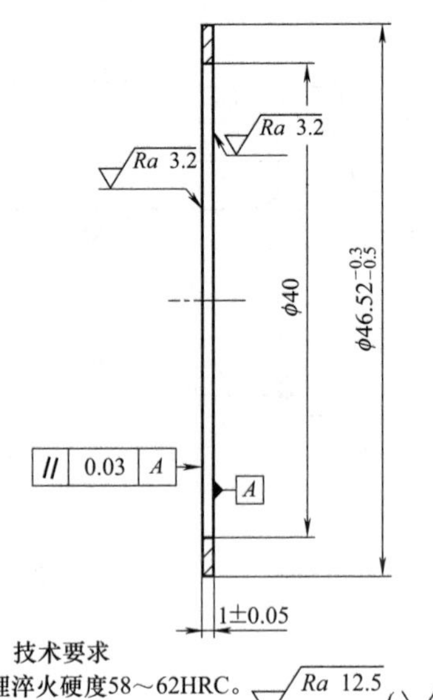

图 3-12　隔套Ⅰ（材料：GCr15）

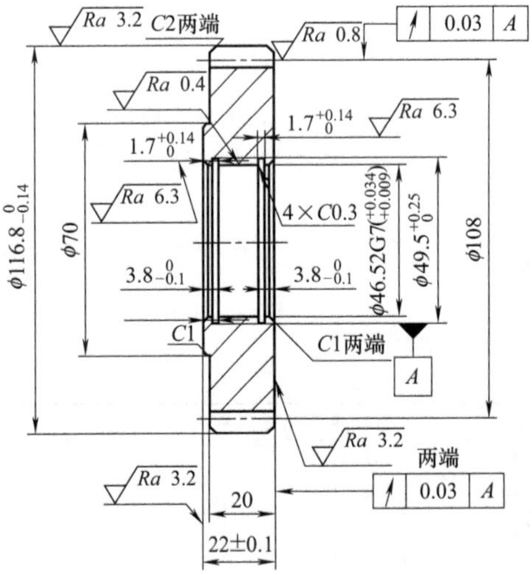

模数	m_n	3mm
齿数	z	36
压力角	α	20°
齿顶高系数	h_a^*	1
顶隙系数	C^*	0.25
螺旋方向		
径向变位系数	x	0.527
精度等级	6HK GB/T 10095—2008	
中心距及偏差	78.5mm±0.015mm	
齿距积累公差	F_p	0.045mm
齿形公差	f_f	0.008mm
齿距极限偏差	f_{pt}	±0.010mm
齿向公差	F_β	0.009mm
公法线长度及偏差	W_{kn}	$42.448^{-0.081}_{-0.107}$mm
跨测齿数	k	5

Ra 12.5 (√)

技术要求

1. 齿坯超声波检测，不得有裂纹等锻造缺陷。
2. 齿面渗碳淬火，有效硬化层0.9～1.3mm，齿面硬度58～62HRC，芯部硬度36～42HRC，中间孔φ46.52的硬度58～62HRC，沟槽φ49.5防渗，沟槽尖角倒钝。
3. 磨齿后齿面进行检测，不得有裂纹等缺陷。
4. 磨齿后齿面强力喷丸处理，喷丸强度“A”试片，弧高度f0.36～0.4，覆盖率100%。
5. 齿廓修形，齿向修鼓。

图 3-13　Ⅰ级行星轮（材料：20Cr2Ni4A）

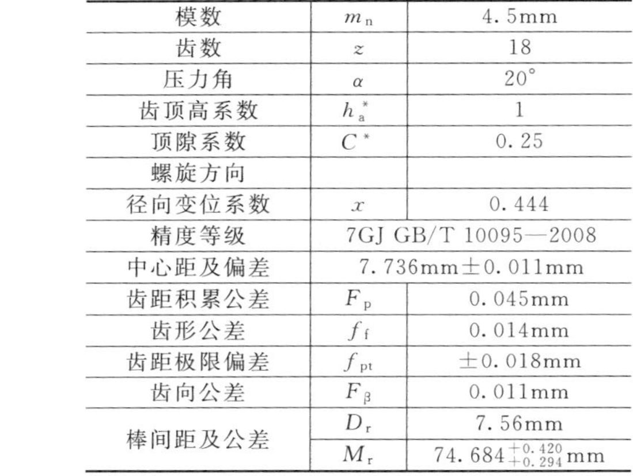

模数	m_n	4.5mm
齿数	z	18
压力角	α	20°
齿顶高系数	h_a^*	1
顶隙系数	C^*	0.25
螺旋方向		
径向变位系数	x	0.444
精度等级	7GJ GB/T 10095—2008	
中心距及偏差	7.736mm±0.011mm	
齿距积累公差	F_p	0.045mm
齿形公差	f_f	0.014mm
齿距极限偏差	f_{pt}	±0.018mm
齿向公差	F_β	0.011mm
棒间距及公差	D_r	7.56mm
	M_r	$74.684^{+0.420}_{+0.294}$mm

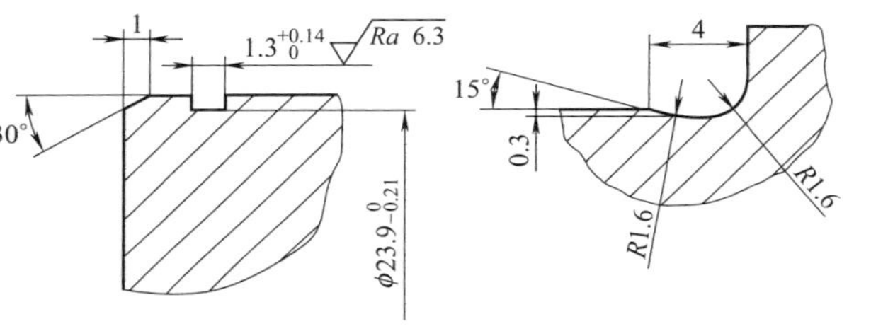

技术要求

1. 调质处理硬度245～285HBW。
2. 锻件应进行超声波检测，不得有任何锻造缺陷。
3. 锐边倒钝。
4. 齿面氮化，有效深度0.45～0.55mm，表面硬度不小于550HV。

图 3-14　Ⅰ级行星架（材料：42CrMo）

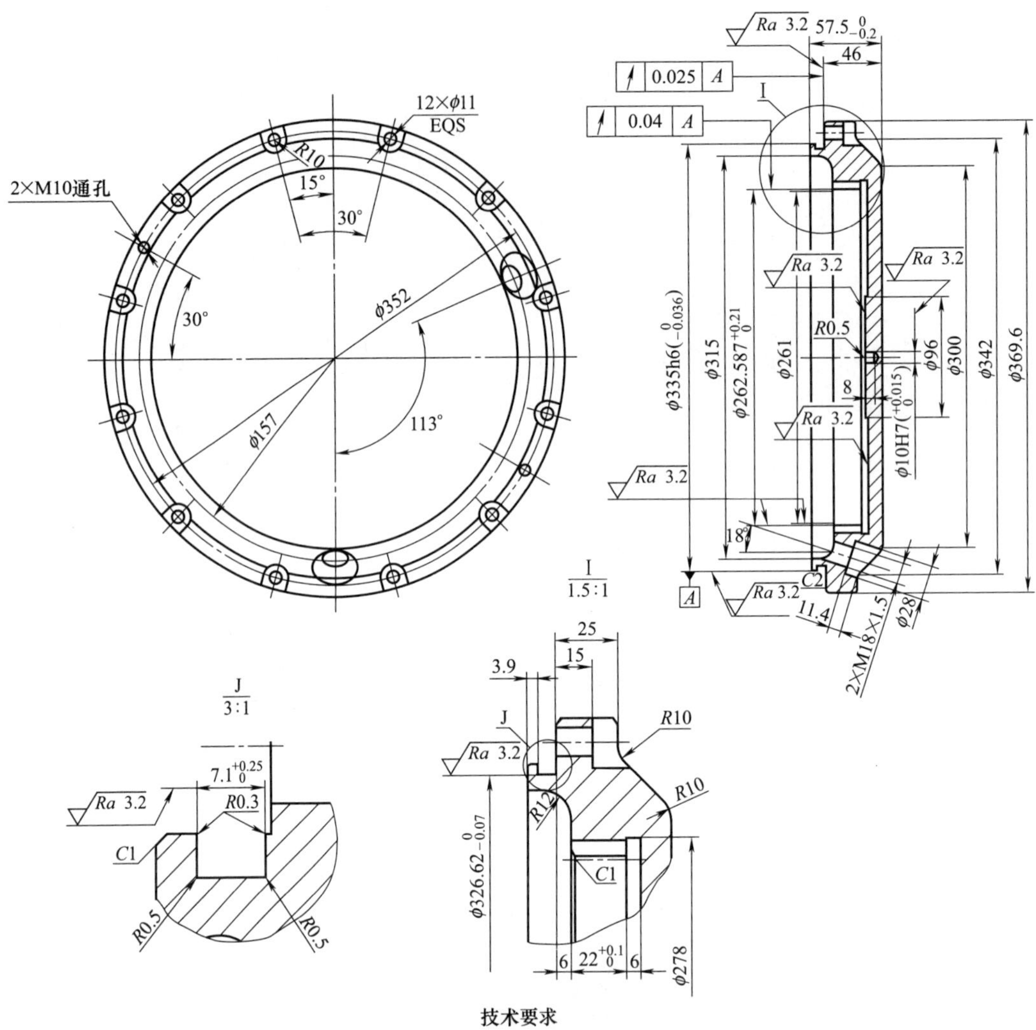

技术要求

1. 齿坯经过超声波检查，不得有任何缺陷。
2. 调质硬度245～285HBW，齿面氮化硬度大于600HV、深度不小于0.5mm。
3. 插齿后齿面检测，不得有裂纹等缺陷。
4. 锐边倒钝。

模数	m_n	43mm
齿数	z	87
压力角	α	20°
齿顶高系数	h_a^*	1
顶隙系数	C^*	0.25
螺旋方向		
径向变位系数	x	1.25
精度等级	7HK GB/T 10095—2008	
中心距及偏差	78.5mm±0.015mm	
齿距积累公差	F_p	0.090mm
齿形公差	f_f	0.013mm
齿距极限偏差	f_{pt}	±0.016mm
齿向公差	F_β	0.011mm
棒间距及公差	D_r	5.04mm
	M_r	$261.265^{+0.431}_{+0.340}$mm

图 3-15　输入端盖（材料：42CrMo）

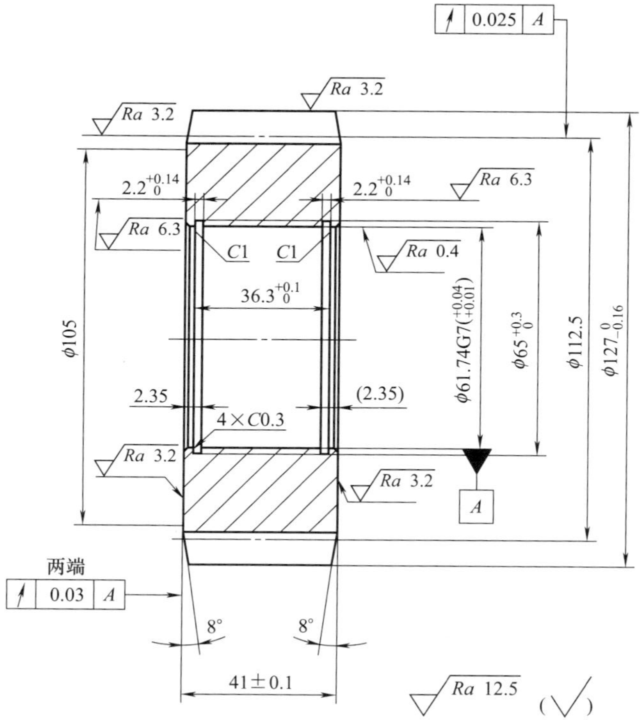

模数	m_n	4.5mm
齿数	z	25
压力角	α	20°
齿顶高系数	h_a^*	1
顶隙系数	C^*	0.25
螺旋方向		
径向变位系数	x	0.781
精度等级	6HK GB/T 10095—2008	
中心距及偏差	101.5mm±0.017mm	
齿距积累公差	F_p	0.045mm
齿形公差	f_f	0.010mm
齿距极限偏差	f_{pt}	±0.013mm
齿向公差	F_β	0.012mm
公法线长度及偏差	W_{kn}	$50.474_{-0.140}^{-0.105}$ mm
跨测齿数	k	4

技术要求

1. 齿坯超声波检测，不得有裂纹等锻造缺陷。
2. 齿面渗碳淬火，有效硬化层0.9～1.3mm，齿面硬度58～62HRC，芯部硬度36～42HRC。中间孔ϕ61.74的硬度58～62HRC，沟槽ϕ65防渗，沟槽尖角倒钝。
3. 磨齿后齿面进行检测，不得有裂纹等缺陷。
4. 磨齿后齿面强力喷丸处理，喷丸强度“A”试片，弧高度f0.36～0.4，覆盖率100%。
5. 齿廓修形，齿向修鼓。

图 3-16 Ⅱ级行星轮（材料：20Cr2Ni4A）

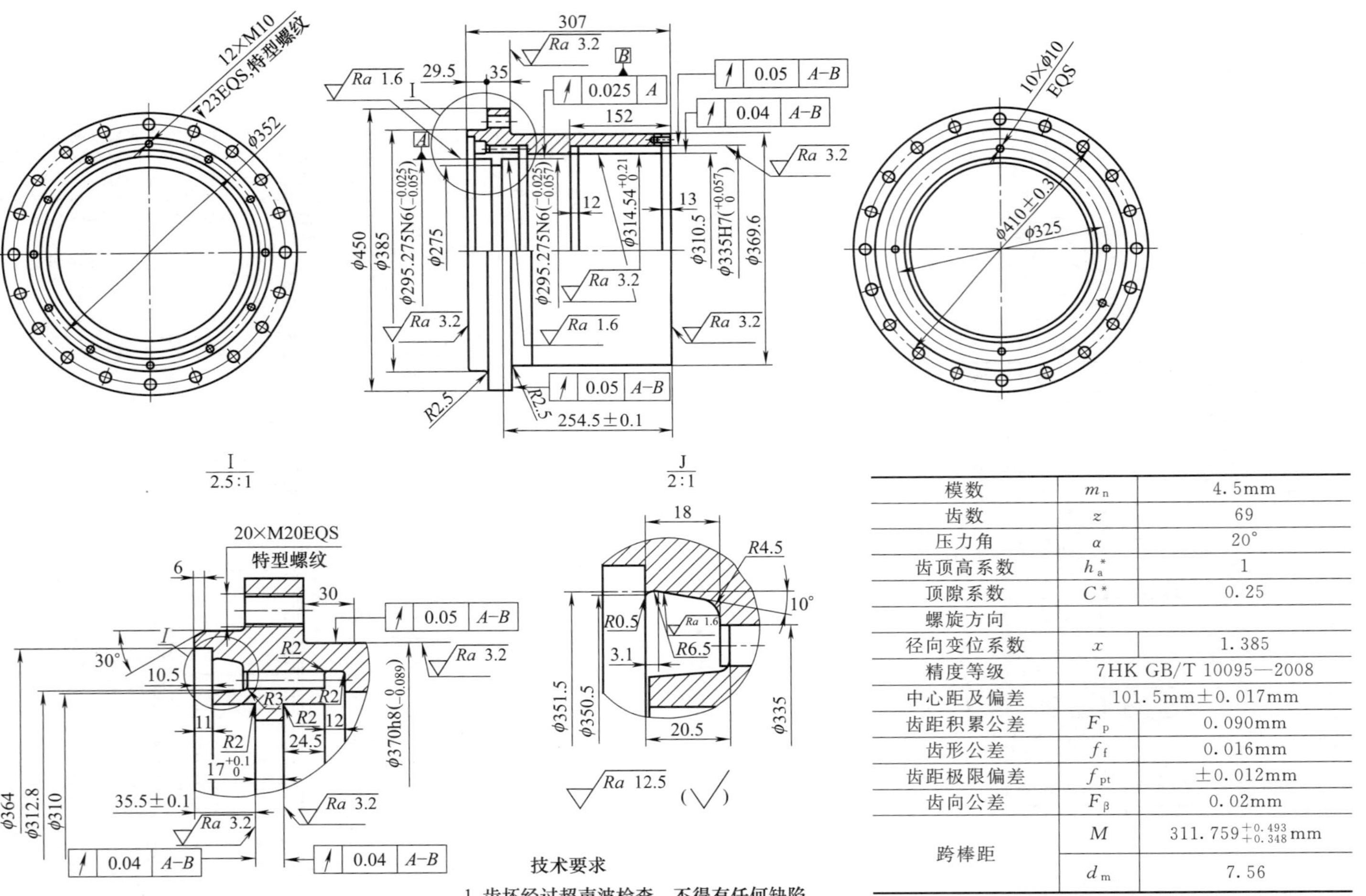

模数	m_n	4.5mm
齿数	z	69
压力角	α	20°
齿顶高系数	h_a^*	1
顶隙系数	C^*	0.25
螺旋方向		
径向变位系数	x	1.385
精度等级	7HK GB/T 10095—2008	
中心距及偏差	101.5mm±0.017mm	
齿距积累公差	F_p	0.090mm
齿形公差	f_f	0.016mm
齿距极限偏差	f_{pt}	±0.012mm
齿向公差	F_β	0.02mm
跨棒距	M	$311.759^{+0.493}_{+0.348}$mm
	d_m	7.56

技术要求

1. 齿坯经过超声波检查，不得有任何缺陷。
2. 调质硬度245～285HBW，齿面氮化硬度大于600HV、深度不小于0.5。
3. 插齿后齿面检测检查，不得有裂纹等缺陷。
4. 未注倒角$C0.5$。

图 3-17 内齿圈（材料：42CrMo）

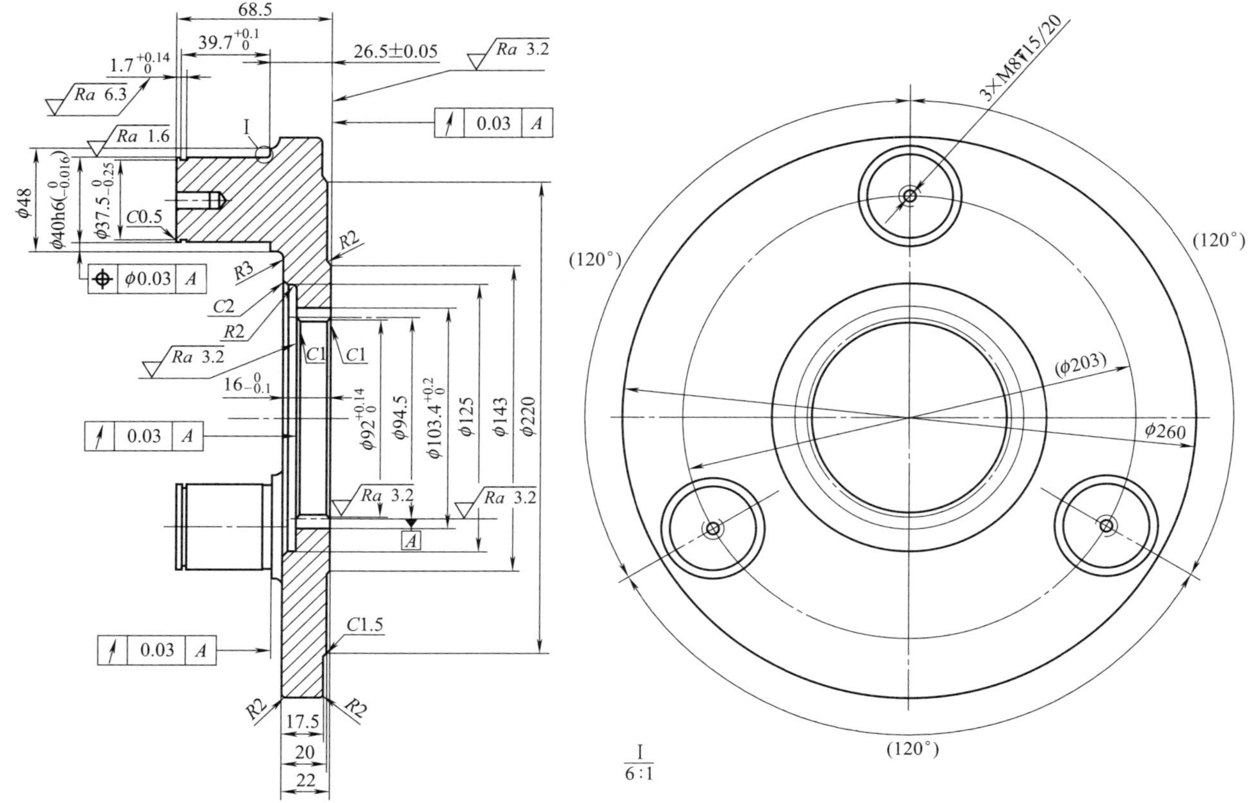

模数	M_n	4.5mm
齿数	z	21
压力角	α	20°
齿顶高系数	h_a^*	1
顶隙系数	C^*	0.25
螺旋方向		
径向变位系数	x	0.490
精度等级	7GJ GB/T 10095—2008	
中心距及偏差	8.21mm±0.011mm	
齿距积累公差	F_p	0.045mm
齿形公差	f_r	0.014mm
齿距极限偏差	f_{pt}	±0.018mm
齿向公差	F_β	0.011mm
棒间距及公差	D_r	7.56mm
	M_r	$88.298^{+0.415}_{+0.290}$ mm

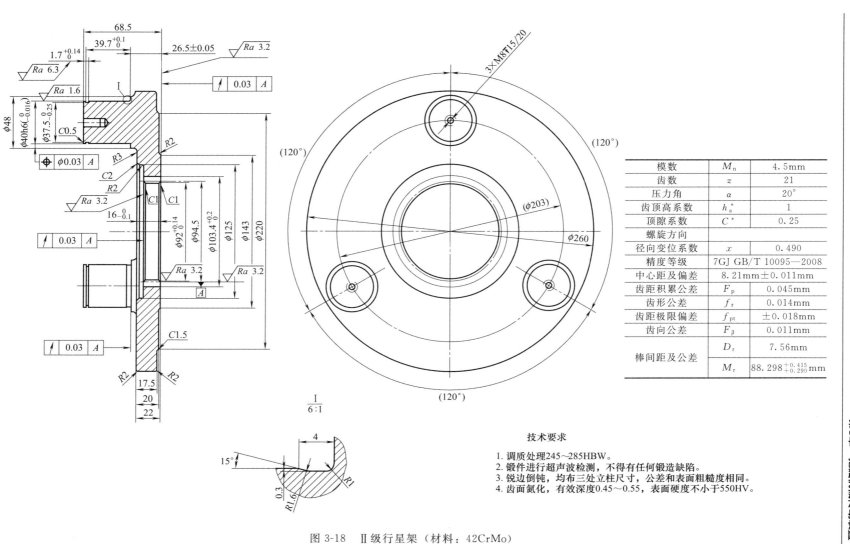

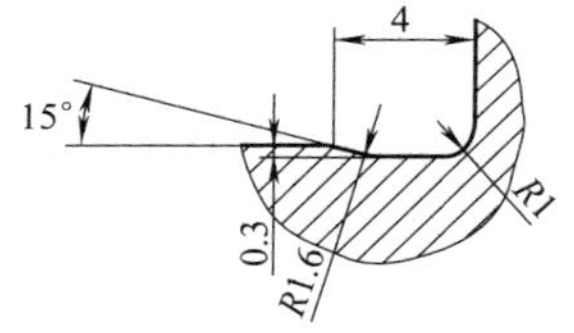

技术要求

1. 调质处理245~285HBW。
2. 锻件进行超声波检测，不得有任何锻造缺陷。
3. 锐边倒钝，均布三处立柱尺寸，公差和表面粗糙度相同。
4. 齿面氮化，有效深度0.45~0.55，表面硬度不小于550HV。

图 3-18 Ⅱ级行星架（材料：42CrMo）

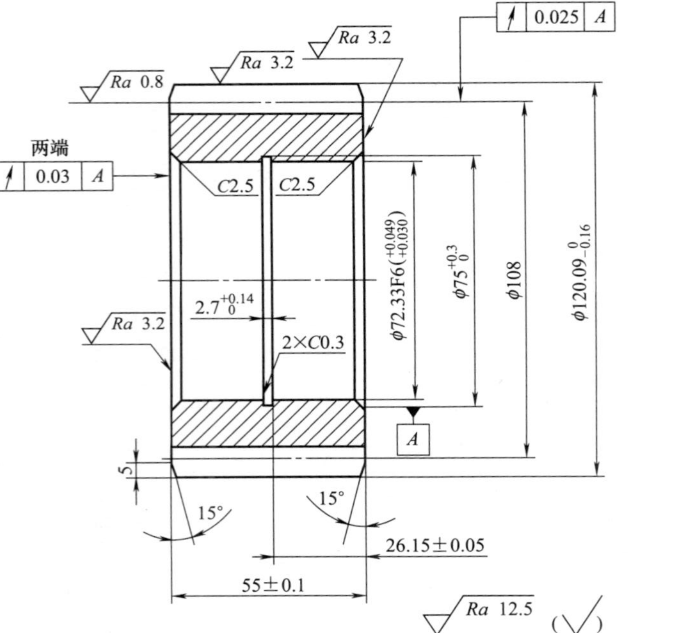

模数	m_n	4.5mm
齿数	z	24
压力角	α	20°
齿顶高系数	h_a^*	1
顶隙系数	C^*	0.25
螺旋方向		
径向变位系数	x	0.447
精准等级	6HK GB/T 10095—2008	
中心距及偏差	105mm±0.017mm	
齿距积累公差	F_p	0.045mm
齿形公差	f_f	0.010mm
齿距极限偏差	f_{pt}	±0.013mm
齿向公差	F_β	0.012mm
公法线长度及偏差	W_{kn}	$49.387_{-0.140}^{-0.105}$mm
跨测齿数	k	4

技术要求

1. 齿坯超声波检测，不得有裂纹等锻造缺陷。
2. 齿面渗碳淬火，有效硬化层0.9～1.3mm，齿面硬度58～62HRC，芯部硬度36～42HRC，中间孔φ72.33的硬度58～62HRC，沟槽φ75防渗，沟槽尖角倒钝。
3. 磨齿后齿面进行检测，不得有裂纹等缺陷。
4. 磨齿后齿面强力喷丸处理，喷丸强度“A”试片，弧高度f0.36～0.4，覆盖率100%。
5. 齿廓修形，齿向修鼓。

图 3-19　Ⅲ级行星轮（材料：20Cr2Ni4A）

渐开线内花键参数表(齿部Ⅱ)

渐开线内花键参数表(齿部Ⅱ)		
齿数	z	32
模数	m	4mm
压力角	α	30°
小径	D_{ii}	$\phi 124.28^{+0.4}_{0}$mm
渐开线终止圆直径最小值	D_{Fimin}	ϕ132.80mm
齿根圆弧最小曲率半径	R_{imin}	R 0.8mm
大径	D_{ei}	$\phi 134^{+0.4}_{0}$mm
公差等级与配合类型	7H GB/T 3478.1—2008	
实际齿槽最大值	E_{max}	6.513mm
实际齿槽最小值	E_{min}	6.369mm
齿距累积公差	F_p	0.119mm
齿形公差	f_f	0.075mm
齿向公差	F_β	0.020mm
量棒直径	D_{Ri}	ϕ7.5mm
棒间距	M_{Rimin}	116.311mm
	M_{Rimax}	116.589mm

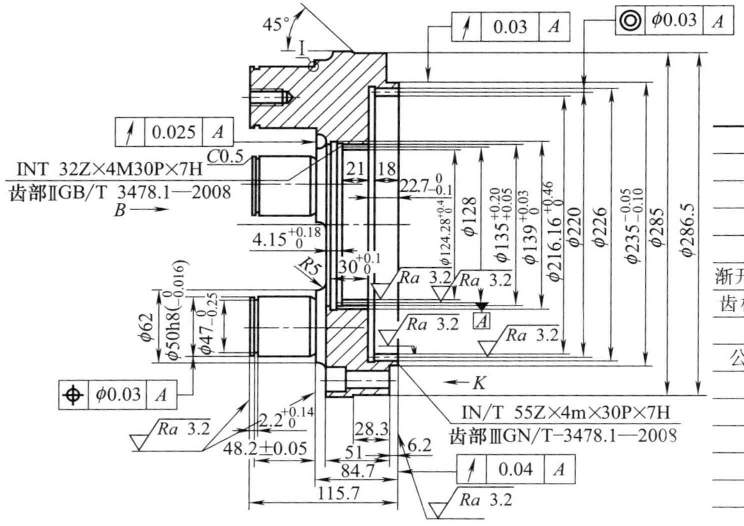

渐开线内花键参数表(齿部Ⅲ)

渐开线内花键参数表(齿部Ⅲ)		
齿数	z	55
模数	m	4mm
压力角	α	30°
小径	D_{ii}	$\phi 124.28^{+0.4}_{0}$mm
渐开线终止圆直径最小值	D_{Fimin}	ϕ132.80mm
齿根圆弧最小曲率半径	R_{imin}	R0.8mm
大径	D_{ei}	$\phi 226^{+0.4}_{0}$mm
公差等级与配合类型	7H GB/T 3478.1—2008	
实际齿槽最大值	E_{max}	6.534mm
实际齿槽最小值	E_{min}	6.387mm
齿距累积公差	F_p	0.150mm
齿形公差	f_f	0.083mm
齿向公差	F_β	0.020mm
量棒直径	D_{Ri}	ϕ7.5mm
棒间距	M_{Rimin}	208.359mm
	M_{Rimax}	208.628mm

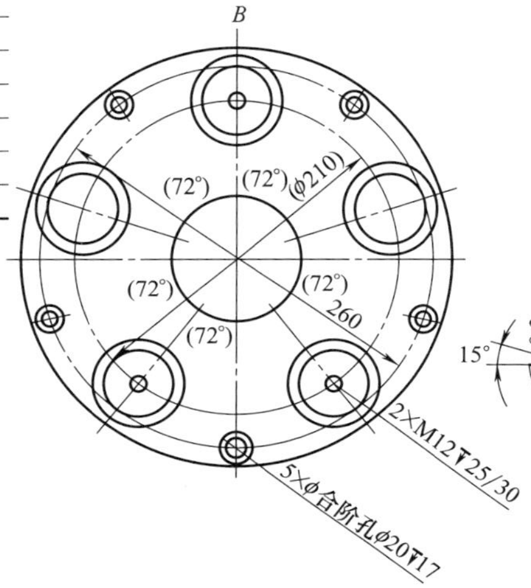

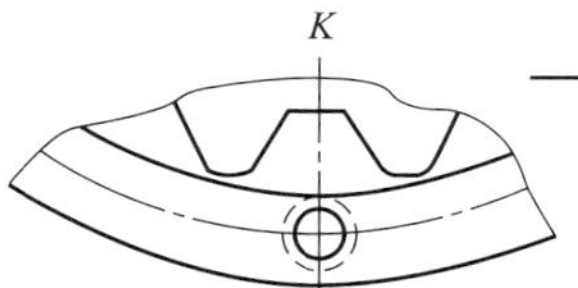

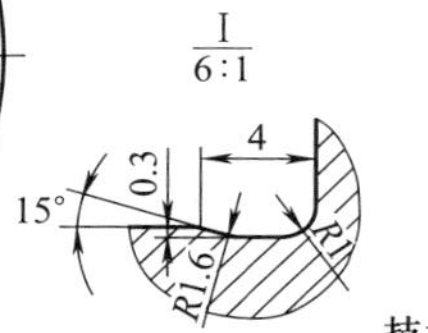

技术要求

1. 调质处理245～285HBW。
2. 锻件进行超声波检测，不得有任何锻造缺陷。
3. 均布的立柱尺寸，公差和表面粗糙度相同。
4. 齿面氮化，有效深度0.45～0.55mm，表面硬度不小于550HV。
5. 未注倒角$C1$，5×ϕ14孔中须有一个在齿部Ⅲ齿的中心线上。

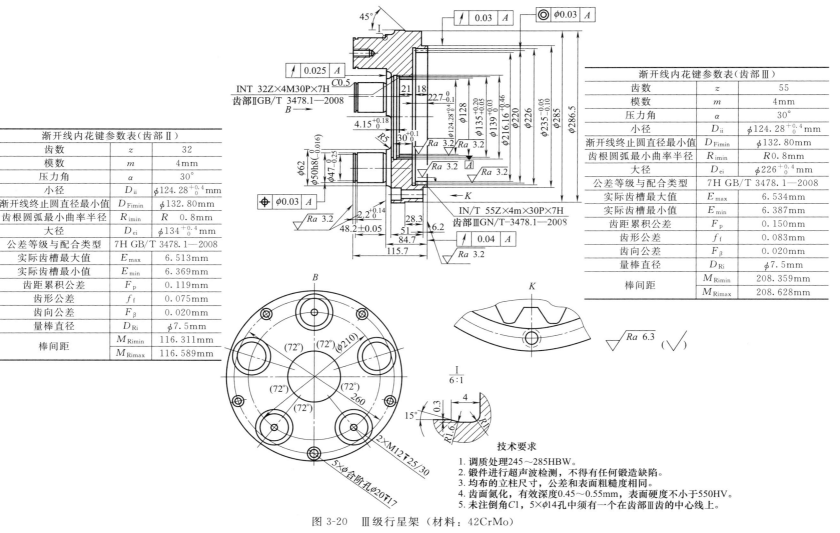

图 3-20　Ⅲ级行星架（材料：42CrMo）

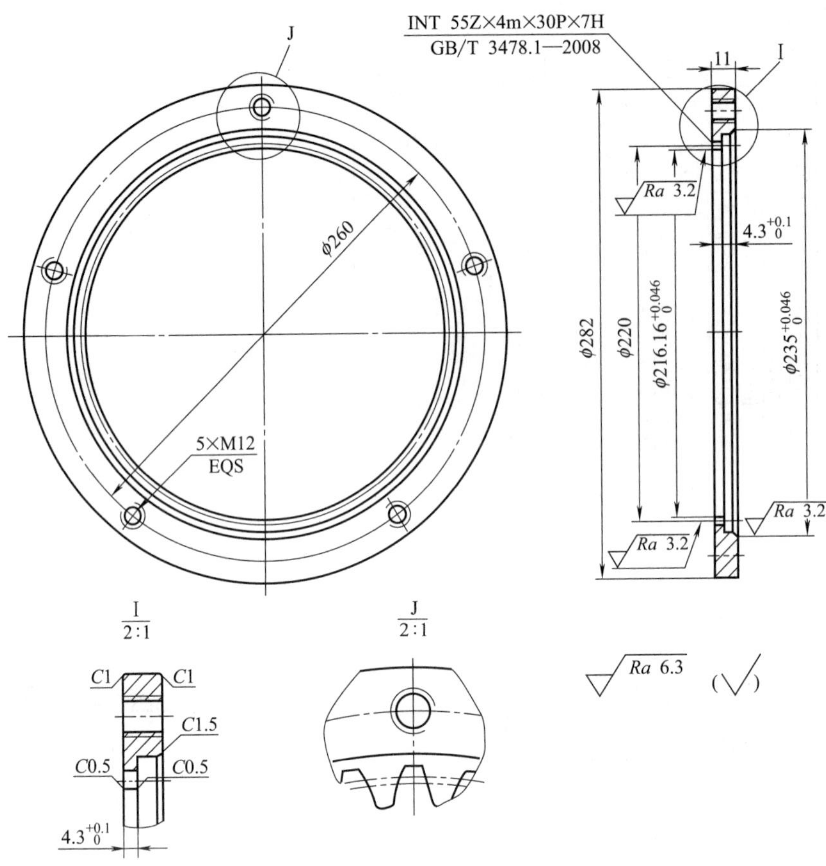

技术要求

1. 调整处理250～280HBW。
2. 5×M12螺纹孔中须有一个在齿槽的中心线上。

渐开线内花键参数表		
齿数	z	55
模数	m	4mm
压力角	α	30°
小径	D_{ii}	$\phi216.16^{+0.46}_{0}$mm
渐开线终止圆直径最小值	D_{Fimin}	ϕ224.80mm
齿根圆弧最小曲率半径	R_{imin}	R　　0.8mm
大径	D_{ei}	$\phi226^{+0.46}_{0}$mm
公差等级与配合类型		7H GB/T 3478.1—2008
实际齿槽最大值	E_{max}	6.534mm
实际齿槽最小值	E_{min}	6.387mm
齿距累积公差	F_p	0.150mm
齿形公差	f_f	0.083mm
齿向公差	F_β	0.020mm
量棒直径	D_{Ri}	ϕ7.5mm
棒间距	M_{Rimin}	208.359mm
	M_{Rimax}	208.628mm

图 3-21　卡环（材料：45#）

3.3　全断面岩石掘进机

3.3.1　ϕ5.8m全断面岩石掘进机简介

目前地下隧洞施工主要分为人工钻爆（简称DBM）和全断面掘进机（简称TBM）施工两种方式。TBM施工具有自动化程度高、掘进速度快、劳动环境好、无超挖、对围岩扰动小等特点，是先进的大型地下工程施工成套技术装备，受到世界各主要工业国家的高度重视。

我国自1985年以来，先后研制了19台全断面岩石掘进机，直径从ϕ2.5～ϕ6.8m，取得一定业绩，但远不能满足经济快速发展的需求，有待于进一步研制与开发。现以我国自行研制的ϕ5.8m全断面岩石掘进机为例，介绍其主要技术参数及主要部件的结构性能。

3.3.1.1　主要技术参数

ϕ5.8m全断面岩石掘进机主要技术参数见表3-3。

表3-3　技术参数

项　目		参　数
掘进隧洞直径/m		5.8
适合掘进岩石强度/(N/mm^2)		30～150
掘进速度/(m/h)		1.4～2.1
掘进最小转弯半径/m		150
总功率/kW		685
刀盘功率/kW		600
刀盘转速/(r/min)		4.94
总推进力/kN	额定	7100
	最大	9000
总支撑力/kN		11900×2
刀具形式	中心刀(定轴双刃盘形滚刀)	2把(每把装两个刀圈)
	正刀(定轴单刃盘形滚刀)	34把
	边刀(定轴单刃盘形滚刀)	10把(其中两把装球齿刀圈,作修光洞壁用)
外形尺寸(直径×长度)/mm		5800×16860
整机重量/t		190

3.3.1.2 主要部件的结构与特点

（1）刀盘　刀盘包括刀盘内圈、铲斗、大轴承、刀具等部分（见图3-22）。

① 刀具　为了提高刀具的承载能力和耐磨性，采用大刀圈、优质材料及合理的结构，增强刀座强度。此外，正刀和中心刀刀座采用埋入式保护，工作面形状为平面圆弧过渡，刀具布置为双螺旋线对称型，因而刀盘受力平衡。

a. 正滚刀　结构为定轴单刃盘形滚刀，刀圈直径 ϕ400mm，材料用基体钢或耐磨合金钢，轴承型号7620，金属浮动密封。

b. 中心刀　结构为定轴双刃盘形滚刀，刀圈直径 ϕ310mm，轴承型号7616，其余类似正滚刀。

c. 边滚刀　采用不对称轴承结构的定轴单刃盘形滚刀，其余类似于正滚刀。

② 大轴承和大密封

a. 大轴承　为了提高轴承的承载能力，由轴承厂专门研制了378/1600型大锥角双排圆锥滚子轴承，额定寿命为5000h。

b. 大密封　为防止泥浆进入大齿圈和大轴承，采用多道密封；并设计了充气密封，以提高密封效果，防止油液外泄，减少橡胶密封的磨损。其中橡胶密封专门研制。

（2）刀盘支承装置（图3-23）　刀盘支承装置由支承壳体、前支承、侧支承、护盾及挡尘板等组成。

① 采用大包角的护盾和侧支承，加上前支承，这就在横断面上将整个隧洞的85%以上都支护起来，从而大大提高了机器的安全性和稳定性。

② 各种支承面积大，易于通过破碎和松软地带，洞壁有窟窿和台阶时，也不会嵌入和拉坏，且挡碴性能好，可大大减少工作区域的漏碴。

③ 挡尘板外缘的车胎式橡胶密封，同护盾和侧支承的内壁接触，无相对摩擦，提高了寿命。我们在两个工地施工过程中均未更换过。

（3）传动系统　传动系统由4台150kW电动机通过联轴器、两级行星齿轮减速器和末级齿轮驱动大齿圈，带动刀盘回转。此外，机器上还装有一套刀盘液压启动装置。

① 两级行星齿轮减速器　2K-H（NGW）型，采用中心轮浮动实现均载，传动比 $i=28.6$，输出轴转速为51.6r/min。

② 刀盘液压启动装置　采用油马达、超越离合器带动刀盘慢速转动，然后启动刀盘电机，从而缩短了启动的持续时间。当刀盘需要准确定位时，无需开动电机，只要点动油马达便可。该装置可以减少对电机、电器和传动系统的启动冲击，提高了元件的使用寿命。

（4）机架和机尾　支承水平框架的机架由上下大梁和前后立柱组成空间框架，经与上海交通大学协作，运用有限元法通过电子计算机分析计算，具有足够的强度和刚性，机尾与机架采用精配螺柱联接，以安置机房。

（5）除尘系统　设置旋风水膜除尘器和轴流通风机，将经过粉尘离析的空气送出洞外；同时，另有一路进风管路，将新鲜空气送到机器旁边，保证操作人员的环境卫生。

（6）液压系统（见图3-24）

① 供油　由63CY14-1B型轴向柱塞变量泵，供掘进机各工作装置正常操作所需的压力

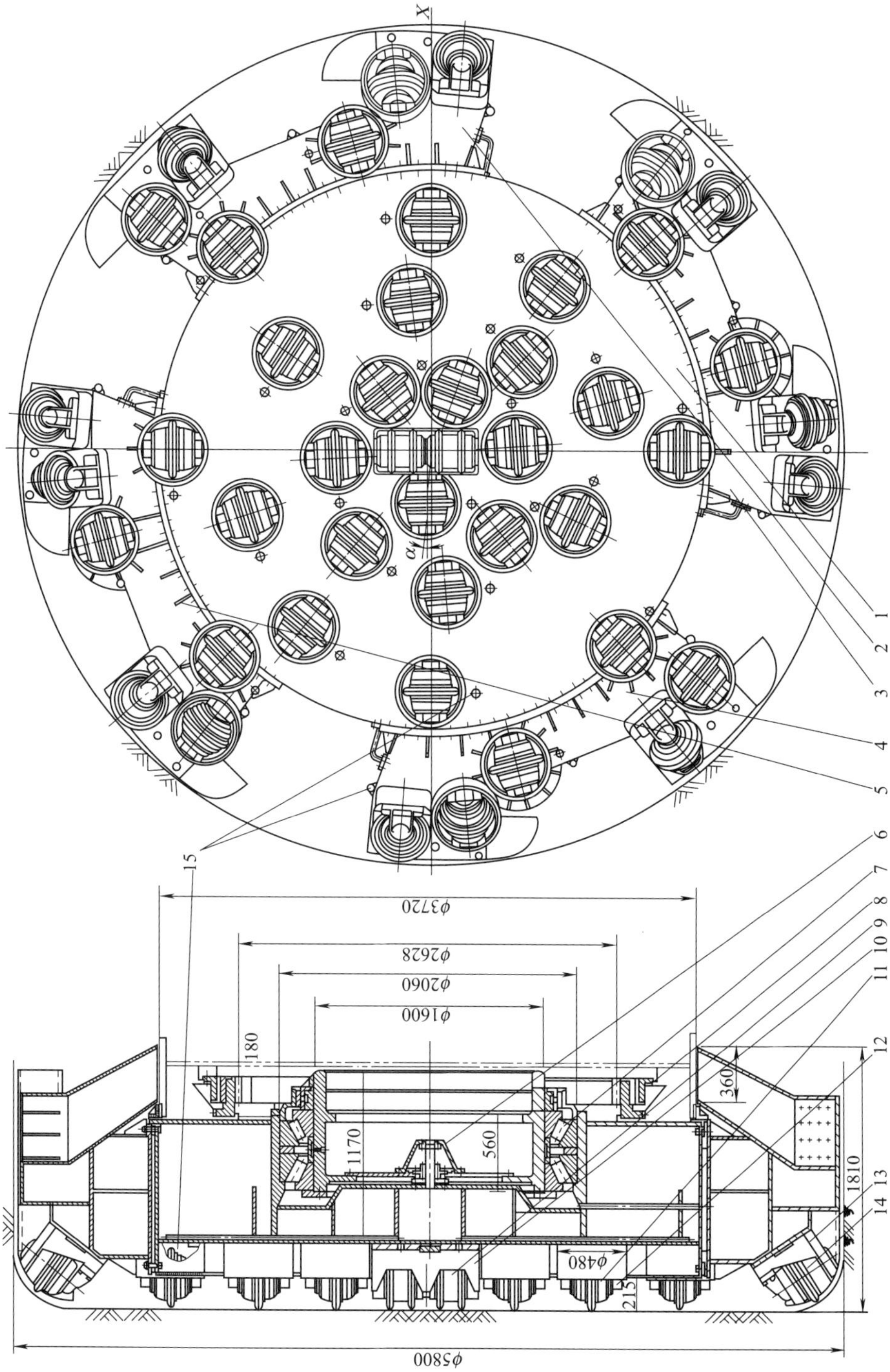

图3-22　刀盘工作机构

1—刀盘内圈；2~5—铲斗组；6—中心进水机构；7—大轴承装置；8—大齿圈和大密封；9—中心滚刀；10—中心刀架组；11—正滚刀；12—正刀架组；13—边刀架组；14—边滚刀；15—喷雾嘴

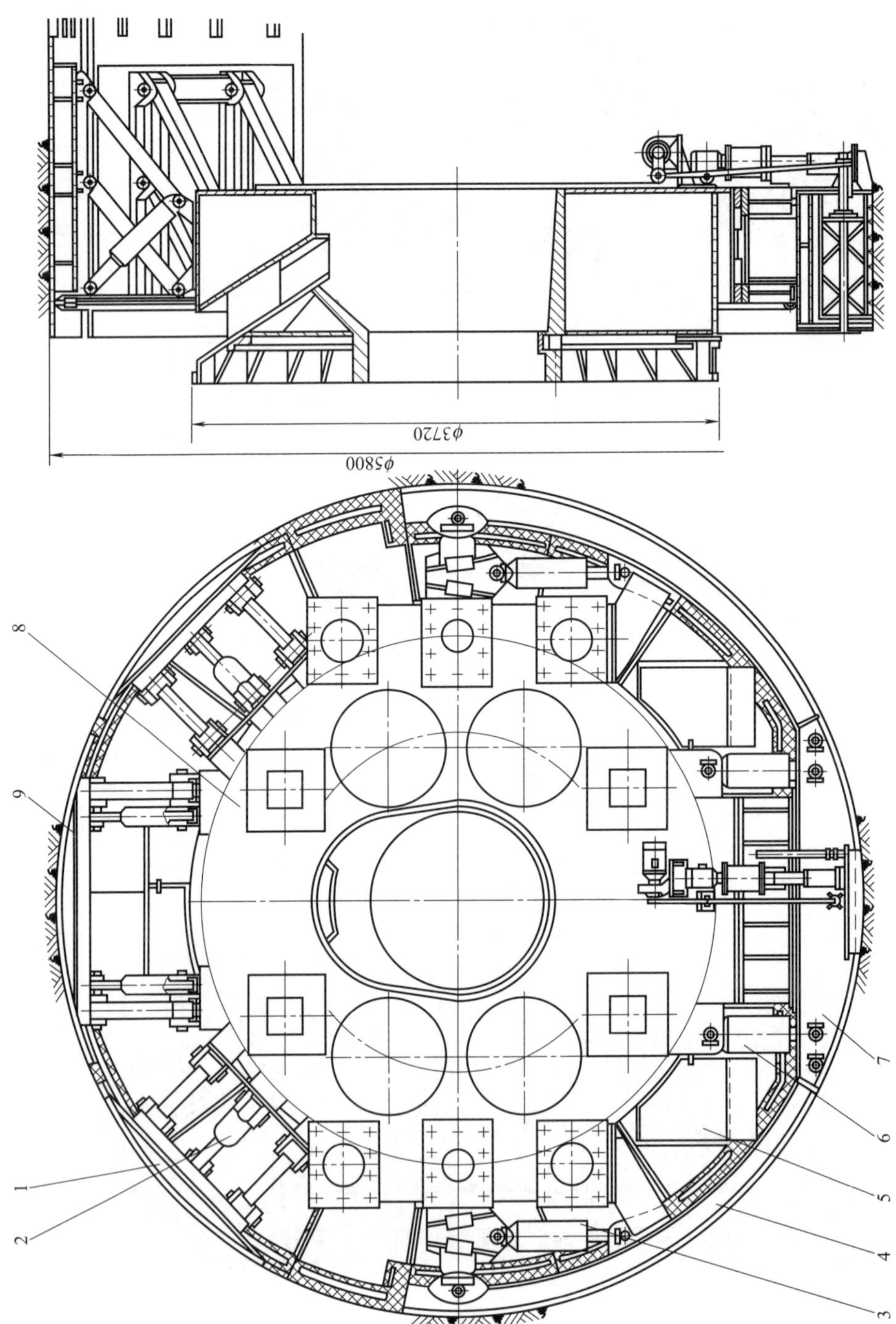

图 3-23 刀盘支承装置

1—侧护盾；2—护盾油缸；3—侧支承油缸；4—侧支承；5—挡尘板；6—前支承油缸；7—前支承；8—支承壳体；9—顶护盾

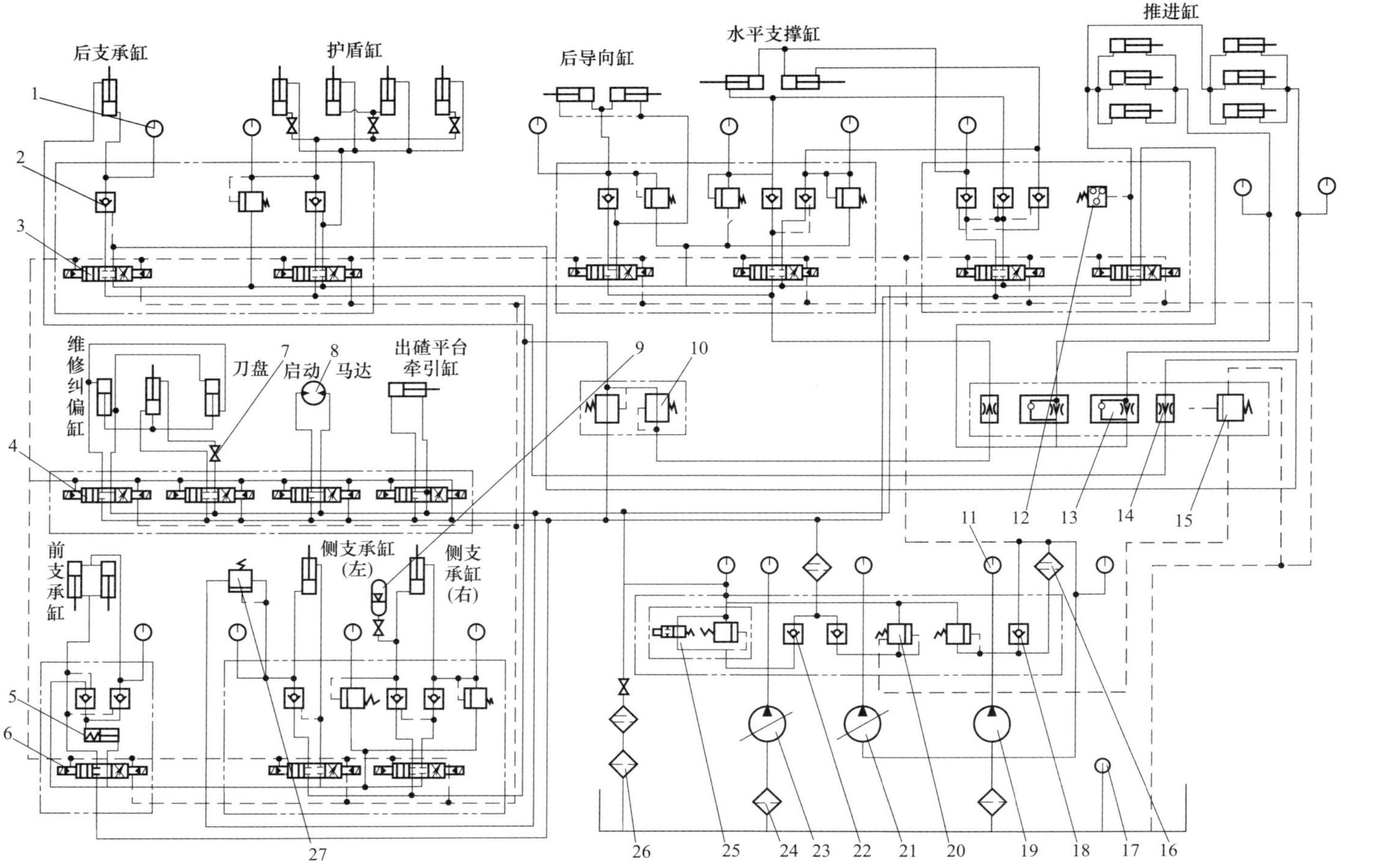

图 3-24 液压系统

1—电节点压力表；2—液压操纵单向阀；3，4，6—三位四通电液换向阀；5—定量供油阀；7—截止阀；8—液压马达；9—蓄能器；10—定值减压阀；11—压力表；12—压力继电器；13—可调单向节流阀；14—可调节流阀；15—远程调压阀；16—滤油器；17—温度计；18—旁路阀；19—齿轮油泵；20—溢流阀；21—轴向柱塞变量油泵；22—单向阀；23—轴向柱塞变量油泵；24—滤油器；25—电磁溢流阀；26—冷油器；27—溢流阀

油，另一只轴向柱塞变量泵供油缸快速移动和刀盘启动用的压力油，齿轮泵供给轴向柱塞泵和电液换向阀控制用压力油。

② 操作系统　由电液换向阀控制各路油液动作，并对水平支撑缸、推进缸及后支承和刀盘之间实行电气联锁，避免因误操作带来机器事故。

(7) 润滑系统　机器的润滑包括稀油和干油润滑两部分，大轴承和齿轮箱采用稀油润滑，大轴承还采用气动密封，由低压的油雾气充入橡胶密封唇口处，增加密封效果。大轴承润滑还有供油指示，润滑油失压，指示灯亮。支承壳体密封、大齿圈密封和导轨滑动面等由多点干油泵供应干油润滑。

(8) 电气系统

① 采用 6kV 高压电源，用 UG-kV（3×25+1×16）橡套移动软电缆联接。

② 洞口变电所用 GG-1A 高压开关柜和高压量电柜控制。机器上高压开关用 ZN-6/600A 真空接触器控制。

③ 机器主变压器 JS-800kV·A，6/0.4～0.23kV；0.4kV 低压总开关用 DW10-1500/3 自动空气开关；控制电源为交流 220V。

④ 刀盘先由液压马达启动到刀盘规定转速 1r/min 时，再启动刀盘电机。

⑤ 机器装有电气测量及联锁、保护等装置。

(9) 激光导向　激光发射装置采用 J2-JD 激光经纬仪，安装在机后洞壁上。该仪器分度盘精度高，移动位置后找正方便。机器上装有固定的前靶和后靶，根据激光束在两靶上位置的差别，判断机器方位的偏差。为防止仪器位置变动，引起方位指示差，在仪器与机器之间的洞壁上装有校正靶。

(10) 机器方位调整

① 掘进坡度调整　用前支承油缸伸缩调节，或在调换行程时利用后支承调节。

② 水平方位调整　可利用推进缸节流，或水平缸浮动微调，也可利用左右侧支承的伸缩调整。

3.3.1.3 常用的传动装置（见图 3-25～图 3-27）

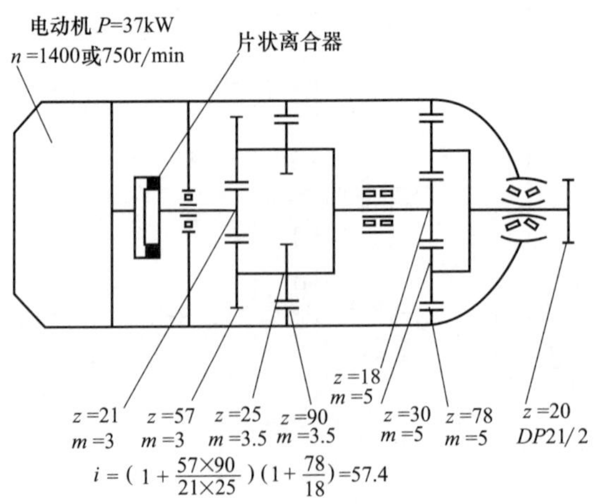

$$i=\left(1+\frac{57\times 90}{21\times 25}\right)\left(1+\frac{78}{18}\right)=57.4$$

图 3-25　行星减速器（日本小松制作所）

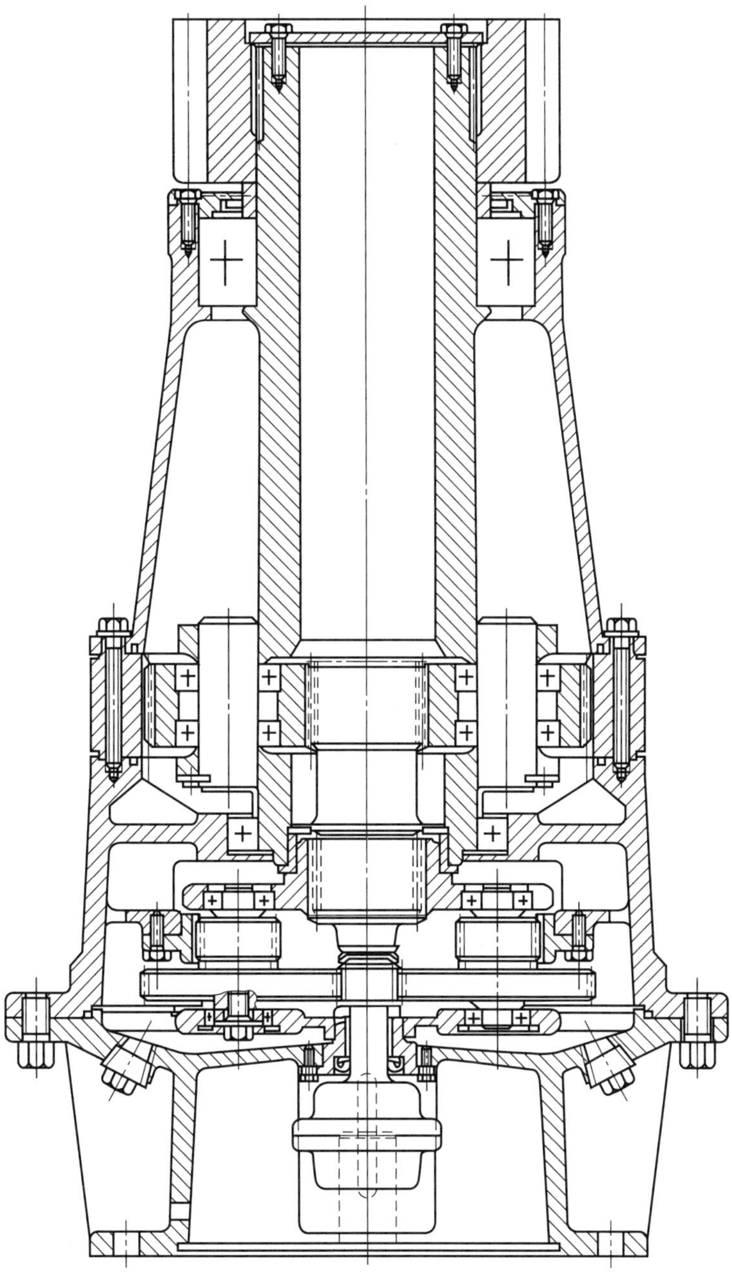

接电动机法兰(74kW)

P=74kW　n=1500r/min

图 3-26　两级行星减速器（美国罗宾斯公司制造，用于隧洞掘进机）

3.3.2　隧洞掘进机用行星齿轮减速器

国内外隧道开挖，石方开挖中用全断面硬岩掘进机，土方开挖中用顶管或盾构掘进机。其中主传动所用的传动型式大多为渐开线行星齿轮传动。由于行星齿轮传动采用功率分流，由数个行星轮承担载荷，采用合理的内啮合传动。与定轴传动相比，具有体积小、质量轻、

技术特性

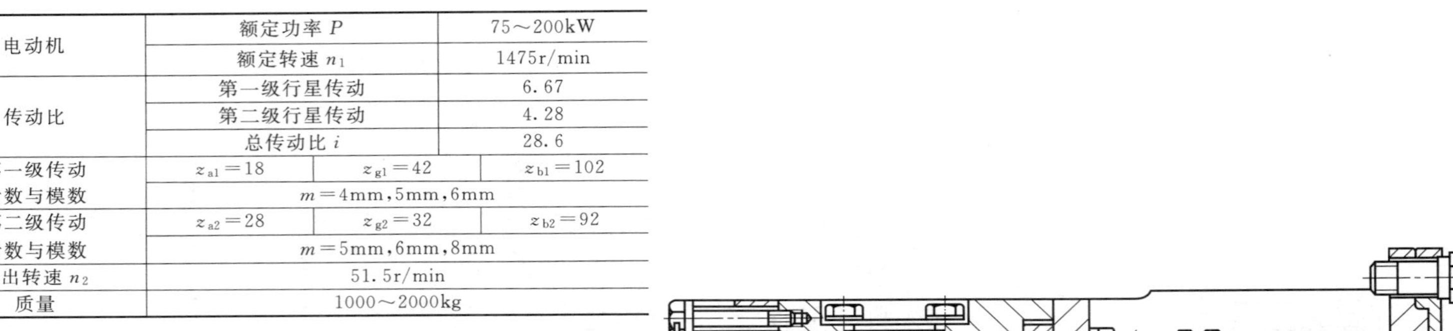

项目				
电动机	额定功率 P		75～200kW	
	额定转速 n_1		1475r/min	
传动比	第一级行星传动		6.67	
	第二级行星传动		4.28	
	总传动比 i		28.6	
第一级传动齿数与模数	$z_{a1}=18$	$z_{g1}=42$	$z_{b1}=102$	
	$m=4$mm,5mm,6mm			
第二级传动齿数与模数	$z_{a2}=28$	$z_{g2}=32$	$z_{b2}=92$	
	$m=5$mm,6mm,8mm			
输出转速 n_2	51.5r/min			
质量	1000～2000kg			

图 3-27　2K-H 型两级行星减速器（采用太阳轮浮动），用于岩石掘进机（上海水工机械厂生产）

承载能力大和效率高之优点。但在井下施工中，目前用的通用行星齿轮减速器仍感到体积和质量较大，不便于现场安装与维护，于是便设计出一种新型结构的行星齿轮减速器，即悬浮均载行星齿轮减速器。图 3-28 为 2K-H 型双级行星减速器。高速级采用行星架浮动，低速级采用太阳轮和杠杆联动机构浮动，该减速器用于梭式矿车。

3.3.2.1 传动原理与组成

悬浮均载行星齿轮减速器见图 3-29。

① 传动原理　采用 2K-H（NGW）型负号机构的行星齿轮传动，当高速轴由电动机驱动时，便带动太阳轮回转，于是带动行星轮转动，由于内齿圈固定不动，便驱动行星架作输出运动，行星轮在行星架上既作自转又作公转的行星传动，就以此同样的结构组成两级、三级或多级的串联行星齿轮传动。

② 组成　由太阳轮 Za、行星轮 Zg、内齿圈 Zb 和行星架 H 所组成。以啮合方式命名为 NGW 型（其中 N—内啮合、G—公用齿轮、W—外啮合）。以基本构件命名，即为 2K—H 型行星齿轮传动。所谓基本构件，在行星齿轮传动的各构件中，凡是轴线与定轴线重合，且承受外力矩的构件称为基本构件。因此传动是由两个中心轮 2K 和行星架 H 等三个基本构件组成，因而称为 2K-H 型行星齿轮传动。

3.3.2.2 主要特点

主要技术参数见表 3-4，外形及安装尺寸见表 3-5。

① 将前一级的行星架与后一级的太阳轮联成一体，无径向支承，呈悬浮状态，减少支承、简化结构、减少连接环节，并以行星架和太阳轮联合浮动，均载效果好，载荷不均衡系数 $K_p \leqslant 1.15$。

② 采用组合式焊接行星架，连接板、连接柱采用 Q235A，而带太阳轮部分，则采用低合金钢，用无氧化渗碳淬火。简化结构、简化工艺、减轻质量。

③ 为了进一步简化结构，同时为满足等直径、等强度之要求，将末级内齿圈与前一级内齿圈做成一体，采用同一模数，简化工艺与加工要求，减少连接环节与零件。并以采用不同的行星轮个数 n_p（n_p＝3、4、5 等）和不同的齿宽 b，以实现等强度之要求。

④ 单位质量的承载能力为 60～80kN·m/t，个别可达 100kN·m/t，而国内以往设计的行星齿轮传动仅为 20～30kN·m/t。

⑤ 传动平稳、可靠、噪声低和效率高，单级传动效率 $\eta=0.98$，两级为 $\eta=0.96$，三级为 $\eta=0.94$。

⑥ 太阳轮、行星轮采用优质低合金钢，经无氧化渗碳淬火，齿面硬度为 55～58HRC，采用精湛的工艺手段，使齿轮达到较高的精度。内齿圈用 42CrMo。经调质处理，均能达到较高的精度。

3.3.2.3 减速器的润滑

油浴润滑的油量加至油标所示的位置，对于平行轴传动的减速器油量按中间级大齿轮浸油 2～3 个全齿高计算。

循环润滑的油量一般不少于 0.5L/kW，或按热平衡、胶合强度计算。

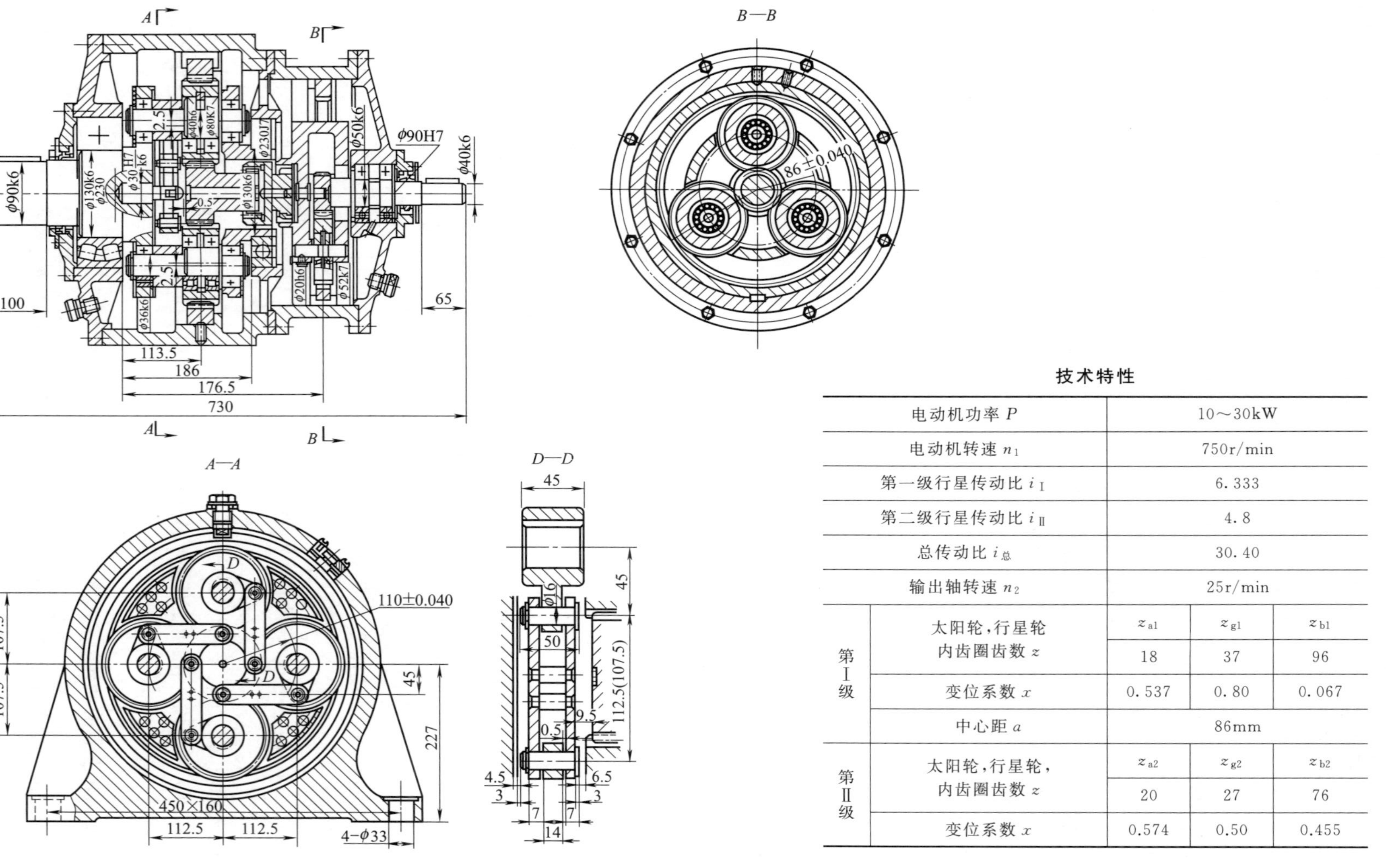

技术特性

电动机功率 P		10～30kW		
电动机转速 n_1		750r/min		
第一级行星传动比 i_{I}		6.333		
第二级行星传动比 i_{II}		4.8		
总传动比 $i_{总}$		30.40		
输出轴转速 n_2		25r/min		
第Ⅰ级	太阳轮，行星轮内齿圈齿数 z	z_{a1}	z_{g1}	z_{b1}
		18	37	96
	变位系数 x	0.537	0.80	0.067
	中心距 a	86mm		
第Ⅱ级	太阳轮，行星轮，内齿圈齿数 z	z_{a2}	z_{g2}	z_{b2}
		20	27	76
	变位系数 x	0.574	0.50	0.455

图 3-28　2K-H 型双级行星减速器（上海水工机械厂生产）

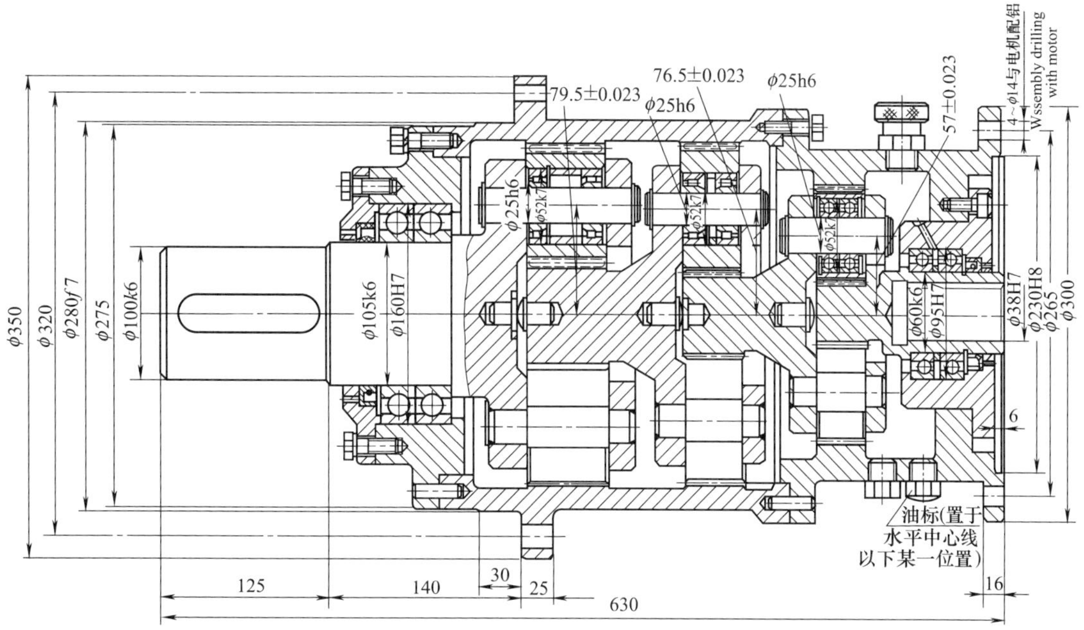

图 3-29　悬浮均载行星齿轮减速器

润滑油的牌号（黏度）按高速级齿轮的圆周速度 V 或润滑方式选择。

当 $V<2.5$m/s、或当环境温度在 35°～50°之间时，选用中极压齿轮油 L-CKC320（或 VG320、Mobil632）。

当 $V>2.5$m/s 或采用循环润滑时，选用中极压齿轮油 L-CKC220（或 VG220、Mobil 630）。

表 3-4　主要技术参数

行星齿轮减速器						电动机		
型号	传动比 i	输出转矩 /(kN·m)	输出转速 /(r/min)	质量 /kg	输出轴型式	型号	功率 /kW	转速 /(r/min)
2K-H27	27	0.95	53.3	95	φ50k6×85	Y132S-4	5.5	1440
2K-H27A		2.52	54.0	160	EXT20z×3m×30p×50	Y160L-4	15.0	1460
2K-H120	120	4.34	8.0	140	φ90k6×110	$Y132M_1$-6	4.0	960
		4.03	12.0			Y132S-4	5.5	1440
2K-H130	130	11.74	11.2	330	φ120k6×150	Y160L-4	15.0	1460
2K-H130A		14.38	11.3			Y180M-4	18.5	1470
2K-H148	148	9.80	10.0	250	φ100k6×160	Y160M-4	11.0	1460
2K-H278	278	37.77	3.5	850	φ160k6×210 单键不通	Y180L-6	15.0	970
2K-H278A		55.40			φ170m6×210 单通键	$Y22L_2$-6	22.0	970
2K-H278B					EXT38z×4m×20p×220			
2K-H278C					φ170m6×210 双通键			
2K-H300	300	20.0	4.87	400	φ140k6×160 单键不通	Y160M-4	11.0	1460
2K-H300A		27.0			φ140k6×160 单通键	Y160L-4	15.0	1460
2K-H300B				460	EXT33z×4m×20p×220			
2K-H300C					φ140k6×160 双通键			
2K-H300a	300	10.0	4.85	250	φ100k6×125	Y132S-4	5.5	1440
2K-H226	226	31.0	6.5	460	EXT29z×5m×30p×160	Y180L-4	22.0	1470
2K-H343	343	75.0	4.31	1280	EXT42z×4m×20p×220	Y225S-4	37.0	1480

表 3-5　外形及安装尺寸　　mm

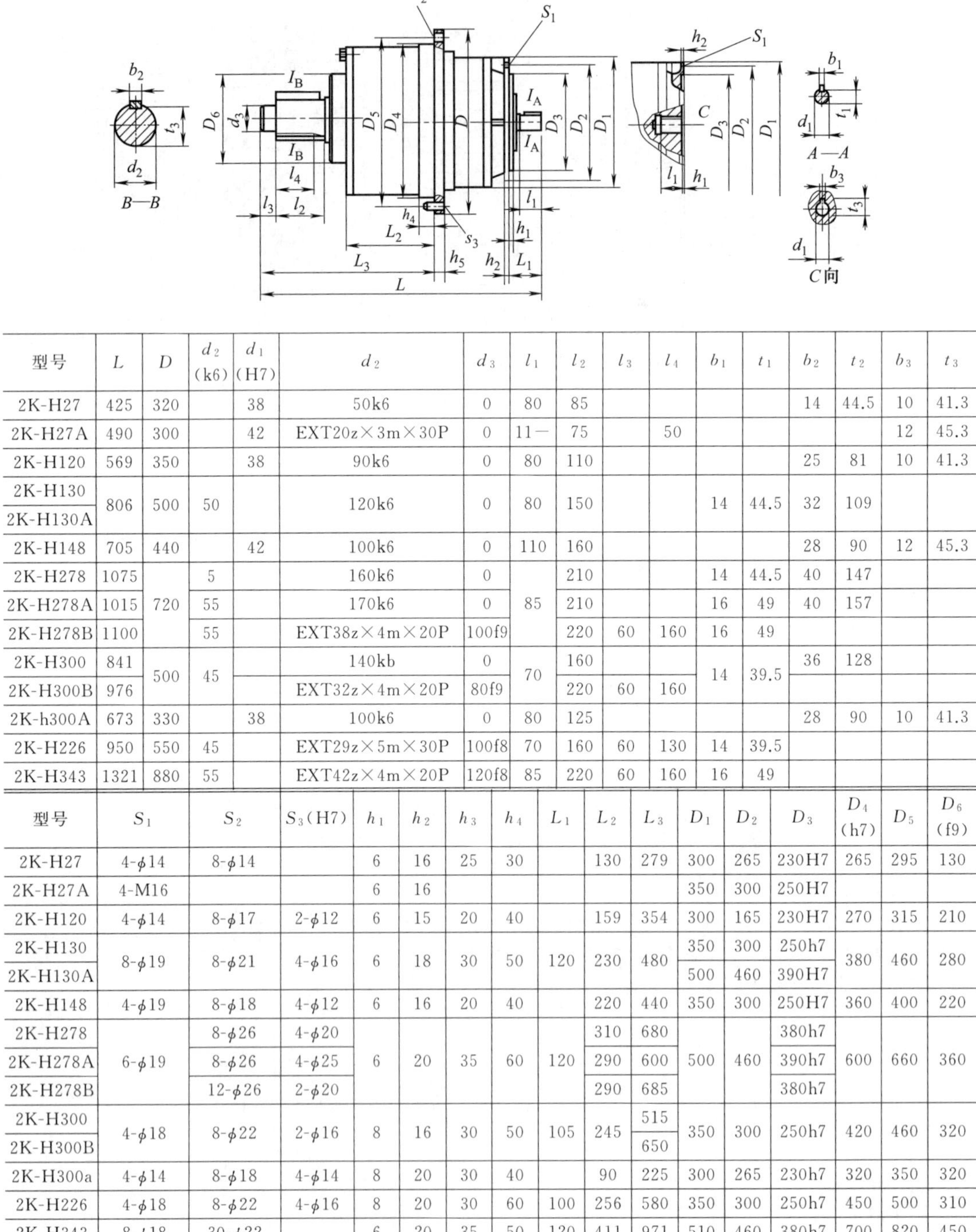

型号	L	D	d_2 (k6)	d_1 (H7)	d_2	d_3	l_1	l_2	l_3	l_4	b_1	t_1	b_2	t_2	b_3	t_3
2K-H27	425	320		38	50k6	0	80	85					14	44.5	10	41.3
2K-H27A	490	300		42	EXT20z×3m×30P	0	11—	75		50					12	45.3
2K-H120	569	350		38	90k6	0	80	110					25	81	10	41.3
2K-H130 2K-H130A	806	500	50		120k6	0	80	150			14	44.5	32	109		
2K-H148	705	440		42	100k6	0	110	160					28	90	12	45.3
2K-H278	1075	720	5		160k6	0	85	210			14	44.5	40	147		
2K-H278A	1015		55		170k6	0		210			16	49	40	157		
2K-H278B	1100		55		EXT38z×4m×20P	100f9		220	60	160	16	49				
2K-H300	841	500	45		140kb	0	70	160			14	39.5	36	128		
2K-H300B	976				EXT32z×4m×20P	80f9		220	60	160						
2K-h300A	673	330		38	100k6	0	80	125					28	90	10	41.3
2K-H226	950	550	45		EXT29z×5m×30P	100f8	70	160	60	130	14	39.5				
2K-H343	1321	880	55		EXT42z×4m×20P	120f8	85	220	60	160	16	49				

型号	S_1	S_2	S_3(H7)	h_1	h_2	h_3	h_4	L_1	L_2	L_3	D_1	D_2	D_3	D_4 (h7)	D_5	D_6 (f9)
2K-H27	4-ϕ14	8-ϕ14		6	16	25	30		130	279	300	265	230H7	265	295	130
2K-H27A	4-M16			6	16						350	300	250H7			
2K-H120	4-ϕ14	8-ϕ17	2-ϕ12	6	15	20	40		159	354	300	165	230H7	270	315	210
2K-H130	8-ϕ19	8-ϕ21	4-ϕ16	6	18	30	50	120	230	480	350	300	250h7	380	460	280
2K-H130A											500	460	390H7			
2K-H148	4-ϕ19	8-ϕ18	4-ϕ12	6	16	20	40		220	440	350	300	250H7	360	400	220
2K-H278	6-ϕ19	8-ϕ26	4-ϕ20	6	20	35	60	120	310	680	500	460	380h7	600	660	360
2K-H278A		8-ϕ26	4-ϕ25						290	600			390h7			
2K-H278B		12-ϕ26	2-ϕ20						290	685			380h7			
2K-H300	4-ϕ18	8-ϕ22	2-ϕ16	8	16	30	50	105	245	515	350	300	250h7	420	460	320
2K-H300B										650						
2K-H300a	4-ϕ14	8-ϕ18	4-ϕ14	8	20	30	40		90	225	300	265	230h7	320	350	320
2K-H226	4-ϕ18	8-ϕ22	4-ϕ16	8	20	30	60	100	256	580	350	300	250h7	450	500	310
2K-H343	8-ϕ18	30-ϕ22		6	20	35	50	120	411	971	510	460	380h7	700	820	450

注：1. 2K-H27A 带卧式底座。

2. 2K-H278C 除输出轴键型式外其余尺寸同 2K-H278A。

3. 2K-H300A，2K-H300C 除输出轴键型式外其余尺同 2K-H300。

第4章 装载机变速器

4.1 主要类型和基本参数

我国装载机用变速器均采用动力换挡变速器并与液力变矩器配合使用。变速器和变矩器之间的连接：有的是直接连接、组成一体，称为液力机械传动装置；有的是变速器和变矩器各自组成独立的部件，通过传动轴相连。

变速器有两种型式：一种是定轴式动力换挡变速器；另一种是行星式动力换挡变速器。

定轴式动力换挡变速器的优点是结构简单，加工与装配精度容易保证，造价低。与相同挡位的行星变速器相比，造价可降低$\frac{1}{3}$～$\frac{1}{4}$。缺点是尺寸较大，全部采用摩擦离合器换挡，比行星变速器采用的制动器换挡的工作条件要恶劣，因而影响变速器的使用寿命。

行星式动力换挡变速器的优点如下。

① 结构紧凑。因各太阳轮构成共轴式的布置，载荷分配在几个行星轮上，分配在每个齿轮上的载荷变小，又能合理应用内啮合，因此可采用较小的模数。行星轮的模数通常为定轴式齿轮模数的$\frac{1}{2}$～$\frac{2}{3}$。

② 传动效率高。行星变速器的效率可达90%～95%。这是由于行星变速器的行星轮均匀分布，使得作用于太阳轮和行星架轴承上的作用力互相平衡，减小了齿面摩擦阻力，从而达到提高传动效率的目的。

③ 行星变速器中多采用制动器而不用或少用离合器，这样可尽可能减少采用旋转油缸和旋转密封，增加了行星变速器的可靠性。

④ 制动器布置在内齿圈的外侧，可提供较大的制动力矩。

行星变速器的缺点是结构复杂，制造和安装技术难度较大。

我国小型装载机（53kW以内）采用定轴式动力换挡变速器。中型装载机（66kW～162kW）采用行星式动力换挡变速器和定轴式动力换挡变速器，较大型装载机（200kW）多采用行星式动力换挡变速器。

国产装载机变速器的主要类型和基本参数见表4-1。

表4-1 国产装载机变速器的主要类型和基本参数

序号	型号	主机功率、转速(P/kW)/[n/(r/min)]	变矩器型式	变速器型式	传动比								适用主机型号	生产厂
					前进				倒退					
					1	2	3	4	1	2	3	4		
1	ZL10	40.4/2400	单涡轮三元件	定轴	2.159	0.768			2.207	0.785			ZL10	四川齿轮厂

续表

序号	型号	主机功率、转速(P/kW)/[n/(r/min)]	变矩器型式	变速器型式	传动比								适用主机型号	生产厂
					前进				倒退					
					1	2	3	4	1	2	3	4		
2	ZL15	53/2400	单涡轮三元件	定轴	2.207	0.785			2.159	0.768			ZL15	四川齿轮厂
3	ZL20	59/2000	双涡轮四元件	行星	3.391	1.017			2.373				ZL20	内蒙古汽车齿轮总厂
4	ZL20	66/2000	双涡轮四元件	行星	2.135	0.573			1.562				ZL20	宜春工程机械股份公司
5	ZL30	74/2000	双涡轮四元件	行星	3.391	1.017			2.373				ZL30	内蒙古汽车齿轮总厂
6	ZL30	74/2000	双涡轮四元件	行星	2.58	0.69			1.88				ZL30	宜春工程机械股份公司
7	SX1321B	80/2200	双涡轮四元件	行星	2.187	0.573			1.614				ZL30	内蒙古汽车齿轮总厂
8	YB801	80/2200	双涡轮四元件	行星	2.187	0.573			1.614				ZL30	天工所工贸公司
9	ZL30E	85/2400	单涡轮三元件	定轴	3.357	1.660	0.628		3.204	1.585	0.599		ZL30	烟台工程机械厂
10	ZL30D	80/2400	单涡轮三元件	定轴	3.43	1.706	1.016	0.504	3.457	1.719	1.023	0.509	ZL30	山东工程机械厂
11	ZLM30	74/2200	单涡轮三元件	定轴	6.400	2.292	1.189		5.142	1.842	0.955		ZL30	常州林业机械股份公司
12	ZL30	81/2500	单涡轮三元件	定轴	3.82	2.08	1.09	0.59	3.05	0.87			ZL30	杭州齿轮箱厂
13	936E	99/2200	单涡轮三元件	行星	5.03	2.75	1.53	0.87	4.50	2.46	1.37	0.78	ZL40	四川齿轮厂
14	ZL45	118/2000	单涡轮四元件	定轴	4.776	2.388	1.316	0.658	4.776	2.388	1.316	0.658	ZL45	天津工程机械厂
15	YB1501	154/2200	双涡轮四元件	行星	2.696	0.723			1.976				ZL50	天工所工贸公司
16	YB1501A	154/2200	双涡轮四元件	行星	2.155	0.578			1.577				ZL50	天工所工贸公司
17	ZLM50	154/2100	单涡轮三元件	定轴	3.828	2.126	1.210	0.672	3.783	2.076	1.182	0.657	ZL50	常州林业机械股份公司
18	ZL50D	162/2200	单涡轮三元件	定轴	3.488	1.806	1.126	0.583	3.488	1.806	1.126	0.583	ZL50	山东工程机械厂
19	ZL60E	155/2100	双涡轮四元件	行星	3.22	0.83			2.38				ZL60	宜春工程机械股份公司
20	966F	158/2200	单涡轮三元件	行星	5.61	3.14	1.77	1.06	4.91	2.75	1.55	0.87	ZL60	四川齿轮厂
21	FDX21	160/2200	单涡轮四元件	行星	2.17	0.61			1.71				ZL60	济南引力股份公司
22	ZL60D	162/2200	单涡轮三元件	定轴	3.488	1.806	1.126	0.583	3.488	1.806	1.126	0.583	ZL60	山东工程机械厂
23	WG180D	170/2300	单涡轮三元件	定轴	3.918	2.366	1.125	0.611	3.918	2.366	1.125		ZL60	杭州齿轮箱厂
24	FDX31	200/2100	单涡轮四元件	行星	2.86	0.83			2.33				ZL80	济南引力股份公司
25	980S	198/2100	单涡轮三元件	行星	6.62	3.71	2.09	1.18	5.80	3.24	1.83	1.03	ZL80	四川齿轮厂

4.2 装载机变速器典型结构

4.2.1 ZL10、ZL15装载机液力机械传动装置

该传动装置由三元件单涡轮变矩器和定轴式动力换挡变速器组成。图4-1为传动简图。

变速器传动比计算公式见表4-2。

表4-2 变速器传动比计算公式

挡位		结合离合器	传动比计算公式	传动比	
				ZL10	ZL15
前进	Ⅰ	L_F L_1	$i_{F1}=\frac{z_2}{z_1}\cdot\frac{z_7}{z_4}\cdot\frac{z_{10}}{z_8}\cdot\frac{z_{11}}{z_9}$	2.159	2.207
	Ⅱ	L_F L_2	$i_{F2}=\frac{z_2}{z_1}\cdot\frac{z_6}{z_3}\cdot\frac{z_{10}}{z_8}\cdot\frac{z_{11}}{z_9}$	0.768	0.785
倒退	Ⅰ	L_R L_1	$i_{R1}=\frac{z_5}{z_1}\cdot\frac{z_3}{z_6}\cdot\frac{z_7}{z_4}\cdot\frac{z_{10}}{z_8}\cdot\frac{z_{11}}{z_9}$	2.207	2.159
	Ⅱ	L_R L_2	$i_{R2}=\frac{z_5}{z_1}\cdot\frac{z_{10}}{z_8}\cdot\frac{z_{11}}{z_9}$	0.785	0.768

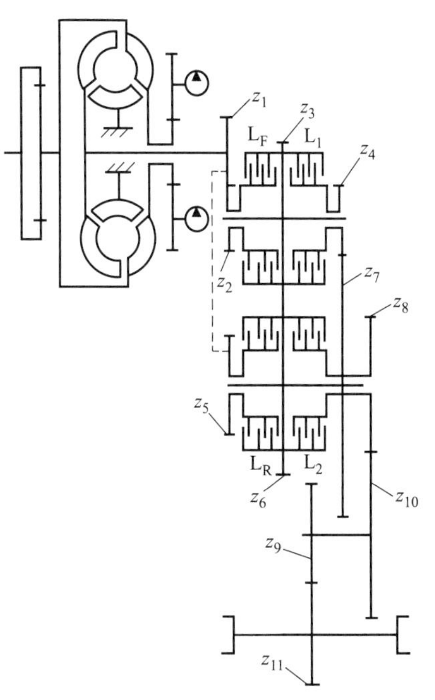

图4-1 ZL10、ZL15装载机液力机械传动装置传动简图

4.2.1.1 传动装置结构和工作原理

图4-2为传动装置结构图。该装置由液力变矩器和前进二挡、倒退二挡定轴式动力换挡变速器组成。变矩器壳体和变速器的箱体用螺栓连接在一起，组成整体式液力机械传动装置。

变矩器主要由泵轮1，涡轮4，导轮5组成。泵轮1同泵轮罩2用螺栓连接形成一个封闭体。

变速器内有四个离合器，两两离合器背对背地安装在倒、Ⅱ挡离合器轴24和前进、Ⅰ挡离合器轴27上。变速器工作时需同时结合两个离合器。

图4-3为前进挡离合器结构图。

鼓轮1是将内鼓与主动齿轮做成一体，摩擦片5的内花键与内鼓轮的外花键啮合。鼓轮7是将外鼓与液压缸和从动齿轮做成一体。钢片4和止推盘3的外花键与外鼓的内花键啮合。内鼓和外鼓上均有许多径向过油小孔，油液可通过小孔润滑摩擦片。

离合器活塞6做成阶梯形。换挡时，压力油先作用于活塞小腔环形面积 H。经缝隙节流后，活塞的整个面积才起作用。由于节流作用，控制3摩擦片压紧力的上升梯度，使离合器平稳结合。

为克服旋转液压缸中因液压油旋转产生的离心力而影响摩擦片的彻底分离，在活塞6上安装了快速排油阀，即在活塞外径附近安装球阀9。

离合器装在轴的中间，改善了支承和轴的受力条件，减少了轴的变形，提高了离合器的使用寿命。

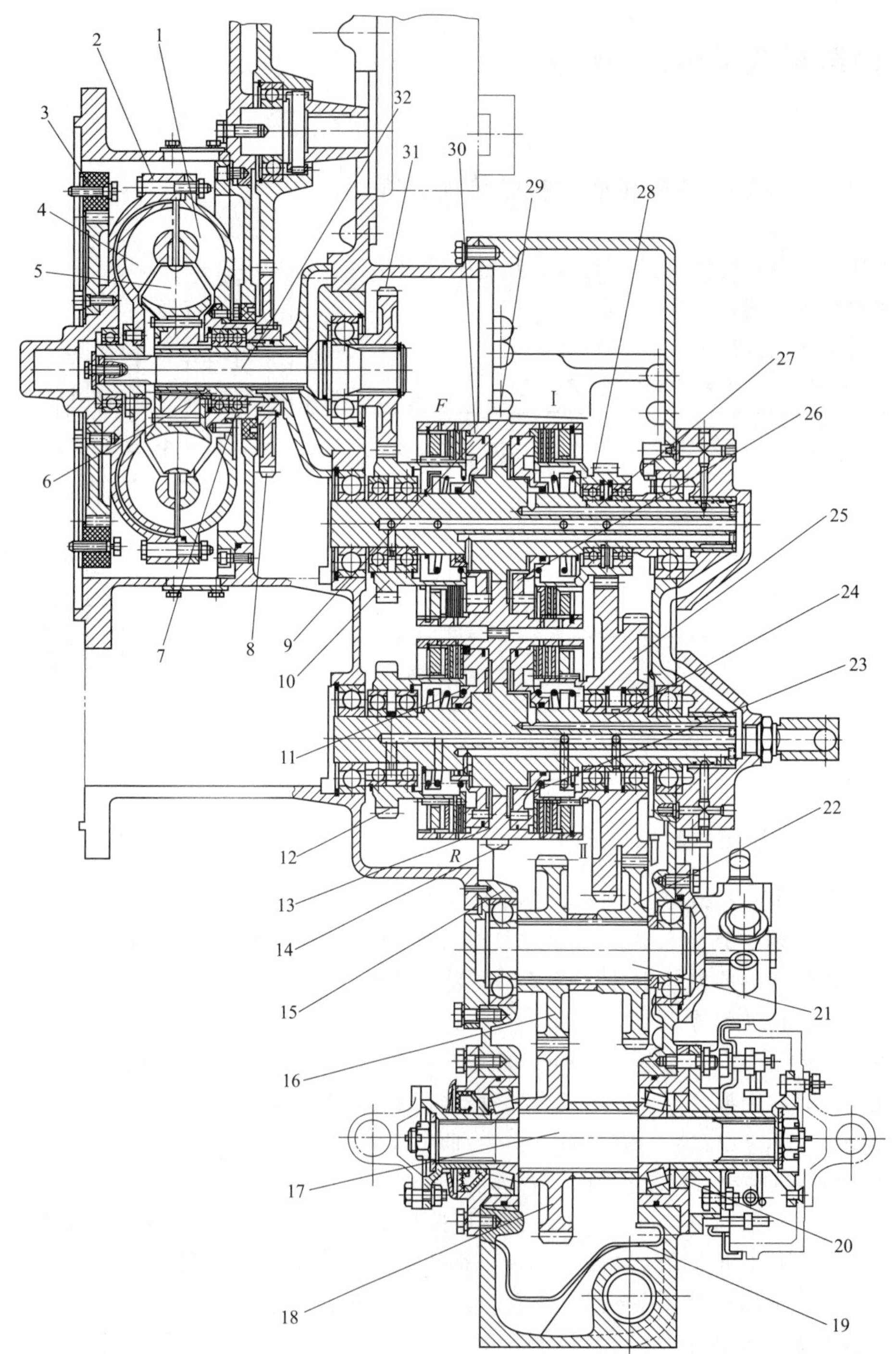

图 4-2　ZL10、ZL15 装载机液力机械传动装置结构图

1—泵轮；2—泵轮罩；3—驱动齿圈；4—涡轮；5—导轮；6—导轮座；7—泵轮毂；8—驱泵主动齿轮；9—前进挡活塞；10,12,14,16,18,22,28,29—齿轮；11—倒挡活塞；13—倒、Ⅱ挡离合器壳体；15—变速器箱体；17—输出轴；19—挡油板；20—骨架油封；21—中间轴；23—Ⅱ挡活塞；24—倒、Ⅱ挡离合器轴；25—双联齿轮；26—Ⅰ挡活塞；27—前进Ⅰ挡离合器轴；30—前进Ⅰ挡离合器壳体；31—变速器输入齿轮；32—变速器输入轴

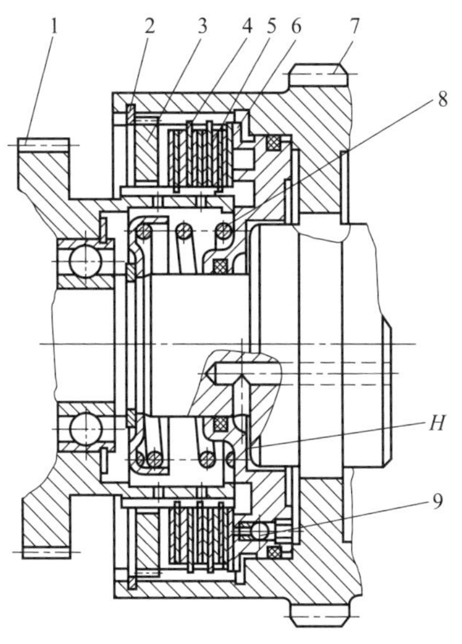

图 4-3　前进挡离合器结构图

1—鼓轮（主动齿轮）；2—卡环；3—止推盘；4—钢片；5—摩擦片；6—活塞；7—鼓轮；（从动齿轮）；8—回位弹簧；9—球阀；H—活塞小腔面积

4.2.1.2　液压操纵系统

图 4-4 为液压操纵系统图。

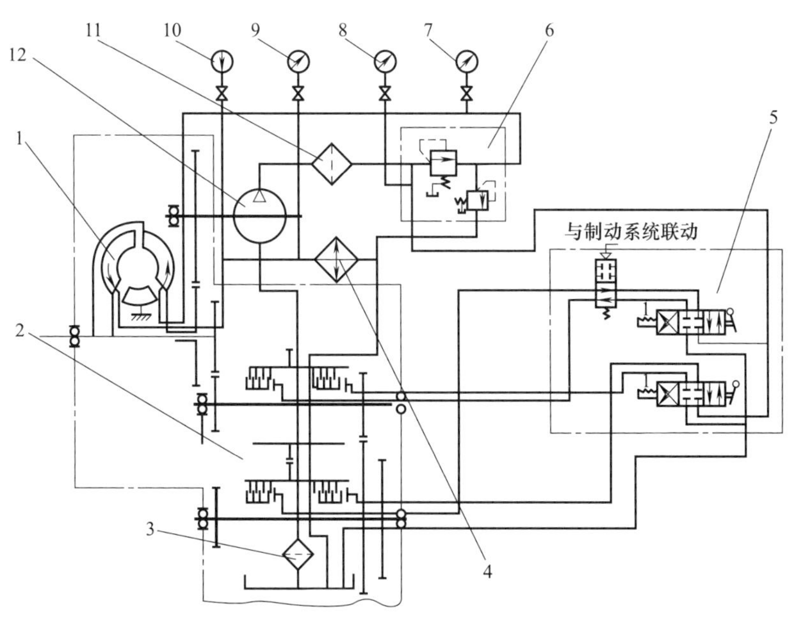

图 4-4　液压操纵系统图

1—变矩器；2—变速器；3—滤网；4—冷却器；5—操纵阀；6—主压力阀；7—变矩器进口压力表；8—操纵压力表；9—变矩器出口压力表；10—变矩器出口油温表；11—滤油器；12—变速泵

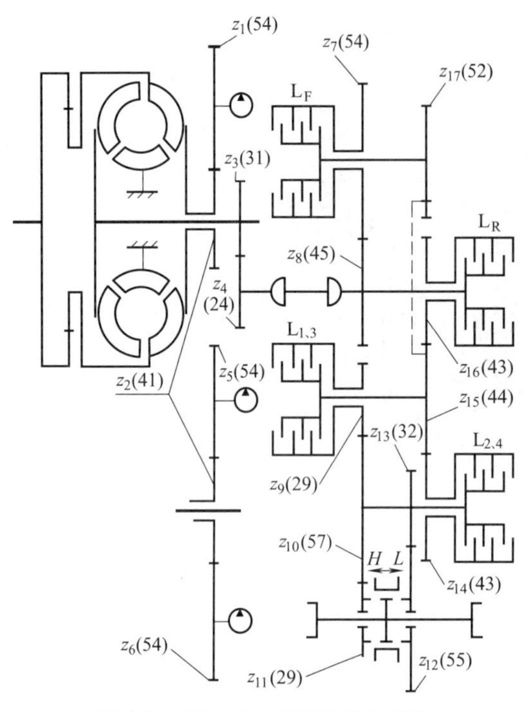

图 4-5 变矩器—变速器传动简图

变速泵 12 通过滤网 3 从变速器油底部吸油。变速泵 12 输出的压力油经滤油器 11 进入主压力阀 6，进入主压力阀的油分两路，一路到操纵阀 5，当压力达 1.2～1.4MPa 时，通过司机左前方的操纵杆经软轴推拉变速器操纵阀的滑阀进行换挡。另一路经主压力阀 6 进入变矩器泵轮，主压力阀 6 中的溢流阀保证变矩器的进口压力为 0.4～0.45MPa。从变矩器流出的压力油经冷却器进入变速器，润滑轴承和齿轮最后回到变速器油底壳。

4.2.2 ZL30D 装载机变速器

该变速器通过传动轴与液力变矩器相连。变矩器与发动机直接相连。

图 4-5 为该变矩器—变速器的传动简图。

变速器传动比计算公式见表 4-3。

表 4-3 变速器传动比计算公式

挡位		结合离合器	高低挡	传动比计算公式	传动比
前进	Ⅰ	L_F $L_{1.3}$	L	$i_{F1}=\frac{z_7}{z_8}\cdot\frac{z_{15}}{z_{17}}\cdot\frac{z_{10}}{z_9}\cdot\frac{z_{12}}{z_{13}}$	3.430
	Ⅱ	L_F $L_{2.4}$	L	$i_{F2}=\frac{z_7}{z_8}\cdot\frac{z_{15}}{z_{17}}\cdot\frac{z_{14}}{z_{15}}\cdot\frac{z_{12}}{z_{13}}$	1.706
	Ⅲ	L_F $L_{1.3}$	H	$i_{F3}=\frac{z_7}{z_8}\cdot\frac{z_{15}}{z_{17}}\cdot\frac{z_{10}}{z_9}\cdot\frac{z_{11}}{z_{10}}$	1.016
	Ⅳ	L_F $L_{2.4}$	H	$i_{F4}=\frac{z_7}{z_8}\cdot\frac{z_{15}}{z_{17}}\cdot\frac{z_{14}}{z_{15}}\cdot\frac{z_{11}}{z_{10}}$	0.504
倒退	Ⅰ	L_R $L_{1.3}$	L	$i_{R1}=\frac{z_{15}}{z_{16}}\cdot\frac{z_{10}}{z_9}\cdot\frac{z_{12}}{z_{13}}$	3.457
	Ⅱ	L_R $L_{2.4}$	L	$i_{R2}=\frac{z_{15}}{z_{16}}\cdot\frac{z_{14}}{z_{15}}\cdot\frac{z_{12}}{z_{13}}$	1.719
	Ⅲ	L_R $L_{1.3}$	H	$i_{R3}=\frac{z_{15}}{z_{16}}\cdot\frac{z_{10}}{z_9}\cdot\frac{z_{11}}{z_{10}}$	1.023
	Ⅳ	L_R $L_{2.4}$	H	$i_{R4}=\frac{z_{15}}{z_{16}}\cdot\frac{z_{14}}{z_{15}}\cdot\frac{z_{11}}{z_{10}}$	0.509

4.2.2.1 液力变矩器结构

图 4-6 为 ZL30D 装载机变矩器结构图。

该变矩器为单级三元件变矩器、循环圆直径为 320mm，变矩系数 $K_0=3.7$，主要由泵轮 6，涡轮 10，导轮 12 组成。

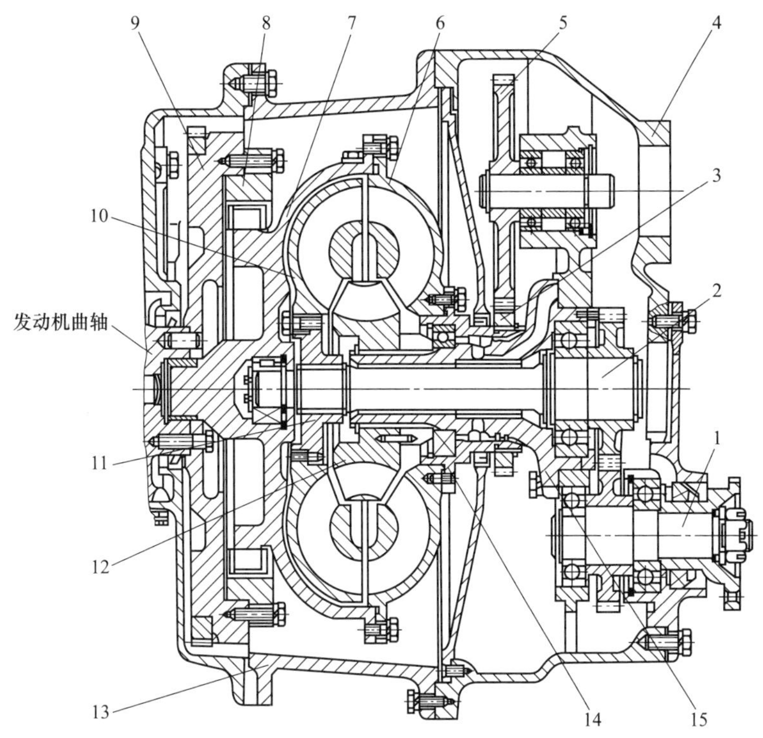

图 4-6 变矩器结构图

1—输出轴；2—涡轮轴；3—驱泵主动齿轮；4—分动箱壳体；5—驱泵从动齿轮；6—泵轮；7—罩轮；8—驱动齿圈；9—飞轮；10—涡轮；11—涡轮毂；12—导轮；13—变矩器壳；14—泵轮毂；15—导轮座

泵轮 6 一端用螺栓与泵轮毂 14 连成一体通过深沟球轴承支承在导轮座 15 上，导轮座 15 用螺栓固定在变矩器分动箱壳体 4 上。泵轮 6 另一端用螺栓与罩轮 7 相连。罩轮 7 轴端支承在飞轮 9 定位孔中，并通过橡胶齿与发动机飞轮 9 相连接的驱动齿圈 8 相啮合。

涡轮 10 用螺栓与涡轮毂 11 相连，涡轮毂通过花键与涡轮轴 2 相连。涡轮轴 2 一端用轴承支承，在罩轮 7 上，另一端用轴承支承在导轮座 15 上。

导轮 12 通过花键与带有进出口油道的导轮座 15 相连接。

发动机动力通过飞轮 9→驱动齿圈 8→罩轮 7→泵轮 6→涡轮 10→涡轮毂 11→涡轮轴 2 通过→对齿轮由输出轴 1 输出。

发动机动力通过安装在泵轮毂 14 上的驱泵主动齿轮 3 驱动三个驱泵被动齿轮。

4.2.2.2 变速器

图 4-7 为 ZL30D 装载机变速器结构图。

该变速器为定轴直齿常啮合式动力换挡变速器。主要由箱体、箱盖、油底壳、两根换向轴、两根变速轴、一根输入轴、一根输出轴、两个方向离合器、两个速度离合器、高低挡滑套和 11 个齿轮组成。四个离合器完成两个前进挡，两个倒退挡，再与高低挡机构配合，得到四个前进挡和四个倒退挡。

离合器由主、从动片、液压缸、活塞、回位弹簧、快速回油阀、油封等零件组成。

来自操纵阀的压力油、经埋在箱壁和端盖内的油道进入离合器液压缸推动活塞向前移动。压紧主被动摩擦片。压力油切断，快速回油阀自动打开，活塞在回位弹簧的作用下，迅

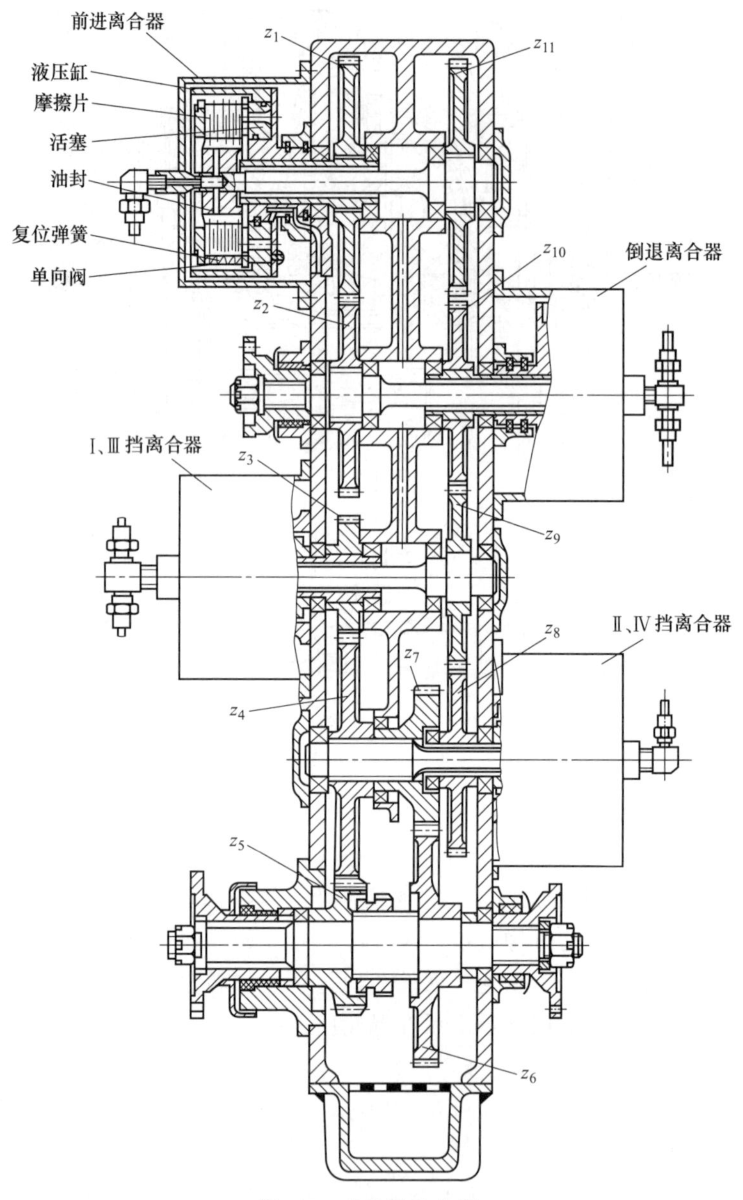

图 4-7 变速器结构图

速回位，主从动摩擦片分离。

每个离合器中有 5 片铜基粉末冶金摩擦片（主动片）和 4 片钢片（从动片）。钢片有 0.8mm 的凹度，装配时凸面向着活塞，以手能否转动摩擦片为准来调整主、从动片之间的间隙，转动较费力，说明间隙太小，可进行适当调整。

4.2.2.3 液压操纵系统

图 4-8 为 ZL30D 装载机变矩器——变速器液压操纵系统图。

安装在变矩器壳体上的变速泵 3 从变速器油箱 4 吸油，变速泵 3 出口的压力油分为两路：一路经压力阀 2 进入变矩器 6；另一路经变速分配阀 1 进入离合器 10，离合器回油直接

回变速器油箱 4。从变矩器 6 出来的油经滤油器 7 到散热器 8，然后经变速器的上部进入离合器用于冷却和润滑。

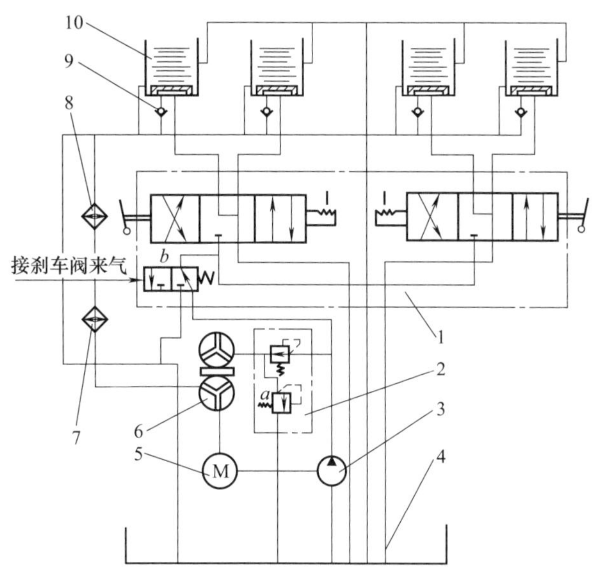

图 4-8　液压操纵系统图

1—变速分配阀；2—压力阀；3—变速泵；4—油箱；5—发动机；6—变矩器；7—滤油器；8—散热器；9—快速回油阀；10—离合器

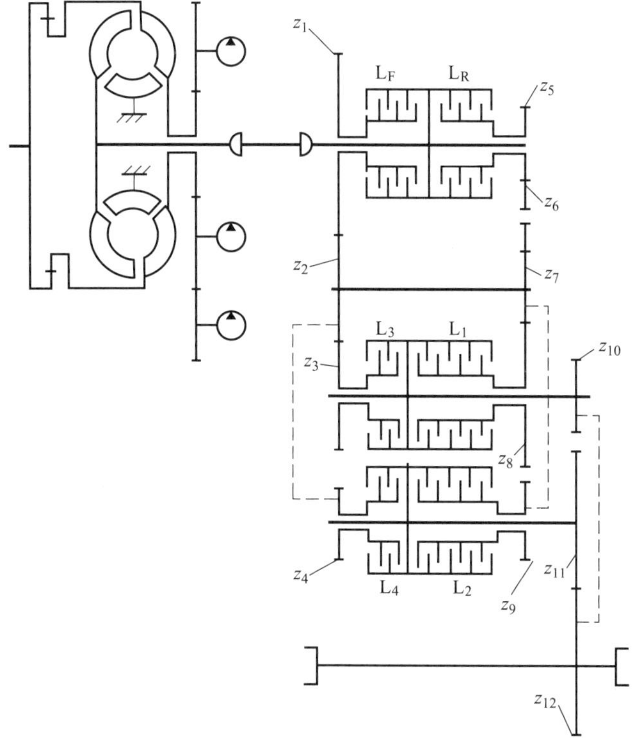

图 4-9　ZLM-50 装载机变矩器——变速器传动简图

4.2.3 ZLM-50 装载机变速器

该变速器通过传动轴与液力变矩器相连。变矩器与发动机直接相连。

图 4-9 为该变矩器——变速器的传动简图。

变速器传动比计算公式见表 4-4。

表 4-4 变速器传动比计算公式

挡位		结合离合器	传动比计算公式	传动比
前进	Ⅰ	L_F L_1	$i_{F1}=\frac{z_2}{z_1}\cdot\frac{z_8}{z_7}\cdot\frac{z_{12}}{z_{10}}$	3.828
	Ⅱ	L_F L_2	$i_{F2}=\frac{z_2}{z_1}\cdot\frac{z_9}{z_7}\cdot\frac{z_{12}}{z_{11}}$	2.126
	Ⅲ	L_F L_3	$i_{F3}=\frac{z_2}{z_1}\cdot\frac{z_3}{z_2}\cdot\frac{z_{12}}{z_{10}}$	1.210
	Ⅳ	L_F L_4	$i_{F4}=\frac{z_2}{z_1}\cdot\frac{z_4}{z_2}\cdot\frac{z_{12}}{z_{11}}$	0.672
倒退	Ⅰ	L_R L_1	$i_{R1}=\frac{z_6}{z_5}\cdot\frac{z_7}{z_6}\cdot\frac{z_8}{z_7}\cdot\frac{z_{12}}{z_{10}}$	3.738
	Ⅱ	L_R L_2	$i_{R2}=\frac{z_6}{z_5}\cdot\frac{z_7}{z_6}\cdot\frac{z_9}{z_7}\cdot\frac{z_{12}}{z_{11}}$	2.076
	Ⅲ	L_R L_3	$i_{R3}=\frac{z_6}{z_5}\cdot\frac{z_7}{z_6}\cdot\frac{z_3}{z_2}\cdot\frac{z_{12}}{z_{10}}$	1.182
	Ⅳ	L_R L_4	$i_{R4}=\frac{z_6}{z_5}\cdot\frac{z_7}{z_5}\cdot\frac{z_4}{z_2}\cdot\frac{z_{12}}{z_{11}}$	0.657

4.2.3.1 液力变矩器结构和工作原理

图 4-10 为 ZLM-50 装载机变矩器结构图。

该变矩器为单级单相三元件变矩器。该变矩器主要由泵轮 6，导轮 7，涡轮 8，罩轮 9 等零件组成。泵轮 6 用螺栓与罩轮 9 连接，罩轮 9 上的外齿与齿圈 10 啮合，齿圈 10 用螺栓固定在发动机飞轮上。涡轮 8 通过花键连接在涡轮轴 15 上。导轮 7 用螺栓与导轮座 17 连接，导轮座 17 固定在分动箱体 2 上。

工作时液力变矩器的三个工作轮的叶片组成一个封闭的循环油路。从发动机传来的动力，经齿圈 10→罩轮 9→泵轮 6。工作油液进入泵轮后，由于泵轮旋转，油液因离心力作用，顺着泵轮叶片向外流动，从泵轮外缘出口处流出进入涡轮，冲动涡轮叶片，使涡轮转动，从而带动涡轮轴 15 旋转，输出动力。油液流经涡轮后再冲向导轮，由于导轮是固定的，它给工作油液一定的反作用力。这个力与泵轮给予工作油液的力合在一起、全部传给涡轮，因此从涡轮所获得的转矩便大于发动机输出的转矩，这样便起到了增大转矩即变矩的作用。

驱泵主动齿轮 3 通过轴承支承在导轮座 17 上，驱动驱泵被动齿轮 12 和另外两个齿轮，用以驱动三个齿轮泵。

4.2.3.2 变速器结构

图 4-11 为 ZLM-50 装载机变速器结构图。

该变速器为定轴式动力换挡变速器。主要由箱体 1，箱盖 8，六个离合器，12 个齿轮，

6根轴等组成。六个离合器，每两只背对背地布置在三根轴上，前进、倒退挡离合器布置在一根轴上，二、四挡离合器布置在一根轴上。

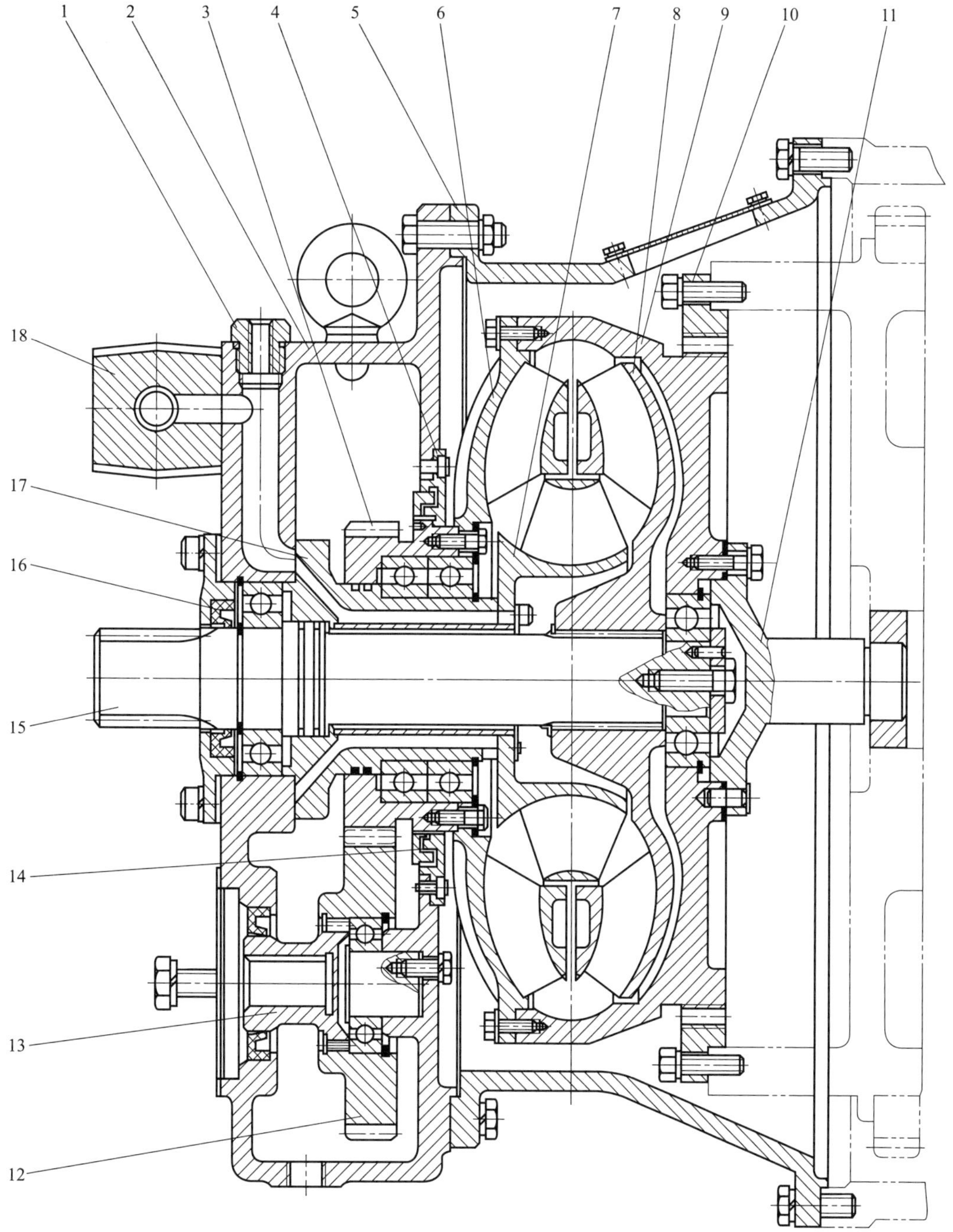

图4-10　液力变矩器结构图

1—接头；2—分动箱体；3—驱泵主动齿轮；4—油盘盖；5—变矩器壳；6—泵轮；7—导轮；8—涡轮；9—罩轮；10—齿圈；11—定位轴；12—驱泵被动齿轮；13—连接套；14—挡油盘；15—涡轮轴；16—油封；17—导轮座；18—回油阀

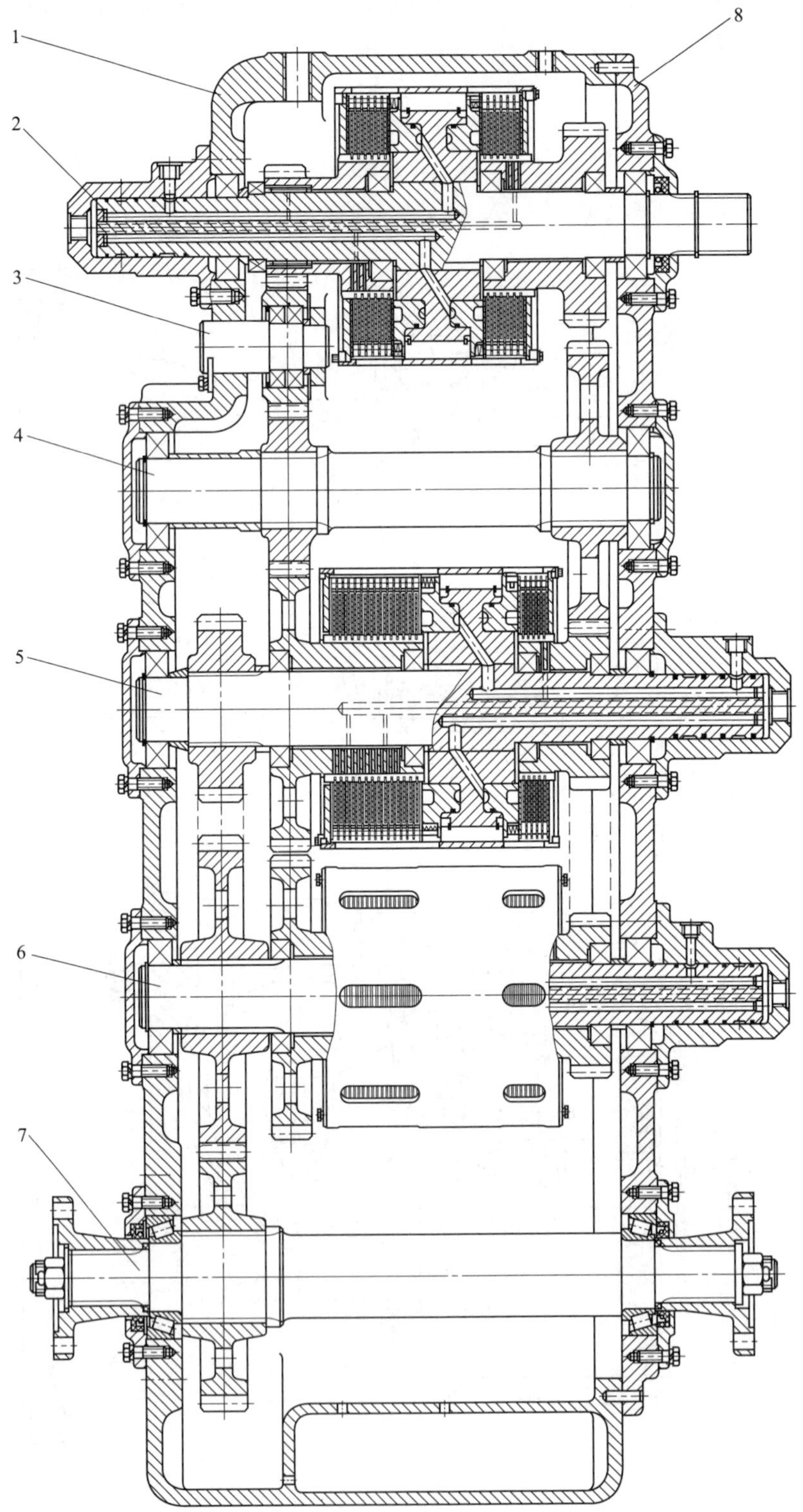

图 4-11　装载机变速器结构图

1—箱体；2—前进、倒退挡离合器总成；3—倒挡轴；4—中间轴总成；
5—Ⅰ、Ⅱ挡离合器总成；6—Ⅱ、Ⅳ挡离合器总成；7—输出轴总成；8—箱盖

前进、倒退离合器主动片为7片，从动片为6片。Ⅰ、Ⅱ挡离合器主动片为14片，从动片为13片。Ⅲ、Ⅳ挡离合器主动片为6片，从动片为5片。主动片为65Mn钢片，从动片为铜基粉末冶金摩擦片，粉末冶金厚度为0.5mm。

4.2.3.3 变矩器一变速器液压操纵系统

图4-12为ZLM-50装载机变矩器——变速器液压操纵系统图。

变速泵从变速器油底壳吸油通过粗滤网经精滤器分成两路：一路经进油阀到变矩器；另一路到挡位阀。

进油阀控制进入变速器挡位阀的变速油压为1.4～1.8MPa。进入变矩器的液压油，通过循环工作后，部分油液经回油阀到散热器，冷却后的工作油进入变速器各挡离合器冷却摩擦片，并流回油底壳。

进入挡位阀的液压油分成两路：一路经阀体上的单向阀流到方向阀，根据方向阀的不同挡位，液压油进入前进离合器或倒退离合器；另一路经油道底板上的单向阀进入切断阀再到速度阀。根据速度阀的四个不同挡位，压力油进入不同的速度离合器。速度阀无空挡位置，只要切断阀不工作，总有一个挡位是结合的。切断阀的液压油不能进入速度阀而直接回油箱。液压油不能进入速度挡离合器，变速器无动力输出。

4.2.3.4 变矩器——变速器的维护保养

① 经常检查变速器上的油尺，保持油面在最低刻度线以上，并严格按规定牌号补充或更换液力传动油。

② 工作油液应清洁，防止杂质及水分进入油中，粗滤器和精滤器滤芯要定期清洗，及时更换保证油路系统清洁。发现油脏要及时、定期（约500小时）更换，如油中有较多的金属杂质应引起注意，仔细检查是否有零件损坏。

③ 工作时应注意观察变矩器油温表，当超过110℃时，应将发动机怠速运转或停机休息，进行散热降温。

④ 补偿油压应保证变矩器工作轮腔内压力为0.25～0.35MPa。压力过低会使工作轮产生汽蚀现象，压力过高油液泄漏量大，且易发热，影响变矩器正常工作。此压力由回油阀控制，出厂时已调整好，用户不要自行改变。

⑤ 注意检查各连接部分的密封性，防止空气进入及油液泄漏。

⑥ 变矩器检修重新安装时，应将工作轮内先注入一定数量的工作油，加油时可旋下变矩器箱体上方靠近油阀处的螺塞，加油后，再将螺塞重新旋紧。

⑦ 变速压力下降太多（低于1.1MPa时）必须停车检查，找出下降原因，恢复正常压力。否则，离合器摩擦片打滑，磨损加剧，甚至烧坏摩擦片，不能工作。

⑧ 从动摩擦片的粉末冶金层在使用中会不断磨损，厚度减小，当厚度减小到一定程度时，由于受活塞行程限制，离合器就不能保证正常结合，发生打滑现象。从动摩擦片的磨损极限为2.7mm，维修时，小于这个尺寸的摩擦片都要更换。

⑨ 离合器的分离靠弹簧力，弹簧力不足，会使摩擦片分离不彻底，造成发热磨损，检修时，必须检查每个弹簧的弹力，凡是屈服变形或弹簧变软的，应予更换。

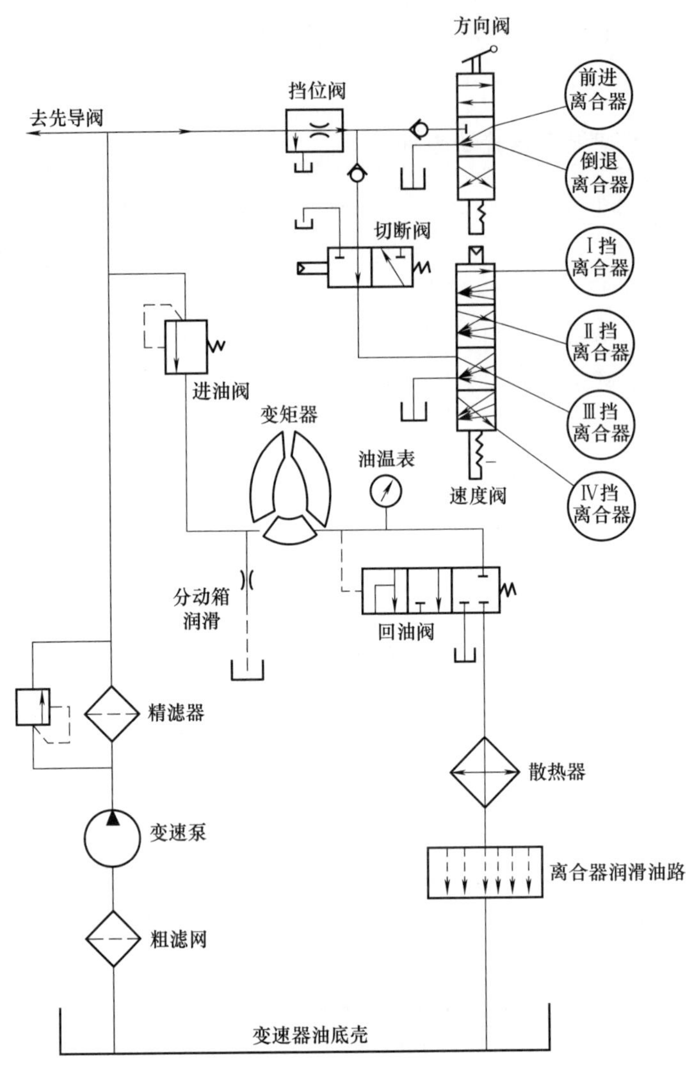

图 4-12 液压操纵系统图

4.2.4 ZL60D 装载机变速器

该变速器通过传动轴与液力变矩器相连。变矩器与发动机直接相连。

图 4-13 为该变矩器——变速器的传动简图。

4.2.4.1 液力变矩器结构和工作原理

表 4-5 为变速器传动比计算公式。图 4-14 为 ZL60D 装载机变矩器结构图。

变矩器通过弹性连接盘 2 与发动机飞轮相连。变矩器将发动机输出的机械能通过泵轮 6 的转动转换成内部工作液体的动能。从泵轮流出的工作液体高速流向涡轮 5 冲击涡轮叶片，推动涡轮转动。涡轮通过涡轮轴 12 和涡轮轴上的法兰盘与主传动轴相连，将动力传入变速器。导轮 7 与变矩器壳体 3 固定在一起，作用是改变液流方向，使涡轮和泵轮上的转矩不

等，实现变矩、变速的目的。

工作油液通过压力阀 15 和变矩器进口溢流阀 16，经动力输出箱体 9 和导轮座 14 内部油道进入变矩器工作腔内，不断循环和补充。回油经导轮座 14 及动力输出箱体 9 内油道到变矩器出口压力阀，经过滤油器和散热器回到变速器油底壳。

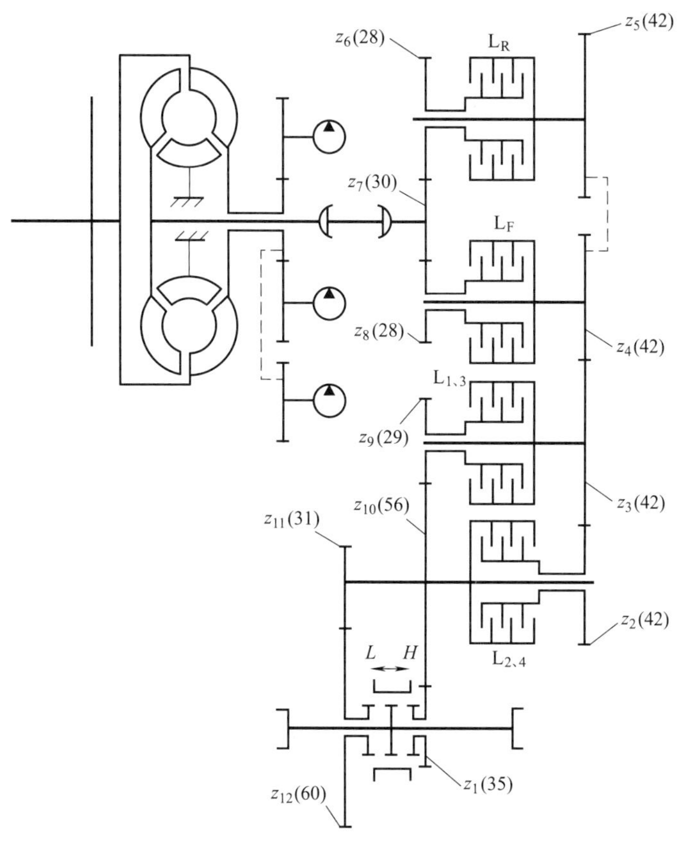

图 4-13　变矩器——变速器传动简图

表 4-5　变速器传动比计算公式

挡位		结合离合器	高、低挡	传动比计算公式	传动比
前进	Ⅰ	L_F　$L_{1.3}$	L	$i_{F1}=\frac{z_8}{z_7}\cdot\frac{z_3}{z_4}\cdot\frac{z_{10}}{z_9}\cdot\frac{z_{12}}{z_{11}}$	3.488
	Ⅱ	L_F　$L_{2.4}$	L	$i_{F2}=\frac{z_8}{z_7}\cdot\frac{z_3}{z_4}\cdot\frac{z_2}{z_3}\cdot\frac{z_{12}}{z_{11}}$	1.806
	Ⅲ	L_F　$L_{1.3}$	H	$i_{F3}=\frac{z_8}{z_7}\cdot\frac{z_3}{z_4}\cdot\frac{z_{10}}{z_9}\cdot\frac{z_1}{z_{10}}$	1.126
	Ⅳ	L_F　$L_{2.4}$	H	$i_{F4}=\frac{z_8}{z_7}\cdot\frac{z_3}{z_4}\cdot\frac{z_2}{z_3}\cdot\frac{z_1}{z_{10}}$	0.583
倒退	Ⅰ	L_R　$L_{1.3}$	L	$i_{R1}=\frac{z_6}{z_7}\cdot\frac{z_4}{z_5}\cdot\frac{z_3}{z_4}\cdot\frac{z_{10}}{z_9}\cdot\frac{z_{12}}{z_{11}}$	3.488
	Ⅱ	L_R　$L_{2.4}$	L	$i_{R2}=\frac{z_6}{z_7}\cdot\frac{z_4}{z_5}\cdot\frac{z_3}{z_4}\cdot\frac{z_2}{z_3}\cdot\frac{z_{12}}{z_{11}}$	1.806
	Ⅲ	L_R　$L_{1.3}$	H	$i_{R3}=\frac{z_6}{z_7}\cdot\frac{z_4}{z_5}\cdot\frac{z_3}{z_4}\cdot\frac{z_{10}}{z_9}\cdot\frac{z_1}{z_{10}}$	1.126
	Ⅳ	L_R　$L_{2.4}$	H	$i_{R3}=\frac{z_6}{z_7}\cdot\frac{z_4}{z_5}\cdot\frac{z_3}{z_4}\cdot\frac{z_2}{z_3}\cdot\frac{z_1}{z_{10}}$	0.583

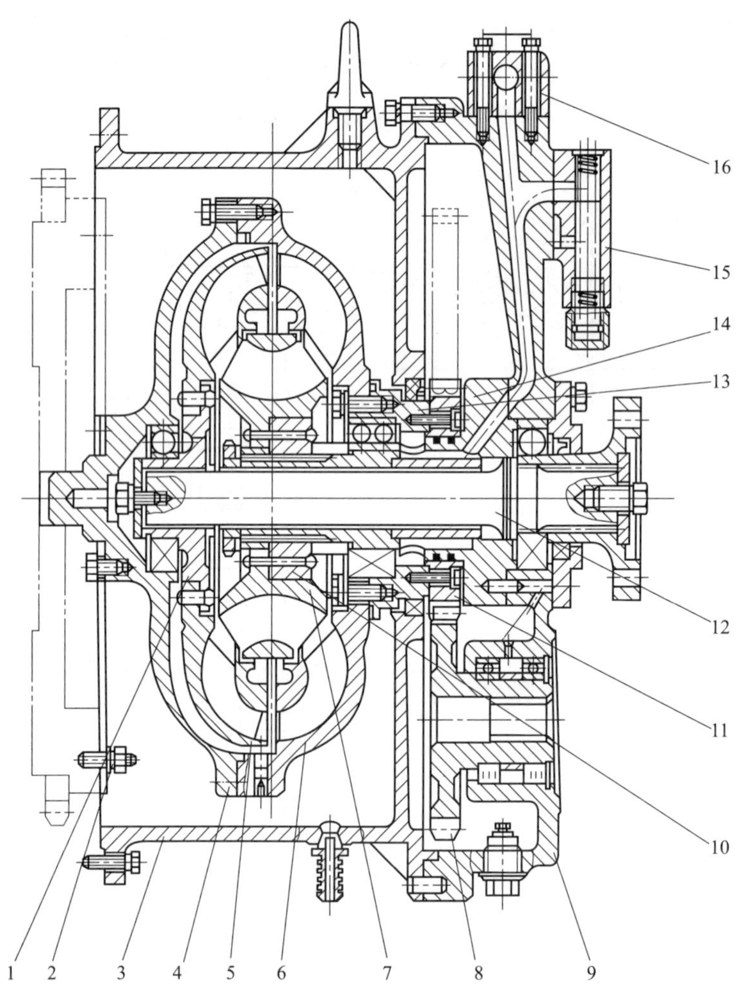

图 4-14　ZL60D 装载机变矩器结构图

1—涡轮毂；2—弹性连接板；3—变矩器壳体；4—泵轮罩；5—涡轮；
6—泵轮；7—导轮；8—驱泵从动齿轮；9—动力输出箱体；
10—导轮毂；11—驱泵主动齿轮；12—涡轮轴；13—泵轮毂；
14—导轮座；15—压力阀；16—变矩器进口溢流阀

4.2.4.2　变速器的结构和工作原理

图 4-15 所示变速器为定轴直齿常啮合动力换挡变速器。

该变速器有 4 个前进挡和 4 个倒退挡。变速器由箱体、箱盖、输入轴、输出轴、法兰盘、4 个离合器、轴承盖、轴承、12 个齿轮等组成。四个离合器各自布置在四根轴上。

前进离合器和倒退离合器各自实现前进挡和倒退挡。Ⅰ，Ⅲ离合器分别与前进离合器和倒退离合器共同工作，分别实现前进Ⅰ挡，前进Ⅲ挡，倒退Ⅰ挡，倒退Ⅲ挡。Ⅱ、Ⅳ离合器分别与前进离合器和倒退离合器共同工作，分别实现前进Ⅱ挡，前进Ⅳ挡，倒退Ⅱ挡，倒退Ⅳ挡。

在输出轴上装有接合套，用以实现Ⅰ、Ⅱ挡或Ⅲ、Ⅳ挡。接合套右移，实现Ⅰ挡和Ⅱ挡。

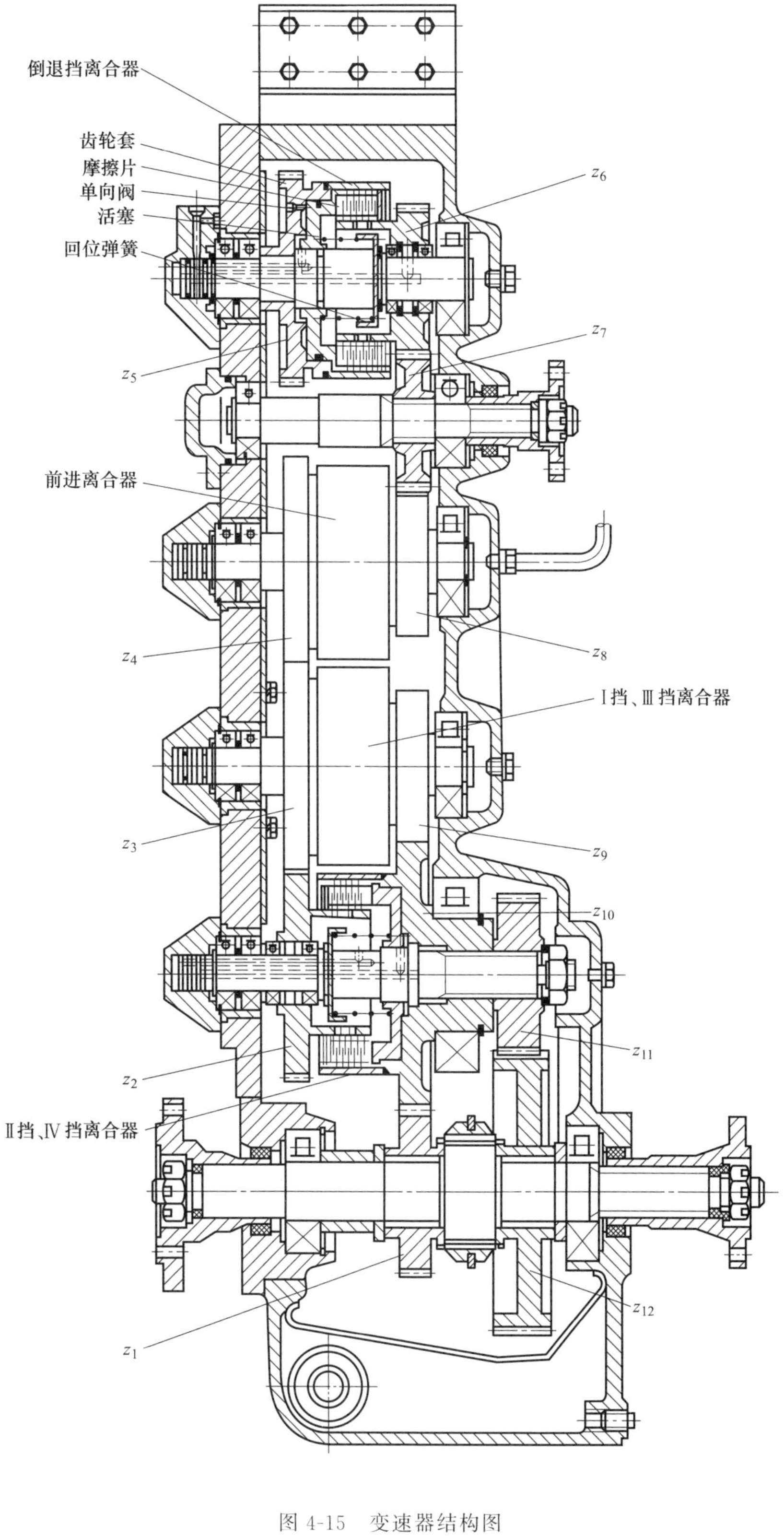

倒退挡离合器
齿轮套
摩擦片
单向阀
活塞
回位弹簧
z_5
前进离合器
z_4
z_3
z_2
Ⅱ挡、Ⅳ挡离合器
z_1
z_6
z_7
z_8
Ⅰ挡、Ⅲ挡离合器
z_9
z_{10}
z_{11}
z_{12}

图 4-15 变速器结构图

接合套左移，实现Ⅲ挡和Ⅳ挡。

变速器完成一个挡位，必须结合两个离合器，且接合套处于右边或左边的工作位置。

四个离合器结构相同。离合器由摩擦片、齿轮套、活塞、单向阀、回位弹簧等零件组成。

来自操纵阀的压力油经箱体内油道，端盖及离合器轴内油道，进入离合器齿轮套，克服回位弹簧的压力，推动活塞移动，压紧主从动摩擦片，动力从与主动片相连的齿轮 z_6 传至与从动片相连的齿轮 z_5。换挡时，切断压力油，单向阀在离心力作用下自动打开，活塞腔内的压力油迅速排出，活塞在回位弹簧的作用下迅速回位，主、从动摩擦片分离，切断动力。

4.2.4.3 液压操纵系统

图 4-16 为 ZL60D 装载机变矩器——变速器液压操纵系统图。装在变矩器动力输出箱体上面的变速泵 4 从变速器箱体油底壳 5 吸油，从变速泵 4 排出的压力油分成两路：一路经压力阀 2，变矩器进口溢流阀 3 进入变矩器 7，作为变矩器的工作压力油。从变矩器排出的油经过变矩器出口压力阀 8，滤油器 9 和冷却器 10 进入变速器的润滑油路用来润滑变速器内部的齿轮等零件以及冷却摩擦片；另一路经过变速操纵阀 1 进入变速器，操纵离合器的工作，离合器回油直接回到变速器油底壳 5。

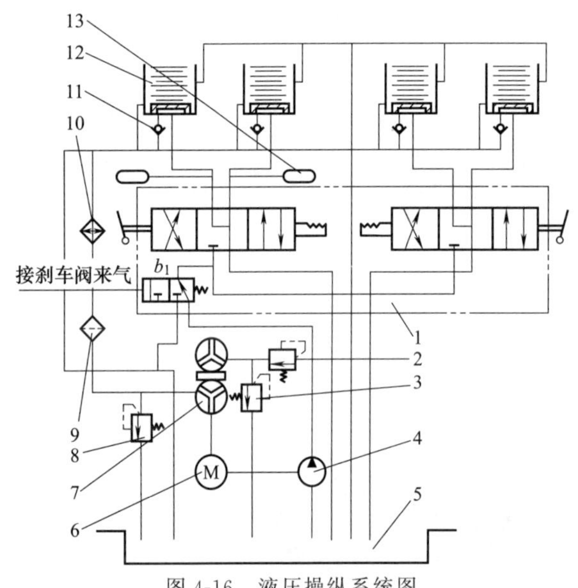

图 4-16 液压操纵系统图

1—变速操纵阀；2—压力阀；3—变矩器进口溢流阀；4—变速泵；5—油底壳；6—动力机；7—变矩器；8—变矩器出口压力阀；9—滤油器；10—冷却器；11—单向阀；12—离合器；13—蓄能器

4.2.4.4 变速操纵阀

图 4-17 为变速操纵阀的结构图。由变速泵排出的压力油，经阀体 3 上的孔 g 进入 A 腔。A 腔通过 h 孔与 B 腔相通。方向阀杆 1 右移时，压力油经阀体上的 f 孔进入前进离合器，实现前进挡。方向阀杆 1 左移，压力油经阀体上的 c，e 孔进入倒退离合器，实现倒退挡。变速阀杆 2 左移时，压力油经 b 孔进入一、三离合器，实现Ⅰ挡或Ⅳ挡。变速阀杆右移时，压力油经 a 孔进入Ⅱ、Ⅳ离合器，实现Ⅱ挡或Ⅳ挡。

4.2.5 YB1501 液力机械传动装置

该传动装置由四元件双涡轮变矩器和两个前进挡，一个倒退挡行星式动力换挡变速器组成。可用于 ZL40 装载机和 ZL50 装载机。

图 4-18 为该传动装置的传动简图。

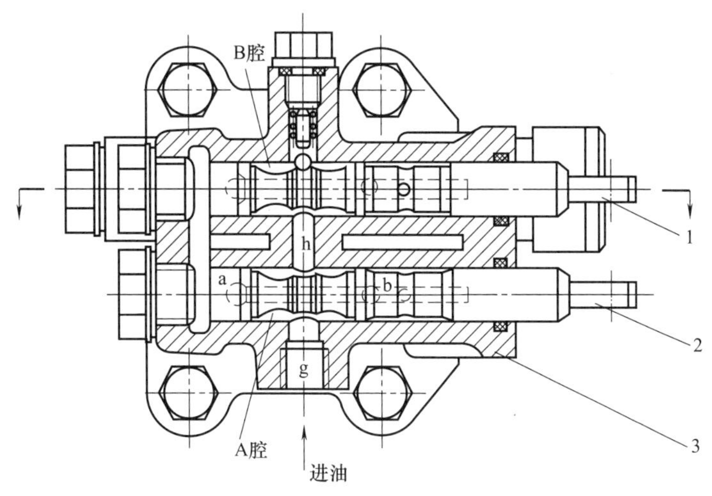

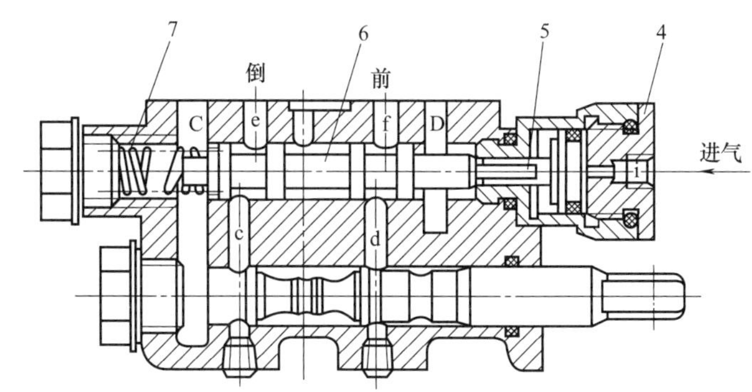

图 4-17 变速操纵阀结构图

1—方向阀杆；2—变速阀杆；3—阀体；4—气阀接头；
5—气阀杆；6—联动阀杆；7—弹簧

变速器传动比计算公式见表 4-6。

表 4-6 变速器传动比计算公式

挡位		结合离合器	传动比计算公式	传动比
前进	Ⅰ	z_F	$i_{F1}=\frac{z_2}{z_1}\cdot\left(1+\frac{z_8}{z_7}\right)\cdot\frac{z_{10}}{z_9}$	2.696
	Ⅱ	L_F	$i_{F2}=\frac{z_2}{z_1}\cdot\frac{z_{10}}{z_9}$	0.723
倒退	Ⅰ	z_R	$i_R=\frac{z_2}{z_1}\cdot\frac{z_6}{z_5}\cdot\frac{z_{10}}{z_9}$	1.976

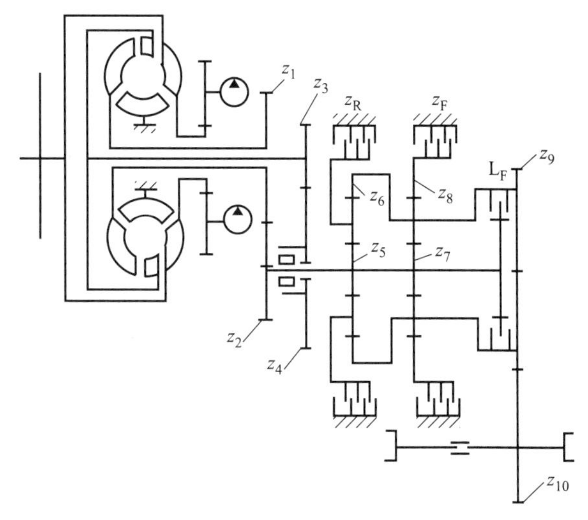

图 4-18 YB1501 液力机械传动装置传动简图

4.2.5.1 传动装置结构和工作原理

（1）图 4-19 为该传动装置结构图。

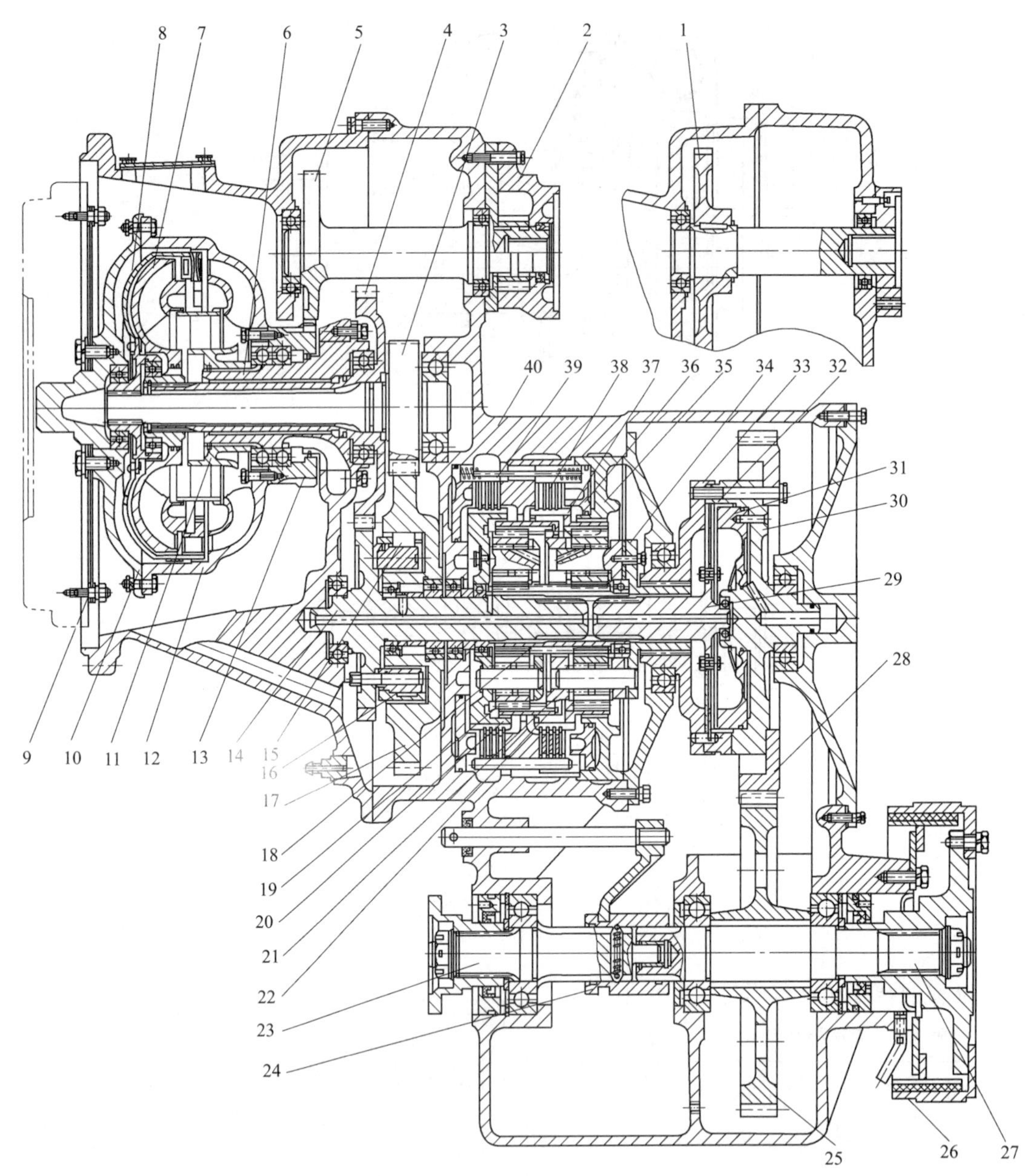

图 4-19　YB1501 液力机械传动装置结构图

1—转向液压泵驱动齿轮；2—变速泵；3—一级涡轮输出齿轮；4—二级涡轮输出齿轮；5—变速泵驱动齿轮；6—导轮座；7—二级涡轮；8—一级涡轮；9—弹性连接盘；10—驱动罩轮；11—导轮；12—泵轮；13—分动齿轮；14—变速器输入齿轮；15—超越离合器滚子；16—超越离合器内环凸轮；17—超越离合器外环齿轮；18—太阳轮；19—倒挡行星轮；20—倒挡行星架；21—1 挡行星架；22—倒挡内齿圈；23—后输出轴；24—前后桥脱开滑套；25—变速器输出齿轮；26—手制动器；27—前输出轴；28—输出主动齿轮；20—Ⅱ挡输入轴；30—Ⅱ挡油缸；31—Ⅱ挡活塞；32—Ⅲ挡摩擦片；33—Ⅱ挡受压盘；34—连接盘；35—Ⅰ挡油缸；36—Ⅰ挡活塞；37—Ⅰ挡内齿圈；38—Ⅰ挡摩擦片；39—倒挡摩擦片；40—倒挡活塞

该传动装置通过弹性连接盘 9 与发动机飞轮相连。弹性连接盘 9 通过螺栓与泵轮 12 相连的驱动罩轮 10 相连。弹性连接盘 9 通过另一组螺栓与发动机飞轮相连。

变矩器由泵轮 12，一级涡轮 8，二级涡轮 7，导轮 11，一级涡轮输出齿轮 3，超越离合器外环齿轮 17，变速器输入齿轮 14 和由超越离合器滚子 15 及超越离合器内环凸轮 16 组成的超越离合器组成。

一级涡轮和二级涡轮通过超越离合器可共同工作，二级涡轮也可单独工作，这取决于车辆的载荷和速度。

低速大载荷时，超越离合器揳紧，一级涡轮和二级涡轮同时工作。

高速小载荷时，超越离合器脱开，二级涡轮单独工作。

由于变矩器具有两个涡轮，从低速重载工况过渡到高速轻载工况，相当于两挡速度，并且是自动实现的。这使变速器的排挡数显著减少，简化了结构，降低了制造成本。

变速器有倒退挡和前进Ⅰ挡两个行星排，两个制动器，另有一个前进Ⅱ挡离合器。

倒退挡行星排由太阳轮 18，四个倒挡行星轮 19，倒挡内齿圈 22，倒挡行星架 20 组成。Ⅰ挡行星排由太阳轮 18，四个与倒挡行星轮 19 相同的行星轮，Ⅰ挡内齿圈 37 和Ⅰ挡行星架 21 组成。

由倒挡摩擦片 39（主、从动片各四片），倒挡活塞 40 和Ⅰ挡摩擦片 38（与倒挡摩擦片相同）Ⅰ挡活塞 36，Ⅰ挡液压缸 35 组成两个制动器。倒挡液压缸置于变速器箱体上。

由Ⅱ挡摩擦片 32（主动片一片，被动片两片），Ⅱ挡活塞 31 和与输出主动齿轮 28 用螺栓相连的Ⅱ挡油缸 30 组成Ⅱ挡离合器。

发动机的动力通过驱动罩轮 10 传至泵轮 12。由于液流从泵轮流出，依次流经一级涡轮 8，二级涡轮 7 和导轮 11。动力从泵轮 12 传至一级涡轮 8 和二级涡轮 7。一级涡轮 8 的动力经一级涡轮输出齿轮 3 传至超越离合器外环齿轮 17，再经超越离合器滚子 15 传至变速器输入齿轮 14。二级涡轮 7 的动力经二级涡轮输出齿轮 4 传至变速器输入齿轮 14，齿轮 14 的动力，从而驱动太阳轮 18。

（2）变速器动力传动路线如下：

① 前进Ⅰ挡：来自于变速操纵阀的压力油经变速器箱体上的油道进入Ⅰ挡液压缸 35，推动Ⅰ挡活塞 36，压紧Ⅰ挡摩擦片 38，使Ⅰ挡内齿圈 37 制动。动力从太阳轮 18→Ⅰ挡行星轮→Ⅰ挡行星架 21→连接盘 34→Ⅱ挡受压盘 33→输出主动齿轮 28→变速器输出齿轮 25。

② 前进Ⅱ挡：分动齿轮 13 驱动变速泵驱动齿轮 5 和转向液压泵驱动齿轮 1。变速泵驱动齿轮 5 驱动变速泵和工作泵，转向液压泵驱动齿轮 1 驱动转向泵。

4.2.5.2 液压操纵系统

图 4-20 为 YB1501 液力传动装置液压操纵系统图。

变速泵 4 从油底壳 2 吸油经粗滤器 3 到精滤器 5 进入主压力阀 8，控制变速操纵压力为 1.1～1.5MPa。

进入主压力阀 8 的压力油，一路进入变矩器，变矩器进口压力阀 12 控制了进入变矩器的液压油压力为 0.45～0.55MPa。另一路经切断阀 9 换挡阀 1，小孔 B 进入蓄能器 10。主压力阀 8 和蓄能器 10，共同工作，完成变速压力的调节过程。换挡时，蓄能器 10 中的压力油通过单向阀 11，快速回油。

经切断阀 9 进入换挡阀 1 的压力油，根据换挡阀的不同位置，分别进入离合器倒挡液压缸，Ⅰ挡液压缸和Ⅱ挡液压缸，完成变速器不同挡位。

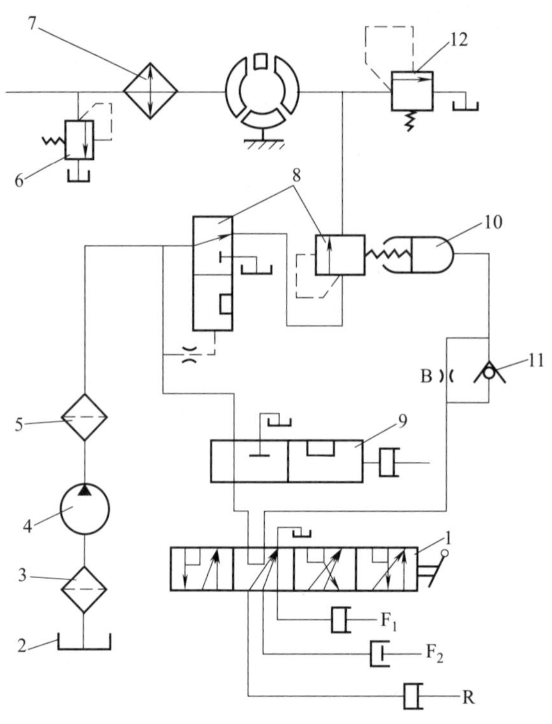

图 4-20 液压操纵系统图

1—换挡阀；2—油底壳；3—粗滤器；4—变速泵；5—精滤器；
6—润滑压力阀；7—冷却器；8—主压力阀；9—切断阀；
10—蓄能器；11—单向阀；12—变矩器进口压力阀

车辆制动时，压缩空气进入切断阀 9，进入切断阀 9 的液压油路被切断，不能进入换挡阀，阻止压力油进入变速器离合器液压缸。

从变矩器出来的压力油经冷却器 7 通过变矩器壳体内油道进入变速器输入齿轮中心油道。润滑变速器内的轴承，齿轮等零件。润滑压力阀 6 保持润滑油压力为 0.1～0.2MPa。

换挡阀 1，主压力阀 8，切断阀 9，蓄能器 10，单向阀 11 装在变速操纵阀阀体内组成一个整体，用螺栓安装在变速器箱体侧面。

润滑压力阀 6 和变矩器进口压力阀 12 安装在变速器上，来自于变速操纵阀的压力油经端盖上的油道进入Ⅱ挡液压缸 30，推动Ⅱ挡活塞 31，压紧Ⅱ挡摩擦片 32。动力从太阳轮18→Ⅱ挡输入轴 29→Ⅱ挡摩擦片 32→Ⅱ挡受压盘 33→输出主动齿轮 28→变速器输出齿轮 25。

倒退挡：来自于变速操纵阀的压力油经变速器箱体上的油道进入倒挡液压缸，推动倒挡活塞 40，压紧倒挡摩擦片 39，使倒挡行星架 20 制动。动力从太阳轮 18→倒挡行星轮 19→倒挡内齿圈 22→Ⅰ挡行星架 21→连接盘 34→Ⅱ挡受压盘 33→输出主动齿轮 28→变速器输出齿轮 25。

输出轴由前输出轴 27 和后输出轴 23 组成，通过前后挤脱开滑套 24 将轴 27 和轴 23 相连或断开。相连时，动力从前后输出轴同时输出，断开时，动力仅从前输出轴 27 输出。在后输出轴 23 上装有弹簧和钢球，固定前后挤脱开滑套 24 的位置。车辆运行时，前后挤脱开滑套不可移动。矩器壳体内。

4.2.5.3　变速操纵阀

图 4-21 为变速操纵阀的结构图。

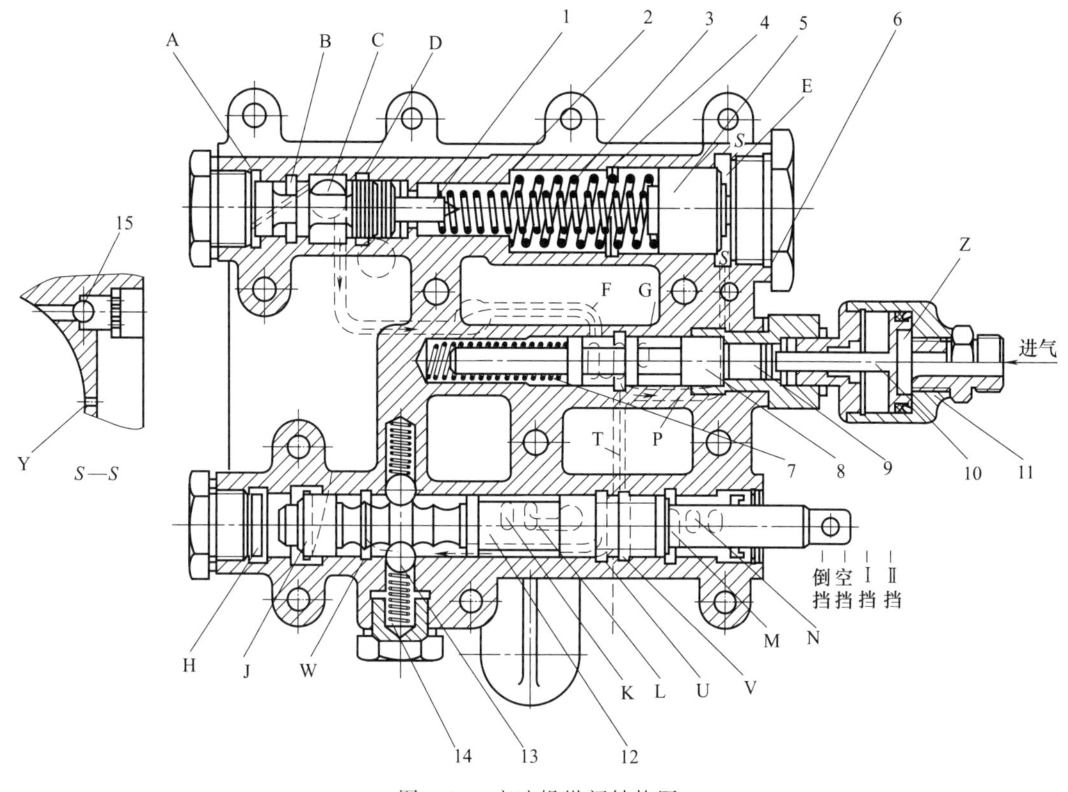

图 4-21　变速操纵阀结构图

1—主压力阀杆；2—主压力弹簧；3—蓄能弹簧；4—调压圈；5—蓄能活塞；6—垫圈；7—切断阀回位弹簧；8—切断阀杆；9—圆柱塞；10—进气阀杆；11—进气阀体；12—换挡杆；13—定位钢球；14—定位弹簧；15—单向阀

变速操纵阀主要由主压力阀，切断阀，换挡阀组成。

主压力阀主要由主压力阀杆 1，主压力弹簧 2，蓄能弹簧 3，蓄能活塞 5 组成。

C 腔为变速操纵阀的进油口，A 腔和 C 腔通过主压力阀杆 1 上的斜孔相通，B 腔与油箱相通，D 腔通变矩器。

变速泵来油，经 C 腔进入主压力阀，经油道 F，通过切断阀进入油道 T，通向换挡阀。与此同时，变速泵来油从 C 腔通过主压力阀杆 1 上的斜孔到 A 腔，推动阀杆右移，压缩主压力弹簧 2，建立油压，右移的主压力阀杆 1 打开油道口，使进入 C 腔的压力油通往 D 腔，通往变矩器。

油道 T 的油除进入换挡阀外，还通过油道 P，小孔 Y 进入蓄能活塞 5 的右端 E 腔，推动蓄能活塞左移，压缩主压力弹簧 2 和蓄能弹簧 3，使油压升高，升高的油压使主压力阀杆继续右移，使 C 腔和 B 腔相通，部分油流回油箱，压力随之降低，使系统压力保持在 1.1～1.5MPa。

换挡时，油道 T 与新结合的离合器液压缸相通，油道 T 的压力降低，此时，不仅变速泵来油经 C 腔，油道 T 进入油缸，而且蓄能活塞 5 右腔的压力油也经单向阀 15 快速回油进入液压缸，由于两条油路的压力油同时进入油缸，使油缸迅速充油，缩短离合器的充油时间。当蓄能活塞5右腔的压力油进入液压缸后，压力降低，蓄能活塞5右移，当液压缸充满油后，压力上升，压力油从节流孔Y进入蓄能活塞5右端的E腔，使压力缓慢回升，换挡平稳。

切断阀由切断阀回位弹簧7，切断阀杆8，圆柱塞9，进气阀杆10，进气阀体11组成。

图4-21所示切断阀位置是非切断位置，变速器有挡位，油道F和油道T相通。

车辆制动时，从制动系统来的压缩空气，进入切断阀的Z腔，推动进气阀杆10左移，左移的进气阀杆10，经圆柱塞9推动切断阀杆8左移，使油道F和油道T切断，同时使油道T和油腔G相通，油腔G通油箱。工作液压缸的油经T油道，G腔迅速流回油箱，离合器中的活塞回位，摩擦片分离，切断动力，有助于制动器的工作。

当制动结束时，Z腔与大气相通。由于切断回位弹簧7的作用，进气阀杆10右移，回到图示位置，油道T和G腔断开，同时接通油道F和油道T，主压力阀来的压力油经油道F，油道T经换挡阀进入工作液压缸，使变速器恢复工作状态。

换挡阀由换挡杆12，定位钢球13，定位弹簧14组成。换挡阀杆12有倒挡，空挡，Ⅰ挡，Ⅱ挡四个位置。M、L、J腔分别与Ⅰ、Ⅱ，倒挡液压缸相通，W、K、H分别与油箱相通。U、V、W腔与油道T相通。

Ⅰ挡时，V腔与M腔相通，压力油通往Ⅰ挡液压缸。

Ⅱ挡时，U腔与L腔相通，压力油通往Ⅱ挡液压缸。

倒挡时，W腔与J腔相通，压力油通往倒挡液压缸。

4.2.5.4 外形及连接尺寸

图4-22为YB1501液力机械传动装置的外形及连接尺寸图。

4.2.5.5 维护与保养

(1) 液力机械传动装置用油　该传动装置的液压油一方面作为液力系统的工作介质，另一方面还要作为变速器中零部件的冷却和润滑使用。油的牌号和数量应按规定，可采用22号透平油或8号液力传动油。第一次加油后，应启动发动机，运转5min后，通过油位开关，检查油面高度。

应按规定期限换油，如果油液有污染或油液变质，则必须提前换油。如果发现油液中混有金属碎屑，则表明传动装置零件发生异常磨损，必须将其彻底拆卸，清洗干净重装，换油。

(2) 变速操纵阀　传动装置油液的清洁度对操纵阀的性能有很大影响，必须保持油液的清洁。

在拆卸变速操纵阀时，必须注意以下事项：

① 不要损伤零件，特别是密封件，如有损坏，应当更换；

② 主压力阀出厂时，已经调试好，不要随便动。如更换零件，必须重新调压。

(3) 离合器摩擦片　离合器是依靠主动片和被动片结合时所产生的摩擦力工作的，工作面必须耐磨，影响摩擦片寿命的因素很多，用户应注意如下几点：

油液的清洁度，特别是油液中含有金属碎末，会加剧摩擦片的磨损，必须保证传动装置中油液的清洁度。

油质对摩擦片的磨损有一定影响。油液黏度过大，使摩擦片的分离困难，摩擦发热。油液黏度过小又影响润滑能力，有可能烧坏摩擦片，因此传动装置用油，必须采用规定牌号的油。

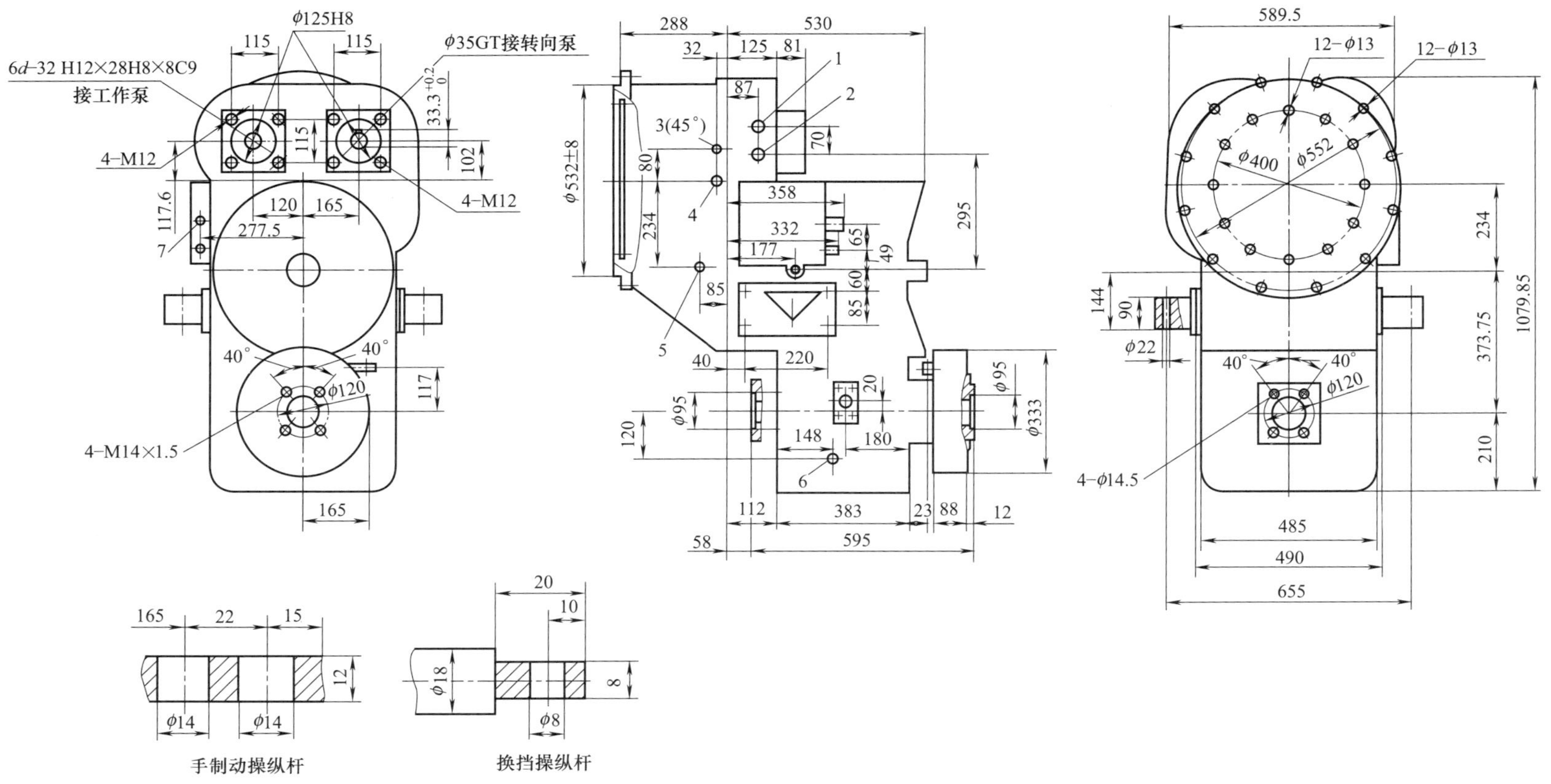

手制动操纵杆

换挡操纵杆

图 4-22 YB1501液力机械传动装置的外形及连接尺寸图

1—M33×1.5—6g（通精滤器）；2—M33×1.5—6g（精滤器回油）；3—M14×1.5（接油温计）；4—M30×1.5—6H（通冷却器）；5—M30×1.5—6H（冷却器回油）；6—M30×1.5—6g（通变速泵）；7—M22×1.5—6H（切断阀接口）

变速操纵阀的变速压力必须在规定的1.1～1.5MPa范围内。压力过低，摩擦片打滑，磨损加剧。压力过高，降低了传动装置的密封性。

换挡时，液压缸迅速排油，摩擦片分离，摩擦片分离的彻底程度，决定于弹簧的恢复力。弹簧力不足，摩擦片分离不彻底，造成磨损。因此，拆检和修理变速器时，必须检查回位弹簧的恢复力。屈服变形的弹簧，应予更换。

4.2.6 W90-3型装载机定轴式动力换挡变速器

图4-23为W90-3型装载机采用的S-702型定轴式动力换挡变速器传动图。

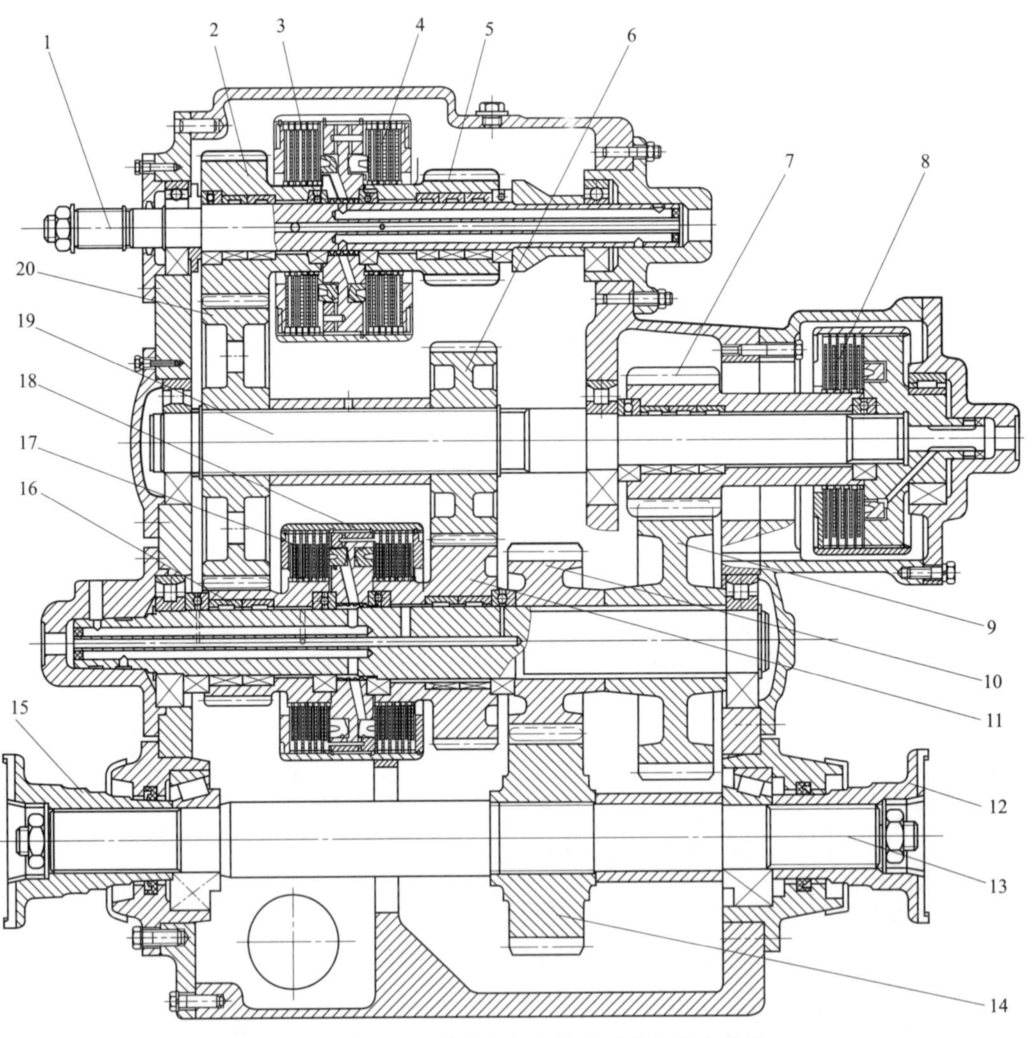

图4-23　W90-3型装载机的定轴式动力换挡变速器

1—动力输入轴；2—前进挡离合器齿轮（$z=28$）；3—前进挡离合器；4—后退挡离合器；5—后退挡离合器齿轮（$z=21$）；6—惰轮（$z=37$）；7—Ⅰ挡离合器齿轮（$z=17$）；8—Ⅰ挡离合器；9—Ⅰ挡从动齿轮（$z=33$）；10—惰轮（$z=23$）；11—Ⅱ挡离合器齿轮（$z=39$）；12—前输出接叉；13—输出轴；14—齿轮（$z=27$）；15—后输出接叉；16—Ⅲ挡离合器齿轮（$z=22$）；17—Ⅲ挡离合器；18—Ⅱ挡离合器；19—Ⅰ挡离合器轴；20—齿轮（$z=53$）

W90-3 变速箱前视图与后视图则示于图 4-24 中。

这种三进三退定轴式动力换挡变速箱，将换挡离合器置于变速箱内，结构紧凑且有利于密封，广泛用于现代的工程机械中。

图 4-23 中未能显示的，是另有一惰轮轴，其上装有一惰轮（$z=30$），与齿轮 5、6 相啮合，实现倒退挡。

换挡离合器在轴上的安装情况，如图 4-25 所示。此图为 W90-3 变速箱输入轴上安装的组件。

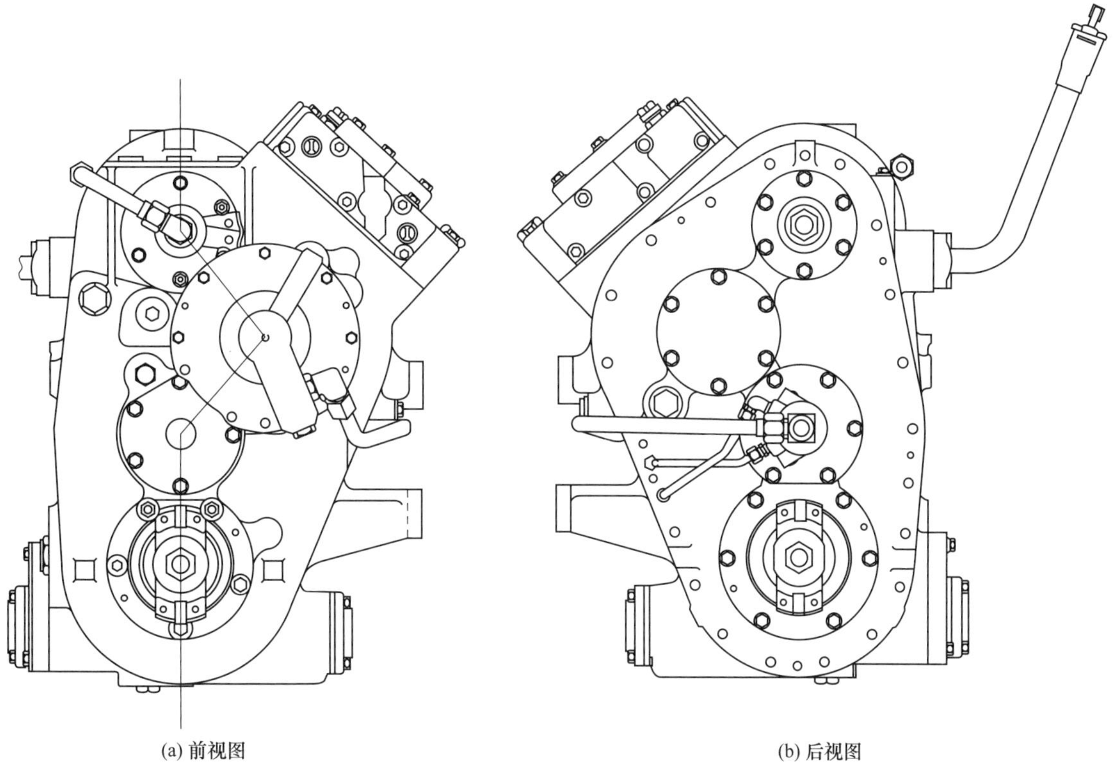

图 4-24 W90-3 型装载机用变速箱前视图与后视图

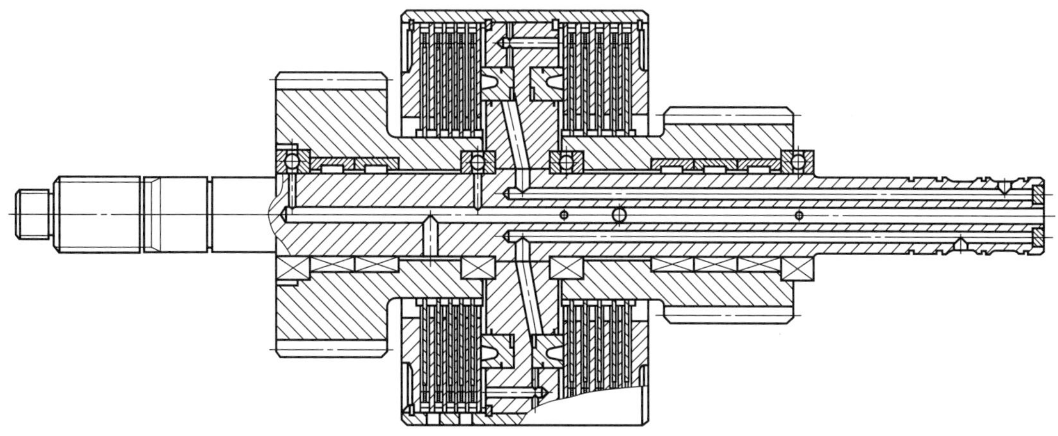

图 4-25 换挡离合器在轴上的安装

图 4-26 所示的行星变速器，用于 966E 型轮胎式装载机。

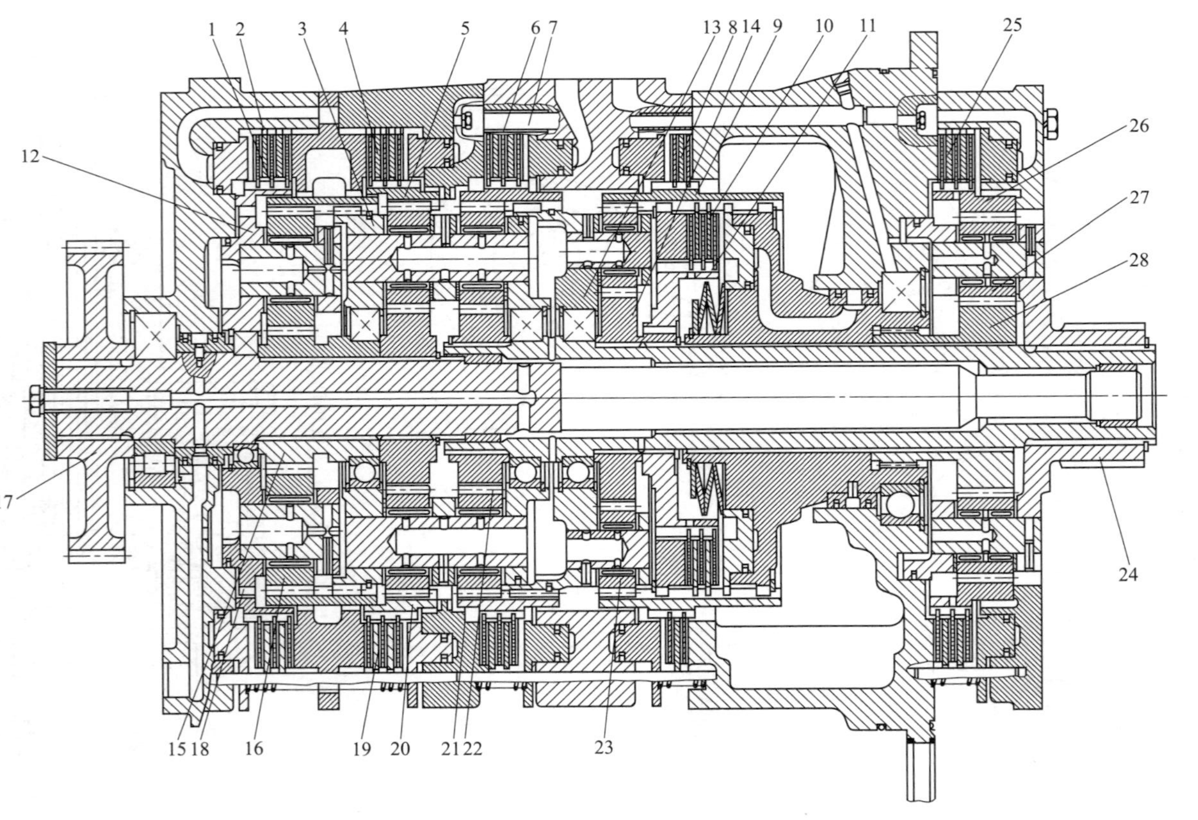

图 4-26　966E 装载机的行星变速器

1—倒挡行星排齿圈；2—倒挡离合器①；3—行星排Ⅱ、Ⅲ行星架；4—前进挡离合器②；5—前进挡行星排齿圈；6—Ⅳ挡离合器③；7—Ⅳ挡离合器齿圈；8—Ⅲ挡离合器④；9—Ⅲ挡离合器齿圈；10—Ⅱ挡离合器⑤；11—Ⅱ挡离合器轮毂；12—行星排Ⅰ行星架；13—行星排Ⅳ行星架；14—行星排Ⅳ太阳轮；15—行星排Ⅰ太阳轮；16—行星排1行星轮；17—输入轴齿轮；18—齿形联接器；19—行星排Ⅱ太阳轮；20—行星排Ⅱ行星轮；21—行星排Ⅲ行星轮；22—行星排Ⅲ太阳轮；23—行星排Ⅳ行星轮；24—输出轴；25—Ⅰ挡离合器；26—Ⅰ挡离合器齿圈；27—行星排Ⅴ行星轮；28—行星排Ⅴ太阳轮

4.2.7 CQ470 型铰接式自卸汽车的行星式动力换挡变速器

CQ470 型铰接式汽车采用液力机械式传动，其变速箱采用行星齿轮传动式动力换挡变速器，图 4-27 为其传动简图。

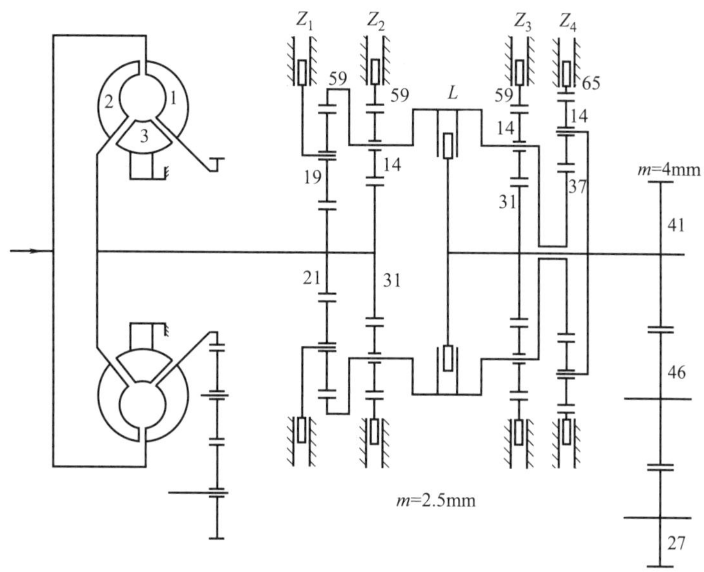

图 4-27 CQ470 型汽车行星变速器传动简图

1—泵轮；2—涡轮；3—导轮

各挡速比之值如下：

前进Ⅰ挡：i=8.00；前进Ⅱ挡：i=2.90；前进Ⅲ挡：i=1.00；

后退Ⅰ挡：i=7.75；后退Ⅱ挡：i=2.81；后退Ⅲ挡：i=0.97。

4.3 副变速器、分动器及取力器

4.3.1 副变速器

4.3.1.1 功用

为了满足重型轮式运输机械品种多、批量小、挡位多（10 个挡以上）的要求，又不使主变速器的结构复杂化，保持其通用性好、成本低、维修方便等优点，可采用主变速器与副变速器组合的结构型式。

4.3.1.2 分类

按副变速器设置在主变速器之前或之后，可将其分为前置式副变速器、后置式副变速器和前后置式副变速器等三种类型，如图 4-28 所示。

(1) 前置式副变速器。常制成具有超速挡的传动型［图 4-28 (a)］，它由一对齿轮和换挡操纵机构组成，结构简单，易于变型。当动力经该对齿轮传递时，主变速器的每一个挡都得到一个相应的超速挡。

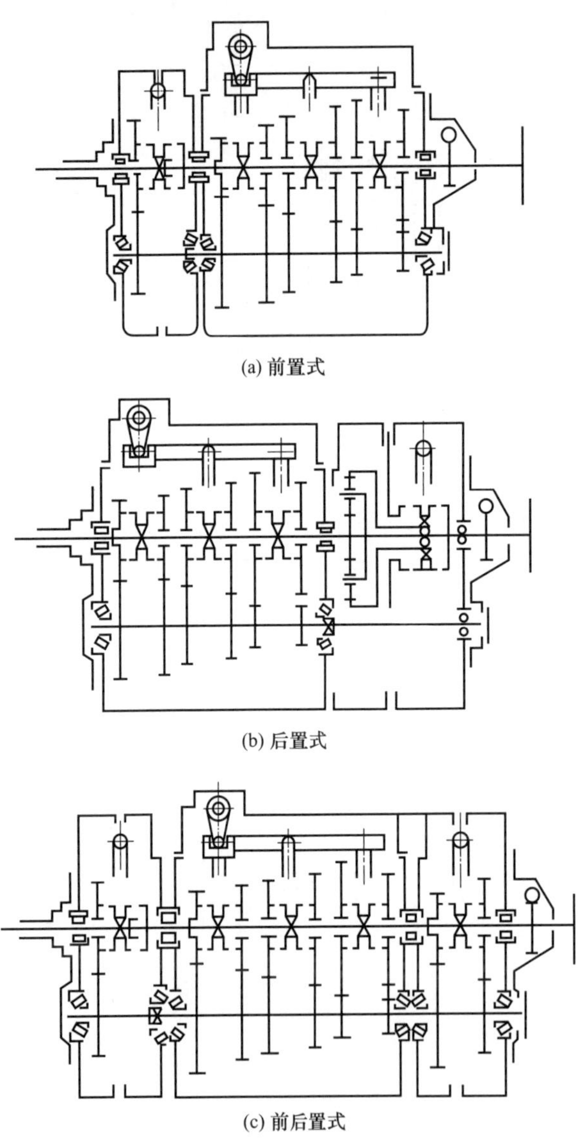
(a) 前置式

(b) 后置式

(c) 前后置式

图 4-28　副变速器结构型式

(2) 后置式副变速器［图 4-28 (b)］。它可以增大传动比，并符合机械传动设计中的速比后移原则，有利于减小主变速器的尺寸和质量。通常它由两对齿轮或一组行星齿轮组成。前者结构简单；后者结构紧凑、质量轻，且能具有较大的传动比。

(3) 前后置式副变器［图 4-28 (c)］。它可以获得更多的挡位和更大的变速（变矩）范围。

4.3.1.3　典型副变速器

(1) B181 型副变器（图 4-29）。其用于法国 UNIC-27-64、UNIC-27-66 重型载货运输车上。副变速器装在主变速器的后端，两者共用一个壳体。主变速器有四个挡，副变速器有两个挡。副变速器的低速挡是减速传动，与主变速器四个挡串联、组成四个低速挡（Ⅰ挡～Ⅳ挡）；其高速挡是直接挡，与主变速器的四个挡组成四个高速挡（Ⅴ挡～Ⅷ挡）。只有在Ⅳ挡、Ⅴ挡之间换挡时才需要操纵一个高低速预选开关，由压缩空气推动换挡汽缸，实现副变速器的换挡。

在主变速器Ⅰ挡、Ⅱ挡及Ⅲ挡、Ⅳ挡之间装有自增力式同步器。在副变速器高、低速齿轮之间装有锁环惯性式同步器。

(2) ZFGV90 型副变速器（图4-30）。其与 ZFS6-90 型主变速器组合使用，适用于发动机功率在 110～210kW 的重型载货运输车。组合后的变速器有 12 个前进挡，都采用锁环惯性式同步器，倒挡用接合套。当副速器换上低挡时，输入轴与主变速器的输入轴连接，通过主变速器的主动齿轮带动中间轴；当副变速器换上高速挡时，其输入轴与主动齿轮连接，通过副变速器的被动齿轮带动中间轴。

4.3.1.4　副变速器的操纵

为简化变速器的操纵，副变速器一般采用预选气动换挡，或预选电控—气动换挡。在气

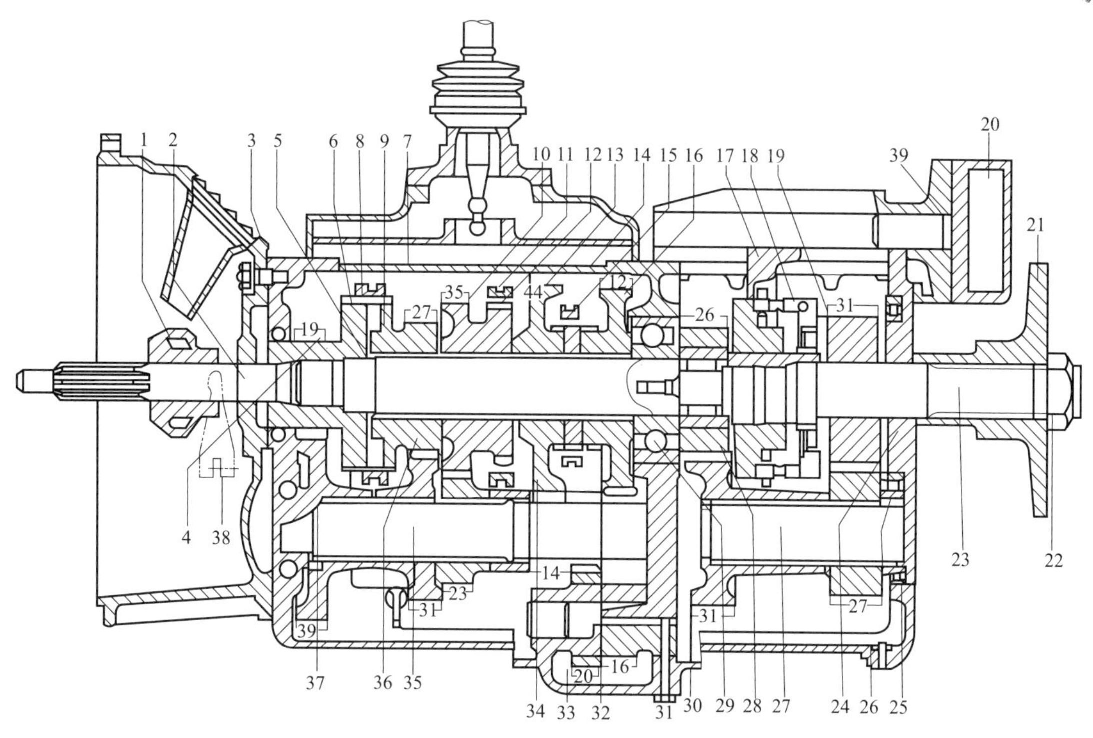

图 4-29　B181 型变速器

1—离合器分离轴承；2—第一轴；3,24,25,28～32,37—轴承；4—常啮齿轮；5,22—锁定螺母；6,9,12,13,18—同步器；7,11,14,17—换挡拨叉；8—接合套；10—第二轴Ⅱ挡齿轮；15—齿式离合器；16—第二轴倒挡齿轮；19—低速挡齿轮；20—汽动缸；21—凸缘；23—输出轴；26—放油塞；27—副变速器中间轴；33—倒挡齿轮；34—第二轴Ⅰ挡齿轮；35—中间轴；36—第二轴Ⅲ挡齿轮；38—离合器分离叉；39—活塞

动操纵系统中，为了满足副变速器转动惯量小、快速换挡和换挡操纵与主离合器有伺服联系的要求（主离合器分离时才能换挡），副变速器没有空挡位置，它可以单独换挡，也可以与主变速器同时换挡。

（1）后置式副变速器气动换挡操纵系统。图 4-31 为法国 UNIC-27-64 重型载货运输车副变速器气动换挡机构示意图，它主要由预选开关、控制阀、换挡汽缸等组成。

副变速器的预选开关位于驾驶员座位的右侧。当预选开关处于图示高速挡位置时，踩下离合器踏板，控制阀接通气路，来自贮气筒的压缩空气经控制阀、预选开关的E孔进入换挡汽缸，推动活塞左移，副变速器挂入高速挡。而活塞左侧腔室经预选开关的

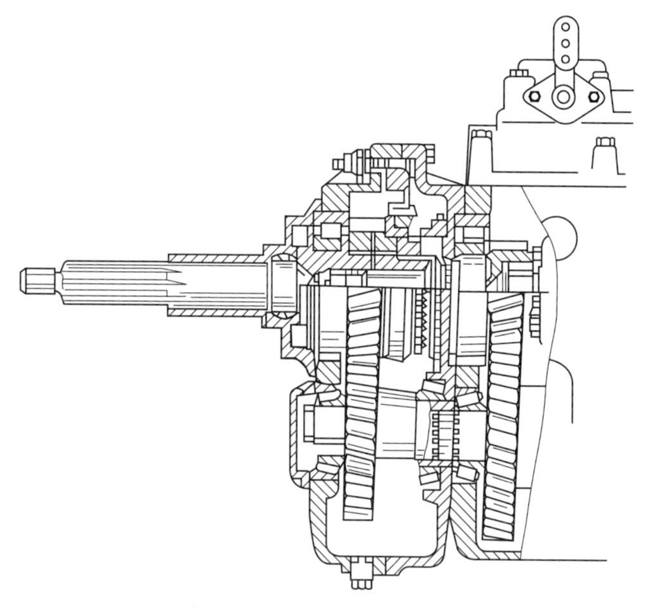

图 4-30　ZFGV90 型副变速器

C、D孔与大气相通；同理，当预选开关处于低速挡位置时，踩下离合器踏板，换挡气缸推动副变速器换挡拨叉右移，完成低速挡的换挡过程。

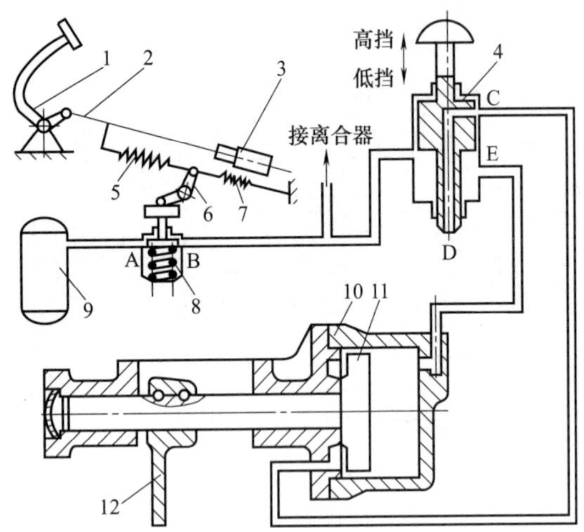

图 4-31　后置式副变速器气动换挡操纵系统

1—离合器踏板；2—拉杆；3—离合器助力器；4—高、低挡预选开关；5,7—弹簧；6—顶杆；8—控制阀；9—辅助贮气筒；10—换挡汽缸；11—活塞；12—高、低挡拨叉

（2）前置式副变速器气动换挡操纵系统。ZFGV90型前置式副变速器换挡操纵系统如图4-32所示。它主要由预选开关，换挡汽缸，分配阀，控制阀等组成。

预选开关装在换挡手柄上，操纵非常方便。操纵副变速器时只需要将预选开关拨至"上"或"下"的位置，分配阀处于打开通往换挡汽缸的左腔或右腔的通道。但由于控制阀没有动作，贮气筒的压缩空气无法通过控制阀，因此换挡汽缸仍保持原来的高速挡或低速挡的位置。踩下离合器踏板，控制阀执行件将控制阀气路接通，来自贮气筒的压缩空气经控制阀、进入换挡汽缸的左腔或右腔，推动活塞按预选开关所处的位置，实现副变速器的高、低速换挡。

（3）副变速器的电控——气动换挡操纵系统。该系统一般由控制开关、预选开关、高速挡电磁阀、低速挡电磁阀、换挡汽缸等组

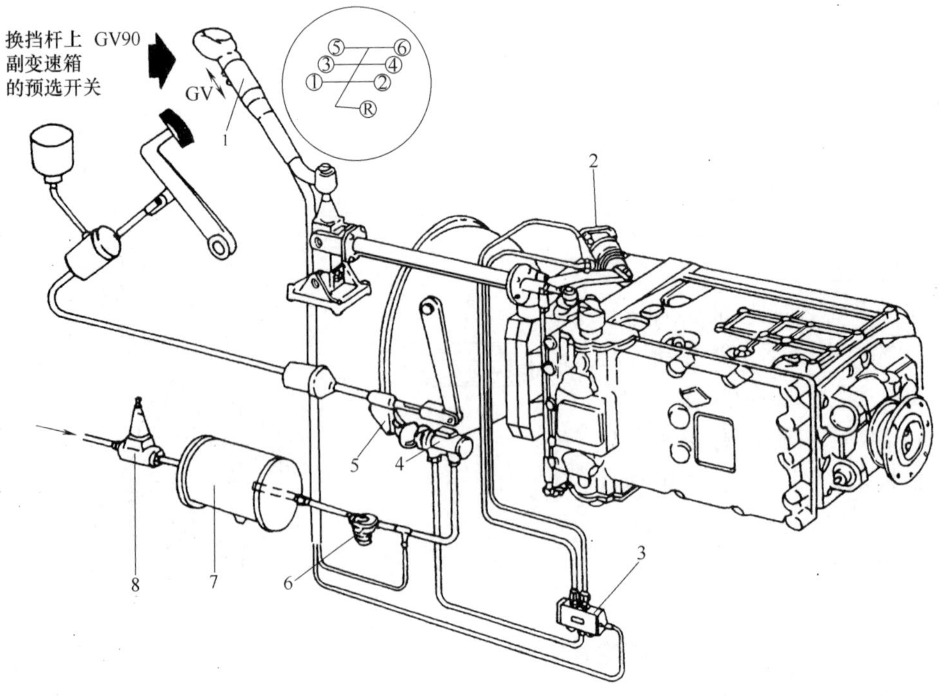

图 4-32　前置式副变速器气动换挡操纵系统

1—预选开关；2—换挡汽缸；3—分配阀；4—控制阀；5—控制阀执行件；6—空气滤清器；7—储气筒；8—安全阀

成，如图4-33所示。电控—气动换挡操纵系统与气控换挡操纵系统的不同之处在于换挡的控制信号部分，而推动换挡汽缸、实现换挡的执行部分仍基本相同。

预选开关安装在换挡手柄处。向上拨动预选开关，踩下离合器踏板，接通控制开关，控制电流通过预选开关流向高速挡电磁阀，推动阀芯向右移动，接通气动回路。来自储气筒的压缩空气进入换挡汽缸的右腔（左腔仍与大气相通），推动活塞左移，完成副变速器高速挡的换挡操作。与此同时，活塞杆推动微动开关，使高速挡指示灯回路接通、高速挡指示灯明亮；反之，向下拨动预选开关，踩下离合器踏板，控制开关接通低速挡电磁阀，其阀芯右移，推动活塞右移，完成副变速器低速挡的换挡操作。同时低速挡指示灯明亮。

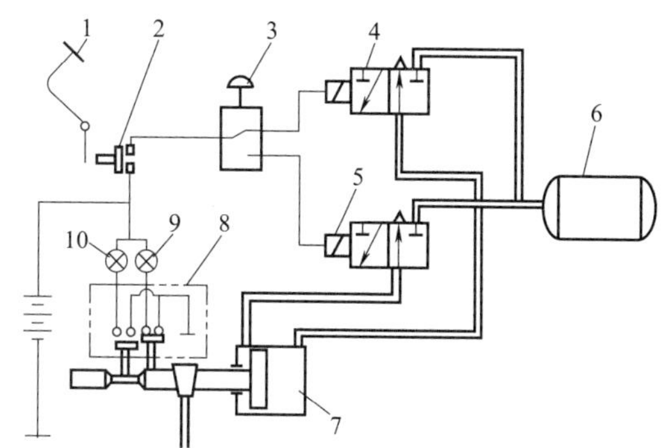

图4-33　副变速器的电控——气动换挡操纵系统

1—离合器踏板；2—控制开关；3—预选开关；4,5—高、低速挡电磁阀；6—贮气筒；7—换挡气缸；8—微动开关；9,10—高、低速挡指示灯

4.3.2　分动器

4.3.2.1　功用

多桥驱动的轮式重型载货运输机械均装有分动器。其首要功用是将变速器输出的动力分配到各驱动桥。另外，目前绝大多数分动器都是两个挡，使之兼有副变速器的作用，并且其中一个挡的速比 i 较大，又起加力（增矩、减速）作用，所以分动器又称加力器。

4.3.2.2　结构

分动器的基本结构与变速器相似，也是采用齿轮传动结构。其输入轴直接或通过万向传动装置与变速器第二轴相连，而其输出轴有2～3个（由驱动桥数决定），分别经万向传动装置与各驱动桥相连。分动器由齿轮传动机构和操纵机构两部分组成。

（1）齿轮传动机构　分动器的齿轮传动机构与变速器相似，也是由一系列齿轮、轴和壳体等零件组成。有的也设有同步器等便利换挡装置。

图4-34为国产EQ240型三桥驱动载货运输车的两挡分动器。它单独安装在车架上，其输入轴用凸缘盘、万向传动装置与变速器第二轴连接。三个输出轴分别经万向传动装置通往后、中、前驱动桥。

因分动器负荷较大，它的常啮齿轮（3与15、5与9、6与10）均是斜齿轮，轴9、11、12和17各用两个滚锥轴承支承。轴1前端通过滚锥轴承支承在壳体上，后端通过滚锥轴承支承在与轴9制成一体的齿轮6的孔内。齿轮5与轴1制成一体。齿轮3、10和13分别用半圆键连接在轴1、11和13上。齿轮15和9通过滚针轴承支承在中间轴11上。在齿轮15和9之间除装有换挡接合套。前桥输出轴17的后端亦装有接合套，此接合套右移时轴17和12相连接。

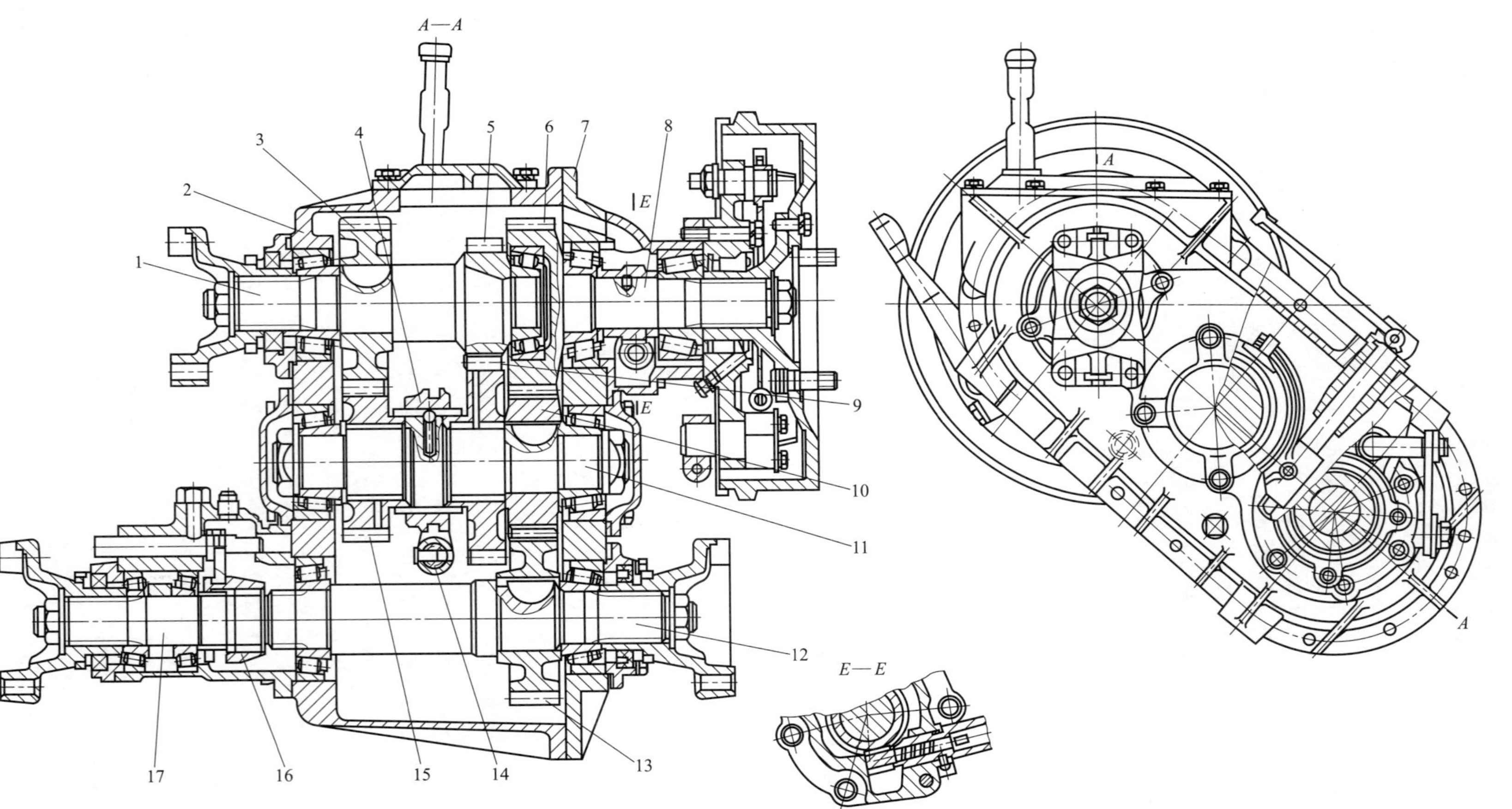

图 4-34　EQ240 型三桥驱动载货车分动器

1—输入轴；2—分动器壳；3,5,6,9,10,13,15—齿轮；4—换挡接合套；7—分动器盖；8—后桥输出轴；11—中间轴；12—中桥输出轴；14—换挡拨叉轴；16—前桥接合套；17—前桥输出轴

为了调整轴承预紧度，在轴 8 两个滚锥轴承之间除装有里程表驱动齿、隔圈外，还装有调整垫片；在轴 1、17 的前轴承盖下，轴 12 的后轴承盖下，轴 11 两端的轴承盖下等处都有垫片，这些垫片除了起密封作用外，还用来调整各自轴承的预紧度；另外，轴 11、12 的两端轴承盖下的垫片还可用来调整该轴及齿轮的轴向位置，以便与其相应的常啮齿轮达到全齿长啮合。

图 4-34 是分动器的空挡位置。通过拨叉将接合套 4 左移、与齿轮 15 的齿圈接合时为高速挡，动力经输入轴 1，齿轮 3、15 和中间轴 11 传到齿轮 10，再分别由齿轮 6 和 13 输到输出轴 8 和 12。由于齿轮 6 和 13 的齿数相等，故轴 8 和 12 的转速相同。

通过拨叉先将前桥接合套 16 右移，使轴 17 和 12 连接，便挂了前驱动桥，再使换挡接合套 4 右移、与齿轮 9 的齿圈接合时为低速挡，动力从输入轴经齿轮 5 和 9 传到中间轴 11 和齿轮 10，然后再分别传到输出轴 8、12 和 17。

（2）操纵机构　由于分动器挂入低挡工作时的输出扭矩较大，为避免中、后桥超载，此时前桥必须先参与驱动，分担一部分载荷。因此要求分动器的操纵机构必须保证：挂上前桥后才能挂入低挡；退出低挡后才能摘下前桥。为此要有互锁装置。此外，出于与变速器操纵机构类似的要求，也要有自锁装置。

分动器操纵机构也是由操纵杆、传动杆、拉杆、拨叉轴与拨叉、自锁及互锁装置等组成（见图 4-35），其中的自锁装置的结构、工作原理与变速器的相同，不再赘述。

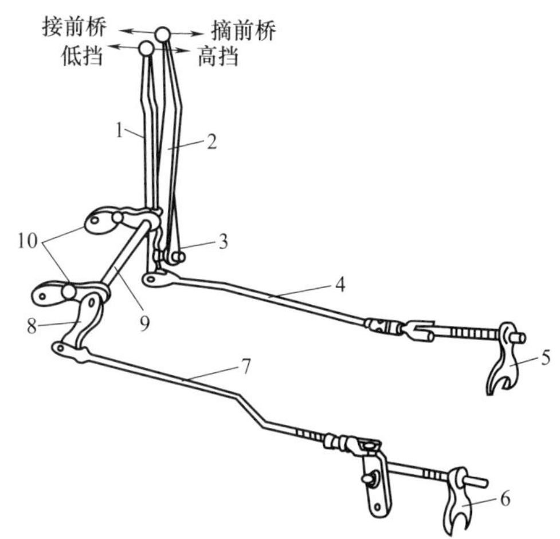

图 4-35　分动器操纵机构及螺钉式互锁装置
1—换挡操纵杆；2—前桥操纵杆；3—螺钉；4,7—传动杆；5—换挡拨叉；6—前桥接合套拨叉；8—摇臂；9—轴；10—支承臂

在设有高、低挡的分动器操纵机构中，都设有摘、挂低挡与摘、挂前桥之间相互制约的互锁装置。常用的互锁装置有钉、板式和球、销式两类。其中的钉、板式互锁装置是在前桥操纵杆上装有螺钉或铁板，与换挡操纵杆互相锁止。它多用在两拨叉轴距离较大的情况下。

两个支承臂 10 固定在变速器壳上，轴 9 可在支承臂上转动。换挡操纵杆松套在轴上。前桥操纵杆与轴刚性连接，其下端有互锁螺钉 3，其头部可顶靠在换挡操纵杆的下部。

只有当操纵杆 2 推向前方、接上前桥后，螺钉 3 才解除对操纵杆 1 的约束，操纵杆 1 才可能向前推动、挂入低挡，即保证先挂上前桥才能挂入低挡。若驾驶员操作失误、直接挂低挡时，操纵杆 1 下端也将推动螺钉 3、使操纵杆 2 逆时针转动而同时挂入前桥。同理，如果摘前桥驱动时未先摘低挡、直接将操纵杆 2 向后拉，通过螺钉 3 迫使低挡摘下。

4.3.3　取力器

取力器（power take-off）的功用是以发动机作为动力源，除驱动工程机械行驶外，在动力输出装置配合下为工程机械各种工作装置提供动力。在机械传动的工程机械上，动力输出装置俗称取力器。按动力输出装置的操纵方式不同，可分为手动式、气动式、液动式和电动式等；按动力输出装置取力的位置不同，有发动机取力、变速器取力、分动器取力、传动轴取力等多种类型和结构型式（见图 4-36）。

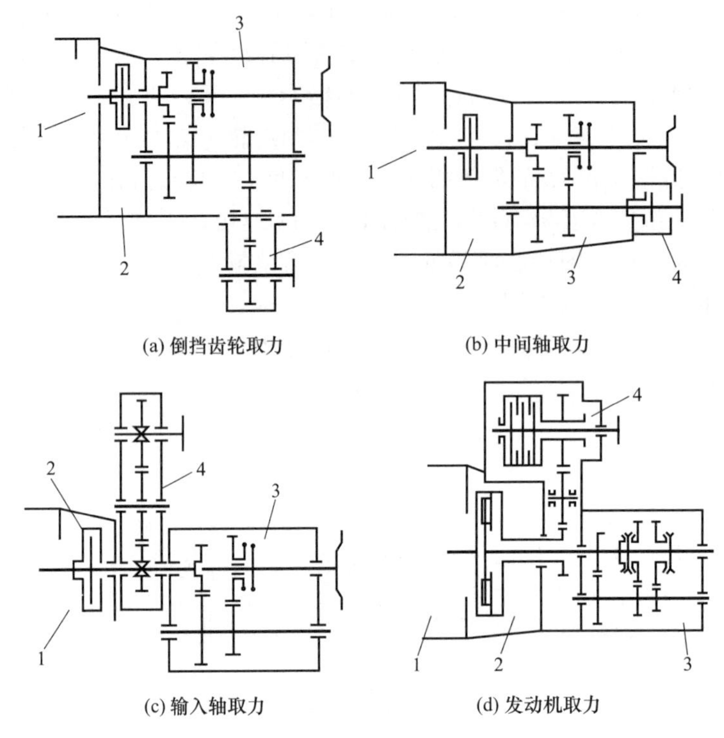

(a) 倒挡齿轮取力　(b) 中间轴取力

(c) 输入轴取力　(d) 发动机取力

图 4-36　取力器类型

1—发动机；2—离合器；3—变速器；4—取力器

国产 CA 系列载货运输车用的三速动力输出装置的结构，如图 4-37 所示。

它有三个挡，其主动齿轮 1 上的大齿轮与变速器取力齿轮常啮合而获取动力，经齿轮组的传递，由输出轴（主轴）6 输出。在此过程中，主动齿轮上的小齿轮与滑动齿轮 5 上的大齿轮啮合时为低速挡（$i=2.633$）；主动齿轮上的大齿轮与滑动齿轮上的小齿轮啮合时为高速挡（$i=0.984$）；滑动齿轮与中间齿轮 4 啮合时输出轴反向旋转（$i=1.505$）。该动力输出装置为手动换挡，其操纵杆在驾驶室中。

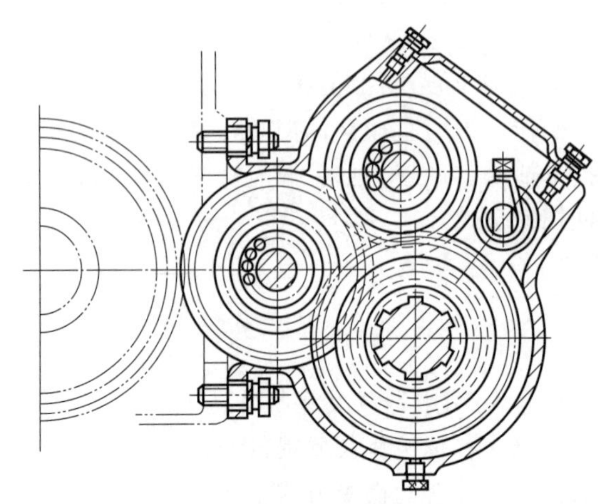

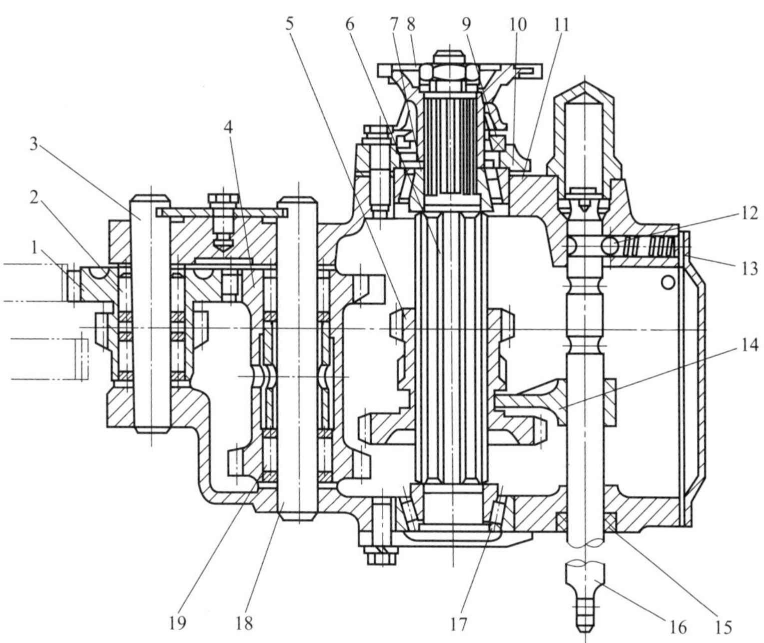

图 4-37 CA三速动力输出装置

1—主动齿轮；2,7,17,19—轴承；3—主动齿轮轴；4—中间齿轮；5—滑动齿轮；6—主轴；8—连接凸缘；9,15—油封；10—轴承盖；11—调整垫片；12—定位球；13—锁止弹簧；14—变速叉；16—变速叉轴；18—中间轴

第5章 铲运机变速器

5.1 基本类型和主要参数

郑州工程机械厂生产自行式铲运机，型号为 CL7 型，发动机功率为 132kW。转速为 2100r/min。铲运机采用该厂生产的前进四挡、倒退二挡行星式动力换挡变速器。变速器前有液力变矩器，后有加力箱，三个部件组装在一起，组成液力机械传动装置。变矩器前端通过传动轴与功率输出箱相连。功率输出箱直接与发动机相连。

图 5-1 为该液力机械传动装置简图。

变速器传动比计算公式见表 5-1。

加力箱传动比为 1.21。

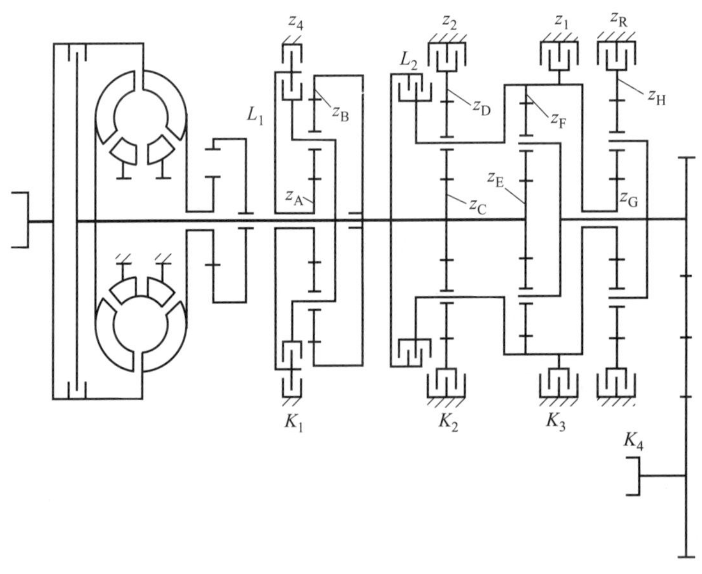

图 5-1 CL7 铲运机液力机械传动装置简图

表 5-1 变速器传动比计算公式

挡位		结合离合器	传动比计算公式	传动比
前进	Ⅰ	L_1 和 z_1	$i_{F1}=1+K_3$	3.81
	Ⅱ	L_1 和 z_2	$i_{F2}=\frac{(1+K_2)(1+K_3)}{1+K_2+K_3}$	1.94
	Ⅲ	L_1 和 L_2	$i_{F3}=1\times1$	1
	Ⅳ	L_2 和 z_4	$i_{F4}=\frac{K_1}{1+K_1}$	0.72

续表

挡位		结合离合器	传动比计算公式	传动比
倒退	Ⅰ	L_1 和 z_R	$i_{R1}=1\times(1-K_3K_4)$	4.35
	Ⅱ	z_4 和 z_R	$i_{R2}=\frac{K_1}{1+K_1}(1-K_3K_4)$	3.13

注：$K_1=\frac{z_B}{z_A}=\frac{59}{23}=2.56$　$K_2=\frac{z_D}{z_C}=\frac{59}{31}=1.9$

$K_3=\frac{z_F}{z_E}=\frac{59}{21}=2.81$　$K_4=\frac{z_M}{z_G}=\frac{59}{31}=1.9$

5.2 基本结构和工作原理

5.2.1 CL7 铲运机液压机械变速器

图 5-2 所示为 CL7 铲运机液力机械传动装置结构图。该变速器由液力变矩器、行星式动力换挡变速器和加力箱三个部件组成。

变矩器为四元件单级双导轮综合式，变矩系数等于 3。当发动机旋转时通过传动轴、将动力传给输入法兰 1。输入法兰 1 通过花键与输入轴 2 相连，输入轴 2 通过螺栓与泵轮 7 相连。发动机带动泵轮 7 转动。油液由泵轮 7 流向涡轮 6，涡轮与泵轮同向旋转。油液从涡轮外圆流向中心并离开涡轮，冲击导轮，当涡轮速度较低时，油流冲击导轮叶片工作面，导轮卡死，导轮给油液一反作用力矩，这个力矩和泵轮给予液体的力矩合在一起传给涡轮，使涡轮获得较大的力矩，起到变矩作用。当涡轮速度继续增大到一定值时，液流的绝对速度改变方向，冲击导轮叶片背面，使导轮旋转，不再使涡轮增加转矩，由变矩器工况转为偶合器工况。

变矩器涡轮 6 通过花键与涡轮轴 72 相连。涡轮轴 72 为行星变速器的输入轴。

液压泵驱动套 10 上装有内啮合齿轮泵 65，该泵为液压操纵系统提供液压油。

变矩器前端装有闭锁离合器，闭锁离合器由闭锁离合器液压缸 5、活塞 69、摩擦片 68、支承圈 67 组成。闭锁离合器工作时，发动机的动力可直接通过闭锁离合器传至涡轮轴 72。

行星式动力换挡变速器由四个行星排、两个离合器、四个制动器组成。可完成四个前进挡和两个倒退挡。

变速器由前后两部分组成，由前、后箱隔板 19 分开。前箱包括低挡离合器、高挡离合器（制动器）和一个行星排。低挡离合器由低挡摩擦片 62、低挡活塞 63 和低挡液压缸 64 组成。低挡离合器工作时，可实现前进Ⅰ挡、Ⅱ挡、Ⅲ挡和倒退Ⅰ挡。高挡离合器由高挡液压缸 12、高挡活塞 13、高挡摩擦片 14，高挡离合器 15 组成。高挡离合器工作时，可实现前进四挡，倒退二挡。

后箱包括四个离合器和三个行星排。四个离合器分别是Ⅲ、Ⅳ挡离合器，Ⅱ挡离合器、Ⅰ挡离合器和倒挡离合器。Ⅲ、Ⅳ挡离合器由Ⅲ、Ⅳ挡液压缸 20，Ⅲ、Ⅳ挡摩擦片 22，Ⅲ、Ⅳ挡活塞 21 组成。Ⅲ、Ⅳ挡摩擦离合器工作时，可实现前进Ⅲ挡和前进Ⅳ挡。Ⅱ挡离合器由Ⅱ挡承压板 25，Ⅱ挡摩擦片 26，Ⅱ挡压板 27，Ⅱ挡活塞 29，Ⅱ挡液压缸 31 组成。Ⅱ挡离合器工作时，可实现前进二挡。Ⅰ挡离合器由Ⅰ、倒挡液压缸 35、Ⅰ挡活塞 34 和Ⅰ挡摩

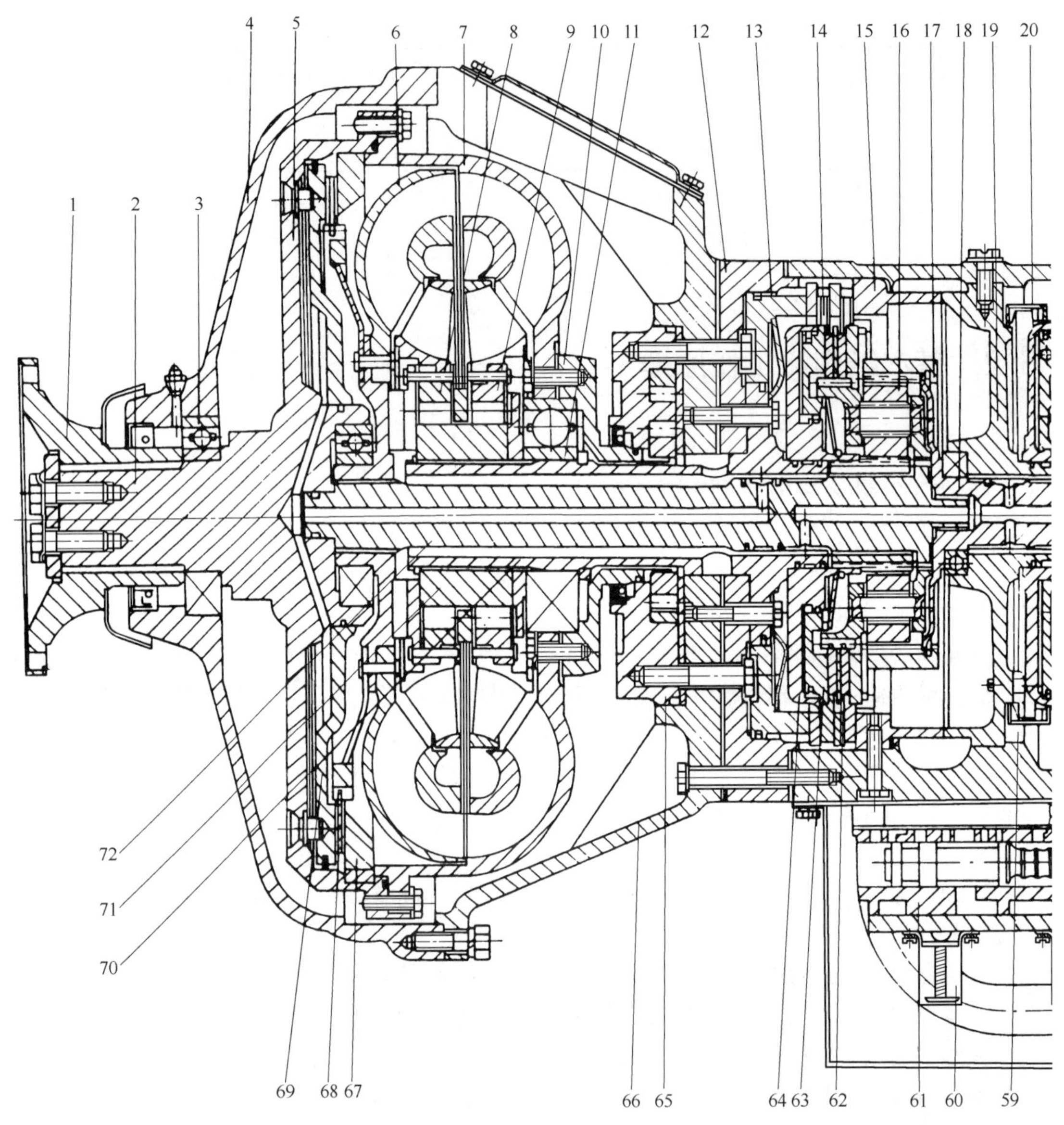

图 5-2 CL7 铲运机液力

1—输入法兰；2—输入轴；3—轴承；4—变矩器前壳体；5—闭锁离合器液压缸；6—涡轮；7—泵轮；8—导轮；9—二导轮；
17—内齿圈；18—后箱输入轴；19—前后箱隔板；20—Ⅲ、Ⅳ挡液压缸；21—Ⅲ、Ⅳ挡活塞；22—Ⅲ、Ⅳ挡摩擦片；
30—Ⅰ挡太阳轮；31—Ⅱ挡液压缸；32—Ⅰ挡内齿圈；33—Ⅰ挡碟形弹簧；34—Ⅰ挡活塞；35—Ⅰ倒挡液压缸；
41—加力箱输入齿轮；42—轴承盖；43—加力箱惰齿轮；44—支承盖；45—加力箱输出齿轮；46—轴承；
54—Ⅱ挡碟形弹簧；55—Ⅱ挡行星架；56—Ⅱ挡齿圈；57—变矩器限压阀；58—油底壳；59—皮氏管；
65—液压泵；66—变矩器后壳体；67—支承圈；68—摩擦片；

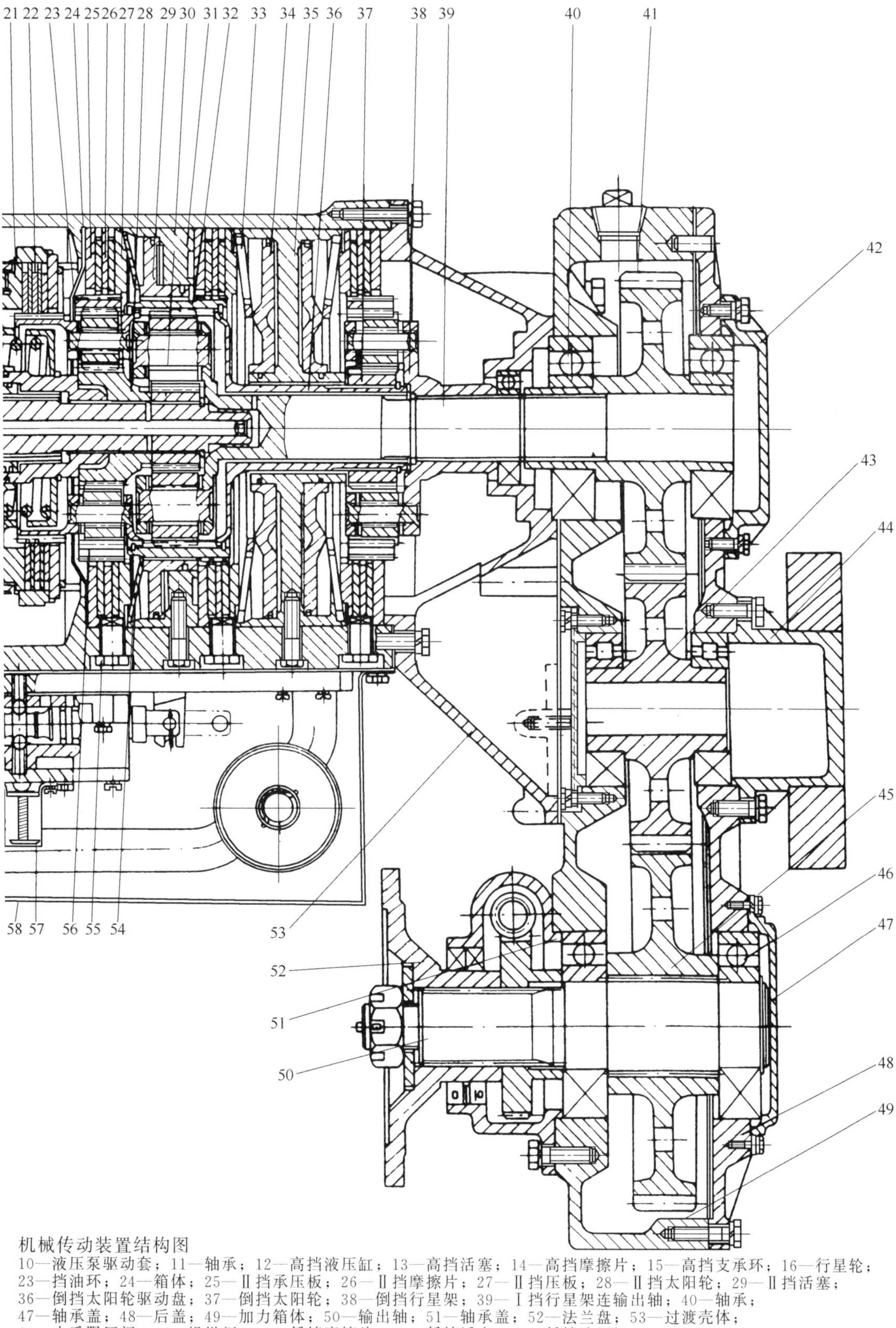

机械传动装置结构图

10—液压泵驱动套；11—轴承；12—高挡液压缸；13—高挡活塞；14—高挡摩擦片；15—高挡支承环；16—行星轮；
23—挡油环；24—箱体；25—Ⅱ挡承压板；26—Ⅱ挡摩擦片；27—Ⅱ挡压板；28—Ⅱ挡太阳轮；29—Ⅱ挡活塞；
36—倒挡太阳轮驱动盘；37—倒挡太阳轮；38—倒挡行星架；39—Ⅰ挡行星架连输出轴；40—轴承；
47—轴承盖；48—后盖；49—加力箱体；50—输出轴；51—轴承盖；52—法兰盘；53—过渡壳体；
60—皮氏限压阀；61—操纵阀；62—低挡摩擦片；63—低挡活塞；64—低挡液压缸；
69—活塞；70—导轮轴；71—超越离合器内圈；72—涡轮轴

擦片组成。Ⅰ挡离合器工作时，可实现Ⅰ挡。倒挡离合器由Ⅰ、倒挡液压缸 35、倒挡活塞和倒挡摩擦片组成。倒挡离合器工作时，可实现倒挡。

加力箱由加力箱输入齿轮 41、加力箱惰齿轮 43、加力箱输出齿轮 45、加力箱体 49、后盖 48、输出轴 50、法兰盘 52 组成。行星变速器和加力箱之间通过过渡壳体相连。

5.2.2 卡特彼勒（Caterpillar）公司 621E 型铲运机的行星式动力换挡变速器

图 5-3 为 Caterpillar 公司 621E 型铲运机的变速器传动简图。图 5-4 为其变矩器与变速器结构图。

液力变矩器为三元件单级两相综合式；行星变速器为五组行星排（Ⅰ、Ⅱ、Ⅴ、Ⅵ和Ⅶ）、七组换挡离合器（其中Ⅰ、Ⅲ、Ⅴ、Ⅵ和Ⅶ为换挡制动器）组合而成。可视Ⅰ、Ⅱ、Ⅲ为前箱，Ⅳ、Ⅴ、Ⅵ、Ⅶ为后箱。当接合Ⅰ时，因Ⅱ、Ⅲ分离，行星排Ⅱ各元件空转，动力不能由变速器输入轴经行星排Ⅱ传到轴 1，必须经变矩器，为液力传动工况。这时，动力经液力变矩器中泵轮、涡轮、行星排Ⅰ太阳轮、行星架、换挡离合器Ⅱ、行星排Ⅱ行星架传动轴 1，即减速挡（$i=K_1+1$），传递转矩入后箱。

在后箱中，行星排Ⅶ不同于Ⅴ、Ⅵ，为双星。换挡离合器Ⅳ则起直接挡作用。后箱本身实现三进二退，除直接挡外，均为减速挡。也就是说，变矩器传动工况可以得到一个倒挡、三个前进挡。只是实践中少用一个挡，得倒挡、Ⅰ挡、Ⅱ挡（参见表 5-2）。

当接合Ⅱ时，因行星排Ⅱ内齿圈转速等于行星架转速，即前箱输入轴转速等于前箱输出轴 1 的转速，前箱为直接挡。变矩器空转，前箱为直接机械传动。

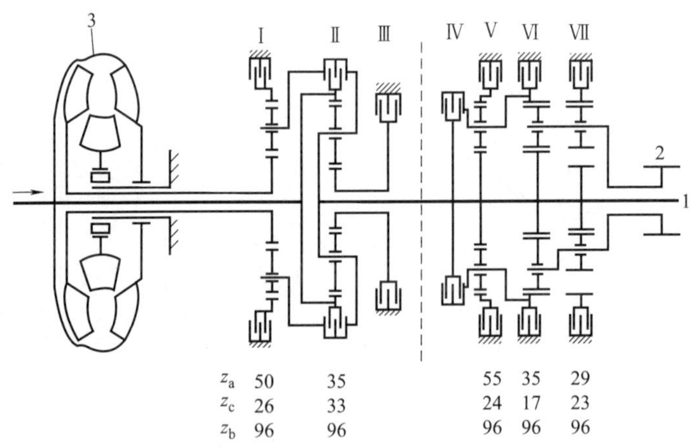

图 5-3 Caterpillar 621E 型铲运机变速器传动简图

1—取力轴；2—变速箱输出齿轮；3—液力变矩器

当接合Ⅲ时，动力经行星排Ⅱ齿圈输入、行星架输出，速比为 $(K_2+1)/K_2$，前箱为小减速挡。变矩器空转，前箱亦为直接机械传动。

因为铲运机工况是不需要高速倒挡的，故分别接合前箱之Ⅱ、Ⅲ与分别接合后箱之Ⅳ、Ⅴ、Ⅵ相组合，得六个前进高速挡。

这样，组合成具有特色的自行式铲运机用的、八进一退的液力机械传动（取其恶劣工况下特性好）与直接机械传动（取其传动效率高）相结合的、不设专门的闭锁离合器的动力换挡变速器。

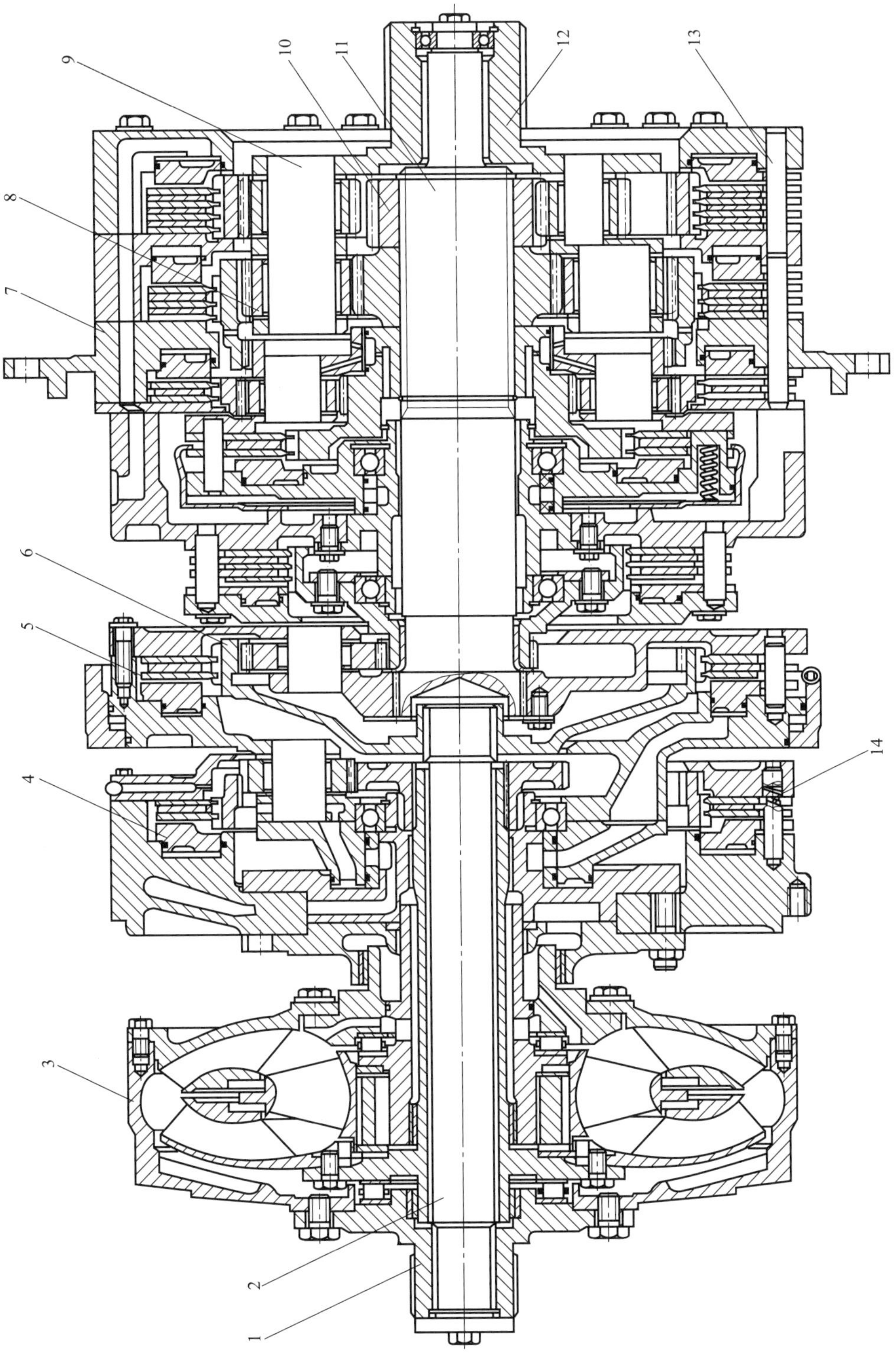

图 5-4　Caterpillar 621E 型铲运机之变矩器与变速器

1—变矩器输入端；2—中心轴Ⅰ；3—带单向离合器的二相综合式液力变矩器；4—活塞；5—换挡离合器摩擦片；6—齿圈；7—变速器箱体；8—行星轮；9—行星轮轴；10—太阳轮；11—中心轴Ⅱ；12—变速器输出端；13—摩擦片止动销；14—换挡制动器活塞回动弹簧

不同挡位时，换挡离合器的接合情况如表 5-2 所示。

表 5-2　621E 型铲运机不同挡位时离合器的接合情况表

变速器挡位	换挡离合器接合情况		传动情况
	前箱	后箱	
倒挡	Ⅰ	Ⅶ	经液力变矩器传动
空挡		Ⅳ	
Ⅰ挡	Ⅰ	Ⅵ	
Ⅱ挡	Ⅰ	Ⅴ	
Ⅲ挡	Ⅲ	Ⅵ	直接机械传动
Ⅳ挡	Ⅱ	Ⅵ	
Ⅴ挡	Ⅲ	Ⅴ	
Ⅵ挡	Ⅱ	Ⅴ	
Ⅶ挡	Ⅲ	Ⅳ	
Ⅷ挡	Ⅱ	Ⅳ	

这样组合的变速器，理论上应是九进三退，因铲运机没有几种倒挡的必要，故用了一个倒挡，九个前进挡亦有一个没有用。

这种专为铲运机设计的变速器，可以充分考虑铲运机的作业特点，即铲装时驱动力矩适应阻力矩变化而变化，而运行时甩掉变矩器则有高的机械传动效率。

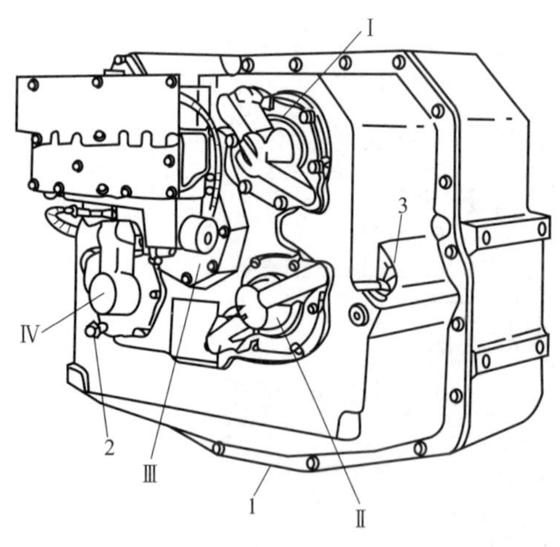

图 5-5　262B/263B 型自行式铲运机前变速器
1—放油塞；2—油位表；3—加油塞；Ⅰ—输入轴；Ⅱ—平行轴；Ⅲ—中间轴；Ⅳ—输出轴

5.2.3　FIAT-ALLIS 262B/263B 铲运机定轴式动力换挡变速器

图 5-5 为 FIAT-ALLIS 262B/263B 型 $11m^3$ 全轮驱动轮胎式自行式铲运机前变速器图。

图 5-6 为此变速器传动简图。由图可见，该变速器具有轴数少，采用内置式换挡离合器等优点。由三套换挡离合器、四轴十二个齿轮；实现六个前进挡及一个倒挡。从图示符号与图上齿轮旁标注出的各齿轮齿数，可以很方便地理解不同挡位时的换挡离合器的作用、传动路线以及算出各挡的传动比。

图 5-7 为此变速器之平行轴Ⅱ。

图 5-8 则为此变速器沿Ⅰ轴—Ⅲ轴—Ⅳ轴示意图。此图部分显示出变速器的结构。

此定轴式动力换挡变速器有六个前进挡和一个倒挡，由常啮合圆柱直齿齿轮传动。有三根离合器轴。离合器为液控多片油冷式，弹簧回位，无需调整。

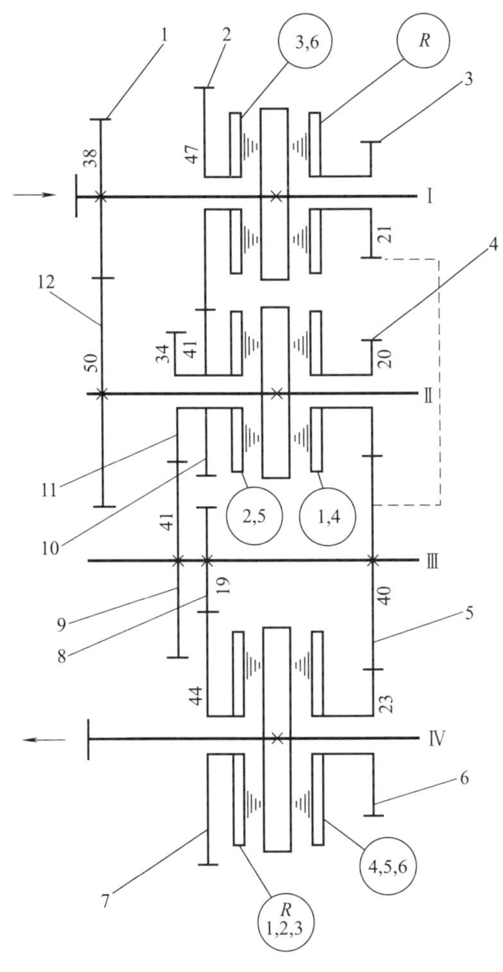

图 5-6 262B 铲运机前定轴式动力换挡变速器传动简图

1～12—齿轮；Ⅰ—输入轴，Ⅱ—中间轴（平行轴）；

Ⅲ—中间轴；Ⅳ—输出轴

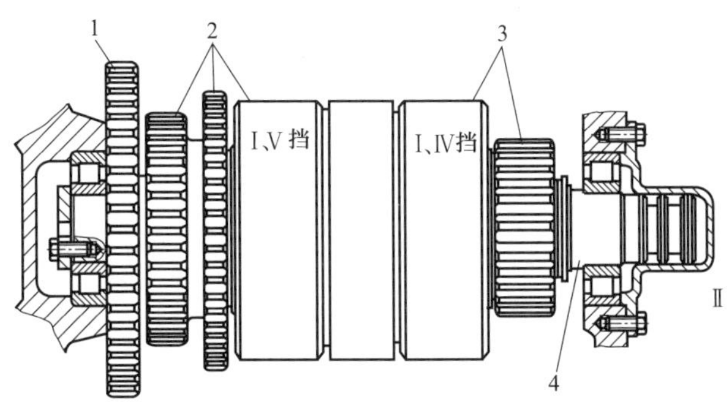

图 5-7 262B/263B 型自行式铲运机前变速器示意图之一

1—驱动此轴的齿轮；2—Ⅱ挡、Ⅴ挡离合器与齿轮；

3—Ⅰ挡、Ⅳ挡离合器与齿轮；4—平行轴Ⅱ

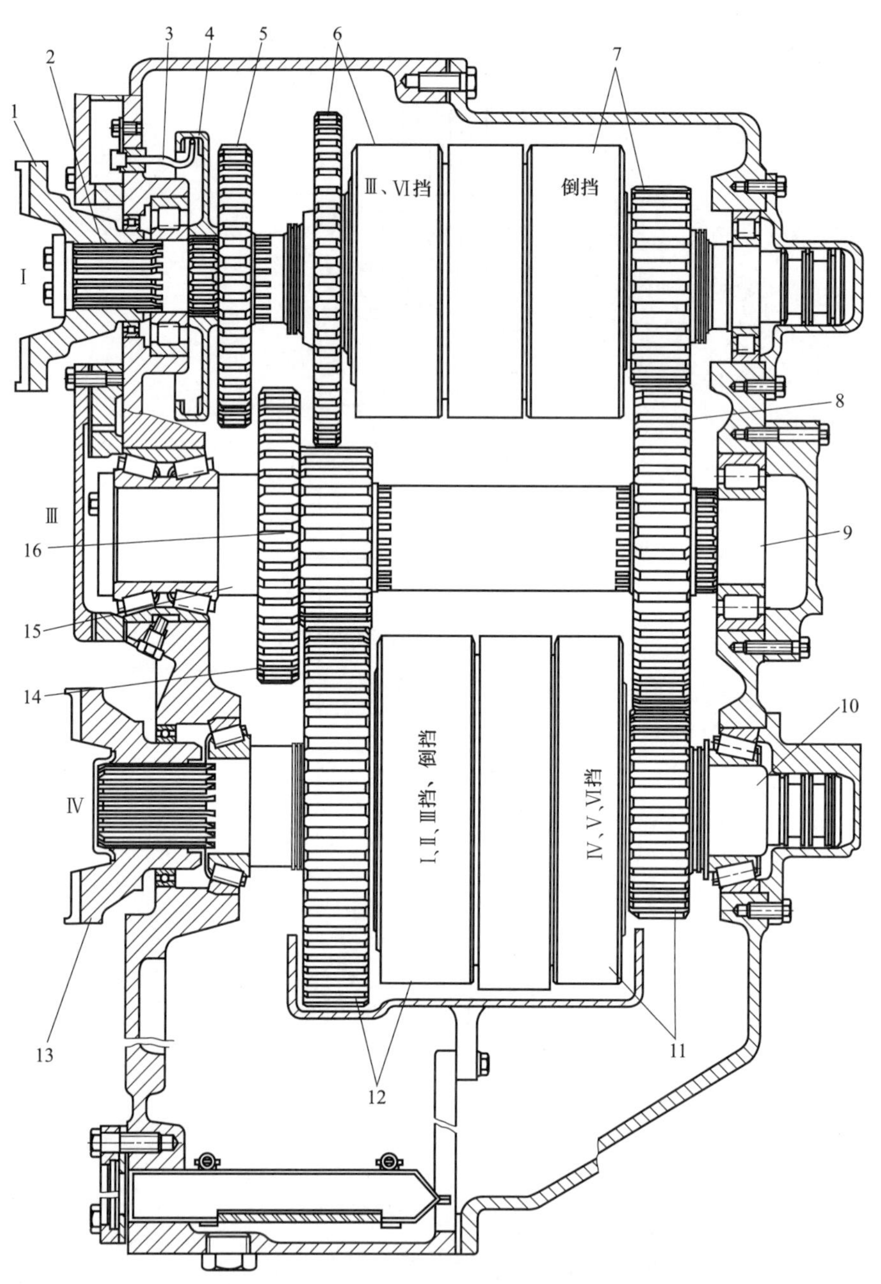

图 5-8　262B/263B 型自行式铲运机前变速器示意图之二

1—输入轴接叉；2—输入轴Ⅰ；3—皮托管；4—甩油环；5—输入轴齿轮；6—Ⅲ挡、Ⅵ挡离合器与齿轮；7—倒挡离合器与齿轮；8—中间轴后齿轮；9—中间轴Ⅲ；10—输出轴Ⅳ；11—Ⅳ挡、Ⅴ挡、Ⅵ挡离合器与齿轮；12—Ⅰ挡、Ⅱ挡、Ⅲ挡、倒挡离合器与齿轮；13—输出轴接叉；14—中间轴前齿轮；15—隔离套圈；16—中间轴中间齿轮

262B/263B 型自行式铲运机后变速器与前变速器类似，其外形如图 5-9 所示，传动简图如图 5-10 所示。

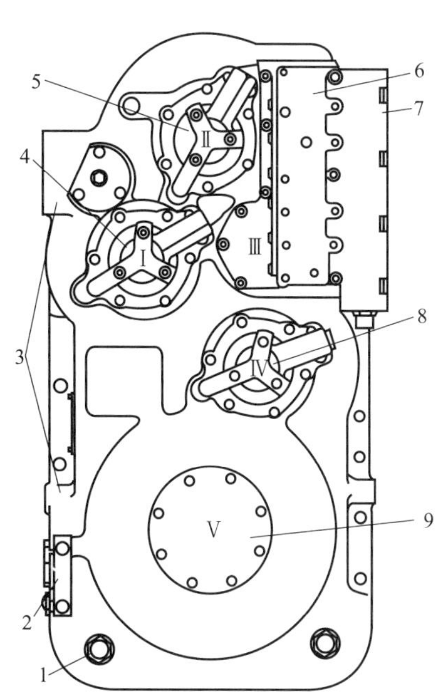

图 5-9 262B/263B 型铲运机后变速器

1—放油塞；2—油位表；3—安装座；4—Ⅲ挡、Ⅵ挡及倒挡轴Ⅱ；5—Ⅰ挡、Ⅱ挡、Ⅳ挡及Ⅴ挡轴Ⅰ（输入轴）；6—控制阀；7—阀盖；8—中间轴Ⅳ；9—输出轴Ⅴ

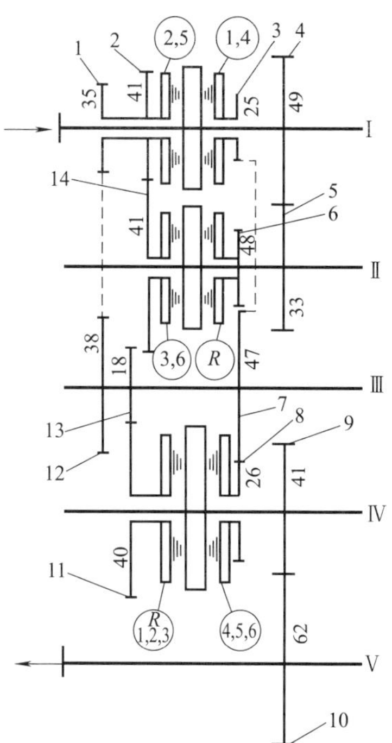

图 5-10 263B 铲运机后定轴式动力换挡变速器传动简图

1～14—齿轮；Ⅰ—输入轴；Ⅱ～Ⅳ—中间轴；Ⅴ—输出轴

5.2.4 RM80 型道碴清筛机的定轴式行走高低挡动力换挡变速器

图 5-11 所示为铁道工程机械中道碴清筛机所用的行走变速器。

铁道工程机械要求其行走传动，既要具备低的作业速度，又要具备高的行驶速度。两速度相差很大。一般的变速器无法兼顾，只有类似于图 5-11 所示之变速器妥善地满足了需要。如图 5-11 所示，低速挡时离合器 1 接合，其传动参数如表 5-3 所示。

表 5-3 RM80 型道碴清筛机作业行走时的行走传动参数

齿数、模数 / 齿轮级数	主动齿轮齿数 z_1	从动齿轮齿数 z_2	齿轮模数(估计值) m/mm
第一级	23	87	3.5
第二级	34	76	3.5
第三级	34	76	3.5
第四级	20	57	5
第五级	18	52	5.5
第六级	17	47	9

RM80 型道碴清筛机在高速自力行驶时，高速挡离合器 2 接合，动力直接传到第五级主动齿轮，而第一级到第四级传动齿轮全在轴上空转。

RM80 型道碴清筛机编组连挂入列车拖运时，离合器 1 与 2 全在分离状态，第一级到第四级传动齿轮套在轴上不转，只有第六级与第五级传动齿轮随着车轴空转。

因此，RM80 型道碴清筛机行走变速器满足了铁道工程机械高速运行、低速作业、编组拖运三种不同工况的要求。

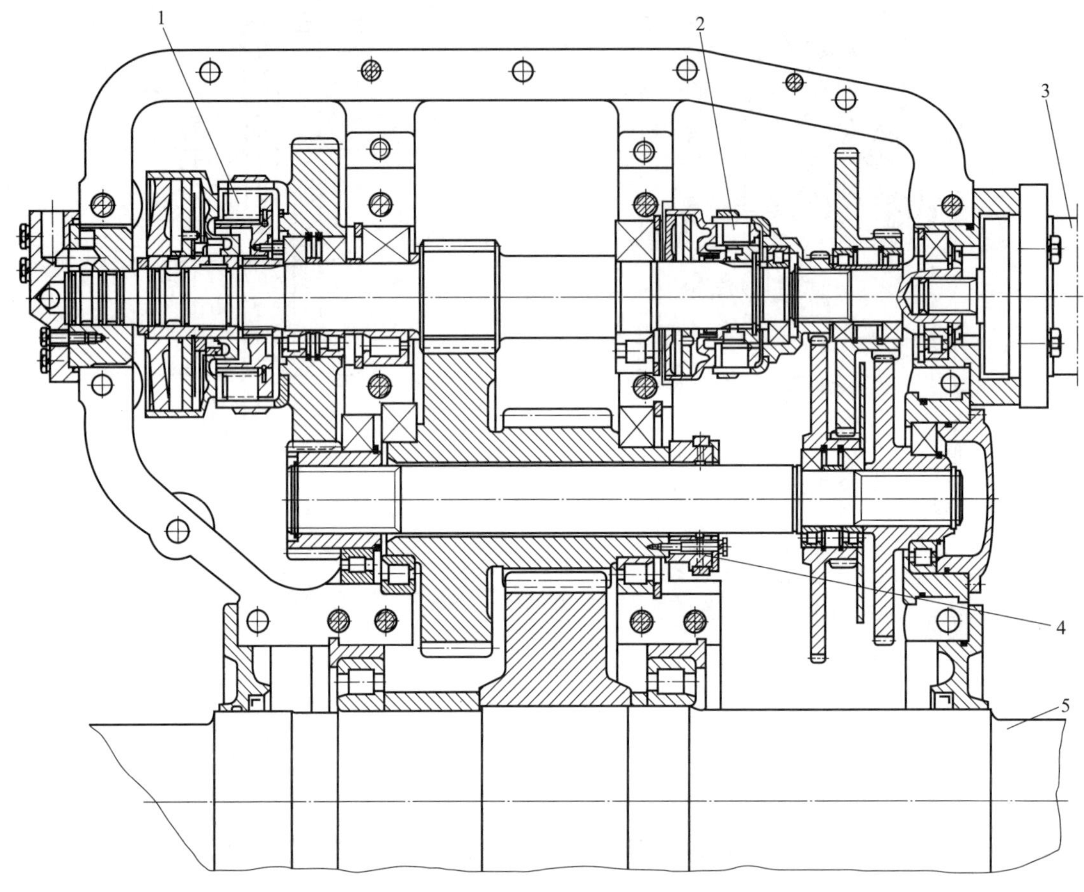

图 5-11　RM80 型道碴清筛机行走变速器

1—低速挡离合器；2—高速挡离合器；3—行走驱动液压马达；4—润滑油泵；5—车轴

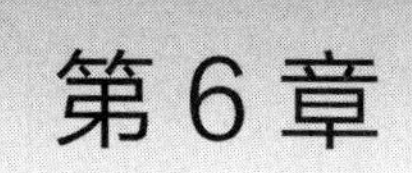

第6章 平地机变速器

6.1 主要类型和基本参数

平地机变速器具有变速范围大，挡位多的特点。有的变速器与变矩器共同工作，变矩器与发动机飞轮相连，有的变速器单独工作，直接与发动机飞轮相连。

与变矩器共同工作的变速器挡位可少些，一般为4～6挡。单独工作的变速器挡位较多，一般为6～8挡。

平地机变速器按操纵方式可分为机械换挡变速器与动力换挡变速器。中、小型平地机多采用机械换挡变速器。中、大型平地机多采用动力换挡变速器。

表6-1为我国平地机变速器的主要类型和基本参数。

表6-1 国产平地机变速器的主要类型和基本参数

序号	型号	主机功率/转速（P/kW）/［n/(r/min)］	变矩器型式	变速器型式	传动比									适用主机型号	生产厂
					挡位	1	2	3	4	5	6	7	8		
1	P21200 P21300	118/2000	单涡轮四元件	定轴式机械换挡	前进	14.933	9.117	6.288	4.342	2.651	1.829			PY160A PY160B	天津工程机械有限公司
					倒退	14.67	4.267								
2	32521	118/2000	单涡轮三元件	定轴式动力换挡	前进	4.776	2.388	1.316	0.658					PY160C	天津工程机械有限公司
					倒退	4.776	2.388	1.316	0.658						
3	6WG180	132/2200	单涡轮三元件	定轴式动力换挡	前进	5.905	3.904	2.594	1.692	1.120	0.706			PY180	杭州齿轮箱厂
					倒退	5.906	2.594	1.170							
4	091010	132/2200	单涡轮三元件	定轴式动力换挡	前进	7.89	4.09	3.78	1.96	1.83	0.88			PY180	进口
					倒退	7.89	4.09	3.78	1.96	1.83	0.88				
5	3P0300	186/2000	—	行星式动力换挡	前进	6.721	4.783	3.535	2.443	1.618	1.152	0.851	0.588	PY250	进口
					倒退	6.721	4.783	3.535	2.443	1.618	1.152	0.851	0.588		

6.2 平地机变速器典型结构

6.2.1 PY160A、PY160B平地机变速器

该变速器通过传动轴与变矩器相连。变矩器直接与发动机相连。图6-1为变矩器—变速器的传动简图。

变速器传动比计算公式见表 6-2。

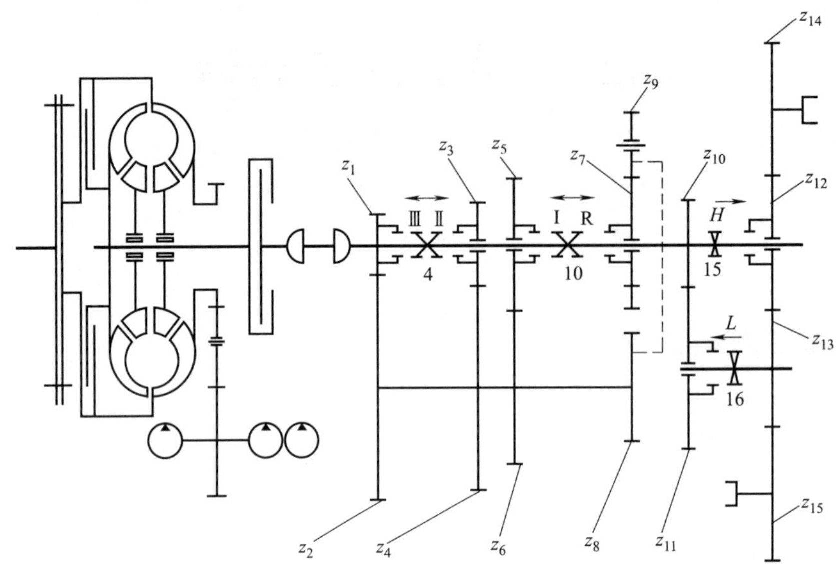

图 6-1 PY160A、PY160B 平地机变矩器——变速器传动简图

表 6-2 PY160A、PY160B 平地机变速器传动比计算公式

挡位		啮合套	传动比计算公式	传动比
前进	Ⅰ	左移 10,左移 16	$i_{F1}=\frac{z_2}{z_1}\cdot\frac{z_5}{z_6}\cdot\frac{z_{11}}{z_{10}}\cdot\frac{z_{15}}{z_{13}}$	14.933
	Ⅱ	右移 4,左移 16	$i_{F2}=\frac{z_2}{z_1}\cdot\frac{z_3}{z_4}\cdot\frac{z_{11}}{z_{10}}\cdot\frac{z_{15}}{z_{13}}$	9.117
	Ⅲ	左移 4,左移 16	$i_{F3}=\frac{z_{11}}{z_{10}}\cdot\frac{z_{15}}{z_{13}}$	6.288
	Ⅳ	左移 10,右移 15	$i_{F4}=\frac{z_2}{z_1}\cdot\frac{z_5}{z_6}\cdot\frac{z_{13}}{z_{12}}\cdot\frac{z_{15}}{z_{13}}$	4.342
	Ⅴ	右移 4,右移 15	$i_{F5}=\frac{z_2}{z_1}\cdot\frac{z_3}{z_4}\cdot\frac{z_{13}}{z_{12}}\cdot\frac{z_{15}}{z_{13}}$	2.651
	Ⅵ	左移 4,右移 15	$i_{F6}=\frac{z_{13}}{z_{12}}\cdot\frac{z_{15}}{z_{13}}$	1.829
倒退	Ⅰ	右移 10,左移 16	$i_{R1}=\frac{z_2}{z_1}\cdot\frac{z_9}{z_8}\cdot\frac{z_7}{z_9}\cdot\frac{z_{11}}{z_{10}}\cdot\frac{z_{15}}{z_{13}}$	14.67
	Ⅱ	右移 10,右移 15	$i_{R2}=\frac{z_2}{z_1}\cdot\frac{z_9}{z_8}\cdot\frac{z_7}{z_9}\cdot\frac{z_{13}}{z_{12}}\cdot\frac{z_{15}}{z_{17}}$	4.267

6.2.1.1 变矩器结构

图 6-2 为变矩器结构图。

变矩器主要由变矩器壳体 7、四个叶轮（泵轮 8、涡轮 15、第一导轮 5、第二导轮 6）、超越离合器（由超越离合器外圈 13，超越离合器内圈 14 和滚子组成）、闭锁离合器 1、配油盘 9、弹性连接盘 4、涡轮轴 3 及主、从动齿轮 10 和 12 等组成。

泵轮 8 与闭锁离合器 1 的缸体相连，该缸体上装有一组弹性连接盘 4。弹性连接盘 4 与发动机飞轮相连。涡轮 15 通过涡轮毂与涡轮轴相连。在涡轮轴上装有向主离合器传递动力的主动器。第一导轮 5 和第二导轮 6 分别固定在两个超越离合器外圈上。超越离合器是向心滚子式的单向离合器，由内圈、外圈、滚子、弹簧组成。闭锁离合器通过摩擦片可使泵轮与涡轮刚性连接或分离。

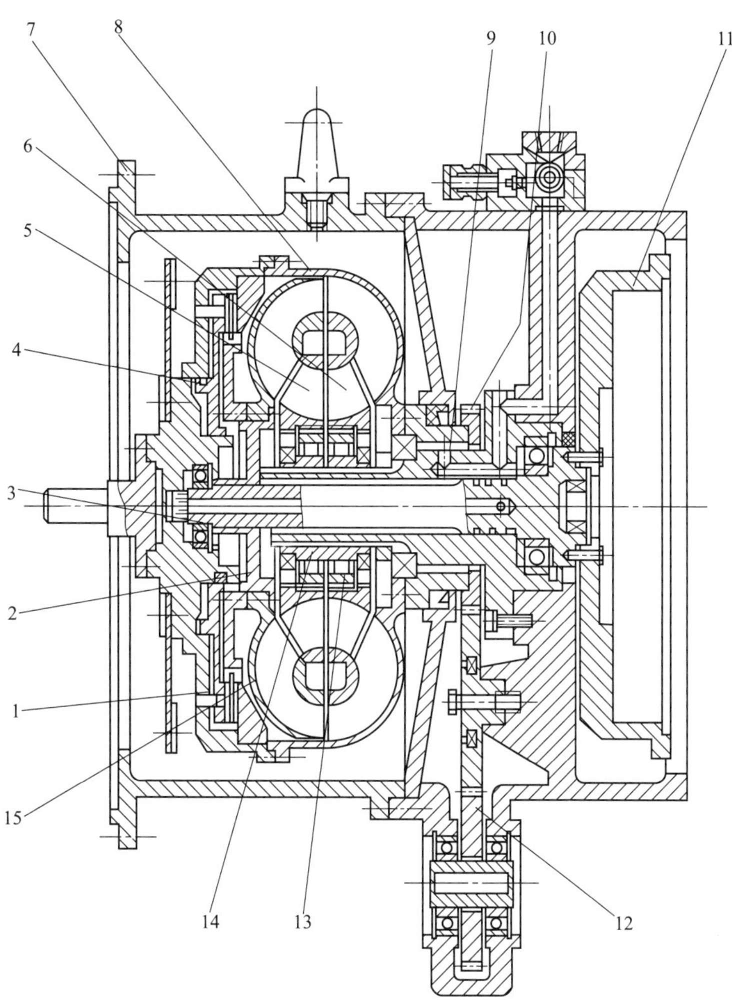

图 6-2　PY160A、PY160B 平地机变矩器结构图

1—闭锁离合器；2—涡轮毂；3—涡轮轴；4—弹性连接盘；5—第一导轮；6—第二导轮；7—变矩器壳体；8—泵轮；9—配油盘；10—动力输出主动齿轮；11—主动器；12—动力输出从动齿轮；13—超越离合器外圈；14—超越离合器内圈；15—涡轮

6.2.1.2　变速器

图 6-3 为 PY160A、PY160B 平地机变速器结构图。

该变速器为定轴式、常啮合、机械换挡变速器，前进六挡，倒退二挡。

该变速器由两个变速器串联组成。左面为主变速器，右面为副变速器。主变速器的箱体与副变速器的箱体用螺栓连接。在主变速器内，可实现四个挡位，在副变速器内，可实现两个挡位。根据串联原理，共实现八挡。

6.2.1.3　变矩器液压操纵系统

图 6-4 为 PT160A、PY160B 平地机变矩器液压操纵系统图。

变速泵 1 从油底壳经粗滤器 3 吸油经单向阀 5 流至主压力阀 7，供给变矩器。变矩器进口压力阀 8 控制变矩器进口压力为 0.4～0.6MPa。从变矩器出来的压力油经变矩器出口压力阀 4 和散热器 2 回油底壳。变矩器出口压力阀 4 控制变矩器出口压力为 0.28MPa。

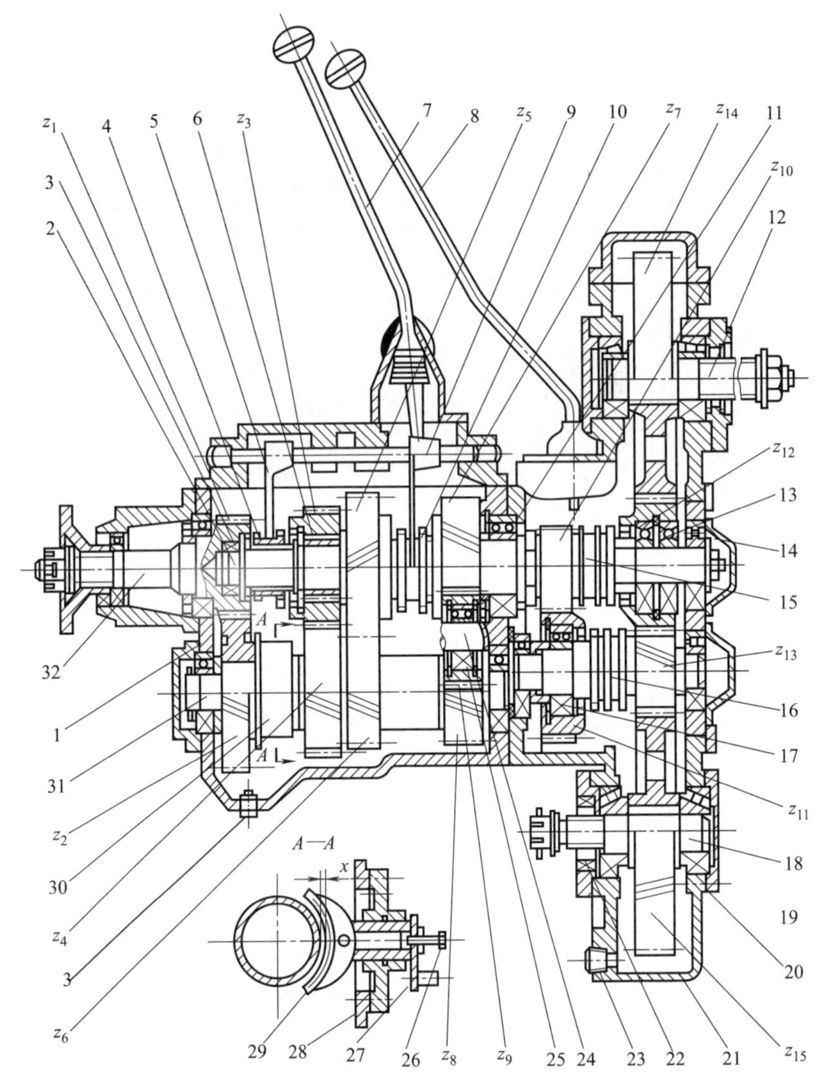

图 6-3　PY160A、PY160B 平地机变速器结构图

1—主变速器箱体；2—二轴；3—滚针轴承；4,10,15,16—啮合套；5,9—拨叉；6—滚针；7—变速杆；8—高、低速杆；11,13,14,17,19,25—轴承；12,18—输出轴；20—调整垫片；21—副变速箱体；22—密封圈；23—磁性螺塞；24—倒挡轴；26—调整螺钉；27—曲柄；28—侧盖；29—制动器；30—制动器盘；31—中间轴；32—主动轴

主压力阀 7 保证通往闭锁离合器的压力油的压力为 1.5～1.7MPa。闭锁阀 6 控制通往闭锁离合器的压力油的接通和断开。

6.2.2　PY160C 平地机变速器

该变速器通过传动轴与液力变矩器相连。变矩器直接与发动机相连。

图 6-5 为变矩器—变速器的传动简图。

变速器传动比计算公式见表 6-3。

6.2.2.1　变矩器结构

图 6-6 为变矩器结构图。

表 6-3　变速器传动比计算公式

挡位		结合离合器	高、低挡	传动比计算公式	传动比
前进	Ⅰ	L_F　$L_{1.3}$	L	$i_{F1}=\frac{z_4}{z_3}\cdot\frac{z_7}{z_5}\cdot\frac{z_8}{z_6}\cdot\frac{z_{11}}{z_{10}}$	4.776
	Ⅱ	L_F　$L_{2.4}$	L	$i_{F2}=\frac{z_4}{z_3}\cdot\frac{z_7}{z_5}\cdot\frac{z_9}{z_7}\cdot\frac{z_{11}}{z_{10}}$	2.388
	Ⅲ	L_F　$L_{1.3}$	H	$i_{F3}=\frac{z_4}{z_3}\cdot\frac{z_7}{z_5}\cdot\frac{z_8}{z_6}\cdot\frac{z_{12}}{z_8}$	1.316
	Ⅳ	L_F　$L_{2.4}$	H	$i_{F4}=\frac{z_4}{z_3}\cdot\frac{z_7}{z_5}\cdot\frac{z_9}{z_7}\cdot\frac{z_{12}}{z_8}$	0.658
倒退	Ⅰ	L_R　$L_{1.3}$	L	$i_{R1}=\frac{z_1}{z_3}\cdot\frac{z_5}{z_2}\cdot\frac{z_7}{z_5}\cdot\frac{z_8}{z_6}\cdot\frac{z_{11}}{z_{10}}$	4.776
	Ⅱ	L_R　$L_{2.4}$	L	$i_{R2}=\frac{z_1}{z_3}\cdot\frac{z_5}{z_2}\cdot\frac{z_7}{z_5}\cdot\frac{z_9}{z_7}\cdot\frac{z_{11}}{z_{10}}$	2.388
	Ⅲ	L_R　$L_{1.3}$	H	$i_{R3}=\frac{z_1}{z_3}\cdot\frac{z_5}{z_2}\cdot\frac{z_7}{z_5}\cdot\frac{z_8}{z_6}\cdot\frac{z_{12}}{z_8}$	1.316
	Ⅳ	L_R　$L_{2.4}$	H	$i_{R4}=\frac{z_1}{z_3}\cdot\frac{z_5}{z_2}\cdot\frac{z_7}{z_5}\cdot\frac{z_9}{z_7}\cdot\frac{z_{12}}{z_8}$	0.658

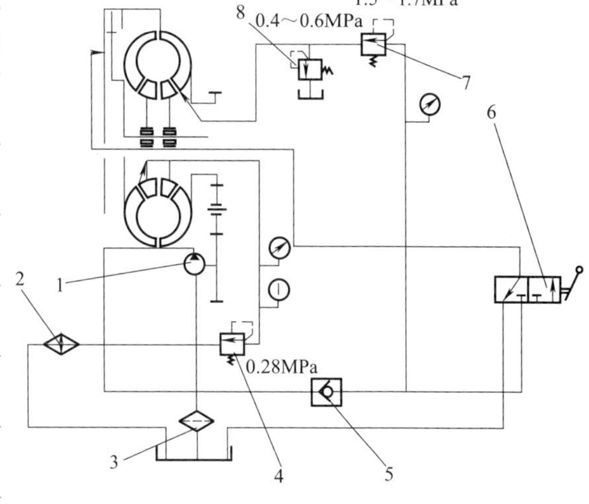

图 6-4　液压操纵系统图

1—变速器；2—散热器；3—粗滤器；4—变矩器出口压力阀；5—单向阀；6—闭锁阀；7—主压力阀；8—变矩器进口压力阀

该变矩器为单涡轮三元件变矩器。

变矩器壳体 1 用螺栓与发动机飞轮壳相连。导轮 6 用螺栓与泵轮毂 5 和泵轮盖 9 相连。涡轮 8 用螺栓与涡轮毂 11 相连，涡轮毂 11 通过花键与涡轮轴 16 相连。导轮 7 通过花键与配油盘 18 固定在一起。配油盘 18 用螺栓与变矩器壳体 1 相连。

变矩器内有两对传动齿轮、一对齿轮用于驱动液压泵，一对齿轮传递涡轮输出转矩。

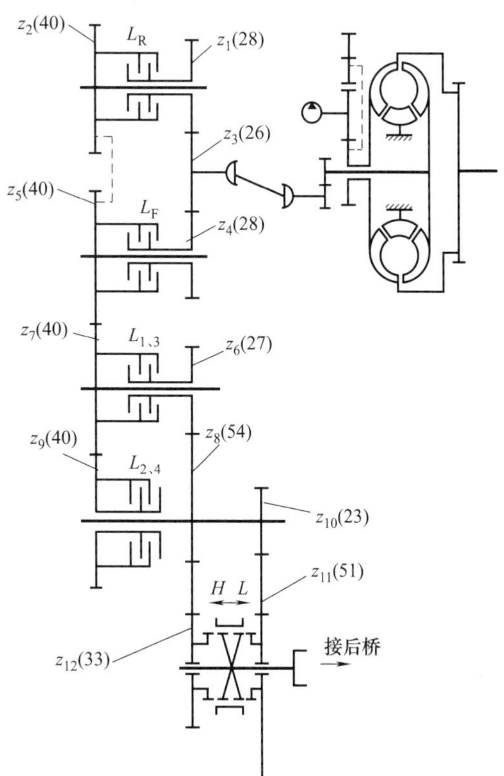

图 6-5　PY160C 平地机变矩器——变速器传动简图

6.2.2.2　变速器

图 6-7 为 PY160C 平地机变速器结构图。

该变速器为定轴式动力换挡变速器，前进四挡，倒退四挡。

变速器有六根平行轴，一根输入轴，一根输出轴和四根离合器轴。在四根离合器轴上有四个离合器，其中两个为方向离合器，两个为速度离合器。

四个离合器采用动力换挡。另外还有一个手动换挡的滑套齿轮离合器，称为高、低挡。高低挡与四个动力换挡配合使用，共同完成四个前进挡和四个倒退挡。

四个换挡离合器结构相同，见图 6-8。

离合器由离合器外毂（由离合器外毂齿轮 3 和内齿圈 7 组成）、离合器内毂齿轮 8，内齿摩擦片 6、外齿钢片 5、活塞 4、回位弹簧 10 等组成。

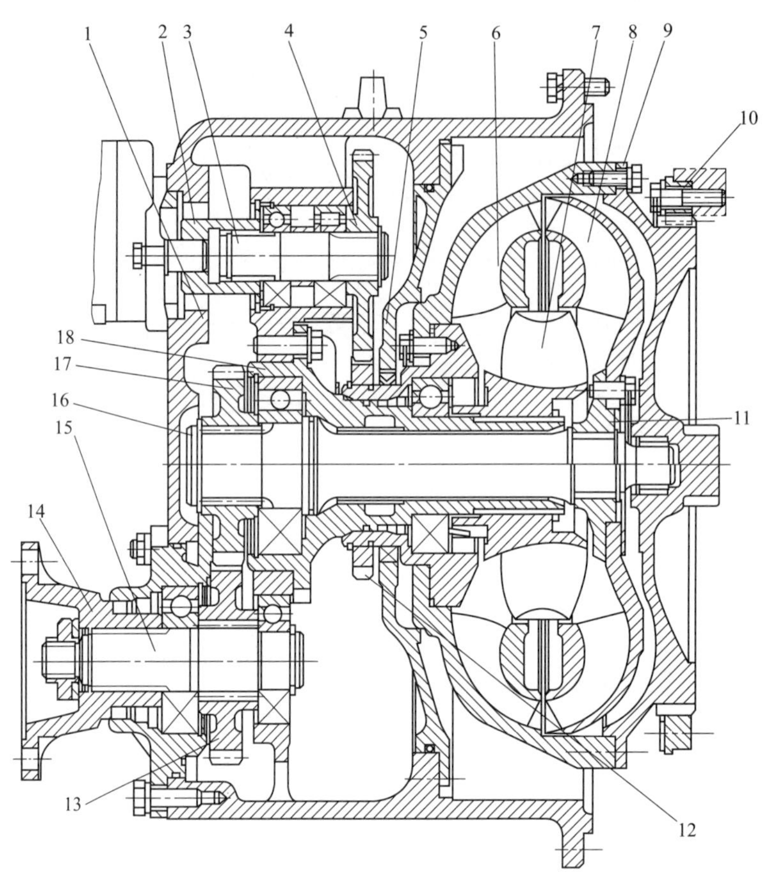

图 6-6　PY160C 平地机变矩器结构图

1—变矩器壳体；2—套；3—花键轴；4—齿轮；5—泵轮毂；6—泵轮；7—导轮；8—涡轮；9—泵轮盖；10—内齿圈；11—涡轮毂；12,13,17—齿轮；14—连接盘；15—输出轴；16—涡轮轴；18—配油盘

离合器外毂与离合器轴 9 固装在一起。离合器外毂齿轮 3 右端是液压缸，与内齿圈 7 焊接在一起。外齿钢片 5、承压盘 11 通过接合齿装在内齿圈 7 内。承压盘 11 用卡环轴向限位。活塞 4 装在液压缸中，可在液压缸中左右移动。活塞 4 上装有密封环，防止压力油泄漏。

为减少换挡冲击，离合器采用阶梯液压缸，换挡时，压力油先充满小腔，然后再通过圆柱面缝隙流入大腔。由于压力油从小腔至大腔通过节流，因此，在消除了摩擦片间间隙后，压力油的压力是逐渐上升的。

6.2.2.3　液压操纵系统

图 6-9 为 PY160C 平地机变矩器——变速器液压操纵系统图。

变速泵经粗滤器从油底壳吸油再经精滤器将压力油送往操纵阀。压力油经操纵阀进入离合器。由限压阀控制送往离合器的压力为 1.7～1.9MPa。压力油送往前进和倒退离合器前经过蓄能器，以减少换挡冲击。

压力油经限压阀后进入变矩器，由限压阀中的溢流阀控制进入变矩器的压力为

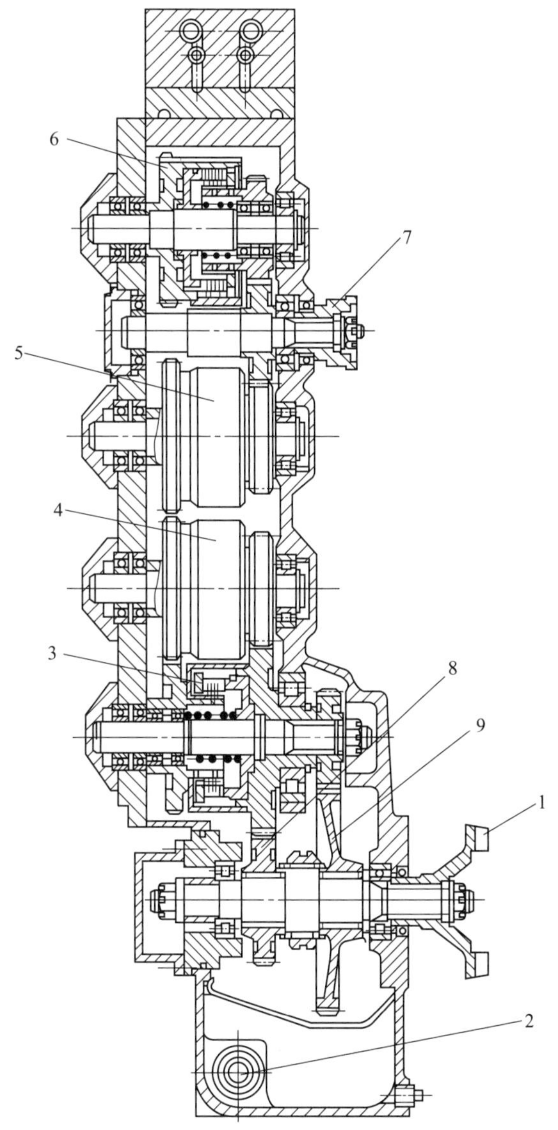

图 6-7 PY160C 平地机变速器结构图

1—输出法兰盘；2—滤油器；3—Ⅱ、Ⅳ挡离合器；4—Ⅰ、Ⅲ挡离合器；5—前进挡离合器；6—倒退挡离合器；7—输入法兰盘；8—高挡齿轮；9—低挡齿轮

0.8MPa。从变矩器出来的压力油经散热器回油底壳。

6.2.2.4 操纵阀

换挡离合器的操纵阀安装在变速器的箱盖上，司机室内的操纵杆通过杠杆操纵阀杆运动。图 6-10 为操纵阀的结构图。

方向阀杆控制前进和倒退离合器，速度阀杆控制Ⅰ、Ⅲ挡和Ⅱ、Ⅳ挡离合器。

当阀杆处于中位时，没有压力油从阀内通过，当扳动操纵杆使阀杆在某一工作位置时，压力油通过阀体进入该挡位的离合器。

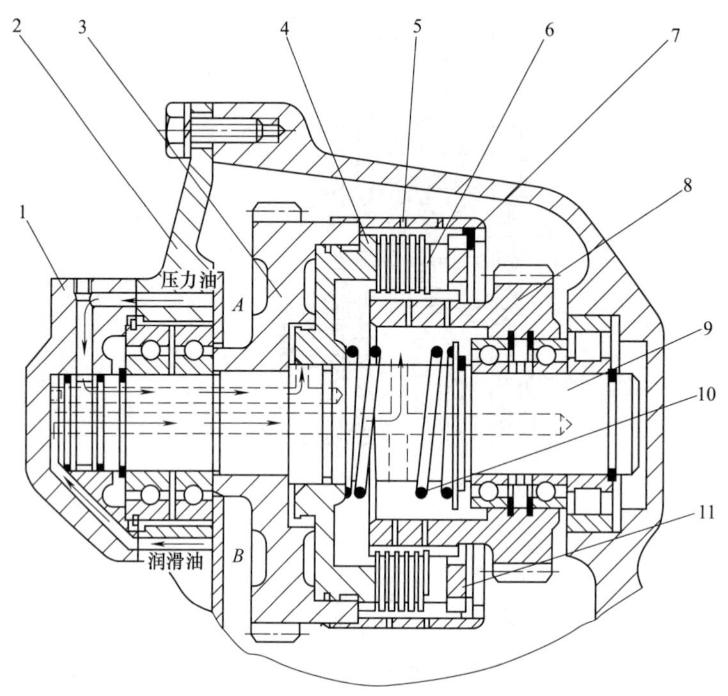

图 6-8 PY160C 平地机换挡离合器结构图

1—进油盖；2—箱盖；3—离合器外毂齿轮；4—活塞；5—外齿钢片；6—内齿摩擦片；7—内齿圈；8—离合器内毂齿轮；9—离合器轴；10—回位弹簧；11—承压盘

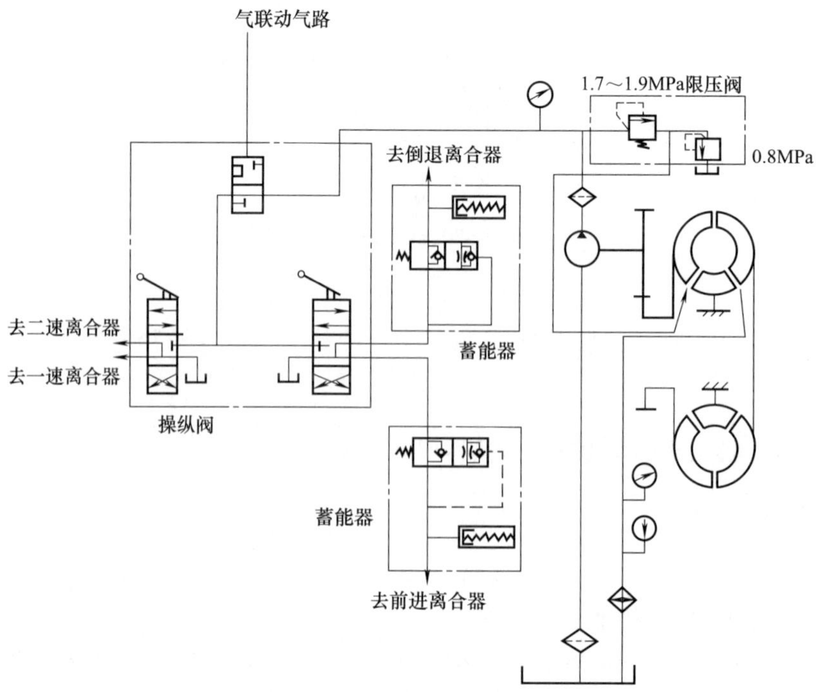

图 6-9 液压操纵系统图

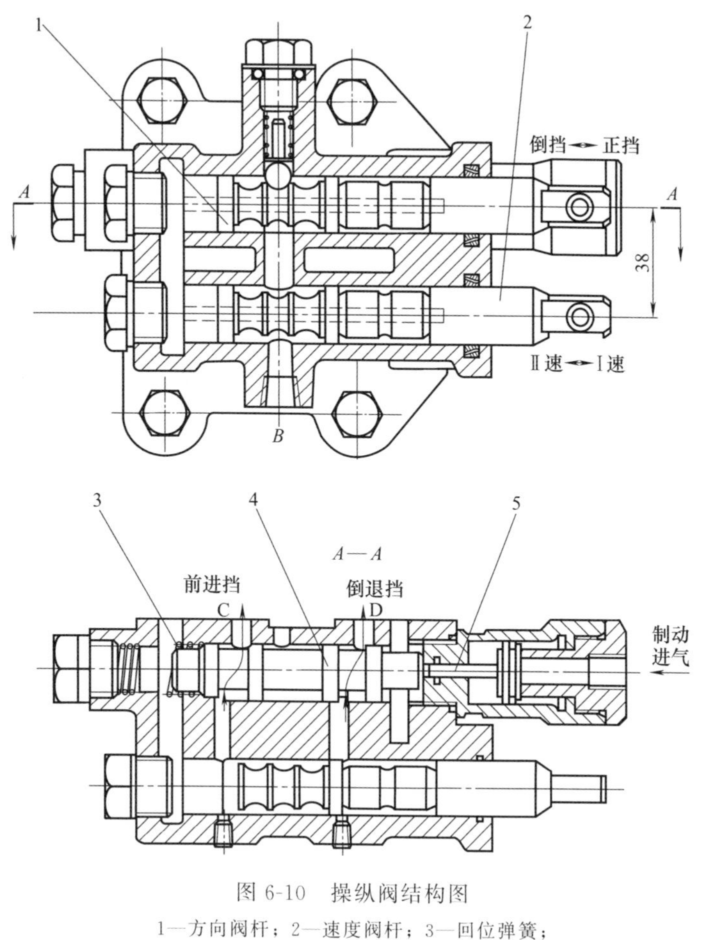

图 6-10 操纵阀结构图

1—方向阀杆；2—速度阀杆；3—回位弹簧；
4—气制动阀杆；5—切断阀

6.2.3 ZF 定轴式动力换挡变速器

德国 ZF 公司的动力换挡变速器有定轴式 WG 系列与行星式 PW 系列之分，均广泛用于各种工程机械上，如推土机、装载机、平地机、汽车起重机、越野载重车、叉车、圆木拖拉机、轨道车等，其中 WG 系列我国已引进生产。图 6-11 为其他结构剖视图。

变速器的主要参数列于表 6-4 中。

表 6-4 ZF 定轴式动力换挡变速器主要参数

长中心距式		短中心距式		发动机最大转速/(r/min)	变矩器变矩系数 K_0	传递最大功率/kW
型号	输入轴与输出轴的中心距/mm	型号	输入轴与输出轴的中心距/mm			
WG120	500	WG121	153	2800	1.5～3.2 取决于变矩器形式	105
WG150	500	WG151	153			135
WG180	400,500,555	WG181	172			170
WG200	400,500,555	WG201	172			190

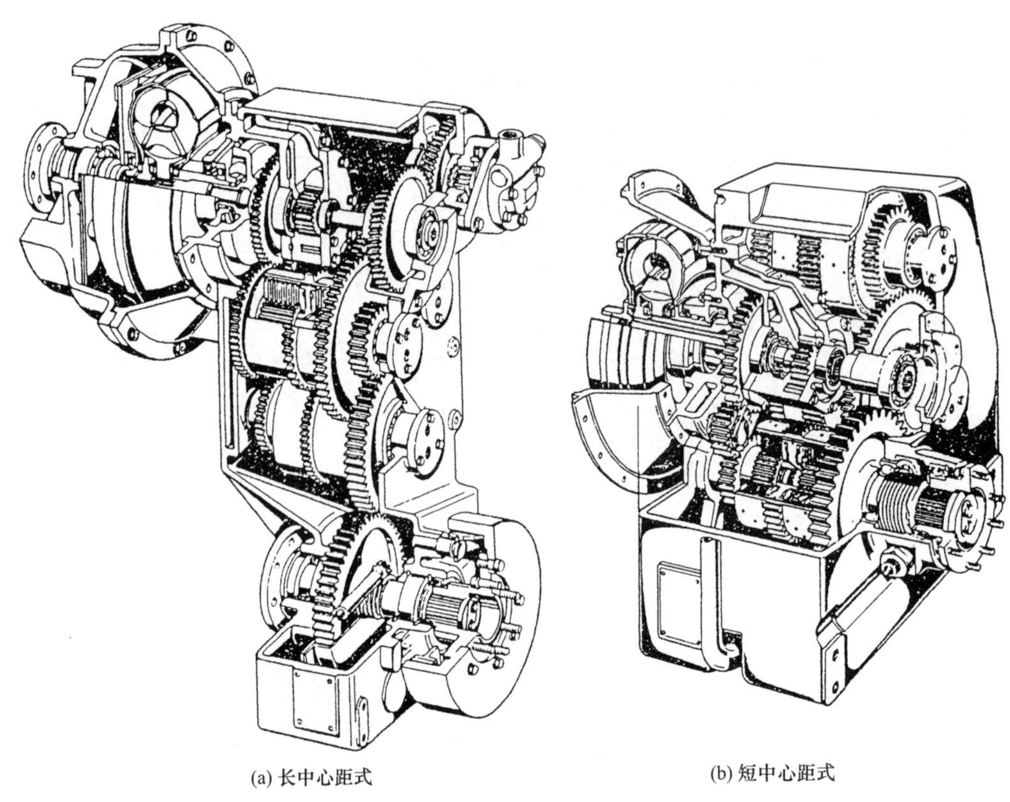

(a) 长中心距式　　(b) 短中心距式

图 6-11　ZF 变速器剖视图

6.2.3.1　结构原理

图 6-11（a）为长中心距式变速器，其传动简图如图 6-12 所示。

图 6-12（a）为采用三元件单相液力变矩器，具有四个挡或五个挡（即不用第六挡），附有应急液压泵和一桥驱动脱卸器的传动方式。

图 6-12（b）为采用带闭锁离合器的三元件综合式变矩器，四挡或五挡速度，附有可锁定的轴间差速器的传动方式。

图 6-12（c）为进退各三挡的传动方式。

表 6-5 为不同挡数时，各挡位工作的离合器。

表 6-5　ZF 变速器换挡离合器工作情况表

挡位		Ⅰ挡	Ⅱ挡	Ⅲ挡	Ⅳ挡	Ⅴ挡	Ⅵ挡
前进挡	六个挡时	K_F+K_1	K_4+K_1	K_F+K_2	K_4+K_2	K_F+K_3	K_4+K_3
	五个挡时	K_F+K_1	K_4+K_1	K_F+K_2	K_4+K_2	K_F+K_3	
	四个挡时	K_F+K_1		K_F+K_2		K_F+K_3	K_4+K_3
	三个挡时	K_F+K_1		K_F+K_2		K_F+K_3	
后退挡			K_R+K_1		K_R+K_2		K_R+K_3

因此，ZF 变速器高低挡的速度范围可以比较窄（3∶1），也可以很宽（10∶1）。再对齿轮传动副的齿数作适当调整，可以使各挡位得多种不同的速比，以适应不同的工程机械的需要。

表 6-6 列出了 WG120、WG150、WG180 和 WG200 变速器的传动比。

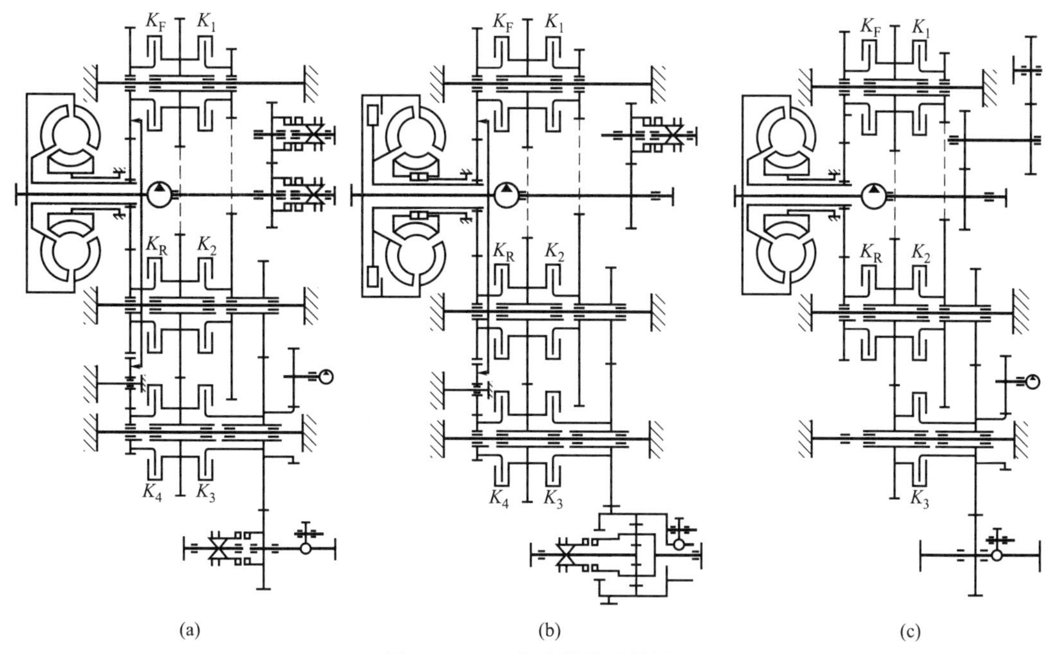

图 6-12　ZF 变速器传动简图

表 6-6　WG120/150/180/200 变速器的传动比

变速器形式	前进挡						后退挡		
	Ⅰ挡	Ⅱ挡	Ⅲ挡	Ⅳ挡	Ⅴ挡	Ⅵ挡	Ⅰ挡	Ⅱ挡	Ⅲ挡
WG120 WG150	3.91	2.304	0.964	0.617			3.91	2.304	0.964
	4.425	2.25	1.0	0.64			4.425	2.25	1.0
	4.531	2.304	0.964	0.617			4.531	2.304	0.964
	4.531	2.9	1.475	0.617			4.531	2.9	1.475
	5.9	2.304	0.964	0.617			5.9	2.304	0.964
	5.9	3.775	1.475	0.617			5.9	3.775	1.475
	4.531	2.9	2.304	1.475	0.964	0.617	4.531	2.304	0.964
	5.292	3.387	2.304	1.475	0.964	0.617	5.292	2.304	0.964
	5.9	3.775	2.304	1.475	0.964	0.617	5.9	2.304	0.964
WG180 WG200	3.918	2.366	1.125	0.611			3.918	2.366	1.125
	4.166	2.594	1.178	0.672			4.166	2.509	1.178
	4.271	2.531	1.237	0.706			4.271	2.531	1.237
	4.975	2.531	1.237	0.706			4.975	2.531	1.237
	5.099	2.594	1.178	0.672			5.099	2.594	1.178
	5.373	2.594	1.178	0.672			5.373	2.594	1.178
	5.986	2.594	1.178	0.672			5.986	2.594	1.178
	5.986	3.42	2.594	1.48	1.178	0.672	5.986	2.594	1.178
	5.986	3.904	2.594	1.692	1.178	0.768	5.986	2.595	1.178
	5.987	3.416	2.74	1.563	1.068	0.609	5.987	2.74	1.068

注：1. 三速时，除无Ⅳ挡外，其余速比均同。

2. 五速、六速时，仅有电控液压换挡。五速时，除无Ⅵ挡外，其余速比均同。

6.2.3.2 构造特点

适应性广是 ZF 变速箱的最主要的特点。变速器、变矩器可与发动机组合成一体，也可以分置；可以配以不同的变矩器，也可不用变矩器；变矩器可以有闭锁离合器，也可以装液力减速器。如图 6-13 所示。

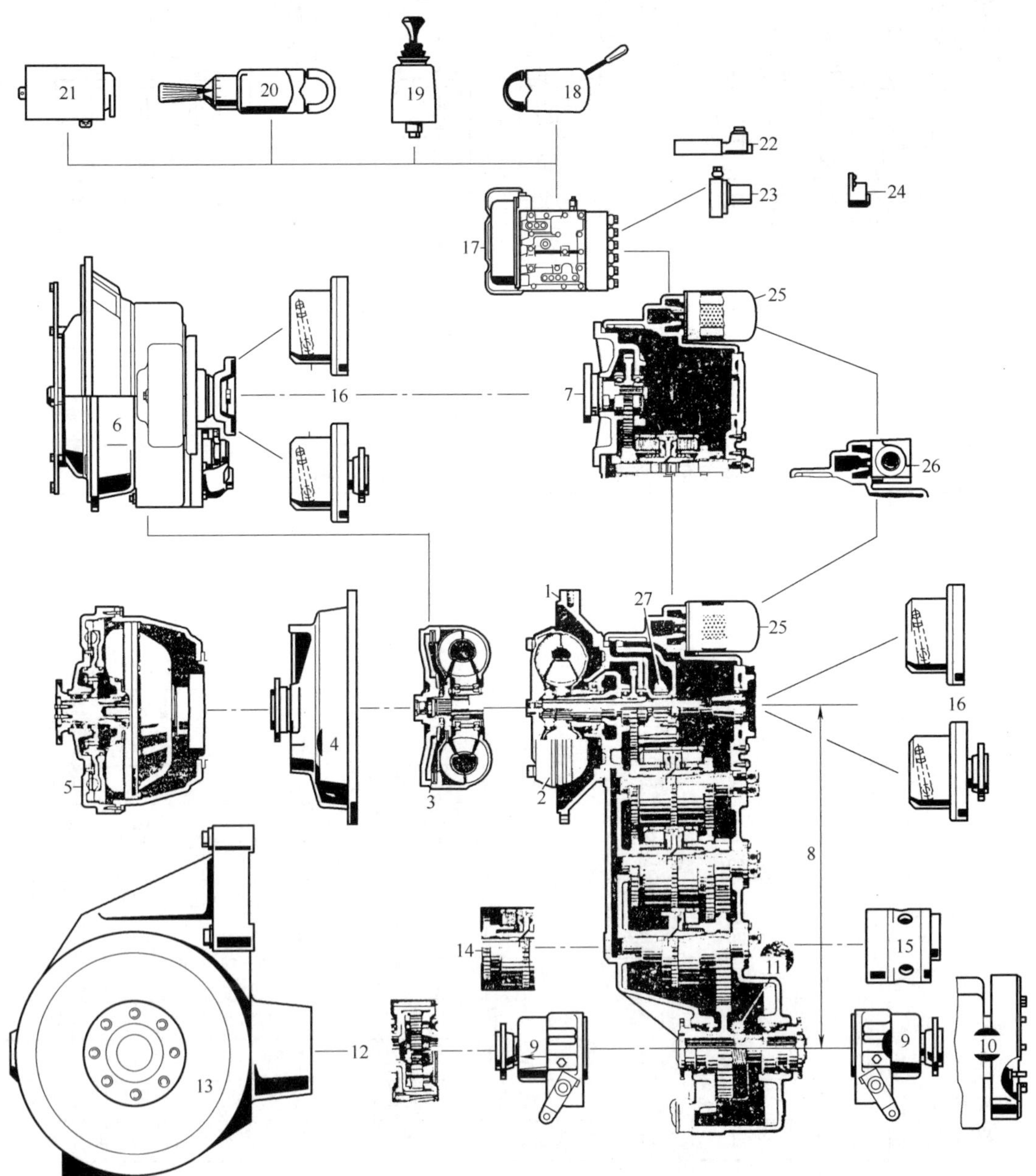

图 6-13 ZF 变速器构造示意图

1—直接安装到发动机飞轮壳的变矩器壳体；2—液力变矩器；3—闭锁离合器；4—与发动机分离安装时的变矩器壳盖；5—液力减速器；6—HN500 型液力变矩器，装到发动机上，但与变速器分置；7—变速器与变矩器分置时的联轴节；8—输入轴与输出轴间的中心距；9—传动脱卸器；10—停车制动器；11—里程表接头；12—轴间差速器；13—接盘安装式驱动桥；14—Ⅳ挡、Ⅴ挡、Ⅵ挡用的多片盘式离合器；15—应急转向液压泵；16—发动机直接驱动的功率输出轴；17—变速器控制器；18—可装于转向立柱上的 SG4/SG6 型换挡器；19—可装于仪表板上的 SG4/SG6 型换挡器；20—DW-1 型旋转式倒顺挡换挡器；21—EST2 型自动控制器；22—微动阀；23—双压控制阀；24—压力切断器；25—精滤器；26—滤清器不装在变速器上时，变速器上的接口；27—变矩器供油与变速器换挡用的油泵

6.2.3.3 操纵系统

图 6-14 为 ZF-4WG180 型变速器的手控液压系统。

由图 6-14 可见，液压泵 2 的压力油经节流阀 4、调压阀 5 后，在 A_6 处分流：一路经单向阀 10 后，因二位阀 11 断路，液流继续通向换挡操纵阀 12，向换挡离合器 K_1 液压缸供油；另一路经单向阀 9、压力油切断阀 14 通向倒顺挡阀 15 而断路。另外主油路在 A_3 处既分液流到变矩器，又经操纵管路到换向阀 8，油液经 B_7 管使阀 11 转为通路（图示右位），从而使 A_8、A_6 管路以至 K_1 均卸载，液压泵 2 无载运行。此为发动机运转，未挂上挡的工况。

见图 6-14，将倒顺挡阀 15 变换到前进挡，压力油经 A_7、阀 14、A_9、B_1 到换挡离合器 K_F；另一路从 B_1 分流到操纵油路，从而使换向阀 8 换到图示右位，使 B_7 管油液卸载，阀 11 换位而断路，压力油经 A_6、单向阀 10、换挡操纵阀 12 使换挡离合器 K_1 接合，K_F+K_1，机器以Ⅰ挡前进。

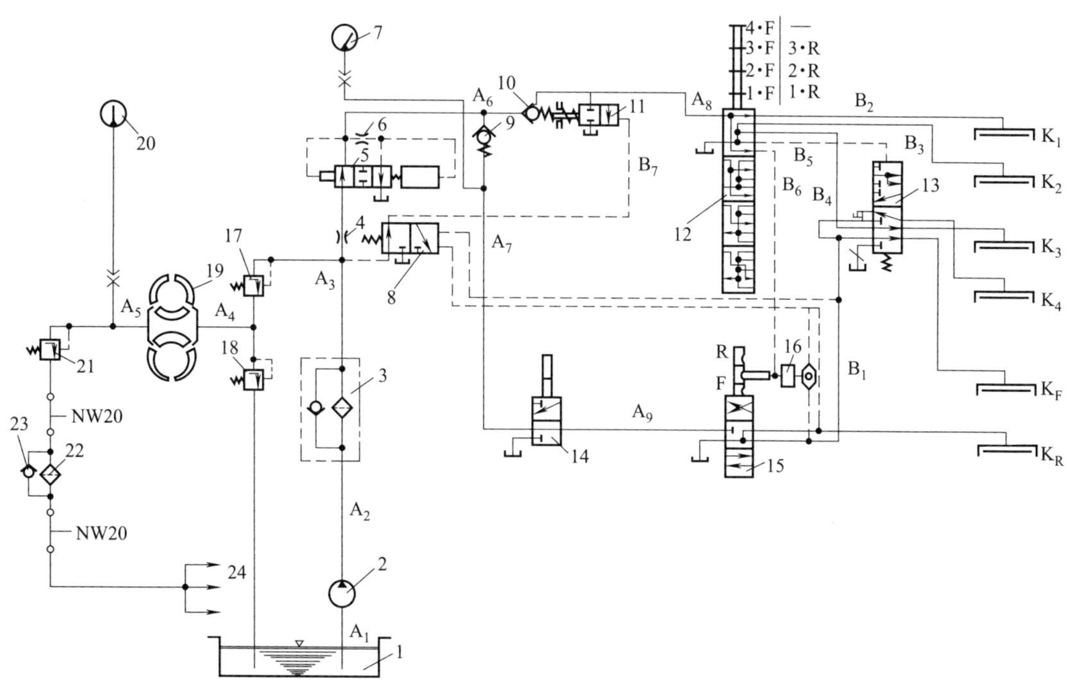

图 6-14 ZF-4WG180 型变速器的手控液压系统

1—油箱；2—液压泵，当发动机转速为 1000r/min 时，排量为 35L/min；3—滤清器，滤网最小面积 5100cm²，网眼尺寸约 0.015～0.025mm；4—节流阀；5—调压阀；6—节流阀；7—仪表板上的油压表；8—换向阀；9—单向阀（p=15kPa）；10—单向阀；11—二位阀；12—换挡操纵阀；13—辅助换挡阀；14—压力油切断阀；15—倒顺挡阀；16—倒挡锁；17—压力阀（p=1.3～1.5MPa）；18—变矩器溢流阀（开启压力 0.85MPa）；19—液力变矩器；20—仪表板上的变矩器出口温度表（最高 120℃）；21—变矩器控制阀（开启压力 0.5MPa）；22—滤油器；23—单向阀；24—通向润滑点

由图 6-14 可见，可类似地依次换入前进Ⅱ挡与前进Ⅲ挡，但前进Ⅳ挡略有不同，压力油从 A_8 进入 B_5 管，使辅助换挡阀 13 换位（换到图示上位）。B_1 管通向 K_F 离合器的油路被切断，离合器 K_F 中的油排入油箱，K_F 分离；B_1 管通向换挡离合器 K_3、K_4 的油路经阀

13 接通，使 K_3、K_4 接合实现前进Ⅳ挡。

倒挡通过变换倒顺挡阀 15 的阀芯位置来实现，这时辅助换挡阀 13 不在系统油路以内，不能实现倒退Ⅳ挡。

6.3 行星式动力换挡变速器的典型结构

行星齿轮机构与操纵执行机构结合，构成了具有不同挡位的行星齿轮变速器，即在输入转速、转矩相同的条件下，可以通过行星齿轮变速器的挡位变换，得到不同的输出转速和转矩。在分析单排行星齿轮机构的工作时，通过选取主动件和从动件，并固定不同的基本元件，可以得到两个前进挡和一个倒挡。实际上，这是理论上的情况。作为一个实用的行星齿轮变速器，其主动的输入件和从动的输出件相对不变，否则将会使机构过于复杂。

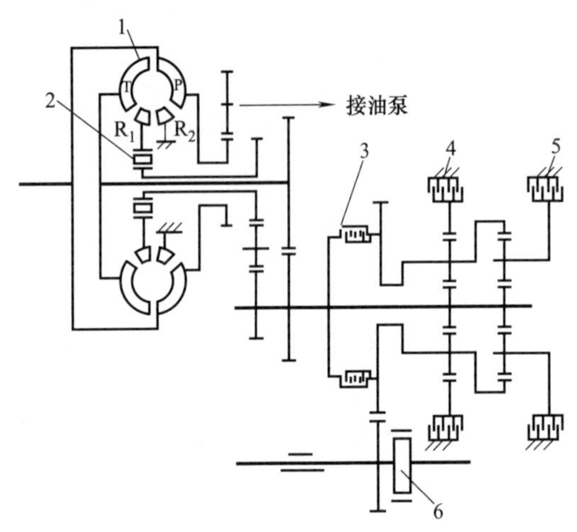

图 6-15　KSS85Z 型行星变速器简图

1—变矩器；P—泵轮；T—涡轮；R_1—第一导轮；R_2—第二导轮；2—超越离合器（自由轮）；3—二挡离合器；4—一挡制动器；5—倒退挡制动器；6—手制动

(1) KSS85Z 型装载机行星齿轮变速器　日本川崎 KSS85Z 型装载机的变速器系组合式变速器，由双导轮复合式变矩器和一个两挡的行星式动力换挡变速器组合而成，其结构如图 6-15 所示。导轮 R_1 通过超越离合器 2 及齿轮减速后与涡轮输出轴连接。

变速器的传动系统由两个行星排组成。两个行星排的太阳轮、行星轮和内齿圈的齿数均各个相等，而在前行星排内齿圈上设有一挡制动器 4，后行星排行星架设有倒挡制动器 5，直接挡是由二挡离合器 3 的结合而得到的。

变速器有两个前进挡，一个倒挡，但由于与双导轮变矩器相匹配，故实际上有四个前进挡，二个倒挡。其中前进一、二挡，前进三、四挡及倒挡一、二挡的变换都是自动进行的，操作轻便，换挡时不中断动力传递，可提高作业效率，减少变速器的挡数，只用两个挡就能得到四挡速度，满足了装载机对牵引力和速度的要求。

(2) 轮式装载机行星变速器　图 6-16 (a) 所示系美国阿里森 (Allison) 公司生产的轮式装载机行星变速器传动简图，具有两个前进挡和一个倒退挡；图 6-16 (b) 所示具有三个前进挡和三个倒退挡。

阿里森公司生产的部分行星动力换挡变速器型号及主要性能见表 6-7。

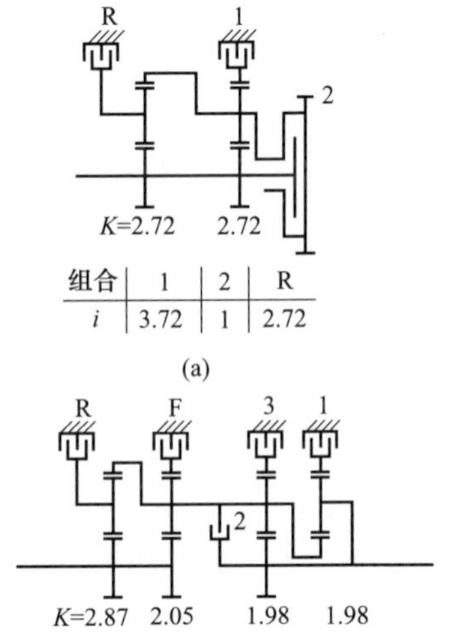

图 6-16　美国阿里森轮式装载机行星变速器传动简图

表 6-7　美国阿里森公司部分行星动力换挡变速器系列

系列	型号	形式	适用功率 /hp①	挡数		最大输入转速 r/min	输入转矩 T_{max} /(N·m)	最大变矩比 K_0
				前进	倒退			
TT	1120-1	长悬箱式	70～110	2	1	3000	249	4.44
	2420-1	长悬箱式	100～150	2	1	3000	346	4.8/6.69
	2420-1	长悬箱式	100～150	2	1	3000	346	4.8/5.05
TRT	2210-3	短悬箱式	150	1	1	3000	348	4.8～6.69
	2220-1	长悬箱式	150	2	2	3000	346	4.8～6.69
	2220-3	短悬箱式	150	2	2	3000	346	4.8～6.69
	2420-1	长悬箱式	150	2	2	3000	346	5.05
	4420-1	长悬箱式	275	2	2	2800	622	4～6.45
	4421	长悬箱式	325	2	2	2800	760	4～6.45
CCT	3341	直连式	100～175	4	2	3000	481	2.88～3.5
	3361	直连式	100～175	6	1	3000	484	2.88
	3441	直连式	150～200	4	2	3000	554	2.88
	3461	直连式	150～200	6	1	3000	554	2.88～3.51
CT	3341-7	悬箱式	100～175	4	2	3000	484	2.88～3.51
	3361-7	悬箱式	100～175	6	1	3000	484	2.88～3.51
	3441-7	悬箱式	150～200	4	2	3000	554	2.88
	3461-7	悬箱式	150～200	6	1	3000	554	2.88

① 1hp＝745.7W

(3) 履带式推土机行星变速器　图 6-17 (a) 所示为日本小松公司推土机的行星变速器简图，有四个前进挡和两个倒退挡；图6-17 (b) 所示为该公司的具有四个前进挡和四个倒退挡的行星变速器简图。

(4) 铲运机行星变速器　图 6-18 (a)，所示为日本小松公司 WS-16 铲运机的行星变速器传动简图。从运动学角度来看，可以有六个前进挡和两个倒退挡，但实际上只使用六个前进挡和一个倒退挡；图 6-18 (b) 所示系美国卡特彼勒 (Caterpillar) 公司 627 铲运机行星变速器传动简图。从运动学来看，可以有九个前进挡和三个倒退挡，但实际上只使用了八个前进挡和一个倒退挡；图 6-18 (c) 所示为阿里森公司生产具有八个前进挡和两个倒退挡，而实际上只使用了六个前进挡和一个倒退挡的行星变速器简图。

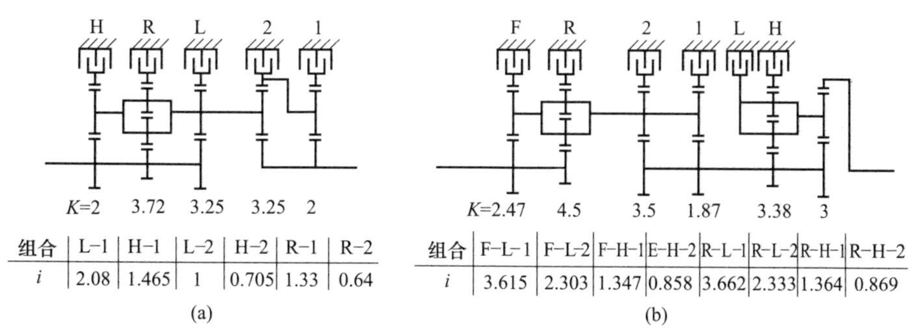

图 6-17　日本小松履带式推土机行星变速器

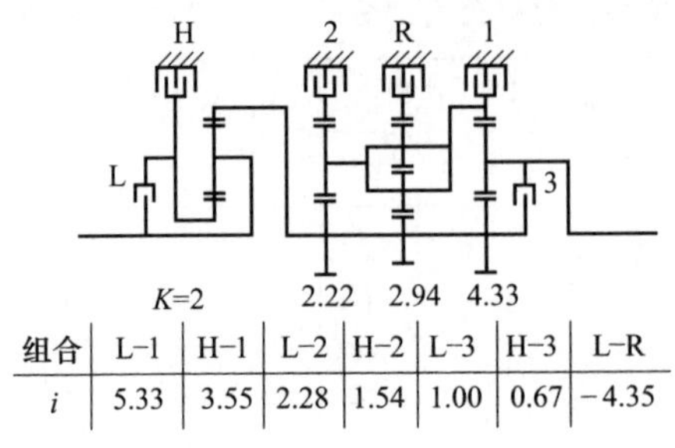

组合	L-1	H-1	L-2	H-2	L-3	H-3	L-R
i	5.33	3.55	2.28	1.54	1.00	0.67	-4.35

(a)

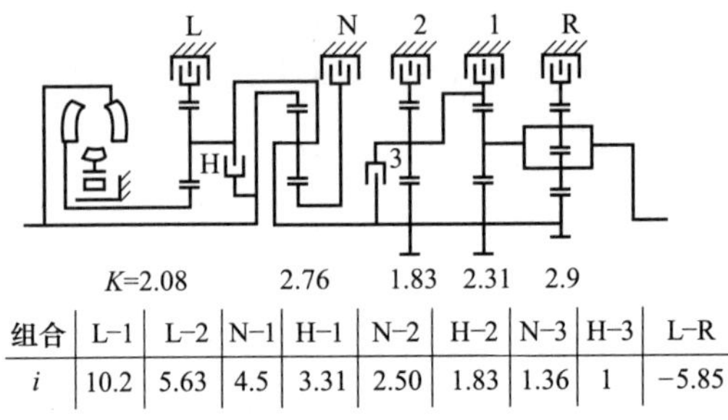

组合	L-1	L-2	N-1	H-1	N-2	H-2	N-3	H-3	L-R
i	10.2	5.63	4.5	3.31	2.50	1.83	1.36	1	-5.85

(b)

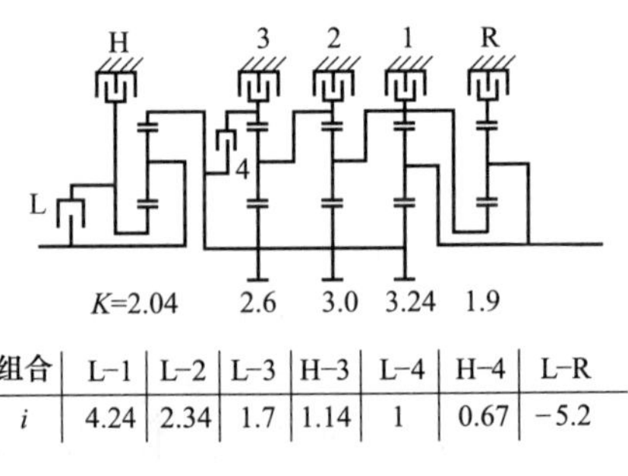

组合	L-1	L-2	L-3	H-3	L-4	H-4	L-R
i	4.24	2.34	1.7	1.14	1	0.67	-5.2

(c)

图 6-18　铲运机行星动力变速器简图

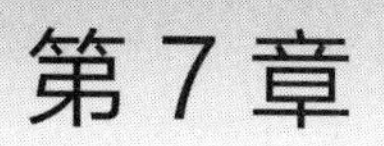

第7章　工程起重机传动装置

7.1　工程起重机传动装置概述

（1）类型　起重机的传动装置主要用于起重机的起升、运行、回转和变幅四大机构中。

目前常用的起重机减速器按齿面硬度分有软齿面（硬度≤280HBW）、中硬齿面（硬度≤360HBW）和硬齿面（齿面硬度>45HRC，常用的为58～62HRC），从发展趋势来看，应用硬齿面是主要趋势。按安装方式分有卧式、立式、套装式、悬挂套装式等。

（2）特点　起重机减速器因为是间歇式、周期重复工作，减速器发热相对于连续性工作的要好一些，但是经常启动、制动惯性载荷较大。因此，轮齿弯曲强度的安全系数较高，特别是用于起升和变幅机构等直接影响人身和设备安全时更应如此。另外，起升机构的减速器输出端多数要求带齿轮联轴器或卷筒联轴器直接与卷筒相连，不仅传递转矩，还要求承受较大的径向载荷，相当于卷筒的一端支座。

运行机构的“三合一”悬挂套装式减速器，要求体积小、质量轻、结构紧凑，输出端为内花键孔直接插在车轮轴上，输入端通过联轴器与制动电动机用法兰连接。减速器上端有安装孔通过销轴和缓冲装置固接在机架上。

回转机构常采用摆线针轮减速器或行星齿轮减速器，立式安装，带动开式小齿轮与大齿圈啮合实现回转。

（3）应用范围　起重机减速器除了用于起重机各机构中外，也可用于矿山、冶金、化工、建材、轻工等各种机械的传动装置中。多数减速器除给出按起重机工作级别的功率表外，还给出连续工作的功率表。

7.2　设计原则与依据

7.2.1　设计原则

（1）起重机减速器在设计时，首先应满足机械强度的要求，即工作机械所需的功率应小于或等于通过折算的减速器输入轴的许用功率。对用于起重机不同机构要适当乘以系数。不同的工作级别要先折算成 M_5 或 M_6 工作级别的功率值，再参考同类型减速器的功率表选取。因不同的减速器是在不同时期开发的，其承载能力是用不同的公式计算的，所以结果也不尽相同，因此在设计、选用时要反复对比，提高使用的可靠度。

（2）对连续使用的减速器还要满足热功率的要求，特别对硬齿面减速器，因结构紧凑、体积小，散热性能要差一些。

（3）满足传动比的要求，根据原动机转速和工作机械相匹配的转速要求，一般实际传动比与公称传动比的误差，单级传动为±3%，两级传动为±4%，三级传动为±5%。

（4）根据传动装置的安装位置、界限尺寸、连接部位、传动性能的要求，确定减速器的结构形式、安装形式和装配形式。

（5）根据输入、输出的连接方式确定轴端的形式。

（6）应考虑使用维修方便等，注意油位高低、润滑油的品质，应设置注油口、排油口的最佳位置。

（7）设计时，除满足通用减速器的共性要求外，还应计及起重机行业高可靠度的需求，以及起重机行业的特殊性工作制度的要求。

7.2.2 设计的依据与程序

（1）工作状况　起重机的工作特点是变载荷，周期间歇式工作。在设计和选择减速器时，为了与起重机载荷计算相一致，引入了起重机的工作级别。工作级别是由利用等级和载荷状态决定的。根据齿轮的强度计算方法是按照《渐开线直齿和斜齿圆柱齿轮承载能力计算方法　工业齿轮应用》（GB/T 19406—2003），将齿轮强度计算公式进行适当的变换后提出，经实践验证是可行的。

起重机有起升、运行、回转和变幅四大机构，每个机构的工况不尽相同。用于起升和非平衡变幅机构的减速器为单侧齿面受力；用于运行和回转机构的减速器为双齿面受力，而且起、制动惯性载荷较大。

（2）工作级别　无论是设计还是选用减速器，正确地选择减速器的工作级别是前提。减速器的工作级别实际上就是减速器用在起重机机构的工作级别，它由下列因素决定。

① 利用等级　机构的利用等级按总使用寿命分为10级（T_0～T_9），见表7-1中总使用寿命规定为减速器在设计年限内处于运转的总小时数。它仅作为减速器的设计基础，不能视为保用期。

表7-1　机构的利用等级

利用等级	总使用寿命/h	工作频繁程度
T_0	200	不经常使用
T_1	400	
T_2	800	
T_3	1600	
T_4	3200	经常轻度使用
T_5	6300	经常中等程度使用
T_6	12500	不经常频繁地使用
T_7	25000	频繁使用
T_8	50000	
T_9	100000	

② 载荷状态　机构的载荷状态表明其受载的轻重程度，它可用载荷谱系数K_m表示。

$$K_m=\sum\left[\left(\frac{P_i}{P_{max}}\right)^m\frac{t_i}{t_T}\right]$$

式中　P_i——机构在工作时间内所承受的各个不同载荷，$P_i=P_1$、P_2、P_3、…、P_n；

P_{max}——P_i中的最大值；

t_i——机构承受各个不同载荷的持续时间（t_1、t_2、t_3、…、t_n）；

t_T——所有不同载荷作用的总的持续时间；$t_T=\sum t_i=t_1+t_2+\cdots+t_n$。

m——齿轮材料疲劳试验曲线指数。

机构的载荷状态按名义载荷谱系数分为四级，见表7-2。图7-1给出了与表7-2相应的载荷谱，当减速器的实际载荷状态未知时，可根据经验按表7-2中备注栏内的说明选择一个适当的载荷状态。

表7-2 载荷状态分级及其名义载荷谱系数

载荷状态	名义载荷谱系数	备注
L_1（轻）	0.125	经常承受轻度载荷，偶尔承受最大载荷
L_2（中）	0.25	经常承受中等载荷，较少承受最大载荷
L_3（重）	0.5	经常承受较重载荷，也常承受最大载荷
L_4（特重）	1	经常承受最大载荷

当减速器的载荷状态已知时，则根据使用工况计算实际载荷谱系数，然后按表7-2选择与之相接近的并不小于计算值的名义载荷谱系数作为减速器的载荷谱系数。

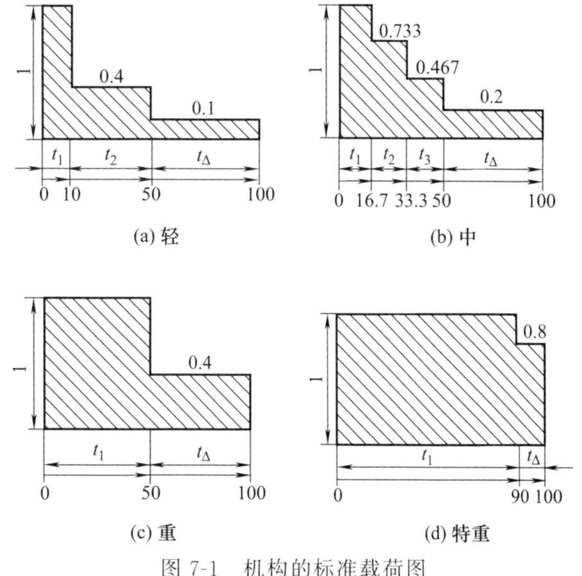

图7-1 机构的标准载荷图

按机构的利用等级和载荷状态来确定机构的工作级别，共分8级（M_1～M_8），见表7-3。

设计减速器系列时，通常按M_5工作级别给出功率表或输出转矩值。如果不知道起重机机构的工作级别，可参考表7-4确定。

（3）安装方式 起重机起升机构的减速器，由于安装位置的要求，通常采用平行轴、低高度、质量轻的卧式减速器，输入、输出轴端在同一侧，分别与电动机和卷筒相连。为保持两者有一定空间，减速器中心距不宜太小（见图7-2）。另外，减速器的输出端往往是卷筒的一端支承点，故要求输出端可承受较大的径向载荷。

表7-3 机构的工作级别

载荷状态	名义载荷谱系数 K_m	利用等级									
		T_0	T_1	T_2	T_3	T_4	T_5	T_6	T_7	T_8	T_9
L_1（轻）	0.125	M_1	M_1	M_1	M_2	M_3	M_4	M_5	M_6	M_7	M_8
L_2（中）	0.25	M_1	M_1	M_2	M_3	M_4	M_5	M_6	M_7	M_8	M_8
L_3（重）	0.5	M_1	M_2	M_3	M_4	M_5	M_6	M_7	M_8	M_8	M_8
L_4（特重）	1	M_2	M_3	M_4	M_5	M_6	M_7	M_8	M_8	M_8	M_8

表 7-4　起重机机构工作级别举例

起重机形式			主起升机构			副起升机构			小车运行机构			大车运行机构			回转机构			变幅机构		
			利用等级	载荷情况	工作级别	利用等级	载荷情况	工作级别	利用等级	载荷情况	工作级别	利用等级	载荷情况	工作级别	利用等级	载荷情况	工作级别	利用等级	载荷情况	工作级别
桥式起重机	一般用途（吊钩式）	电站安装及检修用	T_2	L_1,L_2	M_1,M_2	T_3	L_1	M_2	T_2	L_1,L_2	M_1,M_2	T_2	L_1	M_1						
		车间及仓库用	T_3,T_4	L_1,L_2	$M_2\sim M_4$	T_4,T_5	L_1,L_2	$M_3\sim M_5$	T_4,T_5	L_1,L_2	$M_3\sim M_5$	T_4,T_5	L_1,L_2	M_3,M_5						
		繁重工作车间及仓库用	T_5,T_6	L_2,L_3	$M_5\sim M_7$	T_5	L_3	M_6	T_4,T_5	L_3	M_5,M_6	T_6	L_2,L_3	M_6,M_7						
	抓斗式	间断装卸用	T_5,T_6	L_3	M_6,M_7				T_5,T_6	L_3	$M_6\sim M_8$	T_5,T_6	L_3	M_6,M_7						
		连续装卸用	T_6,T_7	L_3	M_7,M_8				T_5,T_6	L_3	M_6,M_7	T_5,T_6	L_3	M_6,M_7						
	冶金专用	吊料箱用	T_6,T_7	L_3	M_7,M_8				T_5,T_6	L_3	M_6,M_7	T_6	L_3	M_7						
		加料用	T_7,T_8	L_3	M_8	T_7,T_8	L_3	M_8	T_7,T_8	L_3	M_8	T_7,T_8	L_3	M_8	T_7	L_3	M_7			
		铸造用	T_6,T_7	L_3,L_4	M_7,M_8	T_6,T_7	L_3,L_4	M_7,M_8	T_6	L_3,L_4	M_7,M_8	T_6,T_7	L_3	M_7,M_8						
		锻造用	T_6,T_7	L_3	M_7,M_8	T_6	L_3	M_7	T_5,T_6	L_3	M_6,M_7	T_6,T_7	L_3	M_7,M_8						
		淬火用	T_5,T_6	L_3	M_6,M_7	T_7,T_8	L_3	M_7,M_8	T_5,T_6	L_3	M_6,M_7	T_6,T_7	L_3	M_7,M_8						
		夹钳、脱锭用	T_7,T_8	L_3,L_4	M_8	T_5,T_6	L_2	M_5,M_6	T_6,T_7	L_4	M_8	T_6,T_7	L_4	M_8	T_6,T_7	L_3	M_7,M_8			
		揭盖用	T_6,T_7	L_3	M_7,M_8							T_6,T_7	L_3	M_7,M_8						
		料耙式	T_7	L_4	M_8				T_6,T_7	L_4	M_8	T_6,T_7	L_4	M_8	T_6,T_7	L_3	M_7,M_8			
		电磁铁式	T_6,T_7	L_3	M_7,M_8				T_5,T_6	L_3	M_6,M_7	T_5	L_3	M_6						
门式起重机	一般用途吊钩式		T_5	L_2,L_3	M_5,M_6	T_5	L_2,L_3	M_5,M_6	T_5	L_3	M_5	T_5	L_3	M_5						
	装卸用抓斗式		T_6,T_7	L_3,L_4	M_7,M_8				T_6,T_7	L_3,L_4	M_7,M_8	T_6	L_2,L_3	M_6,M_7						
	电站用吊钩式		T_3	L_1,L_2	M_2,M_3	T_3	L_2	M_3	T_3	L_2	M_3	T_3	L_2	M_3						
	造船安装用吊钩式		T_4	L_2,L_3	M_4,M_5	T_4	L_2,L_3	M_4,M_5	T_5	L_2,L_3	M_5,M_6	T_5	L_2,L_3	M_5,M_6						
	装卸集装箱用		T_6,T_7	L_2,L_3	$M_6\sim M_8$				T_6,T_7	L_2,L_3	$M_6\sim M_8$	$T_5\sim T_7$	L_2,L_3	$M_5\sim M_8$						
装卸桥	料场装卸用抓斗式		T_6,T_7	L_3,L_4	M_7,M_8				T_6,T_7	L_3,L_4	M_7,M_8	T_5	L_2,L_3	M_5,M_6				T_4	L_1	M_3
	港口装卸用抓斗式		T_6,T_7	L_3,L_4	M_7,M_8				T_6,T_7	L_3,L_4	M_7,M_8	T_5	L_2,L_3	M_6,M_7				T_4	L_1	M_3
	港口装卸集装箱用		T_5,T_6	L_2,L_3	$M_5\sim M_7$				T_5,T_6	L_2,L_3	$M_5\sim M_7$	T_5,T_6	L_2,L_3	$M_5\sim M_7$				T_4	L_1	M_3

续表

起重机形式			主起升机构			副起升机构			小车运行机构			大车运行机构			回转机构			变幅机构		
			利用等级	载荷情况	工作级别	利用等级	载荷情况	工作级别	利用等级	载荷情况	工作级别	利用等级	载荷情况	工作级别	利用等级	载荷情况	工作级别	利用等级	载荷情况	工作级别
门座起重机	安装用吊钩式		T_5	L_1,L_2	M_4,M_5	T_5	L_1,L_2	M_4,M_5				T_3,T_4	L_2	M_3,M_4	T_4	L_3	M_5	T_4	L_3	M_5
	装卸用吊钩式		T_5	L_2	M_5							T_3	T_2	M_3	T_4	L_3	M_5	T_4	L_3	M_5
	装卸用抓斗式		T_6,T_7	L_3	M_7,M_8							T_4	L_2	M_4	T_5,T_6	L_3	M_6,M_7	T_5	L_3	M_6
塔式起重机	建筑、施工安装用	$H<60$m	$T_2\sim T_4$	L_2	$M_2\sim M_4$				T_3	L_1,L_2	M_3	T_2	L_3	M_3	$T_2\sim T_4$	L_3	$M_3\sim M_5$	T_2,T_3	L_3	M_2,M_3
		$H>60$m	T_4,T_5	L_2	M_4,M_5				$T_3\sim T_5$	L_2	M_3	T_3	L_2	M_3	$T_2\sim T_4$	L_3	$M_3\sim M_5$	T_2,T_3	L_3	M_2,M_3
	输送混凝土用	$H<60$m	T_3,T_4	L_2,L_3	M_4,M_5				T_5	L_3	M_5,M_6	$T_2\sim T_5$	L_3	$M_3\sim M_6$	T_4,T_5	L_3	M_5,M_6	T_3,T_4	L_3	M_4,M_5
		$H>60$m	T_4,T_5	L_2,L_3	$M_4\sim M_6$				T_5	L_3	M_6	T_3	L_2	M_3	T_4,T_5	L_3	M_5,M_6	T_3,T_4	L_3	M_4,M_5
汽车轮胎、履带、铁路起重机	安装及装卸用吊钩式		T_4,T_5	L_1,L_2	M_3,M_4							T_3,T_4	L_1,L_2	$M_2\sim M_4$	T_4	L_2	M_4	T_4	L_2	M_4
	装卸用抓斗式		T_5,T_6	L_2,L_3	$M_5\sim M_7$							T_4,T_5	L_2	M_4,M_5	T_5	L_2,L_3	M_5,M_6	T_4,T_5	L_2,L_3	M_4,M_5
甲板起重机	重件装卸用		T_3,T_4	L_2	M_3,M_4										T_4	L_2	M_4	T_4	L_1,L_2	M_3,M_4
	一般装卸用		T_4,T_5	L_2	M_4,M_5										T_4,T_5	L_3	M_5,M_6	T_4	L_2	M_4
浮式起重机	装卸用吊钩式		T_5,T_6	L_2	M_5,M_6										T_5,T_6	L_2	M_5,M_6	T_5,T_6	L_2	M_5,M_6
	装卸用抓斗式		T_5,T_6	L_3	M_6,M_7										T_5,T_6	L_2,L_3	$M_5\sim M_7$	$T_5\sim T_7$	L_3	$M_6\sim M_8$
	造船安装用		T_4,T_5	L_2,L_3	$M_4\sim M_6$	T_4,T_5	L_2,L_3	$M_4\sim M_6$							T_4	L_2	M_5	T_4	L_2,L_3	M_4,M_5
缆索起重机	安装用吊钩式		$T_3\sim T_5$	L_3	$M_3\sim M_5$				T_3,T_4	L_2	M_3,M_4	T_3,T_4	L_2	M_3,M_4						
	装卸用吊钩式		T_5,T_6	L_3	M_6,M_7				T_5,T_6	L_2,L_3	M_5,M_6	T_4,T_5	L_2	M_4,M_5						
	装卸用抓斗式或输送混凝土用		T_6,T_7	L_3,L_4	M_7,M_8				T_6	L_3	M_7	T_4,T_5	L_2	M_4,M_5						

注：未列入举例表中的起重机机构工作级别可参照接近的起重机机构工作级别选择。

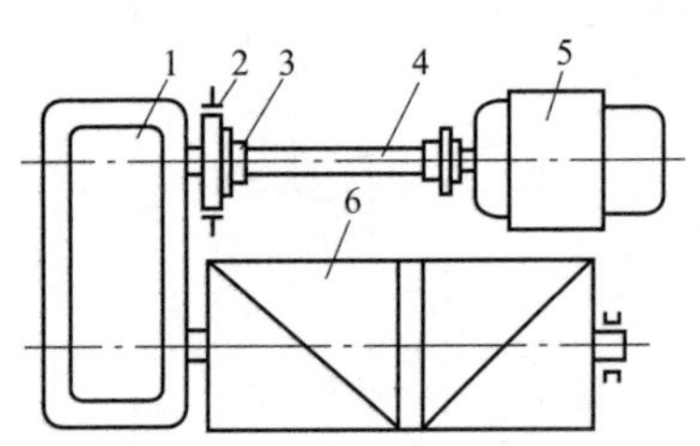

图 7-2 起重机起升机构简图

1—减速器；2—制动器；3—联轴器；
4—浮动轴；5—电动机；6—卷筒

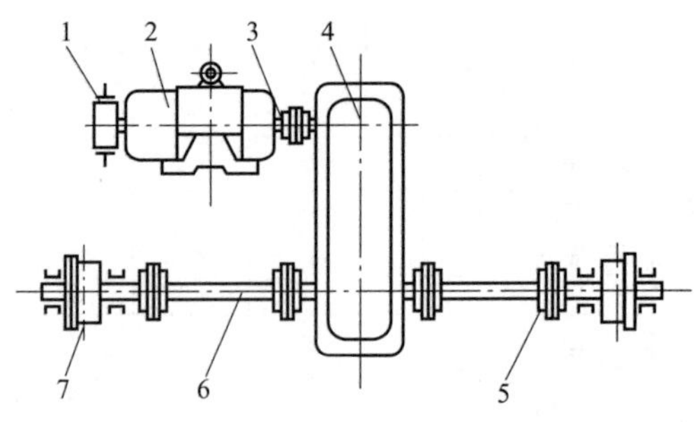

图 7-3 起重机小车运行机构简图

1—制动器；2—电动机；3,5—联轴器；
4—立式减速器；6—浮动轴；7—车轮

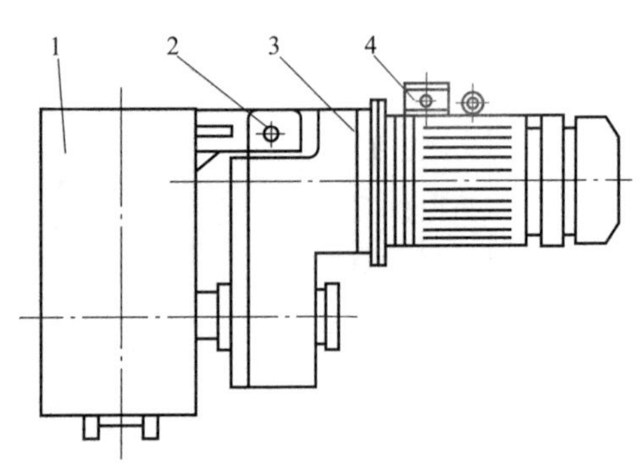

图 7-4 起重机大车“三合一”运行机构

1—端梁；2—支承架；3—套装式
减速器；4—制动电动机

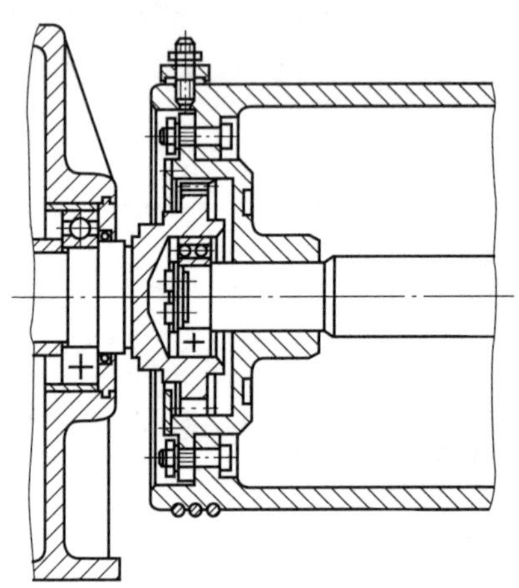

图 7-5 带齿盘接手的减速器与卷筒连接

起重机运行机构的减速器多采用立式减速器（见图 7-3）、“三合一”套装式减速器（见图 7-4）或卧式减速器。

（4）轴端形式　减速器的输出轴端除常见的圆柱形轴伸外，还有用齿盘接手直接与卷筒连接（见图 7-5），有的减速器还增加了花键连接等形式。套装式立式减速器输出端采用锥套式连接。

（5）齿轮材料及热处理　起重机减速器多采用中硬齿面和硬齿面齿轮，其常用材料及热处理方式有：

调质钢：42CrMo、35CrMo、34CrNiMo6

氮化钢：42CrMo、$31CrMoV_9$、38CrMoAl

渗碳钢：20CrMnMo、20CrMnTi、16MnCr5、17CrNiMo6

（6）齿轮精度（GB/T 10095.1—2008）　中硬齿面以精滚为最后工序多为 GB/T 10095.1 中的 8 级或 7 级。

硬齿面的磨齿为最后工序多为 GB/T 10095.1 中的 6 级。

（7）润滑与密封　起重机用减速器多数为油浴式润滑，只有中、大规格的立式减速器和大规格的卧式减速器采用集中喷油润滑。

密封形式，多数静面密封采用密封胶式“O”形密封圈，动面密封多数采用“J”形密

封环或迷宫式密封环，也有两者相结合的。

7.3 起重机常用减速器及典型结构

7.3.1 行星传动卷扬装置

（1）行星传动卷扬装置结构形式，见图 7-6。

① 两级行星齿轮传动［见图 7-6（a）］2K-H 型，传动比 $i=13.1\sim34.5$，传动装置置于卷筒内，制动系统和液压马达在卷筒外。输入与输出转向相反。

② 三级行星齿轮传动［见图 7-6（b）］2K-H 型，传动比 $i=45\sim176$，传动装置置于卷筒内，制动系统和液压马达在卷筒外。输入与输出的转向相反。

③ 一级直齿圆柱齿轮＋两级行星传动［见图 7-6（c）］2K-H 型，传动比 $i=40\sim150$，传动装置置于卷筒内，制动系统和液压马达在卷筒外。输入与输出的转向相同。

④ 整体形式　如图 7-6（d）所示。

（2）三级行星齿轮减速器，见图 7-7。

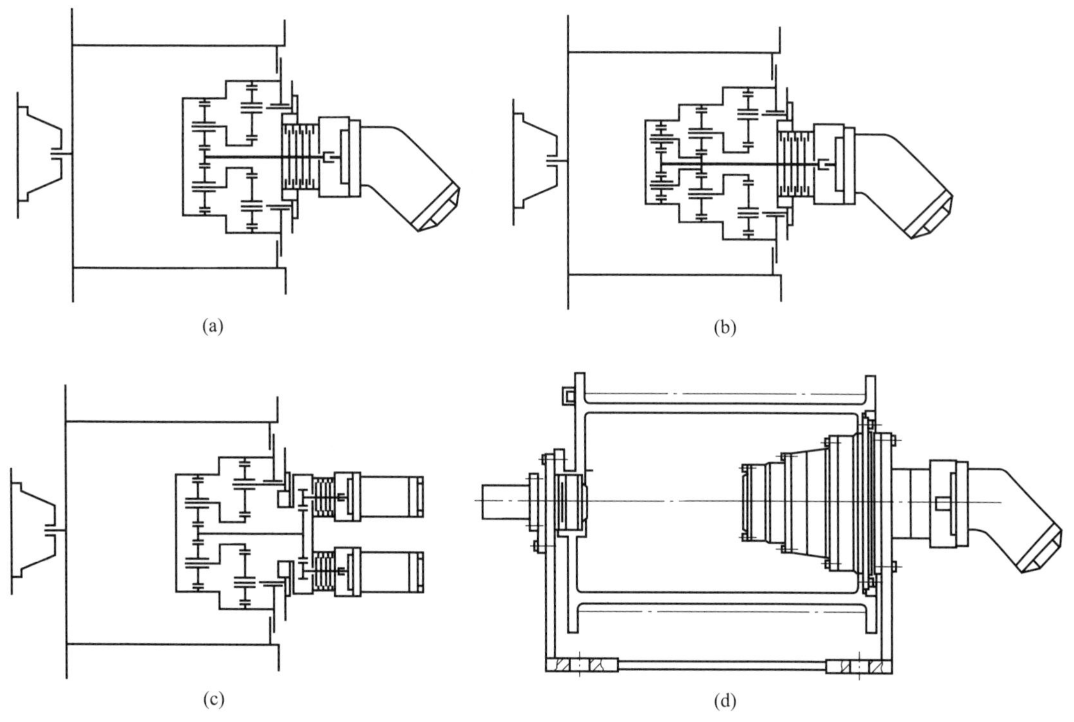

图 7-6　行星齿轮传动卷扬装置

7.3.2 行星齿轮传动回转装置

（1）回转驱动装置，见图 7-8。

（2）立式行星减速器，见图 7-9。

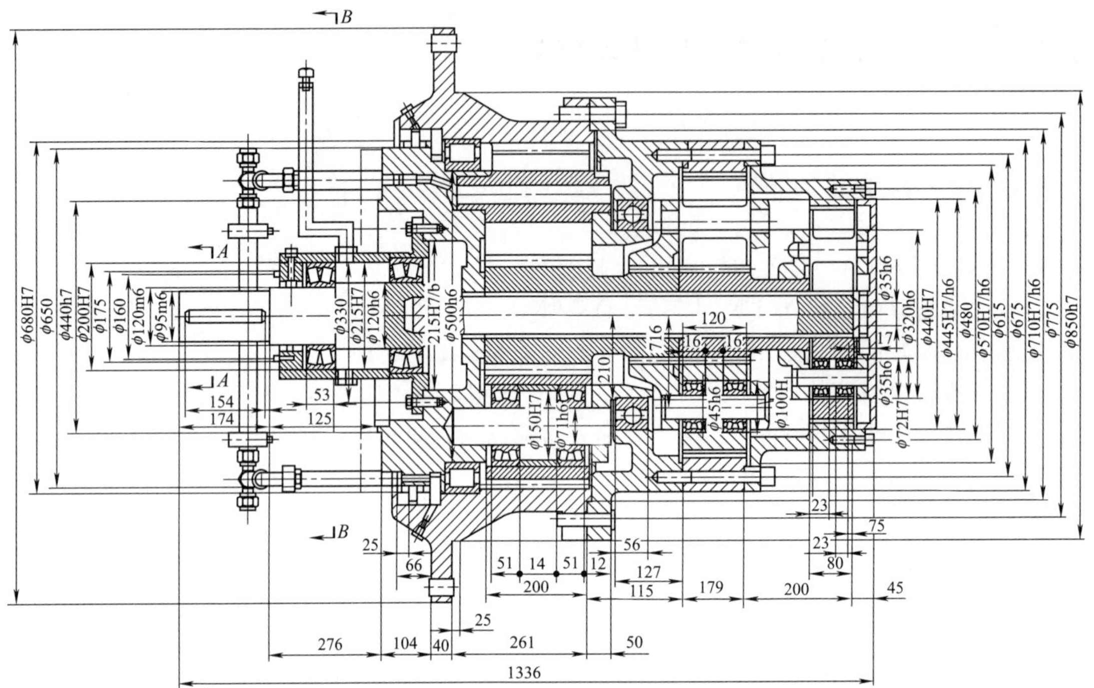

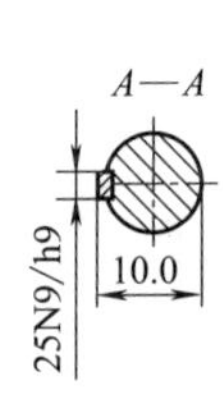

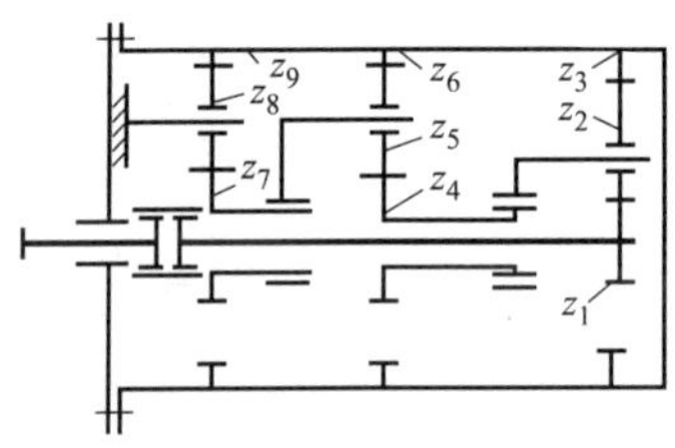

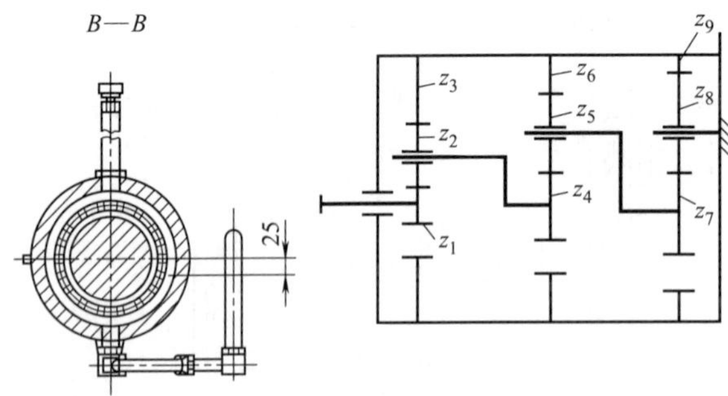

技术要求

1.装配前全部零件用煤油洗干净，零件作防锈及油漆处理。按有关规定执行。
2.B18轴承外圈压死，其余轴承轴向间隙调整至0.3～0.5mm。
3.所有静结合面应涂密封胶。
4.第一级齿轮的最小法向侧隙为0.16mm，第二级为0.185mm，第三级为0.21mm。
5.齿面接触斑点应均匀分布，齿高方向不小于45%，齿长方向不小于60%。
6.润滑油：ISo VG220；油量：46L。
7.装配后正反双向运转各1h，齿轮和轴应转动灵活，无异常噪声和漏油现象。
8.所有螺钉的预紧力矩按标准规定处理。
9.装配时所有定制的孔用、轴用挡圈必须进行擦伤检查，不允许有任何缺陷。

传动比 $i_{19}=-\frac{z_3}{z_1}-\left(1+\frac{z_3}{z_1}\right)\frac{z_6}{z_4}-\left(1+\frac{z_3}{z_1}\right)\left(1+\frac{z_6}{z_4}\right)\frac{z_9}{z_7}$

$=-\frac{101}{19}-\left(1+\frac{101}{19}\right)\times\frac{89}{28}-\left(1+\frac{101}{19}\right)\left(1+\frac{89}{28}\right)\times\frac{80}{24}=-113.363$

图 7-7　三级行星齿轮减速器

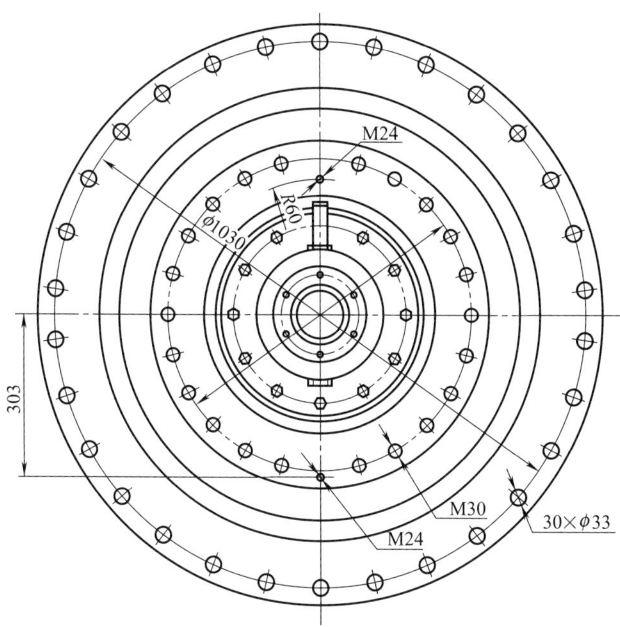

主要技术参数

额定功率	$P=132$kW								
输入转速	$n_1=886$r/min								
输出转矩	$T_2=137$kN·m								
行星齿轮传动	第Ⅰ级行星传动			第Ⅱ级行星传动			第Ⅲ级行星传动		
	太阳轮	行星轮	内齿圈	太阳轮	行星轮	内齿圈	太阳轮	行星轮	内齿圈
模数 m	$m=4$mm			$m=6$mm			$m=8$mm		
齿数 z	$z_1=19$	$z_2=40$	$z_3=101$	$z_4=28$	$z_5=30$	$z_6=89$	$z_7=24$	$z_8=27$	$z_9=80$
变位系数 x	$x_1=0.574$	$x_2=0.242$	$x_3=0$	$x_4=0.184$	$x_5=0.163$	$x_6=0$	$x_7=0.585$	$x_8=0.241$	$x_9=0$
中心距 a	$a_1=121$mm			$a_2=176$mm			$a_3=200$mm		
齿宽 b	$b_1=80$mm			$b_2=120$mm			$b_3=190$mm		
行星轮个数 n_p	$n_{p1}=3$			$n_{p2}=3$			$n_{p3}=4$		
传动比 i	$i=-113.363$								

（用于卷扬装置的卷筒中）

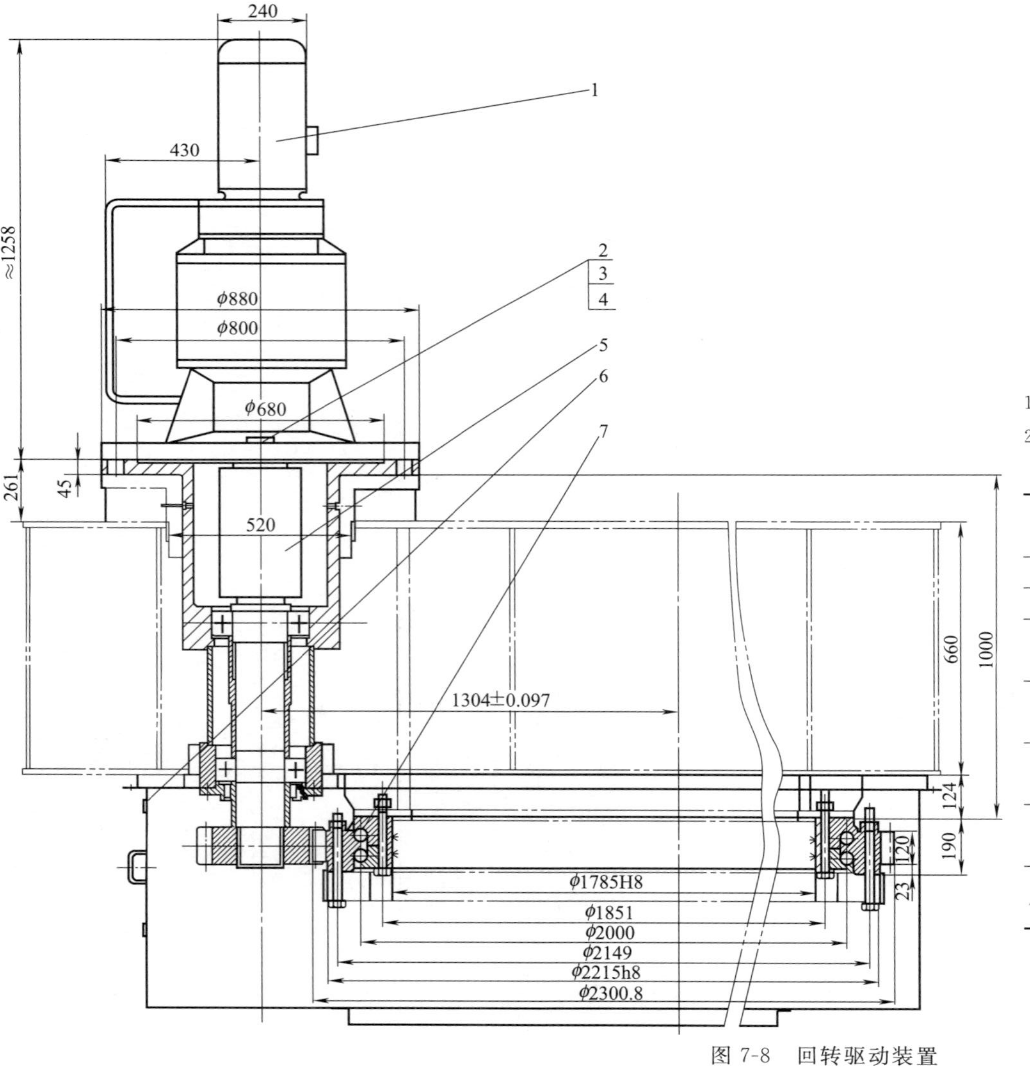

图 7-8　回转驱动装置

技术参数

回转范围		360°正反转	
输出转速		$n_2=0.11683$r/min	
总传动比		$i=12721.4$	
行星减速器	型号	NDFL528—1832	
	传动比	1832	带变频调速电动机
齿轮副	大齿轮	$m=18$mm，$z_2=125$，$x_2=+0.5$	
	小齿轮	$m=18$mm，$z_1=18$，$x_1=0.4889$	
	传动比	$i=6.944$	

技术要求

1. 回转支承的预紧力矩为 $T=1800$N·m。
2. 回转驱动装置安装与中柱中心线的同轴度不大于 $\phi 0.1$mm。

7	YD01.01.04-04	回转支承（022.50.2000）	1		1439	1439	$m=18$mm，$z=125$
6	YD01.01.04.03	齿圈罩	1		281	281	
5	YD01.01.04.0.2	输出轴装置	1		682	682	
4	GB/T 93—1987	垫圈 36	12		0.03	0.36	
3	GB/T 6170—2000	螺母 M36	12		0.32	3.8	
2	GB/T 5782—2000	螺栓 M36×200	12		1.5	18	
1	YZP112-4	变频电动机	1		55	55	大连伯顿公司
序号	图号	名称	数量	材料	单件	总计	备注
					质量		

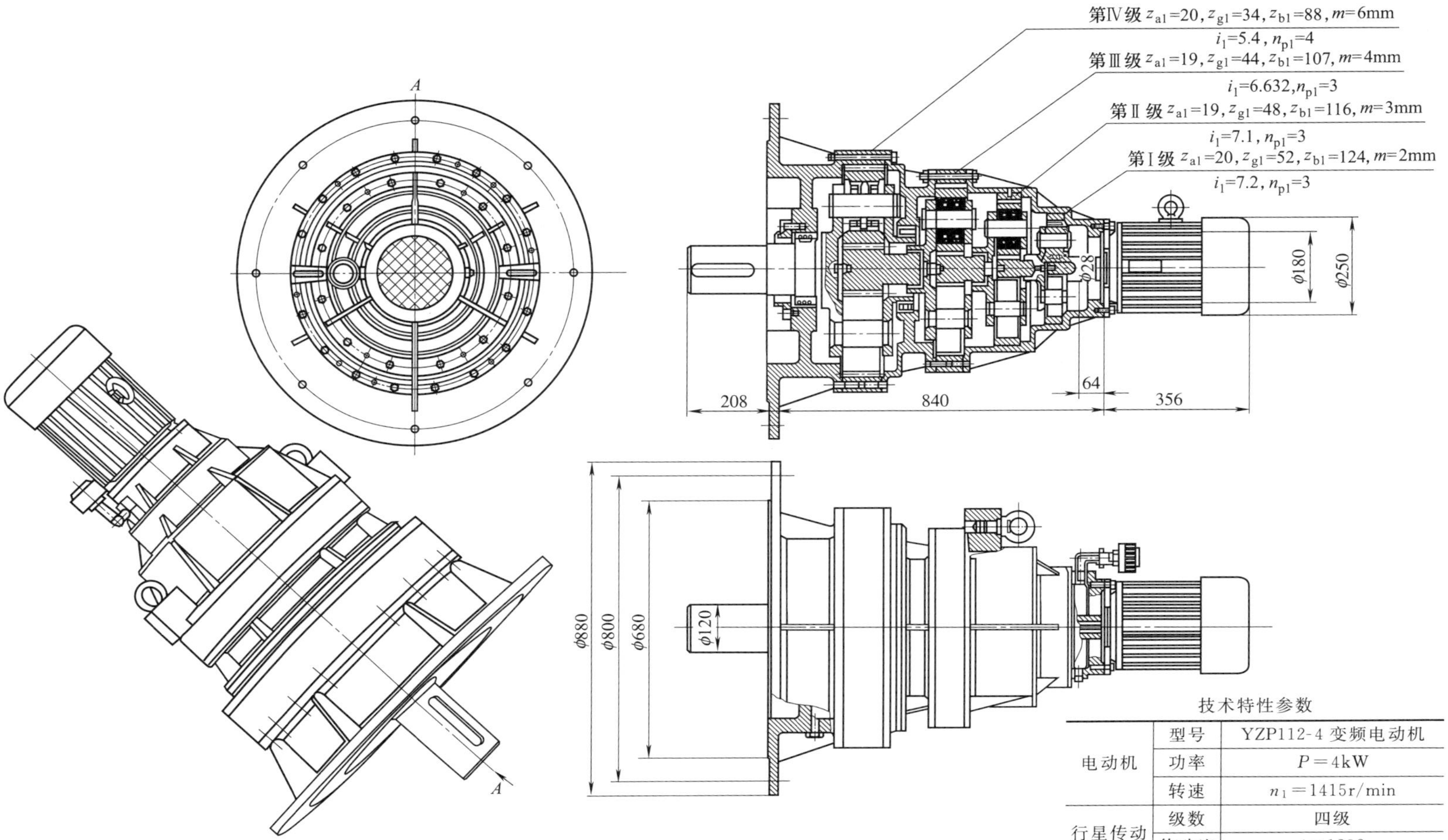

技术特性参数

电动机	型号	YZP112-4 变频电动机
	功率	$P=4kW$
	转速	$n_1=1415r/min$
行星传动	级数	四级
	传动比	$i=1832$
输入转矩		$T=25.5N\cdot m$
输出转速		$n_2=0.77r/min$

图 7-9　立式行星减速器

（3）2K-H 型三级立式行星减速器，见图 7-10。其中行走传动装置大多采用定轴传动装置，如平行轴的 H 系列或直角转向的 B 系列减速器。见表 7-5 所列 H 系列/B 系列减速器的结构与型号。

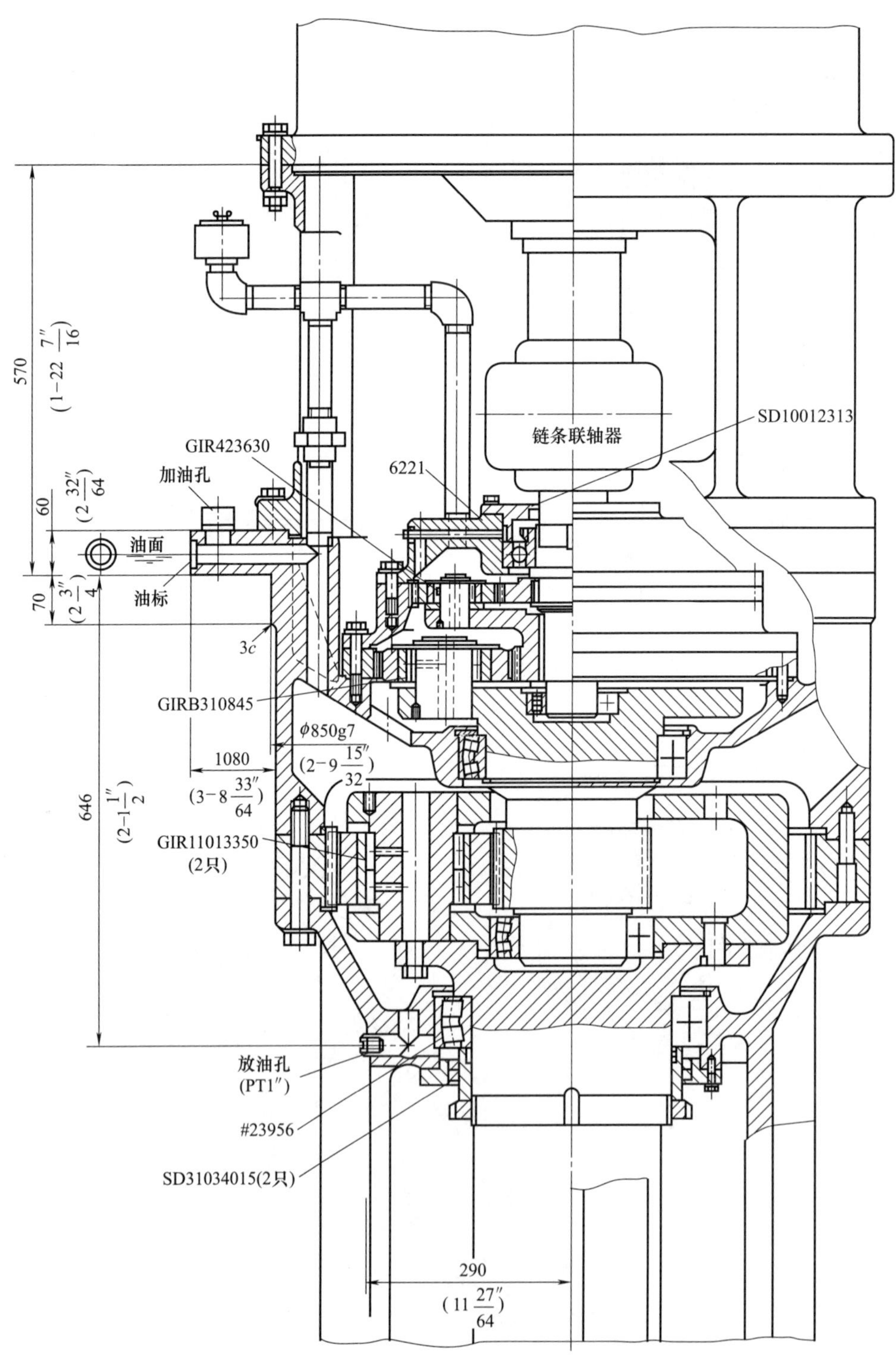

图 7-10　2K-H 型三级立式行星减速器（日本，采用油膜浮动）

表 7-5　H 系列/B 系列减速器的结构与型号

结构示意图

H 系列减速器	B 系列减速器
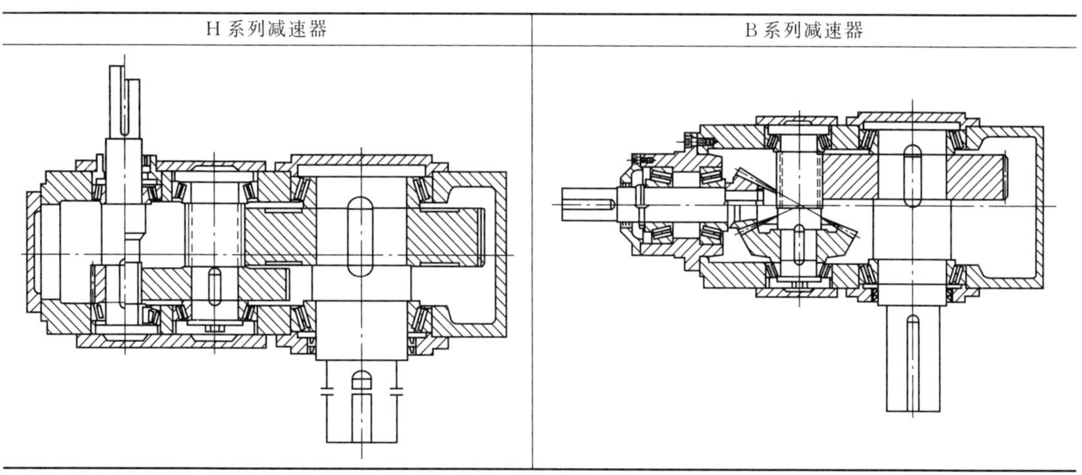	

（4）型号表示方法：

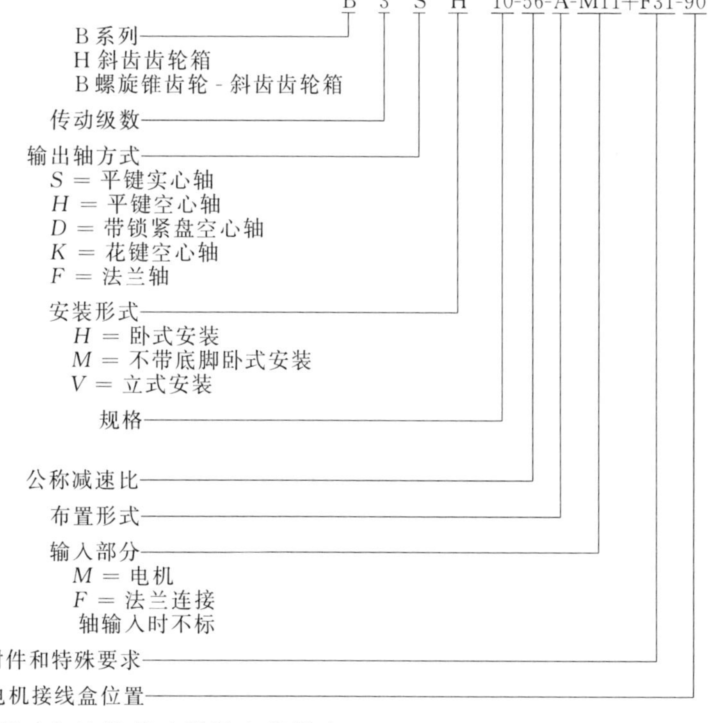

具体的外形尺寸与连接尺寸详见产品样本。

7.3.3　RV 减速器

RV 传动（属曲柄式封闭差动轮系）是在摆线针轮传动基础上发展起来的一种新型传动，它具有体积小，重量轻、传动比范围大，传动效率高等一系列优点，比单纯的摆线针轮行星传动具有更小的体积和更大的过载能力，且输出轴刚度大，因而在国内外受到广泛重视，在日本机器人的传动机构中，已在很大程度上逐渐取代单纯的摆线针轮行星传动和谐波传动。

(1) 传动原理　图 7-11 是 RV 传动简图。它由渐开线圆柱齿轮行星减速机构和摆线针轮行星减速机构二部分组成。渐开线行星齿轮 2 与曲柄轴 3 连成一体，作为摆线针轮传动部分的输入。如果渐开线中心齿轮 1 顺时针方向旋转，那么渐开线行星齿轮在公转的同时还有逆时针方向自转，并通过曲柄轴带动摆线轮作偏心运动，此时，摆线轮在其轴线公转的同时，还将反向自转，即顺时针转动。同时还通过曲柄轴推动钢架结构的输出机构顺时针方向转动。

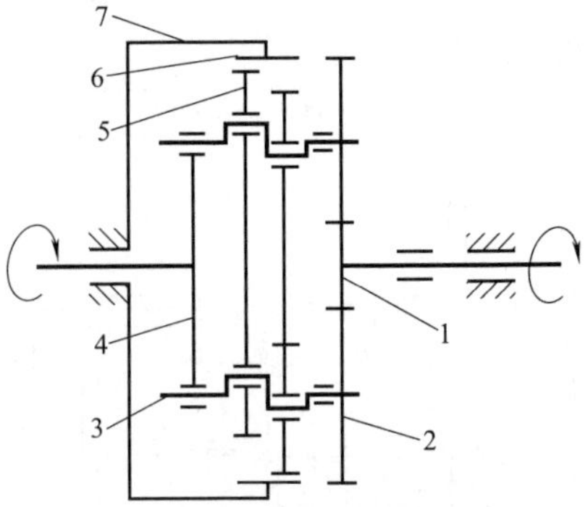

图 7-11　RV 传动简图

1—太阳轮；2—行星轮；3—曲柄轴；4—输出轴；5—摆线轮；6—针轮；7—机座

按照封闭差动轮系求解传动比基本方法，可以计算出 RV 传动的传动比计算公式

$$i_{14}=1+\frac{z_2}{z_1}z_6$$

式中　z_1——太阳轮齿数；

z_2——行星轮齿数；

z_6——针轮齿数 $z_6=z_5+1$；

z_5——摆线轮齿数。

(2) RV 减速器典型结构（见图 7-12）　输入轴一端制出渐开线行星传动的太阳轮，它与分别装于三个曲柄轴端的三个行星齿轮相啮合，从而带动三个曲柄轴与三个行星轮同时作行星运动。曲柄轴通过滚动轴承带动两片相位差为 180°的摆线轮，使后者在固定于机座上的针轮的约束下，作行星运动，最后使三个曲柄轴所在的行星架转动，行星架转动的方向与

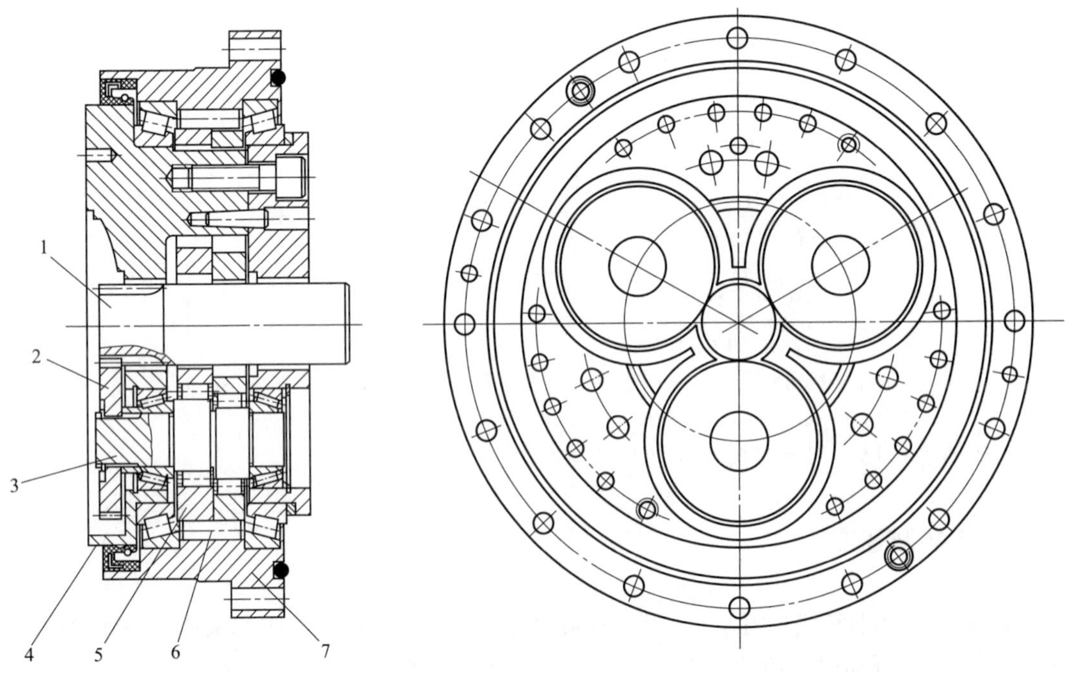

图 7-12　RV 减速器的结构

1—太阳轮；2—行星轮；3—曲柄轴；4—输出轴（行星架输出）；5—摆线轮；6—针轮；7—机座

输入轴转动的方向相同，通常 RV 减速器是用行星架作输出轴，利用螺栓将被驱动的部件与 RV 减速器的行星架连为一体，即可达到传动的目的。

7.3.4　起重机减速器的选用

(1) 起重机减速器的选用原则

① 满足工作条件，即最高转速、最大齿轮圆周速度、环境温度和转向要求。

② 满足机械强度要求，如输入轴的功率（或输出轴的转矩），轴伸的最大径向力和瞬时最大转矩等。

③ 满足转速要求，按电动机实际转速和减速器实际传动比计算。

④ 根据主机要求减速器的安装位置、界限尺寸、连接部位、传动性能的要求，确定减速器的结构、安装和装配形式。

⑤ 根据输入和输出轴的连接方式，选择轴端形式。

⑥ 考虑使用和维护方便，选择注油口和排油口的位置、润滑方式等。

(2) 起重机用减速器的选用计算　通常，起重机用减速器给出的功率为 M_5 或 M_6 工作级别作为基础功率，如果起重机的机构工作级别为 M_5 或 M_6 可直接选用，如果是其他工作级别则要进行换算。

$$P_{Mi}=P_{M5}\times 1.12^{(i-5)}$$

式中　P_{Mi}——某一级别减速器承载能力表中的高速轴许用功率，kW；

P_{M5}——工作级别为 M_5 作为基础功率（即高速轴许用功率），kW；

i——工作级别，一般为 1～8。

7.4　行星差动传动的应用与设计

7.4.1　概述

行星差动传动具有两个自由度，即 $W=2$，太阳轮 a、内齿圈 b 和行星架 H（在机构学中亦称系杆或转臂）都承受外转矩而运动。行星差动传动是行星齿轮传动的一种特殊应用形式。行星差动传动主要用于运动的合成与分解。当一个基本构件的主动件，另外两个基本构件作为从动件输出功率时，行星差速器将使输入功率和主动运动按某种要求进行分解；当两个基本构件为主动件输入功率，另外一个基本构件作为从动件输出功率时，行星差速器使输入功率和主动运动按某种要求进行合成。就实际应用而言，前者并不是单纯分解了功率和运动，更重要的是解决了一些用别的传动方式难以解决的问题。后者也不仅是进行了功率和运动的合成，而且利用这种传动特点，可解决在一定的范围内的调速和多速驱动问题。

用于行星差动传动的行星传动，常为 2K-H（NGW）型、2K-H（WW）型、ZUWGW 型传动。这些行星传动与适当的定轴齿轮传动组合，便可组成行星差速器。

2K-H（NGW）型行星差动传动结构紧凑，轴向尺寸小、重量轻，效率高，应用广泛，目前在离心机上广泛应用。

2K-H（WW）型行星差动传动，结构简单，但尺寸和质量较大。由于其传动效率与传动比紧密相关，在设计时应慎重考虑（当 $i_{ab}^{H}=2$ 时较为理想）。

采用 ZUWGW 型行星差动传动时，输入轴与输出轴可垂直，适宜用于车辆前后桥的差速器，常取 $i_{ab}^{H}=-1$。此外，还常用于小功率的差动调速及机床传动系统中。

行星差动传动已广泛应用于起重运输、冶金、矿山机械、化工机械、机床和轻工机械等行业中。

利用行星差动传动技术开发了许多新产品，在许多行业中发挥着重要作用，一些典型应用有以下。

① 利用行星差动传动装置的调速功能驱动中小型连轧机、风机泵及磨机等，可对工作机输出转速进行调节，以实现相应的工艺要求或调整其输出的流体流量及压力等，可明显改善作业品质，降低运行能耗，减少资源浪费。

② 利用行星差动传动技术开发的可控的启动传动装置；通过控制差动机构中某一自由度的转速变化，进而实现输出级的平稳启动，可大大减缓启动冲击，减小启动电流，改善启动品质。目前在长距离皮带机上已得到广泛应用，其最大传递功率可达 3000kW，并可实现多点驱动且自动实现载荷均衡。

③ 利用行星差动技术开发了高速差速器应用于卧式螺旋卸料离心分离机，可实现固液物料的分离作业。行星差速器最高工作转速可达 5000r/min，最大驱动转矩可达数万 N·m。

④ 行星差动传动装置还广泛应用于起重机、卸船机的抓斗及电炉电极的升降运动，以实现正常运行及升程时快速运动要求。在连铸设备的钢包移动台车驱动装置中采用行星差动传动装置，亦可实现正常运行及起步和停车时慢速运行的要求。

7.4.2 四卷筒机构行星差动装置

国内在大型卸船机上（见图 7-13）广泛应用四卷筒机构行星差动装置。原来小车的运行、抓斗的升降、抓斗的开闭需用三套传动系统，而今用两台行星差动减速器、四只卷筒、两台主电动机、一台行走电动机就可实现上述要求，简化结构，减轻质量，对大梁的作用力减小，具有突出的优点。

在卸船机上首先应用四卷筒机构行星差动装置的是法国佳提公司（Caillard Levage）。1988 年法国佳提公司名扬海内外，为世界众多散货装卸和港务管理当局所熟知。其向世界各地提供它的产品，亦在这一领域始终保持技术国际领先地位，信誉卓绝。

由此，在国内开发应用这一技术。在卸船机上采用新颖的四卷筒牵引方式，小车自重轻，绳索简单，钢绳对大梁的作用力小，绳索寿命长且更换方便。原来小车行走、抓斗起升、抓斗开闭要用三套传动装置，现在合并为一套——四卷筒传动装置，简化了结构。国内开始普遍应用，其核心技术——行星差动减速器的设计与制造。我国先后研制了抓斗容量 10t、16t、18t、22t、25t、36t、40t 和 52t 和 60t 的卸船机，经多年的实际应用，性能好，运行正常，无任何渗、漏油现象。其组合巧妙，结构紧凑，体积小，效率高，可靠性好。

7.4.2.1 行星差动减速器的结构与参数

行星差动减速器具有两个自由度（即 $W=2$），主要用于运动的合成与分解，根据不同的使用工况，可用于复合运动（两个原动机、一个执行机构）和分解运动（一个原动机、两个执行机构），如汽车的差速器就是如此。

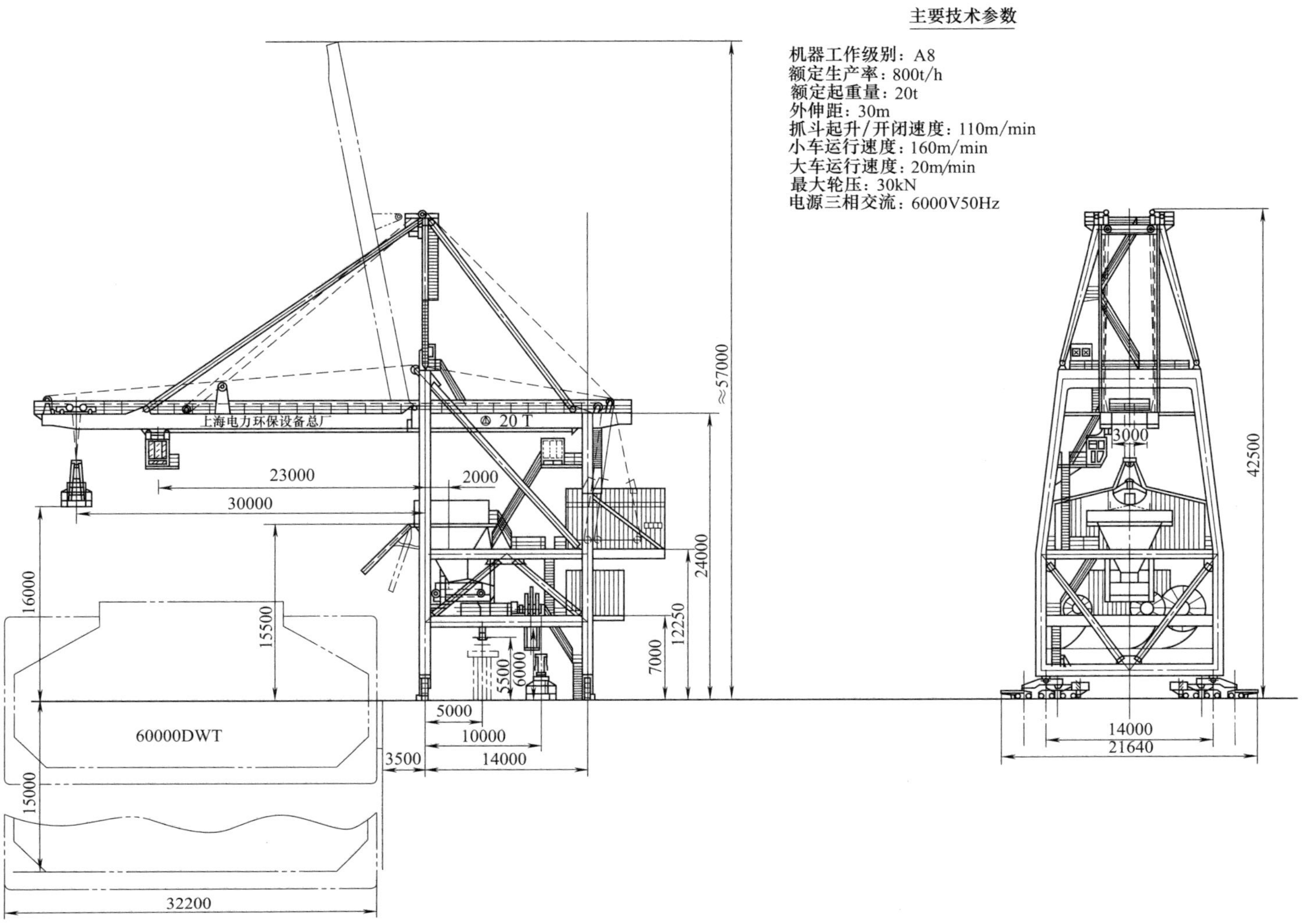

主要技术参数
机器工作级别：A8
额定生产率：800t/h
额定起重量：20t
外伸距：30m
抓斗起升/开闭速度：110m/min
小车运行速度：160m/min
大车运行速度：20m/min
最大轮压：30kN
电源三相交流：6000V50Hz
上海电力环保设备总厂
20 T
≈57000
24000
12250
7000
23000
2000
30000
16000
15500
5500
6000
5000
10000
14000
3500
60000DWT
15000
32200
3000
42500
14000
21640

图 7-13　20t 抓斗卸船机（800t/h，生产单位：上海水工机械厂）

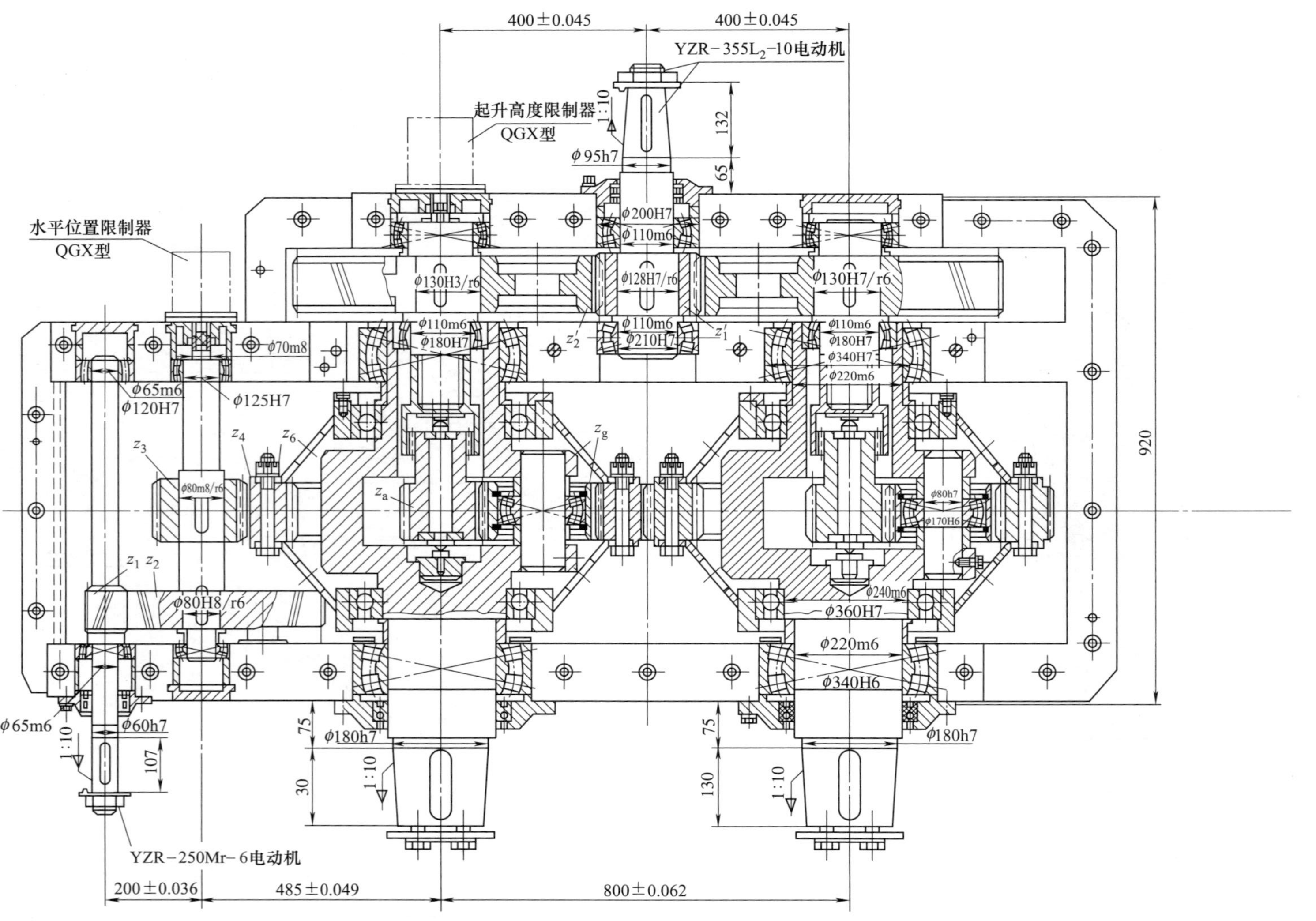

图 7-14　10t 抓斗行星差动减速器（用于 10t 卸船机，生产单位：上海水工机械厂）

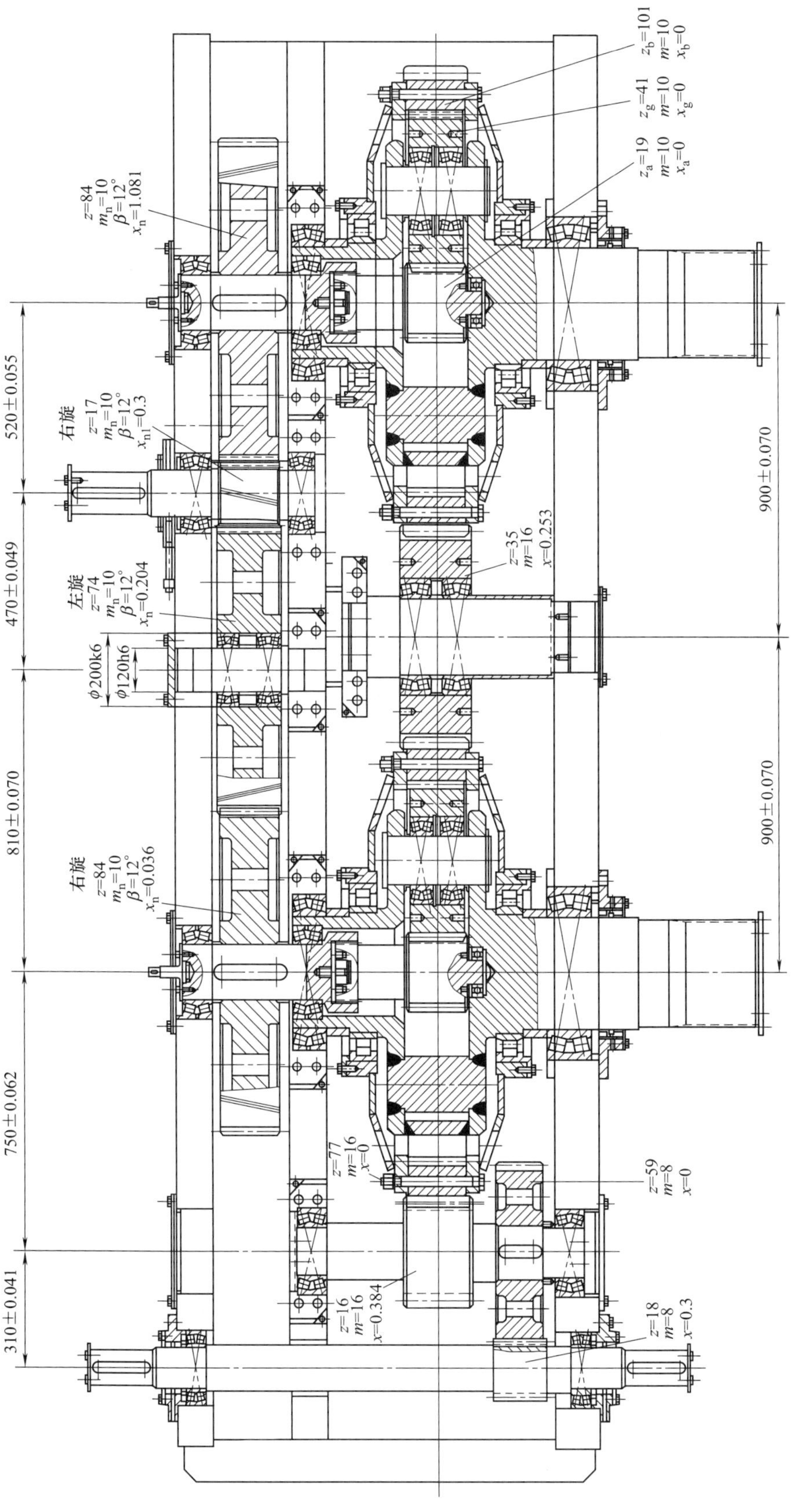

图 7-15　40t抓斗行星差动减速器（生产率1650t/h，质量$G=15$t，生产单位：江阴齿轮箱厂）

现以 10t 卸船机为例进行介绍（见图 7-14），采用两台行星差动减速器，各用两台大小不同的驱动电动机，组成四卷筒机构，用于小车运行、抓斗起升和开闭。其中行星差速器的结构如图 7-15 所示，主要技术参数如表 7-6 所列。图 7-15 为 40t 抓斗行星差动减速器。

表 7-6　10t 抓斗行星差动减速器主要技术参数

名称 \ 类别		起升、开闭机构	行走机构	
电动机型号		YZP315L-8	YZP280S-8	
输入功率 P/kW		132	45	
输入转速 n_1/(r/min)		735	735	
总传动比 i		$i=13$	$i=10.6$	
定轴传动	齿数比	$z_2'/z_1'=112/43=2.6$	$z_2/z_1=63/35=1.8$	$z_4/z_3=160/34=4.706$
	模数 m/mm	5	4	5
	螺旋角 β	$\beta=12°$	$\beta=11°28'42''$	$\beta=0$
	传动比 i	$i_1'=2.60$	$i_1=8.471$	
行星传动	齿数 z	$z_a=30$	$z_g=45$	$z_b=120$
	模数 m/mm	5		
	传动比 i_{aH}^{b}	5	1.25	
输出转速 n_2/(r/min)		56.5	69	
输出速度 v/(r/min)		98	119	
输出转矩 T_2/kN・m		$2\times21(\eta=0.94)$	$5.8(\eta=0.94)$	

注：1. 减速器中心高 $H=480$mm，重量 $G=4200$kg，卷筒中心距离 $L=800$mm。

2. 卷筒直径 $D=550$mm，钢丝绳直径 $d=22$mm，生产率为 340t/h。

7.4.2.2　特点和原理

（1）主要特点

① 以 2K-H 型行星齿轮传动组成的行星差动减速器，体积小、重量轻、仅为定轴传动的 1/2 左右，本设计的重量为 3900kg。

② 组合巧妙，由两台行星差动减速器就可组成四卷筒驱动装置。

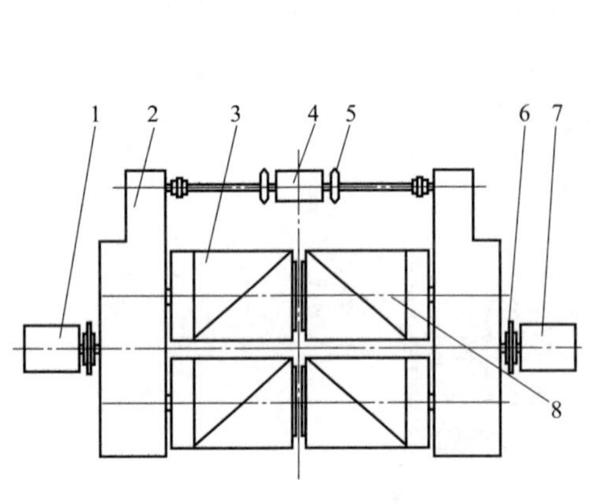

图 7-16　四卷筒机构（两台行星差动减速器及四卷筒的布置）

1—开闭电动机；2—行星差动减速器；3—开闭卷筒；4—小车运行电动机；5—轮式制动器；6—盘式制动器；7—起升电动机；8—起升卷筒

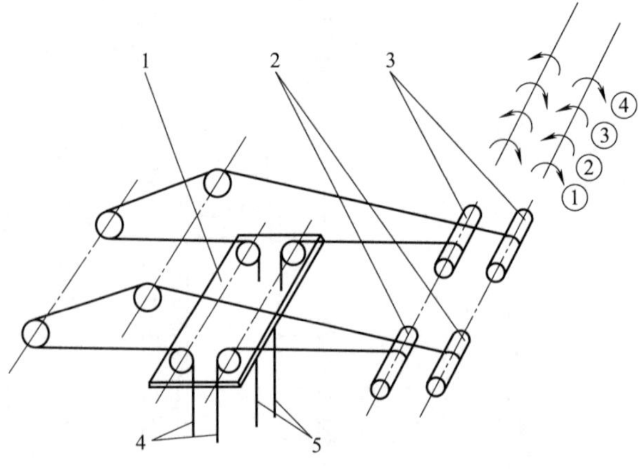

图 7-17　四卷筒机构钢丝绳的缠绕法

1—运行小车；2—起升卷筒；3—开闭卷筒；4—起升钢绳；5—开闭钢绳

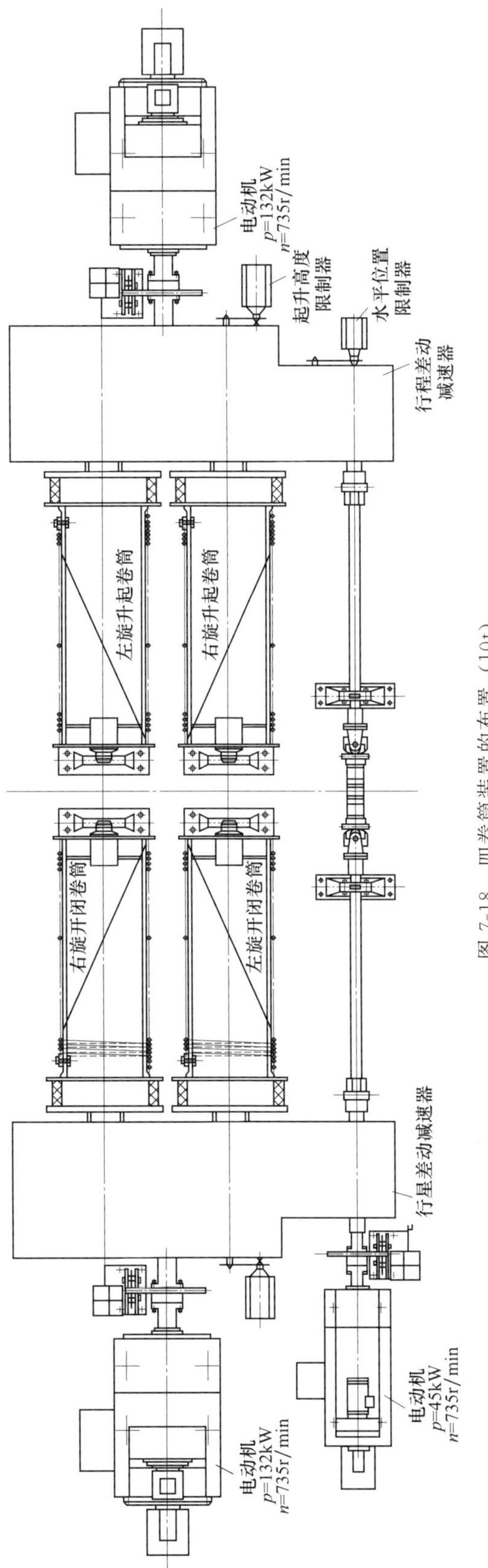

图 7-18　四卷筒装置的布置（10t）

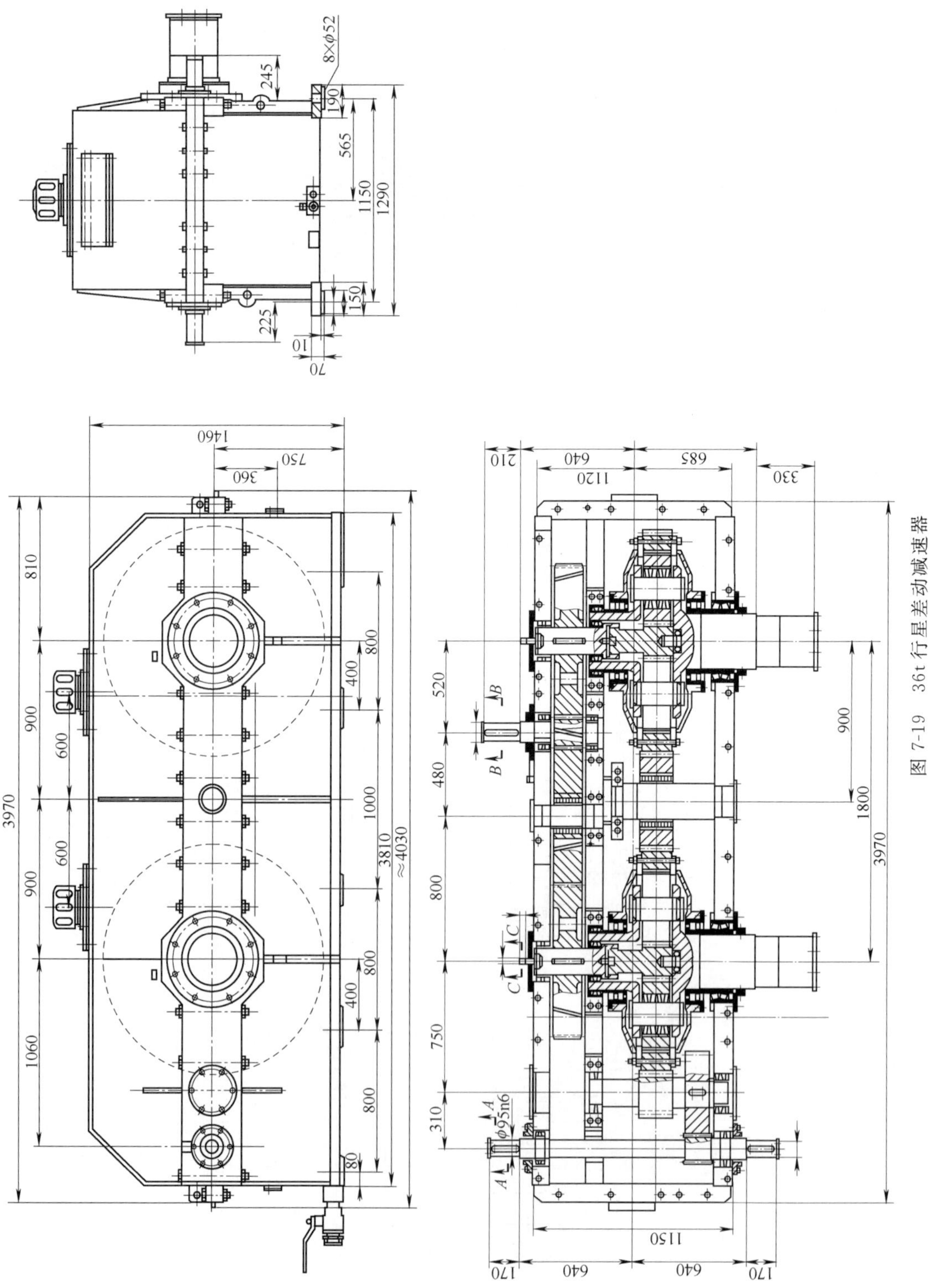

图 7-19　36t行星差动减速器

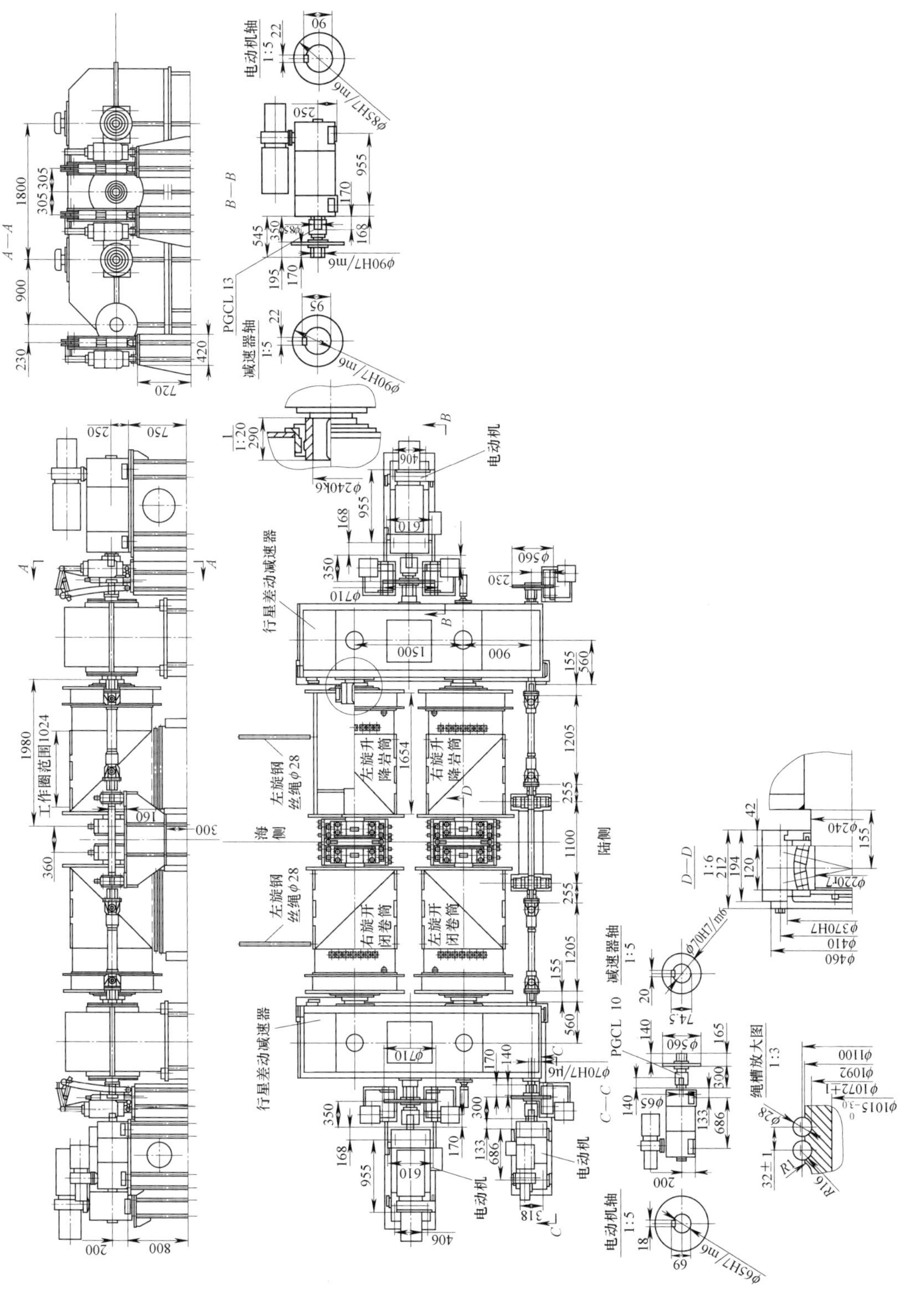

图 7-20　四卷筒机构布置图

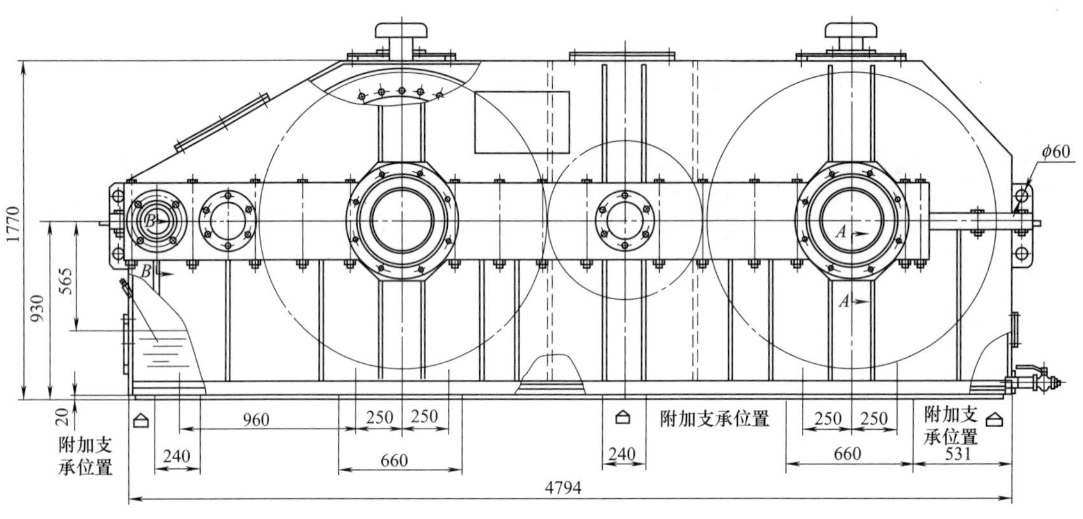
1770
930
565
20
960
250
250
240
660
240
附加支承位置
250
250
660
531
4794
附加支
承位置
附加支
承位置
ϕ60
A
A
B
B

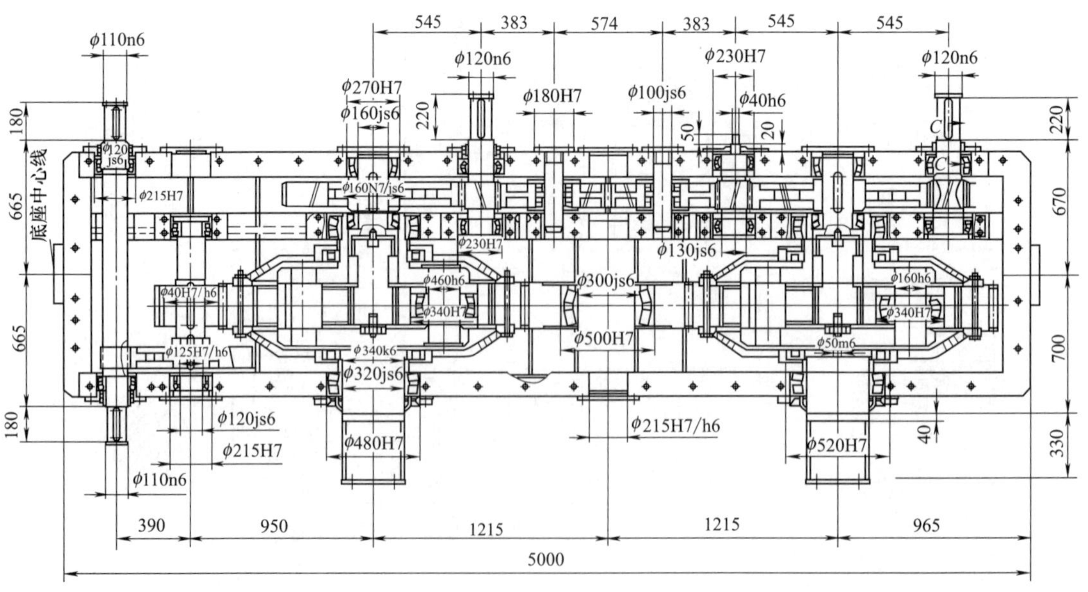
545
383
574
383
545
545
ϕ110n6
ϕ120n6
ϕ270H7
ϕ160js6
ϕ180H7
ϕ100js6
ϕ230H7
ϕ40h6
ϕ120n6
220
50
20
220
180
665
665
180
底座中心线
670
700
330
40
ϕ215H7
ϕ160N7/js6
ϕ230H7
ϕ130js6
ϕ460h6
ϕ300js6
ϕ160h6
ϕ40H7/h6
ϕ340H7
ϕ340H7
ϕ125H7/h6
ϕ500H7
ϕ50m6
ϕ340k6
ϕ320js6
ϕ120js6
ϕ215H7
ϕ110n6
ϕ480H7
ϕ215H7/h6
ϕ520H7
390
950
1215
1215
965
5000
C
C

图 7-21　52t 行星

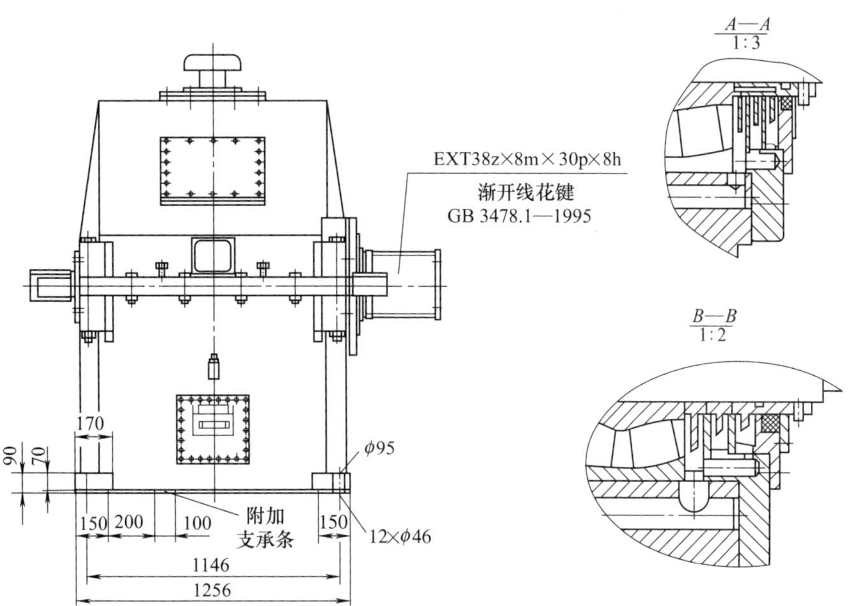

两对称制作减速箱在机构中的位置示意图

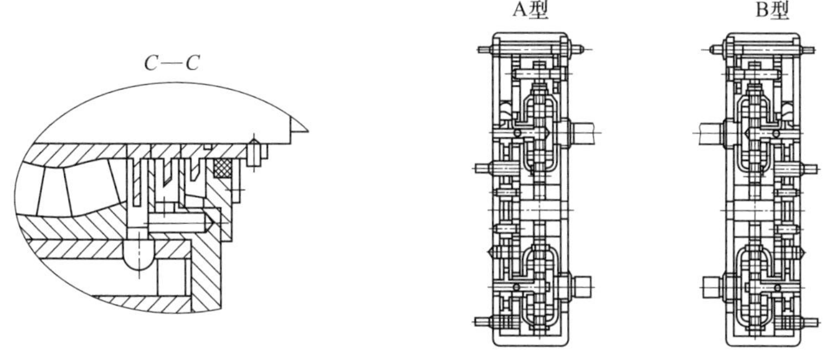

主参数

	起升开闭机构	小车运行机构
电动机型号	变频电动机	变频电动机
电动机额定功率	480kW	420kW
电动机额定转速	1000r/min	1200r/min
传动比	31.288	25.013
每一卷筒频定转矩	1.7×10⁵N·m=170kN·m	
每一卷筒瞬时最大输出转矩		

齿轮分级参数

	起升开闭机构			小车运行机构		
	定轴部分	行星部分	惰轮	第一级	第二级	惰轮
	大齿轮/小齿轮	太阳轮/行星轮/齿圈		大齿轮/小齿轮	大齿轮/小齿轮	
齿数	89/18	19/41/101	57	78/17	78/17	43
传动比	4.944	6.316		4.588	4.588	
中心距/mm	545	$r=360$		390	390	
模数/mm	10	12	10	8	20	20
螺旋角	0°	0°	0°	10°	10°	10°
齿宽/mm	128	180	110	110	230	240
变位系数	−0.281/0.458		−0.232	0.137/0.4	−0.20/0.20	0.454

差动减速器

③ 承载能力大，以 2K-H 型组合成的行星差动装置，具有大的承载能力和过载能力。

④ 其中行星传动部分采用鼓形齿联轴器的太阳轮浮动，以实现行星轮间的均载作用，无径向支承，简化结构，均载效果好。

⑤ 齿轮的材质组合和齿轮参数的设计计算与选配合理。行星架及各传动件结构合理，工艺性好。如输出轴采用锥度 1∶10 的锥形轴，便于装卸和维护保养。

因此，在卸船机上采用这种新型的四卷筒机构，具有节能、节材的优点。

四卷筒牵引式卸船机，其中的四卷筒机构由四只卷筒、两只行星差动减速器、电动机和制动器组成，如图 7-16 所示。其中绕绳方式如图 7-17 所示，由四根钢绳组成，而小车移动时，钢绳不再在抓斗滑轮中移动。它的起升、开闭和小车牵引机构合而为一，因而称为四卷筒机构。绳系非常简单，而机构的组合相当巧妙。四卷筒装置的布置如图 7-18 所示。

（2）四卷筒牵引式抓斗及小车运行的动作原理

① 工况 1　起升、开闭卷筒向右旋转时，使抓斗提升，由起升、开闭电动机驱动。

② 工况 2　起升、开闭卷筒向左旋转时，使抓斗下降，由起升、开闭电动机驱动。

③ 工况 3　起升、开闭卷筒分别作向内相对旋转，使抓斗小车向右移动，此时，由小车牵引电动机驱动。

④ 工况 4　起升、开闭卷筒分别向外相对旋转，则抓斗小车向左移动。

⑤ 工况 5　当起升卷筒刹住不动，开闭卷筒向左旋转时，抓斗运行开启。

⑥ 工况 6　当起升卷筒刹住不动，开闭卷筒向右旋转时，抓斗进行闭合。

⑦ 工况 7　起升、开闭卷筒同向旋转时，小车牵引电动机投入运行，抓斗可以走曲线轨迹进入或离开船舱。

四卷筒机构的核心部分是行星差动减速器。

该机构的起升、开闭均采用 yPZ1-800/300 盘式制动器，制动力矩大，性能可靠，安全灵活。小车牵引电动机双输出轴系统上装有两台常规的 yWZ5-315/50 轮式制动器。

抓斗内开闭段钢绳较其余部分的弯曲疲劳、磨损严重，为了延长钢绳使用寿命，降低钢绳耗量，设计中考虑钢绳在卷筒上有一定贮备量。这样，可以把磨损严重的钢绳段砍掉，放出一段，重新满足开闭所需的钢绳长度。一般一根钢绳可重复使用三次。

该机所选用的钢绳为 6×29F1+NF 型号，麻芯填交绕优质钢绳，具有较高的韧性、弹性，并能蓄存一定的润滑油脂。它还有较大的承载能力，具有抗挤压、不旋转、耐疲劳等特点。为更有效地防止抓斗旋转和合理使用钢绳，起升、开闭绳左右捻成对使用，右旋卷筒上用左捻钢绳，左旋卷筒上用右捻钢绳。

有时为了安装及拆换钢绳方便，在设计中专门设置了一个钢绳穿绳装置。

图 7-19 所示为 36t 行星差动减速器，表 7-7 所列为其主要技术参数。图 7-20 所示为四卷机构的布置型式。图 7-21 所示为 52t 行星差动减速器的结构图。

表 7-7　36t 行星差动减速器主要技术参数

名称 ＼ 类别	起升、开闭机构	行走机构
电动机型号	—	—
输入功率 P/kW	500	200
输入转速 n_1/(r/min)	992/1139	1000
总传动比 i	27.26	18.74

续表

名称 \ 类别		起升、开闭机构	行走机构	
定轴传动	齿数比	$z_2'/z_1'=82/19;74/19\times84/74$	$z_2/z_1=59/18$	$z_4/z_3=77/16$
	模数 m/mm	10	8	16
	螺旋角 β	12°/(+0.081/0.3)	0	0
	传动比	$i_1'=4.316$	$i_1=3.278$	$i_2=4.813$
	齿宽 b/mm	160	125	180
行星传动	齿数 z	$z_a=19,z_g=41,z_b=101$		
	模数 m/mm	10		
	齿宽 b/mm	150		
	传动比 i_{aH}^b	6.316	1.188	
输出转速 n_2/(r/min)		36/42(变频下降)	53	
输出速度 v/(m/min)		136/158	200	
输出转矩 T_2/(kN·m)		$2\times62(\eta=0.94)$	$34(\eta=0.94)$	

注：1. 卸船机工作级别：FEM　UB-Q4-A8。
2. 起升、关闭和小车运行的工作级别：FEM-L4-M8。
3. 工作系数 $K_A=1.75$。
4. 卷筒直径 $D=1.3$m，钢丝绳直径 $d=36$mm。
5. 两卷筒间的中心距 $L=1800$mm。

7.5　斗轮堆取料机传动装置

7.5.1　斗轮结构

斗轮机构由轮体、铲斗、斗轮主轴、轴承座组件、圆弧挡板、溜料导料装置及斗轮驱动装置等组成。

斗轮机构由若干只铲斗，均匀地分布在轮体圆周外侧，用销轴和螺栓与轮体固定，在斗口处装有耐磨的可拆卸的斗齿，斗刃处有耐磨焊条堆焊的保护层。为了利于铲斗的卸料，斗轮主轴与水平面一般设有6°～12°的倾角。圆弧挡板安装在轮体圆周内侧取料段，与轮体之间留有0～10mm左右间隙，保证铲斗把从料场中挖取上来的物料提升到轮体上部的卸料槽区域，经过溜料装置到悬臂带式输送机上，再经导料装置沿悬臂带式输送机输送方向输出。圆弧挡板和溜料槽的工作面都装有便于更换的耐磨衬板。

斗轮驱动装置采用机械传动或液压马达传动。机械传动装置由电动机、液力偶合器、卧式行星减速器（正交轴）、杠杆式过力矩保护装置等构成。过力矩保护装置在挖掘力超过设计值的1.5倍时，自动切断电动机电路，实施过载保护。

斗轮机构有两种布置形式。

（1）长轴布置形式　斗轮机构的长轴布置形式见图7-22。

（2）短轴布置形式　斗轮机构的短轴布置形式见图7-23。斗轮驱动装置的布置见图7-24。斗轮行星减速器见图7-25。

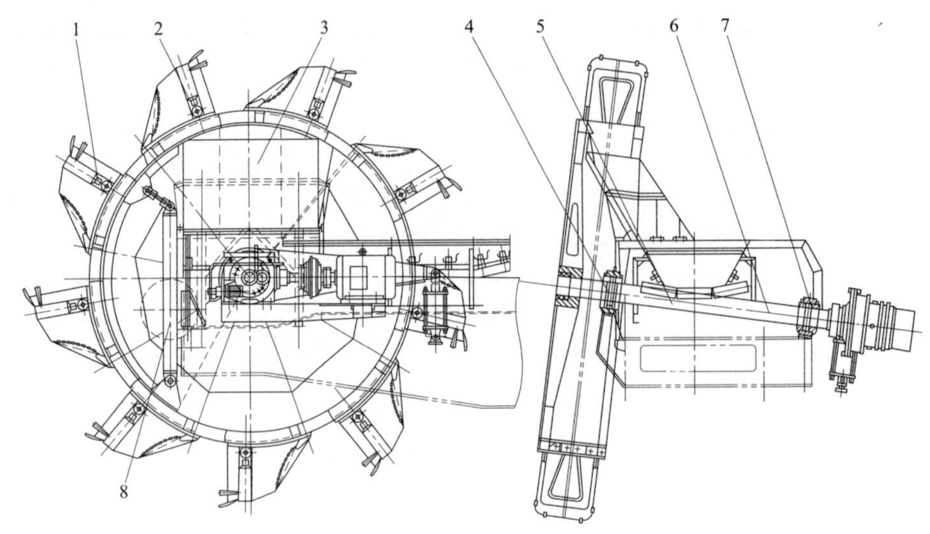

图 7-22 斗轮机构的长轴布置形式

1—铲斗；2—轮体；3—溜料导料装置；4—轴承座Ⅰ；5—斗轮主轴；
6—轴承座Ⅱ；7—斗轮驱动装置（行星齿轮减速器）；8—圆弧挡板

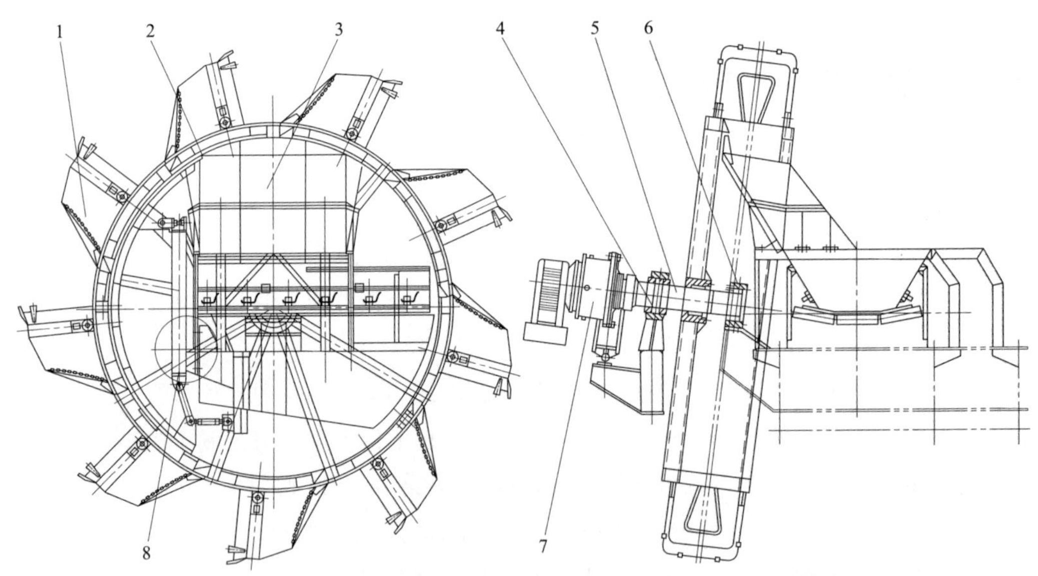

图 7-23 斗轮机构的短轴布置形式

1—铲斗；2—轮体；3—溜料导料装置；4—轴承座Ⅰ；5—斗轮轴；
6—轴承座Ⅱ；7—斗轮驱动装置；8—圆弧挡板

7.5.2 回转机构

回转机构主要由支撑部分与回转驱动装置组成。回转支撑一般由组合滚子轴承、上下座圈等组成。回转驱动装置由电动机、正交行星减速器、制动器、限矩联轴器、机座、罩子等组成。

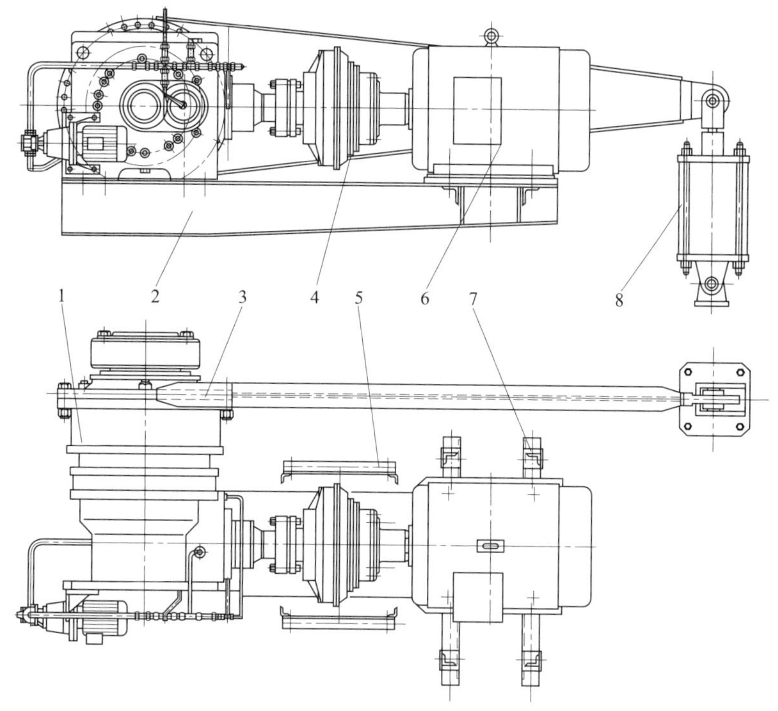

图 7-24 斗轮驱动装置的布置

1—行星齿轮减速器；2—驱动装置支座；3—限矩杆（亦称扭力臂）；4—液力偶合器；5—偶合器罩；6—电动机；7—电动机罩；8—限矩装置

下座圈下部固定在门座上，下座圈上部与带外齿的推力向心交叉滚子轴承外圈相连；上座圈上部支撑着转盘（或门柱），上座圈下部与滚子轴承内圈相连。回转驱动装置一般安装在转盘尾部或侧部，回转驱动的数量根据设备需要可采用1～3组驱动。安装在减速器输出轴上的驱动齿轮与轴承的外齿相啮合，通过电动机的动力传动，实现转盘以上部分对于门座的回转。

回转机构的布置见图 7-26。

7.5.3 变幅机构

变幅机构有液压变幅和机械变幅两种形式。

（1）液压变幅形式　主机俯仰液压装置主要由俯仰液压站、液压锁块、液压缸、管路、管接头、胶管、密封圈等组成。俯仰液压站由电动机、液压泵、电磁控制阀、滤油器、溢流阀、液控单向阀、闸阀、管路、管接头、密封圈、压力表、液位液温计、放油阀、油温自动加热系统等组成。由液压缸的伸缩来完成变幅。液压变幅机构的布置见图 7-27。

液压系统能保证两油缸同步工作，实现整机俯仰系统安全、平稳、可靠的工作。液压泵站可进行泵的启动、停止、卸荷（超压保护）控制，系统的压力、流量可在允许的范围内任意调节，在环境温度过低时，可对油液加温，当超温、超压及滤油器堵塞时，可提供报警信号，从而实现超载保护，可以使变幅油缸在任意位置停留及保持。

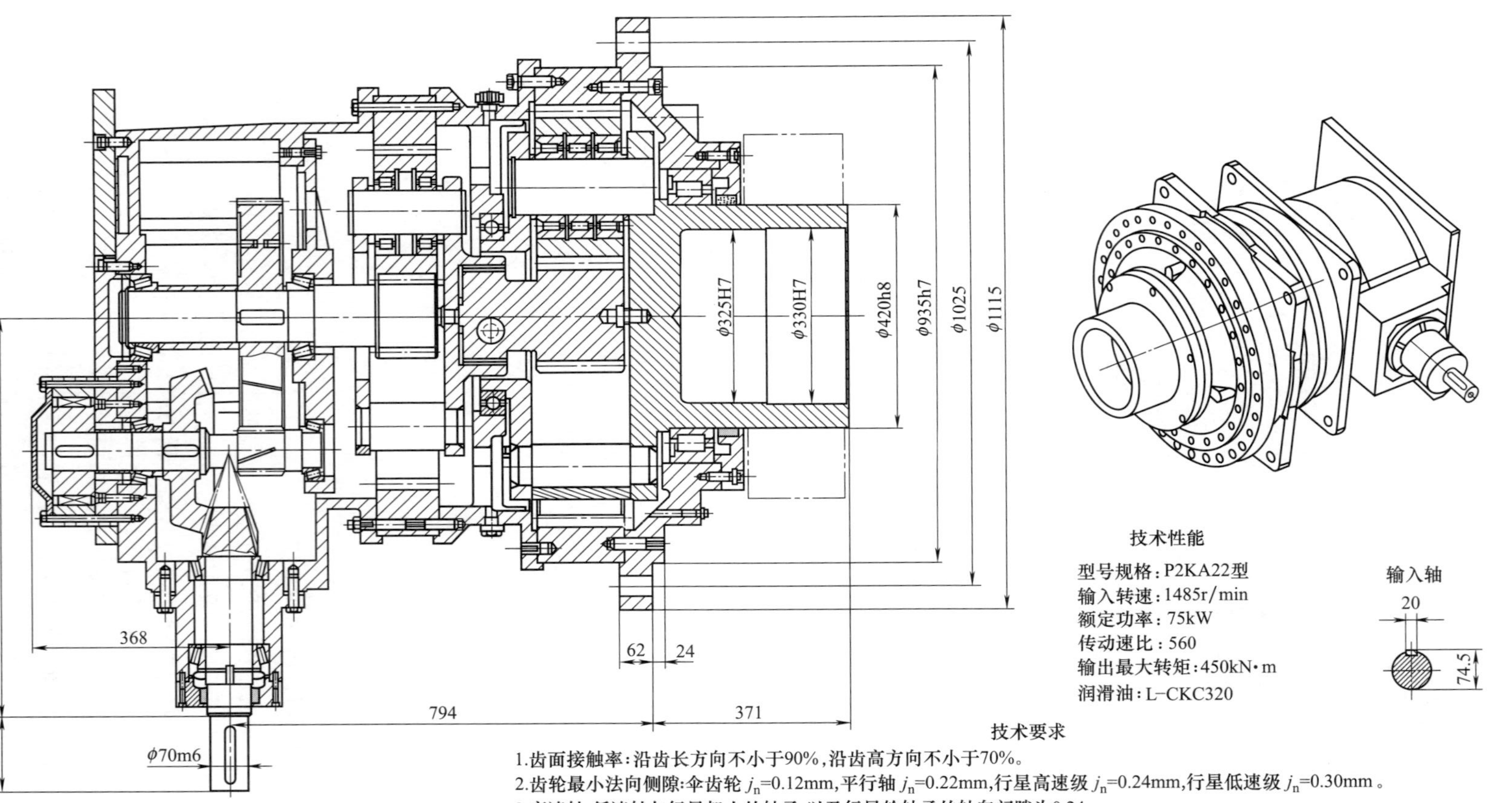

技术性能

型号规格：P2KA22型
输入转速：1485r/min
额定功率：75kW
传动速比：560
输出最大转矩：450kN·m
润滑油：L-CKC320

技术要求

1.齿面接触率：沿齿长方向不小于90%，沿齿高方向不小于70%。
2.齿轮最小法向侧隙：伞齿轮 j_n=0.12mm，平行轴 j_n=0.22mm，行星高速级 j_n=0.24mm，行星低速级 j_n=0.30mm。
3.高速轴，低速轴与行星架上的轴承，以及行星轮轴承的轴向间隙为0.24mm
4.轴承内圈必须紧贴轴肩，用0.05mm塞尺检查不得通过。
5.装配时外壳各结合端面涂乐泰密封胶(515)密封，紧固螺栓涂乐泰防松胶(271)。
6.装配后需空载试车，高速级转速n=600~1500r/min，根据逆止器方向运转2h，运转应平稳，无冲击、振动及渗漏油现象
7.减速机应进行磨合试验，试验中温升不超过45℃，最高油温不超过80℃。
8.减速器未加工表面应涂环氧富锌底漆，中间漆涂环氧富云铁漆，面漆按主机配色。

图 7-25 P2KA22 型行星减速器（用于斗轮驱动装置）

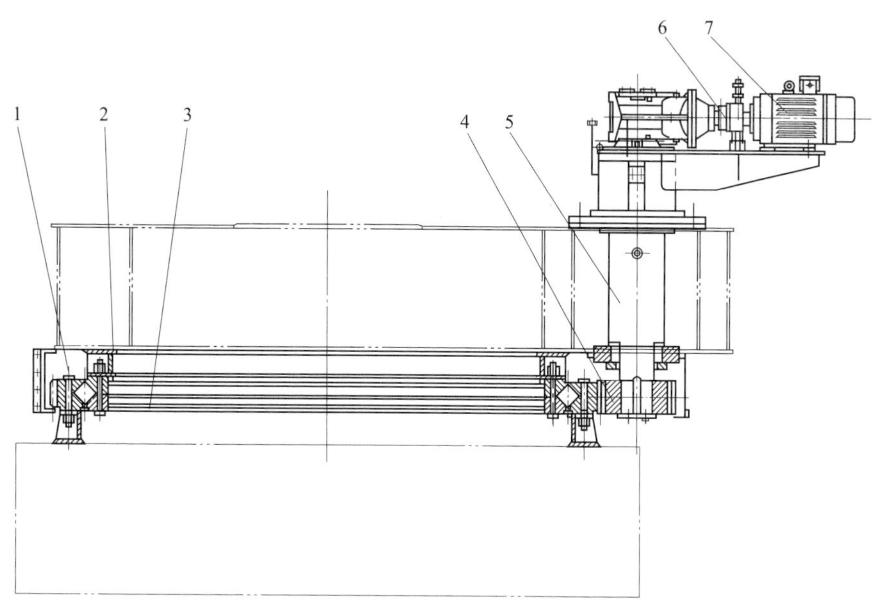

图 7-26　回转机构的布置

1—回转轴承；2—回转上座圈；3—回转下座圈；4—回转驱动齿轮；5—立式行星减速器；6—限矩联轴器；7—电动机

（2）机械变幅形式　机械卷扬形式由卷扬装置、动滑轮组、定滑轮组、平衡安全装置、钢丝绳等组成。卷扬装置由电动机、减速器、制动器（双极）、卷筒构成，制动器采用电力液压式，推动器 Ed 型带下降阀的，调整下降阀，可使推动器下降时间无级延长，减少冲击。

卷扬系统设平衡杆，使两侧钢丝绳受力均衡，保证在一绳断裂的紧急情况下，前臂架不会坠落。

机械变幅机构的布置见图 7-28。机械变幅卷扬装置的布置见图 7-29。

图 7-30 为 DQ 整体变幅式斗轮堆取料机。

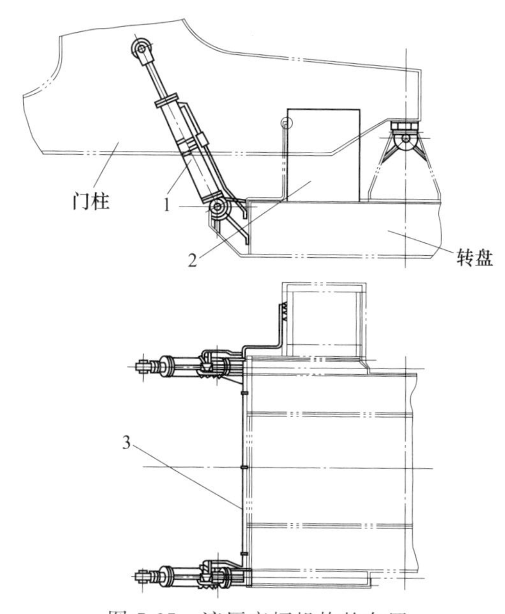

图 7-27　液压变幅机构的布置

1—液压缸；2—液压泵站；3—管路组成

7.5.4　大车行走驱动装置

大车行走是由分别装在头轮端和尾轮端端梁上两套传动系统分别驱动的，车轮直径 $\phi630$，并装有直径 $\phi420$ 的挡轮，大车行走的传动系统采用套装形式，其传动装置的形式如图 7-31 所示。其组成为：

（1）取料电动机 YVF2-80M1-4（orYVF2-801-4），功率 $p=0.55\text{kW}$，变频调速电动机；

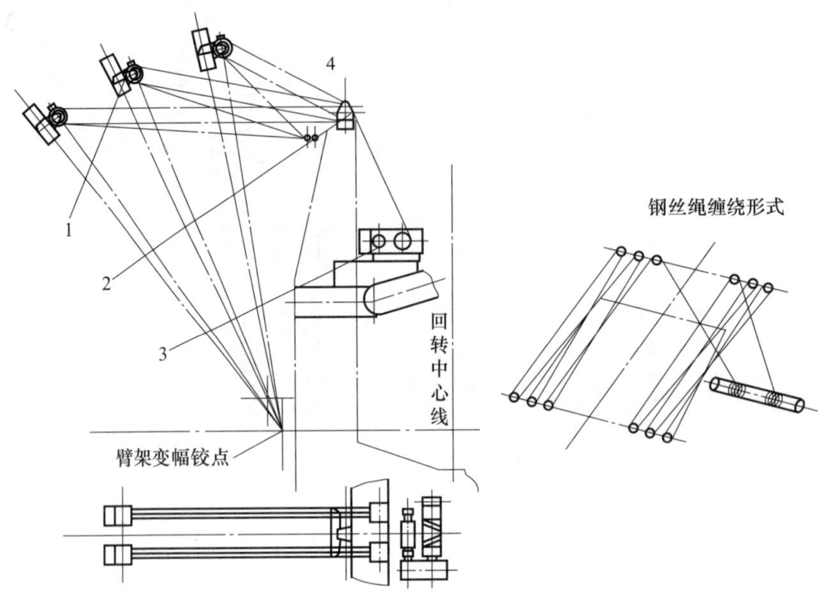

图 7-28 机械变幅机构的布置

1—动滑轮组；2—定滑轮组；3—卷扬驱动装置；4—钢丝绳

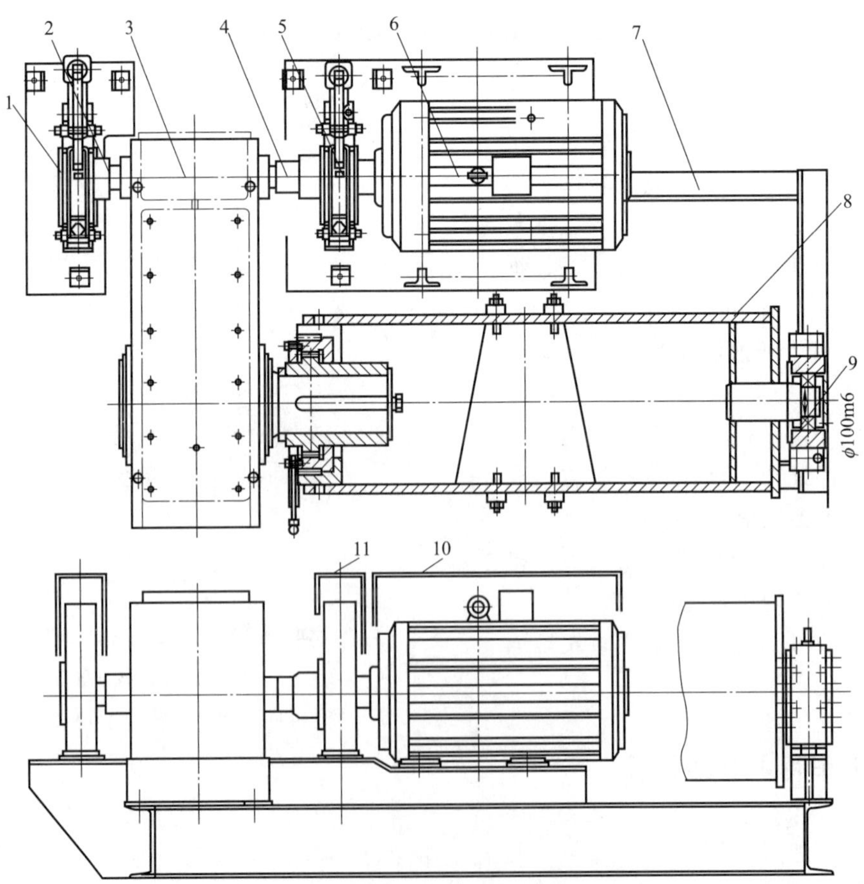

图 7-29 机械变幅卷扬装置的布置

1—制动器Ⅰ；2—制动轮半联轴器；3—减速器；4—制动轮梅花弹性联轴器；5—制动器Ⅱ；6—电动机；7—卷扬装置底座；8—卷筒；9—轴承座；10—电动机罩；11—制动器罩

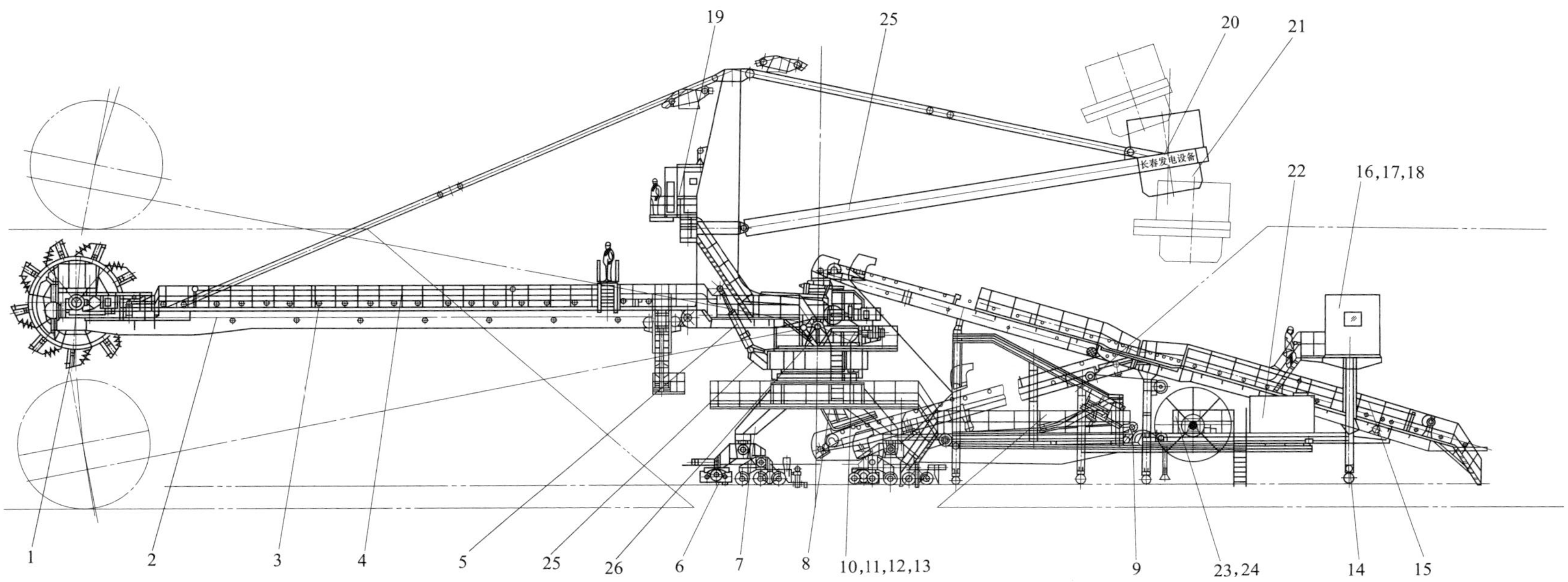

图 7-30　DQ 整体变幅式斗轮堆取料机

1—斗轮机构；2—金属结构；3—悬臂带式输送；4—主机平台；5—俯仰装置；6—行走机构；7—门座；8—中部料斗；9—拖链装置；10—回转机构；11—集中润滑装置；12—限位装置；13—检测装置；14—尾车；15—尾车平台；16—电气室；17—电气系统；18—电气外部走线；19—司机室；20—厂牌；21—配重组；22—洒水装置；23—控制电缆卷筒；24—动力电缆卷筒；25—转盘；26—支承铰座

（2）K 系列减速器 A303uH35FIC137.4P80VA，传动比 $i=137.4$；

（3）电磁离合器 NFF14112EHB5B5；

（4）蜗杆减速器 VF150FCI15P132B5B3RB，传动比 $i=15$；

（5）调车电动机 y2-132S-4，功率 $P=5.5$kW；

（6）行星齿轮减速器 309L2 28.0FPGOA，传动比 $i=28$。

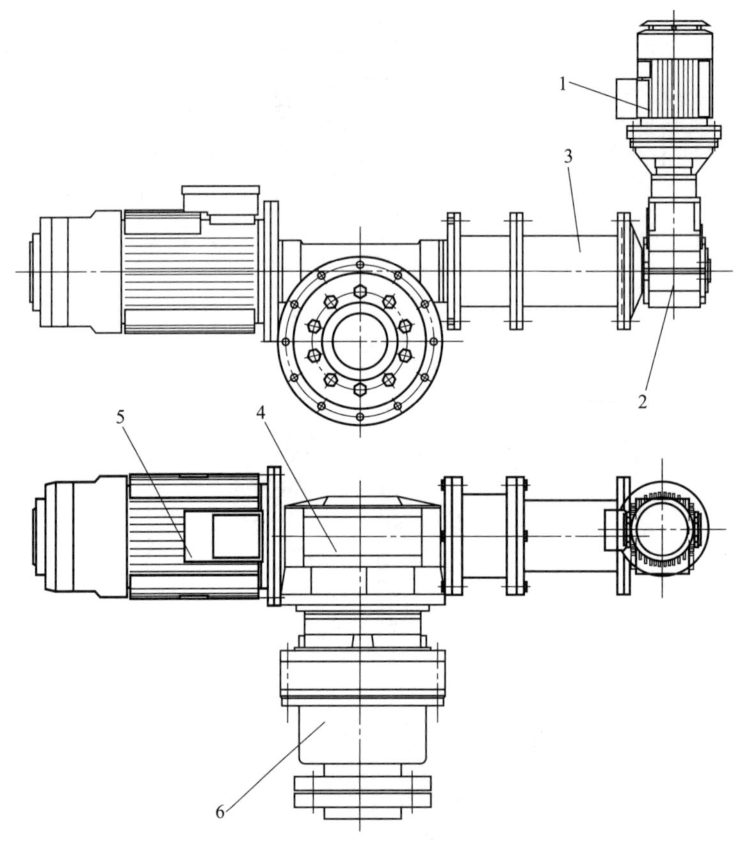

图 7-31　桥式刮板取料机大车行走驱动装置

1—取料电动机；2—K 系列减速器；3—电磁离合器；4—蜗杆减速器；5—调车电动机；6—行星齿轮减速器

大车行走驱动装置有两种功能。

（1）取料机工作时，取料状态下行进速度，该速度是可以调节的，以保证产量达到一定值。线速度调节范围 $v=0.0047\sim0.047$m/min，其是通过图 7-31 中的 1、2、3、4、6 来实现的。

（2）取料机调车状态下行进速度，其速度 $v=6.7$m/min，其是通过图 7-31 中的 4、5、6 来实现的，此时电磁离合器处于打开状态。

型号说明

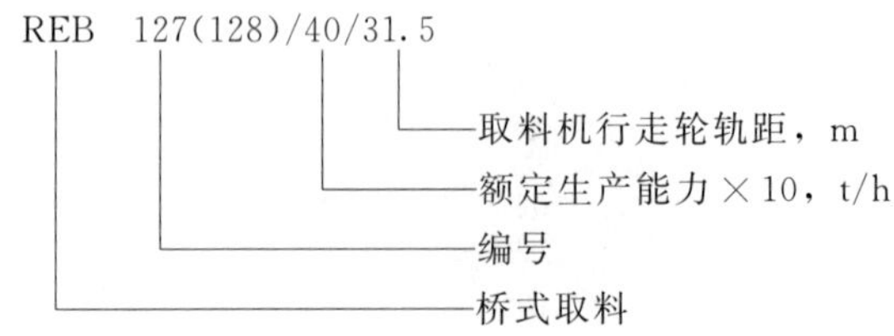

第 8 章　离合器的设计

离合器是一种可以通过各种操纵方式，在机器运行过程中，根据工作的需要使两轴分离或接合的装置。

8.1 主离合器概述

机械传动系的主离合器主要采用摩擦离合器，有单片、双片或多片等形式。液力机械传动系设有一液力变矩器，一般不再另设片式摩擦主离合器。也有若干采用功力换挡变速器的机械传动系的工程机械不设主离合器，因换挡离合器具备其功能。

(1) 离合器的功能。

① 临时切断动力，便于变速箱换挡。

② 使工程机械平稳起步不产生冲击力。

③ 便于发动机在完全无载的情况下启动。

④ 通过摩擦主离合器的打滑，可以防止传动系零件过载。

⑤ 通过对主离合器的半联动操纵，使工程机械微动或慢动。

(2) 离合器根据压紧机构可分为以下几种。

① 常压式，弹簧压紧，用于轮式工程机械和个别履带式工程机械。

② 非常压式，杠杆压紧，用于各种履带式工程机械。

常压式离合器经常是处在接合状态，只需单向操纵使之分离，外操纵力除去即重新接合，一般用脚操纵。

非常压式或离或合需人力双向操纵，一般用手操纵。

离合器根据摩擦片的工作条件可分为干式和湿式（在油中工作）两类。

由于工程机械离合器的使用条件比较恶劣，频繁接合，重载荷下起步等，采用干式容易磨损，施工时要经常调整，弄得不好还容易烧坏。湿式在油中工作，采用油泵循环冷却，能适应恶劣使用环境而不烧坏，摩擦片的使用寿命达干式的 5～6 倍。因此摩擦片尺寸和片数未见增大增多，同时湿式摩擦表面的摩擦系数约为干式的 1/4～1/3，但可用增加压紧力提高许用比压来补偿。但操纵力增大，应该用动力操纵。

湿式在结构上当然要复杂些，但优点显著，故在工程机械上应用越来越广。

8.1.1 摩擦副材料性能及适用范围

摩擦副材料性能及适用范围见表 8-1。

表 8-1 摩擦副材料性能及适用范围

摩擦副		摩擦系数$\frac{\mu_i}{\mu_d}$		许用压强 $p_p/10^3$ MPa		许用温度/℃		特点和适用范围
摩擦材料	对偶材料	干式	湿式	干式	湿式	干式	湿式	
淬火钢 10 或 15 渗碳 0.5mm 淬火56~62HRC 65Mn 淬火 35~45HRC	淬火钢	0.15~0.20 0.12~0.16	0.5~0.10 0.04~0.08	2~4	6~10	<260	<120	贴合紧密，耐磨性好，导热性好，热变形小； 常用于湿式多片摩擦离合器
青铜 ZCuSn6Zn6Pb3 ZCuSn10Pb1 ZCuAl9Fl4	钢 青铜 铸铁 HT200	0.15~0.20 0.12~0.16	0.06~0.12 0.05~0.10	2~4	6~10	<150	<120	动、静摩擦系数差较小，成本较高； 多用于湿式离合器
铜基粉末冶金	铸铁 HT200 钢 45、40Cr	0.25~0.45 0.20~0.30	0.10~0.12 0.05~0.10	10~30	12~40	<560	<120	易烧结，耐高温，耐磨性好，许用压强高，摩擦因数高而稳定，导热性好，抗胶合能力强，但成本高，密度大。适用于重载湿式，如工程机械、重型汽车、压力机等离合器
铸铁	钢 45 高频淬火 42~48HRC 20Mn2B 渗碳淬火 53~58HRC 铸铁 HT200	0.15~0.20 0.12~0.16 0.15~0.25	0.05~0.10 0.04~0.08 0.06~0.12	2~4	6~10	<250	<120	具有较好的耐磨性和抗胶合能力，但不能承受冲击； 常用于圆锥式摩擦离合器
铁基粉末冶金	铸铁、钢	0.30~0.40	0.10~0.12	12~30	20~30	<680	<120	比铜基制造较难，磨损量比铜基大，在油中耐磨性差，磨损后污染油，耐高温，接合时刚性大，有较大的允许压强和静摩擦因数。特别适用于重载干式离合器，如拖拉机，坦克
石棉有机摩擦材料	铸铁、钢	0.25~0.40	0.08~0.12	1.5~3	4~6	<260	<100	摩擦因数较高，密度小，有足够的机械强度，价格便宜，制造容易，耐热性较好，但导热性较差，不耐高温，摩擦因数随温度变化。常用于干式离合器(如拖拉机、汽车等)
纸基摩擦材料	铸铁钢		0.08~0.12 0.04~0.06	—	10			生产工艺简单，不耗铜，价格低廉，摩擦系数高，动、静摩擦系数接近，换向冲击小，密度小，转动惯量小；耐磨性、耐热性较铜基和碳基差，磨损量大，使用时需保证良好冷却与润滑。常用于中小载荷汽车、拖拉机

续表

摩擦副		摩擦系数 $\frac{\mu_i}{\mu_d}$		许用压强 $p_p/10^3\mathrm{MPa}$		许用温度/℃		特点和适用范围
摩擦材料	对偶材料	干式	湿式	干式	湿式	干式	湿式	
石墨基摩擦材料	合金钢		0.10～0.15 0.08～0.12	—	30～60			摩擦因数大，可在高速度低载荷条件下工作，也可用于重载机械，传递大转矩，不受润滑剂中杂质的影响，油的种类对摩擦性能影响小，成本介于纸基与粉末冶金材料之间，磨损稍低于纸基，但高于粉末冶金材料，工艺性好，用于重型载重汽车
半金属摩擦材料	合金钢	0.26～0.37		16.8	—	<350		随压强、速度、温度升高摩擦因数比较稳定，对偶件的磨损较小，转矩平稳性、对偶件磨损、制造成本均优于粉末冶金，适于中高速高载荷干式条件使用
夹布胶木	铸铁　钢	—	0.1～0.12	—	4～6	<150	<120	
皮革	铸铁　钢	0.30～0.40	0.12～0.15	0.7～1.5	1.5～2.8	<110		
软木	铸铁　钢	0.30～0.50	0.15～0.25	0.5～1	1～1.5	<110		

注：1. 表中 μ_j 是静摩擦系数，是指摩擦副将开始打滑前的摩擦系数的最大值；μ_d 是动摩擦系数。后面所有 μ 符号，未标脚标时系指静摩擦系数。

2. 摩擦片数少 p_p 值取上限，摩擦片数多 p_p 取下限。

3. 摩擦片平均圆周速度大于 2.5m/s 时或每小时接合次数大于 100 次时，p_p 值要适当降低。

8.1.2　摩擦盘的形式与特点

常见摩擦元件的结构形式，以圆形摩擦盘应用最广，典型圆形摩擦盘结构及主要特点示于表 8-2。摩擦盘分光盘和带衬面摩擦盘。光盘由金属制成。摩擦盘衬面材料种类很多，可以粘、铆或烧结到金属盘上。按摩擦盘结构及散热要求，可做成整体式或拼装式。

对于工作时需要散发很大热量的干式离合器盘，常采用带散热翅的端部摩擦盘或带辐射筋的中空摩擦盘，以加强通风或水冷。

摩擦盘上往往加工出沟槽，如表 8-3 所示。沟槽可起到刮油、冷却和有效排出磨粒的作用。沟槽的刮油作用能降低摩擦副之间的油膜的厚度和压力，从而提高动摩擦系数。同时沟槽还有把磨损脱落的小颗粒收集起来随油流排出到油池的作用，防止这部分颗粒对摩擦表面产生磨粒磨损。充满润滑油的沟槽快速扫过摩擦表面时，带走摩擦表面的摩擦热，还能通过设计特殊形式的沟槽来实现磨粒排出。例如在外径一边开不通透的径向槽，在脱开离合器时，利用不通透的径向槽中油的压力把摩擦副顶开，但这种沟槽可能造成油膜增厚，摩擦因数下降。

表 8-2 典型圆形摩擦盘结构及主要特点

形式	内盘			
	矩形齿内盘	花键孔内盘	渐开线齿内盘	卷边开槽内盘
简图				外片 内片
特点	齿数3～6,用于低转矩或用于中型套装或轴装离合器	加工方便,多用于中小型套装或轴装离合器	能传递较大转矩,用于中型离合器	多用于电磁离合器

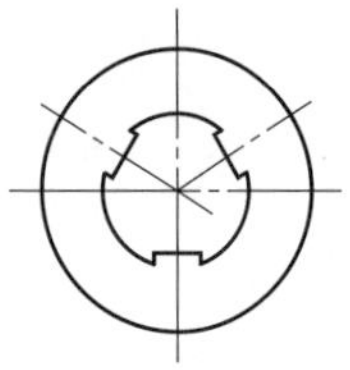

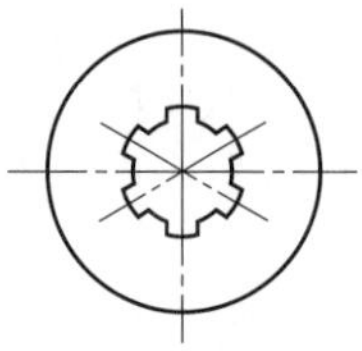

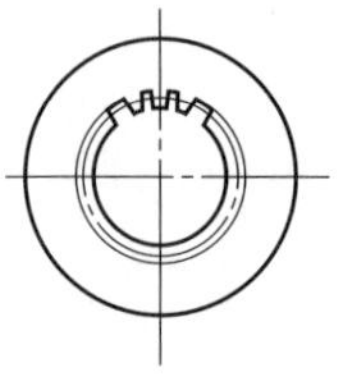

形式	内盘	外盘		
	带扭转减振器的弹性片	矩形齿外盘	键槽式外盘	渐开线齿外盘
简图	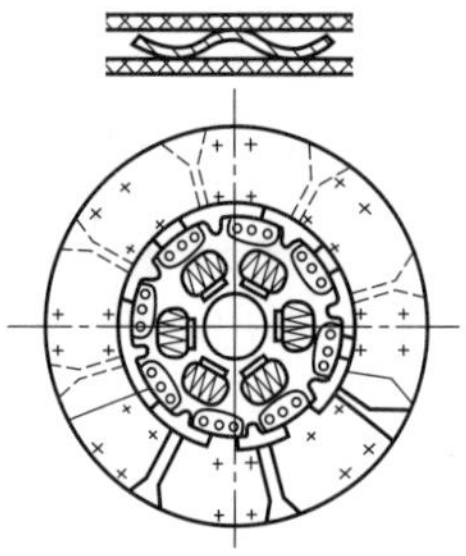	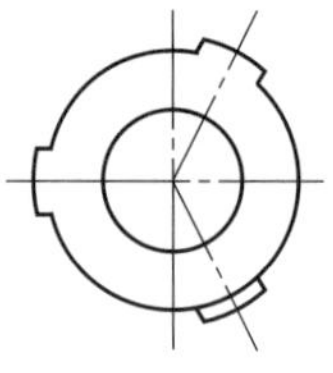	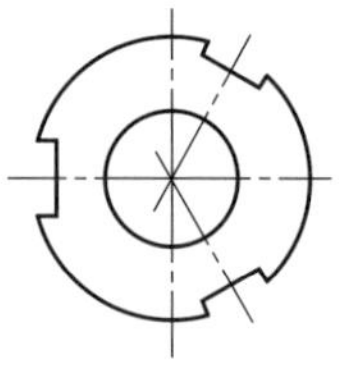	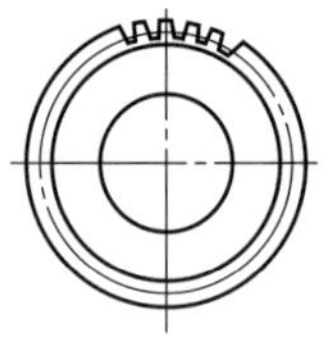
特点	用于汽车主离合器	齿数3～6。可与矩形齿内片或花键孔内盘配合	槽数3～6。可与矩形齿片或花键孔内盘配对	能传递较大转矩,与渐开线齿内盘配对

表 8-3 常用沟槽形式和特点

形式	同心圆或螺旋槽	辐 射 状	同心辐射状
简图	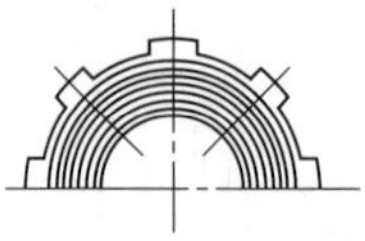	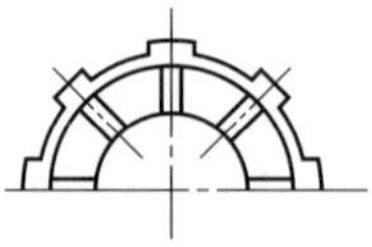	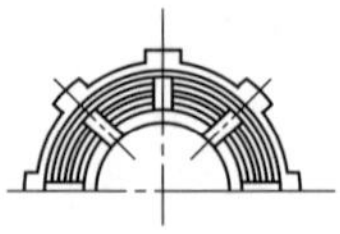
特点	有利于排油,有利于破坏油膜层,使摩擦因数值提高,但冷却性能差	向摩擦表面供油好,冷却效果好,磨损减小,能促使摩擦盘分离,但多形成液体润滑,使摩擦因数值降低	摩擦因数较高,冷却效果好,制造较复杂
形式	棱 状	放射棱状	方 格 状
简图	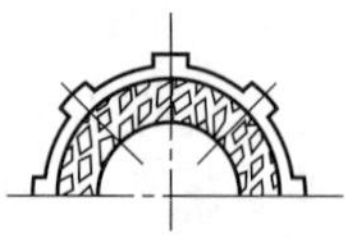	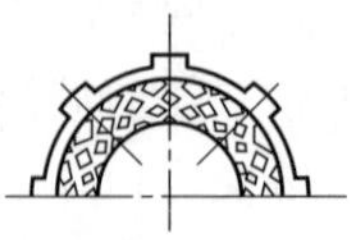	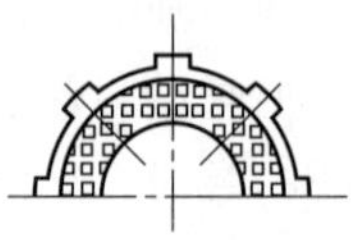
特点	加工方便,能通过足够的冷却油	有较高的摩擦系数,能通过足够的油流,冷却效果好,制造也较简单	加工方便,能保证足够的冷却油通过

沟槽的刮油能力与两个因素有关：沟槽与油流方向的夹角越小，刮油能力越大；沟槽边缘尖锐的比圆滑的刮油能力高。

沟槽的冷却能力与三个因素有关：沟槽与油流方向夹角越小冷却能力越小；浅而宽的沟槽比相同截面积的窄而深的沟槽冷却能力好，因为在宽而浅的沟槽中油流容易产生湍流，同时油流也更靠近摩擦表面，所以能更有效地发挥冷却作用；沟槽间距越小，冷却效果越好。沟槽加多，则实际承受摩擦的面积减少，有可能导致磨损提高。对烧结铜基摩擦材料来讲，沟槽面积高达摩擦总面积的50%时磨损率可以毫无影响，而纸基摩擦材料的磨损对沟槽面积所占的比例则十分敏感。

对非金属摩擦材料表面，开槽并不能使摩擦因数增加，相反增加了磨损值，所以在纸质和石墨树脂衬面上仅开冷却油槽。

8.2　湿式杠杆压紧式主离合器

工程机械的铲土运输作业时，主离合器离合频繁，尤其是推土机最严重。干式离合器因摩擦片磨损快，需要经常调整，操纵力又大，因而不能适应大功率履带式工程机械的要求。

湿式离合器（见图8-1）在油液中工作，由于油液的循环流动，降低了摩擦表面的温度，带走了摩擦表面磨下来的磨屑，因而提高了摩擦的使用寿命。采用湿式离合器后摩擦系数降低为原值的1/4～1/3，但又不能使主离合器尺寸增大，只有从提高摩擦面承载能力（即比压力）着手，因此采用了承载能力大、耐磨的铜基粉末层代替了干式离合器用的石棉铜等材料。在结构相同、传递相同转矩的情况下，湿式摩擦片的正压力要相应增大3～4倍，操纵力也相应增加，为了减少司机的疲劳，湿式离合器装有油压助力器，使操纵轻便。

推土机湿式主离合器结构如图8-1所示。

8.2.1　主动部分

如图8-1所示，其由中间主动片4、后压盘5和油泵驱动齿轮6等组成。中间主动片和后压盘通过外齿和发动机飞轮内齿连接，可相对飞轮作轴向移动。后压盘通过销子与承压盘连接，见图8-2。油泵齿轮可以驱动油压助力器油泵，其轮毂用螺钉与承压盘连接，经衬套空套在离合器轴上。当发动机运行时，整个主动部分是转动的。

8.2.2　被动部分

如图8-1所示，由两片被动摩擦片3、一个被动鼓2和离合器轴1组成。被动摩擦片通过内齿和被动鼓外齿连接。被动鼓和离合器轴通过花键连接。离合器轴的前端以滚柱轴承支承在飞轮的孔中，后端以滚柱轴承支承在离合器壳上。

被动片如图8-3所示，由两块烧结有铜基粉末冶金的钢板铆接而成，钢板之间有六个碟形弹簧等距分布在摩擦片平均半径的圆周上，因此被动片的摩擦表面形成一个有六个波峰波谷的凹凸表面，此凹凸表面在离合器接合时逐渐压平，使主离合器接合平稳，分离时碟形弹簧又能使片与片之间分开，且分离较彻底。铜基粉末冶金摩擦系数高而稳定（指同是湿式而言），耐磨性好，承载力和导热率大，在油中不变形。摩擦片上有螺旋槽和径向槽，油液流经表面，便于散热和带走磨屑。

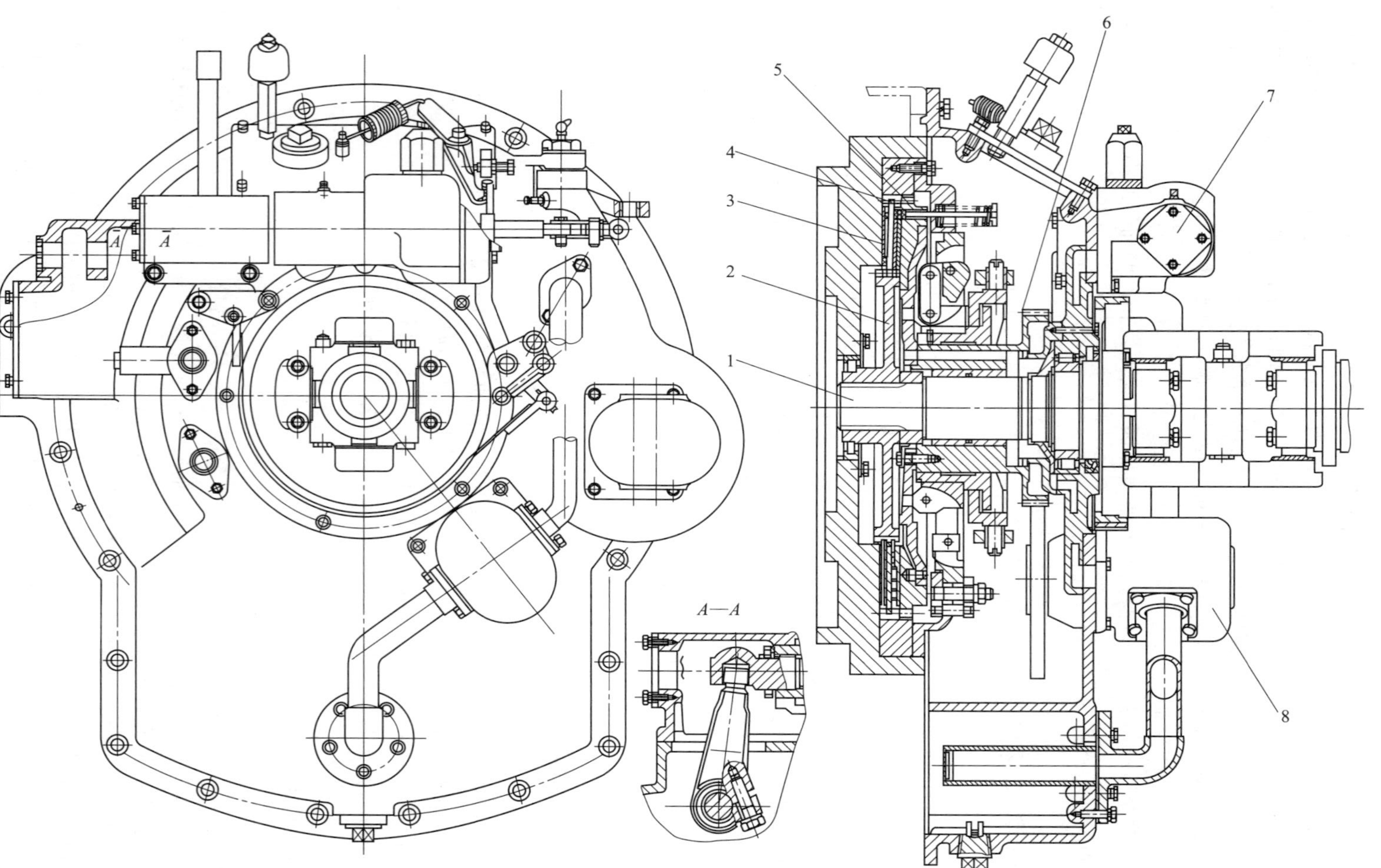

图 8-1 推土机湿式主离合器总图

1—离合器轴；2—被动鼓；3—被动摩擦片；4—中间主动片；5—后压盘；6—油泵驱动齿轮；7—液压助力器；8—助力器油泵

8.2.3 压紧分离机构

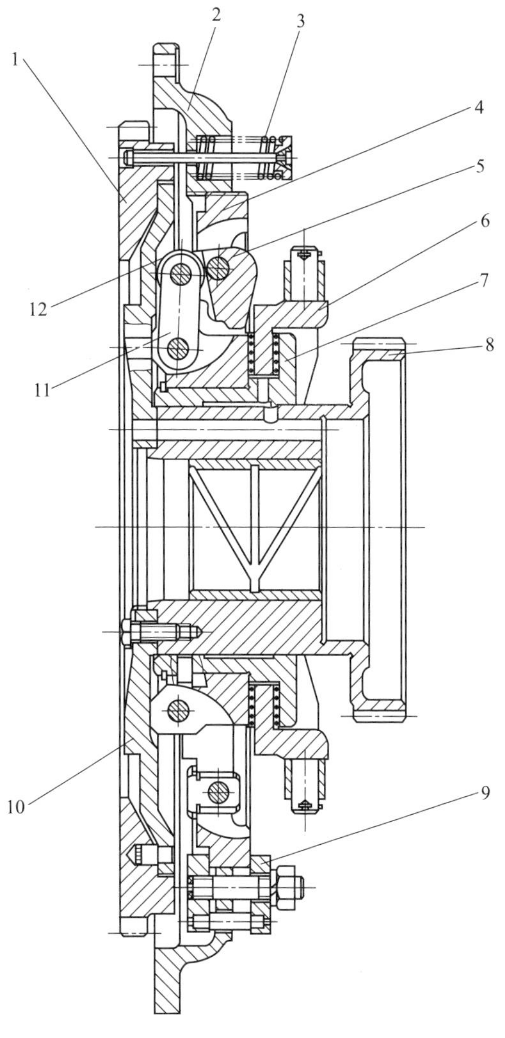

图 8-2 征山 T150（200）型推土机湿式主离合器主动部分

1—后压盘；2—离合器盖；3—分离弹簧；4—调整环；5—离心块；6—分合拨叉；7—分合套筒；8—油泵齿轮；9—压紧锁板；10—承压盘；11—推杆；12—压紧滚子

压紧分离机构，见图 8-2，由分合套筒 7、推杆 11、压紧滚子 12、离心块 5、分离弹簧 3 等组成。分合套筒在装上分离圈（调整环 4）后组成一体再用销子、卡环固定，离心块用销轴装在调整环上，推杆两端通过销轴分别与分合套筒和离心块相连。在与离心块相连的一端套有压紧承压盘的压紧滚子。

动作情况参看图 8-4，离心块 1 的形状使旋转所产生的离心力在压紧时帮助压紧分离时帮助分离。当然，离合器分离主要还是靠分离弹簧使后压盘后移。

主离合器的压紧力的调整是通过松开压紧锁板的螺母，转动调整环，改变离心块支点位置来进行。调整到主离合器操纵力在 150N 左右（无液压助力时，有液压助力时只有 20～30N），并能听到推杆过垂直位置清脆的响声即可。调整好后将螺母旋紧，靠压紧锁板的摩擦力防止调整环松动。

8.2.4 液压助力器

主离合器的液压助力器如图 8-5 所示。液压助力器由阀体（与助力器壳体构成一体）、活塞（可在阀体孔中作轴向滑动）、阀杆（可在活塞孔中作轴向滑动，而在其伸出端用一连接杆和操纵杠杆相连）、两个弹簧（插在阀杆和活塞之间）、接头座（拧在活塞的伸出端）以及装在阀体内的安全阀等组成。

接头座作为球形接头的支座。球形接头则与拨叉臂为一体。液压助力器活塞的运动，经由拨叉臂作用到主离合器内的松放架上。

这种结构使液压助力器在丧失油压的时候，扳动操纵杠杆仍能拨动松放架，因为阀杆和活塞之间经由弹簧相连。不过在这种情况下，驾驶员要施加较大的作用力。

助力器在中间位置，弹簧使阀杆处在液压平衡状态。这时，进入助力器的压力油直接回油。离合器接合时助力器位置如图 8-5（a）所示。

将离合器操纵杆向后拉，使阀杆克服弹簧力从中间位置右移，关闭通道 B 及 D。压力油流到活塞周围环形空间 P，因而推动活塞稍向右移一点，阀杆再右移一点，活塞跟着右移一点，如此下去迫使松放架向飞轮压去，将压板和离合器盘压紧。

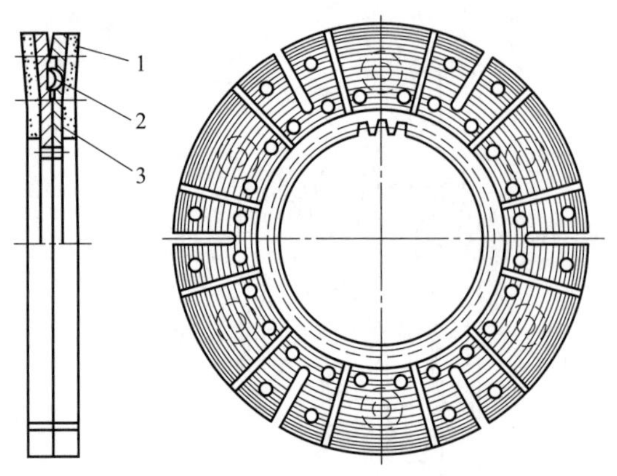

图 8-3 主离合器被动片

1—粉末层；2—碟形弹簧；3—钢板

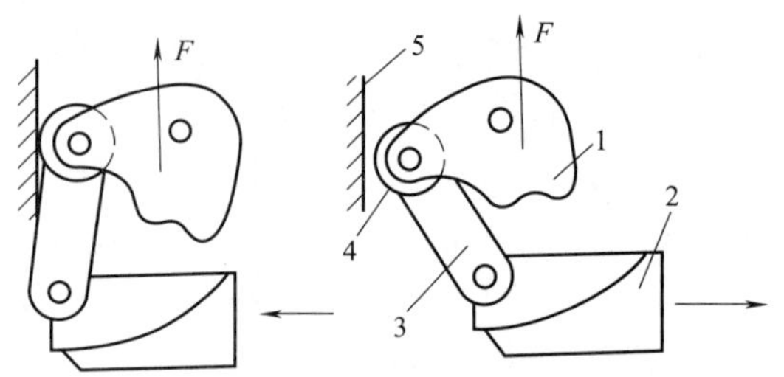

图 8-4 压紧分离机构作用原理图

1—离心块；2—分合套筒调整环；3—推杆；4—压紧滚子；5—承压盘

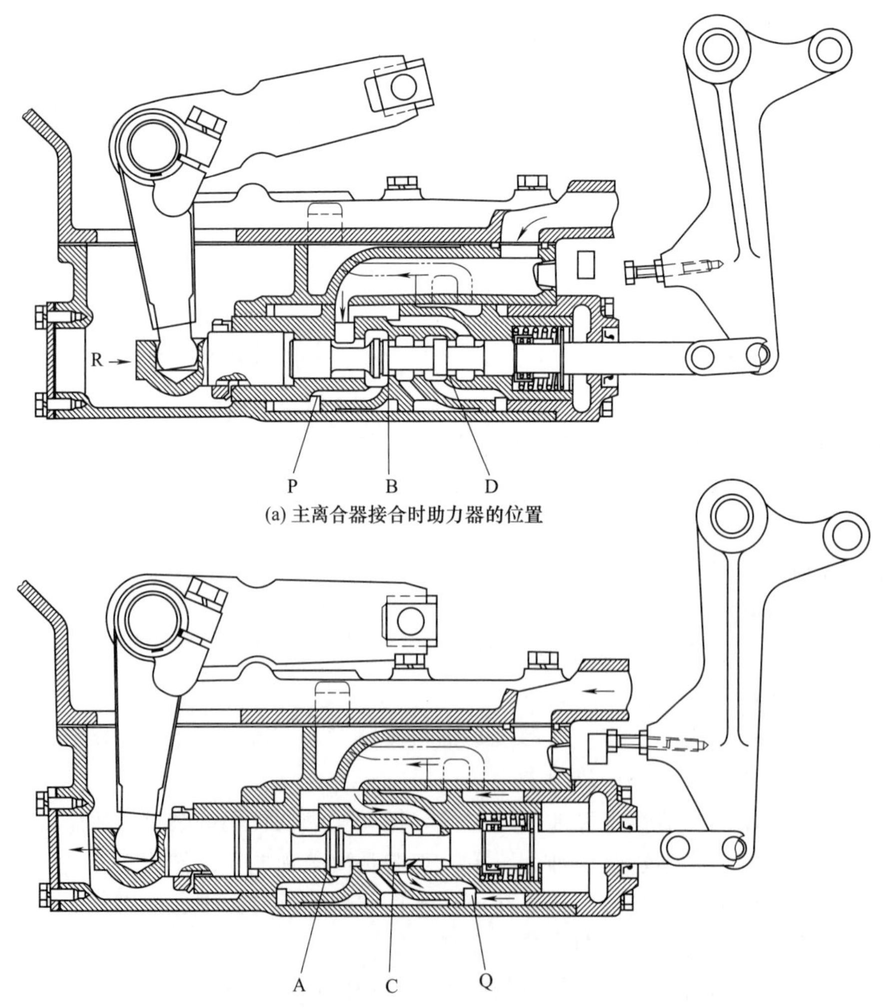

(a) 主离合器接合时助力器的位置

(b) 主离合器分离时助力器的位置

图 8-5 主离合器

这样，活塞位移量等于阀杆位移量。也就是说，活塞是跟着阀杆移动的。

随着活塞跟着阀杆移动全部行程，主离合器接合。这时放松操纵杆，解除阀杆上的拉力，弹簧乃使阀杆略为左移，使阀的所有通道全部打开，在新的位置出现油压的平衡。这种动作叫做液压随动操纵，通称“位移随动”，驾驶员可以从操纵杆的位置感知离合器的接合程度。活塞的位移又消除其与阀杆之间的相对位移，这种关系又称做“反馈”。

离合器分离时助力器位置如图 8-5（b）所示。

由图 8-5（a）可见，主离合器接合时，P 腔始终与进油通道相连，保持一环形空间的背压施加于活塞上，从而帮助主离合器压紧机构使其保持接合位置。

主离合器操纵杆向前推，阀杆略为压缩弹簧而向左移，关闭通道 A 和 C（图 8-5（b））。压力油流向环形空间 Q 而推动活塞左移，从而使主离合器分离。在这种情况下，同样，活塞位移量等于阀杆位移量。当离合器分离后，放松操纵杆，阀杆在弹簧作用下回动一点，打开所有通道使油液压力平衡。

当活塞由于 Q 腔中的油压左移时，P 腔中的油经由中部排油口溢出并流往主离合器。

油泵出来的油，先到液压助力器，从液压助力器出来再流经主离合器摩擦片，进行冷却润滑后回至主离合器油底壳。液压助力器内并接有一个安全阀以防系统过载。

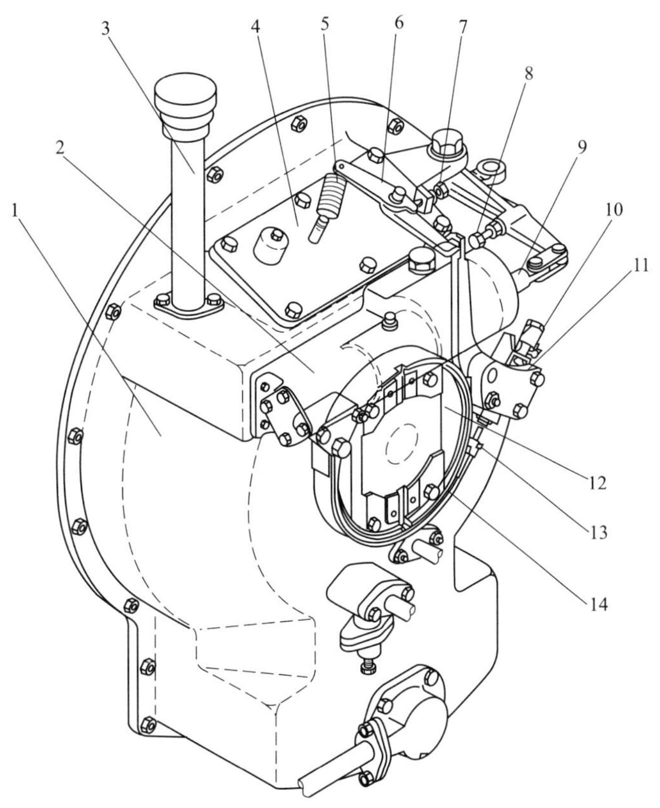

图 8-6　惯性制动器

1—主离合器壳；2—主离合器液压助力器；3—注油口；4—主离合器盖；5—惯性制动器杠杆弹簧；6—惯性制动器杠杆；7—惯性制动器杠杆调节螺钉；8—助力器杠杆调节螺钉；9—助力器阀杆；10—惯性制动器调节螺钉；11—制动器杠杆；12—主离合器输出轴上的惯性制动器鼓；13—制动带；14—制动衬带

8.2.5 惯性制动器

T150（200）型推土机的惯性制动器如图 8-6 所示。惯性制动器的制动带用托架固定在主离合器壳上，包住制动鼓的下半部。摩擦衬带用铆钉固定在钢带上，衬带用导热性能好的并有高摩擦系数的材料制作。

制动器杠杆 11 销在主离合器壳 1 上，制动带的自由端装在其下端，杠杆 11 的上端可由操纵杠杆上的调节螺钉 8 操纵，当离合器分离时，则使制动带抱紧。

几种履带式推土机主离合器的主要参数列于表 8-4 中。

表 8-4　履带式推土机主离合器的主要参数表

机型	离合器种类	油液工作温度/℃	从动片数/片	从动片外径/mm	从动片内径/mm	从动片单位面积上的压力/MPa	从动片线速度/(m/s)	操纵力/N	作业寿命/h
红旗-100	干式	—	—	—	—	—	—	80～150	1000～2000
移山-160	湿式	>100	2	445	316	0.46	约 42	40～60	5000 以上
T150(200)	湿式	<110	3	375	280	0.73	约 36	40～60	5000 以上
T240(320)	湿式	<110	4	375	280	1.10	约 39	—	5000 以上

8.3 离合器的转矩计算

工程机械传动系中有主离合器、闭锁离合器、换挡离合器和转向离合器等。为了保证其能长期可靠工作，必须使其能传递的转矩大于其所需传递的转矩，使之有一定的储备，即

$$T_t=\beta T_c \tag{8-1}$$

式中　T_c——离合器的计算转矩，即正常情况下，需由其传递的转矩；

β——离合器的储备系数；

T_t——离合器的转矩容量，即离合器能传递的摩擦转矩。

T_c 的确定：当主离合器直接装接于发动机上时

$$T_c=T_n$$

式中　T_n——发动机的额定转矩。

当主离合器装在变矩器后时

$$T_c=K_o T_n$$

式中　K_o——变矩器制动工况时的变矩系数。

对于换挡离合器及换挡制动器，T_c 根据结构布置由计算确定。

转向离合器转矩计算应从两方面考虑：一方面从发动机的全部转矩由一侧的转向离合器传到一侧履带考虑；另一方面还要从该侧履带的附着条件考虑。现有的工程机械都是这样设计的，即在变速箱一挡时发动机传来的转矩受限于附着条件，而不能在一侧履带上产生相应的牵引力。因此，转向离合器应按附着条件确定计算转矩。

计算位置以履带式机械在横坡上，机器全重的 3/4 由下侧履带传到地面上，即

$$N_1=3/4G$$

该侧履带的最大附着牵引力 $F_{\max}$ 为

$$F_{\max}=\varphi N_1=0.75\varphi G$$

式中 G——机器全重；

φ——履带对地面的附着系数，设计计算时，一般取 $\varphi=1$；

N_1——一侧履带传至地面的重力。

附着条件允许驱动轮传递的转矩为 $F_{\max}r$（其中 r 为驱动轮节圆半径）。

转向离合器的计算转矩为

$$T_c=\frac{F_{\max}r}{i_z}=\frac{0.75Gr}{i_z}$$

式中 i_z——终传动的传动比。

储备系数 β 可按表 8-5 选取。

表 8-5 离合器的储备系数 β

离合器名称	机械传动		液力机械传动	
	干式	湿式	在变矩器前时	在变矩器后时
主离合器	2.5～3.5	2.0～2.5	2.0～3.0	1.1～2.0
换挡离合器	2.0～3.0	2.0～2.5	—	1.1～2.0
转向离合器	1.5～2.5	1.1～1.5	—	1.1～1.5

由表 8-5 可见，因干式离合器较湿式易磨损，摩擦表面的摩擦系数不稳定，故 β 值取得比湿式高；在变矩器后的离合器，因变矩器最大输出力矩比较稳定，β 值即可取低些。发动机转速越高，机器越大，β 值应取高些。β 值取大一些可减少起步、加速或换挡过程的滑摩时间和摩擦片的磨损和发热，并增加传递力矩的可靠性。但 β 值也不宜过大，否则会使设计的离合器尺寸和重量加大，操纵力增加，使离合器在起步、换挡过程中不能正常滑摩而引起发动机熄火，并降低离合器防止过载的作用，增加传动系的惯性载荷。

在正确确定计算转矩 T_c 及储备系数 β 后，即可根据式（8-1）$T_t=\beta T_c$ 确定该离合器的转矩容量 T_t。

8.4 片式离合器摩擦转矩的计算

如图 8-7 所示，在任意微分圆环面积（图中阴影区所示）上，靠摩擦力能传递的转矩为

$$\mathrm{d}T=2\pi r\,\mathrm{d}r\,p\mu r=2\pi p\mu r^2\,\mathrm{d}r \tag{8-2}$$

式中 μ——两摩擦面间的摩擦系数；

p——摩擦面单位面积上的正压力，p 由下式计算

$$p=\frac{Q}{\pi(R_2^2-R_1^2)} \tag{8-3}$$

式中 Q——在此环形摩擦表面上的总压力；

R_2——摩擦衬面外径；

R_1——摩擦衬面内径。

对式（8-2）积分，得此一对摩擦面上的摩擦转矩为

$$T=2\pi p\mu\int_{R_1}^{R_2}r^2\,\mathrm{d}r$$

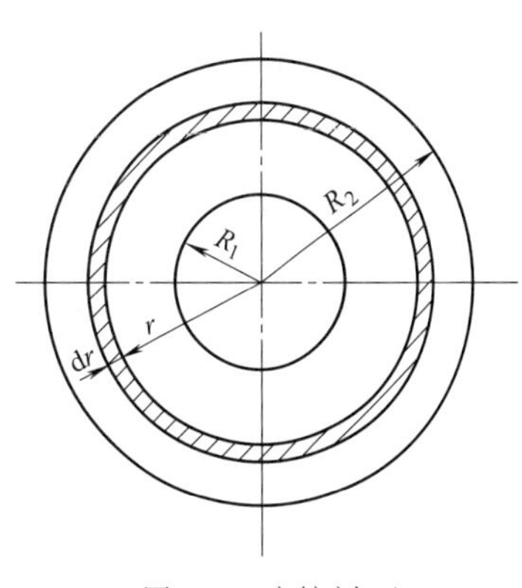

图 8-7 摩擦衬面

$$T=2\pi p\mu\times\frac{1}{3}(R_2^3-R_1^3)$$
$$=2\pi\mu\ \frac{Q}{\pi(R_2^2-R_1^2)}\times\frac{1}{3}(R_2^3-R_1^3)$$
$$=\frac{2}{3}\mu Q\ \frac{R_2^3-R_1^3}{R_2^2-R_1^2}$$

令
$$R_m=\frac{2}{3}\ \frac{R_3^3-R_1^3}{R_2^2-R_1^2}$$

式中　R_m——平均半径

得
$$T=\mu QR_m$$

取片式摩擦离合器能传递的总转矩（摩擦转矩）为 T_f

则得
$$T_f=nKT=n\mu QR_mK \tag{8-4}$$

式中　n——摩擦面数，$n=s+t-1$

s——主动片数；

t——从动片数；

μ——摩擦面间的摩擦系数，其值为：干式，石棉铜丝对钢铁 $\mu=0.3$；干式，粉末冶金对钢铁 $\mu=0.4$；湿式，粉末冶金对钢铁 $\mu=0.08$。

Q——压在摩擦表面上的总轴向力；

R_m——平均半径；

由前述
$$R_m=\frac{2}{3}\ \frac{R_2^3-R_1^3}{R_2^2-R_1^2}$$

为了便于计算，通常取 $R_m=\dfrac{R_2+R_1}{2}$，两者计算结果相差很小。

设两者比值为 ξ，则得

$$\xi=\frac{\frac{2}{3}\frac{R_2^3-R_1^3}{R_2^2-R_1^2}}{\frac{R_2+R_1}{2}}=\frac{4}{3}\ \frac{R_2^2+R_2R_1+R_1^2}{(R_2+R_1)^2}$$

设 $C=R_1/R_2$

则
$$\xi=\frac{4}{3}\ \frac{R_2^2+CR_2^2+C^2R_2^2}{(R_2+CR_2)^2}=\frac{4}{3}\ \frac{1+C+C^2}{(1+C)^2}$$

一般离合器，干式石棉衬面时 $C=0.5\sim0.7$；钢对钢粉末冶金衬面时 $C=0.75\sim0.85$；$\xi=1.037\sim1.006$，接近于1，故可以用近似法求 R_m。

K 为折减系数，考虑离心器传递转矩时，离合器片键齿处的摩擦阻力，引起串联压紧着的各摩擦片压紧力的递减。K 值可参考表 8-6 选取。可见干式折减系数 K 值较湿式大，说明键齿处摩擦阻力引起压紧力的降低现象远比湿式严重。

表 8-6　折减系数 K

种类 \ 摩擦面对数	2	4	6	8	10	20
干式	0.92	0.86	0.79	0.74	0.69	0.50
湿式	0.99	0.98	0.97	0.96	0.95	0.91

根据式（8-1）验算 T_t。

8.5　片式离合器主要参数的确定

片式离合器的主要参数是：片数、摩擦片的外径 D_2、摩擦片的内外径之比 $C=\dfrac{D_1}{D_2}$单位压力 p 及储备系数β 等。

确定上述主要参数所依据的关系式为式（8-1）、式（8-4），即

$$T_t=\beta T_c=n\mu QR_m K$$

将 $Q=p\pi(R_2^2-R_1^2)$、$R_m=\dfrac{2}{3}\left(\dfrac{R_2^3-R_1^3}{R_2^2-R_1^2}\right)K$ 代入公式，得

$$\beta T_c=n\mu p\pi(R_2^2-R_1^2)\frac{2}{3}\left(\frac{R_2^3-R_1^3}{R_2^2-R_1^2}\right)K$$

化简得

$$\beta T_c=\frac{\pi\mu n}{12}pD_2^3(1-c^3)K \tag{8-5}$$

（1）摩擦面数 n　主离合器多采用单片（$n=2$）或双片（$n=4$）。单片结构简单、分离彻底，应尽量采用。由于工程机械向大型化发展，当发动机额定转矩 T_n 超过 700N・m，单片很难满足要求。

换挡离合器和转向离合器，由于受所传转矩大和径向尺寸的限制，必须做成多片式。摩擦面数可根据式（8-5）确定。

（2）摩擦片的外径 D_2　主要由最大允许线速度［v］和具体结构布置确定，一般为［v］=35～40m/s。

（3）摩擦片的内外径之比 C　$C=D_1/D_2$，当 D_2 值已经确定，C 值大，意味内外径尺寸相差小，有效面积减小。C 值小，意味内外径尺寸相差大，滑摩速度相差悬殊，内外磨损不均，损坏摩擦片的平整，使接触不良、传递转矩的能力降低。

总重 2t 以下的汽车主离合器 $C\geqslant0.65$，总重 3～10t 的中小型载重汽车 $C=0.85$，总重 10t 以上的载重汽车 $C<0.56\sim0.53$。

铲土运输机械中，C 一般取 0.55～0.75，在行星变速箱中，换挡离合器和换挡制动器 C 常取较大值，一般取 $C=0.75\sim0.87$。

（4）单位压力 p　主动、从动摩擦间单位面积许用正压力［p］主要取决于摩擦衬片的品种、质量。

石棉铜丝摩擦片对钢铁，［p］=0.8～1.0MPa。

铜基粉末冶金摩擦片对钢铁，［p］=2～4MPa，一般推荐值为 2MPa，当线速度低于 5m/s 时，可用 4MPa。

p 值在许用值［p］的范围内可任意选取。选小些可以提高摩擦元件的使用寿命，但使整个部分尺寸加大。压盘、摩擦片等的外径过分增大，会使圆周速度超过允许值，一般为 35～40m/s，而有飞离的危险，所以 p 值不应选得过小。

但 p 选大了除了考虑许用值［p］外，还要考虑摩擦片单位面积所传的转矩 K，不使 $K>[K]=2\sim10\text{N}\cdot\text{mm/mm}^2$。

（5）储备系数β、摩擦系数μ、折减系数 K　β、K 由表 8-5、表 8-6 确定，μ 由表 8-1

取定。在计算转矩 T_c 确定以后，上述七项参数和 T_c 之间关系，可根据式（8-5）结合机械实际情况确定。

b 离合器操纵力 *F*

$$F=\frac{Q}{i_n\eta_n}=\frac{Q}{\frac{s}{n\delta}\eta_n}=\frac{n\delta}{s\eta_n}Q=\frac{n\delta p\pi(R_2^2-R_1^2)}{s\eta_n} \tag{8-6}$$

式中 i_n——离合器操纵机构的传动比；

η_n——操纵机构的效率，根据具体结构 $\eta_n=0.75\sim0.90$。

s——操纵杆或踏板的行程，手柄行程一般不超过 400mm，踏板行程一般不超过 250mm，经常操纵的还要尽量选得小些。

δ——每一对摩擦结合面分离时的间隙。

单片或双片主摩擦离合器 $\delta=0.4\sim1.2$mm，多片式换挡离合器和转向离合器 $\delta=0.2\sim0.5$mm，多片式离合器分离时，各摩擦表面间的间隙不一定均匀，但设计时选取的 δ 值表示的是平均间隙。无论湿式或干式，初步计算时，可取 $\delta=0.5$mm，干式钢对钢 $\delta=0.2\sim0.3$mm，有衬面与湿式钢对钢 $\delta=0.4\sim0.5$mm。由此可以推算离合器的压板行程为

$$S_y=\delta n$$

可以根据式（8-6）计算出操纵力 *F*，一般操纵不得大于 150～200N，即使手柄或踏板的操纵力在 150～200N 以下。但由于工程机械作业条件差、操纵动作频繁，所以，有很多机器采用各种操纵机构助力装置，以减轻劳动强度。例如，红旗-100 拖拉机采用油压转向助力器，操纵力由 350N 减小到 50N，T150（200）推土机采用液压助力，操纵力以 150N 减小到 20～30N。

上述原理也适用于片式制动器。

8.6 摩擦离合器的使用维护

作为工程机械实例，表 8-7 列出两种履带推土机主离合器的主要参数。

表 8-7 履带式推土机主离合器的主要参数表

机型	离合器种类	油液工作温度/℃	从动片数/片	从动片外径/mm	从动片内径/mm	从动片单位面积上的压力/kPa	从动片线速度/(m/s)	操纵力/N	作业寿命/h
TY150(200)	湿式	＜110	3	375	280	732	约 36	40～60	5000 以上
TY240(320)	湿式	＜110	4	375	280	1100	约 39	—	5000 以上

对于湿式摩擦离合器，使用方便，也没有特殊的保养要求。干式则不然。

（1）干式使用的操作要领如下。

① 接合柔和、平稳。

② 分离彻底迅速。

③ 合理使用半联动，但一般尽量少用，对于弹簧压紧式严禁把脚放在脚蹬上。

（2）干式保养要点如下。

① 相对运动回转副面上要经常的进行合理润滑。

② 干式离合器片面上注意勿沾油。

③ 合理调整。

(3) 干式常见故障如下。

① 打滑　由于调整不当，没有自由行程，衬片磨损过度而未调好或弹簧压力不足，或干式沾油，应根据具体情况处理；

② 分离不彻底，主要是调整不当，自由行程太大，有效行程太小。

第9章 工程机械驱动桥的设计

轮胎式工程机械驱动桥的功能是：通过主传动装置锥齿轮改变传动方向，通过主传动装置和轮边减速装置将变速器输出轴的转速降低、转矩增大，通过差速器解决左、右轮差速问题，通过差速器和半轴将动力分传给左、右驱动轮，除传动作用外，驱动桥还是承重装置和行走支承装置。

一般双轴载重汽车多为单轴驱动，因为在一般路况下，已具备足够的附着牵引力。在路面状况不佳或野地行驶的车辆，则做成越野型全轮驱动，如军用车辆，各种轮胎式土方工程机械经常行驶作业在路面不良或无路的工地，为了把全部重量用作附着重量以得到最大的附着牵引力，常常采用全轮驱动，所有车桥都是驱动桥，其中同时起转向作用的驱动桥称为转向驱动桥。

某些工程机械为了提高越野性能，采用低压大轮胎。加上比之汽车要求牵引力大而车速低，故其驱动桥的传动比比汽车大，一般为 $i=12\sim38$，而中型载重汽车的驱动桥减速比一般 $i=6\sim11$。这就是工程机械和重型汽车多半采用轮边减速器的原因之一，因为即使主传动采用两级减速也不能解决这么大的传动比。采用轮边减速和不采用轮边减速相比较，可以降低主传动、差速器的齿轮、半轴上上传递的转矩，减小这些部件的尺寸，减轻重量和减少金属消耗量，保证一定的离地间隙。

轮胎式工程机械驱动桥由主传动、差速器、半轴、轮边减速装置、后桥壳等零部件组成。

9.1 差速器

9.1.1 差速器原理

轮胎式机械左右两侧的驱动轮不能由一根整轴驱动，动力由传动轴、主传动锥齿轮副、并经差速器传给左右半轴，因为轮式机械在运行过程中，左右两侧的驱动轮经常需要以不同的角速度旋转。例如：

① 转弯时，外侧车轮走过的距离要比内侧车轮走过的距离大；

② 在高低不平的道路上运行时，左右车轮走过的距离总是不等的；

③ 当左右驱动轮轮胎气压不等，胎面磨损程度不同或左右负载不均时，轮胎的滚动半径总不是绝对相等的。

因此，无论转弯或直线运行，如果左右车轮由同一根轴驱动，轮胎在地面上滚动的同时，必然还发生滑动现象，使轮胎无谓地磨损、功率消耗、燃料浪费，同时使转向困难、转向操纵性变坏。这就是必须设置差速器以自动实现左右轮差速运动，以不同角速度旋转的理由。

图 9-1 表示差速器的工作原理。当差速器壳随大锥齿轮以角速度 ω 旋转时，行星轮轮心的旋转线速度为

$$v=\omega r$$

式中　r——半轴齿轮的平均半径。

当行星轮由差速器壳带动绕车轴中心线公转无自转时，行星轮轮齿与左右半轴齿轮轮齿啮合点的旋转线速度 v_1、v_2 与行星轮轮心速度 v 相等，即

$$v_1=v_2=v=\omega r$$

如图 9-1 所示，左半轴角速度

$$\omega_1=\frac{v_1}{r}=\omega$$

右半轴角速度

$$\omega_2=\frac{v_2}{r}=\omega$$

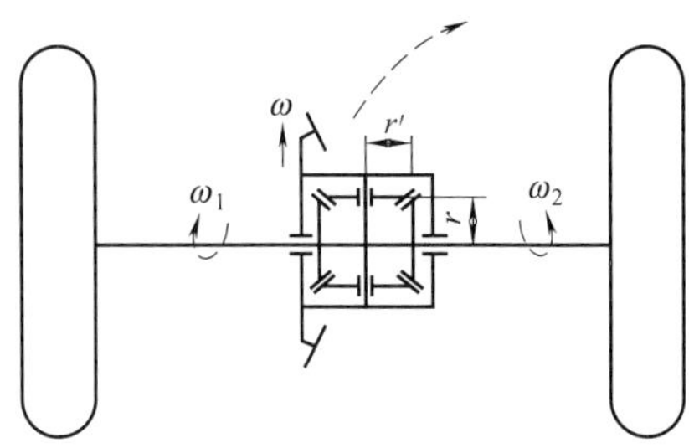

图 9-1　差速器的工作原理图

由此可见，左右半轴以同一角速度 ω 旋转。

当差速器行星轮有自转时，轮齿啮合点的线速度除了速度 v 以外，还要加上行星轮自转所产生的相对运动速度 $\omega'r'$。假设机械右转，则有

$$v_1=v+\omega'r'$$

$$v_2=v-\omega'r'$$

式中　r'——行星轮平均半径；

ω'——行星轮自转角速度。

上式即

$$\omega_1 r=\omega r+\omega'r'$$

$$\omega_2 r=\omega r-\omega'r'$$

化简得

$$\omega_1=\omega+\omega'\frac{r'}{r}$$

$$\omega_2=\omega-\omega'\frac{r'}{r}$$

两式相加

$$\omega_1+\omega_2=2\omega$$

两式相减

$$\omega_1-\omega_2=2\omega'\frac{r'}{r}$$

$$\omega'=\frac{\omega_1-\omega_2}{2r'}r$$

从以上公式可见：

① 当左右半轴转速不等，即角速度不等时，行星轮除以角速度 ω 公转外，并以角速度 ω'绕自身轴线自转，实现差速；

② 快速半轴增加的转速（或角速度）等于慢速半轴减小的转速（或角速度），快慢半轴转速（或角速度）之和为差速器壳转速（或角速度）的两倍，这一点是由轮式机械差速器的具体结构决定的，因为左右半轴齿轮齿数相等；

③ 当 $\omega=0$，$\omega_1=-\omega_2$，相当于架修驱动桥时，刹住传动轴，扳动车轮的情况，这时差速器由行星轮系变成了定轴轮系；

④ 当 $\omega_2=0$，则 $\omega_1=2\omega$，相当于机械左轮陷入泥泞中，左轮附着系数太小，就以两倍于差速器壳的转速旋转，右半轴不转，差速器成为传动比为 2 的行星齿轮传动。

9.1.2 带差速锁的差速器

对于上述普通差速器，经传动轴、主传动锥齿轮副，传到差速器壳的转矩 T，经差速器十字轴、差速器行星轮分传给左右半轴齿轮。当行星轮只有公转没有自转（或自转不大）时，左右半轴分配到相等的力矩，即

$$T_1=T_2=\frac{1}{2}T$$

当左右车轮，亦即半轴齿轮有转速差，则差速器壳内各零件之间、零件与壳体之间产生一定的内摩擦力矩 T_f，但其值很小。故当一侧车轮与路面之间的附着力很小时，如越过泥泞冰雪路面时，附着力不能产生足够的反力矩时，该侧车轮打滑，机械不能前进。为了提高工程机械的越野性能，克服普通差速器这一不足，出现了各种防滑、限滑差速器。差速锁的采用为方法之一。

现代的轮胎式自行式铲运机的差速器，前驱动桥多采用带气控差速锁的普通差速器（图9-2），后驱动桥多采用牙嵌自锁式差速器，亦称牙嵌式自由轮差速器。当一侧车轮打滑，后者可自动将转矩全部传到另一侧车轮，无需操纵，国外常称之为不打滑型。

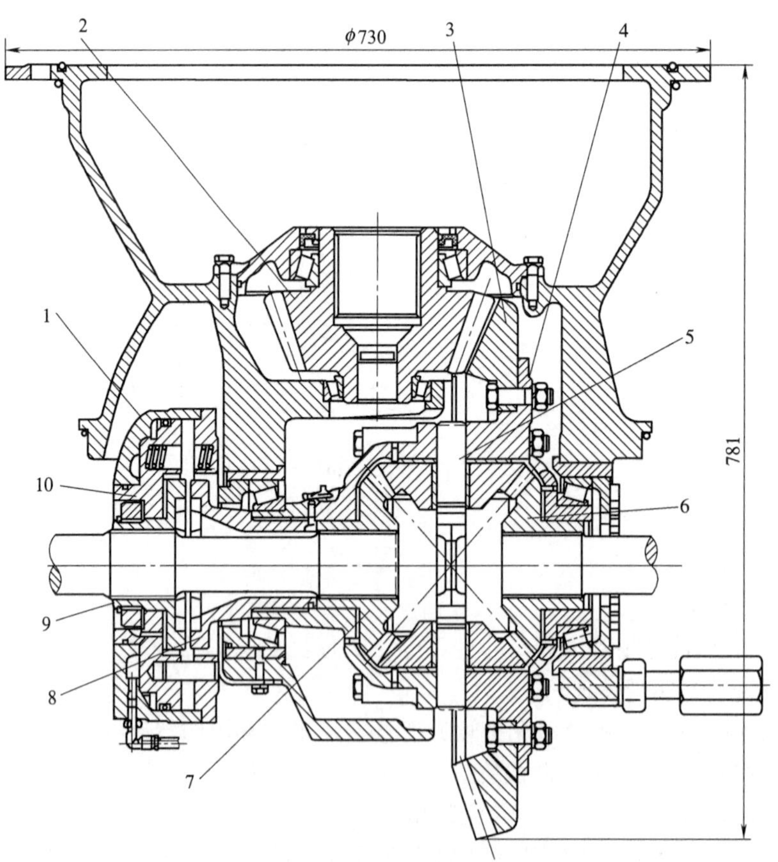

图 9-2 621 型铲运机的差速器与主传动

1—汽缸；2—小圆锥齿圈；3—大圆锥齿轮；4—差速器壳；5—十字轴；6—右半轴圆锥齿轮；7—左半轴圆锥齿轮；8—用花键固装在差速器壳上的右接合器；9—用花键滑套在左半轴上的左接合器；10—活塞

如图 9-2 所示，当一侧轮胎打滑，可向汽缸 1 供入压缩空气，推动活塞 10 带着左接合器 9 右移，并与右接合器 8 接合。左接合器是用花键滑套在左半轴上，右接合器用花键固装在差速器壳上。这样，迫使左半轴与差速器壳同速旋转，因左半轴锥齿轮 7 的转速与差速器十字轴 5 的转速相同，迫使右半轴锥齿轮 6 同速旋转，差速器不起差速作用。因此，机械可以因另一侧车轮不打滑而行驶。越过打滑泥泞路面后，即排出汽缸 1 内的压缩空气，弹簧使左接合器 9 随活塞 10 左移，与右接合器 8 分离，差速器恢复差速功能。

这种牙嵌离合器式差速锁结构简单，制造容易。但要在打滑停车后，或即将过泥泞路时，停车接合。行驶到良好地面时，及时分离。不宜接合过早与分离过晚。

9.1.3 限滑差速器

图 9-3 为 ZF 公司的 DL 系列多片盘式限滑差速器。

它是在普通差速器上，加装多片盘式制动器并改变其结构而成。主传动装置传到差速器壳体上的力矩，经由左右推压环上的斜面 2 推动差速器小行星轮轴，从而使小行星轮公转，推动左右半轴锥齿轮旋转。当半轴传递的力增大，即要求推压环传到小行星轮轴上的力增大，迫使小行星轮沿推压环斜面滑动，左右推压环分离而压紧盘式摩擦离合器。从而使转矩既由小行星轮传递，又由摩擦离合器传递。因其主动盘外齿接差速器壳，从动盘内齿接半轴齿轮，车辆运行时，当其一侧车轮与地面间的附着力不足，传到车桥上的驱动力矩自动转移到另一侧车轮，实现差力，减少或避免了轮胎打滑与陷车现象。车辆转弯时，此差速器仍然可以保证左右驱动轮的差速作用。只是此时在摩擦片间存在有附加的摩擦阻力矩，其值取决于驱动力矩的大小。

限滑差速器还可以有其他结构形式，但原理相同。它特别适用于在非硬质路面上运行的越野车辆，如轮式挖掘机、起重机、装载机、集材机与越野、自卸汽车等。

9.1.4 牙嵌式差速器

图 9-4（a）为装有牙嵌式差速器的主传动。图 9-4（b）为牙嵌式差速器。

当左右车轮同速旋转，此差速器经十字轴、左右从动环分送相等的力矩到左右车轮。转弯时车轮转速不同，差速器仅向慢速车轮传递转矩。

花键毂 5 与 12 的内花键与左右半轴联接，外花键上分别滑装着左右从动环 6 与 11，花键毂 5 和 12 又支承在差速器壳上。

弹簧座圈 13、14 的外花键分别与从动环 6、11 的内花键连接，随从动环旋转。弹簧力迫使从动环压向十字轴 17，花键毂压向差速器壳。

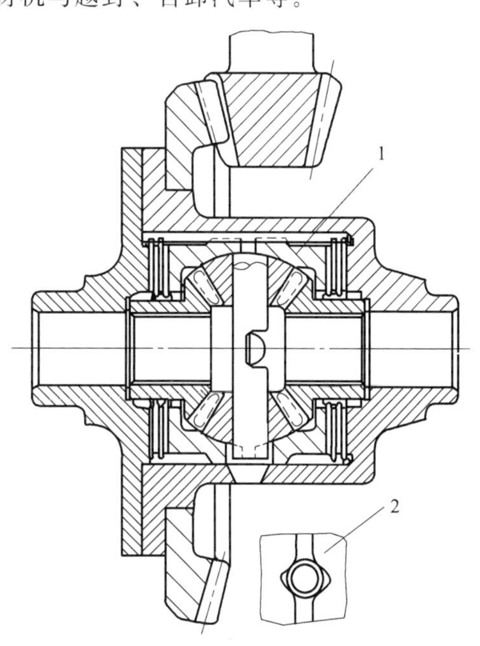

图 9-3 限滑差速器

1—推压环；2—推压环上的斜面

十字轴装在差速器壳内随其转动。而在十字

轴圆环部的两个侧面，制有沿圆周分布的若干梯形断面的径向传力齿，参看图 9-4（c）、（d）。

见图 9-4（d），十字轴还有一伸长齿 19。中心凸轮 15 装在十字轴 17 内用一开口环 16 轴向定位［参看图 9-4（b）］。中心凸轮由此伸长齿推动旋转，因它伸到中心凸轮圆周上的凹槽 18 中。

图 9-4（e）为从动环 6 与开口的分离环 8。分离环 8 装在从动环与中心凸轮端面上的圆槽中，参看图 9-4（b）。分离环 8 端面上的凸齿可啮合入中心凸轮 15 的齿槽中。分离环 8 的开口亦由伸长齿 19 伸入。而分离环 8 与从动环 6 之间，除因摩擦力相互影响外，不相连接。

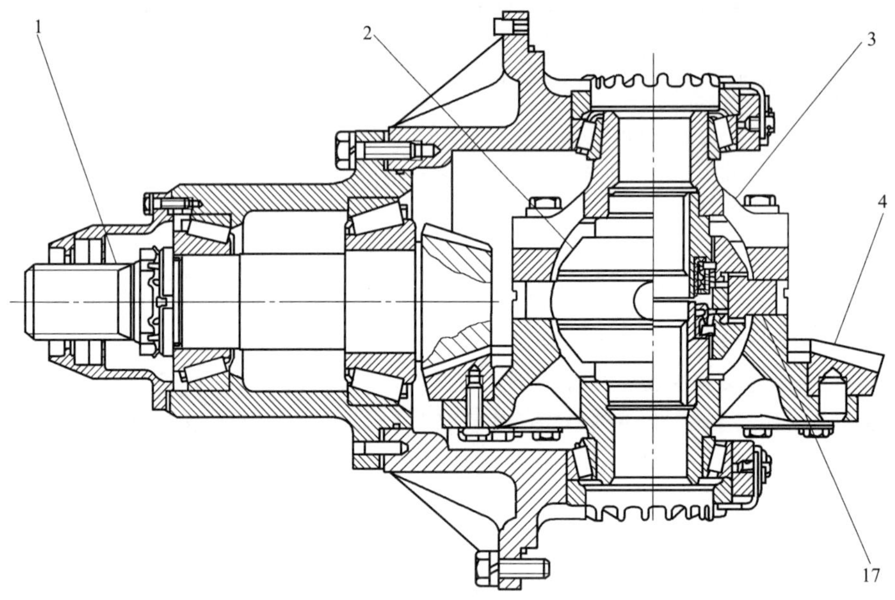

(a) 装牙嵌式差速器的主传动

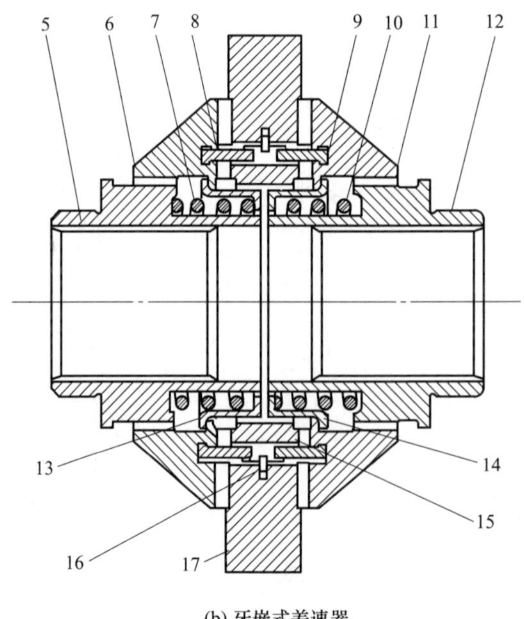

(b) 牙嵌式差速器

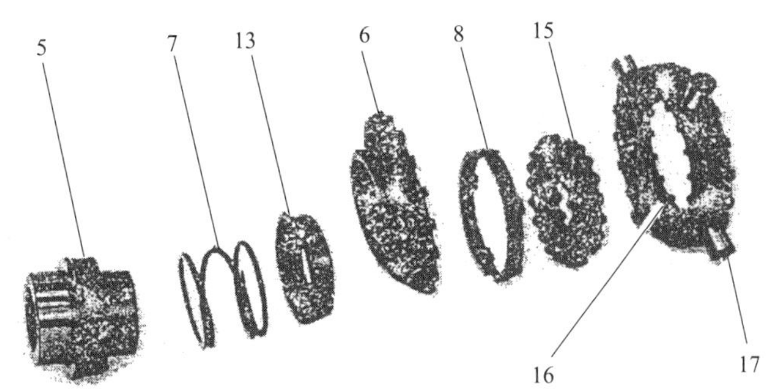

(c) 牙嵌式差速器左侧分解图

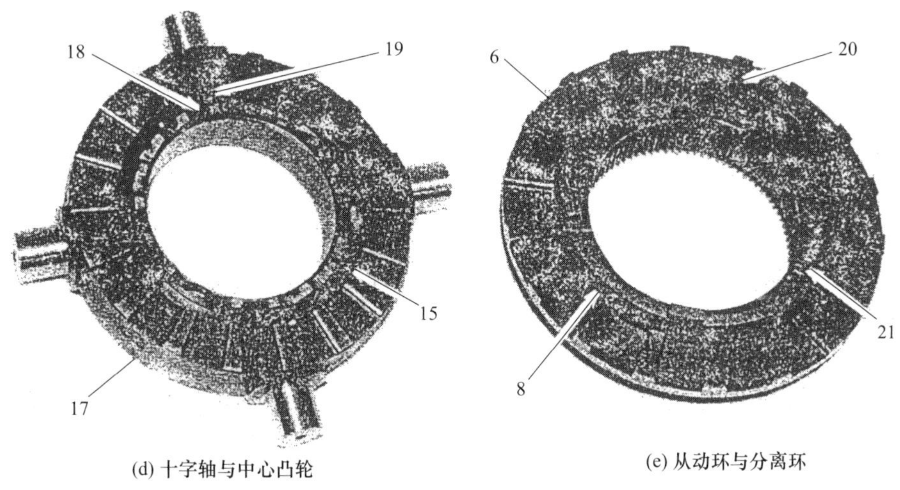

(d) 十字轴与中心凸轮　　(e) 从动环与分离环

图 9-4　牙嵌差速器

1—小圆锥齿轮轴；2—牙嵌式差速器；3—差速器壳；4—大圆锥齿轮；5—花键毂；6—从动环；7—弹簧；8,9—分离环；10—弹簧；11—从动环；12—花键毂；13,14—弹簧座圈；15—中心凸轮；16—开口环；17—差速器十字轴；18—中心凸轮上的凹槽；19—十字轴伸长齿；20—分离环上的开口；21—端面的凸齿

当十字轴转动，伸长齿 19 因伸入中心凸轮 15 的凹槽而推动中心凸轮同速旋转；中心凸轮 15 端面的梯形凸齿推动分离环 8 同速旋转。而十字轴端面的传力齿推动从动环、花键毂、半轴与车轮。

当车轮转速使从动环 6 快于十字轴转速，中心凸轮 15 上的梯形凸齿像斜面一样，在从动环 6 端面的凸齿 21 上滑过并齿顶对齿顶地顶住，这一过程使从动环 6 沿轴向外移，其上的传力齿与十字轴端面倒梯形传力凸齿分离，该侧动力被切断。从动环 6 带着分离环 8 离开中心凸轮的槽。6 与 8 之间的摩擦力带着分离环 8，直到分离环上的开口 20 靠在伸长齿上。这时，分离环 8 由十字轴伸长齿推动。该侧从动环 6 绕分离环 8 的转速快于分离环 8，不使从动环 6 轴向回位与中央凸轮、十字轴接合。此侧的从动环 6、凸齿 21、半轴、车轮自由转动。

当此自由转动的车轮转速降低到使从动环 6 转速接近十字轴转速，地面对车轮的圆周反力使其产生微小的反向。分离环 8 与从动环 6 之间的摩擦力使 8 上的开口离开伸长齿 19，从而使分离环 8 换到能接入中心凸轮 15 端面凹槽的位置。弹簧力乃迫使从动环 6 轴向内移，恢复到向左右车轮传递转矩。

这种牙嵌式差速器虽结构复杂，制造时对零件尺寸、材料、热处理、加工精度、粗糙度等要求严格，但它能自动将力矩全部传到不滑转的车轮，无需手动操作，故在铲运机、集材机、压路机等工程机械中广泛采用。图 9-5 为洛阳 YZJ10 型铰接式振动压路机驱动桥主传动，其牙嵌式差速器工作原理同前所述。

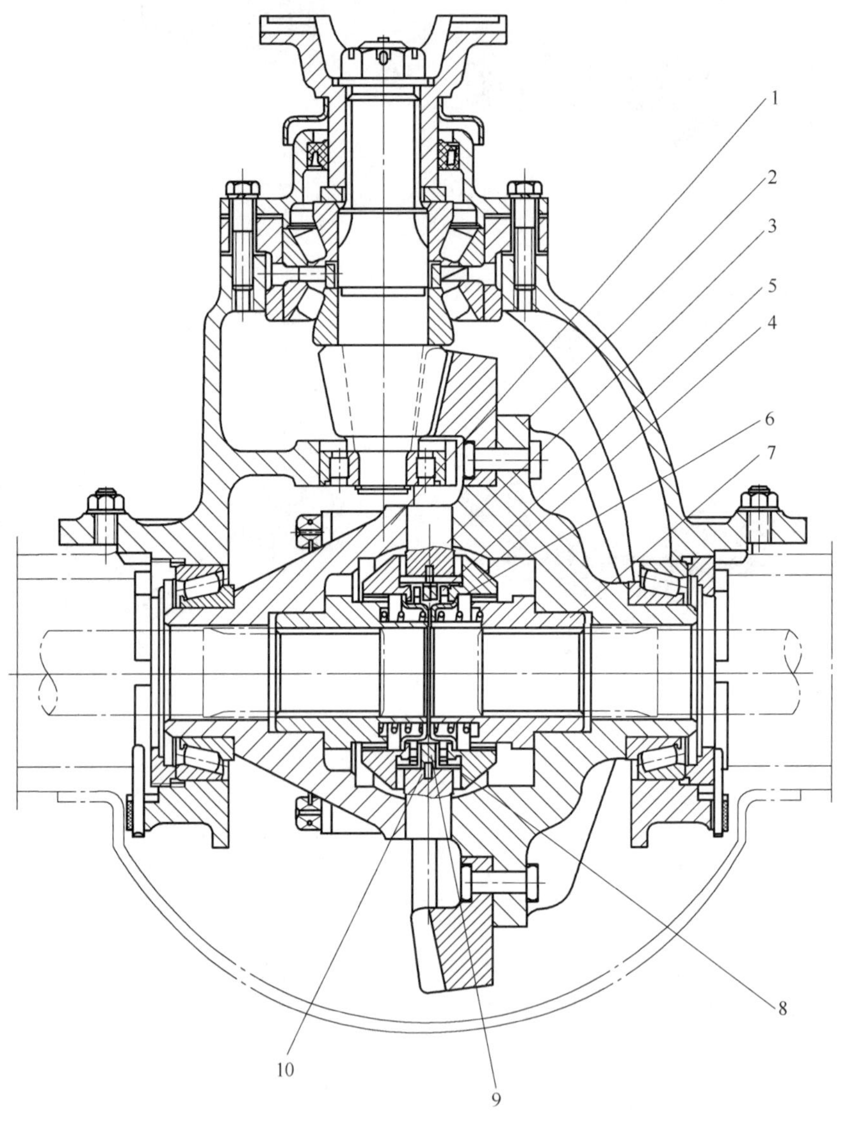

图 9-5　YZJ10 型压路机主传动与差速器

1，2—差速器壳；3—主动环；4—从动环；5—弹簧；6—弹簧座圈；7—花键毂；8—消声环；9—中心环；10—卡环

9.1.5　差速器的设计

9.1.5.1　结构方案和选型

普通锥齿轮式差速器具有结构简单、工作平稳可靠等优点，在现代的工程机械和汽车中

广泛采用。但在不良地面（冰雪泥泞地带）运行时，轮胎式工程机械容易因左右驱动轮负载不均匀或附着系数改变而陷住，使机械的通过性不好。

为了使左右驱动轮能传递附着力确定的全部力矩，有的机械设计了差速锁，必要时将锥齿轮式差速器强制锁住。如果机械已经陷入泥坑中时应用，常因附着力仍然不够而起不来（落在坑中的车轮因已经打滑而附着系数大大下降，另一侧车轮则附着重量不足），或者因阻力增加而无法起步。

如果在机械进入难行地段以前将差速器锁住，或者在机械驶出难行地段而又未及时松开差速锁，则使机械转向操纵困难和机件载荷增大。因此，人控式差速锁有不足之处。

为了充分利用机械左右驱动轮的附着力，并避免出现打滑现象，差速器最好有自锁性能，或者在一侧车轮附着力不够而出现打滑时，自动将力矩传到另一侧车轮。于是出现了各式各样的“自锁式”差速器（凸轮式、蜗轮式、牙嵌式等），其中以牙嵌式差速器较为常见。

9.1.5.2　锥齿轮行星式差速器主要参数的确定

（1）差速器球面直径 D_q　球面直径 D_q 表示了差速器的大小，球面半径 $D_q/2$ 则为差速器齿轮的节锥距，表示差速器的强度。D_q 之值可由经验公式选取

$$D_q=\frac{k_q}{2.15}\sqrt[3]{T_{cmax}}\quad (mm)$$

式中　k_q——差速器球面直径系数，$k_q=1.1\sim1.3$；

T_{cmax}——差速器承受的最大转矩（N·mm）。

表 9-1 为某些机械的 D_q 值。

表 9-1　差速器球面直径 D_q 值示例

型号	参数		
	T_{cmax}/N·mm	D_q/mm	k_q
北京 BJ-212 型汽车	3.29×10^6	90.1	1.305
跃进 NJ-130 型汽车	11.9×10^6	117.7	1.1
解放 CA-10B 型汽车	20.4×10^6	160.8	1.27
ZL50 型装载机	21.8×10^6	149.5	1.15

（2）差速器齿轮模数 m　差速器常用压力角为 20°、齿顶高系数 $h_a^*=0.8$ 的标准短齿，在选择模数 m 时，可参考下列近似公式。

当行量轮个数 $n_p=2$ 时

$$T_{cmax}=84.8m^3yz_b\sqrt{z_b^2+z_c^2}\quad (N\cdot cm)$$

当行星轮个数 $n_p=4$ 时

$$T_{cmax}=152.2m^3yz_b\sqrt{z_b^2+z_c^2}\quad (N\cdot cm)$$

式中　m——齿轮模数，mm；

y——相应于行星轮齿数的齿形系数；

z_b——半轴齿轮齿数；

z_c——行星轮齿数。

(3) 差速器齿轮齿数　半轴齿轮齿数 z_b 多为 16～22，行星轮齿数 z_c 多采用 10～12。设计时应先行选定行星轮个数 n_p。应该指出，当 $n_p=3$ 时，z_b 必须为 3 的倍数，当 $n_p=2$ 或 4 时，z_b 必须为偶数，否则差速器不能安装。

9.2　铰接式装载机的驱动桥

9.2.1　ZL 50 型铰接式装载机的驱动桥

ZL 50 型铰接式装载机的驱动桥见图 9-6，主传动部分如图 9-7 所示。图 9-7 系一单级传动主传动及普通锥齿轮差速器，这种结构广泛用于轮胎式工程机械的驱动桥中。

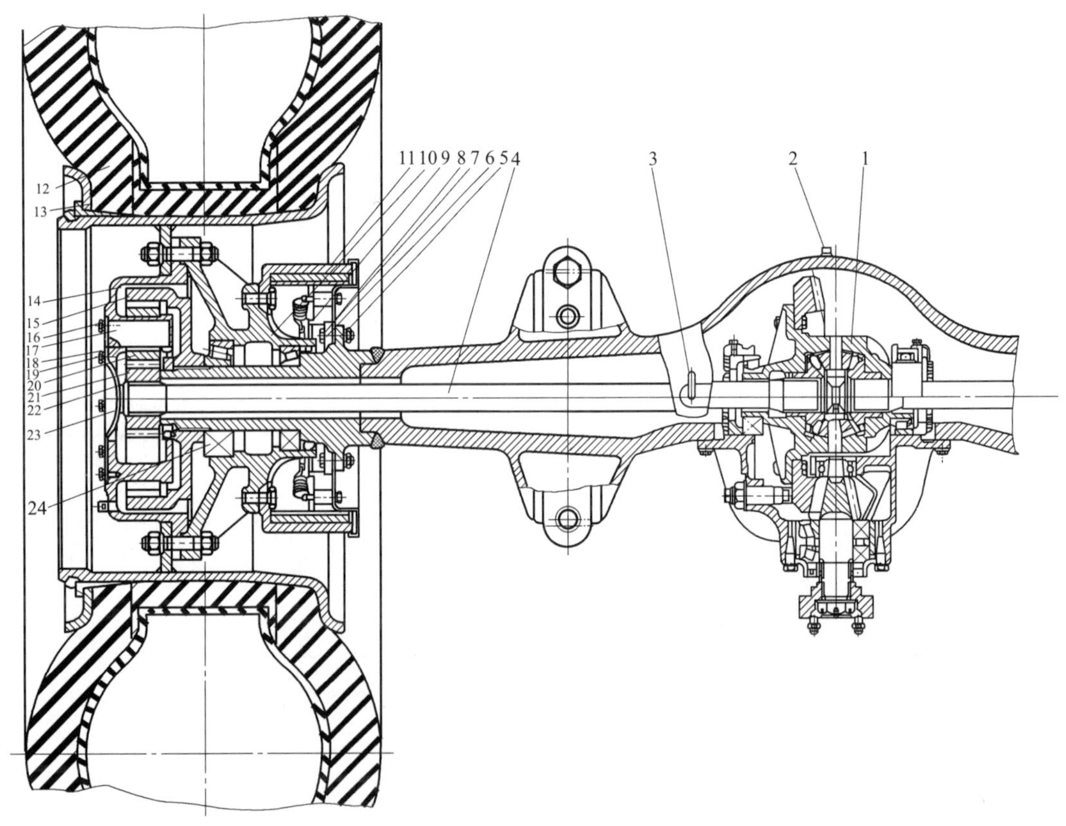

图 9-6　ZL50 型装载机前（后）桥总成

1—主传动；2—螺塞；3—透气管；4—半轴；5—制动器总成；6—140mm×170mm×16mm 油封；7—挡油环；8—卡环；9—2007122 轴承 110mm×170mm×38.4mm；10—制动鼓；11—轮毂；12—轮胎；13—24—25 轮辋；14—行星架；15—内齿圈，16—垫片；17—行星轴；18—$\phi\frac{3}{8}$英寸钢球；19—滚针 5mm×50mm；20—行星轮；21—太阳轮；22—ϕ50mm 轴用弹簧挡圈；23—盖；24—7521 轴承

为提高支承刚度、改善锥齿轮的啮合条件，主动小齿轮 5 采用跨置式支承，一端支承在一个滚柱轴承 9 上，另一端支承在两个圆锥滚柱轴承 7 上。从动大齿轮 22 用螺栓固定在差速器右壳 21 的凸缘上。为了增加整体刚度，在差速器右壳凸缘背部有加强筋，一直延伸到

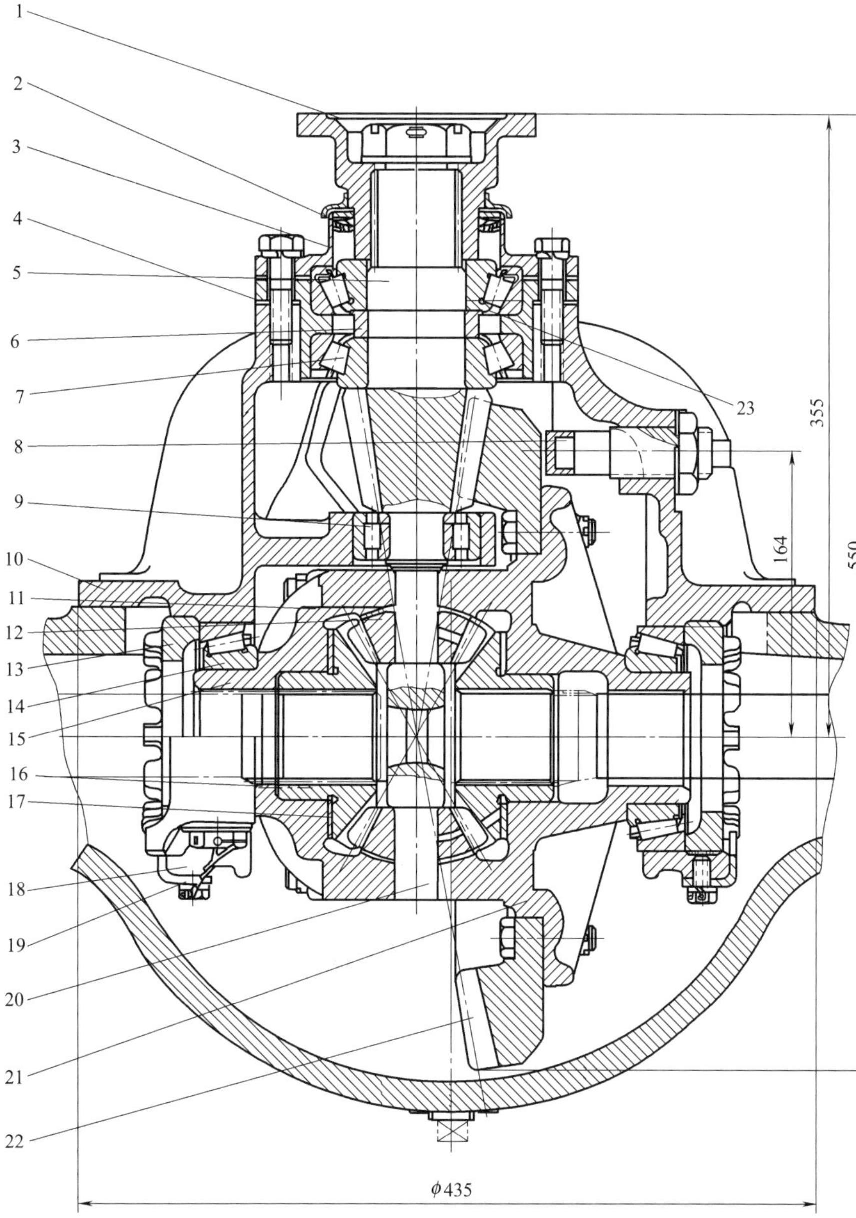

图 9-7　ZL50 型装载机主传动

1—输入接盘；2—SG 70mm×95mm×12mm 油封；3—密封盖；4—调整垫片；5—主动螺旋圆锥齿轮；6—轴承套；7—27311 轴承 55mm×120mm×32mm；8—止推螺柱；9—92606 轴承 30mm×72mm×27mm；10—托架；11—圆锥齿轮垫片；12—圆锥齿轮；13—调整螺母；14—7515 轴承 75mm×130mm×31mm；15—差速器左壳；16—半轴齿轮；17—半轴齿轮垫片；18—轴承座；19—锁紧片；20—十字轴；21—差速器右壳；22—大螺旋圆锥齿轮；23—垫片

差速器轴承座的附近。从动大齿轮 22 的背面设有止推螺柱 8。齿轮背面和止推螺柱末端的间隙应调到 0.25～0.40mm 之间，止推螺柱用在大负荷时限制从动大齿轮的变形。

圆锥滚子轴承 7 的轴向间隙可通过增减轴承套 6 旁的垫片来调整。大螺旋圆锥齿轮圆锥滚柱轴承 14 的轴向间隙由调整螺母 13 来调整。螺旋圆锥齿轮副的正确啮合通过调整螺母 13 和调整垫片 4 来调整。

轮式机械轮边减速器一般采用行星齿轮传动，其优点是：可以以较小的轮廓尺寸获得较大的传动比，可以布置在车轮轮毂内部而不增大外形尺寸。

轮边减速器的行星齿轮传动有两种方案：

(1) 太阳轮为主动件与半轴用花键相连，被动件为行星架与车轮相连，齿圈固定不动与桥壳相连，如图 9-6 所示。

传动比
$$i=\frac{z_q}{z_t}+1$$

(2) 太阳轮为主动件与半轴用花键相连，被动件为齿圈与车轮相连，行星架固定不动与桥壳相连。

传动比
$$i=\frac{z_q}{z_t}$$

第一方案可得较大的传动比和较高的传动效率，故轮式机械的轮边减速器大多采用此方案。

为了改善太阳轮与行星轮的啮合条件，使载荷分布比较均匀，太阳轮连半轴端完全是浮动的不加任何支承，如图 9-6 所示。此时太阳轮连半轴端是靠均匀对称布置的几个行星齿轮对太阳轮的相互平衡的径向力，使其处于平衡位置。一般汽车半轴一端是用螺钉固定在车轮轮毂上，半轴为全浮式，只传递转矩，不承受弯矩。

ZL 50 型装载机为铰接式机架，前后桥结构完全相同，行驶时用前桥驱动，作业时用双桥驱动。现代轮胎式工程机械驱动桥，多采用与此类似的结构，只是制动装置不少改用钳盘式。

9.2.2 2L 30 型铰接式装载机的驱动桥

成都 ZL 30 型装载机前驱动桥如图 9-8 所示。它具有以下结构特点。

(1) 动力传入是从传动轴首先经主动轴 8 传到差速器的行星架上，带动三个行星齿轮绕主动轴 8 轴线公转，驱动前后两个传动圆锥齿轮 12，动力分别经前后从动轴套 7 传给前后主动小圆弧锥齿轮 13、从动大圆弧锥齿轮 10 而传向左右半轴。因此在正常运行情况下，左右车轮分别由一对主传动弧齿锥齿轮传动。

(2) 前桥具有差速锁装置，是通过活塞 3 将一对牙嵌离合器接合，使主动轴 8 一方面经差速器行星架传出动力，一方面经牙嵌离合器到后从动轴套传出动力，迫使差速器不起差速作用。

(3) 轮边减速器采用的是两级行星轮系，这种结构在传动效率上与一级行星轮系（即行星架固定的一级定轴轮系）相差不多，但传动比大大增加，本机前后桥轮边减速器速比为 7.714，这在一级行星轮系的轮边减速器是达不到的。

由于轮边减速器传动比增大，采用双主传动以及由于差速器在主减速器之前，促使整个传动系尺寸减小、重量减轻，此机前后桥的外形尺寸比一般传统结构的驱动桥要小很多，从而离地间隙也相应增加。

成都 ZL 30 型铰接式装载机后驱动桥除了未装差速锁装置外，其余所有零部件与前驱动桥通用。

成都 ZL 30 型铰接式装载机驱动桥亦有如 ZL 50 的标准结构形式者，由用户自选。

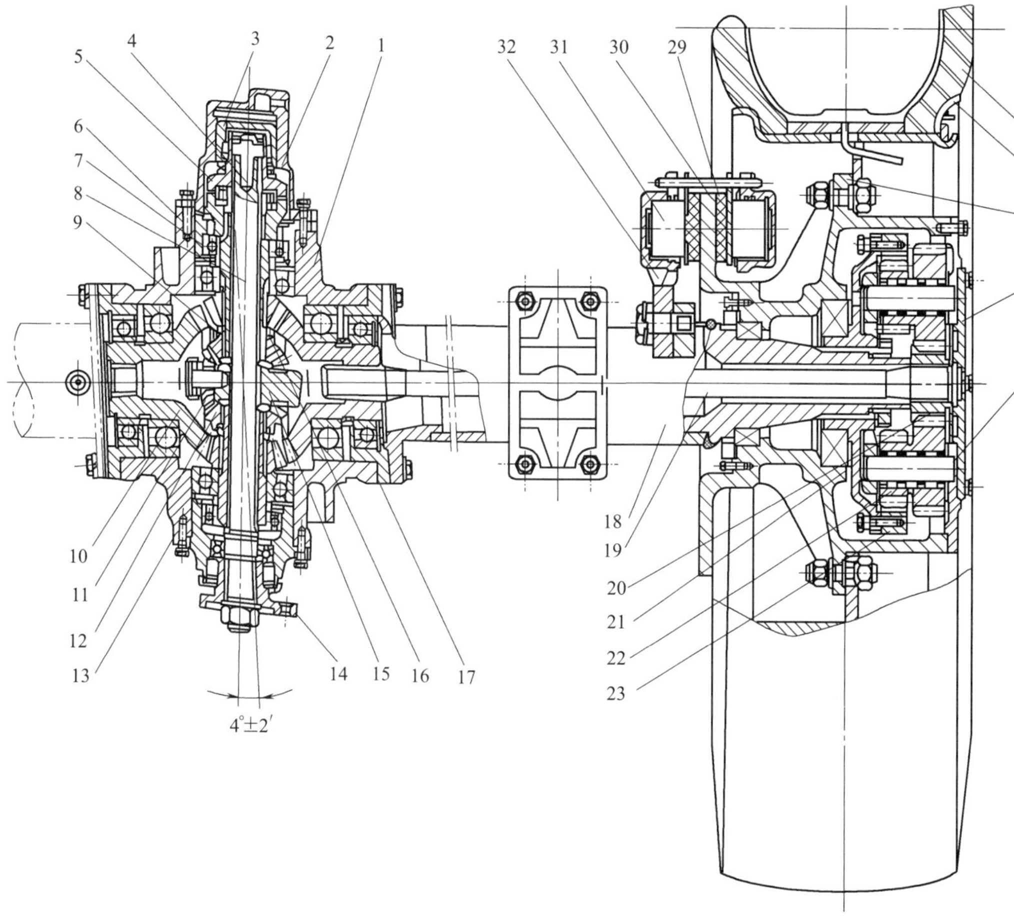

图 9-8 ZL 30 型装载机前驱动桥

1—主传动箱体；2—气动差速锁箱；3—差速锁活塞；4—活塞回动弹簧孔；5—牙嵌式离合器；6—垫片；7—从动轴套；8—主动轴；9—垫片；10—从动圆弧锥齿轮；11—行星轮；12—圆锥齿轮；13—主动圆弧锥齿轮；14—接盘；15—行星架；16—半圆环；17—垫片；18—桥壳轴套；19—半轴；20—行星架；21—太阳轮；22—双联齿轮；23—齿圈；24—行星轮轴；25—端盖；26—轮毂；27—轮辋钢圈；28—轮胎；29—制动衬片；30—制动盘，31—活塞；32—外钳

9.3 轮胎式液压挖掘机的驱动桥

9.3.1 驱动桥

图 9-9 为 WYL-60C 型轮胎式液压挖掘机的驱动桥（行驶时之后桥）。

参照图 9-6 可见，工程机械常规的驱动桥，就是这样的结构。机型不同，大同小异。但各厂家驱动桥的生产制造工艺过程，则差别甚大，各具特色。

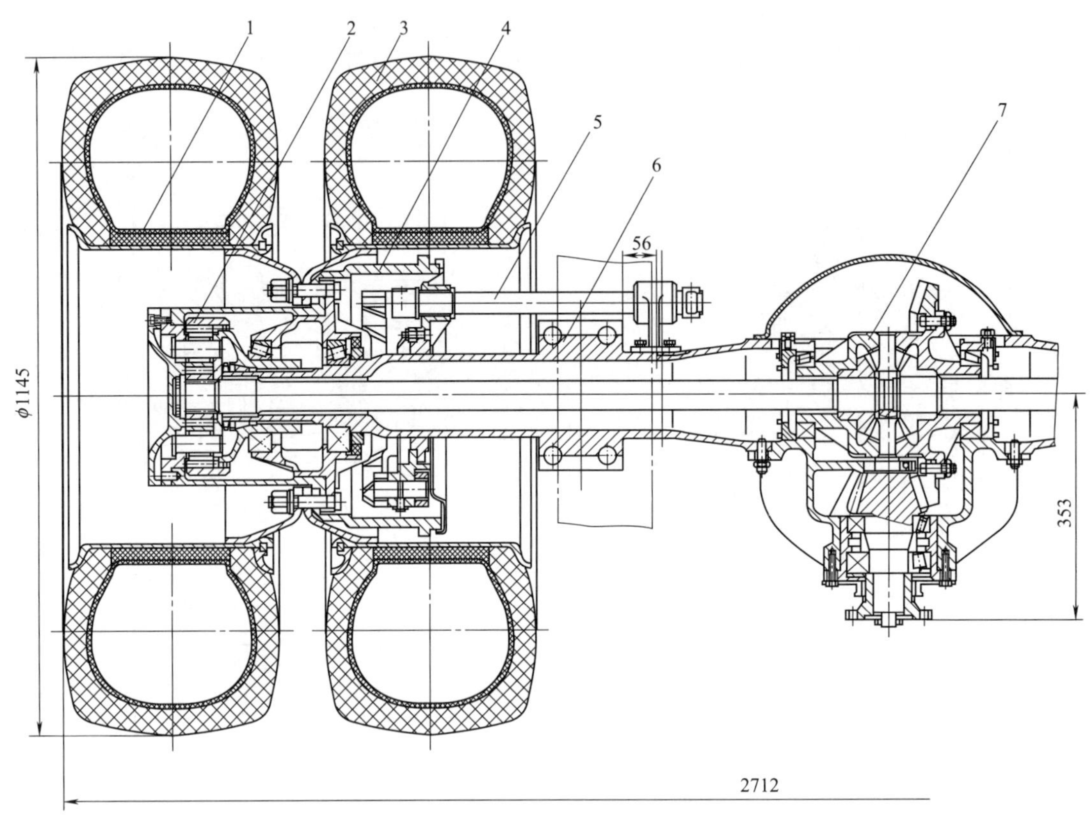

图 9-9 WYL-60C 型液压挖掘机的驱动桥

1—车轮轮毂；2—轮边减速器；3—12.5—20 轮胎（充气压力 0.35MPa）；4—蹄式制动器制动鼓（HT 20-40，新牌号为 HT 200）；5—制动器凸轮轴；6—后桥壳（ZG 35）；7—主传动与差速器

9.3.2 转向驱动桥

图 9-10 为 WYL-60C 型轮胎式液压挖掘机的转向驱动桥（行驶时之前桥）。

虽然，不少轮胎式工程机械竞相采用铰接式车架以改善整机转向性能，某些工程机械，刚性整体式车架甚至完全淘汰，比如轮胎式装载机。但是，仍有各种各样的工程机械是不可能采用铰接式车架的，比如轮胎式挖掘机、起重机、叉车等。因此，转向驱动桥必然存在。

9.3.3 WYL-60C 与 WYL 161 型单斗液压挖掘机的驱动桥

从严格意义上讲，它应是半液压轮胎式挖掘机，因为挖掘机的五大主要作业动作，即行走、回转、动臂升降、斗杆转动、挖斗转动五者，仍有行走传动为全机械式。

WYL 161 型挖掘机，是全液式轮胎式挖掘机。它用了一个由两台液压马达并联驱动的行走分动变速箱，取代了主离合器、变速箱、传动轴，转台上的上传动箱，行走架上的下传动箱。行走分动变速箱装在行走架上，其构造已如图 9-11 所示。

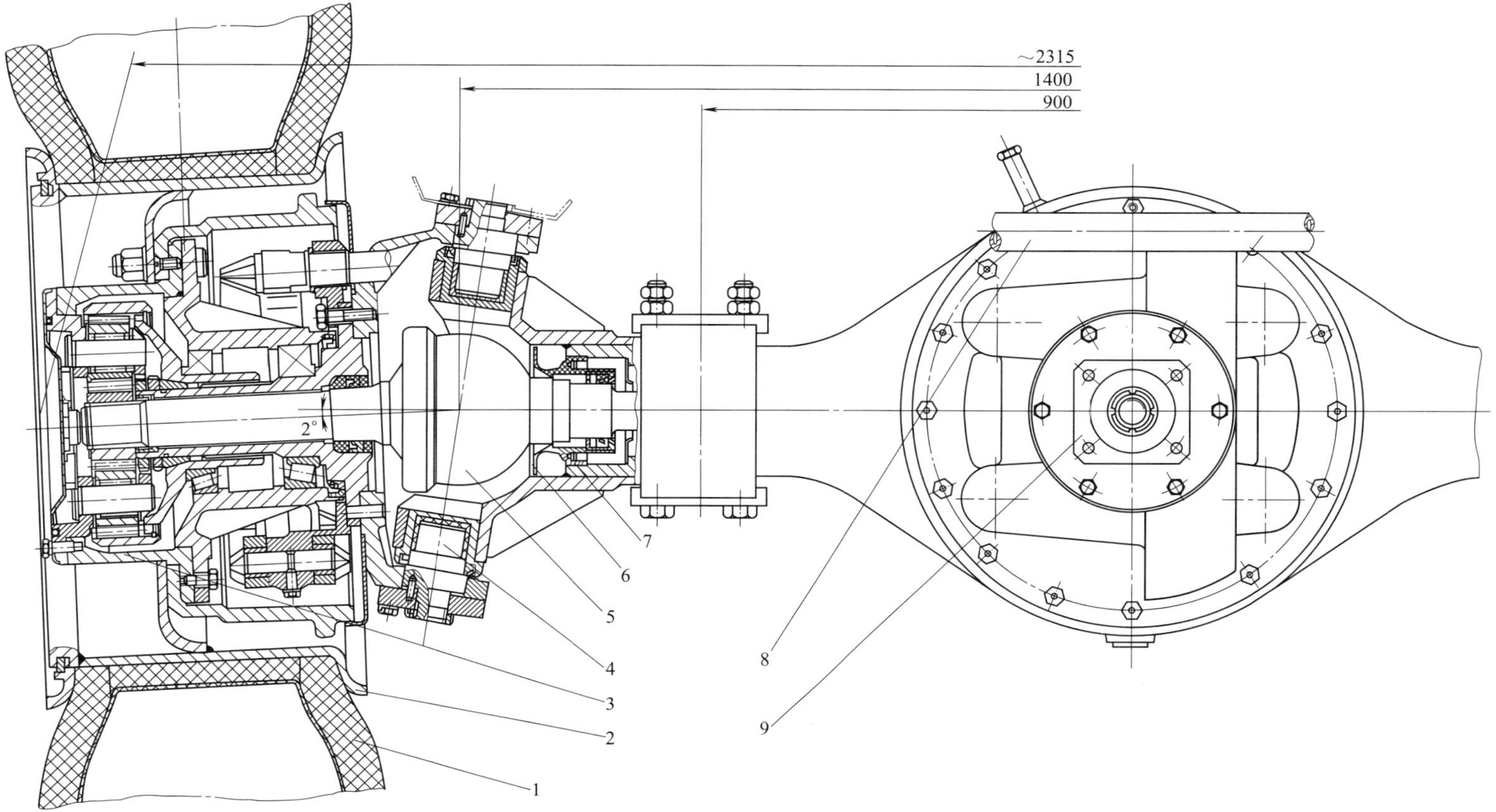

图 9-10　WYL-60C 型液压挖掘机的转向驱动桥

1—12.5—20轮胎（充气压力 0.37MPa）；2—轮辋；3—轮边减速器；4—转向主销；5—球笼式等速万向节；6—挡尘圈；7—橡胶密封圈；8—转向横拉杆；9—主传动输入接盘

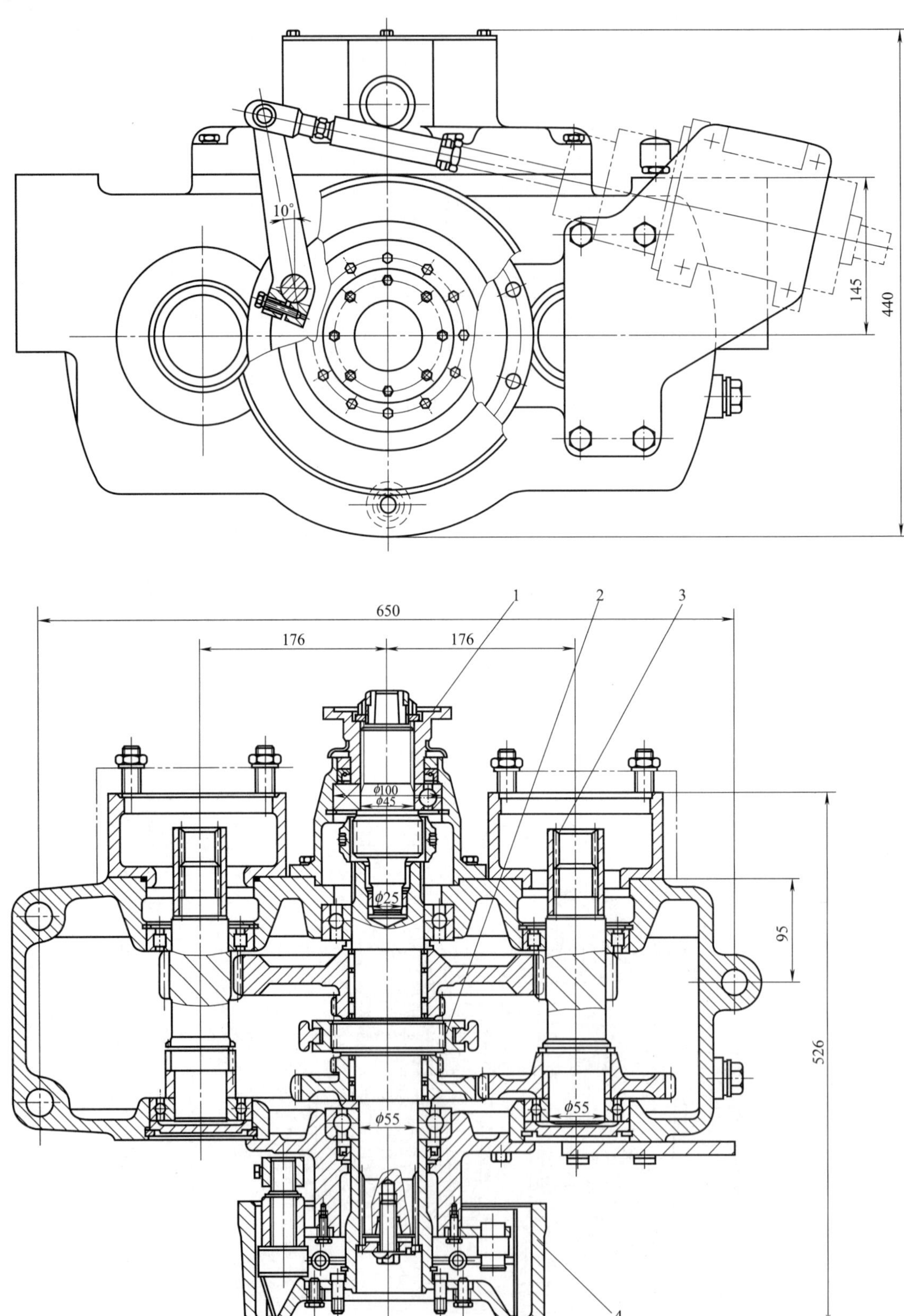

图 9-11　WYL 161 型挖掘机的行走分动变速箱

1—接转向驱动桥的接盘；2—变速套合器，由气压操纵；3—接液压马达的花键轴套；4—停车制动器

9.4 轮胎式机械驱动桥的设计

9.4.1 主传动与轮边传动

9.4.1.1 结构形式

主传动和轮边传动共同起着降低转速、增加扭矩的作用，而主传动兼起改变传力方向的作用。

常见的主传动和轮边传动的结构形式如下。

(1) 单级主传动减速　特点是结构简单、重量较轻、尺寸小、成本低，传动比一般不超过7。大量用于中、小型工程机械和汽车中。

(2) 双级主传动减速　第一级为圆锥齿轮传动，第二级为圆柱齿轮传动。

它比单级构造复杂，尺寸、重量大，尤其纵向尺寸大，也相应增大传动轴的夹角，但可得较大的传动比，一般为7～9，最大可达11。

有的机械改前置的第一级圆锥齿轮为上置，如PY-160B型平地机等。它适合于机身机架较高、车轮较大的工程机械。这样布置也可以减小传动轴的夹角。

(3) 单级主传动加轮边传动减速　特点是驱动桥主传动、差速器、半轴等零部件所传力矩小，从而尺寸、重量小，可以缩短桥中心到传动轴凸缘的距离，可以增大驱动桥的离地间隙。轮边传动多采用行星齿轮传动。半轴常采用浮式，浮式受力平衡，结构紧凑。

工程机械运行速度较低，轮胎尺寸较大，要求驱动桥具有较大的传动比，这种减速方式传动比可达12～38，故广泛用于工程机械和重型汽车上。如ZL 50、ZL 30型装载机，CL 7型铲运机，TL-160型推土机，SH-380型自卸汽车等。

(4) 双级主传动加轮边传动减速　对于低速重载的工程机械，要求驱动桥传动比很大时，常采用双级主传动加轮边传动减速装置。

9.4.1.2 主动锥齿轮支承形式

主传动的使用寿命和效率在很大程度上取决于齿轮啮合是否正确，因此要求各有关零件保持足够的刚度以减小变形。有时甚至设置专门装置，如支承螺柱，在重载时起防止过分变形，从而影响啮合的作用。

从提高支承刚度考虑，就出现了小锥齿轮轴不同的支承形式：悬臂式支承（小型机械）与跨置式支承（如WYL-60C型挖掘机、ZL-50型装载机、YZJ 10型压路机）。一般说来，跨置式支承刚度较好，如果要使悬臂式支承的刚度大一点，两个轴承（支点）就要间隔远一点，这就增加了各有关零件的尺寸。图9-12表示这两种结构形式。

在履带式机械，中央传动的小锥齿轮常直接作为变速箱的输出轴，如采用简支式支承，只会徒然使结构复杂，因此，皆采用悬臂式支承。每次拆装变速箱时，应仔细调整锥齿轮副的啮合。

9.4.1.3 锥齿轮副主要参数的确定

设计驱动桥主传动锥齿轮副时，先按类比法确定其主要参数，再作齿轮几何尺寸参数计

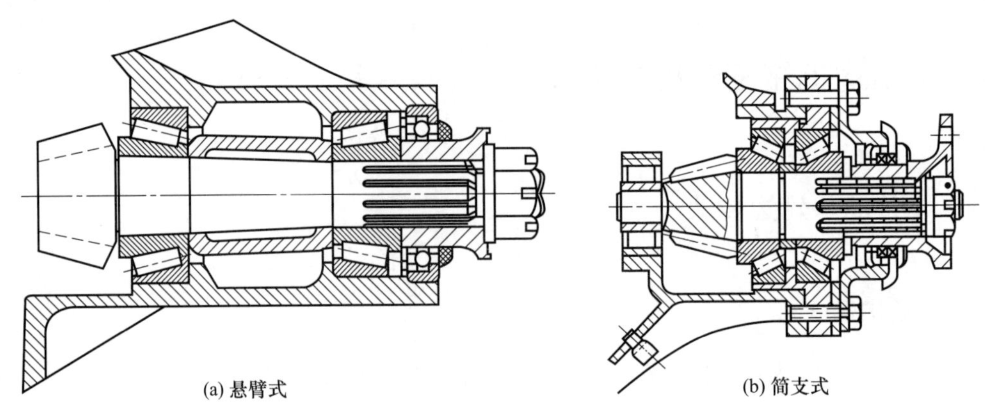

图 9-12　小锥齿轮轴的支承形式

算和强度计算。

(1) 齿数　应尽量使主被动齿轮齿数没有公约数，不使轮齿间固定啮合，使其跑合良好。为了得到一定的重合度，主被动齿轮的齿数之和不应小于 40。

分配双级减速主传动器的传动比时，第一级锥齿轮副的传动比应小些，这样可以使小圆锥齿轮齿数增多，以提高啮合平顺性和齿轮强度，并可以使中间轴尺寸小些。

可参考表 9-2 选定小锥齿轮的齿数。

表 9-2　主传动小锥齿轮齿数 z_1 的选定

形式	锥齿轮副的传动比	齿数容许范围 z_1	推荐齿数 z_1
单级主传动	3.5～4.0	9～11	10
	4.0～4.5	8～10	9
	4.5～5.0	7～9	8
	5.0～6.0	6～8	7
	6.0～7.5	5～7	6
	7.5～10	5～6	5
双级主传动	1.5～1.75	12～16	14
	1.75～2.0	11～15	13
	2.0～2.5	10～13	11
	2.5～3.0	9～11	10

(2) 锥距 R　选定锥齿轮的锥矩（锥顶距离）R，相当于选定圆柱齿轮的中心距 a。R 可按下式经验公式确定

$$R=\frac{k_1}{2.15}\sqrt[3]{T_2}\quad (\text{cm})$$

式中　T_2——从动锥齿轮计算转矩（N·cm）；

k_1——锥距系数，拖拉机取 0.25～0.27。

(3) 大锥齿轮分度圆直径 d_2　初始时可参考下列经验公式

$$d_2=\frac{k_d}{2.15}\sqrt[3]{T_2}\quad (\text{cm})$$

式中　k_d——直径系数，汽车 $k_d=0.58\sim0.66$，拖拉机 $k_d=0.49\sim0.53$。

(4) 齿轮端面模数 m_t　由公式

$$m_t=\frac{d_2}{z_2}$$

可初定 m_t，再用下式校核

$$m_t=\frac{k_m}{2.15}\sqrt[3]{T_2}\ (\mathrm{cm})$$

式中　k_m——模数系数，汽车 $k_m=0.13\sim0.19$，拖拉机 $k_m=0.11\sim0.13$。

（5）齿面宽度 b　齿面加宽，并不能相应提高圆锥齿轮轮齿强度，反而引起切削刀尖宽度窄，齿根圆角及装配空间减小。因此，主传动圆锥齿轮齿宽 b 不得超过 $R/3$ 或 $10m_t$ 二者中之小值，一般取 $b=(0.25\sim0.30)R$。差速器锥齿轮，一般取 $b=(0.3\sim0.4)R$。

（6）螺旋角 β　β 值直接影响锥齿轮啮合时的重合度。为了保证轮齿强度和齿轮啮合的平稳性，重合度 $\varepsilon\geqslant1.25$。为了保证此值，齿数越少，需要 β 角越大，如表 9-3 所示。

表 9-3　主传动锥齿轮螺旋角 β 参考值

小锥齿轮齿数	5	6	7	8
螺旋角 β	42°～45°	40°～42°	38°～40°	35°～38°

螺旋角 β 不宜过大，以免过分增加齿轮工作时的轴向力。

9.4.1.4　计算载荷的确定

驱动桥传动零件的计算力矩，可从发动机的额定转矩 T_n 与附着条件两方面推算，设计时取二者中的较小值。下面以小锥齿轮为例加以说明：

（1）从发动机的额定转矩 T_n 计算，即

$$T_c=T_nK_0i_{b1}\eta_{b1}$$

式中　T_c——小锥齿轮的计算转矩；

K_0——液力变矩器制动工况时的变矩系数；

i_{b1}——变速箱一挡传动比；

η_{b1}——变速箱一挡时的传动效率。

（2）从附着条件计算，即

$$T_\varphi=\frac{G_1\varphi r_K}{i_1i_{zc}}$$

式中　G_1——驱动桥满载重量；

φ——附着系数；

r_k——轮胎滚动圆半径；

i_1——轮边减速器传动比；

i_{zc}——主传动器传动比。

对于双驱动桥驱动或多驱动桥驱动的轮胎式工程机械，实际传到各桥的转矩很难准确确定，它受到附着条件的约束。因此，按全功率传到一个驱动桥，再验算附着条件，二值取其小者的计算载荷确定方法仍可采用。因多桥驱动的工程机械，多数情况只用一个驱动桥。

9.4.2　半轴

工程机械和载重汽车绝大多数采用全浮式半轴。车轮受到的载荷和反力直接由桥壳承受，半轴只传递转矩。

（1）半轴的计算转矩 T_c，按发动机额定转矩确定时，即

$$T_c=0.6T_nK_0i_{b1}i_{zc}$$

式中　i_{zc}——主传动器传动比。

按驱动轮与路面达到附着极限，轮胎开始打滑时半轴承受的转矩确定时，即

$$T_{\varphi}=\frac{G_1\varphi r_K}{2i_1}$$

计算力矩取以上二值中的小者。

(2) 半轴杆部直径 d　可用下式初选

$$d=\sqrt[3]{\frac{T_c}{0.196[\tau]}}\ \text{(cm)}$$

半轴杆部直径 d 应小于或等于半轴花键的底径，以使半轴各部分强度相等。半轴损坏形式多为扭转疲劳损坏，因此结构设计要注意采用恰当的过渡圆角。

(3) 半轴强度验算　验算半轴扭转应力 τ，即

$$\tau=\frac{T_c}{\frac{\pi}{16}d^3}$$

此外，还应验算半轴花键挤压应力。

9.4.3　桥壳

桥壳用以承重传力，承受垂直载荷，并将作用于轮上的牵引力、制动力、横向力等传给车架。

工程机械作业时，桥壳受力情况复杂。设计时必须使其具有足够的强度、刚度。

应按不同工况校核其不同的危险断面。

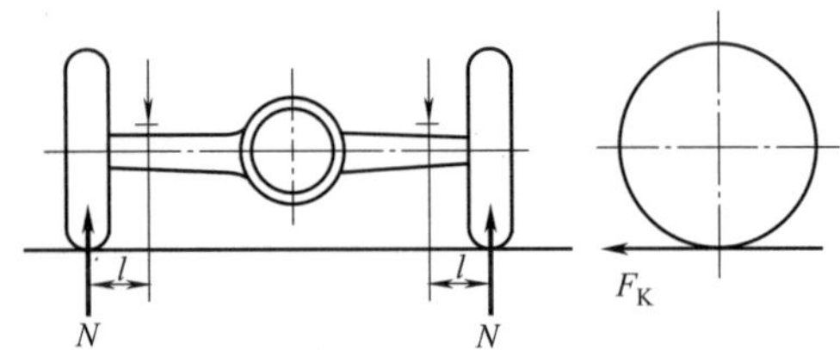

图 9-13　桥壳受力简图

(1) 最大牵引力工况　如图 9-13 所示，垂直面内的弯矩为

$$M_1=Nl$$

式中　l——车轮中心线到桥壳与车架连接中心间的距离；

N——一侧车轮上的垂直反力。

此弯矩引起的应力 $\sigma_1=\frac{M_1}{W_1}$

牵引力 F_k 引起水平面内的弯矩　　$M_2=N\varphi l$

此弯矩引起的应力　　$\sigma_2=\frac{M_2}{W_2}$

式中　W_1、W_2——危险断面垂直面与水平面内的抗弯截面模量。

由此得桥壳此断面因弯矩引起的应力之和

$$\sigma=\sigma_1+\sigma_2$$

牵引力 F_k 引起桥壳承受的反作用力矩 M_n 为

$$M_n=N\varphi r_K$$

式中　r_k——驱动轮动力半径。

因此　　$\tau=\frac{M_n}{W_n}$

式中　W_n——桥壳该危险断面的抗扭截面模量。

由第四强度理论，计算桥壳弯扭组合的合成应力 σ_{xd4} 为

$$\sigma_{xd4}=\sqrt{\sigma^2+3\tau^2}\leqslant[\sigma]$$

（2）满载紧急制动工况　紧急制动时，地面对轮胎的垂直反力，在垂直平面内引起的弯矩 M_1 为

$$M_1=\frac{m_1G_1l}{2}$$

式中　m_1——紧急制动时，此驱动桥上的重量分配系数；

G_1——满载时此驱动桥上的载荷。

紧急制动时，制动力在水平面内引起的弯矩 M_2 为

$$M_2=\frac{m_1G_1\varphi l}{2}$$

同理，可求出 σ_1，σ_2，σ，τ 及 σ_{xd4}，以上二法求出之 σ_{xd4} 较大值不得超过许用值［σ］。

工程机械桥壳设计还应该考虑其他工况，如通过不平地面时，则 $R_{max}=k_dN$，式中 k_d 为动载荷系数，一般取 $k_d=2.5$；又如侧滑时要受到横向力作用，这时按侧滑附着系数 $\varphi_c=1.0$ 进行验算。

表 9-4 为几种轮胎式工程机械驱动桥的主要传动参数。

表 9-4　几种轮胎式工程机械驱动桥主要传动参数表

机型	驱动桥数	主传动弧齿锥齿轮			行星式轮边传动				
		模数/mm	z_1	z_2	形式	模数/mm	z_a	z_b	z_c
W4-60 型挖掘机	2	9	13	41	内齿圈固定式	4.5	19	49	
ZL30 型装载机	2	6.5	13	25	内齿圈固定式	5	15	51	26 14
74 型轮胎式推土机	2	11	8	35	内齿圈固定式	6	15	45	
ZL50 型铰接式装载机	2	10.5	6	37	内齿圈固定式	6.5	18	48	
CL7 型 7～9m³ 自行式铲运机	1	12	11	34	内齿圈固定式	6	15	69	

9.5　驱动桥的常见故障及维护

9.5.1　故障

后桥主传动器的常见故障为漏油和出现不正常的响声。主传动器漏油的原因在于油封损坏、轴承盖紧固螺栓螺母松动、放油塞不紧密等。后桥产生响声是由于齿轮、轴承和座孔磨损，使间隙增大所致。

9.5.2　润滑

在后桥保养中，润滑是一项重要工作。后桥中的齿轮油主要任务是在齿轮接触表面间和轴承面上形成油膜，减小摩擦阻力，其次，其还有减缓冲击，清洗污垢与铁屑，冷却工作表

面等作用。要完成上述任务，润滑油的黏度必须适当。如齿轮油的黏度过小，在高压下，齿轮表面不能形成油膜，金属将直接接触，增加齿轮磨损。反之，如齿轮油黏度过大，流动性能变差，传动机件便得不到很好的润滑，结果也增加机件磨损；同时增加传动阻力，降低传动效率。

在冬夏温差大的地区，按黏度和凝固点不同，后桥齿轮油通常分为冬季用油及夏季用油两种。

冬季用油的恩氏黏度（°E）在100℃时为2.0～3.5，凝固点不高于－15℃；夏季用油的恩氏黏度（°E）在100℃时为3.0～4.5，凝固点不高于－5℃。

在双曲面齿轮传动的后桥中，由于齿轮间压力比通常螺旋圆锥齿轮传动的压力高，所以不能用普通齿轮油，而必须使用双曲面齿轮专用油。这种油中含有氯化物、活性硫、铅皂和其他添加剂，具有特殊抗压性能。

加添和更换后桥润滑油的时间长短，按各地运行条件及具体情形，结合保养进行。在夏冬两季来临前，各更换适合季节性的润滑油一次。平常换油的周期取决于润滑油变质情况及含杂质量的多少，可结合经验及试验来确定。如果换油期之间发现润滑油变质，虽然未到换油期也必须换掉，并检查机件找出提早变质的原因。新车或新换齿轮在走合期之后，齿轮油也必须换掉，因为这些润滑油中含有大量的齿轮磨屑，会加剧齿轮及其他运动副的磨损。

更换新油时，应趁车辆走热后进行，这时旧油容易放净。然后加入黏度低的机油或柴油。顶起后桥，换入高速挡运转数分钟以冲洗内部，再放出机油（或柴油），加入新润滑油。整体式驱动桥也可拆下后桥壳盖用柴油清洗。

车轮轴承的润滑脂必须能在长期行驶中紧附在轴承内，并在高温时不变质。多数车轮轴承润滑脂系短纤维钠皂脂，具有较高熔点而不与轴承分离，我国主要采用1号润滑脂。

9.5.3 主传动轴承的调整

后桥轴承调整工作的目的在于保证轴承的正常间隙。轴承过紧，则其表面压力过大，不易形成油膜，加剧轴承磨损；轴承过松，间隙过大，齿轮轴向松动量增大，影响齿轮啮合。

主传动器主动锥齿轮两个轴承的工作情况，可用千分表检查，即将千分表固定在后桥壳上，千分表触头在主动锥齿轮外端，然后，撬动传动轴凸缘，千分表所示读数即为轴承间隙。若轴承间隙超过0.05mm时，用改变两轴承间的垫片或垫圈的厚度进行调整。保养时，后桥拆洗装配后，主动锥齿轮轴承预紧度采用拉力弹簧或用手转动检查。当轴承间隙正常时，转动力矩为1.0～3.5N·m。

双级减速主传动器中间轴的轴承紧度，用轴承盖下的垫片进行调整。预紧度为3～4N·m。差速器壳轴承的预紧度采用旋紧螺母进行调整，预紧度亦为3～4N·m。

9.5.4 锥齿轮啮合的调整

主传动器的使用寿命和传动效率在很大程度上取决于齿轮啮合是否正确。主动锥齿轮和被动锥齿轮采用印痕来检查，即在齿面上涂上涂料（一般用红铅油），然后转动齿轮，检查齿面上的痕迹，当齿轮啮合正确时，啮合痕迹应符合规定（见图9-14），齿轮啮合痕迹如不合规定，可移动齿轮进行调整。

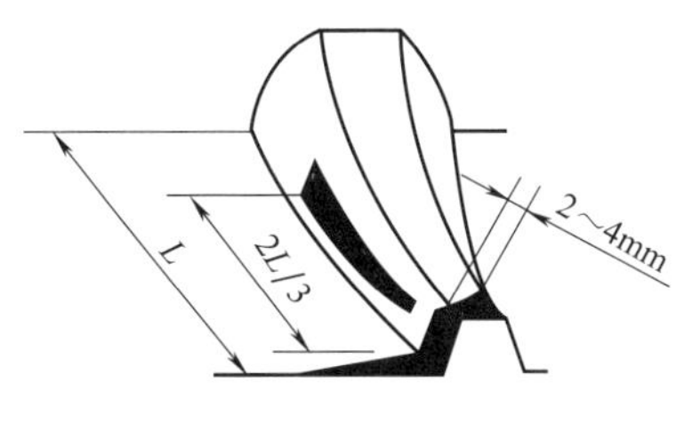

(a) 表示啮合适当时，
印痕在齿长方向的位置

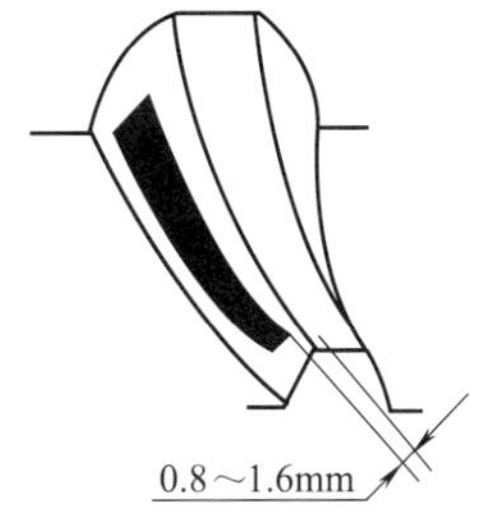

(b) 表示啮合适当时，
印痕在齿高方向的位置

图 9-14　啮合适当时齿面上的痕迹

若啮合痕迹靠近齿尖小头或齿端大头，先移动被动锥齿轮，假如因此而使齿轮轮齿间隙太小，再移动主动锥齿轮（详见表 9-5）。若啮合痕迹靠近齿顶或齿根，则先移动主动锥齿轮，并视齿轮轮齿间隙大小移动从动锥齿轮。移动从动锥齿轮，利用两边轴承盖下的垫片，即从一边轴承盖下取出一些垫片，加到另一边。调整主动锥齿轮位置，也靠增加或减小调整片的厚度。调整后齿轮轮齿间隙应在 0.15～0.40mm 之间。

表 9-5　齿轮啮合接触情况及调整方法

被动齿轮面上接触痕迹的位置		调整方法	齿轮移动方向
前驶	倒车		
		使被动齿轮向主动齿轮靠拢，假如因此而使齿隙过小时，将主动齿轮向外移	
		使被动齿轮离开主动齿轮，假如因此而使齿隙过大时，把主动齿轮向内移	
		使主动齿轮向被动齿轮靠拢，假如因此而使齿隙过小时，将被动齿轮向外移	
		使主动齿轮离开被动齿轮，假如因此而使齿隙过大时，把被动齿轮向内移	

有些单级主传动器（如 621E 型铲运机），在从动锥齿轮背面有止推块，防止轴承松动时，从动齿轮产生过大偏摆。这时，当调整主动锥齿轮和从动锥齿轮后，应重新调整止推块，使其与从动锥齿轮背面保持 0.125～0.500mm 的间隙。

9.5.5　驱动桥车轮轴承的调整

车轮轴承过紧则增加转动阻力，摩擦损失加大，轴承容易磨损；轴承过松，将使车轮歪斜，甚至在运行时产生摇摆，容易损坏轮胎及后桥零件。因此，在保养中应经常检查车轮轴承的松紧度，并及时进行调整。检查时使车轮悬起，用手扳动车轮，应能自由转动，而轴承无过大的间隙。间隙大小可用千分表检查或凭感觉检查。调整轴承松紧度是利用轴承压紧螺母，调整时，一面扭转轴承螺母一面转动车轮，当不转动车轮时，车轮立即停止，然后将压紧螺母松出 1/8～1/7 转，并用锁紧螺母锁住。最后进行行驶试验，检查轴承发热程度，用手触及应不感到过热。

第10章 车桥与轮胎

10.1 车桥

铰接机架式轮胎式工程机械的前后桥往往都是驱动桥，以增大整机附着牵引力。

整体机架式轮胎式工程机械的前后桥则有驱动桥、转向驱动桥与转向桥之分。三轴及三轴以上的工程机械，还有贯通驱动桥。

（1）驱动桥　图 9-6 为 ZL50 型装载机驱动桥，图 9-9 为 WYL-60C 型挖掘机驱动桥，系轮胎式工程机械驱动桥的标准结构。

图 9-8 为 ZL30 型装载机的前驱动桥，由于其采用另一种传动方案，减小了传动元件的尺寸，使桥壳尺寸小、重量轻、离地间隙大。

（2）转向驱动桥　图 9-10 为 WYL-60C 型挖掘机的转向驱动桥，即前桥。该机为整体车架、前轮转向和全轮驱动式。由球笼式等角速万向节保证转向时车轮的偏转。

后驱动桥与车架刚性固定，前转向驱动桥在中部与车架铰接，构成三点支承、四轮着地。

在前桥的左右两侧，各有一稳定油缸与车架相连。在行驶时，两侧油缸的管路通连，允许前桥摆动，保证其在不平地面正常行驶。同时油液在管道中流动的阻尼作用也起一定的减振作用。作业时，当转台自正中位置向左或向右回转 27°，闭锁阀锁死，两侧油缸的油路切断，使前桥与车架成为刚性连接，保证了转台回转时挖掘机的稳定。

（3）转向桥　转向桥除承重传力外，还通过它的车轮偏转使工程机械转向。因为工程机械要求有较大的附着牵引力，而铰接式工程机械又多，单纯的转向桥在工程机械中较少。而一般载重汽车前桥则为转向桥。图 10-1 为跃进 NJ-130 汽车前桥连轮辋剖视图（见下页）。

前轮轮毂经两个圆锥滚柱轴承套在转向节上，再用转向节轴端螺母固定。转向节叉经主销与前桥中横梁铰接。前桥中横梁端头下方置有止推轴承，前桥上的负荷经过它传给转向节再传到车轮上。前桥中横梁端头上方放有调整垫片，使转向节与中横梁之间沿主销轴线方向保持一定的活动间隙（跃进 NJ-130 汽车规定为 0.15mm）。

固定在转向节叉上的上转向节臂与转向纵拉杆相连，下转向节臂与转向横拉杆相连，操纵纵拉杆可以实现车轮相对于前桥中横梁的偏转，从而实现汽车的转向。

10.2 轮胎与轮辋

10.2.1 轮胎

轮胎式工程机械广泛采用各种结构的充气轮胎，因为它富有弹性，能和悬架一起共同来缓和与吸收机械行驶或作业时，由地面不平引起的振动和冲击。现代轮胎式工程机械很多采用刚性悬架，吸振缓冲作用全由轮胎完成。

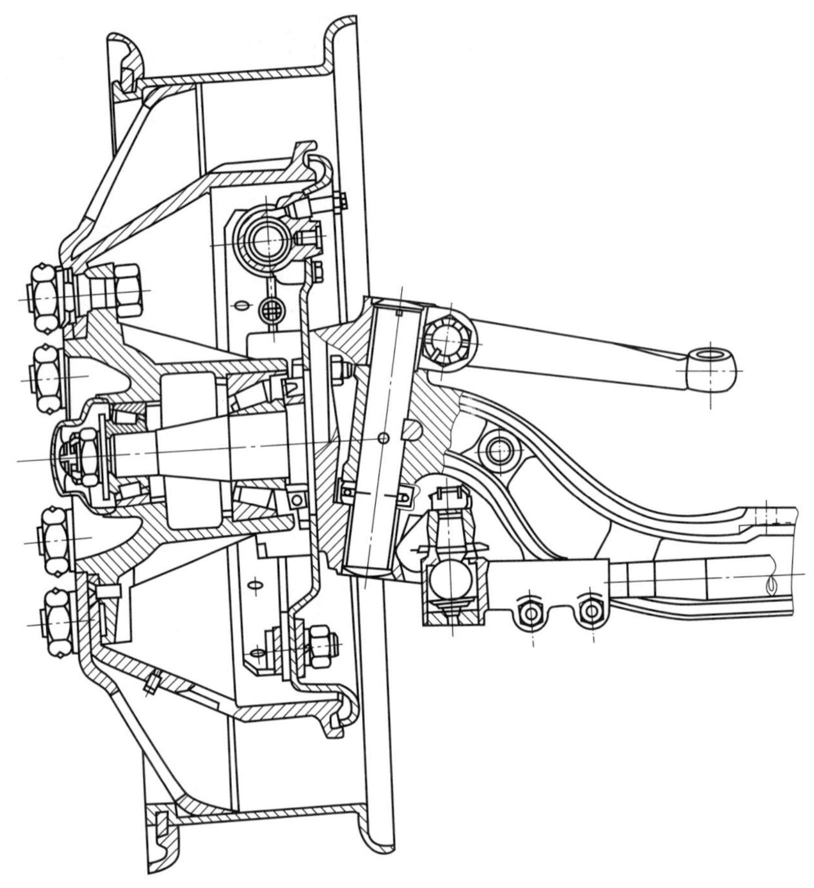

图 10-1　跃进 NJ-130 汽车前桥

由于轮胎成本一般占整机成本的 1/10～1/4，再加上它的损坏、磨损远比机械其余部分要快得多，为了正确使用轮胎，应对轮胎的结构、性质、使用等有所了解。

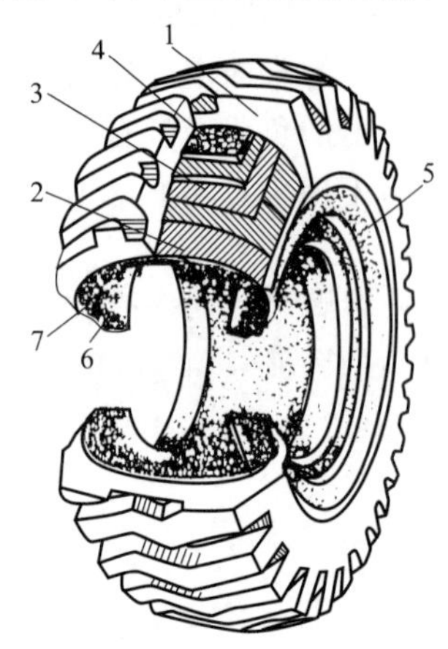

图 10-2　轮胎剖视图

1—胎面；2—帘布层；3—缓冲层；4—钢丝加强层；5—侧壁；6—垫跟；7—内层

(1) 轮胎构造　图 10-2 为一轮胎剖视图，它由下列部分构成。

① 垫跟　它由一束高强度钢丝构成，以避免发生变形，如果变形了就会妨碍轮胎装到钢圈上。

② 帘布层　由帘布层提供强度以维持内部空气压力，充气轮胎主要是通过空气承受载荷的。

帘布层一般用棉线、人造丝或尼龙丝编织而成，编织时它呈环状绕过垫跟的强力钢丝束。在各线层之间及线层外均填充以橡胶。

帘线与轮胎胎面中线成 90°角排列的，叫做子午线轮胎。

③ 胎面　轮胎与路面相接触的部分叫胎面。胎面应有良好的耐磨、减振、浮动、牵引附着及抵抗切伤

的性能。

④ 侧壁 轮胎胎面和垫跟之间的部分叫侧壁，在侧壁线层外面包了一层保护橡胶。

⑤ 缓冲层 也是若干层线层，但它仅仅在胎面下才有，用以缓和振动和抵抗尖东西刺穿。

⑥ 摩擦垫层 在垫跟附近，也是若干层线层，防止钢圈将轮胎磨坏。

此外，在无内胎式轮胎，有一不漏气的内层，在压力下可起密封作用。钢圈也必须有气密性。有内胎式轮胎都有一柔软的内胎来装空气，为了保护内胎不被钢圈弄伤，还得有一个垫带。

帘布层（连同缓冲层、垫跟处的摩擦垫层）的帘布过去的标准材料是棉线，但它已经大部分被人造丝和尼龙丝代替。人造丝和尼龙丝这两种合成纤维之间在世界市场上竞争很激烈，现在看来，对于高质量的轮胎，还是采用尼龙丝者占主导地位。因为它对热破坏较不敏感，轮胎放炮也较慢。

钢丝帘布用得较少，这是由于制造工艺上的原因，但是在困难地带工作的轮胎采用钢丝帘布者越来越多。钢丝帘布对于抗冲击和抗切割具有较高的强度。它还具备承载力大、导热性好、便于翻新等优点。

轮胎重量变化很大，最小的货车轮胎大约重 180N，而 27.00-33 越野轮胎每一个重约 7.7kN，有内胎式轮胎还要再加 10%的内胎和垫带重量。现代轮胎尺寸达 40.00-57。

无内胎式轮胎的优点是，节省内胎、垫带，结构简单，重量轻，消除了内外胎间的摩擦，减少发热，据研究由于可直接经轮辋散热，相同条件下行驶时，温度可比有内胎式降低 10～15℃；穿孔次数减少 50%～70%；平常气压保持也较好，即使穿孔时压力也不会急剧下降；使用寿命显著增加；钢圈不需开槽而强度增加等。其缺点是要求轮胎、钢圈及两者结合部都具备良好的气密性，因而制造工艺复杂；在工地上轮胎一旦扎穿或损坏，修理困难等。

(2) 轮胎尺寸 轮胎各部尺寸的名称如图 10-3 所示。轮胎尺寸大小是用没有负荷的充气轮胎的近似断面宽度（图 10-3）中之 S 和垫跟处的钢圈直径两个数字表示。一个宽度为 10in（约 254mm），装在一个垫跟处直径为 20in（约 508mm）的钢圈上的轮胎就叫做 10.00-20 轮胎。大多数轮胎的断面近似于圆，因此轮胎外径略大于钢圈直径加上轮胎宽度的二倍。10.00-20 轮胎的直径约为 $20+(2\times10)=40\text{in}\approx1016\text{mm}$。但这个尺寸关系对于宽基轮胎完全不存在。

标准断面的任何尺寸的有内胎式轮胎，表示宽度用到小数点后两位。

普通花纹的宽度为 7.00 到 11.00 的无内胎式轮胎，宽度用整数表示，钢圈直径的尾数以 0.5 显示。例如，一个 10in（约 254mm）宽的轮胎装在一个 22.5in（约 571.5mm）直径的钢圈上，可用 10-22.5 表示。

10-22.5 无内胎式轮胎可以在尺寸上，负荷量上和 9.00-20 的有内胎式轮胎互换。一个宽度为 11.00in（约 279.4mm）以下的有内胎式轮胎的宽度尺寸加 1、钢圈尺寸加 $2\frac{1}{2}$，即为相当的无内胎式轮胎。在这一尺寸范围内的无内胎式轮胎都装在具有 15°斜度的钢圈上，如图 10-4 所示。正因为如此，这些无内胎式轮胎钢圈在垫跟处的尺寸要比平钢圈大 $2\frac{1}{2}$in（约 63.5mm）。

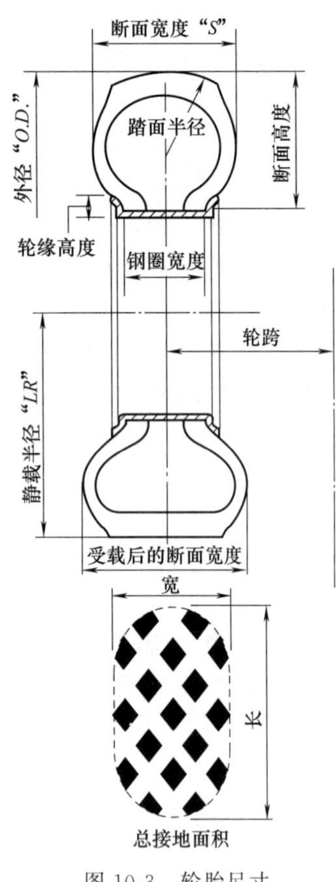

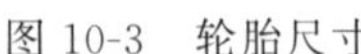
图 10-3　轮胎尺寸

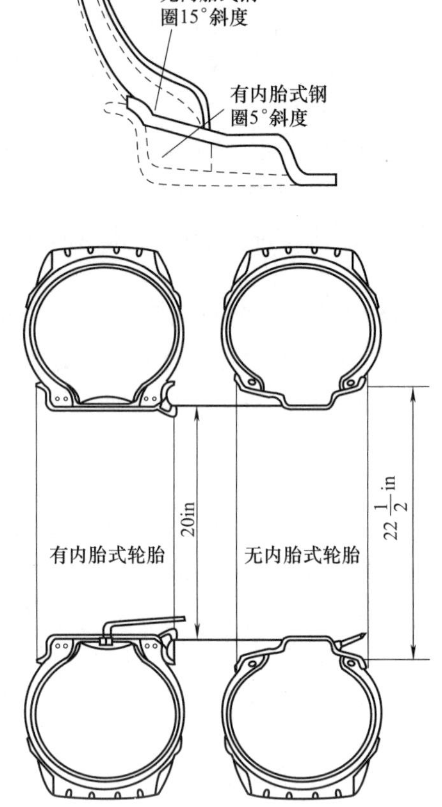

图 10-4　钢圈形状

轮胎宽度在 12.00in（304.8mm）及以上，无论有内胎式还是无内胎式，都采用 5°斜度的钢圈。

一般只是大尺寸轮胎才有宽基轮胎（因为小尺寸的宽基轮胎滚动阻力大，易陷住），其断面宽度大于其断面高度，因此只能采用专门的钢圈。宽基轮胎表示宽度通常在末尾加 0.5，而钢圈尺寸总是奇数，比如 26.5-25，27.5-33。奇数还显示其为锥式轮辋。

宽基轮胎的胎面宽度比较大，气压比较低，这使得它具有比较大的接地面积，因此和标准轮胎相比，在松软地面上有比较大的牵引力和浮力。宽基轮胎要比负荷量与它相应的传统结构轮胎宽 4.5～6.5 in（114.3～165.1mm），对应关系如表 10-1 所示。

表 10-1　越野轮胎与宽基轮胎断面宽度对照表

一般越野轮胎断面宽度/in①	宽基轮胎断面宽度/in	一般越野轮胎断面宽度/in①	宽基轮胎断面宽度/in
13.00	15.5	21.00	26.5
14.00	17.5	24.00	29.5
16.00	20.5	27.00	33.5
18.00	23.5	30.00	37.5

① 1in=2.54cm

（3）帘布层数（层级）　过去胎体强度直接取决于帘布层数，所以轮胎负荷量可从层数显示出来。现在采用了不同强度、不同类型的线，比如棉线、人造丝线、尼龙线或钢丝，线层又有着不同的重量和不同的分布。因此，不能再从实际层数显示其负荷量。但因为层数是

标定轮胎强度的一个方便的途径，特性数据中还是保留了“层数（Ply Rating）”这一项。这一项显示出胎壁实际强度与标准强度层数间的关系。当同一尺寸的轮胎有好几种不同的“层数”，“层数”高者能承受较大空气压力并承受较重的负荷。

同一种尺寸的轮胎在相同的充气压力下，不管层数多少，其负荷量一般是相同的。差别在于重型结构（即层数显示较高者）能够提高充气压力，较大的充气压力就能够承受较大的负荷。然而，重型结构轮胎即使在较小的充气压力和较低的负荷下，帘布层也还是比较不容易损坏的。总之，轮胎的负荷量除了决定于轮胎尺寸外，还决定于层级。

（4）胎面花纹　对手轮胎踏面花纹有以下要求：

① 纵向附着性能好；

② 横向附着性能好，保证汽车的侧向稳定性；

③ 在硬路面上运行时滚动阻力小；

④ 在硬路面上运行时振动小；

⑤ 耐久性等。

事实上没有任何一种胎面花纹能全面满足上述要求，这样，就根据使用条件不同，出现了形形色色的胎面花纹。常用轮胎的胎面花纹分为普通花纹［图 10-5（a）］、高速花纹［图 10-5（b）］和越野花纹（图 10-6）三种。

普通花纹一般为斜方格形，多用于一般载重汽车和拖式工程机械上；高速花纹多为直线形、折线形或直线形带小齿，多用于平坦路面行驶的小客车和公共汽车，这种花纹可保证硬路面高速行驶振动最小以及保证高速转弯时的横向附着力，乘坐舒适而安全。普通花纹和高速花纹的共同特点是花纹深度浅，在平坦的黑色或混凝土路面上附着系数大，轮胎的内摩擦损失小、温升低，特别是滚动时噪声很小。但是在潮湿松软泥泞地带自动脱泥性很差，一打滑，泥土陷入凹纹使轮胎变成光面，以致附着系数降低，通过性变坏。

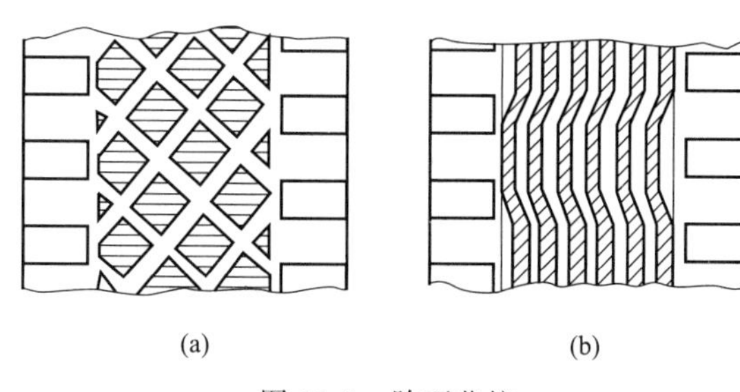

图 10-5　胎面花纹

越野花纹广泛用在不良道路条件下使用的载重汽车、越野汽车以及各种土方工程机械上。越野花纹宽而深，在无路或泥泞地带作业或行驶时，这些“防滑纹”抓土能力强，使车轮在土壤上的附着情况大为改善。

当采用图 10-6（a）之人字纹时，可以大大提高工程机械在松软湿土和雪地上的通过性，同时还具有良好的横向附着性能。但在平坦的硬路面上行驶时，这种花纹会引起振动，也使磨损加速。

图 10-6（b）之人字纹和图 10-6（a）之人字纹相比，因为泥土容易塞满纹槽，故通过性较差。但由于在花纹中部形成平实条带，因而在平坦硬路上运行时比较平稳。

图 10-6（c）之平直纹使在潮湿松软的土壤上的通过性与图 12-13（a）之人字纹一样，泥土不易填入此种花纹中，也因为中部形成平实条带而在平坦硬路上运行平稳。但是它的横向附着性能（尤其在冰雪地带）极差。

图 10-6（d）之碎人字纹为很多单个的小凸块所组成的人字形，就使得轮胎在纵向和横向的变形都比较容易，使轮胎变形损失（内摩擦）减小，泥土也难于填入花纹。因而这种花

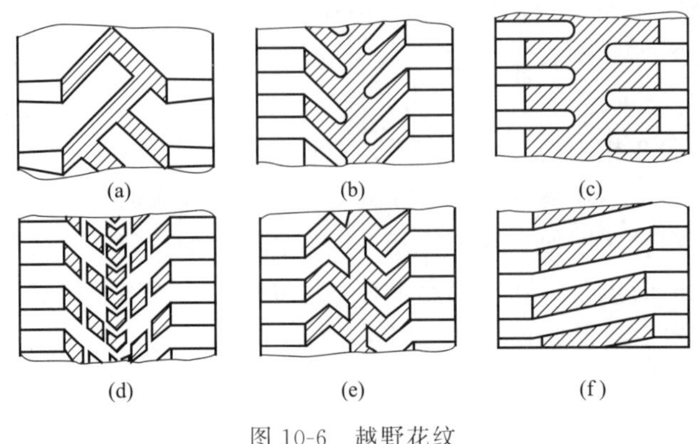

图 10-6 越野花纹

纹成了越野花纹中最通用的一种。

图 10-6（e）之折线人字纹在软土雪地上也有良好的通过性，因为泥土等也不易填入花纹内，在平坦的硬路面上振动也较小，但滚动时轮胎变形的内摩擦阻力较大。

图 10-6（f）之螺旋线型花纹有良好的纵向附着性能，因为泥土不易填入，轮胎变形容易，加上螺旋线型使振动和滚动阻力都不大，但横向附着性能略差。

图 10-7 为推土机、装载机用的几种越野轮胎。图 10-7（a）为牵引型标准胎面花纹的轮胎。图 10-7（b）为岩石型标准胎面花纹的轮胎。图 10-7（c）为岩石型加深胎面花纹的轮胎。图 12-14（d）为岩石型特深胎面花纹的轮胎。

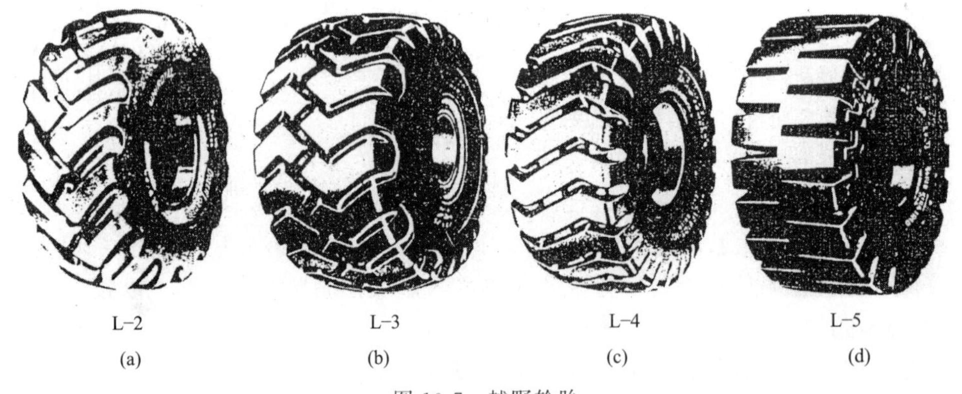

图 10-7 越野轮胎

（5）轮胎磨损　轮胎每转一转就要在其表面损失一个微量，这是因为轮胎和地面接触时就要变形，变形就产生滑移效应。气压越低或负荷越大，则变形越大，滑移效应越显著。胎面的磨损在很大程度上取决于地面状态。新打的混凝土路、尖的碎石、压碎或炸碎的岩石块会使胎面迅速磨损。老的混凝土路面、黑色路面、细砂和黏土则使胎面磨损较少。湿橡胶比干橡胶更容易被割伤，因此雨天轮胎被刮伤和切伤的可能性更大一些。但是水往往又起保护性润滑剂的作用，从而减少磨损，水还起冷却作用。运用制动器会增加胎面磨损，制动越急，磨损越快。如果车轮抱死滑行，就会在轮胎踏面上形成痕迹。

① 轮胎充气　如果一个轮胎充气压力过高，轮胎断面形成圆形，如图 10-8（a）所示，这样，只是胎面中部和地面接触，造成这一部分过度磨损。如果轮胎气压太低，如图 10-8（b）所示，轮胎中部则向上向内弯曲，使轮胎骑在两边。哪里着地，就集中使那里磨损。也就是说，如果中部磨损，即轮胎在过量充气状态下运行了一段很长距离；如果两边磨损，

表明气压太低或过载运行距离太长。

图 10-8　充气情况对轮胎形状的影响

轮胎气压应该足以承受载荷而且没有上述两种中任何一种现象。充气压力增加一点，许用负荷量也相应增加一点，一直到达到最大许用气压值。如果负荷量超过许用值，必须采用层级较高或尺寸更大的轮胎。反之，负荷量降低，轮胎气压也应降低。

铲运机和倾卸汽车的轮胎充气应按满载状况考虑。当充气压力超过轮胎设计许用值，引起线层承受的应力过大，容易使轮胎穿孔或损伤。这个现象可用一个日常生活中的例子来说明，如果我们用一个铅笔尖轻刺一个部分充气的玩具橡皮球，然后再把这个皮球充足了气再刺，后者更易刺穿。

检查轮胎气压应在未运行前的冷却状态下进行。因为运行时产生的热能使气压增高，这时气压合适，冷下来轮胎就太软了。

图 10-8（c）所示为正常充气，这时整个胎面和路面接触。

② 轮胎过热　一个充气不足或过载的轮胎弯曲变形太严重，会引起内剪力以及织物层的分离。这些机械效应破坏性已经是够严重的，而由此引起的热量增生更具有毁灭性。橡胶是不良导热体，轮胎弯曲变形容易引起发热。如果温度超过 120℃，橡胶将失去强度而编织物纤维强度将下降。到 140℃，轮胎就达到硫化翻新的温度，这时线层可能分离，轮胎可能放炮。

③ 轮胎过载　轮胎有两种过载形式：第一种形式是实际载荷在轮胎额定载荷范围内，但它对于轮胎内的充气压力来说是过高的，这实际是充气不足。第二种过载形式是轮胎负担了过多的载荷，超过了轮胎最大许用气压所能承担的载荷，这造成比充气不足还要严重的后果。

轮胎负荷对轮胎的使用寿命影响最大。根据研究，在一定的道路条件下，如果作用在轮胎上的载荷减少 20%，则轮胎的寿命将增加约 30%，然而如果轮胎超载 20%时，轮胎的使用寿命将降低约 50%。因此，应该尽量避免轮胎的超载使用。

（6）轮胎气压　轮胎气压直接影响工程机械在不平地面上运行时轮胎对冲击载荷的缓冲作用，同时也影响工程机械在松软泥泞地带的通过性，以及其他性能（动力性、经济性和操纵性等）。

轮胎气压取决于使用条件。轮胎气压越低，弹性越好，也就越能有效地缓和冲击载荷。因此，现代小客车的空气压力降低到 160～170kPa。轮胎气压的降低，不但能提高在坏路上运行时的缓冲能力，而且能增加轮胎和地面的接触面积，从而减小轮胎对地面的单位面积上的压力，这一点对在松软地面运行的工程机械特别重要。因为在松软地面上工程机械的滚动阻力主要消耗于使地面变形而做功，而地面的变形却决定于轮胎对地面的单位面积上的压力。单位面积压力越低，地面变形越小，工程机械的滚动阻力也就越小。因此，为了保证工程机械在松软地区具有良好的通过性，应采用低压轮胎。

降低气压虽然能改善性能，但是必然要增大轮胎尺寸，影响整机布置，甚至要增大整机外形尺寸和重量，这是不利的另一面。具体处理上要从解决主要矛盾着手，某些机型可能是提高牵引附着能力，提高通过性是要解决的主要矛盾（如铲土运输机械），用宽基低压轮胎比较适宜；某些机型（如大的汽车起重机）比较高大，提高整机稳定性可能是要解决的主要矛盾，则宜于采用尺寸比较小的高压轮胎。

10.2.2 轮辋

一般中小型工程机械和汽车，多采用平式轮辋。应用各种平式轮辋时，为了拆装方便，轮胎内径应该做得略大于轮辋直径。扭矩是通过充入压缩空气后，轮胎侧壁被压紧在轮辋凸缘上，正压力产生的摩擦力而传递的。大型轮胎承受的载荷和传递的扭矩都很大，而充气压力为了适应越野性能和工地条件一再降低，轮胎和轮辋凸缘间的正压力下降，摩擦力随着下降，就不能传递应有的扭矩，产生二者间的相对滑动，既降低轮胎寿命，又使机器工作不正常。这就是演变到锥式轮辋的原因。图 10-9 为用于工程机械的各种轮辋，大都为锥式。

① Ⅰ型　两面有5°锥度呈对称布置，断面中部凹进去。它主要用于平地机和装载机，轮胎尺寸在 10.00～20 至 16.00～20 之间 。

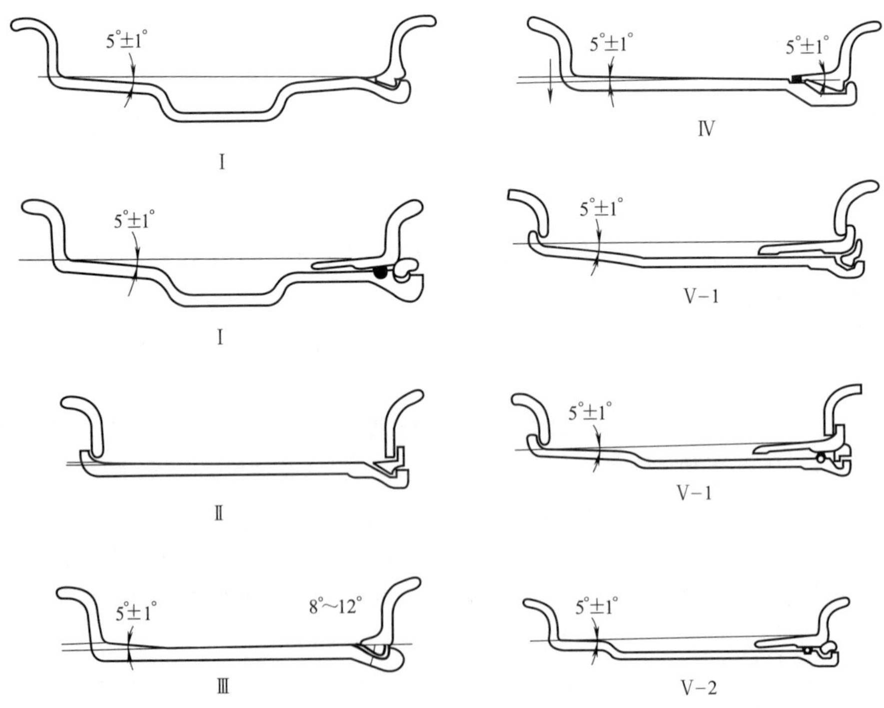

图 10-9　工程机械轮辋形式

② Ⅱ型　由四片构成，装垫跟处有微小锥度。这种形式结构简单、轮胎拆装方便，但由于装垫跟处锥度微小，轮胎不能良好地固定在钢圈上，易引起轮胎和钢圈之间打滑。

③ Ⅲ型 是平式的改进型，由两片构成，结构简单，弹簧圈容易装拆。一般用于7.00～20 至 14.00～20 轮胎上。

④ Ⅳ型 由两片构成，装垫跟处对称布置着 5°锥度使得轮胎很好地固定在轮辋上。一般也用于 7.00～20 至 14.00～20 轮胎上。

⑤ Ⅴ型 由五片（或四片）构成，常用于 16.00 以上的大型轮胎。Ⅴ-1 型用于 16.00～21 至 30.00～33 轮胎，Ⅴ-2 型则用于 20.5～25 至 37.5～33 甚至更大的宽基轮胎（参看表10-1）。

锥式轮辋一边的凸缘和锥底必须是可拆的，轮胎垫跟处内径略大于轮辋外径，即为过盈配合，并在和轮胎接触的轮辋部分表面上压有防滑槽。充入压缩空气后，垫跟部整个接触面都压紧，摩擦力显著加大，从而消除了二者间的相对滑动，保证了机器的正常工作。因此，锥度轮辋在工程机械用的大规格轮胎中广泛采用。

轮辋按宽窄可分为宽轮辋和窄轮辋两种。窄轮辋轮胎的轮辋宽度一般为轮胎断面宽度的64%～67%。宽轮辋轮胎为 70%～73%，而宽基轮胎为 82%～84%。据资料介绍，轮辋加宽后，接地比压降低 2%～5%，胎体强度增大 25%～30%，试验台上行驶里程延长 10%～15%，行驶温度降低 5～10℃，滚动损失减少 5%，胎面耐磨能力提高 10%～15%，唯弹性稍差。因此，宽轮辋的凸缘高度比相应的窄轮辋一般稍有降低，以改善轮胎的弹性。由于宽轮辋系列有以上优点，各国都广泛采用。

10.3 轮胎式机械的通过能力

轮胎式机械在不同地面上的通过能力，除了取决于轮胎对地面的单位面积压力外，还取决于行走系的若干几何尺寸参数。因为工程机械常行驶在无路地带，常遇到各种障碍物，故应合理确定这些几何尺寸参数，几何通过能力简图如图 10-10 所示。

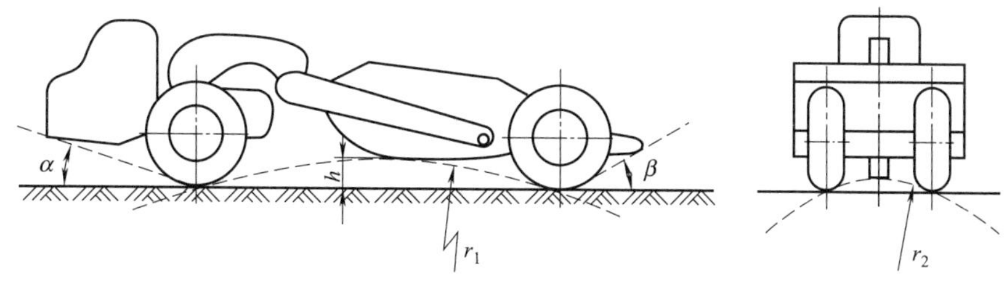

图 10-10 几何通过能力简图

（1）最小离地间隙 h h 指机械除车轮以外的最低点与路面的距离。设计工程机械时，从提高通过能力考虑，应选取较大的 h 值；从提高整机稳定性考虑，则应将机构部件布置得较低，从而使 h 值减小。因此，应根据工程机械的不同用途，合理确定 h 值。

（2）接近角 α 和离去角 β 从车架前后最低点向前后车轮作切线，此切线与路面的夹角，分别为接近角 α 和离去角 β，表示工程机械接近和离开障碍物（如小土堆、小土坑等）时，不发生碰撞的可能性。

（3）纵向通过半径 r_1 在轴距相同的情况下，r_1 越小，显示通过能力越好。

（4）横向通过半径 r_2 在轮距相同的情况下，r_2 越小，显示通过能力越好。

表 10-2 为一般汽车显示通过能力的几何参数值。

表 10-2 汽车通过能力的几何参数值

类型	最小离地间隙 h/mm	接近角 α/(°)	离去角 β/(°)	纵向通过半径 r_1/m
载重汽车	245～285	40～60	19～43	2.7～5.5
越野汽车	260～310	45～50	35～40	1.9～3.6

工程机械则是根据不同的机械、不同的用途，在设计时按对比法进行确定。

第11章 液力变矩器

液力变矩器出现于1906年，是船舶工业发展过程中的产物。由于其具有的对外负载的自动适应性，更适合于地面行驶车辆的要求。20世纪30年代，瑞典的里斯豪姆与英国利兰汽车公司的斯密斯合作，创立了三级液力变矩器，应用于公共汽车上，随后又用于其他车辆。

液力变矩器是自动变速器的核心组成部分之一。其功能是利用液体循环流动过程中动能的变化传递动力。

11.1 液力偶合器

液力偶合器也称液力联轴器，是利用液体的功能来传递转矩的动力式液力传动。与一般机械式联轴器一样，是安装在发动机与负载机构之间的一种传动部件。由于其是靠液体的动能来传递转矩，因此主、从动轴之间没有固定的机械连接，其允许两轴之间有转速差，这是液力偶合器与一般机械式联轴器的主要不同点。正因如此，使液力偶合器具有许多可贵的优点。例如，液力偶合器能使发动机空载启动，并减小启动时的冲击和振动；隔离扭转振动；防止动力过载损坏；当多台发动机驱动一台机械设备时，允许各发动机的转速稍有差别，而使各发动机负荷分配比较均匀；可无级调速和效率高等。因此，液力偶合器在化工、造船、矿山、交通运输、建筑、冶金、发电等工业部门得到广泛的应用。

11.1.1 分类与特点

液力偶合器按其特性可分为三种基本类型：普通型、限矩型和调速型；按结构特点可分为单腔式、双腔式和多腔式；按工作轮叶片的位置可分为直片式和斜式。通常采用按特性分类法。

为了衡量液力偶合器的过载保护性能，把速比 $i=0$ 时的转矩 T_0（$i=n_2/n_1$，n_2 为涡轮转速，n_1 为泵轮转速）与 $i=0.97$（设计工况）时的转矩 $T_{0.97}$ 的比值，即 $T_0/T_{0.97}$ 称为过载系数，用 K_G 表示，即 $K_G=T_0/T_{0.97}$。

（1）普通型液力偶合器　普通型液力偶合器也称标型液力偶合器，其代号为“P”。该液力偶合器的特性是对过载系数 K_G 不加控制，其值可高达6～20，甚至更大。这种液力偶合器的工作容积较大，效率较高，结构也比其他类型液力偶合器简单。它的主要缺点是，因为过载系数 K_G 太大，需要的制动力矩大，因此防止过载的性能很差，甚至不能起到过载保护的作用，一般不用于有过载保护要求或调速要求的场合，仅用于要求隔离振动，减缓启动冲击的场合。目前已很少应用，被限矩型液力偶合器所代替。

（2）限矩型液力偶合器　限矩型液力偶合器代号为“X”。该液力偶合器的特点是，随

着速比 i 的减小，转矩趋于稳定，因而它能够有效防止发动机或负载的过载，其过载系数 K_G 越小，过载保护性能就越好。该液力偶合器的过载系数 $K_G<4$。

(3) 调速型液力偶合器　调速型液力偶合器代号为“T”。它在工作过程中，通过连续改变流道中的充油量，就可以实现对从动轴的无级调速。采用这种方法调节转速，结构简单，调速范围也比较大，i 值可以降低到 0.4。因为液力偶合器的充油量不能太少，否则将会使液力偶合器的特性变得不稳定，载荷稍有波动，从动轴的转速波动会很大。因此 i 值不能降得太低。若在技术上采取一定的措施，如改进流道的结构型式、加设适当直径的挡板等，可以使该液力偶合器的 i 值降低到 0.2。

调速型液力偶合器的结构比限矩型的复杂。由于该液力偶合器的效率 $\eta=i$，而且效率与输出轴的转速成比例关系，即转速降低，效率下降。因此该液力偶合器用于负载、转矩随转速下降而减小的机械设备上比较合适，如离心泵、鼓风机等，这样可减少功率的损失。

改变调速型液力偶合器充油量的方法有许多种，通常采用进口调节式（代号为“J”）、出口调节式（代号为“C”）和复合调节式（代号为“F”）。

进口调节式的特点是结构紧凑，安装维护方便，多用于功率在 1000kW 以下，转速低于 1500r/min 的传动设备上。

出口调节式的特点是调速反应比较灵敏，广泛用于各种功率下要求快速调速的场合，如风机、水泵等。

复合调节式的特点是调节灵敏度高，能合理利用供液量，效率高，但结构复杂，常用于大功率的液力偶合器调速。

11.1.2　液力偶合器的结构和工作原理

(1) 结构　如图 11-1 所示，液力偶合器的主要零件是两个直径相同的叶轮（称工作轮），其形状如图 11-2 所示。由发动机曲轴通过输入轴驱动的叶泵为泵轮，与输出轴装在一起的为涡轮。叶轮内部装有许多半圆形的径向叶片，在各叶片之间充满工作液。两轮装合后的相对端面之间约有 2～5mm 间隙。它们的内腔共同构成圆形或椭圆形的环形空腔，称为循环圆。图 11-1 所示的循环圆剖面是通过输入轴与输出轴的中心线所作的截面（称轴截面）。

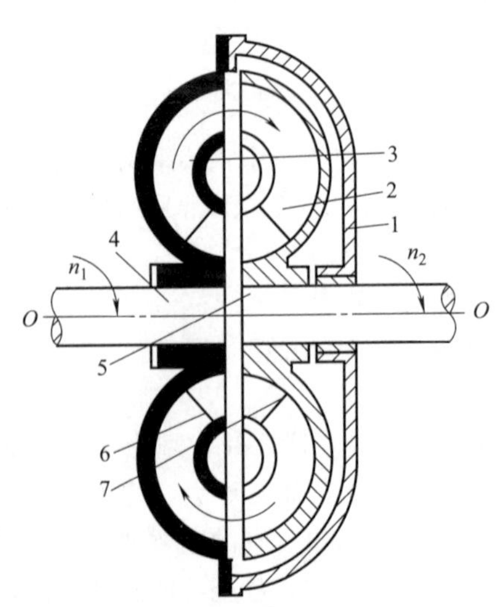

图 11-1　液力偶合器简图

1—泵轮壳　2—涡轮　3—泵轮　4—输入轴　5—输出轴　6,7—尾端切去一块的叶片

通常液力偶合器的泵轮与涡轮的叶片数是不相等的，以避免因液油脉动对工作轮周期性的冲击而引起振动，从而使液力偶合器工作更平稳。液力偶合器的叶片一般制成平面的，这样制造容易。液力偶合器的工作轮多用铝合金铸造，也有采用冲压和焊接方法制造的，后者成本低、质量轻。有的液力偶合器工作轮有半数叶片在其尾部切去一角（见图 11-1 中 6、7）。这是由于叶片是径向布置的，在工作轮内缘处叶片间的距离比外缘处的小，当工作液从涡轮外缘经内缘流入泵轮时，工作液受挤压。因此

每间隔一片切去一角，便可扩大内缘处的流通截面，减少工作液因受挤压造成的对流速变化的影响，使流道内的流速较均匀，从而降低损失、提高效率。

（2）工作原理　泵轮随着发动机一起旋转时，其内的工作液被其叶片带着一起旋转。工作液既绕泵轮轴线作圆周运动，又在离心力作用下从叶片的内缘向外缘运动。此时，外缘压力高于内缘，其压力差取决于泵轮的半径和转速。如果涡轮仍处于静止状态，则涡轮外缘与中心的压力相同。但涡轮中心的压力低于泵轮外缘压力，而涡轮中心的压力则高于泵轮中心的压力。由于两个工作轮封闭在同一个壳体内运动，所以这时被甩到泵轮外缘的工作液便冲向涡轮的外缘，沿着涡轮叶片向内缘流动，随后又返回泵轮，被泵轮再次甩到外缘。工作液就这样周而复始地从泵轮流向涡轮，又返回泵轮不断循环。在循环过程中发动机给泵轮以旋转力矩，泵轮转动后使工作液获得动能。工作液冲击涡轮时将其一部分动能传给涡轮，使涡轮带动从动轴旋转，这样，液力偶合器便完成了将工作液的部分动能转换成机械能的任务。工作液的另一部分动能则在高速流动中，与流道相摩擦发热而消耗掉了。

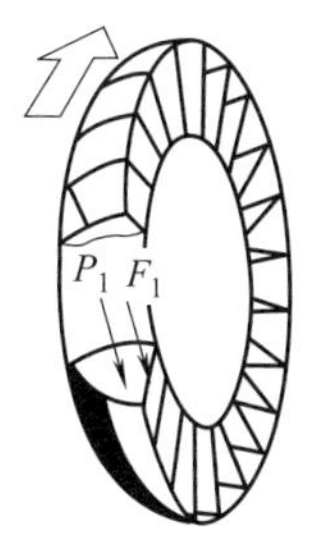

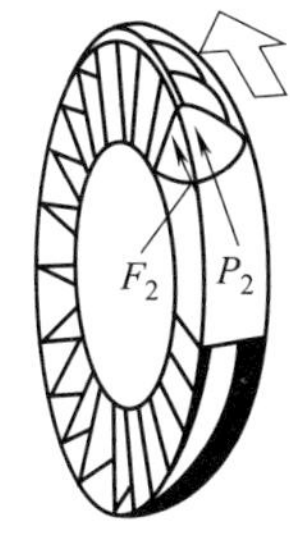

图 11-2　液力偶合器工作轮

为便于分析工作液的流动路线，假设两工作轮分开一定距离［见图 11-3(a)］。由于泵轮内的工作液除了随泵轮绕泵轮轴线旋转（牵连运动）外，还沿循环圆作环流运动（相对运动），故工作液的绝对运动是以上两种运动的合成运动，其运动方向是斜对着涡轮，冲击涡轮叶片，然后顺着涡轮叶片再流泵轮，此时工作液路线是一个螺旋线。当泵轮和涡轮安装在一起后，工作液的流动路线是一个螺旋环［图 11-3(b)］。

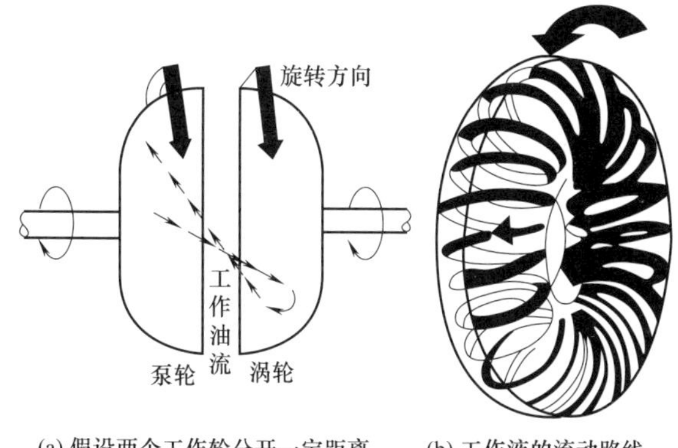

图 11-3　工作液的螺旋形路线

涡轮旋转后由于离心力对工作液环流的阻碍作用，使工作液的绝对运动方向有所改变，此时螺旋线拉长，如图 11-4 所示。涡轮转速愈高，工作液的螺旋形路线拉得愈长。当涡轮和泵轮转速相同时，两轮内的工作液的

图 11-4　涡轮转动时的工作液螺旋形路线

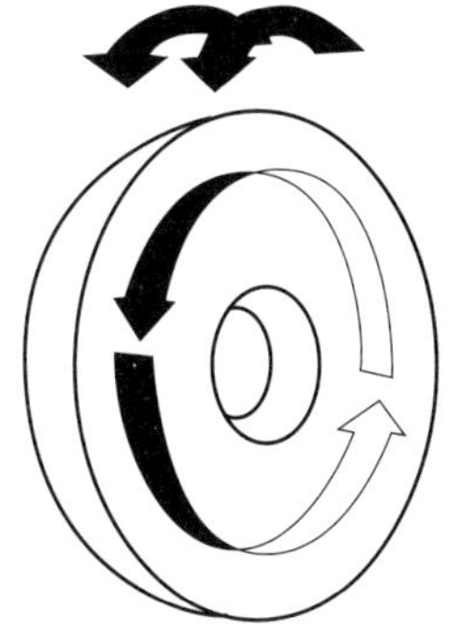

图 11-5　两工作轮转速相同时的工作液流动路线

离心力相等，工作液沿循环圆的流动停止，工作液随工作轮绕轴线作圆周运动（见图11-5），此时液力偶合器不再传递动力。

为了使工作液能传递动能，必须使工作液在泵轮和涡轮之间形成环流运动。为此两工作轮间应有转速差，转速差愈大，两工作轮间压力差愈大，工作液所传递的动能也愈大。当然，工作液所能传给涡轮的最大转矩只能等于泵轮从发动机曲轴受到的转矩，而且这种情况只发生在涡轮开始旋转的瞬间。

液力偶合器的上述特性对运行机械的起步很有利。因为运行机械起步时需要克服很大的阻力，这时的工作液传给涡轮的转矩最大，对克服起步阻力有利。当克服起步阻力、运行机械开始行驶之后，随着发动机的加速，泵轮、涡轮以及整个运行机械也逐渐加速。当泵轮达到额定转速后，涡轮的转速也随泵轮转速的增加而变化，但同时还受到外界阻力的影响。当外阻力增大时，涡轮将随之减速。这时工作液传递较大的动力以克服外阻力。反之，当外阻力减小时，涡轮的转速便逐渐增加而趋近于泵轮转速，这时工作液传递较小的动力。当运行机械下坡行驶时，使涡轮转速增加到等于泵轮转速。这时两工作轮的工作液离心力相等，工作液停止了在循环圆内的环流运动，因此工作液不再传递动力。如果涡轮转速高于泵轮转速时，工作液将反向传递动力，此时对发动机起一定的制动作用。

试验与分析表明，不同的涡轮转速，对工作液的绝对运动路线影响很大：涡轮转速越低（传递动力越大）时，工作液经涡轮叶片返回泵轮时，在泵轮内产生的运动阻力越大；反之，涡轮转速越大，则工作液返回泵轮时在泵轮内产生的阻力越小。

11.1.3 液力偶合器的特性参数

（1）转矩 T　从受力的观点来看，液力偶合器中泵轮的转矩 T_1 是发动机曲轴传来的，泵轮作用于循环圆内工作液上的转矩是 T_1'，则 T_1 与 T_1' 大小相等、方向相反。获得转矩 T_1' 的工作液冲击涡轮，给涡轮一个转矩 T_2，同样，转矩 T_2 与 T_1' 大小相等、方向相反。由此可见，涡轮转矩与泵轮转矩相等，即 $T_1=T_2$。经试验研究可得液力偶合器转矩方程为

$$T_1=\gamma\lambda_1 n_1^2 D^5$$

式中　γ——工作液的密度，g/cm³；

λ_1——泵轮力矩系数，由实验或根据相似理论由模型的原理特性曲线求得；

n_1——泵轮转速，r/min；

D——液力偶合器的有效直径，m。

由上述可见，液力偶合器不能改变转矩，只能将输入轴上的转矩等量地传给输出轴。液力偶合器又称液力联轴器的原因即在于此。

（2）效率 η　液力偶合器的效率 η 为涡轮轴上的输出功率 P_2 与泵轮轴上的输入功率 P_1 之比，即 $\eta=P_2/P_1$。考虑到功率与转速间的关系式：

$$P_1=T_1\omega_1,\quad P_2=T_2\omega_2$$

$$\omega_1=\frac{\pi n_1}{30},\quad \omega_2=\frac{\pi n_2}{30}$$

式中　ω_1、ω_2——分别为输入轴与输出轴的角速度，rad/s；

n_1、n_2——分别为输入轴与输出轴的转速，r/min。

于是可得

$$\eta=\frac{P_2}{P_1}=\frac{T_2n_2}{T_1n_1}=\frac{n_2}{n_1}=i$$

式中　i——液力偶合器的传动比，即输出轴与输入轴的转速比。

上式表明，液力偶合器的效率 η 等于它的传动比 i，当泵轮转速 n_1 为常数时，则效率 η 与涡轮转速 n_2 成正比，即液力偶合器效率为一条过坐标原点的直线，如图 11-6 所示。

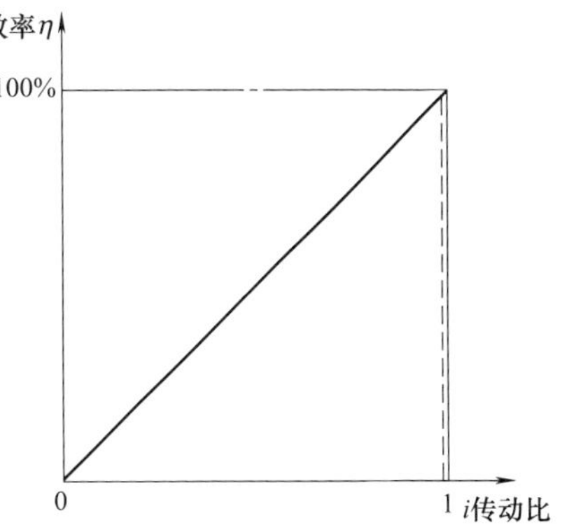

图 11-6　液力偶合器的效率特性

由图 11-6 可见，液力偶合器传动比 i 越大，即涡轮转速越高时，液力偶合器的效率越高。当涡轮静止不转（$n_2=0$）时，液力偶合器传动比 i 为零，其效率 η 也为零。例如，运行机械起步时，液力偶合器的传动比 i 和效率 η 就等于零，因为这时涡轮没有对外输出功率，而输给液力偶合器的功率全部损耗在工作液的内摩擦和对工作轮的冲击上，其结果是引起工作液温度升高、液力偶合器发热。

此外，液力偶合器传动比 $i>0.985$ 时，涡轮轴上的负荷已很小或接近于零。在传动比 i 接近 0.985 时，效率突然降落下来（图 11-6 中虚线所示）、变为零。这就是说，液力偶合器的效率永远小于 1。

通常，为了提高运行机械的使用经济性，防止工作液温度过高，液力偶合器很少在低传动比下长期工作。

11.1.4　液力偶合器的选用

液力偶合器已普遍地使用于数以百种的工程机械及其他机械设备上。尤其是调速型液力偶合器，由于使用它后可以节省能源 1/5～1/3，已被国家列为第三批节能产品。由于限矩型液力偶合器结构简单，价格便宜，故在没有调速要求的情况下，不宜选用调速型液力偶合器。

液力偶合器一般应用情况见表 11-1。

11.1.5　液力偶合器的使用

（1）液力偶合器在使用中应维持其正常的油面高度及定期更换工作油。运行机械每行驶 1000km，应在冷车时检查油面高度。正常的油画高度应与加油孔平齐，不足时应加注。每年应更换一次适合的工作油。

（2）液力偶合器在使用期间不需要调整。当密封装置损坏时，在液力偶合器传动轴一侧将出现漏油，应更换损坏的密封元件。在安装密封元件时，应特别注意清洁，若密封元件工作面污秽，将有可能出现漏油现象。

（3）液力偶合器轮毂油封磨损或损坏，应更换新件。

（4）若发现液力偶合器在发动机一侧漏油，应更换泵轮凸缘上的垫片。安装时为避免凸缘歪斜，应交替、均匀拧紧固定螺钉。

表 11-1 液力偶合器的应用

设备分类	可用液力偶合器的机械设备	液力偶合器类型	使用目的
冶金设备	炼钢转炉排烟风机、高炉风机、烧结厂风机、加热炉鼓风机、引风机	调速型	1. 满足机械设备的使用工艺要求 2. 节能 3. 使风机能低速冲水维护 4. 延长风机寿命
	炼焦炉推焦机、校直机、挤压机、轧钢机、离心浇铸机、电动堵眼机	限矩型	1. 起动平稳 2. 过载保护、防止电动机超载和传动部件损坏
矿山机械	钻采机械、各种破碎机、球磨机、离心分析机、矿用泥浆泵、筛选机、巷道掘进机、巷道风机	限矩型	1. 起动平稳、过载保护 2. 满载启动 3. 缓冲隔振 4. 减小起动电流和电网的电压降 5. 降低装机容量、节能
起重运输机械	各种带式输送机、刮板输送机、链板输送机、内燃机车、自行式矿车、斗轮堆取料机、门座式起重机行走机构、提升机	限矩型	1. 满载起动 2. 降低装机容量、节能 3. 起动平稳、过载保护 4. 保护输送带、降低输送带造价 5. 多机驱动时均衡载荷，并可顺序启动
工程机械	单斗挖掘机、斗轮挖掘机、叉车、塔式起重机、混凝土搅拌机、卷扬机、铲运机、平地机、压路机	限矩型	1. 缓冲隔振、保护机械 2. 防止发动机熄火 3. 降低装机容量、节能 4. 可替代主离合器
电力设备、化工、船舶	发电厂锅炉给水泵、循环水泵、鼓风机、引风机、挖泥船的挖泥机、船用螺旋桨推进器、钠泵、输油泵、注水机、燃气轮机组、舰船、气垫船、压缩机、原油管线泵	调速型	1. 无级调速 2. 缓冲隔振 3. 平稳启动 4. 过载保护 5. 多机驱动并车 6. 节能
其他	拔丝机、各种冲床、剪床、锻锤、立式车床、压力机、纤维机械、食品机械、纺织厂空调风机、自来水泵、扫雪机	调速型、限矩型	1. 平稳启动、保护制品 2. 缓冲隔振 3. 过载保护 4. 节能 5. 调速

(5) 当发动机保持一定转速运转时，液力偶合器可能出现尖锐的响声，这表明液力偶合器固定到曲轴凸缘上的螺钉松动。为此，应拆下液力偶合器，将固定螺钉拧紧。

(6) 若液力偶合器的工作油不足，工作时可能出现过热。液力偶合器使用中的最高油温不允许超过 150℃。因为油温过高，将导致密封装置损坏，并影响零件的使用寿命。为避免过热，应按规定加足工作油，并避免液力偶合器在低传动比下长时间工作。

(7) 在拆卸液力偶合器时，应检查泵轮和涡轮叶片焊接处是否有裂纹。若有裂纹应将叶片割下，重新焊接。

11.2 液力变矩器

最简单的液力变矩器如图 11-7 所示，主要由三个具有叶片的工作轮组成，即可旋转

的泵轮4和涡轮3，以及固定不动的导轮5。各工作轮通常用高强度的轻合金精密铸造，或用钢板冲压焊接而成。泵轮4通常与变矩器壳体2连成一体，用螺栓固定在发动机曲轴1后端的接盘上。壳体2做成两半，装配后用螺栓连接或焊成一体。涡轮3经从动轴7传出动力。导轮5则固定在不动的套管6上。所有工作轮在变矩器装配好以后，共同形成环形内腔。

图11-8为天津PY160型平地机的P_{21}型液力变矩器的结构和无因次特性曲线，其为常用的三元件单相式。

此液力变矩器壳体装在发动机飞轮壳上，由飞轮驱动其泵轮。各工作轮连叶片用铝合金铸成。

虽然天津PY160型平地机改型为PY160B型平地机时用单级三相综合式液力变矩器，但这种简单三元件单相液力变矩器仍是工程机械用得最多的。

液力变矩器和液力偶合器的相同点是，工作时贮于环形内腔中的工作液，除有绕变矩器轴的圆周运动外，还有在循环圆中沿图11-7中箭头方向的循环流动，故能将转矩从泵轮传动涡轮上。

液力变矩器在作用上不同于液力偶合器的是，液力偶合器只能传递力矩，不能改变力矩大小；液力变矩器不仅能传速转矩，而且能在泵轮转矩不变的情况下，随着涡轮转速的不同（反映工程机械作业或运行时的阻力），改变涡轮输出的转矩数值。

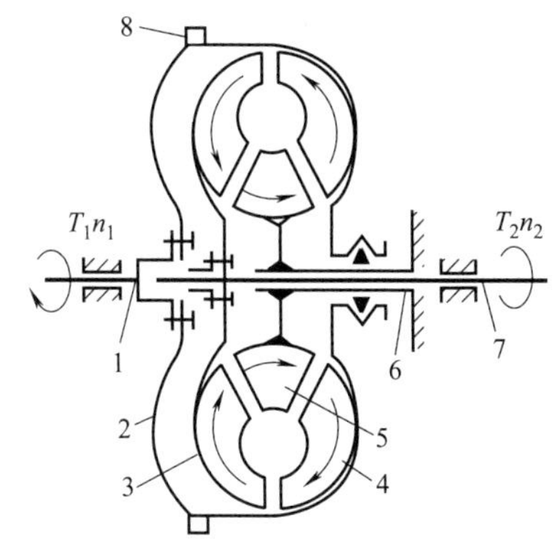

图11-7 液力变矩器示意图

1—发动机曲轴；2—变矩器壳体；3—涡轮；4—泵轮；5—导轮；6—导轮固定套管；7—从动轴；8—启动齿圈

液力变矩器之所以能改变转矩，是由于在结构上比液力偶合器多了一套固定不动的导轮。在液体循环流动的过程中，固定不动的导轮经液流给涡轮一个反作用转矩，使涡轮输出的转矩不同于由泵轮输入的转矩。

下面用变矩器工作轮的展开图来说明液力变矩器的工作原理（图11-9）。可以将循环圆上的中间流线展开成一直线，从而使各工作轮的叶片角度在纸面上清楚地显示出来。

为便于说明，设发动机转速及负荷不变，即液力变矩器泵轮的转速n_b及转矩T_b为常数。

机械起步之前，涡轮转速n_w为零，此时工况如图11-10（a）所示。工作液在泵轮叶片带动下，以一定的绝对速度沿图中箭头1的方向冲向涡轮叶片。因为涡轮静止不动，液流将沿着叶片流出涡轮并冲向导轮，液流方向如图中箭头2所示。然后液流再从固定不动的导轮叶片沿图中箭头3所示方向回流入泵轮中。液流流过叶片时，由于受到叶片的作用，方向发生变化。设泵轮、涡轮和导轮对液流的作用转矩分别为T_b、T'_w和T_d，如图11-10（a）所示，根据液流受力平衡条件，得

$$T'_w=T_b+T_d$$

由于液流对涡轮的冲击转矩T_w（即变矩器输出转矩）与涡轮对液流的作用转矩T'_w方向相反大小相等，因此

$$-T_w=T'_w=T_b+T_d \tag{11-1}$$

显然，此时涡轮转矩 T_w 数值上大于泵轮转矩 T_b，液力变矩器起了增大转矩的作用。

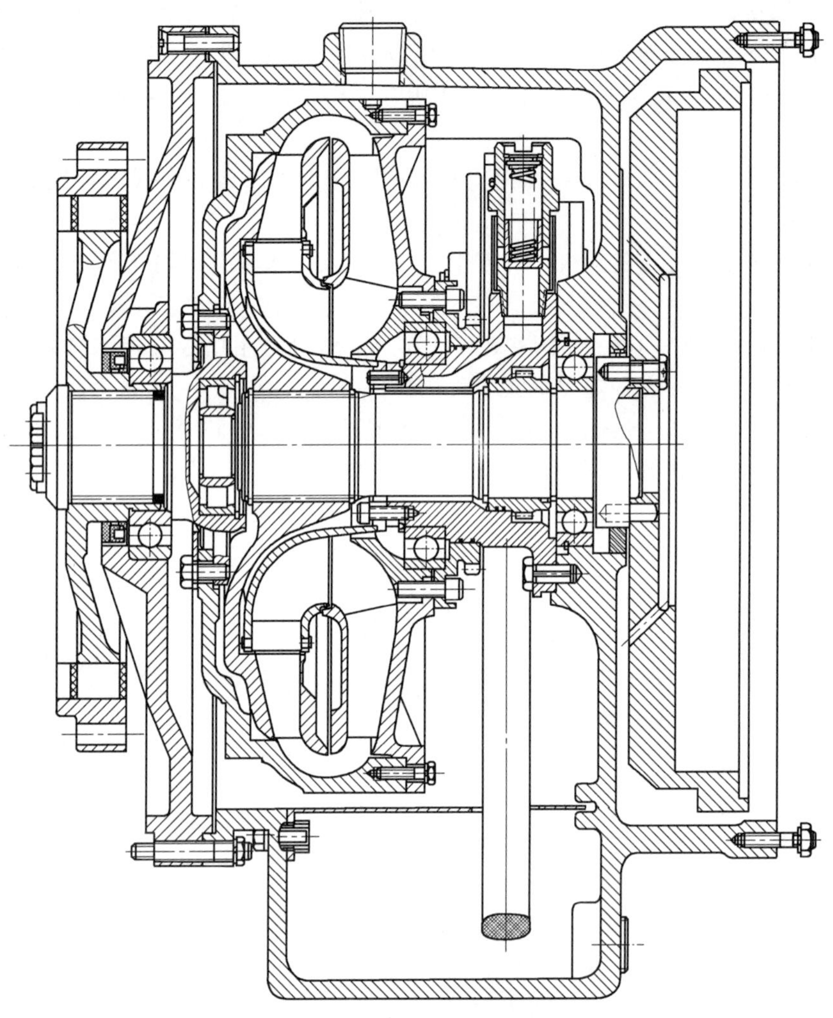

（a）P_{21} 型液力变矩器结构

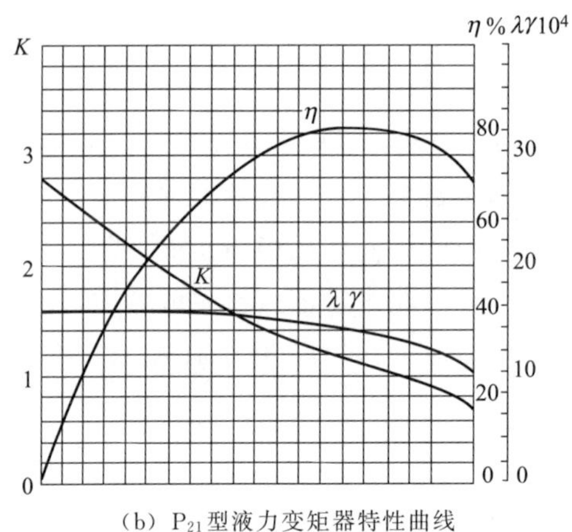

（b）P_{21} 型液力变矩器特性曲线

图 11-8　P_{21} 型液力变矩器结构及特性曲线

当液力变矩器输出的转矩，经传动系传到驱动轮上产生的牵引力足以克服工程机械启动

时的阻力时，机械即起步并加速，与之相连系的涡轮转速 n_w 也从零逐渐增加。这时液流在涡轮出口处不仅具有沿叶片方向的相对速度 w，而且具有沿圆周方向的牵连速度 u，因此冲向导轮叶片的液流的绝对速度 v 应是二者的合成速度，如图 11-10（b）所示。因原来假设泵轮转速不变，故循环圆中液流在涡轮出口处的相对速度 w 不变。因涡轮转速在变化，故牵连速度 u 起变化。由图可见，冲向导轮叶片的液流的绝对速度 v 将随着牵连速度 u 的增加（即涡轮转速 n_w 的增加）而逐渐向左倾斜，使导轮上所受力矩值逐渐减小。当涡轮转速增大到某一数值，由涡轮流出的液流［如图 11-10（b）中 v 所示方向］正好沿导轮出口方向冲向导轮时，由于液流流经导轮其方向不改变，故导轮转矩 T_d 为零，于是泵轮对液流的作用转矩 T_b 与液流作用于涡轮的转矩 T_w 数值相等，即 $T_w=T_b$。

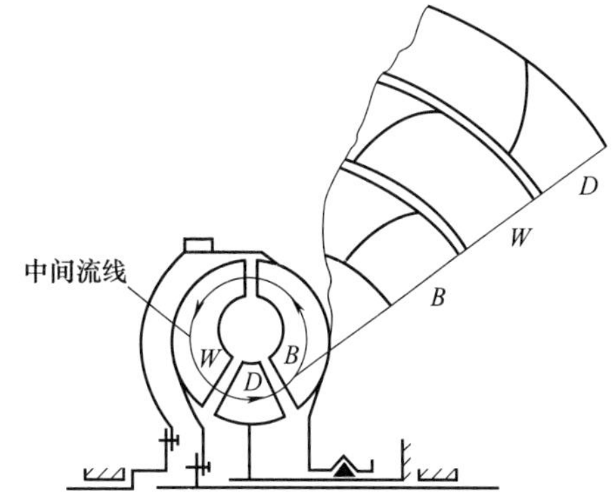

图 11-9 液力变矩器工作轮展开示意图

B—泵轮；W—涡轮；D—导轮

若涡轮转速 n_w 继续增大，液流绝对速度 v 方向继续向左倾，如图 11-10 中 v'所示方向，液流对导轮的作用反向，形成背压，导轮转矩方向与泵轮转矩方向相反，则涡轮转矩为泵轮与导轮转矩之差，即 $T_w=T_b-T_d$，这时变矩器输出转矩 T_w 反而比输入转矩 T_b 小。

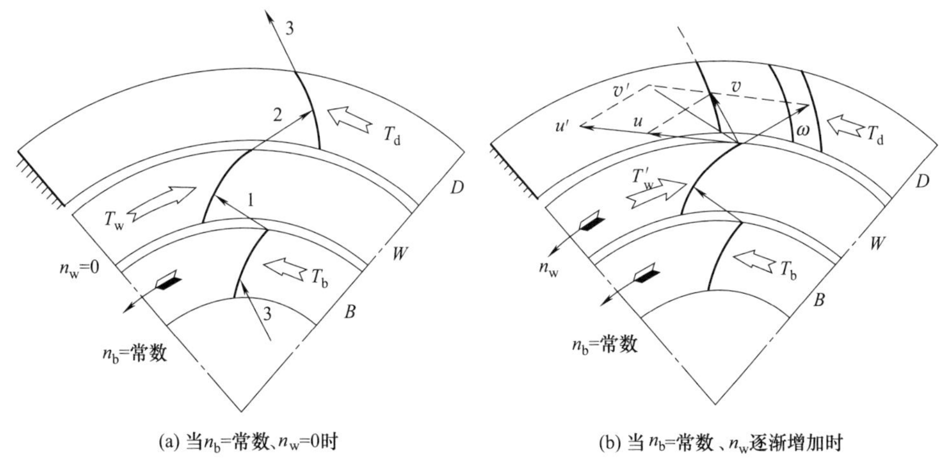

图 11-10 液力变矩器工作原理图

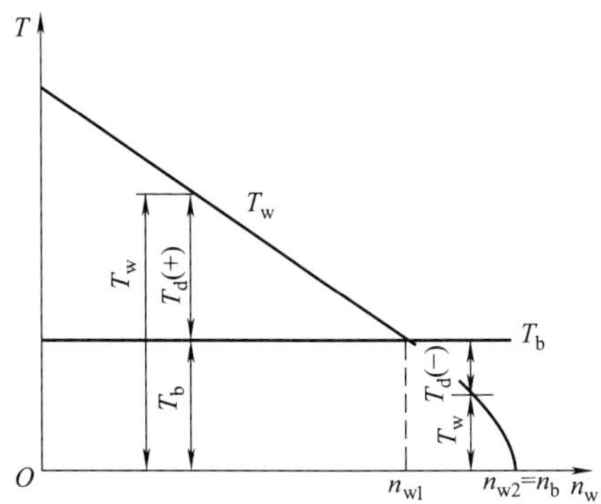

图 11-11 液力变矩器特性（n_b＝常数）

当涡轮转速 n_w 增大到与泵轮转速 n_b 相等时，由于工作液在循环圆中的循环流动停止，$T_w=0$，不能传递动力。

上述变矩器在泵轮转速 n_b 和转矩 T_b 不变的条件下，涡轮转矩 T_w 随其转速 n_w 变化的规律，可用图 11-11 表示，此即液力变矩器的特性。

液力变矩器的传动比 i 指输出转速（即涡轮转速 n_w）与输入转速（即泵轮转速 n_b）之比，即

$$i=\frac{n_w}{n_b}<1 \tag{11-2}$$

这一点与机械传动传动比 i 的定义恰好相反，机械传动中传动比 i 为输入轴转速 n_1 与输出轴转速 n_2 之比（$i=n_1/n_2$）。

液力变矩器输出转矩（即涡轮转矩 T_w）与输入转矩（即泵轮转矩 T_b）之比称为变矩系数，一般用 K 表示，即

$$K=\frac{T_w}{T_b} \tag{11-3}$$

图 11-11 中的 T_w 随转速 n_w 变化的特性曲线，也反映了在泵轮转矩 T_b 和转速 n_b 不变的情况下，变矩系数 K 与涡轮转速 n_w（或传动比 i）之间的变化关系。

由图 11-11 可见，当工程机械起步、上坡或作业时遇到较大的运行阻力时，如果发动机的转速和负荷不变，车速将降低，亦即涡轮转速降低，于是变矩系数相应增大，因而使驱动轮获得较大的力矩，保证工程机械能克服增大的阻力而继续行进。所以液力变矩器是一种在一定范围内能随工程机械运行阻力或作业阻力的不同而自动改变变矩系数 K 的无级变速器。此外，液力变矩器与液力偶合器相同，也具备保证机械平稳起步、衰减传给传动系的扭转振动、防止过载等功能。

显然，变矩器的效率 η 应为输出功率与输入功率之比，即

$$\eta=\frac{T_w n_w}{T_b n_b}=Ki \tag{11-4}$$

将变矩器效率变化绘于图 11-11 上，即得图 11-12 的液力变矩器特性图。

由图 11-12 可见，当涡轮转速 n_w 较低时，$T_w=T_b+T_d$，亦即 $T_w>T_b$；随着 n_w 增大，T_d 逐渐减小，当 $n_w=OA''$时，$T_d=0$，这时 $T_w=T_b$；当 $n_w>OA''$时，$T_d<0$，这时 $T_w<T_b$。

液力偶合器即为液力变矩器去掉导轮，亦即 $T_d=0$，由式（11-1），得

$$-T_w=T_b$$

可见，液力偶合器输出转矩与输入转矩总是相等的，不能变矩，亦即变矩系数 $K=1$。

根据式（11-4），液力偶合器的效率为

$$\eta=Ki=i \tag{11-5}$$

由式（11-5）可以看出，其效率曲线为一条通过坐标原点，夹角为 45°的直线，其特性如图 11-13 所示。

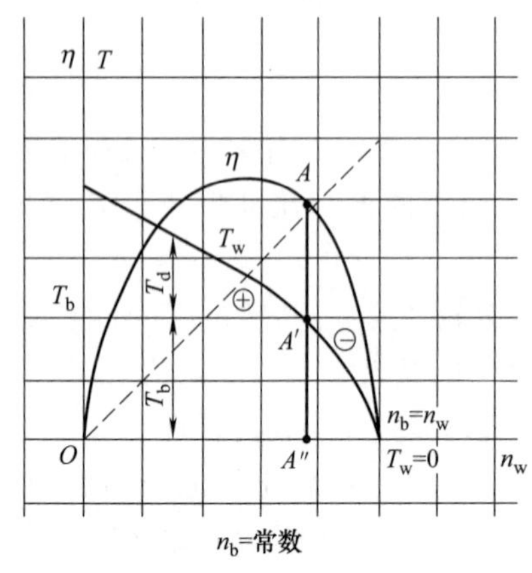

图 11-12　液力变矩器特性

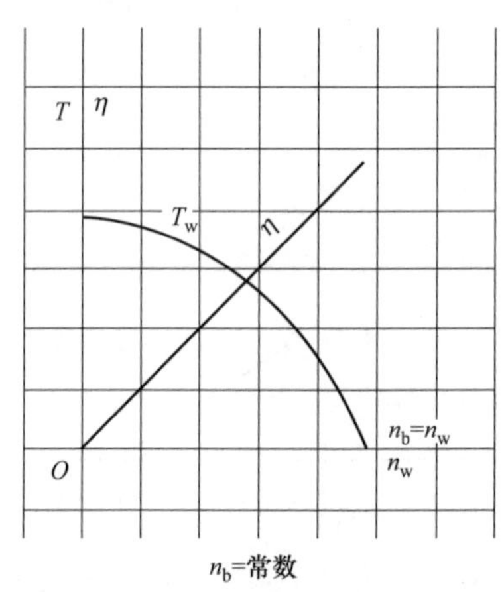

图 11-13　液力偶合器特性

如果把液力偶合器的效率曲线画到图 11-12 上去，即图中虚线所示，可以看出，当 $n_w<OA''$，即 $T_d>0$ 时，变矩器的效率总是大于偶合器的效率。当 $n_w>OA''$，即 $T_d<0$ 时，变矩器的效率迅速下降，而相应的偶合器的效率则直线上升，总是高于变矩器效率。如果能有一种液力变矩器，在 $T_d>0$ 时，以变矩器工况工作，在 $T_d<0$ 时，以偶合器工况工作，也就可以在涡轮各种转速条件下，都得到比较高的效率值，这就是综合式液力变矩器在实践上得到采用的理由。其特性如图 11-14 所示。图 11-15 为其原理简图。图 11-16 为其结构。

如图 11-15 所示，要想得到综合式液力变矩器，只要在导轮上装单向离合器（自由轮）即可。当 $T_d>0$ 时，液流作用于导轮的方向，正好使单向离合器楔在固定不动的套管上(见图 11-16、图 11-17)，使导轮固定不动。这时综合式液力变矩器只能在变矩器工况下工作。当 $T_d<0$ 时，液流作用于导轮的方向相反，单向离合器脱开，导轮在液流作用下可在套管上自由转动，实际上 $T_d=0$，这时，综合式液力变矩器便在偶合器工况下工作。

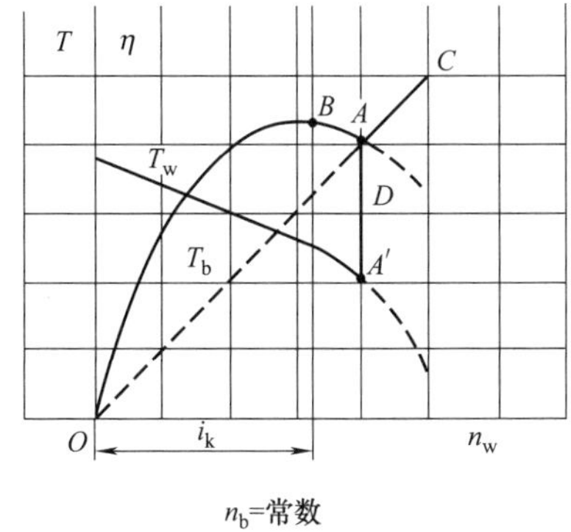

图 11-14　综合式液力变矩器特性

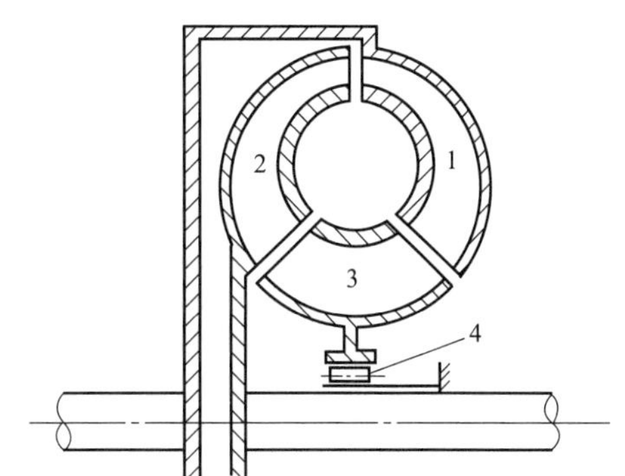

图 11-15　综合式液力变矩器原理简图

1—泵轮；2—涡轮；3—导轮；4—导轮自由轮

图 11-16 为 FIAT-ALLIS 262 B/263B 型自行式铲运机所用的液力变矩器。它是单级二相综合式，导轮经单向轮装在轴上，闭锁离合器为自动锁紧式。液力减速器作为附加装置，在需要时装设。

如图 11-16 所示，此液力变矩器装在发动机飞轮壳上，其旋转壳体 5 由飞轮经齿套驱动，使泵轮 11 转动；同时经旋转壳体将动力传到变速箱油泵 22、转向油泵、工作装置和升送机油泵。

闭锁离合器为多片油压自动作用式。闭锁离合器的接合与分离是由变矩器输出轴转速控制的。当接合时，将变矩器涡轮 9 与旋转壳体 5，也就与泵轮 11 闭锁为一体，使从发动机到变速箱成直接驱动。当变速箱从Ⅱ挡直到Ⅵ挡，闭锁离合器自动闭锁，仅保持 1 挡为经液力变矩器的传动。

液力减速器则由驾驶员手控，其作用是在长坡上行驶时，作为主制动器的辅助制动装置。液力减速器转轮经花键装在输出轴上，当液力减速器空腔中注满油液，转轮在油液中转动的阻力使传动系产生制动效果。但要注意，液力减速器作用时间过长，会使变速箱油液过热。

图 11-17 为 214 型综合式液力变矩器结构与无因次特性曲线，为双导轮三相式。此液力变矩器与发动机连接在一起，它由变矩器、锁紧离合器和齿轮箱组成。

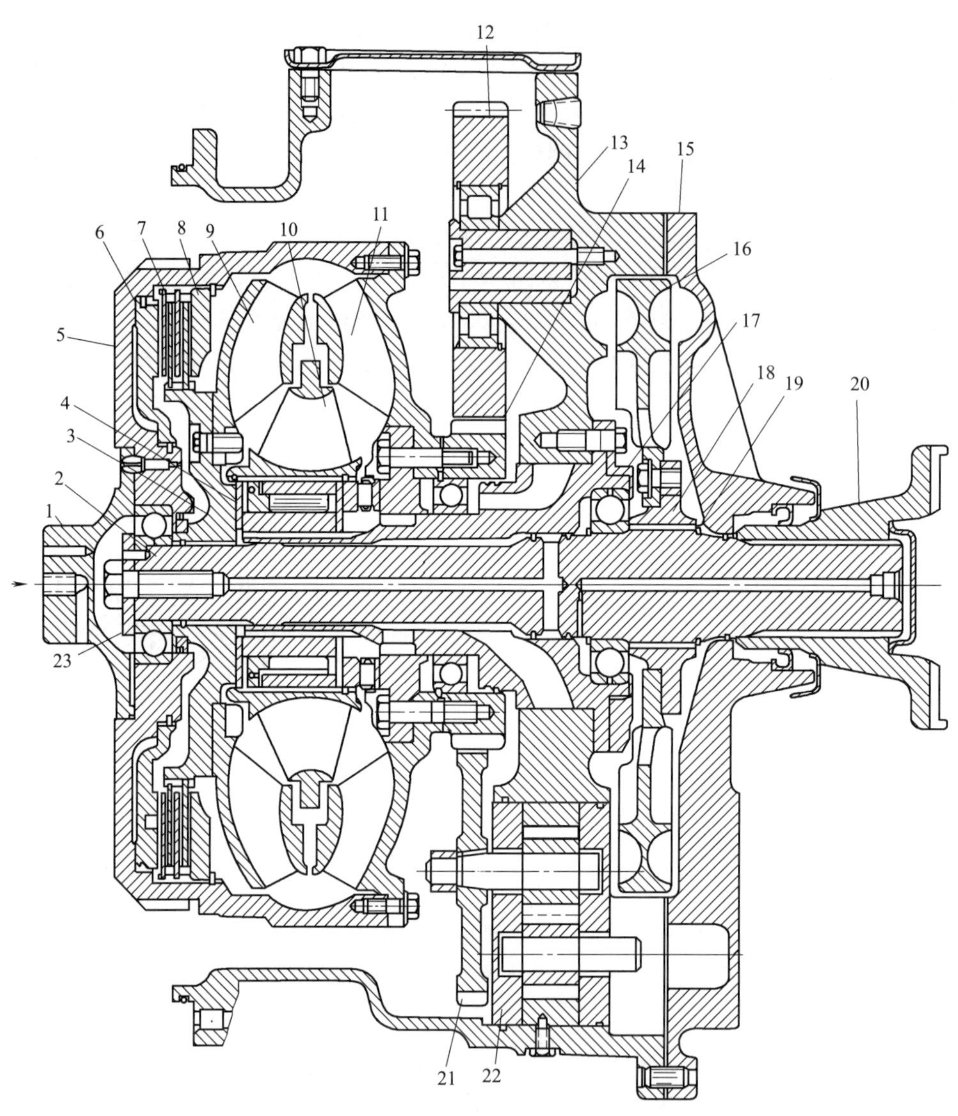

图 11-16　综合式液力变矩器结构之一

1—轴颈（装在飞轮孔内）；2—液力变矩器输出轴；3—闭锁离合器轮毂；4—导轮自由轮；5—旋转壳体；6—闭锁离合器活塞；7—闭锁离合器片；8—闭锁离合器后压板；9—变矩器涡轮；10—变矩器导轮；11—变矩器泵轮；12—油泵驱动齿轮；13—液力变矩器外壳；14—附件驱动齿轮；15—液力变矩器后盖；16—液力减速器转轮；17—后轴承保持架；18—液力减速器轮毂；19—轴用弹性挡圈；20—轮出轴轴叉；21—油泵驱动齿轮；22—变速器油泵；23—前轴承挡板

泵轮旋转后，油液压入涡轮，使涡轮旋转。从涡轮流出的油液，主要经导轮流回泵轮，另有一部分经变矩器出口流到油冷却器，此时通过 0.25MPa 的出口压力阀保持变矩器内压。变矩器的最大内压由 0.7MPa 的进口压力阀限制。进口压力阀、出口压力阀与主压力阀制成一体，即为三联阀。

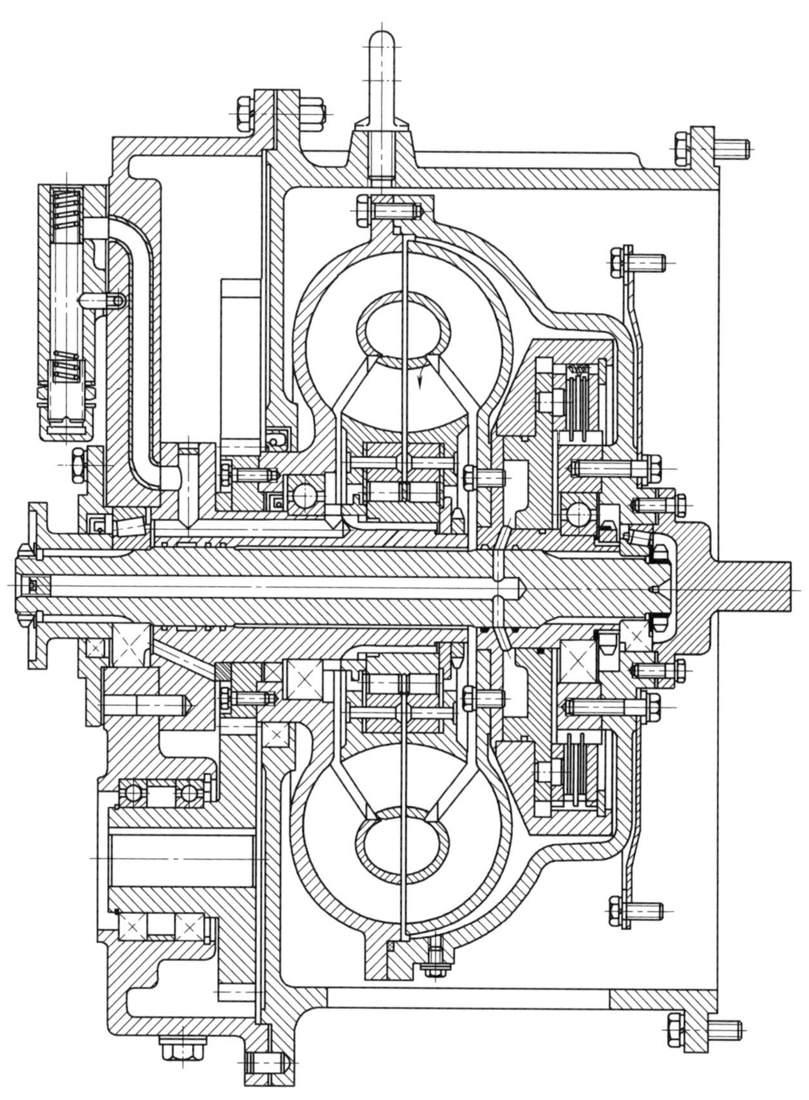

（a）214 型综合式液力变矩器结构

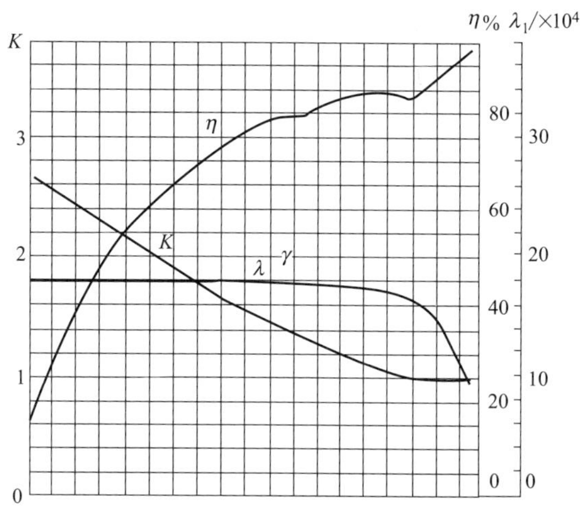

（b）214 型综合式液力变矩器特性曲线

图 11-17 214 型综合式液力变矩器结构及特性曲线

11.3 液力变矩器的特性

11.3.1 常用计算公式

根据水力学的基本理论，即伯努利方程式、欧拉方程式和工程中常用的相似理论，可以写出液力变矩器的计算方程式如下

$$T_1=\lambda_1\gamma n_1^2D^5 \tag{11-6}$$

式中 T_1——发动机作用于泵轮上的转矩，N·m；

γ——液体密度，kg/m^3；

n_1——泵轮转速，r/min；

D——变矩器的有效直径，即循环圆内工作液体液流的最大直径，m；

λ_1——泵轮力矩系数$\frac{1}{\text{m}\cdot(\text{r/min})^2}$。

对于几何相似的液力变矩器，在液流等倾角工况下，λ_1=常数。而在不同工况下，即涡轮转速变化的情况下，λ_1 之值不等，亦即 λ_1 为传动比的函数，$\lambda_1=f(i)$。λ_1 之值由试验确定。

除式（11-6）外，还经常应用前述之式（11-2）、式（11-3）、式（11-4）。

很多书都习惯于用 1 表示泵轮，2 表示涡轮，3 表示导轮，故通常用下标 1、2 和 3 分别表示属于泵轮、涡轮和导轮的参数。

对于任何一种传动来说，转矩变化范围、转速变化范围、效率、转矩都是重要的评价指标，液力变矩器也是这样。

11.3.2 特性曲线

液力变矩器是根据输出轴负荷而无级地、自动地改变转矩和转速的传动元件。液力变矩器特性的变化关系用图线表示最清楚，这种关系图线就叫做液力变矩器的特性曲线。

液体在变矩器工作轮中的运动以及工作轮叶片与液流间的相互作用力及能量交换是一个极其复杂的过程。用简化的水动力学理论来计算液力变矩器特性只能是定性的，与实验结果必然会有一定的出入。因此，液力变矩器的特性曲线通常是在试验台上测得。

工作液体的黏度影响液力摩擦损失，油温又影响油的黏度，因此油的牌号和油温对变矩器特性有一定的影响。为了防止变矩器内部出现气蚀，应有一定的补偿油压。因此在台架试验测定液力变矩器特性时，一般规定以下条件：

（1）采用规定的工作油，通常用 20 号透平油；

（2）规定出口油温 t_2，一般 $t_2=90℃\pm2℃$；

（3）规定进口油压 p_1，一般 $p_1=(0.4+0.05)\text{MPa}$

（4）工况稳定后再进行读数。

试验应按规范进行，分别做如下试验：

① 在 T_1=常数的情况下（一般使 $T_1=90\%T_f$，T_f 为发动机额定功率时的转矩），调

节加减测功器的负荷 T_2，每一工况下测量 T_2、n_1、n_2。

② 在 n_1 = 常数的情况下（一般使 $n_1 = 95\% n_f$，n_f 为发动机额定转速），加减负荷，在每一工况下测定 T_1、T_2、n_2。

此外，在台架上还进行辅助特性试验（在 $i=0$ 时把涡轮轴固定，即 $n_2=0$），测定 T_1、T_2 和 n_1，从而算出制动工况下的变矩系数 $K_0 = f(n_1)$ 的函数关系。此特性是在涡轮制动时（$n_2=0$），调节泵轮轴转速 n_1 从发动机怠速到发动机最大转速范围之内测得的。

液力变矩器的特性曲线通常有以下几种。

（1）输入特性曲线 $T_1 = f(n_1)$ 的关系图线称为输入特性曲线（图 11-18）。对于给定的变矩器，用给定的工作液体，在给定的工况下，亦即式（11-16）中 $\lambda_1 \gamma D^5$ = 常数，故 $T_1 \infty n_1^2$，得出的输入特性曲线为一根通过坐标原点的抛物线；而在变工况下，因 $\lambda_1 = f(i)$ 输入特性曲线为一组抛物线束，抛物线束的宽度由 λ_1 的变化幅度决定。

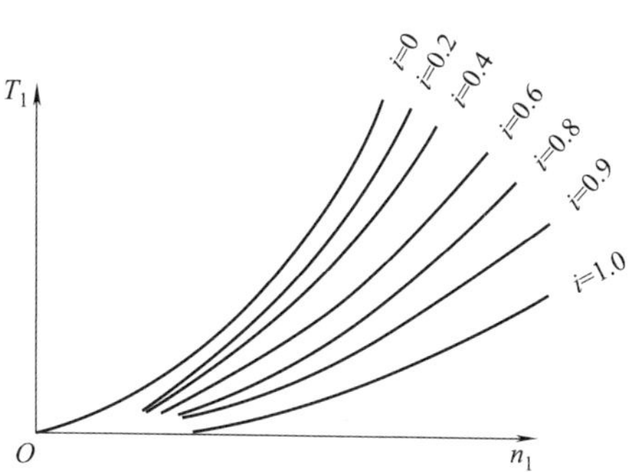

图 11-18　液力变矩器的输入特性曲线

输入特性除 $i=0$ 的一组由试验测得外，其余均由计算得出。考虑液力变矩器和原动机的配合时，要用到输入特性。

（2）输出特性曲线　它也称为外特性曲线，如图 11-19 所示，是由试验和计算得出的关系图线。

图 11-19（a）所示 T_1 = 常数的情况下，测定 $T_2 = f(n_2)$ 及 $n_1 = f(n_2)$，并按式(11-4)计算出 $\eta = f(n_2)$

图 11-19（b）所示为 n_1 = 常数的情况下，测定 $T_2 = f(n_2)$，$T_1 = f(n_2)$，亦按式(11-4)计算出 $\eta = f(n_2)$。

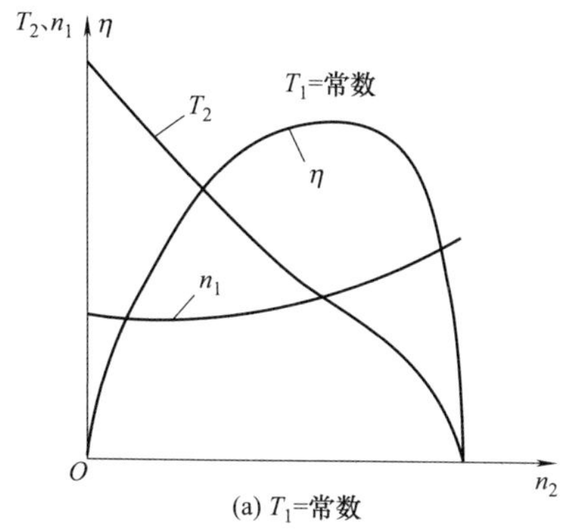

(a) T_1=常数

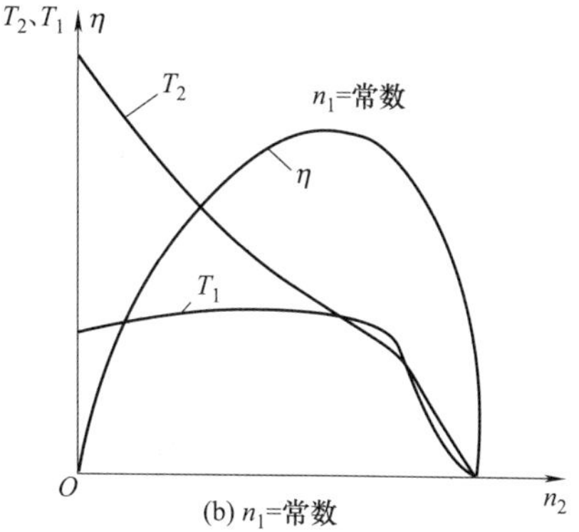

(b) n_1=常数

图 11-19　液力变矩器的输出特性曲线

（3）原始特性曲线　$K=f(i)$、$\eta=f(i)$ 和 $\lambda_1=f(i)$ 的关系图线称为原始特性曲线（见图 11-20），或称为无因次特性曲线$\left(\text{实际上 } \lambda_1 \text{ 是有因次的，为} \dfrac{1}{[\mathrm{m} \cdot (\mathrm{r/min})^2]}\right)$，因为变矩系数 K、传动比 i、效率 η 都是无因次的。

原始特性曲线是根据输出特性曲线按式(11-2)、式(11-3)、式(11-4) 和式(11-6) 计算得到的。几何相似的一组液力变矩器的原始特性都一样。

(4) 通用特性曲线　一组 n_1＝常数条件下的 $T_2=f(n_2)$ 关系图线和一组 η＝常数条件下的 $T_2=f(n_2)$ 关系图线称为液力变矩器的通用特性曲线（见图 11-21）。η＝常数条件下的 $T_2=f(n_2)$ 关系图线为通过坐标原点的抛物线，因为

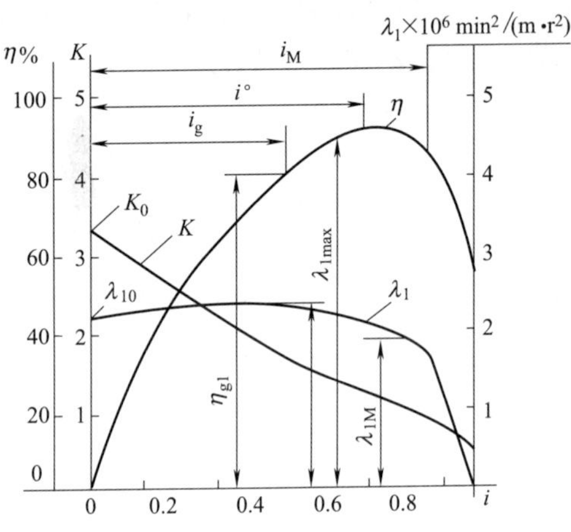

图 11-20　液力变矩器的原始特性曲线

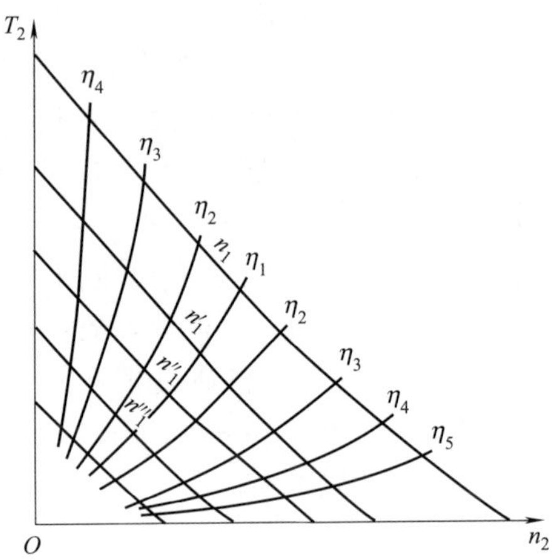

图 11-21　液力变矩器的通用特性曲线

$$T_2=KT_1=K\lambda_1\gamma n_1^2D^5=\lambda_1\gamma D^5\frac{\eta}{i}\frac{n_2^2}{i^2}$$

$$=\frac{\lambda_1\gamma D^5\eta}{i^3}n_2^2=Cn_2^2$$

式中，n_2 值的变化是在调整 n_1 的基础上获得的，故 i 为常数。

通用特性曲线系由计算公式和原始特性曲线计算得出。

11.3.3　特性评价

参阅图 11-20 液力变矩器的原始特性曲线图。

通常在变矩器特性曲线上取三个工况的特性作为变矩器的评价特性，即

(1) 启动工况，亦即 $i=0$ 时；

(2) 最高效率工况，取 i^* 表示在最高效率 η_{max}时的传动比；

(3) 偶合器工况，取 i_M 表示偶合器工况下的传动比，即 $i=i_M$ 时，i_M 系指变矩系数 $K=1$ 时的传动比。

此外，还要考虑一个工作变矩系数 $K_工$ 的概念。工程机械主要运转工况所允许的最低效率值时的变矩系数，叫做工作变矩系数。工程机械通常取最低允许效率值 $\eta_工=75\%$，汽车通常取 $\eta_工=80\%$。

这样，评价变矩器性能就可以依据以下参数，即

(1) 反映变矩性能的有：

K_0——启动工况（$n_2=0$）的变矩系数；

$K_工$——最低允许效率值时的变矩系数，也称工作变矩系数；

K_{max}——最高效率时的变矩系数。

（2）反映经济性能的有：

η_{max}——最高效率；

i_M——偶合器工况（$K=1$）下的传动比，因为对于液力偶合器来说，K 之值恒等于 1。

（3）反映负荷性能的有：

λ_{10}——启动工况（有的称制动工况）下的泵轮转矩系数；

λ_{1max}——泵轮力矩系数的最大值（参阅图 11-20）；

λ_{1M}——偶合器工况（$K=1$）下的泵轮力矩系数；

Π——透穿系数。

11.3.4 透穿特性

透穿特性的物理意义是指变矩器输出轴负荷对输入特性的影响程度，也就是变矩器输出轴负荷透过变矩器而施加到发动机的程度。

图 11-22 所示为不同的液力变矩器具有不同的透穿特性，透穿特性用透穿系数 Π 来度量，即

$$\Pi=\frac{\lambda_{10}}{\lambda_{1M}}$$

λ_1 不随传动比 i 变化（因阻力变化），亦即 $\Pi=1$，这类变矩器称为具有不透特性（图 11-2 中之曲线 1）。泵轮转矩、转速不随涡轮扭矩改变而变化。λ_1 随传动比 i 的减小而增长（$\Pi>1$）的特性，称为具有正透特性（图11-22 中之曲线 2），反映了随着阻力矩增加，涡轮转矩 T_2 增加，传动比 i 相应减小，作用到泵轮的转矩 T_1 相应增加。

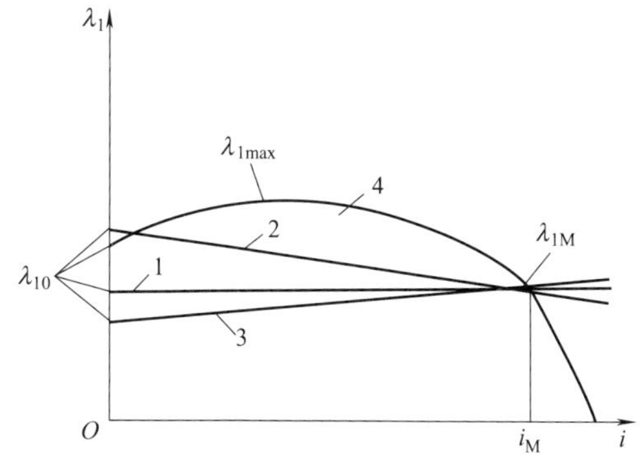

图 11-22 液力变矩器的透穿特性
1—不透特性；2—正透特性；3—负透特性；4—混合透穿特性

λ_1 随传动比 i 的减小而减小（$\lambda_{10}<\lambda_{1M}$，$\Pi<1$）的特性，称为具有负透特性（图 11-22 中之曲线 3）。

不少向心涡轮液力变矩器具有混合透穿特性（图 11-22 中之曲线 4），就是随着传动比 i 的减小（从 $i=i_M$ 开始），起初 λ_1 增大，到某一 i 值时 λ_1 达最大值 λ_{1max}，在此以后，i 继续减小，λ_1 亦随着减小。具有混合透穿特性的变矩器的透穿系数用 $\Pi=\lambda_{1max}/\lambda_{1M}$ 表示。

第12章 行星齿轮减速器

12.1 NGW型行星齿轮减速器

12.1.1 类型及适用范围

（1）NGW行星齿轮减速器包括NAD、NAZD、NBD、NBZD、NCD、NCZD、NAF、NBF、NCF、NAZF、NBZF等十二个系列减速器。此外，还有NGW型派生系列，包括NASD、NASF、NBSD、NBSF、NCSD、NCSF、NAL、NBL八个系列。本章不包括此派生系列。

新旧标准中减速器的代号含义见表12-1。

表12-1 新旧标准中减速器代号含义

JB/T 6502—1993		JB/T 6502—2015①	
代号	含　义	代号	含　义
N	NGW型	P	行星传动
A	单级行星齿轮减速器	1	单级行星齿轮传动
B	双级行星齿轮减速器	2	两级行星齿轮传动
C	三级行星齿轮减速器	3	三级行星齿轮传动
Z	定轴圆柱齿轮减速器(第一级)	F	法兰连接
S	弧齿锥齿轮(第一级)	D	底座连接
D	底座式安装	Z	定轴圆柱齿轮
F	法兰式安装		
L	立式行星减速器		

① NGW行星齿轮减速器系列（JB/T 6502—2015）为：a. P2F/P2D280-1400，$i=20\sim40$；b. P2ZF/P2ZD280-1400，$i=45\sim125$；c. P3F/P3D315—1400，$i=140\sim280$；d. P3ZF/P3ZD315—1400，$i=315\sim900$。

（2）本类型系列减速器结构简单可靠，使用维护方便，承载能力范围大，属于低速重载传动装置，适用性能很强，是应用量大面广的产品，可通用于冶金、矿山、运输、建材、化工、纺织、能源等行业的机械传动。但有以下限制条件。

① 减速器的高速轴转速不高于1500r/min。

② 减速器齿轮圆周速度，直齿轮不高于15m/s，斜齿轮不高于20m/s。

③ 减速器工作环境温度为−40～+45℃，低于0℃时，启动前润滑油应预热至10℃以上。

④ 减速器可正反两向运转。

⑤ 用户使用条件超过以上限制时，可与设计单位联系，协商解决。

⑥ 当在以上条件下用作增速器时，承载能力要降低10%使用。

12.1.1.1 减速器的代号和标记方法

减速器的代号包括：型号、级别、连接形式、规格代号、规格、传动比、装配形式、标

准号。减速器标记示例如下：

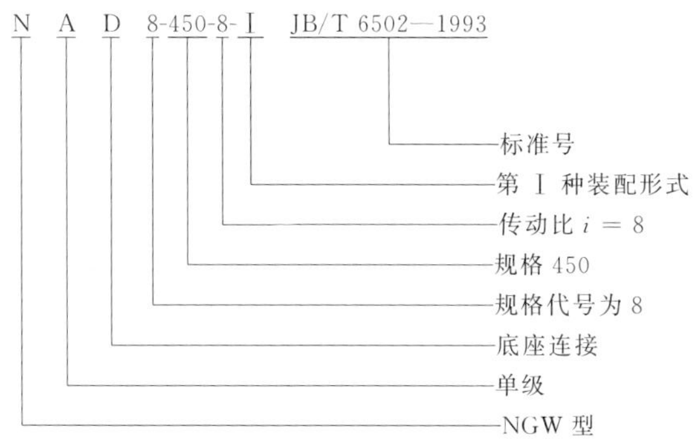

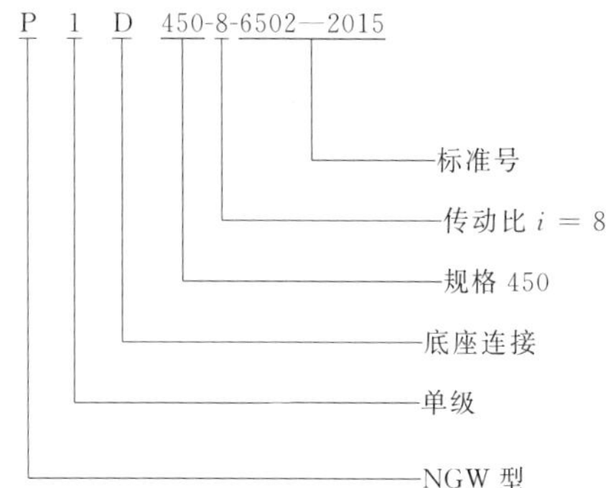

减速器的传动形式与输出转矩见表 12-2。

12.1.1.2 特点

行星齿轮减速器在所有传动装置中，具有独特的突出特点。传动形式与输出转矩见表 12-2。

表 12-2 传动形式与输出转矩

规格	传动形式	输出转矩 T/(kN·m)	规格	传动形式	输出转矩 T/(kN·m)
200～560～2000	NAD NAF i=4～9	1.4～80～2796	315～560～2000	NCD NCF i=112～400	12.3～83.7～2987
200～560～1600	NAZD NAZF i=10～18	1.7～42.2～938.8	315～560～2000	NCZD NCZF i=450～1120	12.6～80.5～2522
200～560～2000	NBD NBF i=20～50	5.3～83.54～2973	200～560	NASD NASF i=10～28	1.7～42.2
250～560～1600	NBZD NBZF i=56～125	4.7～80.4～1632	250～560	NBSD NBSF i=56～250	4.7～80.4

续表

规格	传动形式	输出转矩 $T/(kN \cdot m)$	规格	传动形式	输出转矩 $T/(kN \cdot m)$
315～560	NDSD NCSF 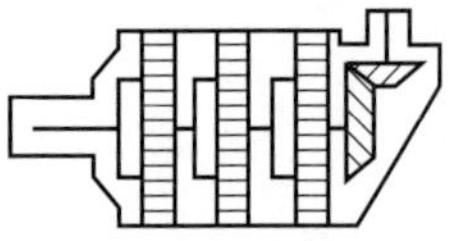 i=450～1120	12.6～80.5	250～560	NBL 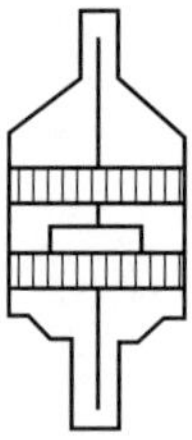 i=20～50	2～99
200～560	NAL 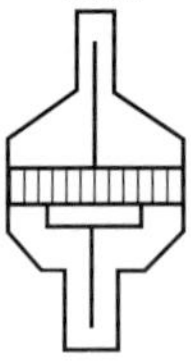 i=4～9	1.4～80			

注：根据标准 JB/T 6502—1993。

(1) 体积小、重量轻、结构紧凑、承载能力高。由于行星齿轮传动是一种共轴线式的传动装置，具有同轴线传动的特点，在结构上又采用对称的分流传动，即用几个完全相同的行星轮均匀地分布在中心轮的周围，共同分担载荷，相应的齿轮模数就可减小，并且合理地应用了内啮合承载能力高和内齿轮空间容积，从而缩小了径、轴向尺寸，使结构紧凑化，实现了高承载能力。行星齿轮传动在同功率同传动比的条件下，可使外廓尺寸和重量只为普通圆柱齿轮传动的 1/2～1/6。行星齿轮传动的功率很大，目前大功率行星齿轮减速器传递的功率达 100000kW，圆周速度达 150～200m/s。仅就 NGW 行星齿轮减速器传递的功率范围，可由小于 1～40000kW。且功率越大优点越突出，经济效益越显著。

(2) 传动效率高、工作可靠。行星齿轮传动由于采用了对称的分流传动结构，使作用于中心轮和行星架等承受的作用力互相平衡，使行星架与行星轮的惯性力互相平衡，有利于提高传动效率。NGW 行星齿轮减速器，在结构、参数设计合理时，其传动效率为：

NAD 型单级行星齿轮减速器 $\eta=0.98$；

NBD 型双级行星齿轮减速器 $\eta=0.96$；

NCD 型三级行星齿轮减速器 $\eta=0.94$。

运转平稳、噪声小、抗冲击和振动能力强，因而工作可靠。

(3) 传动比大，行星齿轮传动由于它的三个基本构件（太阳轮、内齿轮、行星架）都可转动，故可实现运动的合成与分解。NGW 行星齿轮减速器传动比范围如下：

NAD、NAZD 单级行星减速器 $i=4\sim18$；

NBD、NBZD 双级行星减速器 $i=20\sim125$；

NCD、NCZD 三级行星减速器 $i=112\sim1250$。

(4) 齿轮传动参数、主要结构件尺寸经优化设计，基本等强度。标准化、通用化程度较高。

(5) 齿轮毛坯为 20CrNiMo 或力学性能相当的优质低碳合金钢锻造件。硬齿面齿轮经渗碳、淬火、磨齿加工，齿面硬度为 58～62HRC，齿轮精度太阳轮、行星轮为 6 级，内齿圈为 7 级（GB 10095.1—2008），运转平稳、噪声低。设计寿命为 10 年。

(6) 减速器承载能力（功率表）：一个是按机械强度计算的承载能力表；一个是在油池

润滑状态下最高油温平衡在100℃时计算的热功率表。

（7）减速器经过疲劳寿命与性能台架试验及使用考核，凡制造质量达设计要求的，其主要性能指标达到80年代末期国际同类产品的先进水平。可替代进口产品，也可以出口。

12.1.2 结构形式和工作原理

NGW行星齿轮减速器是属于周转轮系中的行星轮系传动形式。图12-1为常用的行星轮系传动结构简图。行星轮系运转时，装在动轴线O_C上的齿轮C，既绕自身几何轴线O_C自转，同时又随O_C一起被构件H带着绕齿轮a和b的固定几何轴线O公转。齿轮C的这种运动如同行星的运动一样，故称之为行星轮。装有行星轮，并绕固定几何轴线O转动的构件H称为行星架。与行星轮相啮合，且几何轴线固定的齿轮a和b称为中心轮。通常称外齿中心轮为太阳轮a，内齿中心轮为内齿轮b。中心轮的轴线和行星架的轴线共同重合于机壳上的一条几何轴线，称其为行星轮系的主轴线。在行星轮系中凡是轴线与主轴线重合且直接承受外转矩的构件，称为行星轮系的基本构件。如图12-1中的中心轮a、b和行星架H称为三个基本构件。

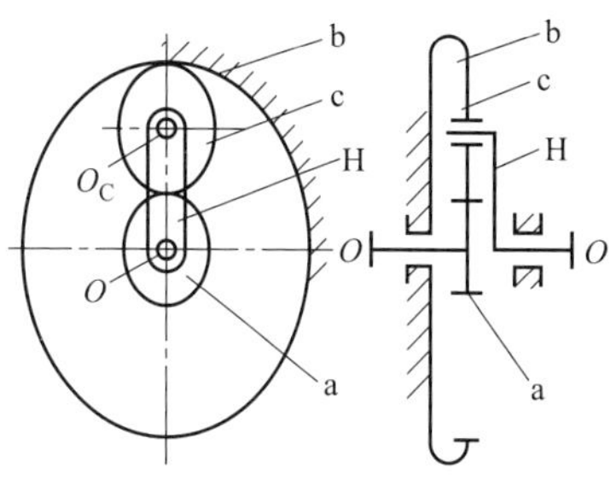

图12-1 ZK-H（NGW）行星轮系结构简图

行星轮系自由度数等于1，在图12-1所示行星轮系中，运动构件（齿轮a、c和行星架H）数$n=3$，低副数$p_1=3$，高副数$p_h=2$，其自由度为

$$w=3n-2p_1-p_h=3\times3-2\times3-2=1$$

这就说明只要有一个主动构件，行星轮系就有确定的运动。从结构上看，行星轮系的中心轮之一固定于机壳，其他两个基本构件分别为主动构件和从动构件，这就是NGW行星齿轮减速器的基本结构和传动原理。

行星齿轮传动，用来作为原动机与工作机械之间的减速或增速装置，有它自己独特的优越性。NGW型是作为传动的主要类型，在其结构上，由于采用3个行星轮同时与太阳轮和内齿轮啮合，在客观上就提出了各齿轮受力均载结构装置。因此，NGW行星齿轮减速器采用的均载机构形式是这种传动装置最重要的结构特点。均载机构不同，传动装置的结构也不同。

单级传动的NAD系列结构采用太阳轮浮动满足均载要求，太阳轮与输入轴之间采用鼓形齿联轴器相连，如图12-2所示。

双级齿轮传动的NBD系列结构在低速级采用太阳轮浮动与其高速级行星架用鼓形齿套连接。高速级采用太阳轮与行星架同时浮动作为均载机构。其太阳轮与输入轴连接方式与单级结构相同，如图12-3所示。

三级齿轮传动的NCD系列结构特点，低速级与双级的低速级相同，中间级和高速级与双级的高速级相同，如图12-4所示。

NGW行星齿轮减速器，传动比$i_{aH}^{b}=4$时承载能力最高，传动比小于或大于4时，承载能力下降，尤其当$i_{aH}^{b}>9$时将急剧下降，因此单级NAD系列的传动比定为$i=4\sim9$，而多级的NGW型减速器总传动比也应是单级传动中最佳传动比积的组合。在系列传动比组成中，$i=10\sim18$，采用单级行星减速器与定轴传动相结合的结构形式。$i=56\sim125$采用双级

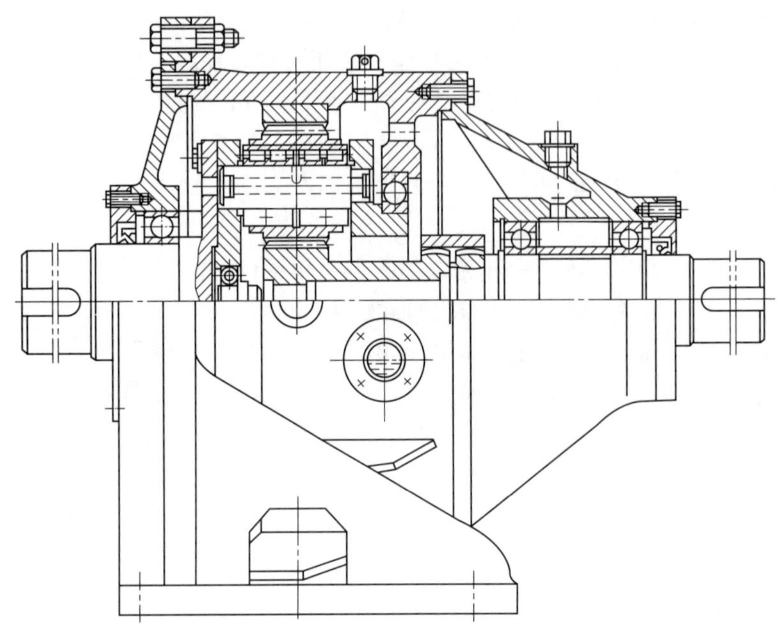

图 12-2　单级 P1D（旧标准为 NAD）结构形式

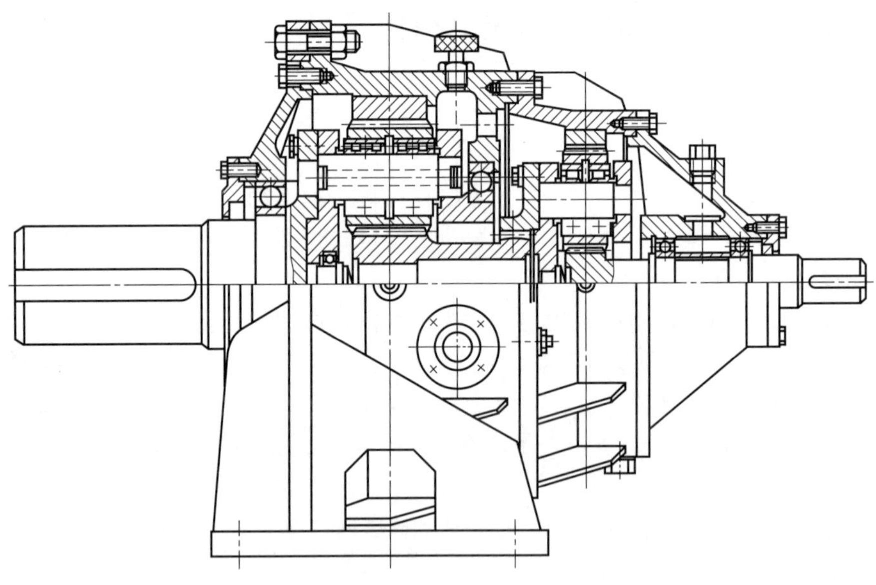

图 12-3　两级 P2D（旧标准为 NBD）结构形式

行星传动与定轴传动组合的结构形式。$i=450\sim1250$，采用三级行星传动与定轴传动组合的结构形式，如图 12-5 所示。

12.1.3　主要技术参数

（1）NGW 行星齿轮减速器系列规格的排列是以内齿圈分度圆直径的优先数系作为排列基准并划分规格的，这样可以使同一规格不同传动比减速器的内齿圈轮缘厚度保持在合理而基本不变的范围，从而充分利用机体空间以提高承载能力。标准系列规格见表 12-3。

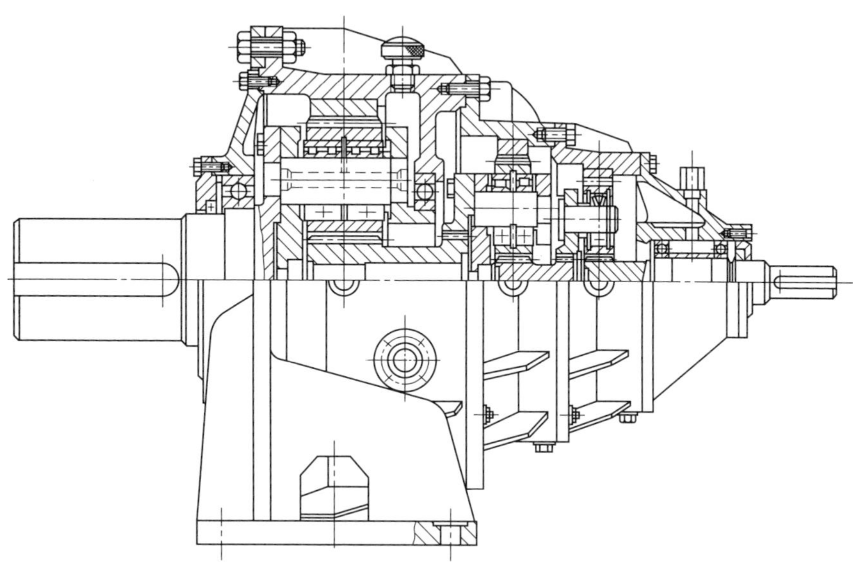

图 12-4　三级 P3D（旧标准为 NCD）结构形式

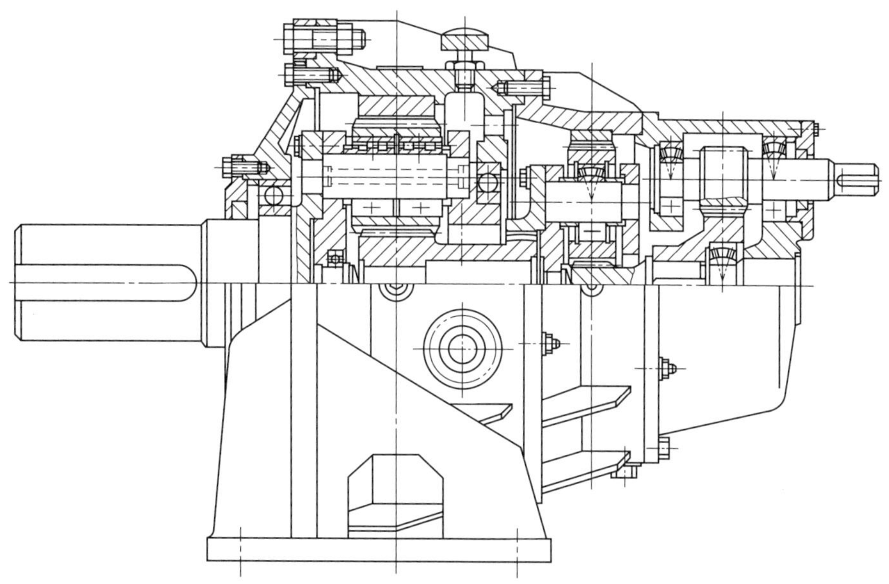

图 12-5　P2ZD（旧标准为 NBZD）型结构形式（通常设计时输入轴下置式）

表 12-3　内齿圈分度圆公称直径 d　　单位：mm

200	224	250	280	315	355	400	450	500	560
630	710	800	900	1000	1120	1250	1400	1600	1800
2000									

（2）定轴齿轮传动公称中心距 a 见表 12-4。

表 12-4　定轴齿轮传动公称中心距 a　　单位：mm

80	90	100	112	125	140	160	180	200	224
250	265	280	300	315	335	355	375	400	425
450	475	500	530	560	600	630			

（3）减速器系列公称传动比 i 与实际传动比 i_0 见表 12-5。

表 12-5　减速器的公称传动比与实际传动比

公称传动比 i			4	4.5	5	5.6	6.3	7.1	8	9
NAD NAF 规格	200、280、355、400、560、710、800、1120、1400、1600	实际传动比	4.2	4.636	5.211	5.647	6.316	7.313	7.8	8.769
	315、630、1250		4.2	4.636	5.211	5.647	6.3	7.235	7.688	9.231
	224、250、450、500、900、1000、1800、2000		4.111	4.5	5	5.667	6.316	7.315	7.8	8.769
公称传动比 i			22	22.4	25	28	31.5	35.5	40	45	50
NBD NBF 规格	250、450、500、900、1000	实际传动比	21.42	23.21	25.97	30.06	32.91	35.10	39.46	43.85	49.69
	280、315、560、1120		21.00	23.80	26.53	30.71	33.90	36.16	40.65	45.70	49.52
	355、630、800、1250、1600		21.89	23.71	26.53	30.71	33.93	36.16	40.65	45.70	49.52
	400、710、1400		21.89	23.71	26.46	30.39	33.54	35.64	42.79	41.10	52.12
	1800、2000		20.56	23.30	25.97	30.06	32.91	35.10	39.46	43.85	49.69

（4）减速器的齿轮模数系列见表 12-6。

表 12-6　减速器齿轮模数 m_n　　单位：mm

2	2.25	2.5	2.75	3	3.5	4	4.5	5	5.5
6	7	8	9	10	11	12	14	16	18
20	22								

对于减速器的基本参数、承载能力和外形尺寸详见标准或减速器样本。

12.2　P 系列行星齿轮减速器

图 12-6 为 P 系列行星齿轮减速器实物图。

（1）结构示意图（见图 12-7）

图 12-6　P 系列行星齿轮减速器实物图

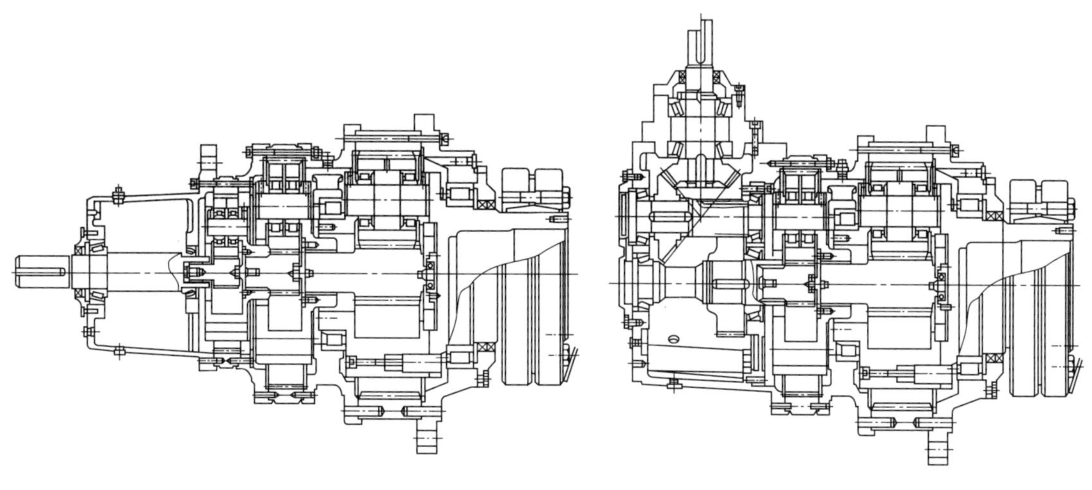

图 12-7 P 系列行星齿轮减速器结构示意图

（2）型号表示方法

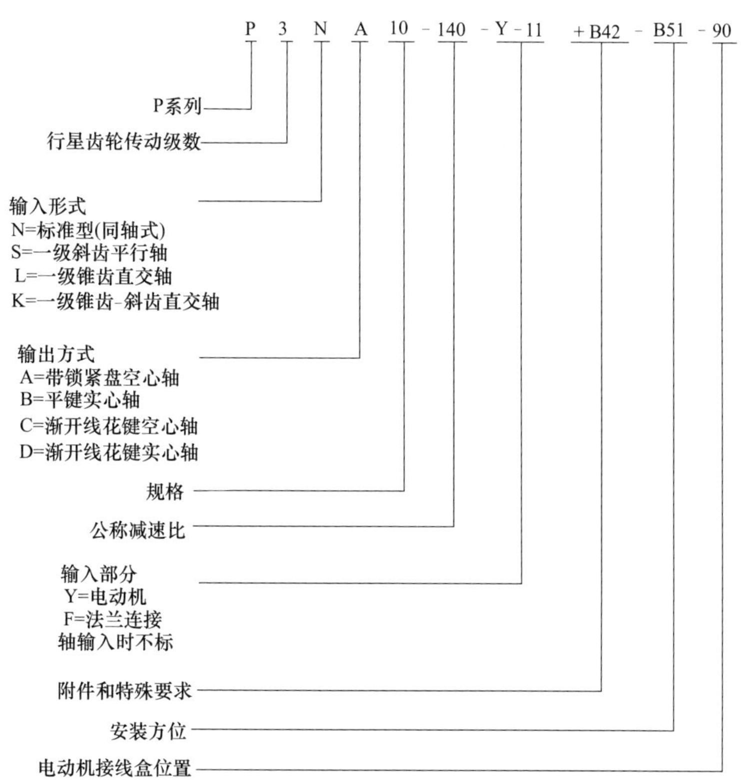

（3）齿轮箱输入/输出方式（见表 12-7）

（4）安装方位和电动机接线盒位置（见表 12-8）

表 12-7 齿轮箱输入/输出方式

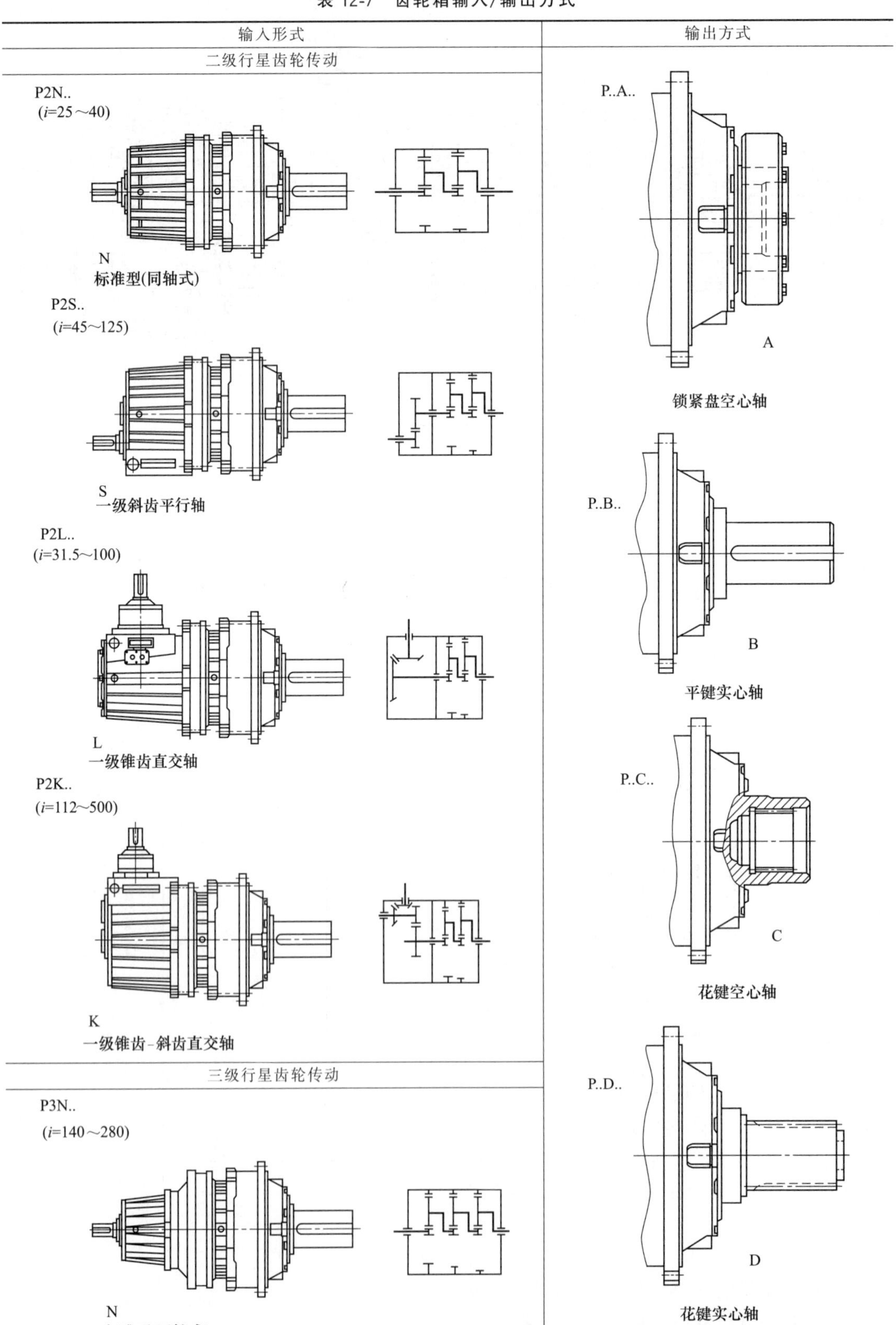

输入形式
输出方式
二级行星齿轮传动
P2N..
(i=25～40)
N
标准型(同轴式)
P2S..
(i=45～125)
S
一级斜齿平行轴
P2L..
(i=31.5～100)
L
一级锥齿直交轴
P2K..
(i=112～500)
K
一级锥齿-斜齿直交轴
三级行星齿轮传动
P3N..
(i=140～280)
N
标准型(同轴式)
P..A..
A
锁紧盘空心轴
P..B..
B
平键实心轴
P..C..
C
花键空心轴
P..D..
D
花键实心轴

续表

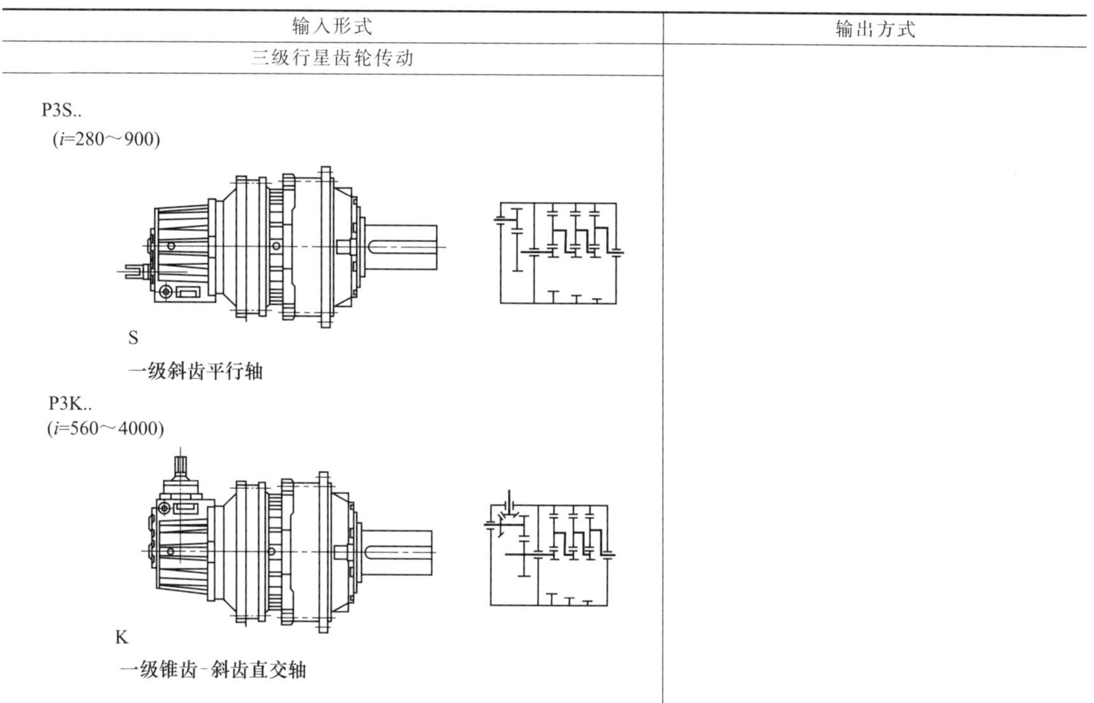

表 12-8 安装方位和电动机接线盒位置

P 系列行星齿轮箱	型号	水平安装	
同轴式齿轮箱	P.N.	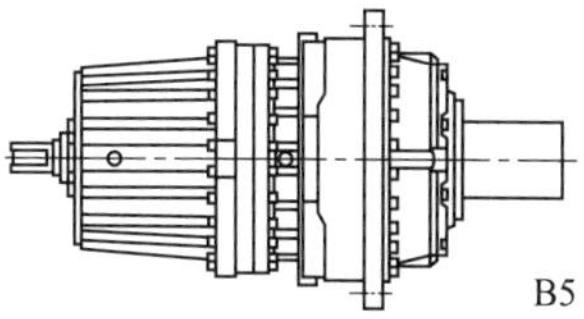 B5	
斜齿-行星齿轮箱	P.S.	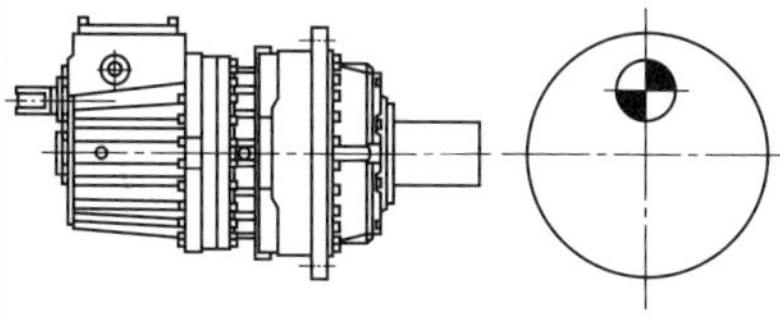 B51*	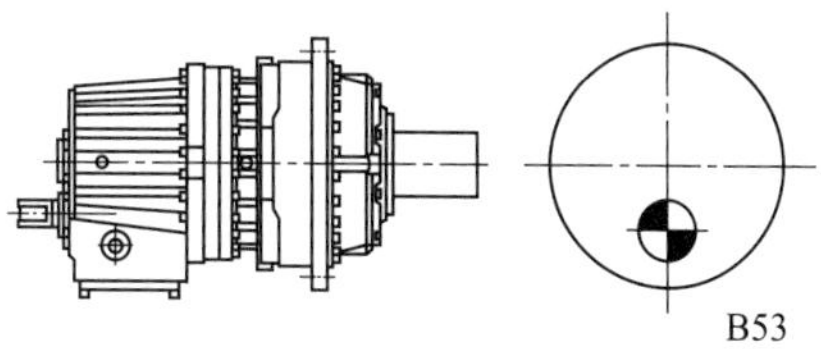 B53
		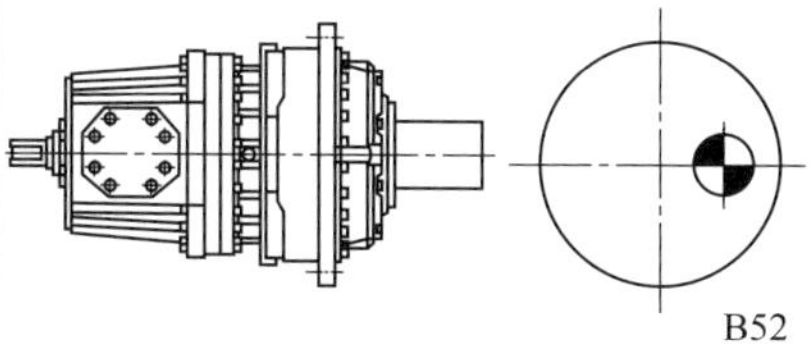 B52	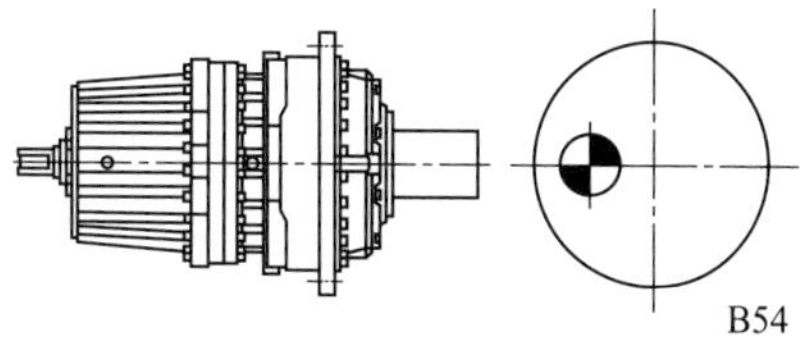 B54

续表

P系列行星齿轮箱	型号	水平安装	
锥齿-行星齿轮箱	P.L.	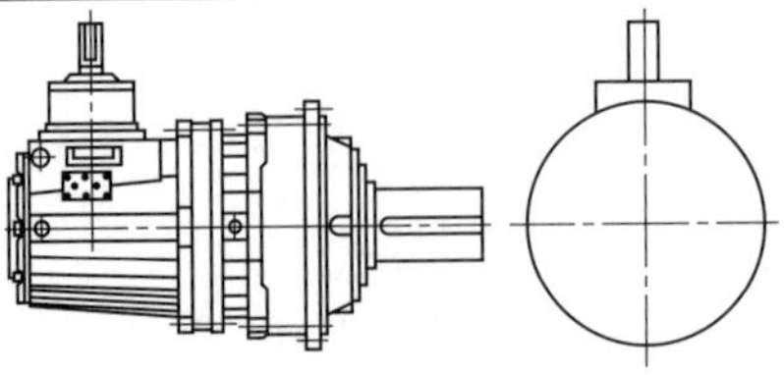 B51*	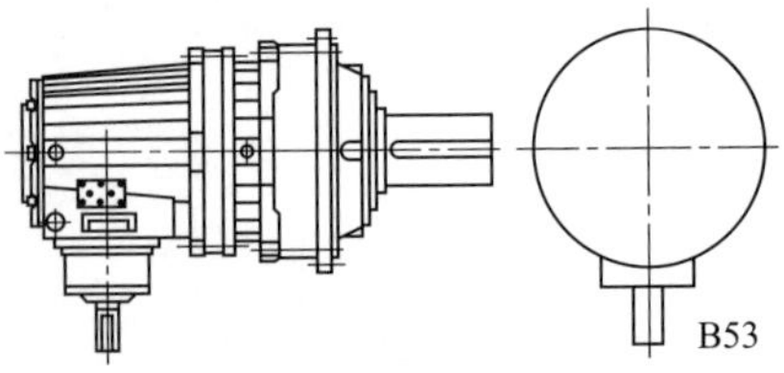 B53
		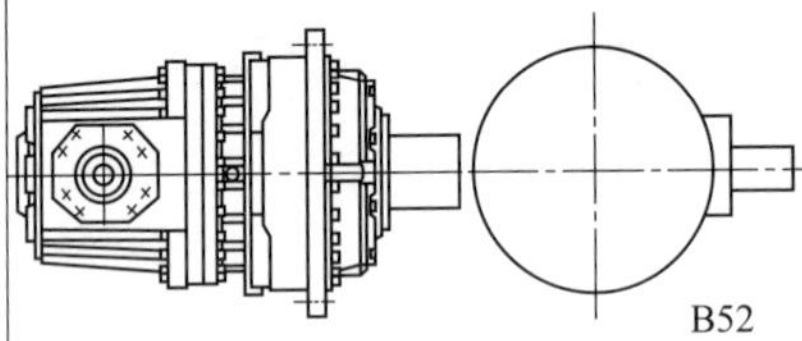 B52	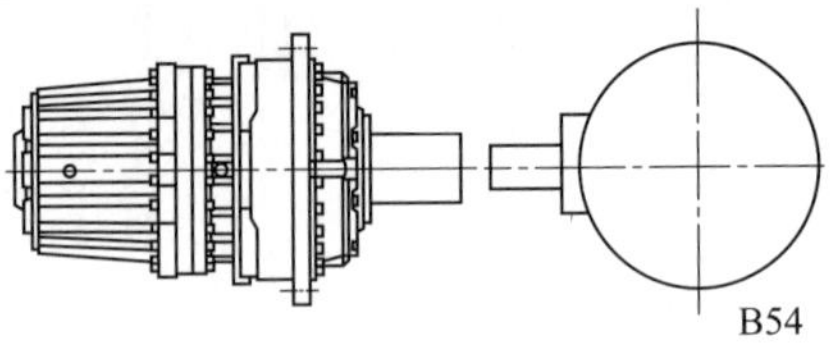 B54
锥齿-斜齿-行星齿轮箱	P.K.	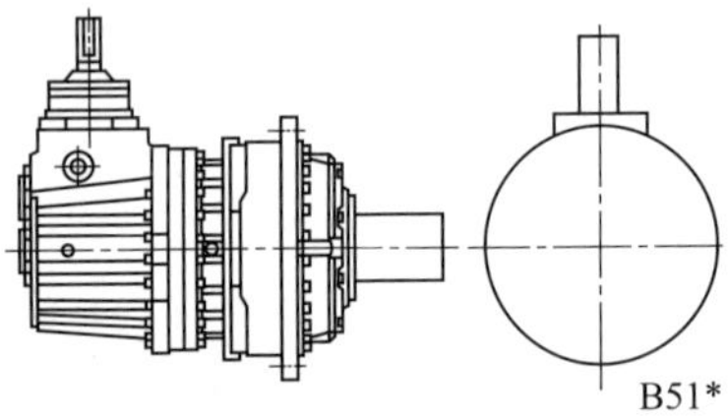 B51*	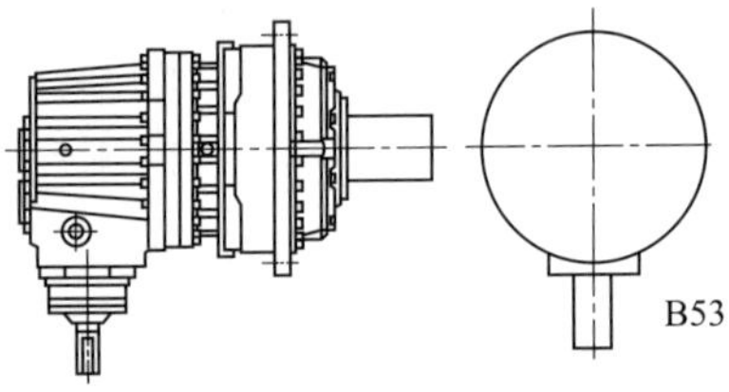 B53
		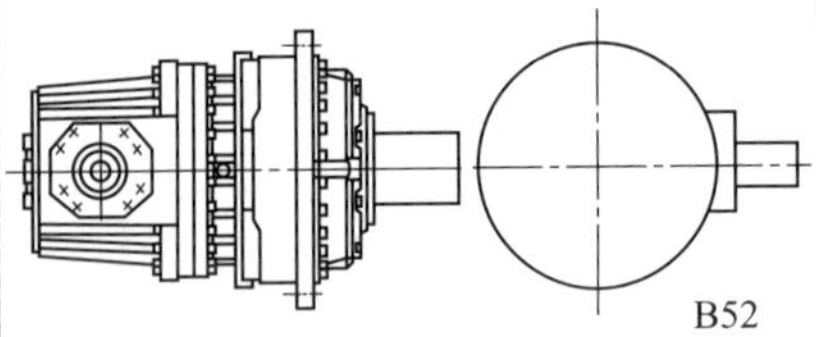 B52	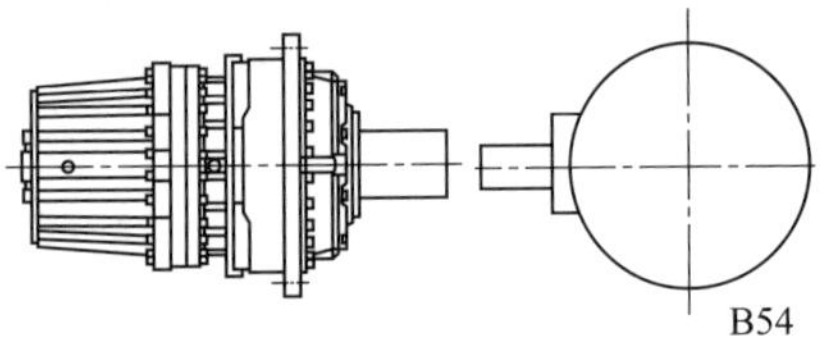 B54

垂直安装*		电动机接线盒位置
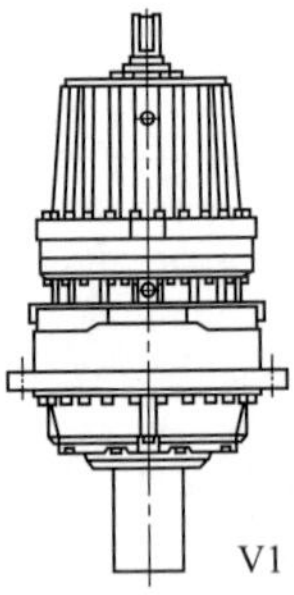 V1	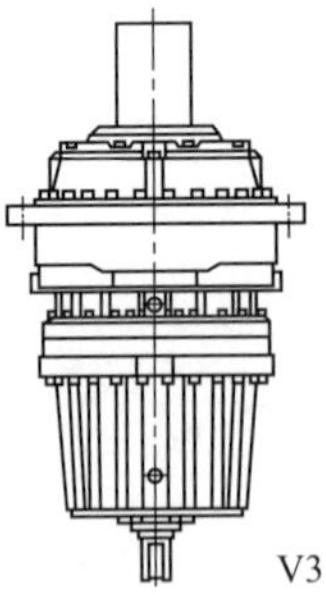 V3	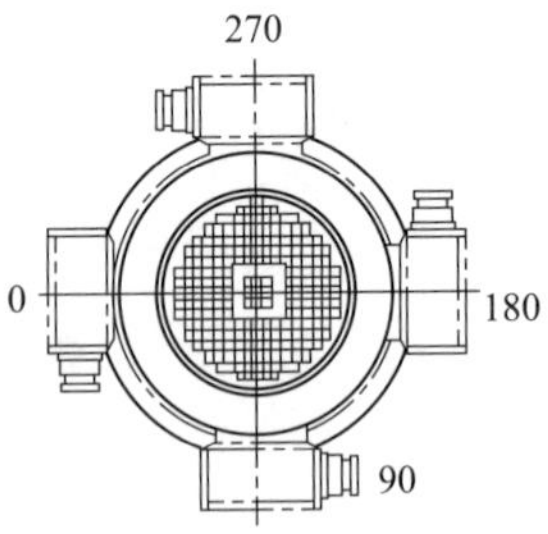 270 0 180 90
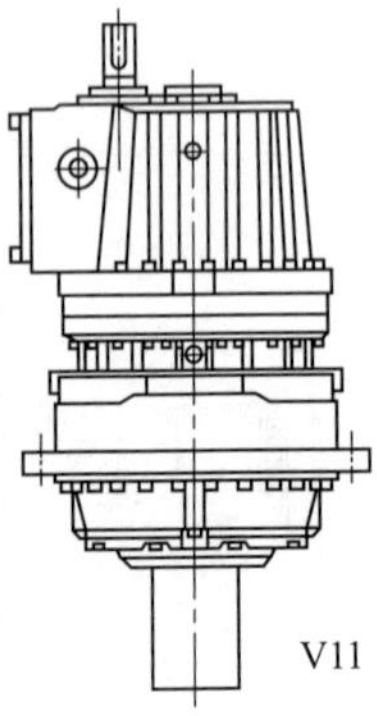 V11	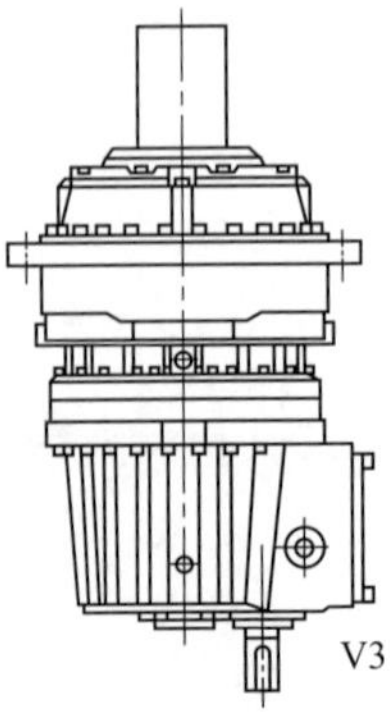 V31	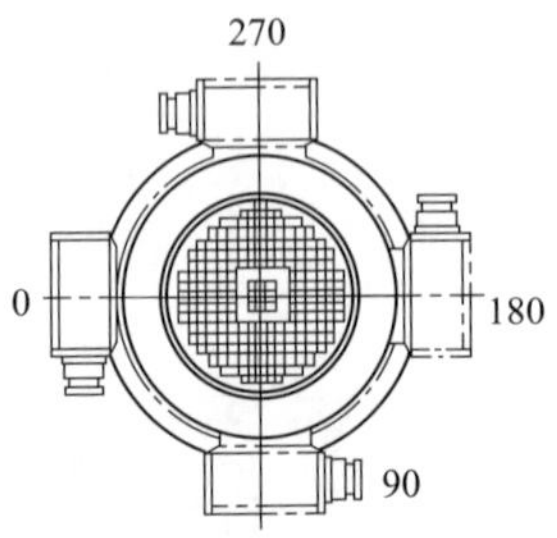 270 0 180 90

续表

<table>
<tr><th colspan="2">垂直安装*</th><th>电动机接线盒位置</th></tr>
<tr><td> 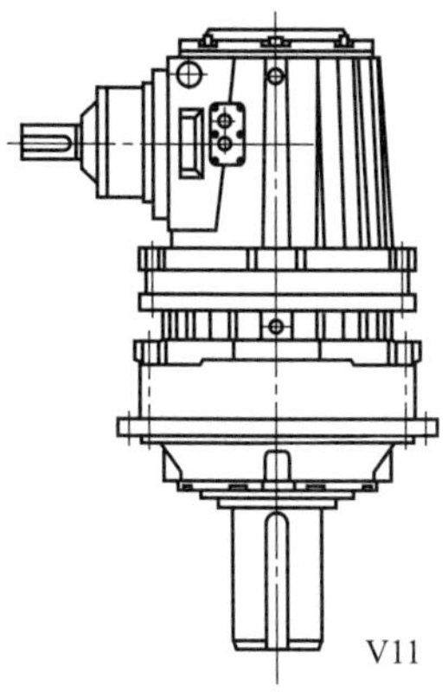V11</td><td> 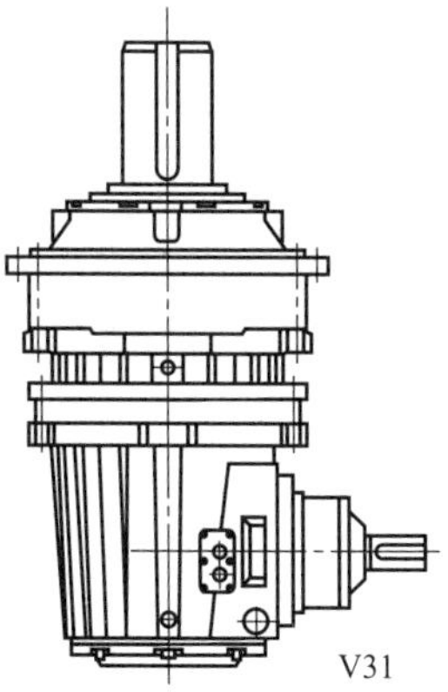V31</td><td> 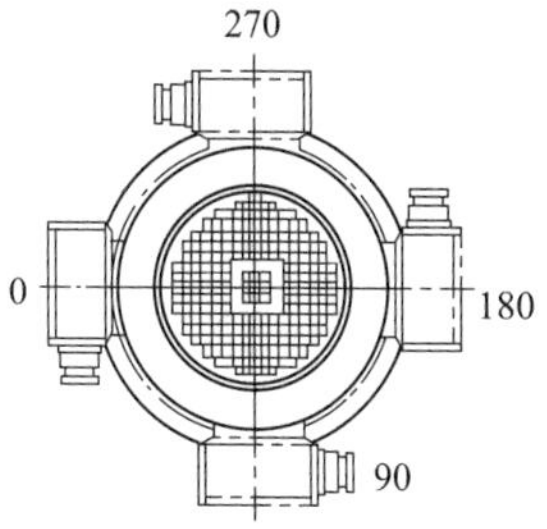270
0 180
90</td></tr>
<tr><td> 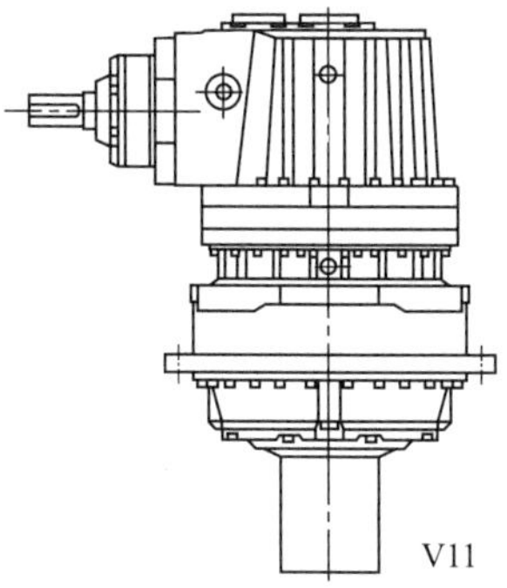V11</td><td> 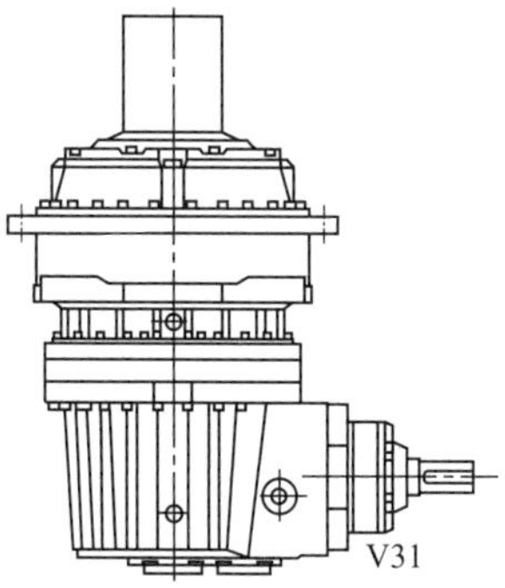V31</td><td> 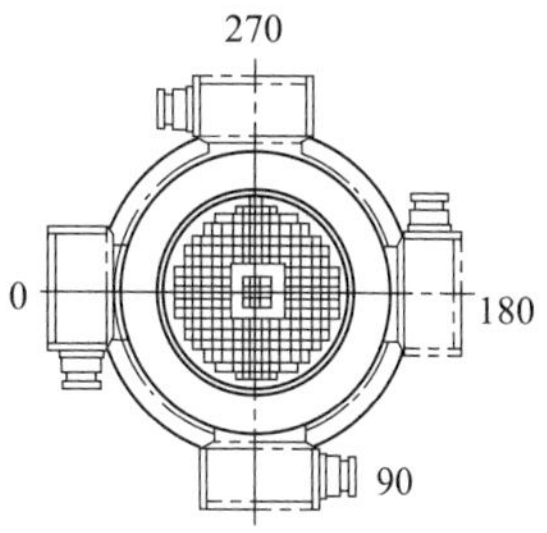270
0 180
90</td></tr>
</table>

注：*需考虑齿轮箱的润滑。

(5) 选型及举例（见表 12-9）

表 12-9 选型及举例

<table>
<tr><th>序号</th><th>说　明</th><th>代号</th><th colspan="4">参数计算</th></tr>
<tr><td>1</td><td>使用系数</td><td>K_A
（或 f_1）</td><td colspan="4">查表 12-10</td></tr>
<tr><td rowspan="4">2</td><td rowspan="4">原动机系数</td><td rowspan="4">f_2</td><td colspan="3">原动机系数</td><td>f_2</td></tr>
<tr><td colspan="3">电动机、液压马达、汽轮机</td><td>1.0</td></tr>
<tr><td colspan="3">4～6 缸活塞发动机，周期变化 1∶100 至 1∶200</td><td>1.25</td></tr>
<tr><td colspan="3">1～3 缸活塞发动机，周期变化 1∶100</td><td>1.5</td></tr>
<tr><td>3</td><td>齿轮箱可靠度系数</td><td>S_F</td><td colspan="4">查表 12-11</td></tr>
<tr><td>4</td><td>输入转速</td><td>n_1</td><td colspan="4">≤1500r/min 更高转速请咨询有关部门</td></tr>
<tr><td>5</td><td>确定减速比</td><td>i</td><td colspan="4">$i=n_1/n_2$</td></tr>
<tr><td rowspan="5">6</td><td rowspan="5">确定齿轮箱类型
选择传动效率</td><td rowspan="5">η</td><td>类型</td><td>η</td><td>类型</td><td>η</td></tr>
<tr><td>P2N..</td><td>94%</td><td>P3N..</td><td>92%</td></tr>
<tr><td>P2L..</td><td>93%</td><td>P3S..</td><td>91%</td></tr>
<tr><td>P2S..</td><td>93%</td><td>P3K..</td><td>89%</td></tr>
<tr><td>P2K..</td><td>91%</td><td>—</td><td>—</td></tr>
</table>

续表

<table>
<tr><th>序号</th><th>说　　明</th><th>代号</th><th colspan="10">参 数 计 算</th></tr>
<tr><td>7</td><td>以被驱动设备所需的转矩或功率，确定齿轮箱的输入功率</td><td>P_1</td><td colspan="10">$P_1=T_2n_1/(9550i\eta)$ 或 $P_1=P_2/\eta$</td></tr>
<tr><td>8</td><td>根据计算，查传动能力表，确定齿轮箱规格</td><td>T_{2N}
P_{1N}</td><td colspan="10">$T_{2N}\geqslant T_2K_Af_2S_F$ 或 $P_{1N}\geqslant P_1K_Af_2S_F$
如果不满足条件：$3.33P_1\geqslant P_{1N}$，请与生产单位协商定</td></tr>
<tr><td rowspan="4">9</td><td rowspan="4">峰值转矩校核[①]</td><td rowspan="4">T_A</td><td rowspan="4">$P_{1N}\geqslant T_A n_1f_3/9550$</td><td rowspan="2">$f_3$</td><td colspan="8">每小时峰值负荷次数</td></tr>
<tr><td colspan="2">1～5</td><td colspan="2">6～30</td><td colspan="2">31～100</td><td colspan="2">>100</td></tr>
<tr><td>单向载荷</td><td colspan="2">0.5</td><td colspan="2">0.65</td><td colspan="2">0.7</td><td colspan="2">0.85</td></tr>
<tr><td>交变载荷</td><td colspan="2">0.7</td><td colspan="2">0.95</td><td colspan="2">1.10</td><td colspan="2">1.25</td></tr>
<tr><td>10</td><td>输出轴径向力、轴向力校核</td><td>F_{r1}/F_{r2}
F_{a1}/F_{a2}</td><td colspan="10">查 P 系列减速器样本</td></tr>
<tr><td rowspan="2">11</td><td rowspan="2">计算功率利用率确定其系数</td><td rowspan="2">f_{14}</td><td>功率利用率＝$P_1/P_{1N}\times100\%$</td><td>功率利用率</td><td>30%</td><td>40%</td><td>50%</td><td>60%</td><td>70%</td><td>80%</td><td>90%</td><td>100%</td></tr>
<tr><td>确定其系数 f_{14}</td><td>f_{14}</td><td>0.66</td><td>0.77</td><td>0.83</td><td>0.90</td><td>0.90</td><td>0.95</td><td>1.0</td><td>1.0</td></tr>
<tr><td>12</td><td>环境温度系数</td><td>f_t</td><td colspan="10">查表 12-12</td></tr>
<tr><td rowspan="2">13</td><td rowspan="2">热容量校核</td><td rowspan="2">P_G</td><td colspan="10">$P_1\leqslant P_G=P_{G1}f_tf_{14}$ 齿轮箱可不带辅助冷却装置</td></tr>
<tr><td colspan="10">若不能满足上式，则齿轮箱需外加辅助冷却装置，敬请垂询</td></tr>
<tr><td>14</td><td>确定润滑方式</td><td></td><td colspan="10">由用户定</td></tr>
<tr><td>15</td><td>按型号表示方法确定各项</td><td></td><td colspan="10">用户与生产单位协议定</td></tr>
</table>

① 峰值转矩：最大负载转矩，是指启动、制动或最大脉动载荷所引起的最大转矩。（一般工况条件下峰值转矩为启动或制动时的最大转矩）。

选 型 举 例

原动机

电动机功率：90kW

电动机转速：$n_1=1000$r/min

最大启动转矩：2000N·m

（由用户提供数据，如果无法提供则按照电动机额定转矩的 1.6 倍估算）

被驱动设备（工作机）

设备名称：斗式输送机

设备转速：12.5r/min

使用功率：70kW

工作制：12h

每小时启动次数：大于 3 次

每小时工作周期：100%

环境温度：－10～40℃

安装空间：室外安装

海拔高度：1000m 以下

齿轮箱要求

平行轴输入，实心轴普通平键输出，输入轴向下，安装方位 B53

选型步骤：

（1）确定齿轮箱类型

① 确定传动比：$i=n_1/n_2=1000/12.5=80$

② 确定齿轮箱类型

根据速比及输入、输出轴要求，可选：P2SB..-B53

（2）确定齿轮箱规格

① 确定齿轮箱的额定功率

$P_1=T_2n_1/(9550i\eta)$

查表 12-9 传动效率表，$\eta=0.93$

$P_1=T_2n_1/(9550i\eta)$

$=68000\times1000/(9550\times80\times0.93)\text{kW}=95.7\text{kW}$

$P_{1N}\geqslant P_1K_Af_2$

续表

选型举例
查表 12-10，$K_A=1.5$；查表 12-9 $f_2=1$ $P_{1N} \geqslant P_1 \times K_A \times f_2=95.7 \times 1.5 \times 1\text{kW}=143.6\text{kW}$ 根据传动能力表确定型号：P2SB14-80-B53 查得 $P_{1N}=153\text{kW}$ $i_{ex}=78.8$ ② 校核 $3.3 \times 95.7=318.681 \geqslant P_{1N}$ 满足要求 ③ 峰值转矩校核 $P_{1N}=153\text{kW} \geqslant T_A n_1 f_3/9550$ $=2000 \times 1000 \times 0.5/9550\text{kW}=104.71\text{kW}$ 满足要求 (3)校核热容量 公称功率利用率 $=P_1/P_{1N}=95.7/153=0.625=62.5\%$ 查 P 系列选型表得 $f_{14}=0.9$ $f_t=1.16$ $P_{G1} f_t f_{14}=94 \times 1.16 \times 0.9\text{kW}=100.32\text{kW}>P_1$ 因此无需外加辅助冷却装置就可满足设备要求 润滑方式：浸油润滑 (4)确定型号：P2SB14-80-B53

使用系数见表 12-10～表 12-12。

表 12-10 使用系数 K_A（也有用代号 f_1）

被驱动设备	日带载运行时间/h			被驱动设备	日带载运行时间/h		
	≤2	>2～10	>10		≤2	>2～10	>10
污水处理				**金属加工设备**			
浓缩器(中心传动)	—	—	1.2	翻板机	1.0	1.0	1.2
压滤器	1.0	1.3	1.5	推钢机	1.0	1.2	1.2
絮凝器	0.8	1.0	1.3	绕线机	—	1.6	1.6
曝气机	—	1.8	2.0	冷床横移架	—	1.5	1.5
搜集设备	1.0	1.2	1.3	辊式矫直机	—	1.6	1.6
纵向、回转组				**辊道**			
合式接集装置	1.0	1.3	1.5	连续式	—	1.5	1.5
浓缩器	—	1.1	1.3	间歇式	—	2.0	2.0
螺杆泵	—	1.3	1.5	可逆式轧管机	—	1.8	1.8
水轮机	—	—	2.0	**剪切机**			
泵				连续式	—	1.5	1.5
离心泵	1.0	1.2	1.3	曲柄式	1.0	1.0	1.0
容积式泵				连铸机驱动装置	—	1.4	1.4
1个活塞	1.3	1.4	1.8	**轧机**			
>1个活塞	1.2	1.4	1.5	可逆式开坯机	—	2.5	2.5
挖泥机				可逆式板坯轧机	—	2.5	2.5
斗式运输机	—	1.6	1.6	可逆式线材轧机	—	1.8	1.8
倾卸装置	—	1.3	1.5	可逆式薄板轧机	—	2.0	2.0
履带式行走机构	1.2	1.6	1.8	可逆式中厚板轧机	—	1.8	1.8
斗式挖掘机				辊缝调节驱动装置	0.9	1.0	—
用于捡拾	—	1.7	1.7	**输送机械**			
用于粗料	—	2.2	2.2	斗式输送机	—	1.4	1.5
切碎机	—	2.2	2.2	绞车	1.4	1.6	1.6
行走机构*	—	1.4	1.8	卷扬机	—	1.5	1.8
弯板机	—	1.0	1.0	皮带输送机≤150kW	1.0	1.2	1.3
化学工业				皮带输送机≥150kW	1.1	1.3	1.4
挤出机	—	—	1.6	货用电梯	—	1.2	1.5
调浆机	—	1.8	1.8	客用电梯	—	1.5	1.8
橡胶研光机	—	1.5	1.5	刮板式输送机	—	1.2	1.5
冷却圆筒	—	1.3	1.4	自动扶梯	1.0	1.2	1.4
混料机，用于				轨道行走机构	—	1.5	—
均匀介质	1.0	1.3	1.4	变频装置	—	1.8	2.0
非均匀介质	1.4	1.6	1.7	往复式压缩机	—	1.8	1.9
搅拌机，用于				**起重机械**			
密度均匀介质	1.0	1.3	1.5	回转机构		1.4	1.8
不均匀介质	1.2	1.4	1.6	俯仰机构		1.1	1.4
不均匀气体吸收	1.4	1.6	1.8	行走机构		1.6	2.0
烘炉	1.0	1.3	1.5	提升机构		1.1	1.4
离心机	1.0	1.2	1.3	转臂式起重机		1.2	1.6

续表

被驱动设备	日带载运行时间/h		
	≤2	>2～10	>10
冷却塔			
冷却塔风扇	—	—	2.0
风机(轴流和离心式)	—	1.4	1.5
食品工业			
蔗糖生产			
甘蔗切碎机	—	—	1.7
甘蔗碾磨机	—	—	1.7
甜菜糖生产			
甜菜绞碎机	—	—	1.2
榨取机,机械制冷机、蒸煮机	—	—	1.4
甜菜清洗机			
甜菜切碎机	—	—	1.5
造纸机械			
各种类型	—	1.8	2.0
碎浆机驱动装置			
离心式压缩机	—	1.4	1.5
索道缆车			
运货索道	—	1.3	1.4
往返系统空中索道	—	1.6	1.8
T型杆升降机	—	1.3	1.4
连续索道	—	1.4	1.6
水泥工业			
混凝土搅拌器	—	1.5	1.5
破碎机	—	1.2	1.4
回转窑	—	—	2.0
管式磨机	—	—	2.0
选粉机	—	1.6	1.6
辊压机	—	—	2.0
木材工业			
剥皮机			
进给传动	1.25	1.25	1.50
主传动	1.75	1.75	1.75
运送机			
燃烧器、反复锯、转塔式、转运输送	1.25	1.25	1.50
主要载荷、重载	1.50	1.50	1.50
主原木、地坯	1.75	1.75	2.00
输送链			
地板	1.50	1.50	1.50
生材	1.50	1.50	1.75
切割链			
锯传动、牵引	1.50	1.50	1.75
剥皮筒	1.75	1.75	2.00
进给传动			
轧边、修木、刨床进给、分类台、自动倾斜升降	1.25	1.25	1.50
多轴送进、原木搬运和旋转	1.75	1.75	1.75
搬运			
料盘、胶合板车床传动、输送链、起重式	1.50	1.50	1.75
塑料工业			
碾磨机、复式磨、涂料、涂膜、输送管、拉杆、薄型	1.25	1.25	1.25
管型、拔桩机	1.25	1.25	1.50
连续混合机、压延机、吹膜、欲塑化	1.50	1.50	1.50
分批混合机	1.75	1.75	1.75
橡胶工业			
连续式强力内式拌和机、混合轧机、分批下料碾磨机、(双光棍式除外)精炼机、压延机	1.50	1.50	1.50
双棍式夹持进给及混合碾磨机	1.25	1.25	1.50
分批式强力内式拌和机、双光棍式单槽纹棍碾碎机加热器、双光棍式分批下料碾磨机	1.75	1.75	1.75
波形棍式碾碎机	2.00	2.00	2.00
发电机和励磁机	1.00	1.00	1.25
锤式破碎机	1.75	1.75	2.00
砂碾机	1.25	1.25	1.50

注：1. 工作机额定功率 P_2 确定：

① 按最大的转矩确定额定功率。

② 实际的使用系数应根据准确的载荷分类进行选择，具体可咨询有关用户。

③ 检验热容量是绝对必要的。

2. 所列各项系数均为经验值。使用这些系数的前提条件是，所述机械设备应符合通常的设计规范和载荷条件。

3. 对于那些未列入此表的工作机械，请与有关部门联系。

表 12-11 齿轮箱可靠度系数 S_F

一般设备,减速机失效后仅仅引起单机停产,并且更换零部件比较容易,损失较小	$1.0 \leqslant S_F \leqslant 1.3$
重要设备,减速机失效后使生产线或者全厂停工,停机事故损失比较大	$1.3 < S_F \leqslant 1.5$
高可靠度要求,减速机失效后可能造成重大停产事故,造成极大的经济损失,以及人身生命事故	$1.5 < S_F$

表 12-12 环境温度系数 f_t

环境温度	每小时工作周期(ED)				
	100%	80%	60%	40%	20%
10℃	1.14	1.20	1.32	1.54	2.04
20℃	1.00	1.06	1.16	1.35	1.79
30℃	0.87	0.93	1.00	1.18	1.56
40℃	0.71	0.75	0.82	0.96	1.27
50℃	0.55	0.58	0.64	0.74	0.98

对于P系列行星齿轮减速器的基本参数、承载能力和外形尺寸详见该系列的产品目录表。

12.3 行星齿轮传动在工程上的应用

12.3.1 架桥机吊梁机构上用的3K型行星传动

图12-8所示的为3K型行星传动，用于铁道架桥机吊梁机构上传动卷筒的简图。吊梁机构是由四台一齿差，双联行星轮两轮的齿数差为 $z_f-z_g=1$，3K型行星减速器卷筒组成。工作时，要求吊梁的起升速度较慢，$v=0.3\text{m/min}$，机构总传动比 $i=670$。同时，整个架桥机要通过隧道，外形尺寸受隧道界限尺寸的限制，因此要求传动装置外形尺寸越小越好。而3K型传动正具有传动比大，外形尺寸小的特点，又不要求特殊加工设备，因此，可将其装在吊梁卷筒内，使机构的结构更为紧凑。

电动机以910r/min的转速先经过定轴传动，传动比 $i=8.23$（相当于JZQ250）传至3K型行星传动，经过3K型传动，其传动比 $i=81.6$，使中心轴e以 $n=1.03\text{r/min}$ 转动，中心内齿圈e与卷筒固联，所以卷筒也以 $n=1.03\text{r/min}$ 转动，从而达到吊梁工作速度要求。

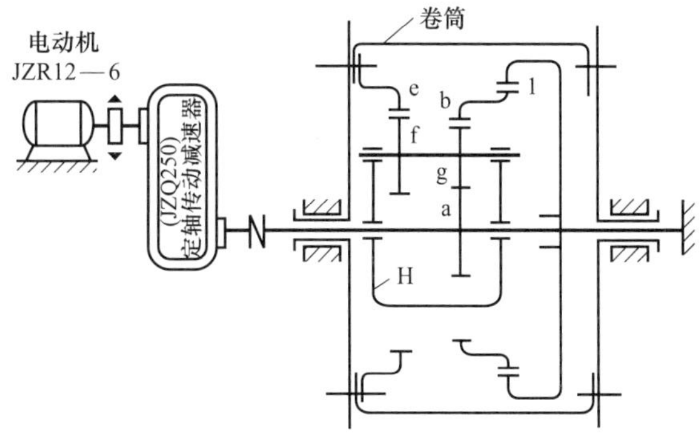

图12-8 架桥机吊梁机构上用的3K型行星传动

3K型传动中各轮的齿数为：$z_a=25$，$z_g=17$，$z_b=59$，$z_f=18$，$z_e=60$，Z_1 为齿轮联轴器，其作用是使中心内齿圈b浮动，以达到使行星轮均载之目的。行星轮个数 $n_p=3$。

此传动装置的传动比计算如下：

因中心轮b是固定的，所以

$$i_2=i_{ae}^{b}=\frac{n_a}{n_e}=\frac{1+\dfrac{z_b}{z_a}}{1-\dfrac{z_f z_b}{z_e z_g}}=\frac{1+\dfrac{59}{25}}{1-\dfrac{18\times59}{60\times17}}=-81.6$$

因 $n_a=\dfrac{910}{i_1}=\dfrac{910}{8.23}=110.6\text{r/min}$

所以，卷筒转速 $n_e=\dfrac{n_a}{i_2}=\dfrac{110.6}{-81.6}=-1.03\text{r/min}$，且 n_a 与 n_e 转向相反。

12.3.2 2K-H型行星传动

图12-9为2K-H型两级行星减速器，应用于搅拌机上。

传动比计算：行星轮个数为 n_p。

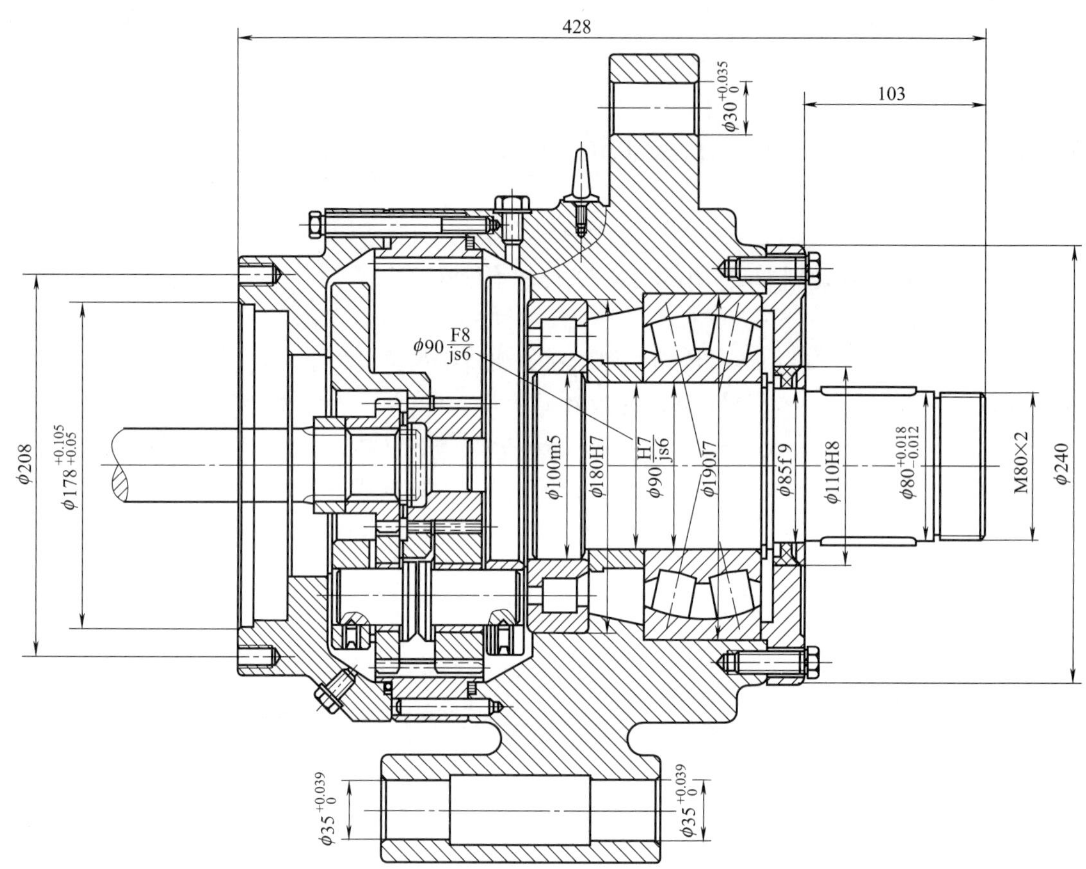

图 12-9　2K-H 型两级行星减速器（搅拌机上用）

当 $n_p=3$ 时

$z_{a1}=18$　$z_{g1}=21$，$z_{b1}=60$（第Ⅱ级与第Ⅰ级相同）

$$i=i_{Ⅰ}i_{Ⅱ}=18.78$$

当 $n_p=2$ 时

$z_{a2}=17$，$z_{g2}=20$，$z_{b2}=57$（第Ⅱ级与第Ⅰ级相同）

$$i=i_{Ⅰ}i_{Ⅱ}=18.95$$

12.3.3　CFA95K 型行走用行星齿轮减速器

(1) 概述　CFA95K 型行走用行星齿轮减速器，含有制动器，为德国罗曼公司的产品。其由一级定轴传动和两级行星传动（2K-H 型）组成。具有传动比大、承载能力高、结构紧凑且新颖、传动效率高、使用寿命长等特点，在国际上享有盛名。主要用于 0.6～0.8m³ 挖掘机的行走装置，也可用于其他工程机械的行走装置。我国也生产这种产品，现就其有关方面作一介绍。

CFA95K 型减速器如图 12-10 所示。

① 传动比　输入端（高速轴）由一对圆柱齿轮传动

$$i_1=z_2/z_1=50/17=2.941$$

中间级为行星齿轮传动

$$i_2=1+z_{b1}/z_{a1}=1+67/14=5.786$$

式中 z_{b1}——中间级内齿圈齿数，$z_{b1}=67$；

z_{a1}——中间级太阳轮齿数，$z_{a1}=14$。

末级行星齿轮传动

$$i_3=1+z_{b2}/z_{a2}=1+60/12=6$$

式中 z_{b2}——末级内齿圈齿数，$z_{b2}=60$；

z_{a2}——太阳轮齿数，$z_{a2}=12$。

则总传动比 $i=i_1i_2i_3=2.941\times5.786\times6=102.1008$，公称传动比 $i=102$。

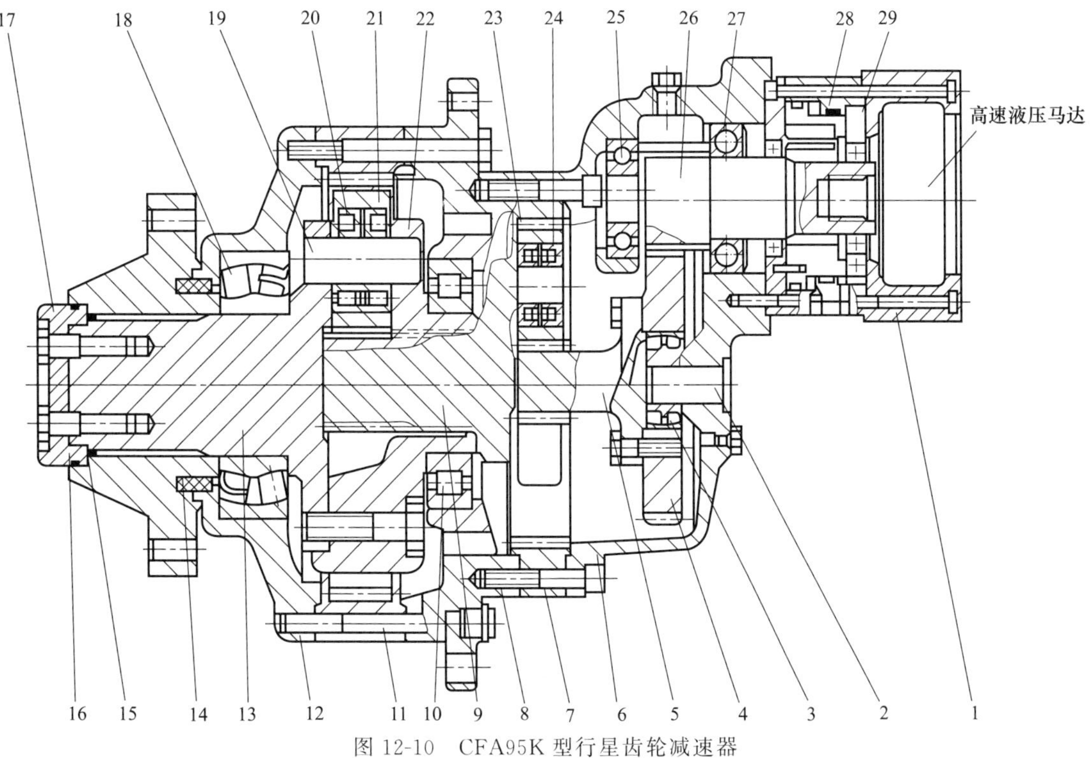

图 12-10 CFA95K 型行星齿轮减速器

1—马达座；2—齿轮销轴；3—轴承 3507；4—前级大齿轮；5—前级太阳轮；6—箱体；7—前级内齿圈；8—中箱体；9—前级行星架；10—轴承 4221；11—末级内齿圈；12—托圈；13—末级行星架；14—浮动密封；15,16—O 形密封圈；17—轴端挡圈；18—轴承 22222C；19—行星轮心轴；20—轴承 NJ307E；21—末级行星轮；22—行星架；23—前级行星轮；24—轴承；42206；25—轴承 308；26—主动齿轮；27—轴承 212；28—骨架油封 SG60×85×12；29—制动器

② 传动效率　根据国内外实际测试，$\eta=0.956\sim0.96$。

③ 制动部分　我国产品采用干式常闭式制动器。

④ 所占空间位置　与通用型行星齿轮减速器相比，在同样的传动比和输出转矩时，所占用空间比较小，仅为通用型行星减速器的 3/5～4/5。这是因为采用了较少的太阳轮齿数(一般 $z_a=12$)，并将前一级的行星架与下一级的太阳轮连成一体，使其呈浮动状态，无径向支承，空间位置大为减小。

⑤ 均载装置：采用行星架与太阳轮联合浮动机构，均载效果较好。

(2) 主要性能指标及要求

① 设计每吨质量可传递转矩 $T=100\sim125\text{kN}\cdot\text{m}$，而通用型行星齿轮减速器为 30～60kN·m。

② 德国产品的整机寿命为 7～8 年，我国生产的行星减速器寿命也在 5～6 年。

③ 行星齿轮减速器的噪声，与减速器级数、规格大小、制造质量有关。我国通用型行星减速器规定为噪声≤85dB（A），对工程机械上行星减速器要求噪声≤82dB（A）。

④ 输入部分采用 SG 型骨架密封，输出部分采用端面浮动密封环，该密封环为压铸高合金白口铁，其硬度为 65～72HRC；工作面的表面粗糙度为 Ra0. 2μm；工作面的平面度误差≤0. 0021m，使用寿命为 5000h。

⑤ 中国与德国所用的齿轮材料，见表 12-13。

表 12-13 中国与德国所用的齿轮材料

零件名称	中国	德国	备注
太阳轮	20CrMnTi	16MnCr5	(1)20CrMnTi 渗碳淬火，硬度为 58～62HRC (2)42CrMo 调质处理255～285HBW
行星轮	20CrMnTi	17CrNiMo6	
内齿圈	42CrMo	42CrMo6	
行星架	42CrMo	42CrMo6	
箱体	QT450-10	GGG42	

CFA95K 型行星齿轮减速器可配合高速液压马达，供履带式车辆的行走系统作驱动装置用，同种型号可用凸缘将其安装在框架的左边或右边。其是一种结构新颖、使用性能良好的传动装置。

12. 3. 4 三级立式行星齿轮减速器

三级立式行星齿轮减速器的主要参数见表 12-14。

三级立式行星齿轮减速器见图 12-11。

表 12-14 三级立式行星齿轮减速器的主要参数

应用	旋转式机械的驱动，如浮动起重机或斗轮挖土机
制造商	德国 Dorstener Maschinenfabrik AG，Dorsten
动力输入	电动机，弹性联轴器
驱动功率	$P=50$kW
驱动转速	$n=1400$r/min
传动比	$i=103$
动力输出	为旋转的小齿轮
输出转矩	$T_2=35274$N · m
外形尺寸	ϕ640×1750mm
质量	$G=1250$kg
齿轮	太阳轮、行星轮表面渗碳淬火 内齿圈调质处理，直齿
润滑类型	油浴润滑；输入及输出轴上的轴承为油脂润滑
润滑剂	ISO VG220 黏度级润滑油；滚动轴承润滑脂 (L－CKC220)
工作温度	$t=78$℃(油浴润滑)
密封	在输入及输出轴采用径向轴密封
轴承 No1 轴 三个行星轮 三个行星轮 三个行星轮 No2 轴	2×6215/C3 第 1 级：3×22207CC 第 2 级：3×22210E 第 3 级：3×NJ2213ECJ 1×Nu1034MA；1×23038CC/W33
最小轴承寿命	$L_{10h}=40000$h(工作小时)

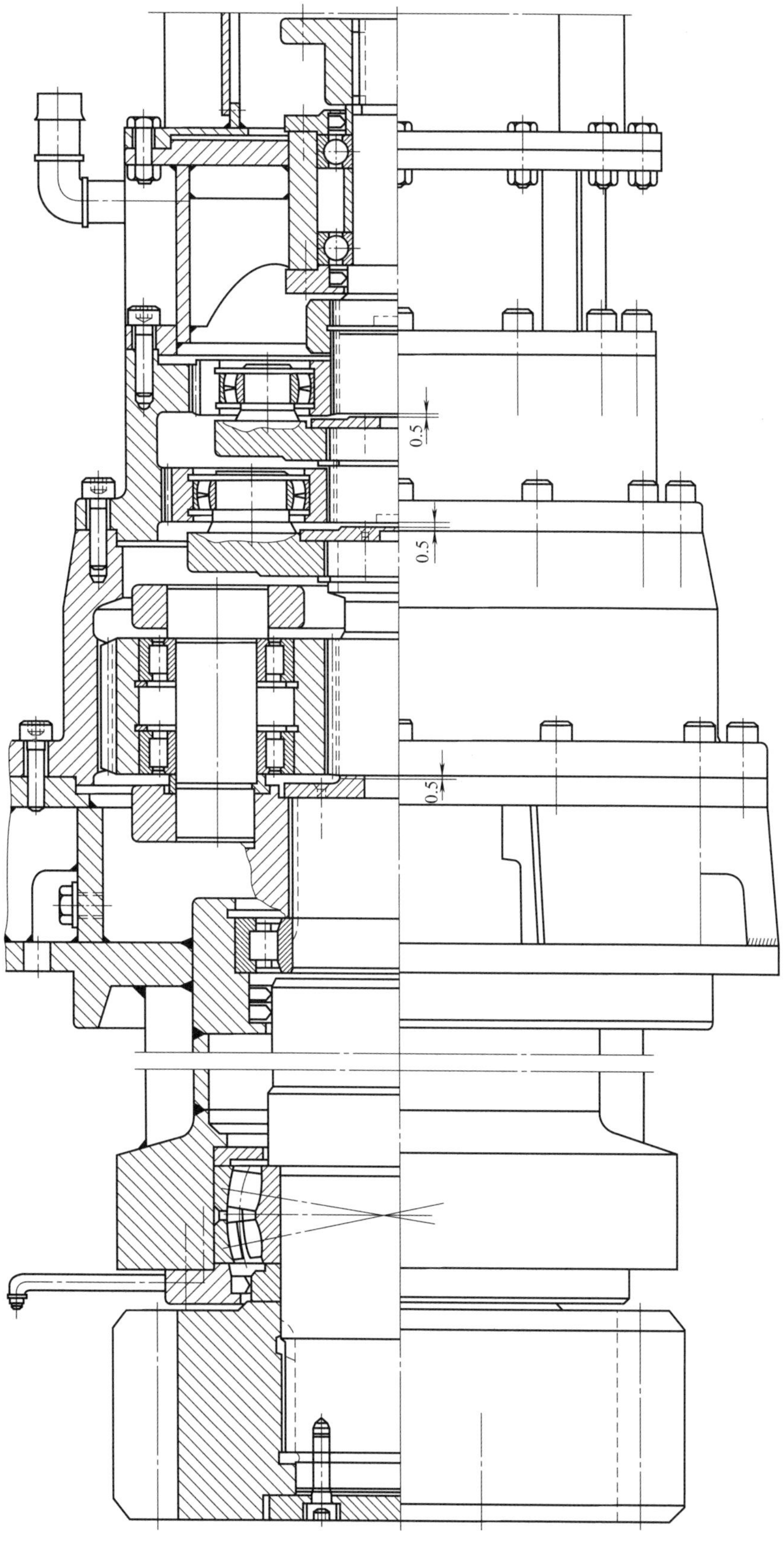

图 12-11　三级立式行星齿轮减速器（$i=103$）（德国）

第 13 章 星形齿轮传动装置

星形齿轮传动是属于一种定轴轮系的传动。它由多个定轴式星轮共同分担载荷，它的特点是功率分流，具有 2K-H 行星传动功率分流所显示的结构紧凑，传递功率大，相对体积小，质量轻的特点，同时由于它的星轮不作公转，克服了行星传动结构的相对复杂性以及由行星架旋转所引起一些零部件的离心力等问题。由于整个传动系统采用定轴轮系，系统的强度、刚度及工作可靠性都有所提高，它是大型传动小型化的有效途径之一，也是机械传动的一种发展趋势。

星形齿轮传动的理想受力状态为每个星轮的法向啮合力 F_n 是相等的，即

$$F_{n1}=F_{n2}=\cdots=F_{nm}=\frac{2T_a}{n_p(d)_a\cos\alpha} \tag{13-1}$$

式中 T_a——太阳轮传递的转矩；

$(d)_a$——太阳轮的分度圆直径；

α——齿形角；

n_p——星轮个数。

在星形齿轮传动中，由于不可避免地存在着制造、安装的误差，当未采用专门均载机构时，各星轮所承受的法向啮合力是不可能都相等的，即 $F_{n1}\neq F_{n2}\neq\cdots\neq F_{nm}$。设计计算时就应以可能出现的最大法向啮合力来计算，影响了星形齿轮传动优越性的发挥。因此除了保证适当的加工精度外，采用使各星轮受载均匀的措施，即均载技术，对星形齿轮传动至关重要。

13.1 星形齿轮传动形式及其特点

星形齿轮传动采用基本构件浮动的类型有单级星形齿轮传动、两级内外啮合星形齿轮传动、两级外啮合星形齿轮传动，其传动简图如图 13-1 所示。

图 13-2 为某星形减速器的结构图，它由两级外啮合星形齿轮实现，第一级高速级为斜齿轮，第二级低速级为圆柱直齿轮，由中心轮浮动达到均载目的。这类传动可实现功率分流、结构紧凑、体积小、质量轻，工作可靠性相对提高的目标。

在大型传动装置中，为了减小尺寸与降低质量，往往采用了多点驱动的传动方式。特别是在采用液压马达驱动的液压系统中，力的同步传递是液压传动的特性之一，只要将各个液压马达的压力并连接通即可保证多个液压马达驱动力的平衡。图 13-3 为由 6 只液压马达分别带动 6 个星形齿轮来驱动两个大的太阳轮的传动装置（卷扬机），即由 3 个星形齿轮来驱动一个大齿轮。这种传动装置除了用多个小驱动液压马达替代单个大驱动液压马达外，还省

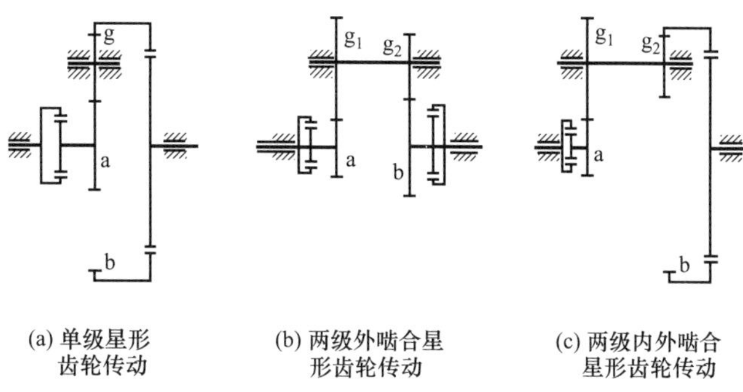

图 13-1　星形齿轮传动简图

掉了高速级的中心齿轮及其浮动均载构件，它是星形齿轮传动的一种简化，也是大型传动装置小型化的典型一例。

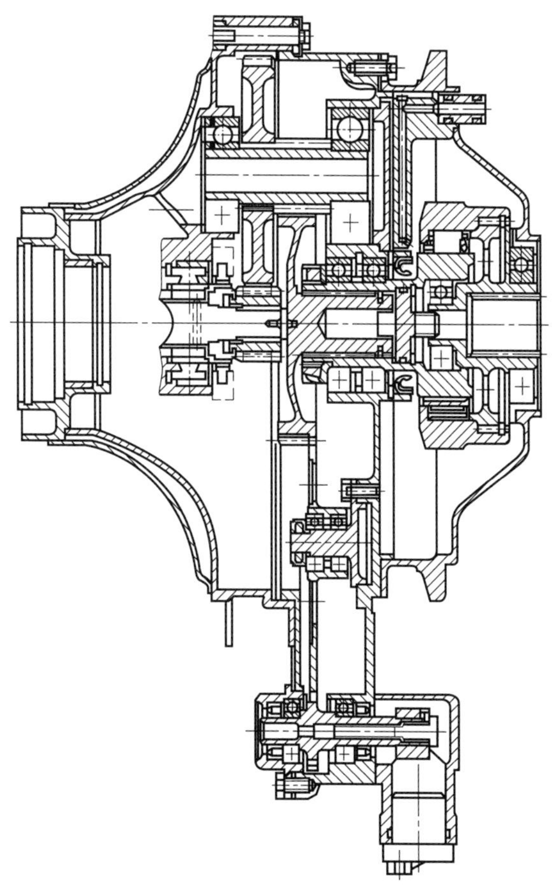

图 13-2　某星形减速器结构图

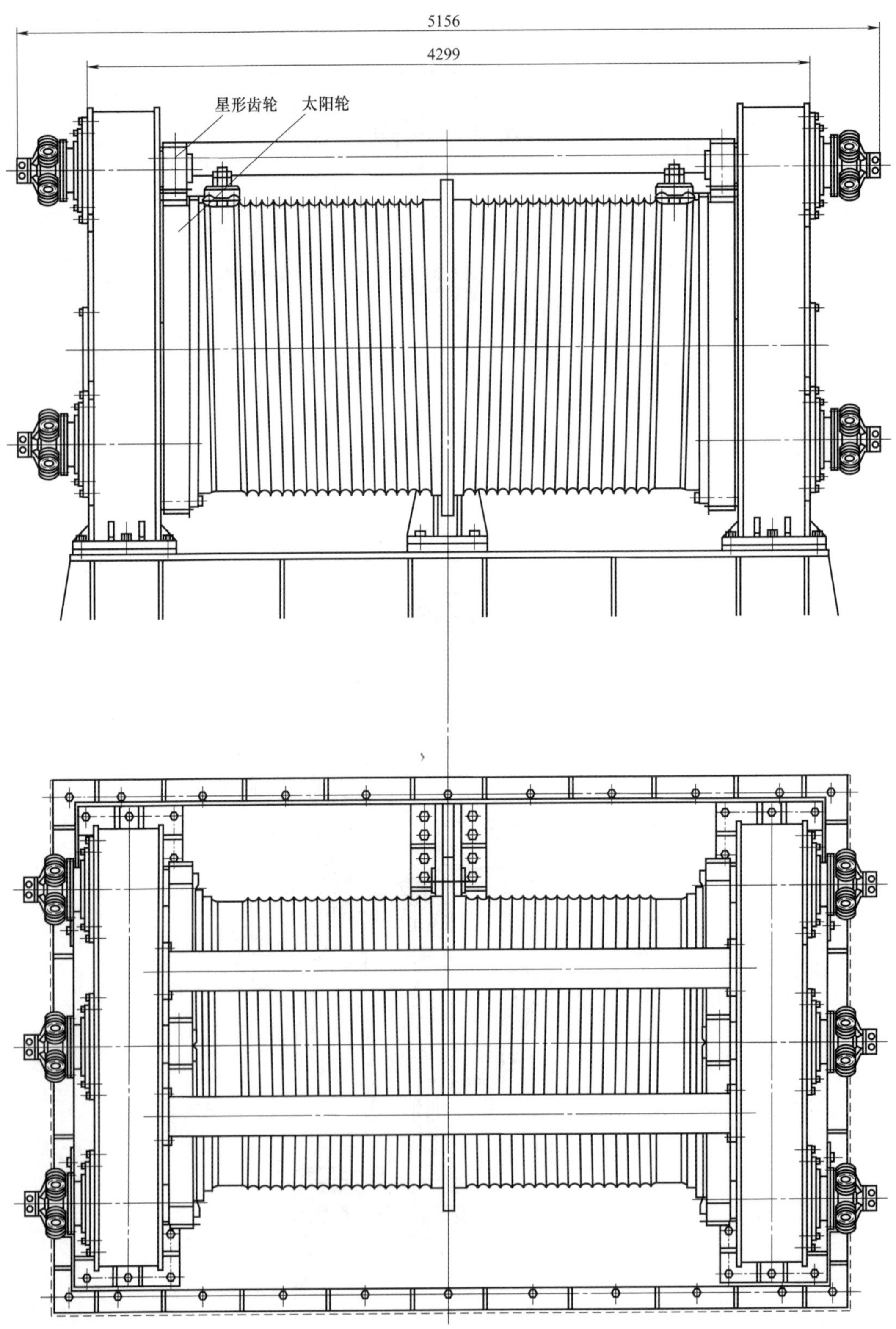

图 13-3　6 个星形齿轮驱动两个太阳轮的传动装置

13.2　浮动均载机构

13.2.1　均载机构的作用及其类型

（1）均载机构的作用　由于不可避免的制造与安装等误差，在没有采用专门的均载机构时，各个星轮所承受的法向啮合力是不可能相等的，因此在设计时应按可能出现的最大法向力 F_{nmax} 进行计算，通常以载荷不均匀系数 K_p 给予考虑，即

$$F_{nmax}=\frac{T_a}{n_p r_{ba}}K_p \tag{13-2}$$

式中　r_{ba}——太阳轮基圆半径。其他符号同式（13-1）。

当均载效果很好时，$K_p=1$；当均载效果很差时，$K_p=n_p$，表示只有一个星轮在传递载荷。

载荷分配不均匀主要是由于制造与安装的误差以及没有设置均载机构或均载机构设计得不合理而引起的，故在大多数星形齿轮传动装置中在结构上都设置了均载机构。

均载机构的作用在于：

① 可降低载荷不均匀系数 K_p，从而提高星形齿轮传动的能力，减小外形尺寸，减轻质量，充分发挥星形齿轮传动的优越性。

② 可适当降低星形齿轮传动的制造与安装精度，从而降低成本。

③ 简化结构，提高可靠性。

④ 减小运转噪声，提高运转平稳性。

（2）均载机构的类型　均载机构有多种类型，如弹性元件的均载机构、基本构件浮动的均载机构、杠杆联动的均载机构等。而各种类型又有多种形式。

① 弹性元件的均载机构　它是依靠构件的弹性变形来达到载荷均衡的。载荷的不均匀系数与弹性元件的刚度和制造总误差成正比。为此将轴做成细长型，当 l 很大时，由于结构刚度很小，可使太阳轮 a 产生径向位移，促使星轮间的载荷平均分配，如图 13-4 所示。

以 ε_{max} 表示太阳轮可能产生的最大径向位移值，则发生这个位移值（即梁的挠度）所需要的力 F 可计算得出。

a. 当太阳轮 a 悬臂式布置时［图 13-4（a）］：

$$F=\frac{3EJ\varepsilon_{max}}{l^3} \tag{13-3}$$

式中　E——轴的弹性模量；

J——轴的惯性矩；

l——悬臂距［见图 13-4（a）］。

这种情况下，ε_{max} 与轴的偏角 θ 的关系为

$$\theta=\frac{Fl^2}{2EJ}=\frac{3\varepsilon_{max}}{2l} \tag{13-4}$$

偏角 θ 使载荷沿齿宽方向分布不均匀。

b. 当太阳轮 a 简支式布置时［图 13-4（b）］：

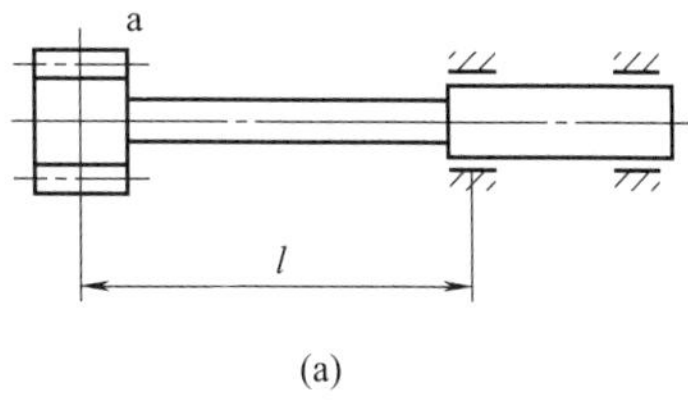

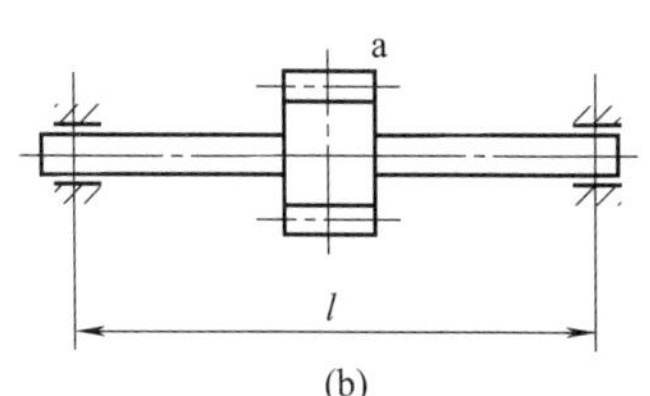

图 13-4　采用轴的变形产生径向位移

$$F=\frac{48EJ\varepsilon_{max}}{l^3} \tag{13-5}$$

这种情况下，ε_{max}与轴的偏角θ的关系为

$$\theta=\frac{Fl^2}{16EJ}=\frac{3\varepsilon_{max}}{l} \tag{13-6}$$

这时虽然载荷沿齿宽方向分布均匀了，但要达到ε_{max}位移所需的力F增大了。这种均载机构需要传动装置轴向尺寸较大，因此往往会遇到由于轴向尺寸的限制而不宜采用。

② 杠杆联动的均载机构　它是借杠杆联动机构使星轮浮动，达到均载目的。采用这种机构，星轮个数可以$n_p \geqslant 3$，有利于提高传动装置的承载能力。其缺点是结构较为复杂，零件数量较多。图13-5为一个四星轮浮动的均载机构。从图13-6可见，杠杆的平衡条件为

$$F_1L_1=Fe$$

$$F_2L_2=Fe$$

十字槽形盘的平衡条件为

$$F_1s_1=F_2s_2$$

故星轮间载荷平衡条件为

$$\frac{L_1}{s_1}=\frac{L_2}{s_2} \tag{13-7}$$

式中　F——星轮负载；

e——枢轴偏心距；

s_1、s_2——分布在同一直径上的两滚子间的距离；

L_1——作用力F_1到杠杆中心A_1间的距离；

L_2——作用力F_2到杠杆中心A_2间的距离；

F_1、F_2——不同杠杆与十字槽形盘间的作用力。

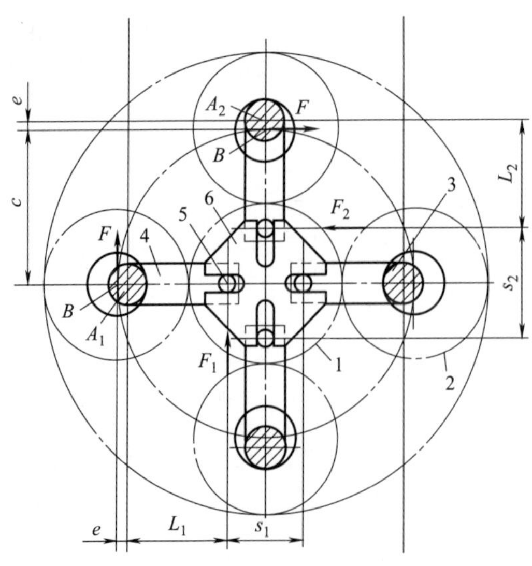

图13-5　四星轮浮动的均载机构

1—太阳轮；2—星轮；3—偏心枢轴；4—杠杆（转臂）；5—滚子；6—十字槽形盘

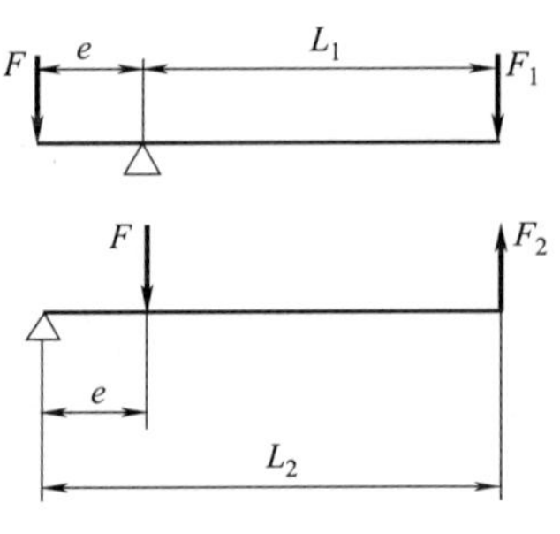

图13-6　杠杆受力图

③ 基本构件浮动的均载机构　在星形齿轮传动中，很少以星轮作为浮动构件，通常以太阳轮（或内齿圈）作为浮动构件。它具有不额外增加构件、结构简单紧凑、均载效果较好、系统可靠性高、对构件无过高精度要求等优点。所谓基本构件浮动的均载机构，是指浮动构件没有径向支承，允许其无约束地位移，当数个星轮受载不均匀时，就会引起浮动件移动，直至数个星轮载荷趋于均匀分配为止。这种均载机构在星轮数为 3 的轮系中应用最广，均载效果最好，其浮动件通常采用太阳轮或内齿圈。由图 13-7 可见，3 个自动定心的星轮互成 120°，在轮系传递动力过程中，若浮动件处于平衡时，则 3 个法向啮合力必构成封闭的等边三角形，从而使星轮载荷趋向均匀，达到均载目的。

13.2.2　均载机构浮动量的确定

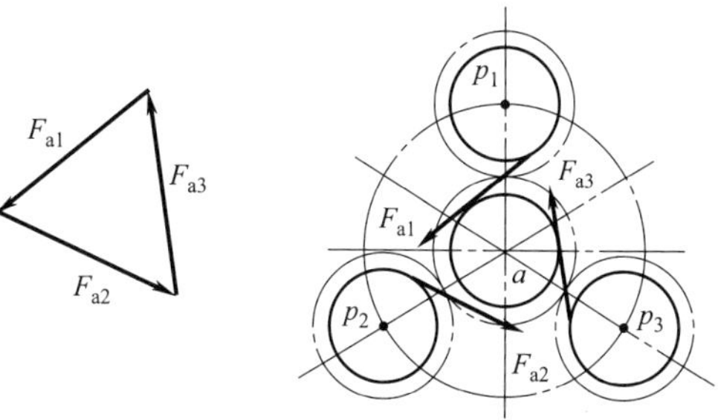

图 13-7　太阳轮浮动

对于采用基本构件浮动的均载机构，影响载荷分配不均匀的主要因素是基本构件的制造与安装误差，其中太阳轮（或内齿圈）和星轮的偏心误差、星轮轴孔的位置误差（中心角偏差）及星轮架的偏心误差将会引起浮动件位移，这些误差可通过浮动件浮动来补偿，而轮齿的加工误差难以浮动件浮动来补偿，只能靠较高的加工精度来提高均载效果。

（1）太阳轮（或内齿圈）偏心误差引起的浮动量　太阳轮（或内齿圈）偏心误差 ΔE_1 使太阳轮（或内齿圈）中心沿以 ΔE_1 为半径的圆运动，将引起浮动件中心等量位移，因此该误差引起浮动件太阳轮（或内齿圈）的位移 E_1，就为此偏心误差。

$$E_1 = \Delta E_1 \tag{13-8}$$

太阳轮（或内齿圈）偏心误差主要由太阳轮（或内齿圈）的径向圆跳动公差和其安装孔轴线与主轴线的同轴度公差产生，可取值为径向圆跳动和同轴度公差和的一半。

（2）星轮轴孔位置误差引起的浮动量　星轮轴孔的径向误差仅影响齿轮副的间隙，不会引起太阳轮（或内齿圈）的浮动。只有轴孔的切向误差才能引起太阳轮（或内齿圈）的浮动。对于具有 3 个星轮的传动装置，星轮轴孔切向误差有多种情况，现假定两轴孔之间误差为零，另一孔误差为最大这种严重情况加以分析。

星轮轴孔的切向误差为 ΔE_2，用代换机构及瞬心法可导出太阳轮与星轮节点上的速度 v_w 与星轮轴孔中心的速度 v_p 的速度比为 Ψ。

对于单级星形齿轮传动：

$$\Psi = 2 \tag{13-9}$$

对于两级星形齿轮传动：

$$\Psi = \left| \frac{r_{w1} \mp r_{w2}}{r_{w2}} \right| \tag{13-10}$$

式中　r_{w1}、r_{w2}——第一级与第二级星轮的节圆半径；

“+”——用于两级内外啮合星形齿轮传动；

“−”——用于两级外啮合星形齿轮传动。

式（13-10）还需说明，求哪级星轮轴孔切向误差的影响，就将该级星轮半径定为 r_{w1}，另一级星轮半径定为 r_{w2}。

根据代换机构及瞬心法可进一步导出由于星轮轴孔的切向误差 ΔE_2 引起的浮动件太阳轮位移 E_2 在最不利情况下为

$$E_2=\frac{2}{3}\Psi\Delta E_2\cos\alpha \tag{13-11}$$

式中　α——啮合角。

当 $\alpha=20°$时

$$E_2=\frac{5}{8}\Psi\Delta E_2 \tag{13-12}$$

星轮轴孔切向误差取值为星轮轴孔相对于星轮架安装轴线的位置度的一半。

(3) 星轮偏心误差引起的浮动量　设星轮的偏心误差为 ΔE_3，星轮中心的运动轨迹是以 ΔE_3 为半径的圆。星轮中心位移可分解为径向和切向位移，径向位移对太阳轮（或内齿圈）浮动没有影响，切向位移按振幅为 ΔE_3 的谐波规律变化，浮动的太阳轮（或内齿圈）中心将按$\frac{2}{3}\Psi\Delta E_3\cos\alpha$ 振幅的谐波规律直线运动。如果 3 个星轮都有偏心误差，在最不利的情况下，这些误差引起浮动件的总位移可用几何方法求得

$$\begin{aligned}E_3&=\frac{2}{3}\Psi\Delta E_3\cos\alpha+2\times\frac{2}{3}\Psi\Delta E_2\cos\alpha\cos60°\\&=\frac{4}{3}\Psi\Delta E_3\cos\alpha\end{aligned} \tag{13-13}$$

当 $\alpha=20°$时

$$E_3=\frac{5}{4}\Psi\Delta E_3 \tag{13-14}$$

星轮的偏心误差主要由星轮的径向圆跳动公差产生，取值为径向圆跳动公差的一半。

(4) 星轮架偏心误差引起的浮动量　星轮架的偏心误差 ΔE_4 可理解为各星轮轴孔中心向星轮架偏心的相反方向各位称 ΔE_4，对机构工作产生的影响是相同的。在最不利的情况下，三个星轮轴孔的切向误差分别为$\frac{2}{3}\Psi\Delta E_4\cos\alpha$、$\frac{1}{3}\Psi\Delta E_4\cos\alpha$ 和$\frac{1}{3}\Psi\Delta E_4\cos\alpha$。总位移量为三个位移量的几何和。这些误差引起浮动件（太阳轮或内齿圈）的总位移量为

$$\begin{aligned}E_4&=\frac{2}{3}\Psi\Delta E_4\cos\alpha+2\times\frac{1}{3}\Psi\Delta E_4\cos\alpha\cos60°\\&=\Psi\Delta E_4\cos\alpha\end{aligned} \tag{13-15}$$

当 $\alpha=20°$时

$$E_4=0.94\Psi\Delta E_4 \tag{13-16}$$

星轮架的偏心误差取值为星轮架安装孔轴线与主轴线的同轴度公差的一半。

(5) 各误差引起浮动件（太阳轮或内齿圈）的总位移量

① 最大浮动量　浮动件的可能浮动量必须满足各零件对它的要求。最坏的情况是各零件误差的积累，要求浮动件有最大的浮动量，当太阳轮（或内齿圈）浮动时，其最大浮动量为

$$\begin{aligned}E_{max}&=E_1+E_2+E_3+E_4\\&=\Delta E_1+\frac{5}{8}\Psi\Delta E_2+\frac{5}{4}\Psi\Delta E_3+0.94\Psi\Delta E_4\end{aligned} \tag{13-17}$$

对于轴向尺寸要求不严格的星形齿轮传动，可适当加长轴及浮动齿套的长度，从而可使浮动件获得较大的浮动量，在此情况下，可用式（13-17）计算浮动量。但毕竟增加轴向尺寸很不经济，在较多情况下，采用下述的平方和浮动量。

② 平方和浮动量　由于各构件的偏心误差、位置误差都是偶然的，并不相互依存，且上述分析都是以最大值和最不利情况为前提的，所以采用平方和法求取各误差引起的浮动量的总位移是合理的，也是可靠的。对于太阳轮（或内齿圈）浮动时总浮动量为

$$E=\sqrt{E_1^2+E_2^2+E_3^2+E_4^2}$$
$$=\sqrt{\Delta E_1^2+\left(\frac{5}{8}\Psi\Delta E_2\right)^2+\left(\frac{5}{4}\Psi\Delta E_3\right)^2+(0.94\Psi\Delta E_4)^2} \tag{13-18}$$

从式（13-18）中可看出，各误差对浮动件总位移的影响程度是不一样的，其影响程度从大到小依次为星轮的偏心误差、太阳轮（或内齿圈）的偏心误差、星轮架的偏心误差、星轮轴孔的位置误差。

从优化角度考虑，对各误差需进行合理控制。对浮动件总位移影响程度大的误差适当从严控制，以有效降低对浮动件的总位移量，从而实现浮动件以较小的浮动量就可达到较好的均载效果。对于浮动件总位移量影响程度较小的误差，可相对放宽要求，在对均载影响不大的情况下可降低制造精度和费用，以提高其经济性。

13.2.3 浮动件浮动量的确定

（1）采用齿式联轴器　在星形齿轮传动中，广泛采用齿式联轴器来保证浮动机构中浮动件在受力不平衡时产生位移，以使各星轮之间载荷分配均匀。

采用双面齿式联轴器（见图13-8）的齿套长度应根据所需要的浮动量 E 按式（13-19）计算：

$$L\geqslant\frac{E}{\sin\omega} \tag{13-19}$$

式中　L——中间浮动件长度；

ω——联轴器允许的最大角位移，一般为 $30'$，鼓形齿式联轴器可取 $\omega=1.5°\sim3°$。

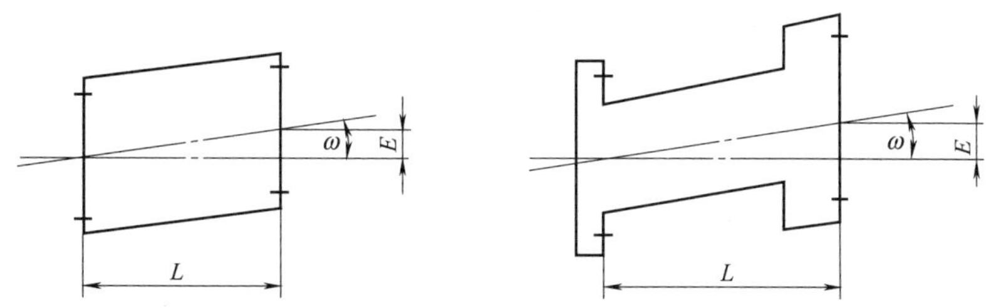

图13-8　齿式联轴器示意图

（2）采用动花键　在一些专门用途的星形齿轮传动中，实现基本构件浮动的方法采用动花键连接，这样可以有效利用空间，并不额外增加零部件。基浮动量不按通常的齿式联轴器

的计算方法，而取决于连接花键的侧隙所允许的径向浮动量。

如图 13-9 所示，已知花键法向侧隙为 C_n，浮动件允许单向径向浮动量为

$$\Delta x_1=\frac{C_n}{2\cos\alpha} \tag{13-20}$$

或

$$\Delta x_2=\frac{C_n}{2\sin\alpha} \tag{13-21}$$

式中 Δx_1——单对齿沿周向位移量；

Δx_2——单对齿沿径向位移量；

α——压力角，花键的压力角一般有 30°与 45°两种标准，特殊情况下有取 20°的。浮动件实际允许的浮动量取 $2\Delta x_1$ 与 $2\Delta x_2$ 中的较小者。

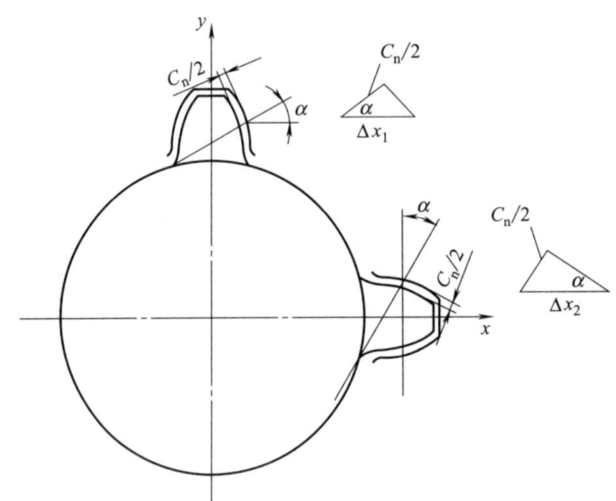

图 13-9 花键实际允许的径向浮动量示意图

13.2.4 载荷不均匀系数

13.2.4.1 载荷不均匀系数的计算

(1) 静态载荷不均匀系数的计算

① 图 13-10 为两级内外啮合的星形齿轮传动简图。图 13-11 为两级内外啮合星形齿轮传动静力学计算模型图。经分析太阳轮和第 i 个星轮间的齿面载荷 F_{api} 以及第 i 个星轮和内齿圈间的齿面载荷 F_{pir} 可用下式表示：

$$F_{api}=k_{ap}(r_{ba}\theta_a-r_{bp1}\theta_{pi}-\Delta_{api}) \tag{13-22}$$

$$F_{pir}=k_{pr}(r_{bp2}\theta_{p2}-\Delta_{pir}) \tag{13-23}$$

式中 k_{ap}、k_{pr}——太阳轮和星轮之间的轮齿啮合刚度以及星轮和内齿圈之间的轮齿啮合刚度；

r_{ba}、r_{bp1}、r_{bp2}——太阳轮、第一级星轮与第二级星轮的基圆半径；

θ_a、θ_{pi}、θ_{p2}——各啮合副和支承的弹性变形所引起的第一级太阳轮、第 i 个星轮轴以及

第二级星轮轴的自转角；

Δ_{api}、Δ_{pir}——太阳轮与第 i 个星轮以及第 i 个星轮与内齿圈的综合啮合误差。

太阳轮的静力平衡方程：

$$T-r_{ba}\sum_{i=1}^{N_p}F_{api}=0 \qquad (13\text{-}24)$$

星轮轴的静力平衡方程：

$$F_{api}r_{bp1}-F_{pir}r_{bp2}=0 \qquad (13\text{-}25)$$

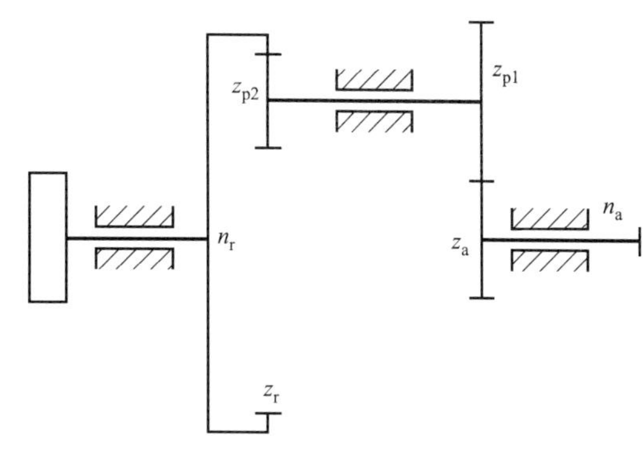

图 13-10　两级内外啮合星形齿轮传动简图

考虑到太阳轮等基本浮动构件的浮动引起的静力平衡得

$$\sum_{i=1}^{N_p}F_{api}\cos A_i+k_ax_a=0 \qquad (13\text{-}26)$$

$$\sum_{i=1}^{N_p}F_{api}\sin A_i+k_ay_a=0 \qquad (13\text{-}27)$$

$$\sum_{i=1}^{N_p}F_{pir}\cos B_i+k_rx_r=0 \qquad (13\text{-}28)$$

$$\sum_{i=1}^{N_p}F_{pir}\sin B_i+k_ry_r=0 \qquad (13\text{-}29)$$

$$F_{api}\cos A_i-k_{p1}x_{p1i}=0 \qquad (13\text{-}30)$$

$$F_{api}\sin A_i-k_{p1}y_{p1i}=0 \qquad (13\text{-}31)$$

$$F_{pir}\cos B_i+k_{p2}x_{p2i}=0 \qquad (13\text{-}32)$$

$$F_{pir}\sin B_i+k_{p2}y_{p2i}=0 \qquad (13\text{-}33)$$

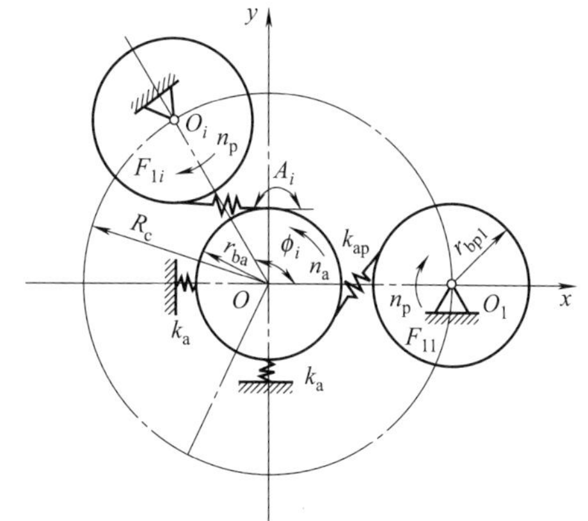

(a) 第一级传动的坐标系

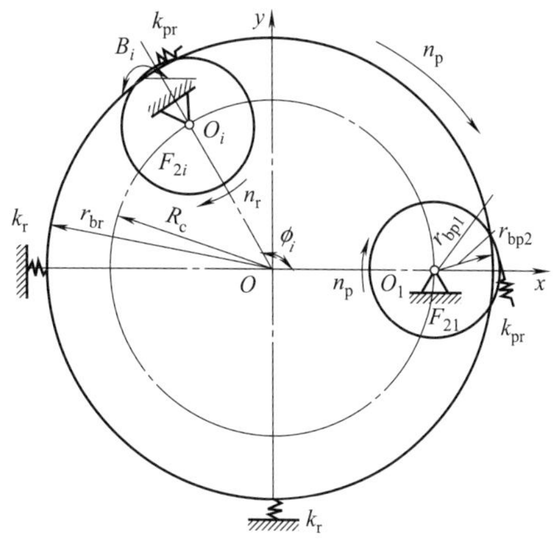

(b) 第二级传动的坐标系

图 13-11　两级内外啮合星形传动静力学计算模型

式中　T——输入轴转矩；

A_i——太阳轮与第 i 个星轮啮合线的方位角；

B_i——第 i 星轮与内齿圈啮合线的方位角；

k_a、k_{p1}、k_{p2}、k_r——太阳轮、第一级星轮、第二级星轮和内齿圈支承处的等效弹簧刚度；

x_a、x_{p1i}、x_{p2i}、x_r——太阳轮、第一级第 i 个星轮、第二级第 i 个星轮、内齿圈沿 x 方向的位移；

y_a、y_{p1i}、y_{p2i}、y_r——太阳轮、第一级第 i 个星轮、第二级第 i 个星轮、内齿圈沿 y 方向的位移。

式（13-22）、式（13-23）构成一个方程组，其中各个刚度可由相关力学公式求出，综合啮合误差也可由相关公式求出，输入转矩及几何参数为已知，求解该方程组就可求出各星轮的齿面载荷 F_{api} 与 F_{pir}。

第一级传动中第 i（$i=1, 2, \cdots, n_p$）个星轮的载荷不均匀系数为

$$K_{p1i}=\frac{F_{api}}{T/(n_p r_{ba})} \tag{13-34}$$

则第一级传动的载荷不均匀系数

$$K_1=(K_{p1i})_{max} \tag{13-35}$$

第二级传动中第 i（$i=1, 2, \cdots, n_p$）个星轮的载荷不均匀系数为

$$K_{p2i}=\frac{F_{pir}}{(r_{bp1}/r_{bp2})T/(n_p r_{ba})} \tag{13-36}$$

由式（13-25）可知，$K_{p2i}=K_{p1i}$，则第二级传动的载荷不均匀系数 $K_2=K_1$，系统的载荷不均匀系数：

$$K_p=K_1=K_2 \tag{13-37}$$

② 图 13-12 为两级外啮合星形齿轮传动简图。图 13-13 为两级外啮合星形齿轮传动静力学计算模型图。也同样可分别计算出第一级与第二级传动中的载荷不均匀系数。计算式基本上与两级内外啮合星形齿轮传动相同，仅将上述公式中第 i 个星轮与第二级内齿圈啮合线的方位角改为第 i 个星轮与第二级太阳轮（外齿轮）啮合线的方位角。

系统的载荷不均匀系数：

$$K'_p=K'_1=K'_2 \tag{13-38}$$

（2）动态载荷不均匀系数的计算

① 图 13-14 为两级内外啮合星形齿轮传动动力学计算模型。它由第一级太阳轮 z_a 与 N_p 个星轮 z_{p1} 传动系统和第二级 n_p 个星轮 z_{p2} 与内齿圈 z_r 传动系统组成。输入功率经太阳轮 z_a 分流给第一级 n_p 个星轮 z_{p1}，又经第二级 n_p 个星轮 z_{p2} 汇流到内齿圈 z_r 输出。将星形齿轮各构件作为刚体，太阳轮和内齿圈为基本浮动构件。啮合副、回转副及支承处的弹性变形用等效弹簧刚度表示。星轮 z_{p1} 和内齿圈因体积较大，为减轻重量，采用薄辐板结构，有较大的扭转柔度，因此可将齿轮的重量分别集中在齿圈和轮毂上，中间以扭转弹簧相连。

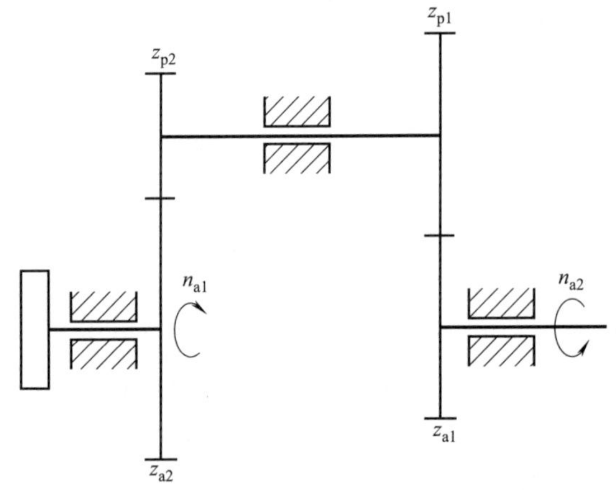

图 13-12　两级外啮合星形齿轮传动简图

令 F_{api} 和 F_{rpi} 分别为第一级传动和第二级传动第 i 条啮合线上的动载荷，则

$$F_{api}=k_{api}(x_a-x_{p1i}-\Delta_{ai}-e_{api}) \tag{13-39}$$

$$F_{rpi}=k_{rpi}(x_r-x_{p2i}-\Delta_{ri}-e_{rpi}) \tag{13-40}$$

式中　k_{api}、k_{rpi}——太阳轮与星轮之间和星轮与内齿圈之间的啮合刚度；

x_a、x_r——太阳轮和内齿圈沿啮合线的微位移；

x_{p1i}、x_{p2i}——第一级与第二级第 i 星轮沿啮合线的微位移；

Δ_{ai}、Δ_{ri}——基本构件浮动引起的侧隙改变量；

$e_{\mathrm{ap}i}$、$e_{\mathrm{rp}i}$——各误差在第一级、第二级啮合线上产生的当量累积啮合误差。

令 $D_{\mathrm{ap}i}$ 和 $D_{\mathrm{rp}i}$ 分别为第一级传动和第二级传动第 i 条啮合线上的啮合振动阻尼力，则

$$D_{\mathrm{ap}i}=C_{\mathrm{ap}i}(\dot{x}_{\mathrm{a}}-\dot{x}_{\mathrm{p}1i}-\dot{\Delta}_{\mathrm{a}i}-\dot{e}_{\mathrm{ap}i}) \tag{13-41}$$

$$D_{\mathrm{rp}i}=C_{\mathrm{rp}i}(\dot{x}_{\mathrm{r}}-\dot{x}_{\mathrm{p}2i}-\dot{\Delta}_{\mathrm{r}i}-\dot{e}_{\mathrm{rp}i}) \tag{13-42}$$

式中　$C_{\mathrm{ap}i}$、$C_{\mathrm{rp}i}$——第一级传动与第二级传动的阻尼系数。

系统的运动微分方程为

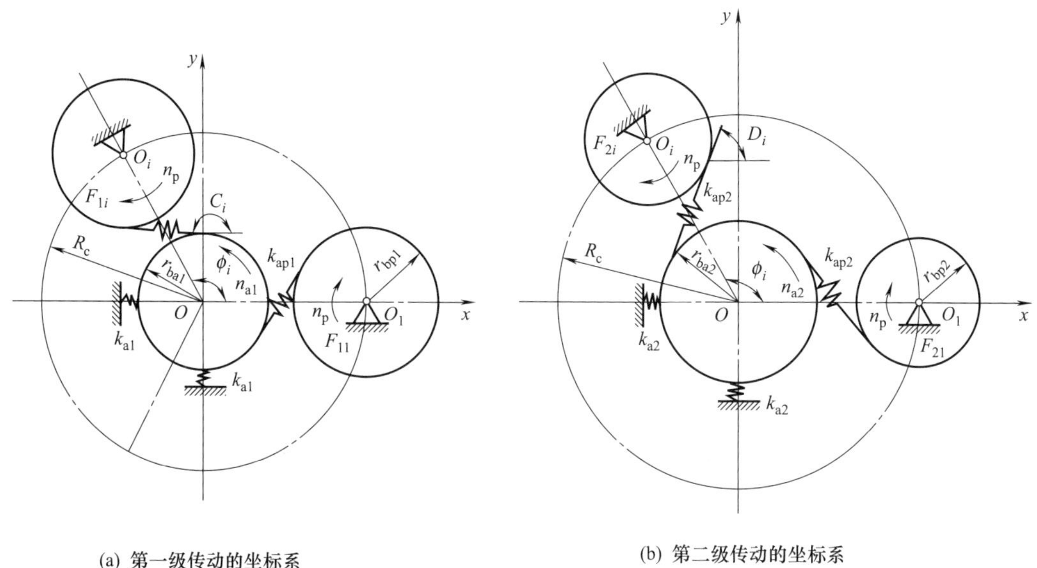

图 13-13　两级外啮合星形齿轮传动静力学计算模型

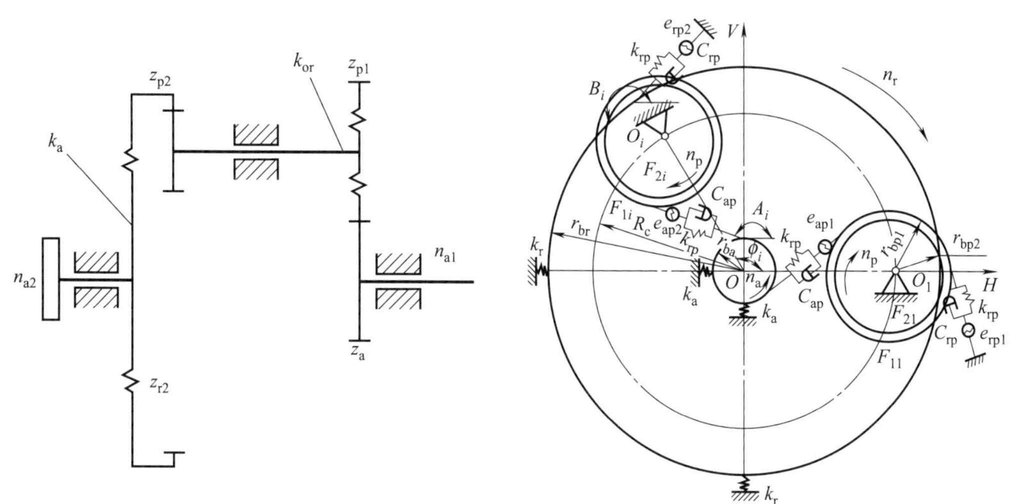

图 13-14　两级内外啮合星形齿轮
传动动力学计算模型（n_{p} 为星轮转速）

$$\left.\begin{aligned}
&m_a\ddot{x}_a+\sum_{i=1}^{n_p}(D_{api}+F_{api})=F_{in}\\
&m'_a\ddot{H}_a+\sum_{i=1}^{n_p}(D_{api}+F_{api})\cos A_i=0\\
&m'_a\ddot{V}_a+\sum_{i=1}^{n_p}(D_{api}+F_{api})\sin A_i=0\\
&m_{p1j}\ddot{x}_{p1j}-(D_{apj}+F_{apj})+k_{Hp}(x_{p1j}-x_{qj})=0\\
&m_{p2j}\ddot{x}_{p2j}-(D_{apj}+F_{apj})-k_{s2}(i_{12}x_{qj}-x_{p2j})=0\\
&m_{qj}\ddot{x}_{qj}-k_{Hp}(x_{p1j}-x_{qj})-k_{s1}(i_{21}x_{p2j}-x_q)=0\\
&m_r\ddot{x}_r+\sum_{i=1}^{n_p}(D_{rpi}+F_{rpi})+k_{Hr}(x_r-x_o)=F_0\\
&m'_r\ddot{H}_r+\sum_{i=1}^{n_p}(D_{rpi}+F_{rpi})\cos Bi+k_rH_r=0\\
&m'_r\ddot{V}_r+\sum_{i=1}^{n_p}(D_{rpi}+F_{rpi})\sin Bi+k_rV_r=0\\
&m_o\ddot{x}_o-k_{Hr}(x_r-x_o)+k_ox_o=0
\end{aligned}\right\}(i=1,2,\cdots,n_p) \tag{13-43}$$

式中 m_a、m'_a——太阳轮的当量质量与太阳轮质量，$m_a=J_a/r^2_{ba}$；

m_{p1j}、m_{p2j}——第一级与第二级星轮的当量质量，$m_{p1j}=J_{p1j}/r^2_{bp1}$，$m_{p2j}=J_{p2j}/r_{bp2}$；

m_r、m'_r——内齿圈的当量质量与内齿圈质量，$m_r=J_r/r^2_{br}$；

m_{qj}——第一级星轮轮毂的当量质量，$m_{qj}=J_{qj}/r^2_{bpi}$；

m_o——内齿圈轮毂的当量质量，$m_o=J_o/r^2_{bo}$；

k_{Hp}、k_{Hr}——第一级星轮 z_{p1} 和内齿圈轮辐的扭转刚度在第一级和第二级啮合线上的当量值；

k_s、k_{or}——星轮连接轴和内齿圈连接轴的扭转刚度；

k_{s1}、k_{s2}——连接轴扭转刚度 k_s 在第一级和第二级啮合线上的当量值，$k_{s1}=k_s/r^2_{bp1}$，$k_{s2}=k_s/r^2_{bp2}$；

k_o——k_{or}在第二级啮合线上的当量值，$k_o=\dfrac{k_{or}}{r^2_{br}}$；

k_r——内齿圈的支承刚度；

i_{12}、i_{21}——基圆半径比，$i_{12}=\dfrac{r_{bp2}}{r_{bp1}}$，$i_{21}=\dfrac{r_{bp1}}{r_{bp2}}$；

J——转动惯量；

H_a、V_a、H_r、V_r——太阳轮及内齿圈中心在 x、y 方向的浮动位移量；

r_b——基圆半径。

系统方程组式（13-43）用矩阵形式表达为

$$[M]\{\ddot{x}\}+[C]\{\dot{x}\}+[k]\{x\}=\{F\} \tag{13-44}$$

用傅里叶方法解得系统的时域与频域响应，将式（13-44）定常化，并略去二阶小量得

$$[M]\{\Delta\ddot{x}\}+[C]\{\Delta\dot{x}\}+[k]\{\Delta x\}=\{F\} \tag{13-45}$$

$$\{F\}=(f_1,f_2,\cdots,f_{7+3N_p})^T \tag{13-46}$$

从求解上述微分方程的矩阵表达式中可得出系统响应，代入式（13-39）、式（13-40）可求得系统的动载荷 F_{api} 和 F_{rpi}，从而得动载系数为

$$G_{api}=n_p(F_{api})_{max}/F_{in} \tag{13-47}$$

$$G_{rpi}=n_p(F_{rpi})_{max}/F_o(i=1,2,\cdots,n_p) \tag{13-48}$$

式中　G_{api}、G_{rpi}——第一级和第二级传动中各啮合线上的动载系数；

$(F_{api})_{max}$、$(F_{rpi})_{max}$——F_{api}、F_{rpi} 在一个系统周期中的最大值；

F_{in}——太阳轮上的法向驱动力，$F_{in}=T/r_{ba}$；

F_o——内齿圈上的法向力，$F_o=\left(\dfrac{r_{bp1}}{r_{bp2}}\right)F_{in}$。

每一齿频周期中的载荷不均匀系数：

$$b_{apij}=n_p(P_{apij})_{max}/\sum_{i=1}^{n_p}(F_{apij})_{max}$$
$$(i=1,2,\cdots,n_p;j=1,2,\cdots,n_1) \tag{13-49}$$

$$b_{rpij}=n_p(F_{rpij})_{max}/\sum_{i=1}^{n_p}(F_{rpij})_{max}$$
$$(i=1,2,\cdots,n_p;j=1,2,\cdots,n_2) \tag{13-50}$$

式中　b_{apij}、b_{rpij}——第一级与第二级传动中每个齿频周期的载荷不均匀系数；

n_1、n_2——系统周期中第一级与第二级传动的齿频周期数；

n_p——星轮个数。

系统的载荷不均匀系数：

$$K_{api}=(b_{apij})_{max}$$
$$(i=1,2,\cdots,n_p;j=1,2,\cdots,n_1) \tag{13-51}$$

$$K_{rpi}=(b_{rpij})_{max}$$
$$(i=1,2,\cdots,n_p;j=1,2,\cdots,n_2) \tag{13-52}$$

② 图 13-15 为两级外啮合星形齿轮传动动力学计算模型。计算载荷不均匀系数与前

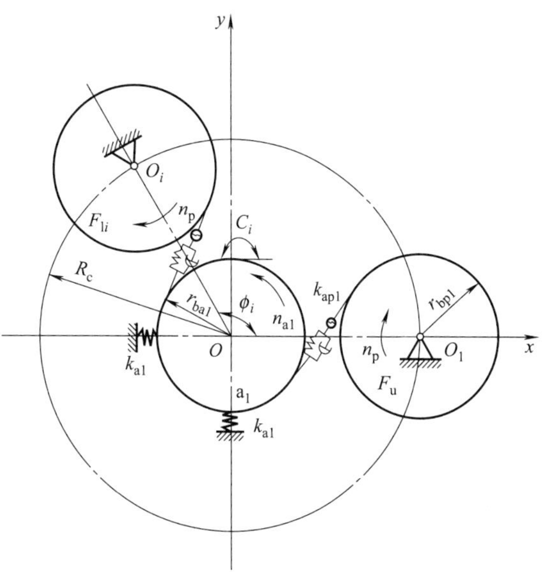

(a) 第一级传动的坐标系

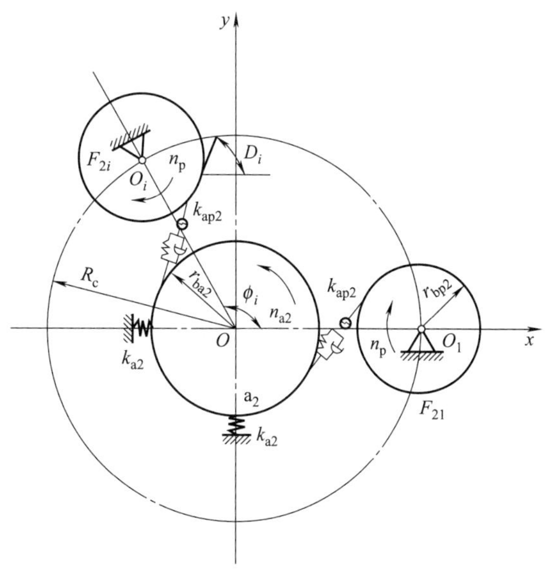

(b) 第二级传动的坐标系

图 13-15　两级外啮合星形齿轮传动动力学计算模型

一种模型有着基本相同的假定，都是齿轮构件浮动，不同之处在于第二级为星轮与太阳轮的啮合，因而在第二级太阳轮及其轴承偏心误差计算公式中输出角频率前面应加“—”号。另外第二级啮合线的方位角有所不同。

与前一种计算模型相同，通过求解系统的运动微分方程，可求得系统的动载荷 $F'_{\mathrm{ap}i}$ 和 $F'_{\mathrm{rp}i}$，从而求出系统的载荷不均匀系数。

每一齿频周期中的载荷不均匀系数：

$$b'_{\mathrm{ap}ij}=n_{\mathrm{p}}(F'_{\mathrm{ap}ij})_{\max}/\sum_{i=1}^{n_{\mathrm{p}}}(F'_{\mathrm{ap}ij})_{\max}$$
$$(i=1,2,\cdots,n_{\mathrm{p}};j=1,2,\cdots,n_1) \tag{13-53}$$

$$b'_{\mathrm{rp}ij}=n_{\mathrm{p}}(F'_{\mathrm{rp}ij})_{\max}/\sum_{i=1}^{n_{\mathrm{p}}}(F'_{\mathrm{rp}ij})_{\max}$$
$$(i=1,2,\cdots,n_{\mathrm{p}};j=1,2,\cdots,n_2) \tag{13-54}$$

系统的载荷不均匀系数：

$$K'_{\mathrm{ap}i}=(b'_{\mathrm{ap}ij})_{\max}(i=1,2,\cdots,n_{\mathrm{p}};j=1,2,\cdots,n_1) \tag{13-55}$$

$$K'_{\mathrm{rp}i}=(b'_{\mathrm{rp}ij})_{\max}(i=1,2,\cdots,n_{\mathrm{p}};j=1,2,\cdots,n_2) \tag{13-56}$$

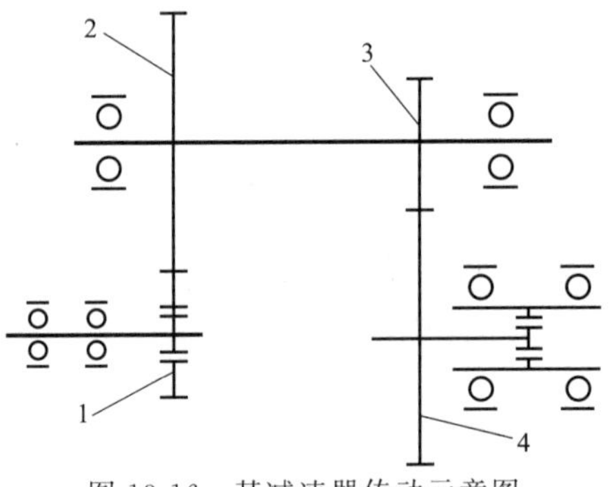

图 13-16　某减速器传动示意图

13.2.4.2　计算与实测比较

（1）计算结果　某星形齿轮减速器的传动简图如图 13-16 所示，减速器的齿轮参数见表 13-1。

表 13-1　减速器齿轮参数

序　　号	1	2	3	4
齿数 z	15	54	15	54
模数 m/mm	1.5	1.5	1.5	1.5
压力角 α/(°)	28	28	28	28
螺旋角 β/(°)	10	10	0	0
齿宽 B/mm	15	10	21	41

计算出各种加载状态下星形齿轮系的静态载荷不均匀系数，列于表 13-2。

计算出各种加载状态下星形齿轮系的动态载荷不均匀系数，列于表 13-3。

表 13-2　各种加载状态下星形齿轮系的静态载荷不均匀系数

输出轴转矩/N·m	载荷不均匀系数	输出轴转矩/N·m	载荷不均匀系数
150	1.772	230	1.501
200	1.573		

（2）实测结果　为了与计算结果进行比较，采用实测的实物与计算的一致，用两种方法进行实测：应变测试法与轴向力测试法。

① 应变测试法。在 3 个中间双齿轮的端面及对应的辐板上贴上应变片，测出其应变值，

按应变评定法处理试验数据，得出在静态试验情况下星形齿轮系的载荷不均匀系数见表13-4。

表 13-3　各种加载状态下星形齿轮系的动态载荷不均匀系数

输出转速/(r/min)	输出轴转矩/N·m	载荷不均匀系数	输出转速/(r/min)	输出轴转矩/N·m	载荷不均匀系数
900	350	1.001	2425	197	1.011
1900	278	1.004	4567	152	1.018

表 13-4　静态试验应变测量数据处理结果

加载次数	1	2	3	均值
转矩状态 T/N·m	150	200	230	
载荷不均匀系数 K	1.928	2.500	1.900	2.109

在动态试验情况下，星形齿轮系的载荷不均匀系数见表13-5。

② 轴向力测试法。由于星形齿轮传动的高速级为斜齿轮传动，必有轴向分力，可采用测试轴向力的方法来判断各星轮间载荷分配的不均匀程度。用精密力传感器测得各星轮轴的轴向力，按轴向力评定法处理试验数据，得出静态加载情况下星形齿轮系的载荷不均匀系数，见表13-6。

表 13-5　动态试验应变测量数据处理结果

加载次数 / 不均匀系数 K / 转矩状态 T/N·m	1	2	3	4	均值
152	1.138	1.097	1.118	1.091	1.111
197	1.120	1.111	1.091	1.127	1.112
278	1.108	1.075	1.081	1.151	1.104
350	1.180	1.128	1.122	1.102	1.133
均值	1.137	1.103	1.103	1.118	1.115

表 13-6　静态试验轴向力测量数据处理结果

加载次数	1	2	3	均值
加载转矩状态 T/N·m	150	200	230	
载荷不均匀系数 K	1.883	1.731	1.659	1.758

在动态试验情况下，星形齿轮系的载荷不均匀系数见表13-7。

③ 试验与计算结果的比较　在静态条件下，星形齿轮系载荷不均匀系数的计算值与试验值比较见表13-8。

在动态条件下，星形齿轮系载荷不均匀系数的计算值与试验值比较见表13-9。

由于计算值是在理想状态下的理论值，而试验值是在加工、装配等一系列误差因素的影响下测得的，同时还存在着测试系统的误差，所以试验值与计算值之间存在着一定的差异可以理解。

综合理论分析与试验研究，对于星形齿轮传动，采用太阳轮（或内齿圈）浮动的载荷不均匀系数范围可取为 $K_p=1.1\sim1.15$。

星形齿轮传动实际上是一种定轴轮系传动，除计算载荷时必须要考虑载荷不均匀系数外，其零部件的强度计算与定轴轮系相同，可参照定轴轮系的强度计算。

表 13-7　动态试验轴向力测量数据处理结果

转矩状态 T/N·m \ 不均匀系数 K \ 加载次数	1	2	3	4	均值
152	1.064	1.111	1.206	1.054	1.109
197	1.045	1.099	1.092	1.119	1.089
278	1.030	1.073	1.150	1.075	1.082
350	1.058	1.036	1.011	1.059	1.041
均值	1.049	1.080	1.115	1.077	1.080

表 13-8　在静态条件下星形齿轮系载荷不均匀系数的计算值与试验值比较

(加载状态)转矩/N·m		150	200	230
计算值		1.772	1.573	1.501
试验值	应变	1.928	2.500	1.900
	轴向力	1.883	1.732	1.659

表 13-9　在动态条件下星形齿轮系载荷不均匀系数的计算值与试验值比较

(加载状态)转矩/N·m		150	197	278	350
计算值		1.098	1.011	1.004	1.001
试验值	辐板应变	1.111	1.113	1.104	1.157
	轴向力	1.109	1.089	1.082	1.041

第 14 章 销齿传动装置的设计

目前在斗轮堆取料机的回转机构、大型浮吊的回转机构中常常采用销齿传动。这是因为销轮的轮齿是圆柱销，小轮为摆线轮或渐开线圆柱齿轮，与一般大型渐开线齿轮转盘相比，具有结构简单、加工方便、造价低、拆修方便等优点，以其代替大型的渐开线齿轮转盘时，有较大的优越性。

销齿传动适用于低速、重载的机械传动，以及粉尘多、润滑条件差等工作环境较恶劣的场合。其圆周速度范围一般为 $v=0.05\sim0.5\text{m/s}$，传动比范围一般为 $i=5\sim30$；传动效率在无润滑油时为 $\eta=0.90\sim0.93$，有润滑油时为 $\eta=0.93\sim0.95$。

14.1 销齿传动的特点与应用

销齿传动是属于定轴齿轮传动的一种特殊形式，如图 14-1 所示。其中具有圆柱销齿的大轮称为销轮，另一个小者则称为齿轮。

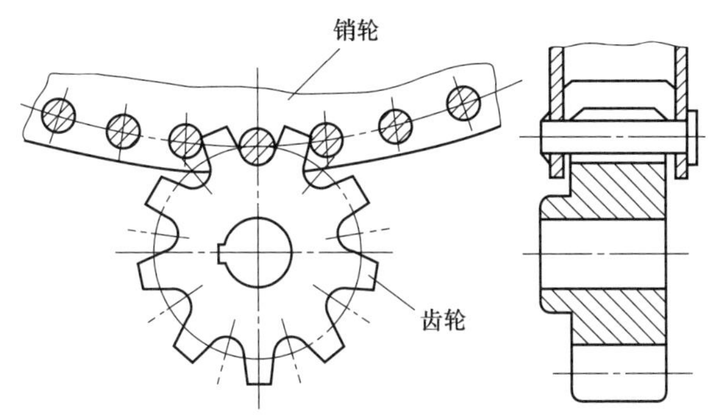

图 14-1 外啮合销齿传动

销齿传动有外啮合、内啮合和齿条啮合三种传动形式。在斗轮堆取料机回转机构、大型浮吊回转机构中，主要使用外啮合和内啮合销齿传动。

齿轮齿廓曲线依次分别为外摆线、内摆线和渐开线。使用时，常以齿轮作为主动轮；当以销轮作为主动轮时，因齿轮齿顶先进入啮合而降低了传动效率，所以很少采用。

目前加工齿轮的齿廓已有专门设备，可加工各种类型的齿廓。若制造单位无此专用设备，也可以想办法自行解决。锻坯→退火或正火→粗车→划线（在端面划出齿廓线）→粗镗齿廓底圆（留余量，同时将齿廓的两侧割掉或刨掉）→调质处理→精车全部→精镗齿廓的底圆→精刨齿廓的两侧面（如摆线轮可由三段圆弧组成齿廓，在插床上装一工具，以中心孔定位，以两侧圆弧为半径，绕工作台回转，就可加工出齿廓)→中频淬硬齿廓（硬度为40～45HRC)。

14.2 销齿传动的工作原理

14.2.1 外啮合销齿传动

图14-2为外啮合销齿传动的工作原理，设有1、2两轮的节圆外切于节点。在轮2节圆周上取一点B，使其起始位置重合于节点P。

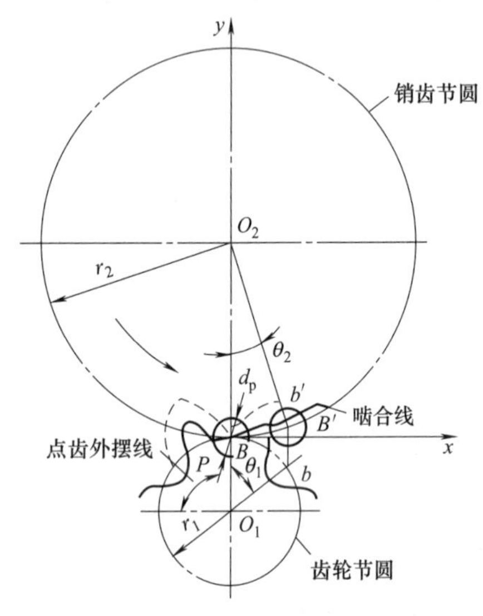

图14-2　外啮合销齿传动工作原理

两轮各绕其中心O_1、O_2按箭头所示方向转动，并相互作纯滚动，当轮1转过θ_1角，而轮2相应地转过θ_2角时，B点则达到图示的B'点位置。

因B点是属于轮2节圆周上的一点，就其绝对运动轨迹来说，即为与该圆圆周相重合的一圆弧；而就其相对于轮1的相对运动轨迹来说，则为一外摆线bb'。今把B点视为轮2（销轮）上直径等于零的一个销齿（谓之点齿)，而把外摆线bb'作为轮1（小齿轮）上的一齿廓，那么，它们就构成一对理论上的销齿传动，可称为点齿啮合传动。

如果使两轮按上述相反的方向转动，则可得到另一条与bb'反向的外摆线Bb'，于是bb'与Bb'即构成星轮上的一个点齿啮合齿形，如图14-2中虚线所示。显而易见，当点齿啮合进行传动时，其啮合线乃是一与轮2的节圆周相重合的圆弧。此外，两轮的传动为定比传动。

然而，实际的销轮，其销齿是具有一定直径的。若在点齿啮合齿形的齿廓曲线上取一系列的点分别作为圆心，以销齿的外径为半径，作出一圆族，然后作出此圆族的内包络线，即可得到齿轮实际齿形的齿廓，如图14-2中实线所示。

此实际齿形的齿廓曲线即为点齿啮合齿形曲线的等距外摆线，其本身仍为一外摆线。当实际的齿轮齿形与具有一定直径的销齿啮合传动时，其啮合线不再是一圆弧，而变为一蚶形(Limacon）曲线，其参数方程为

$$\left.\begin{aligned} x&=\left(2r_2\sin\frac{\theta_2}{2}-\frac{d_p}{2}\right)\cos\frac{\theta_2}{2}\\ y&=\left(2r_2\sin\frac{\theta_2}{2}-\frac{d_p}{2}\right)\sin\frac{\theta_2}{2}\end{aligned}\right\}\tag{14-1}$$

式中　r_2——销轮节圆半径，mm；

θ_2——销轮转角，rad，$\theta_2=\theta_1\dfrac{r_1}{r_2}$；

d_p——销轮销齿直径，mm。

14.2.2　内啮合销齿传动

如将式（14-1）中的 r_2 变为负值时，两圆心 O_2 与 O_1 则居于节点 P 的同一侧，即两轮节圆变成内切，得到内啮合销齿传动，如图 14-3 所示。此时，其点齿啮合齿廓曲线即变成周摆线（Pericyloid），齿轮的实际齿廓应为此周摆线的等距曲线，仍为一周摆线。在内啮合传动时，销轮的转动方向与外啮合相反，故其转角 θ_2 应为负值。今以 $-r_2$ 及 $-\theta_2$ 代替式（14-1）中的 r_2 及 θ_2，即可得到内啮合销齿传动的啮合线参数方程为

$$\left.\begin{aligned} x &= \left(2r_2\sin\frac{\theta_2}{2}+\frac{d_p}{2}\right)\cos\frac{\theta_2}{2} \\ y &= -\left(2r_2\sin\frac{\theta_2}{2}+\frac{d_p}{2}\right)\sin\frac{\theta_2}{2} \end{aligned}\right\} \tag{14-2}$$

式中各符号意义与式（14-1）相同。因此，啮合线仍为蚶形曲线，如图 14-3 所示。

14.2.3　销齿条传动

当销轮的半径 $r_2\to\infty$时，则得到销齿条传动，如图 14-4 所示。

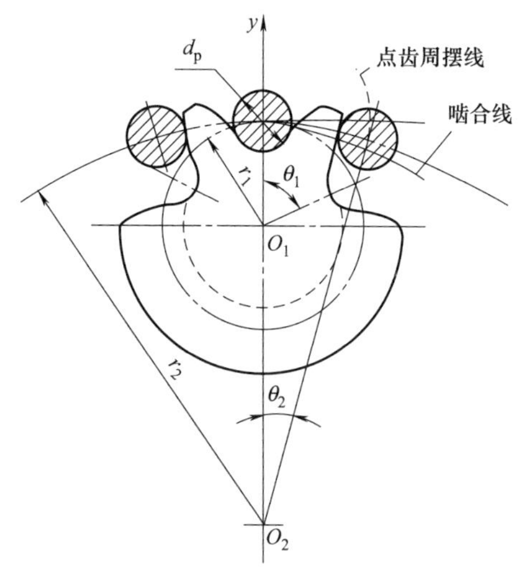

图 14-3　内啮合销齿传动

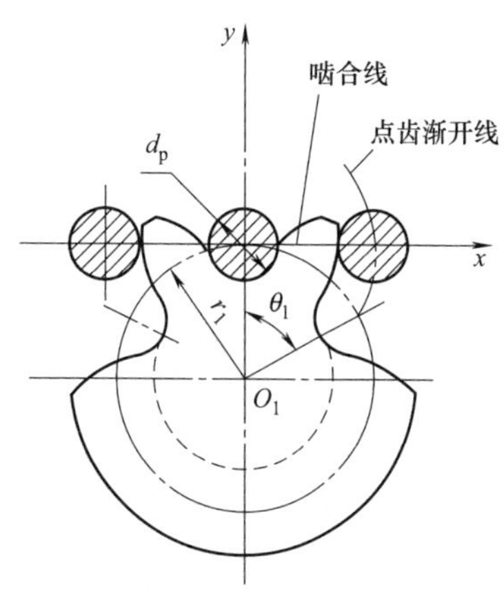

图 14-4　销齿条传动

此时，齿轮的实际齿廓曲线应为一渐开线。其啮合线则为与销齿条节线相重合的一段直线，如图 14-4 所示，其参数方程为

$$\left.\begin{aligned} x &= r_1\theta_1-\frac{d_p}{2} \\ y &= 0 \end{aligned}\right\} \tag{14-3}$$

式中　r_1——齿轮节圆半径，mm；

θ_1——齿轮转角，rad；

d_p——销轮销齿直径，mm。

14.3 销齿传动的几何计算

销齿传动的几何计算见表 14-1。

销齿传动的几何计算公式及数据见表 14-1。在确定齿轮的齿顶高和重合度时，需按齿轮齿数和销轮销齿直径之比查图 14-5 中的线图来确定。

线图分为两组，z_1、d_p/p、$(h_a/p)_{max}$为第一组，z_1、h_a/p、ε 为第二组。

已知 z_1 和 d_p/p 时，利用第一组线图查出的 $(h_a/p)_{max}$值，即为齿轮齿顶不变尖的最大许用值，然后选一小于 $(h_a/p)_{max}$的值作为采用的 h_a/p 值。再根据 z_1 和 h_a/p，利用第二组线图查出相应的 ε 值。

如已知外啮合销齿传动，$z_1=13$ 齿，$d_p/p=0.48$。按图 14-5（a）查得 $z_1=13$ 齿，$d_p/p=0.48$ 的两曲线交于 A 点，自 A 点作垂线交横坐标得 $(h_a/p)_{max}=0.475$。选取 $h_a/p=0.43$，在横坐标上 0.43 处作垂线，交 $z_1=13$ 曲线于 B 点，再过 B 点作水平线交纵坐标得 $\varepsilon=1.28$。

表 14-1 销齿传动的几何计算 单位：mm

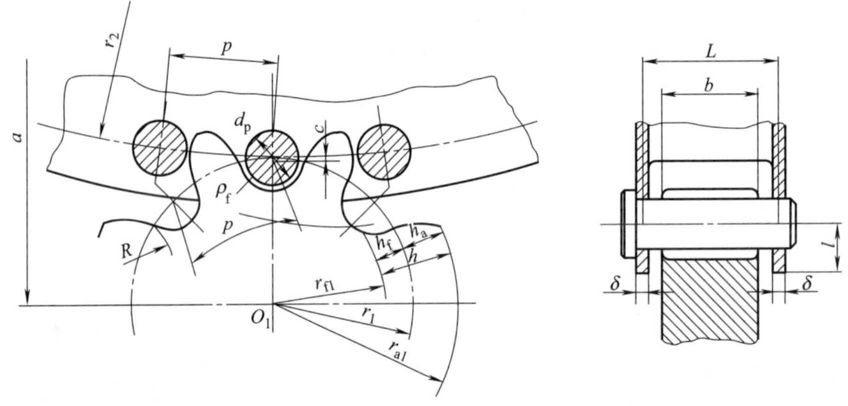

项 目	代 号	计算公式及说明		
		外啮合	内啮合	齿条啮合
齿轮齿数	z_1	最小齿数可用到 7 齿，一般取 $z_1=9\sim18$ 齿		
销轮齿数	z_2	$z_2=iz_1$		按使用要求定
传动比	i	$i=\frac{n_1}{n_2}=\frac{z_2}{z_1}\geqslant1$		
销轮销齿直径	d_p	根据表 14-2 强度计算确定		
齿距	p	一般值 $d_p/p=0.475$；推荐值 $d_p/p=0.475$		
齿轮节圆直径	d_1、r_1	$d_1=\frac{pz_1}{\pi}$		应满足齿条速度要求：$d_1=\frac{60\times1000v}{\pi n_1}$
销轮节圆直径	d_2、r_2	$d_2=\frac{pz_2}{\pi}$		$d_2=\infty$
齿轮齿根圆角半径	ρ_f	$\rho_f=(0.515\sim0.52)d_p$		
齿轮齿根圆角半径中心至节圆距离	c	$c=(0.04\sim0.05)d_p$		
齿轮齿顶高	h_a	按 z_1、d_p/p 两值查图 14-5 求得；推荐值：$h_a=(0.8\sim0.9)d_p$		

续表

项　　目	代　　号	计算公式及说明		
		外啮合	内啮合	齿条啮合
齿轮齿根高	h_f	$h_f=\rho_f+c$		
齿轮全齿根	h	$h=h_a+h_f$		
齿轮齿廓过渡圆弧半径	R	$R=(0.3\sim0.4)d_p$		
齿轮齿顶圆直径	d_{a1}、r_{a1}	$d_{a1}=d_1+2h_a$		
齿轮齿根圆直径	d_{f1}、r_{f1}	$d_{f1}=d_1-2h_f$		
中心距	a	$a=r_2+r_1=\dfrac{z_2+z_1}{2}p$	$a=r_2-r_1=\dfrac{z_2-z_1}{2}p$	
齿轮齿宽	b	$b=b^*d_p$		
齿宽系数	b^*	$b^*=1.5\sim2.5$		
销齿计算长度(夹板间距)	L	$L=(1.2\sim1.6)b$		
销齿中心至夹板边缘距离	l	$l=(1.5\sim2)d_p$		
销轮夹板厚度	δ	$\delta=(0.25\sim0.5)d_p$；当取较小值时，可按表14-2进行强度校核		
重合度	ε	按z_1和h_a/p两值由图14-5直接查得。为了保证啮合连续性和传动平稳性，推荐ε的许用值不小于1.1～1.3		

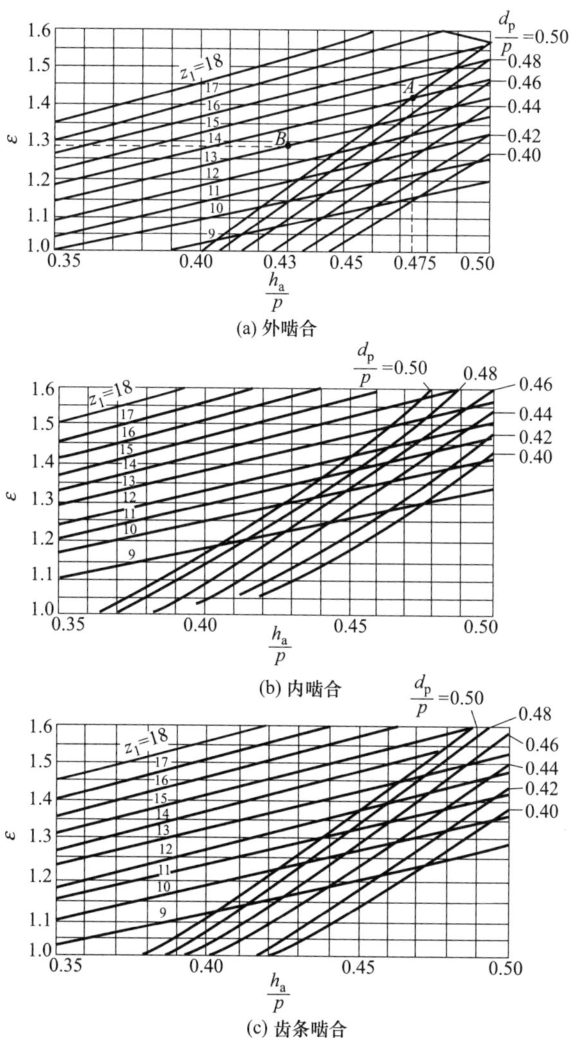

图14-5　z_1、d_p/p、$(h_a/p)_{max}$及z_1、h_a/p、ε的关系

14.4 销齿传动的强度计算

销齿传动的强度计算，一般是先按表面接触强度条件算出销轮销直径 d_p 的值，其次按 d_p/p 比值计算出齿距 p，然后再分别对销轮销齿和齿轮轮齿进行弯曲强度验算。同时，还应保证具有一定的抗磨损强度及滚压强度。

接触强度计算公式的建立条件：如果两轮齿材料均为钢，即弹性模量 $E_1=E_2=2.1\times10^5$MPa，则以两轮齿在节点处接触时作为计算位置。此时，两轮齿接触点处的曲率半径分别为 $\rho_1=0.5d_p$、$\rho_2=1.5d_p$。

若两轮齿的材料不同时，应取其中 $[\sigma_H]$ 较小者计算。

此外，如果需要，销轮夹板厚度 δ 可按表 14-2 验算其挤压应力条件。

齿轮常用材料有 45、40Cr、35CrMo、42CrMo 等。齿轮齿坯调质处理硬度为 240～270HBW，齿面硬度为 45～50HRC，有效硬化层应不小于 2mm；销齿面硬度不低于 40HRC，有效硬化层应不小于 2mm。采用硬齿面同时为了提高齿面抗磨损性能。

材料的许用接触应力 $[\sigma_H]$ 及轮齿许用弯曲应力 $[\sigma_{F1}]$ 见表 14-3。销齿许用弯曲应力 $[\sigma_{F2}]$ 见表 14-4。

表 14-2 强度计算公式

项目	计算公式	说明
接触强度	设计公式 $d_p\geqslant\dfrac{99}{[\sigma_H]}\sqrt{\dfrac{F_t}{b^*}}$ 或 $d_p\geqslant85\sqrt[3]{\dfrac{T_2(d_p/p)}{iz_1b^*[\sigma_H]^2}}$ 验算公式：$\sigma_H\approx\dfrac{99}{d_p}\sqrt{\dfrac{F_t}{b^*}}\leqslant[\sigma_H]$	d_p——销轮销齿直径，mm；F_t——传递圆周力，N；$[\sigma_H]$——许用接触应力，MPa；b^*——齿轮齿宽系数；T_2——销轮转矩，N·m；p——齿距，mm；i——传动比；z_1——齿轮齿数；σ_H——计算接触应力，MPa；σ_{F1}，σ_{F2}——齿轮齿、销齿计算弯曲应力，MPa；$[\sigma_{F1}]$、$[\sigma_{F2}]$——齿轮齿、销齿许用弯曲应力，MPa；L——销齿计算长度，mm；δ——销轮夹板厚度，mm；$[\sigma_{pr}]$——许用挤压应力，对 Q235 钢，$[\sigma_{pr}]$=100～120MPa；对 16Mn，$[\sigma_{pr}]$=120～150MPa；σ_{pr}——计算挤压应力，MPa；T_2 和 F_t 为额定负荷下的转矩和圆周力
弯曲强度	齿轮齿验算公式：$\sigma_{F1}\approx\dfrac{16F_t}{bp}\leqslant[\sigma_{F1}]$ 销齿验算公式：$\sigma_{F2}\approx\dfrac{2.5F_t}{d_p^3}\left(L-\dfrac{b}{2}\right)\leqslant[\sigma_{F2}]$	
夹板挤压强度	验算公式：$\sigma_{pr}=\dfrac{F_t}{2d_p\delta}\leqslant[\sigma_{pr}]$	

表 14-3 许用接触应力 $[\sigma_H]$ 及轮齿许用弯曲应力 $[\sigma_{F1}]$ 单位：MPa

材料			齿轮、销齿许用接触应力$[\sigma_H]$				齿轮许用弯曲应力$[\sigma_{F1}]$	
牌号	热处理	硬度 HBW	齿轮、销轮转速/(r/min)				载荷	
			10	25	50	100	对称循环	脉动循环
45	正火	167～217	1080	1060	1030	960	140	215
	调质	207～255	1200	1180	1150	1080	145	220
40Cr	调质	241～285	1440	1420	1390	1320	170	250
35CrMo	调质	241～285	1460	1440	1400	1340	180	270
42CrMo	调质	241～285	1480	1460	1420	1400	200	280

表 14-4 销齿许用弯曲应力 $[\sigma_{F2}]$

许算公式	说明
对称循环载荷： $[\sigma_{F2}]=\dfrac{\sigma_{-1}}{K}\dfrac{1}{[S]}$ 脉动循环载荷： $[\sigma_{F2}]=\dfrac{2\sigma_{-1}}{K+\eta}\dfrac{1}{[S]}$	σ_{-1}—疲劳极限，$\sigma_{-1}=0.43\sigma_b$ 45，正火，$\sigma_b=54\sim60$MPa 40Cr，调质，$\sigma_b=700\sim900$MPa；35CrMo，调质，$\sigma_b=750\sim1000$MPa；42CrMo，调质，$\sigma_b=800\sim1100$MPa $[S]$—许用安全系数，$[S]=1.4\sim1.6$ η——不对称循环敏感系数，碳钢 $\eta=0.2$，合金钢 $\eta=0.3$ K——销齿表面状况系数

加工方法	表面粗糙度 $Ra/\mu m$ ≤	$\sigma_b\leqslant60$MPa	$\sigma_b>60$MPa
磨	1.6	1.10	1.15
车	3.2	1.15	1.20
车	12.5	1.25	1.35
锻、轧	—	1.40	1.60

14.5 销齿传动公差

齿轮、销轮的制造公差见表 14-5。

表 14-5 齿轮、销轮的制造公差

项目	公差或配合				备注
	齿距 p				
	10π	20π	30π	50π	
齿轮的制造公差与配合					
两相邻齿同侧面间齿距 p 公差	±0.05	±0.10	±0.15	±0.20	
齿顶圆直径 d_{a1} 的公差	h8				
齿顶圆周对轴孔中心的跳动量	≤0.10～0.15				p 小取小值，p 大取大值
齿面与轴孔轴线平行度公差	0.05～0.10				p 小取小值，p 大取大值
销轮的制造公差与配合					
销孔中心距(齿距)的公差	±0.15	±0.25	±0.40	±0.55	
销齿与夹板孔的配合	$\dfrac{H7}{h6}$				
节圆直径 d_2 的公差	h9～h10				d_2 小用 h10，d_2 大用 h9
节圆周对轴孔中心的跳动量	≤0.50～1.50				p 小取小值，p 大取大值

14.6 销轮轮缘的结构形式

销轮轮缘的结构形式见表 14-6。

表 14-6 推荐的轮缘结构形式

结构形式	图例	特点
不可拆式		结构简单，连接可靠，不会松脱，但检修、更换不方便，焊接时易产生热变形

续表

结构形式	图例	特点
可拆式	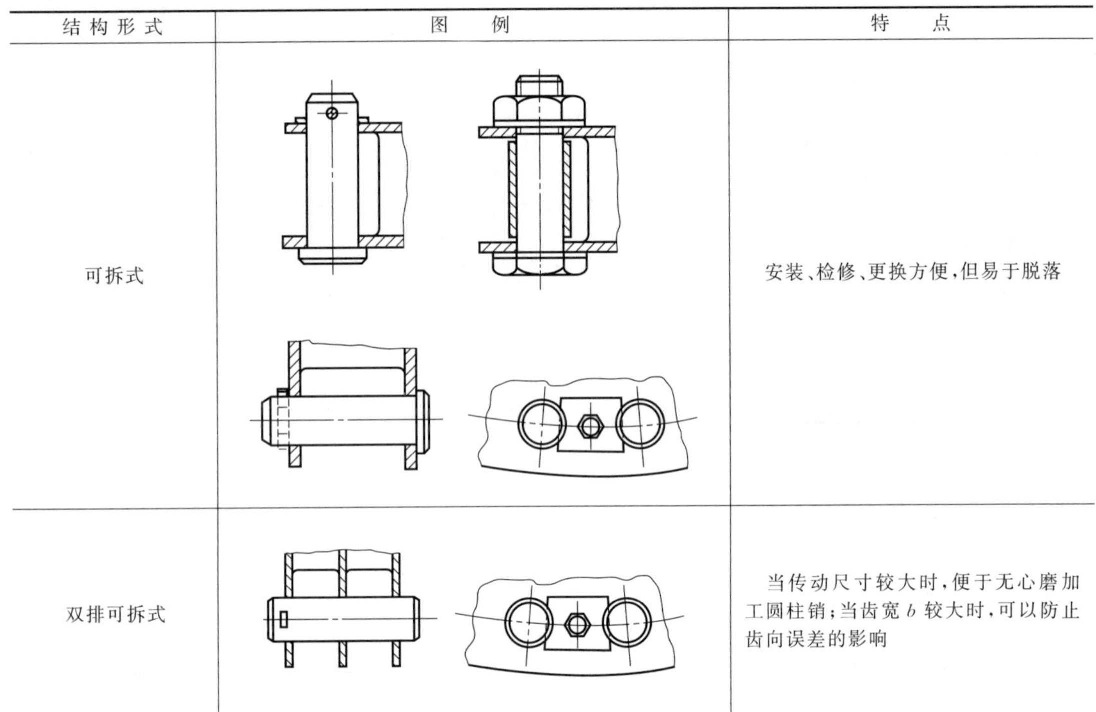	安装、检修、更换方便，但易于脱落
双排可拆式		当传动尺寸较大时，便于无心磨加工圆柱销；当齿宽 b 较大时，可以防止齿向误差的影响

14.7 齿轮齿形的绘制

齿轮齿形的绘制见表 14-7、表 14-8。

表 14-7 齿轮齿形的轨迹作图法

图例	作图步骤
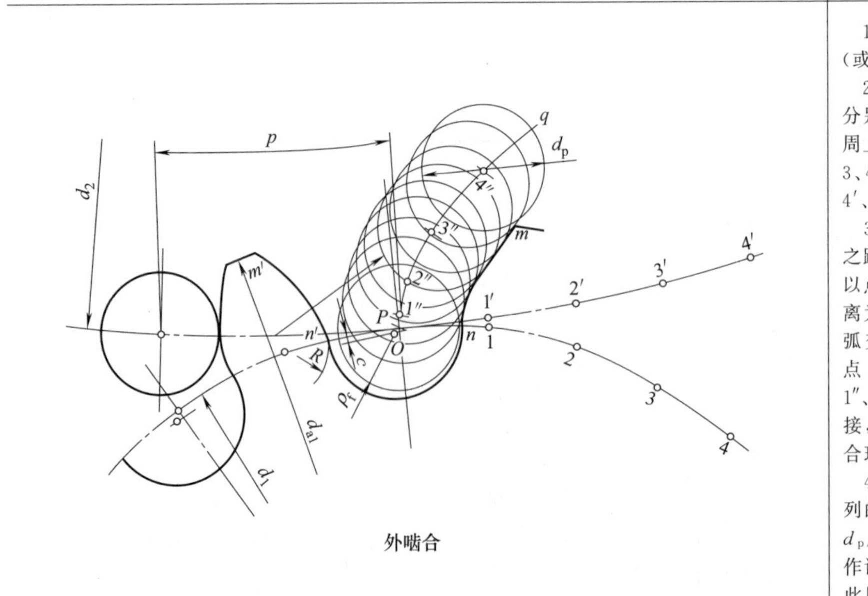 外啮合	1. 作出两轮节圆并外切(或内接)于 P 点； 2. 以任意一适当弧长，分别在齿轮和销轮节圆圆周上截取若干等分点 1、2、3、4、…、N 和 1′、2′、3′、4′、…、N'； 3. 以点 P 为圆心，1-1′之距离为半径作一弧。再以点 1 为圆心，P-1′之距离为半径作另一弧，使两弧交于点 1″。同理，作出点 2″、3″、4″、…、N''。将点 1″、2″、3″、4″、…、N''圆滑连接，即得到齿轮的点齿啮合理论齿廓曲线 pq； 4. 在 pq 曲线上取一系列的点分别作为圆心，以 $d_p/2$ 为半径，画出一圆族，作该圆族的内包络线 mn，此即某齿齿顶的一侧齿廓曲线；

续表

图　例	作图步骤
内啮合 齿条啮合	5. 以齿轮轮心为圆心，以 $\frac{d_{a1}}{2}$ 为半径，作出齿顶圆； 6. 以点 n 为圆心，以 ρ_f 为半径画一弧。又以齿轮中心为圆心，以 $\left(\frac{d_1-c}{2}\right)$ 为半径画另一弧，两弧交于 O 点。再以 O 点为圆心，以 ρ_f 为半径，作出齿根圆弧； 7. 以 R 为半径，作出齿顶与齿根之间的过渡圆弧； 8. 以上，画得的为某齿的一侧齿廓。依对称关系再画出另一侧齿廓

表 14-8　齿轮齿形的近似作图法

图　例	作图步骤
	1. 以 O_1 为圆心，以 $d_1/2$ 为半径，作出齿轮节圆； 2. 在节圆上任取一点 P，以 P 为圆心，以 $d_p/2$ 为半径作出销齿外径； 3. 量出 $\overline{PO}=c$，得到 O 点，以 O 为圆心，以 ρ_f 为半径作出齿根圆弧； 4. 以齿根圆弧与节圆圆周的交点 n 为圆心，以 ρ_m（齿顶部分工作齿廓曲线的平均曲率，取 $\rho_m=1.5d_p$）为半径作弧，交节圆圆周于 e 点。再以 e 点为圆心，以 ρ_m 为半径从 n 点开始作弧，便为某齿一侧齿顶部分的工作齿廓； 5. 以 R 为半径，作出齿顶与齿根之间的过渡圆弧，并以 O_1 为圆心，以 $(d_1/2+h_a)$ 为半径，作出齿顶圆。至此，得到了轮齿一侧的工作齿廓。再利用轮齿的对称关系，作出另一侧工作齿廓

注：除表中作图方法外，还可采用套筒滚子链的链轮齿形作为近似的齿轮齿形。

14.8 设计实例与典型工作图

［设计实例］ 已知一斗轮堆取料机回转机构中，功率 $P_1=15kW$，转速 $n_1=1440r/min$,通过一立式行星齿轮减速器，传动比 $i=605$，传至销齿传动，齿轮齿数 $z_1=10$，销齿齿数 $z_2=130$，试设计该销齿传动。

解：

(1) 计算销轮轴的转矩 T_2。

总传动比 $i=605\times13=7865$

其中行星减速器的传动比 $i=605$

销齿传动的传动比 $i_2=z_2/z_1=130/10=13$

销轮功率 $P_2=P_1\eta_1\eta_2=15\times0.93\times0.9kW=12.56kW$

销轮轴的转矩 $T_2=9550\dfrac{P_2}{n_2}=9550\times\dfrac{12.56}{0.183}N\cdot m=655454N\cdot m$

其中销轮轴的转速

$$n_2=n_1/i=(1440/7865)r/min=0.183r/min$$

(2) 选择材料及确定许用应力。销齿材料采用 40Cr 钢，调质处理，硬度为 241～285HBW。按 10r/min 查表 14-3 得 $[\sigma_H]=1440MPa$，查表 14-4，按对称循环载荷计算 $[\sigma_{F2}]$

$$[\sigma_{F2}]=\frac{\sigma_{-1}}{K}\frac{1}{[S]}=\frac{0.43\times800}{1.35}\times\frac{1}{1.6}MPa=159MPa$$

齿轮材料采用 42CrMo，调质处理，硬度为 241～285HBW。按 10r/min 查表 11-3 得 $[\sigma_H]=1480MPa$，$[\sigma_{F1}]=200MPa$。

(3) 选定 b^*、z_1、d_p/p 和确定 z_1、h_a/p、z_2 等参数。

按表 14-1 取 $b^*=1.5$，$z_1=10$，$d_p/p=0.475$。

销轮齿数 $z_2=z_1i_2=10\times13=130$

按 $z_1=10$，$d_p/p=0.475$ 查图 14-5 (a) 得 $(h_a/p)_{max}=0.478$。为了保证齿顶不变尖且具有一定厚度，还要保证重合度 ε 的许用值为 1.1～1.3。现按 $z_1=10$、$h_a/p=0.475$ 查得 $\varepsilon=1.2$，在许用范围内，故合格。

(4) 按强度计算确定销齿直径 d_p。按表 14-2 中接触强度计算公式计算 d_p

$$d_p\geqslant85\sqrt[3]{\frac{T_2(d_p/p)}{z_1i_2b^*[\sigma_H]^2}}=85\sqrt[3]{\frac{655454\times0.475}{10\times13\times2\times1440^2}}mm$$

$$=71mm$$

今取 $d_p=75mm$

式中 i_2——销齿传动的传动比，$i_2=13$；

z_1——齿轮的齿数，$z_1=10$；

b^*——齿轮齿宽系数，$b^*=b/d_p=2$；

$[\sigma_H]$——许用接触应力，$[\sigma_H]=1440MPa$。

按表 14-4 中弯曲强度公式校核 d_p

传递圆周力 $F_t = \frac{T_2}{r_2} = \frac{T_2}{z_2 p/(2\pi)} = \frac{2\pi T_2 \times 0.475}{z_2 d_p} = \frac{2\times 3.14\times 655454\times 10^3\times 0.475}{130\times 75}\text{N}$

$= 200535\text{N}$

取 $L = 1.6d_p = 1.6\times 75\text{mm} = 120\text{mm}$

齿宽 $b = b^* d_p = 2\times 75\text{mm} = 150\text{mm}$

$$\sigma_{F2} = \frac{2.5F_t}{d_p^3}\left(L - \frac{b}{2}\right) = \frac{2.5\times 200535}{75^3}\left(120 - \frac{75}{2}\right)\text{MPa}$$

$$= 98\text{MPa}$$

因为 $\sigma_{F2} = 98 < [\sigma_{F2}] = 159\text{MPa}$，所以销齿弯曲强度足够。

按表 14-2 中弯曲强度验算公式校核齿轮轮齿的弯曲强度，因

$$\sigma_{F1} = \frac{16F_t}{bp} = \frac{16\times 200535}{150\times \frac{d_p}{0.475}} = \frac{16\times 200535}{75\times 2\times \frac{75}{0.475}}\text{MPa} = 136\text{MPa}$$

$$\sigma_{F1} = 136\text{MPa} < [\sigma_{F1}] = 200\text{MPa}$$

所以齿轮轮齿弯曲强度足够。

此销齿传动用于电厂煤场的斗轮堆取料机上，要求有高可靠性，较长的使用寿命。为此将齿轮做成双联，使载荷沿齿宽分布均衡，传动平稳，提高其使用可靠度。

(5) 几何尺寸计算。

齿轮齿数 $z_1 = 13$，销齿齿数 $z_2 = 130$

销齿直径 $d_p = 75\text{mm}$

齿距 $p = d_p/0.475 = (75/0.475)\text{mm} = 157.89\text{mm}$

齿轮节圆直径 $d_1 = pz_1/\pi = (157.89\times 10/\pi)\text{mm} = 502.58\text{mm}$

销轮节圆直径 $d_2 = pz_2/\pi = (157.89\times 130/\pi)\text{mm} = 6533.53\text{mm}$

齿轮齿根圆角半径 $\rho_f = (0.515\sim 0.52)d_p = (0.515\sim 0.52)\times 75\text{mm} = 38.625\sim 39\text{mm}$，取 $\rho_f = 39\text{mm}$

半径中心至节圆距离 $c = (0.04\sim 0.05)d_p = (0.04\sim 0.05)\times 75\text{mm} = 3\sim 3.75\text{mm}$，取 $c = 3.5\text{mm}$

齿轮齿顶高 $h_a = 0.43p = 0.43\times 157.89\text{mm} = 67.89\text{mm}$

齿轮齿根高 $h_f = \rho_f + c = (39 + 3.5)\text{mm} = 42.5\text{mm}$

齿轮全齿高 $h = h_a + h_f = (67.89 + 42.5)\text{mm} = 110.39\text{mm}$

齿轮齿廓过渡圆弧半径 $R = (0.3\sim 0.4)d_p = (0.3\sim 0.4)\times 75\text{mm} = 22.5\sim 30\text{mm}$，取 $R = 25\text{mm}$

齿轮齿顶圆直径 $d_{a1} = d_1 + 2h_a = (502.58 + 2\times 67.89)\text{mm} = 638.36\text{mm}$

齿轮齿根圆直径 $d_{f1} = d_1 - 2h_f = (502.58 - 2\times 42.5)\text{mm} = 417.58\text{mm}$

中心距 $a = \frac{d_1 + d_2}{2} = \frac{502.58 + 6533.53}{2}\text{mm} = 3518.055\text{mm}$

今取 $a = 3500\text{mm}$，其他参数作相应的调整。

齿轮齿宽 $b = 2d_p = 2\times 75\text{mm} = 150\text{mm}$

销齿计算长度 $L = 1.6b = 1.6\times 150\text{mm} = 240\text{mm}$

销齿中心至夹板边缘距离 $l = (1.5\sim 2)d_p = 112.5\sim 150\text{mm}$，取 $l = 100\text{mm}$

销轮夹板厚度 $\delta = (0.25\sim 0.50)d_p = 18.75\sim 37.5\text{mm}$，取 $\delta = 25\text{mm}$

验算夹板挤压强度，按表 14-2 中验算公式，取 $[\sigma_{pr}] = 120\sim 150\text{MPa}$，材料为 16Mn。

$$\sigma_{pr}=\frac{F_t}{2d_p\delta}=\frac{200535}{2\times75\times25}\text{MPa}=54\text{MPa}$$

因为 $\sigma_{pr}=54\text{MPa}<[\sigma_{pr}]=120\text{MPa}$，所以夹板挤压强度足够，满足使用要求。

销齿传动的工作图，齿轮（$z_1=10$）如图 14-6 所示，材料为 42CrMo；销齿轴如图14-7 所示，材料为 40Cr；销齿传动的支座如图 14-8 所示，为焊接件。图 14-9 为齿轮（$z_1=13$），图 14-10 为销轮的典型工作图。

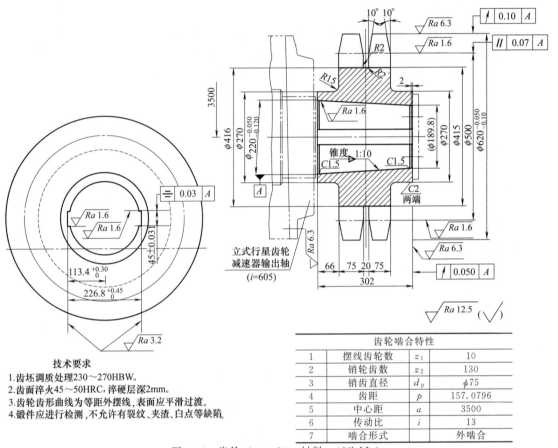

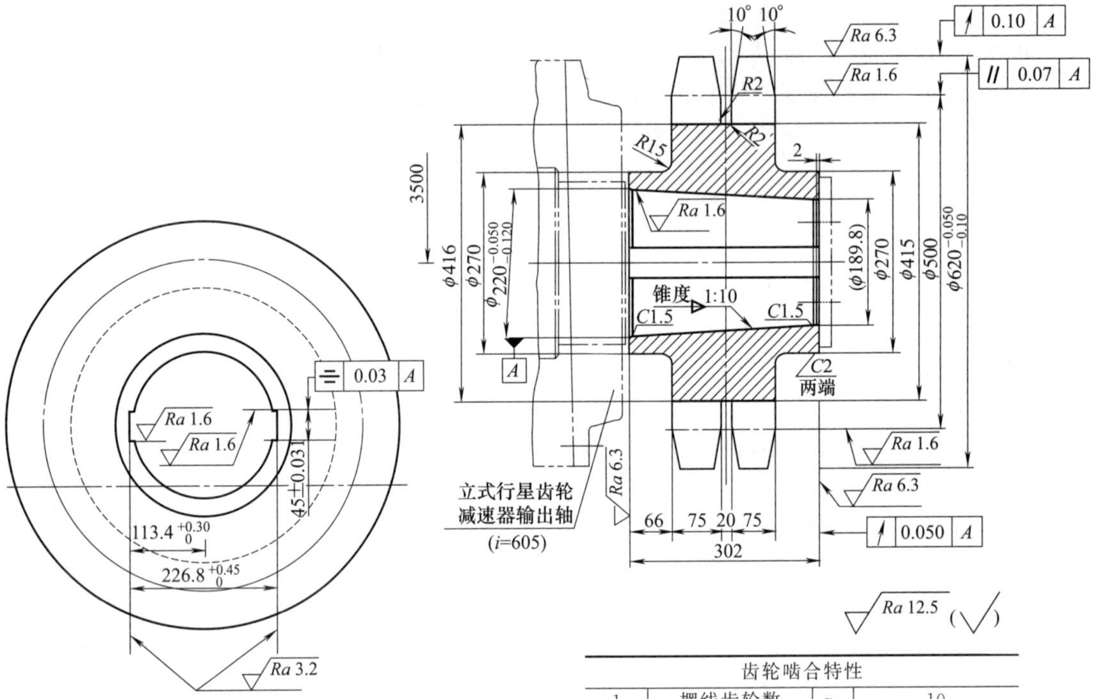

技术要求

1.齿坯调质处理230～270HBW。
2.齿面淬火45～50HRC，淬硬层深2mm。
3.齿轮齿形曲线为等距外摆线，表面应平滑过渡。
4.锻件应进行检测，不允许有裂纹、夹渣、白点等缺陷。

齿轮啮合特性			
1	摆线齿轮数	z_1	10
2	销轮齿数	z_2	130
3	销齿直径	d_p	ϕ75
4	齿距	p	157.0796
5	中心距	a	3500
6	传动比	i	13
7	啮合形式		外啮合

图 14-6　齿轮（$z_1=10$，材料：42CrMo）

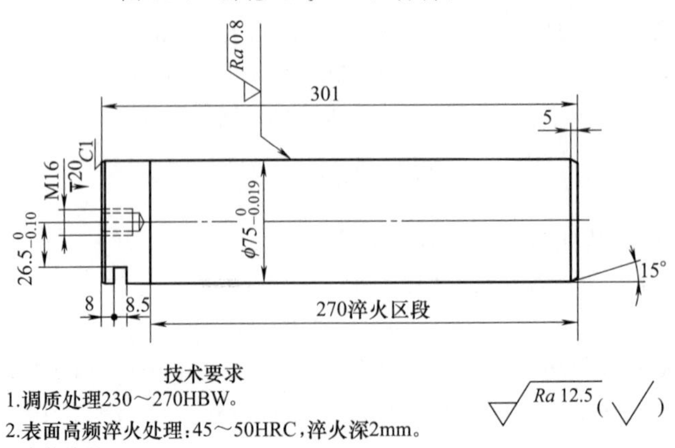

技术要求

1.调质处理230～270HBW。
2.表面高频淬火处理：45～50HRC，淬火深2mm。
3.发蓝处理。

图 14-7　销齿轴（材料：40Cr）

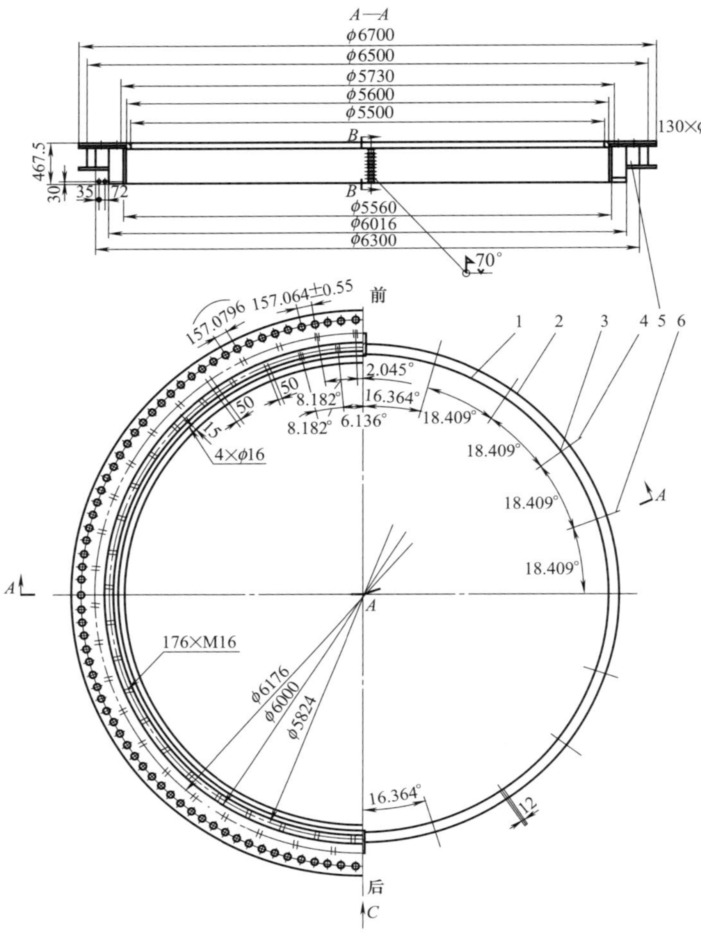

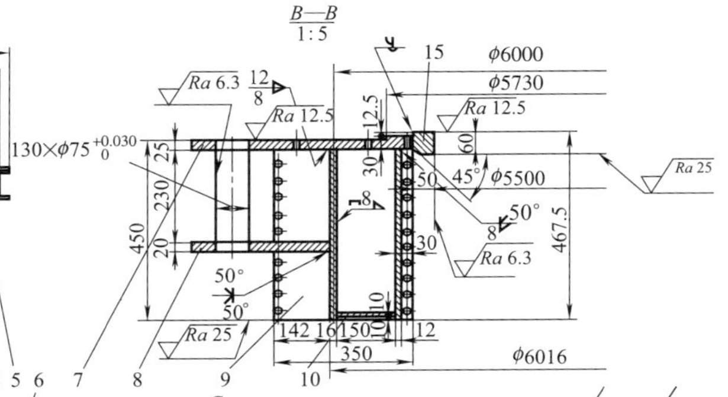

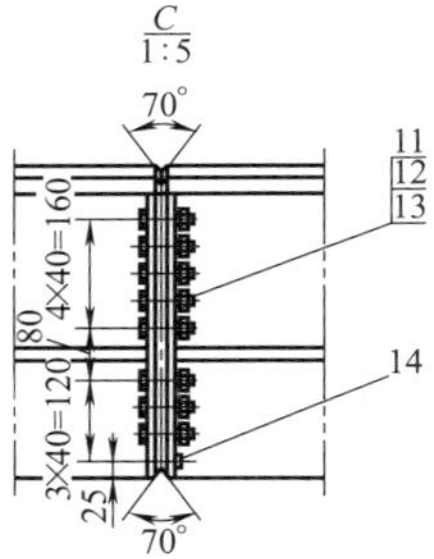

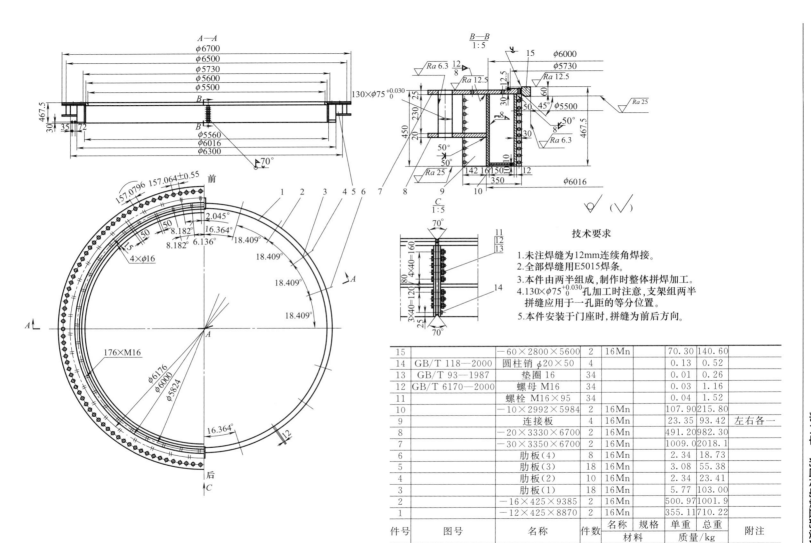

技术要求

1.未注焊缝为12mm连续角焊接。
2.全部焊缝用E5015焊条。
3.本件由两半组成，制作时整体拼焊加工。
4.$130\times\phi75^{+0.030}_{0}$孔加工时注意，支架组两半拼缝应用于一孔距的等分位置。
5.本件安装于门座时，拼缝为前后方向。

件号	图号	名称	件数	材料		质量/kg		附注
				名称	规格	单重	总重	
15		－60×2800×5600	2	16Mn		70.30	140.60	
14	GB/T 118—2000	圆柱销 ϕ20×50	4			0.13	0.52	
13	GB/T 93—1987	垫圈 16	34			0.01	0.26	
12	GB/T 6170—2000	螺母 M16	34			0.03	1.16	
11		螺栓 M16×95	34			0.04	1.52	
10		－10×2992×5984	2	16Mn		107.90	215.80	
9		连接板	4	16Mn		23.35	93.42	左右各一
8		－20×3330×6700	2	16Mn		491.20	982.30	
7		－30×3350×6700	2	16Mn		1009.0	2018.1	
6		肋板(4)	8	16Mn		2.34	18.73	
5		肋板(3)	18	16Mn		3.08	55.38	
4		肋板(2)	10	16Mn		2.34	23.41	
3		肋板(1)	18	16Mn		5.77	103.00	
2		－16×425×9385	2	16Mn		500.97	1001.9	
1		－12×425×8870	2	16Mn		355.11	710.22	

图 14-8 销齿传动的支座（焊接件）

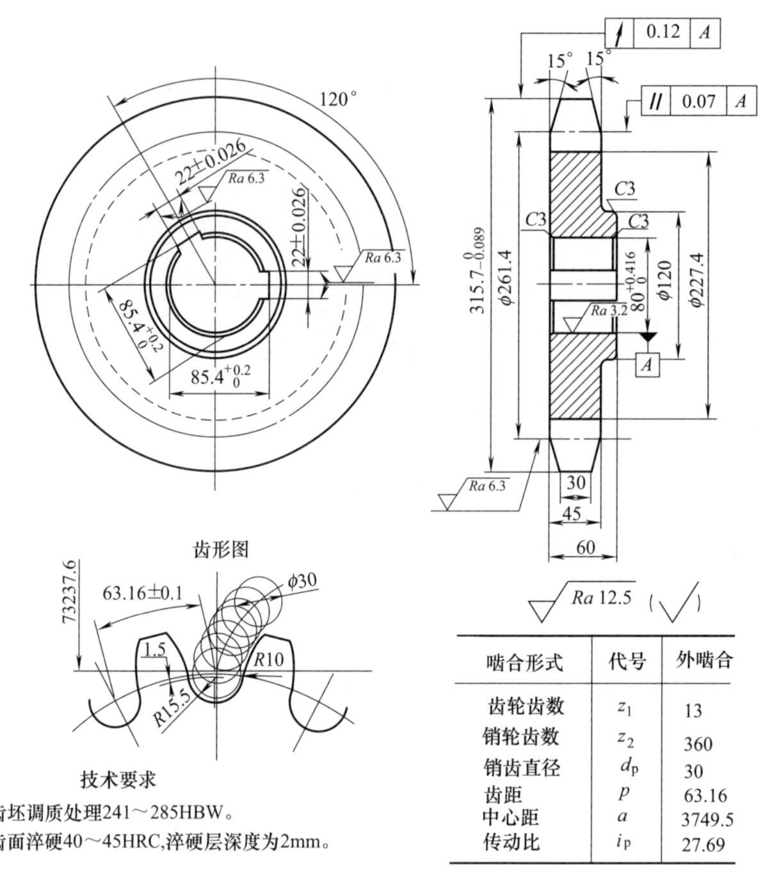

啮合形式	代号	外啮合
齿轮齿数	z_1	13
销轮齿数	z_2	360
销齿直径	d_p	30
齿距	p	63.16
中心距	a	3749.5
传动比	i_p	27.69

技术要求

1.齿坯调质处理241～285HBW。

2.齿面淬硬40～45HRC,淬硬层深度为2mm。

图 14-9 齿轮（z_1＝13）（材料：42CrMo）

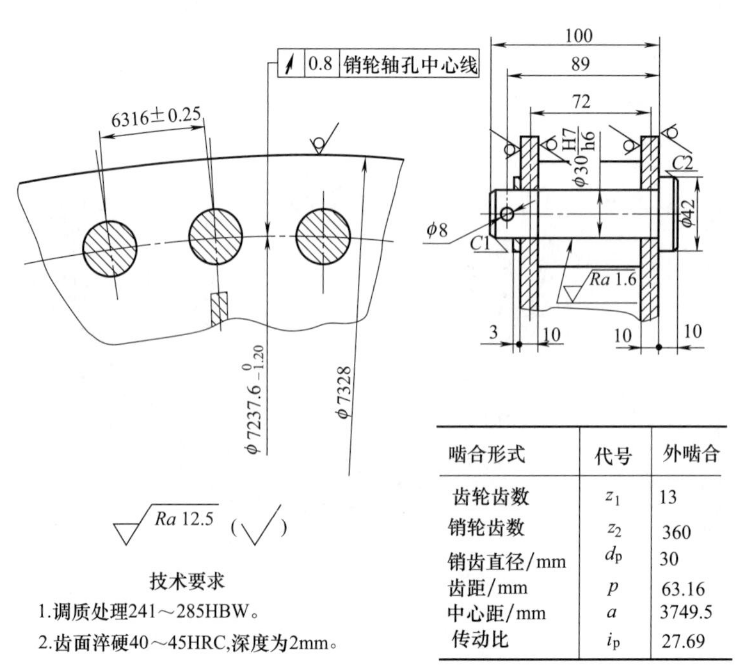

啮合形式	代号	外啮合
齿轮齿数	z_1	13
销轮齿数	z_2	360
销齿直径/mm	d_p	30
齿距/mm	p	63.16
中心距/mm	a	3749.5
传动比	i_p	27.69

技术要求

1.调质处理241～285HBW。

2.齿面淬硬40～45HRC,深度为2mm。

图 14-10 销轮（材料：40Cr）

第 15 章 工程机械的密封

15.1 浮动油封

该标准适用于 ϕ51～608mm 的工程机械的行走部件与行星减速部件上起端面动态密封功能的浮动油封，其他机械中的浮动油封也可参照使用。

15.1.1 浮动油封

指轴向截面呈马鞍形，由铁合金材料制成的浮动式的端面密封环（以下简称浮封环）。浮封环需成对使用，一个随旋转件转动，另一个相对静止，两个浮封环互相紧贴的端面称为密封面，也称亮带。

其由浮封座、O 形圈和浮封环三部分组成，抗污染性能好，对振动、窜动适应性强，对灰尘不敏感，承受压力较高。其结构见图 15-1。

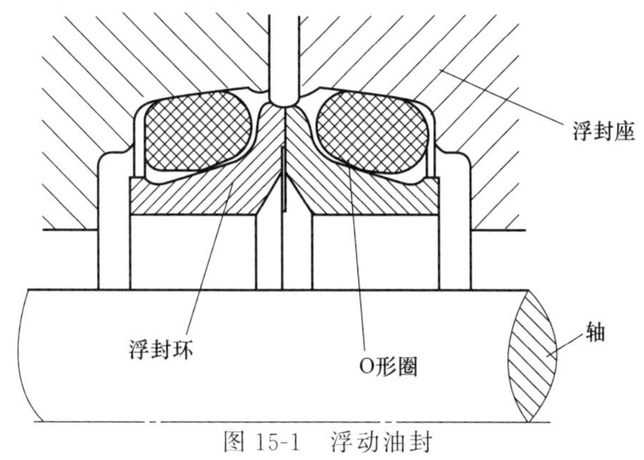

图 15-1 浮动油封

15.1.2 浮封环、O 形圈的标记

① 浮封环标记示例：

浮封环公称外径 D_1 为 93mm，内径 D_2 为 74.6mm，厚度 H 为 14.5mm，标记为：

浮封环 93×74.6×14.5 JB/T 8293—2014

② O 形圈标记示例：

O 形圈公称内径 D_3 为 80mm，截面直径 d 为 9mm，标记为：

O 形圈 80×9 JB/T 8293—2014

15.1.3 浮动油封主要尺寸系列

浮动油封主要尺寸系列见表 15-1。

表 15-1 浮动油封主尺寸系列 mm

序号	零件简图	浮封环			O 形圈		浮封座				
	规格	D_1	D_2	H	D_3	d	D_4	D_5	T_1	α_1	T_2
1	51×38×10	51	38	10	41.4	6.5	53	55	9	10°	1.8
2	58×42×12.5	58	42	12.5	47	7	59	61.5	11	10°	2
3	60×46×12	60	46	12	49	7	62	64	11	10°	2
4	68×54×12	68	54	12	57	7	70	72	11	10°	2
5	70×55.5×11	70	55.5	11	58	7.5	71.2	73	10	10°	2.4
6	74×57.5×12.5	74	57.5	12.5	61	8.7	75	80.4	13	17°	2.8
7	78×64×12.5	78	64	12.5	68	7.5	80.2	83	12	10°	2
8	82×64×16	82	64	16	66	9.5	83	86	14.5	10°	2.8
9	87×74×10.5	87	74	10.5	76	9	92	94	10	10°	2
10	90×70×14	90	70	14	76	9	89	94.5	14	17°	2.8
11	92.08×72.6×16	92.08	72.6	16	76.4	9.5	92.4	95.5	14.5	10°	2.8
12	93×74.6×14.5	93	74.6	14.5	80	9	95	100	14	13°	2
13	93.3×74.6×14.5	93.3	74.6	14.5	80	9.3	96	100	14.6	14°	2.3
14	100×80×15	100	80	15	85	9.3	102	104.6	12.5	9°30′	3
15	109×92×11	109	92	11	95	9.5	113	115	10	10°	2
16	110×91×16	110	91	16	95	9.5	108	113	16	13°	3
17	117×104×10.5	117	104	10.5	106	9.3	122	124	10	10°	2
18	119×100×16	119	100	16	104	9.5	121	123	15	10°	3
19	120×96×16	120	96	16	104	9.5	120	123	15	13°	3
20	137×115×16	137	115	16	120	9.5	139	142	15	13°	3
21	138×116×16	138	116	16	120	9.5	139	142	14	12°	2
22	140×121×14	140	121	14	125	9.5	141	143	13	10°	2.8
23	141×124×11	141	124	11	125	9.5	145	147	10	10°	2
24	150×130×16	150	130	16	136	9.5	152.5	157	15	13°	3
25	151×130×16.5	151	130	16.5	136	9	151.5	154	13.5	9°30′	1.8
26	160×140×16.5	160	140	16.5	146	9	162	165	15	10°	3
27	168×146×17	168	146	17	150	9.5	168	170	15	10°	3
28	171×150×16	171	150	16	155	9.3	172	174	15	9°30′	3
29	172×150×16	172	150	16	154	9.5	172.5	175.5	15	13°	3
30	178×154×17	178	154	17	160	9.5	179	181.5	15	10°	3
31	189×164×15	189	164	15	170	9.5	190	192.5	14.5	10°	2.8
32	194×167×19	194	167	19	174	11	193	197	18	10°	3
33	200×173×20	200	173	20	180	11	200	203	18	10°	3
34	210.5×182×19	210.5	182	19	185	12.7	210.5	214.5	18	10°	3.1
35	216×190×22	216	190	22	198	10	215	220	21	10°	3
36	220×187×19	220	187	19	200	11.5	222	225	18	10°	3

续表

序号	规格	D_1	D_2	H	D_3	d	D_4	D_5	T_1	α_1	T_2
37	227×200×15.5	227	200	15.5	206	10	226	228	15	10°	3
38	240×217×15	240	217	15	224	10	241	244	14.5	10°	3
39	246×220×18	246	220	18	230	10	247	251	17	10°	3
40	251.5×223×19	251.5	223	19	226	12.5	252	255.5	18	10°	3.1
41	260×228×19	260	228	19	240	11.5	259.4	265	18	10°	3.1
42	280×252×19	280	252	19	260	12.7	282	284.5	18	10°	3.1
43	300×272×20	300	272	20	278	12	301.3	304	19	10°	3.1
44	328×300×20.4	328	300	20.4	305	12.5	326.6	331	17.5	12°	3
45	330×300×20.5	330	300	20.5	305	12	328	331	19	10°	3
46	337×309×20	337	309	20	316	12	339	343	19	10°	3
47	348×320×20	348	320	20	328	12	350.6	353.5	17	10°	3
48	368×340×20.4	368	340	20.4	346	12	370	374	17	9°30′	1.5
49	370×340×20	370	340	20	346	12	370	374	17	10°	1.5
50	394×366×19	394	366	19	370	12.7	394.4	398.5	17.5	10°	3
51	400×370×21	400	370	21	375	13	402	406	20	10°	3
52	405×381×20.4	405	381	20.4	385	13	407	414	19	10°	3
53	450×420×21	450	420	21	425	12.7	452	456	20	10°	3
54	454×424×21	454	424	21	435	12.7	455	459	20	10°	3
55	457×429×18	457	429	18	435	12.7	458	462	17.5	10°	3
56	500×470×25	500	470	25	480	16	502	510.2	23.5	10°	4
57	548×507×30	548	507	30	515	16	550	559.5	28	10°	4
58	608×580×21.8	608	580	21.8	582	12.7	607.5	611	19.7	10°	4

15.1.4 技术要求

(1) 浮封环的要求

① 浮封环应按经规定程序批准的图样与技术文件制造，并应符合本标准的要求。

② 浮封环的材质必须符合浮动油封的使用要求。

③ 浮封环的工作端面硬度应为60～72HRC。

④ 浮封环的密封面与球面不允许缺损、拉毛、划伤和碰伤。

⑤ 浮封环的锥面应平整、光洁，不得有颗粒黏附或明显的凹凸。锥面对基准轴的同轴度应不大于ϕ0.3mm。

⑥ 成对后的浮封环的静态密封性能试验应保持10min内不渗漏。

(2) O形圈的要求

① O形圈应按经规定程序批准的图样与技术文件制造，并应符合本标准的要求。

② O形圈选用丁腈橡胶材质制造。

③ 使用温度为－60～＋120℃。

④ 常温下的硬度为55～70（邵氏A度）。

⑤ 常温下的最小扯断强度不小于10MPa。

⑥ 常温下的最小扯断伸长率不小于250％。

⑦ 热空气老化试验120℃×70h，硬度变化值不大于＋8（邵氏A度）。

⑧ 热空气老化试验120℃×70h，压缩永久变形率不大于35％。

⑨ 耐C型易挥发油试验120℃×70h，硬度变化值不大于＋5（邵氏A度）。

(3) 浮封座的要求

① 浮封座应按经规定程序批准的图样与技术文件制造，并应符合本标准的要求。

② 浮封座内锥面与O形圈接触，不允许有毛刺、锐角和明显凹凸，过渡处应圆滑。

③ 内锥面对基准轴线的同轴度公差为ϕ0.12mm。

(4) 浮动油封总成要求

① 成对装配的浮封环，两外径之差应小于0.5mm，装配时要注意对中。

② 装配中O形圈不允许扭曲与装歪，O形圈与浮封环接触面上不得附带润滑油。

③ 浮封环外径小于330mm时，两浮封座的装配间隙为3mm；浮封环外径大于或等于330mm时，两浮封座的装配间隙为4mm（参考值）。

④ 装配后的浮动油封总成，不允许渗油、漏油。

⑤ 浮动油封总成的使用寿命应不低于5000h。

15.1.5 检验类别

浮动油封的检验分为出厂检验与型式检验两类，检验按JB/T 8293—2014的规定。

(1) 出厂检验　浮动油封的浮封环和O形圈，出厂前应由厂质检部门按本标准及图样要求进行检测。合格后方准出厂，并发放合格证。出厂检查项目由制造厂自定，方法按JB/T 8293—2014中规定进行。

出厂检验内容：外观质量：表面粗糙度；外形尺寸；几何精度；物理性能；密封性能。

(2) 型式检验　凡新产品试制，老产品转产或停产一年以上重新恢复生产的，均须进行型式检验。型式检验应由上级部门组织行业检测中心等单位共同进行。

型式检验的内容除包含出厂检验的全部内容外，还包括：动态密封性能试验；可靠性寿命试验。

其中，动态密封性能试验和可靠性寿命试验；应在行业测试中心的浮动油封试验台上进行，方法按JB/T 8293—2014中第4节和第5节。

15.1.6 包装、运输和储存

(1) 浮封环产品出厂检验合格后必须清洗干净，抹上防锈油后，方可进行包装。内包装材料一般采用塑料袋与纸盒，外包装采用木箱或厚纸箱，并随产品放入厂质检部门签发的合格证。包装方法应符合JB/T 5947—1991中第5节、第6节和第7节的要求。

(2) 浮封环产品经外包装后发运，在正常运输条件下，要求产品不得损坏。包装箱外表面标志以下内容：产品名称和规格；内装件数和毛重；收货单位、地址和邮政编码；制造厂名或厂标；出厂日期和出厂编号；“防湿”、“小心轻放”字样或符号。

(3) 包装的浮封环产品应储存在干燥、通风、无腐蚀性物质的仓库内，一年内不得生锈。

15.2 机械密封用O形橡胶圈

15.2.1 O形橡胶圈的规格

O形橡胶圈的规格见表15-2。

表 15-2　O 形橡胶圈的规格　　单位：mm

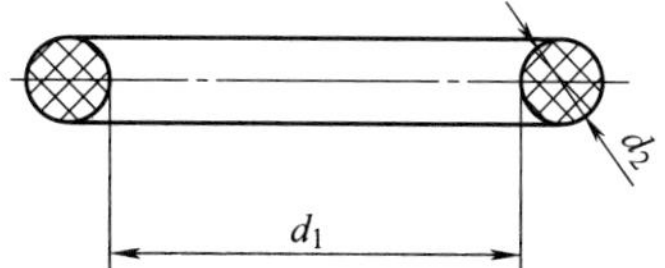

d_1		d_2									
内径	极限偏差	1.80 ±0.08	2.65 ±0.09	3.10 ±0.10	3.55 ±0.10	4.10 ±0.10	4.50 ±0.10	4.70 ±0.10	5.30 ±0.13	5.70 ±0.13	6.40 ±0.15
11.8	±0.17	*									
13.8		*									
15.8		*									
16.0			*								
17.8			*	*	*						
18.0			*	*							
19.8	±0.22		*	*	*						
20.0			*	*							
21.8			*	*	*						
22.0			*	*							
23.7			*	*	*						
24.7			*	*	*						
25.7			*	*	*						
26.3				*	*						
27.7			*	*	*						
28.3				*	*						
29.7			*	*	*						
30.3	±0.30			*	*						
31.7			*	*	*						
32.3				*	*						
32.7			*	*	*						
33.3				*	*						
34.7			*	*	*						
36.3				*	*						
37.7			*	*	*						
38.3				*	*						
39.7			*	*	*						
41.3				*	*						
42.7			*	*	*						
43.3				*	*						
44.7			*	*	*		*				
47.7			*	*	*		*				
48.4				*		*	*	*			
49.7			*	*	*	*	*				
50.4				*	*	*		*			
52.4	±0.45		*	*	*	*	*				
53.4				*		*		*			
54.4			*	*	*	*	*				
55.4					*	*		*			
57.6					*	*	*	*	*		
58.4						*		*			
59.6					*	*	*	*	*		

续表

d_1		d_2									
内径	极限偏差	1.80 ±0.08	2.65 ±0.09	3.10 ±0.10	3.55 ±0.10	4.10 ±0.10	4.50 ±0.10	4.70 ±0.10	5.30 ±0.13	5.70 ±0.13	6.40 ±0.15
61.4	±0.45					*	*	*			
62.6					*	*	*	*	*		
64.4						*		*			
64.6					*		*		*		
66.4							*	*			
67.6					*	*	*		*		
69.4						*		*			
69.6					*		*		*		
71.4							*	*			
72.6					*				*		
74.4							*	*			
74.6					*	*			*		
76.4					*		*	*	*		
79.6					*	*		*	*		
80.1	±0.65							*	*		
82.1									*		
84.6					*				*		
85.1									*		
87.1									*		
89.6					*				*	*	
94.1					*				*	*	
94.6					*				*	*	
99.1					*				*	*	
99.6					*				*	*	
104.1					*				*	*	
104.6					*				*		
109.1										*	
109.6									*	*	
114.1									*	*	
114.6									*		
119.6	±0.90								*		
124.1											*
124.6									*		*
134.1											*

注：* 表示常用尺寸。

15.2.2 技术要求

（1）常用 O 形圈的橡胶材料及代号见表 15-3。

表 15-3 O 形圈的橡胶材料及代号

材料名称	丁腈橡胶(NBR)	乙丙橡胶(EPR)	氟橡胶(FPM)	硅橡胶(MVQ)
代号	P	E	V	S

（2）各种橡胶材料的主要特点及使用温度见表 15-4。

表 15-4 各种橡胶材料的主要特点及使用温度

材料名称	主要特点	工作温度/℃
丁腈橡胶	耐油	－30～100
乙丙橡胶	耐放射性、耐碱	－50～150
氟橡胶	耐油、耐热、耐腐蚀	－20～200
硅橡胶	耐寒、耐热	－60～230

（3）各种橡胶材料的物理性能一般应符合表 15-5 的规定。橡胶种类识别标志见表 15-6。

表 15-5 各种橡胶材料的物理性能

<table>
<tr><th colspan="3">物理性能</th><th>丁腈橡胶</th><th>乙丙橡胶</th><th>氟橡胶</th><th>硅橡胶</th></tr>
<tr><td colspan="3">硬度(邵氏硬度 A)</td><td>70±5</td><td>70±5</td><td>70±5</td><td>60±5</td></tr>
<tr><td colspan="3">扯断强度/MPa</td><td>≥11</td><td>≥10</td><td>≥10</td><td>≥5</td></tr>
<tr><td colspan="3">扯断伸长率/%</td><td>≥220</td><td>≥250</td><td>≥200</td><td>≥200</td></tr>
<tr><td rowspan="2">压缩永久变形(%)</td><td colspan="2">空气 100℃×24h</td><td>≤35</td><td>≤30</td><td>—</td><td>—</td></tr>
<tr><td colspan="2">空气 200℃×22h</td><td>—</td><td>—</td><td>≤50</td><td>≤60</td></tr>
<tr><td rowspan="7">热空气老化</td><td rowspan="3">100℃×24h</td><td>硬度变化(邵氏硬度 A)</td><td>≤＋10</td><td>—</td><td>—</td><td>—</td></tr>
<tr><td>扯断强度变化/%</td><td>≤－15</td><td>—</td><td>—</td><td>—</td></tr>
<tr><td>扯断伸长率变化/%</td><td>≤－35</td><td>—</td><td>—</td><td>—</td></tr>
<tr><td colspan="2">150℃×24h 扯断伸长率变化/%</td><td>—</td><td>≤－20</td><td>—</td><td>—</td></tr>
<tr><td rowspan="3">200℃×24h</td><td>硬度变化(邵氏硬度 A)</td><td>—</td><td>—</td><td>≤(0～＋10)</td><td>—</td></tr>
<tr><td>扯断强度变化/%</td><td>—</td><td>—</td><td>≤－20</td><td>—</td></tr>
<tr><td>扯断伸长率变化/%</td><td>—</td><td>—</td><td>≤－30</td><td>≤－20</td></tr>
<tr><td rowspan="3">耐液体</td><td rowspan="2">1 号标准油(100℃×24h)</td><td>硬度变化(邵氏硬度 A)</td><td>－3～＋7</td><td>—</td><td>—</td><td>—</td></tr>
<tr><td>体积变化/%</td><td>－8～＋6</td><td>—</td><td>—</td><td>—</td></tr>
<tr><td>1 号标准油(150℃×24h)</td><td>体积变化/%</td><td>—</td><td>—</td><td>－3～5</td><td>—</td></tr>
<tr><td colspan="3">脆性温度/℃</td><td>≤－40</td><td>≤－55</td><td>≤－25</td><td>≤－65</td></tr>
</table>

表 15-6 橡胶种类识别标志（在产品 A 处用油漆色点表示）

种类	识别标志	位 置
丁腈橡胶	蓝	
乙丙橡胶	黄	
氟橡胶	红	
硅橡胶	绿	

（4）O 形圈外观质量应符合 GB 3452.2—2007 的规定。

15.3 油封

15.3.1 骨架油封

在低压油润滑系统中，油封被广泛地用作转轴密封件和往复运动密封件。

油封通常由刚性骨架和有柔性唇的橡胶密封圈组成。图 15-2 为外露骨架型油封，具有散热优良、外圈刚性好、定位准确、同轴度高、安装方便，而且油封在座孔中容易保持过盈配合等优点，从而可密封住外周泄漏和阻止密封件转动；而柔性唇紧贴在轴上，阻止了沿轴向泄漏，也可防止灰尘、水、空气等侵入。有些油封的刚性骨架嵌入橡胶密封圈内。

油封柔性唇上往往装有卡紧弹簧（也可以不装），因为唇与轴的配合也有一些过盈。在弹簧卡紧形式里，弹簧提供了附加的唇在轴上的接触压力，使唇在一定的压紧和磨损后仍能保持一定的压力。弹簧力非常关键，卡紧的压力不能太大，否则会引起唇下润滑油膜的破裂。油封在唇与轴之间要经常保持由密封流体形成的一层薄膜，才能确保优良的润滑。

橡胶唇形油封可在－25～80℃范围内工作，轴的线速度可达 70m/s。此时轴表面粗糙度 Ra 为 0.4～0.2μm，轴颈表面硬度为 40～50HRC。轴表面磨削加工时，要留意磨痕旋向，使轴工作时磨痕泵油向内，增加密封有效性，减少泄漏。

与油封配对的轴的端部要有引入角 α（$\alpha\approx20°$），使装配时不会擦伤油封柔性唇，使其处在良好的工作状态（见图 15-3）。

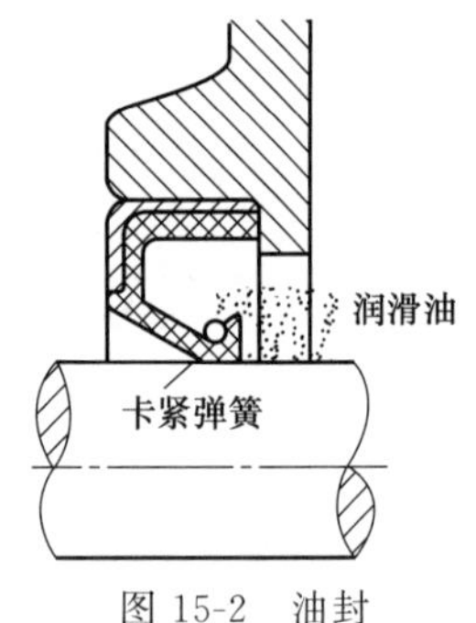

图 15-2　油封

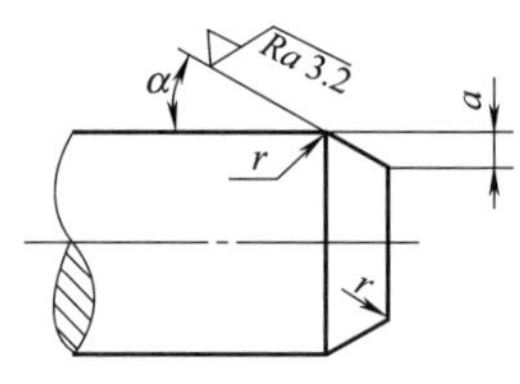

图 15-3　轴端倒角

表 15-7 和表 15-8 分别为内包骨架和外露骨架旋转轴唇形密封圈的国家标准。

表 15-7　内包骨架旋转轴唇形密封圈（摘自 GB/T 9877—2008）　　单位：mm

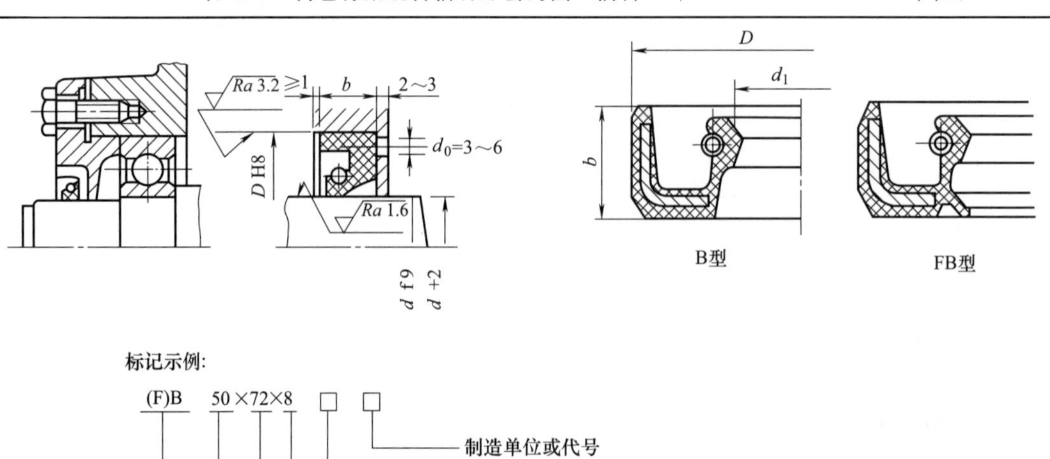

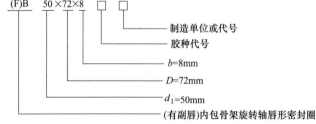

续表

基本内径 d_1	外径 D	宽度 b	基本内径 d_1	外径 D	宽度 b	基本内径 d_1	外径 D	宽度 b
6	16、22	7	45	62、65、(70)	8	140	170、(180)	15
7	22		50	68、(70)、72		150	180、(190)	
8	22、24		(52)	72、75、80		160	190、(200)	
9	22		55	72、(75)、80		170	200	
10	22、25		60	80、85、(90)		180	210	
12	24、25、30		65	85、90、(95)	10	190	220	
15	26、30、35		70	90、95、(100)		200	230	
16	(28)、30、(35)		75	95、100		220	250	
18	30、35、(40)		80	100、(105)、110		240	270	
20	35、40、(45)		85	(105)、110、120	12	(250)	290	
22	35、40、47		90	(110)、(115)、120		260	300	20
25	40、47、52		95	120、(125)、(130)		280	320	
28	40、47、52		100	125、(130)、(140)		300	340	
30	40、47、(50)、52		(105)	130、140		320	360	
32	45、47、52	8	110	140、(150)		340	380	
35	50、52、55		(115)	140、150		360	400	
38	55、58、62		120	150、(160)		380	420	
40	55、(60)、62		(125)	150		400	440	
42	55、62、(65)		130	160、(170)				

注：1. 括弧内尺寸尽量不采用。
2. 为便于拆卸密封圈，在壳体上应有 d_0 孔 3～4 个。
3. 在一般情况下（中速）采用胶种为 B-丙烯酸酯橡胶（ACM）。
4. B 型为单唇、FB 型为双唇。

表 15-8 外露骨架旋转轴唇形密封圈（摘自 GB/T 9877—2008）

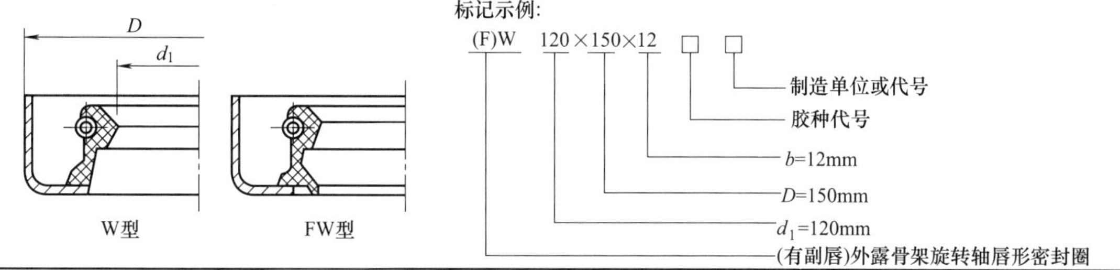

注：外露骨架旋转轴唇形密封圈的基本尺寸系列与内包骨架旋转轴唇形密封圈相同。

15.3.2 毡封

毡封主要用于环境比较清洁干燥、以脂类作润滑剂的轴承或柱塞部位；压力低于 0.1MPa，温度低于 90℃，速度低于 4～5m/s。若毛毡质量好，轴经抛光，线速度可提高到 7～8m/s。

毡封圈装填在呈 14°锥角的梯形沟槽内，见表 15-9 的图。装配前毡封圈要浸油。

表 15-9 毡封圈及槽 单位：mm

简图	B、b、b_1、14°、D、d_1、d、$d_0(^{+0.1}_{0})$、$D_0(^{+0.5}_{0})$

续表

轴径 d	毡封圈 D	毡封圈 d_1	毡封圈 b_1	槽 D_0	槽 d_0	槽 b	槽 B 钢	槽 B 铸铁	说明
15	29	14	6	28	16	5	10	12	1)本系列适用于线速度<5m/s 2)毡封圈材料:半粗半毛毡
20	33	19		32	21				
25	39	24		38	26	6	12	15	
30	45	29		44	31				
35	49	34		48	36				
40	53	39		52	41				
45	61	44	8	60	46	7			
50	69	49		68	51				
55	74	53		72	56				
60	80	58		78	61				
65	84	63		82	66				
70	90	68		88	71				
75	94	73		92	77				
80～90①	$d+22$	$d-2$	9	$d+20$	$d+2$	8	15	18	
95～125①			10						
130～135①			12			10	18	20	
140～190①					$d+3$				
195			14			12	20	22	
200～240②									

① 轴径按 5mm 分。
② 轴径按 10mm 分。

15.4 汉升油封

15.4.1 材料特性

材料特性及硬度与应用见表 15-10、表 15-11。

表 15-10 材料特性

材料名称	丁腈橡胶 NBR(N)	硅矽橡胶 SI(S)	氟素橡胶 FKM	三元乙丙胶 EPDM(E)	氯丁橡胶 CR(C)	聚四氟乙烯 PTFE(T)	聚氨酯橡胶 PU	亚克力橡胶 ACM(A)
抗臭氧性	×	◎	◎	◎	◎○	◎	◎	◎
抗候性	△	◎	◎	◎	◎	◎	◎	◎
抗热性/℃	120	250	200	150	120	280	90	150
耐化学性	○△	◎○	◎	◎	○△	◎	◎	×
抗油性	◎	○△	◎	×	○△	◎	◎	◎
密水性	○	○	○	○	○	◎	◎	◎
耐寒性/℃	−40	−55	−20	−55	−55	−100	−60	−20
耐磨性	○	×	○	◎○	○	◎	◎	○
抗变形性	◎○	◎○	○	◎○	△	×	×	△
力学性能	◎○	×	◎○	◎○	△	◎	◎	△
抗酸性	△	○△	◎	○	○△	◎	◎	×
张力强度	◎○	×	◎○	◎○	○	△×	△	△
电器特性	△	○	△	○	△	◎	◎	△
抗水/蒸气性	○△	○△	○△	◎	△	○	○	×
抗燃性	×	△	◎	×	○	◎	◎	×
储存年限/a (a=年)	5～10	ABT 20	ABT 20	5～10	5～10	ABT 20	ABT 20	ABT 20

注：◎—特佳；○—佳；△—普通；×—差。

表 15-11 硬度与应用

硬度/(SHOREA)	硬度/(IRHD)	应用
40+/-5		低压情况下需在高度密封条件下使用
50+/-5		
60+/-5	63±5	
70+/-5	73±5	一般情况下的密封
80+/-5	83±5	高压情况下的密封
90+/-5	92±5	

15.4.2 O形圈

O形圈公差值见表15-12。

表 15-12 O形圈公差值 单位：mm

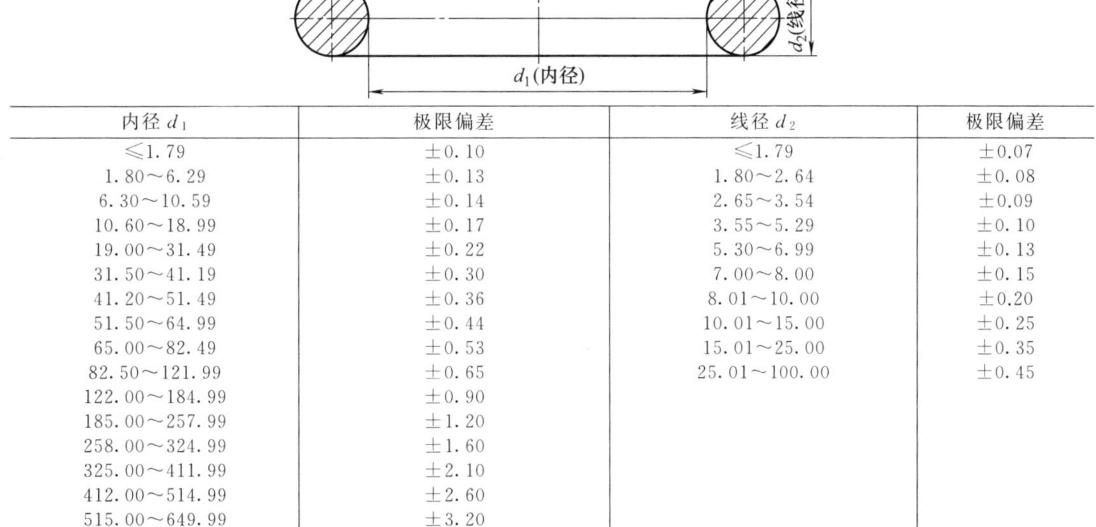

内径 d_1	极限偏差	线径 d_2	极限偏差
≤1.79	±0.10	≤1.79	±0.07
1.80～6.29	±0.13	1.80～2.64	±0.08
6.30～10.59	±0.14	2.65～3.54	±0.09
10.60～18.99	±0.17	3.55～5.29	±0.10
19.00～31.49	±0.22	5.30～6.99	±0.13
31.50～41.19	±0.30	7.00～8.00	±0.15
41.20～51.49	±0.36	8.01～10.00	±0.20
51.50～64.99	±0.44	10.01～15.00	±0.25
65.00～82.49	±0.53	15.01～25.00	±0.35
82.50～121.99	±0.65	25.01～100.00	±0.45
122.00～184.99	±0.90		
185.00～257.99	±1.20		
258.00～324.99	±1.60		
325.00～411.99	±2.10		
412.00～514.99	±2.60		
515.00～649.99	±3.20		
650.00～670.00	±4.00		
670.01～999.00	±5.00		

15.4.3 O形圈与O形圈槽静态使用的相对尺寸

O形圈槽尺寸见表15-13。

表 15-13 O形圈槽尺寸

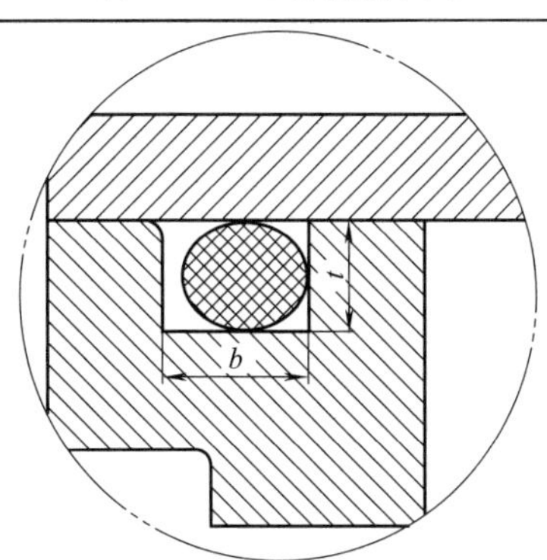

续表

密封圈线径 d_2	槽深 t	槽宽 b	密封圈线径 d_2	槽深 t	槽宽 b
1.00	0.80	1.3	5.00	4.00	6.5
1.50	1.10	1.9	5.33	4.30	6.9
1.60	1.20	2.1	5.50	4.50	7.1
1.78	1.30	2.3	5.70	4.65	7.4
1.90	1.40	2.4	6.00	4.95	7.8
2.00	1.50	2.6	6.50	5.40	8.4
2.40	1.80	3.1	6.99	5.85	9.1
2.50	1.90	3.2	7.00	5.85	9.1
2.62	2.00	3.4	7.50	6.30	9.7
2.70	2.10	3.5	8.00	6.75	10.4
3.00	2.30	3.9	8.40	7.15	10.9
3.50	2.70	4.5	8.50	7.25	11.0
3.53	2.70	4.5	9.00	7.70	11.7
3.60	2.80	4.7	9.50	8.20	12.3
4.00	3.15	5.2	10.00	8.65	13.0
4.50	3.60	5.8			

15.4.4 O形圈与O形圈槽动态使用的相对尺寸

以液体作介质时的O形圈槽尺寸见表15-14。以气体作介质时的O形圈槽尺寸见表15-15。

表15-14 以液体作介质时的O形圈槽尺寸

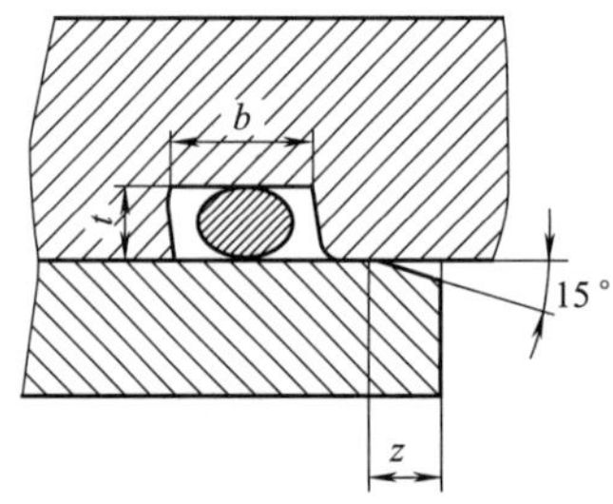

线径 d_2	槽深 t/mm	槽宽 b/mm	轴杆导角 z	线径 d_2	槽深 t/mm	槽宽 b/mm	轴杆导角 z
1.00	0.90	1.3	1.0	5.00	4.45	6.0	2.5
1.50	1.30	1.9	1.0	5.33	4.70	6.4	2.7
1.60	1.40	2.0	1.1	5.50	4.95	6.6	2.8
1.78	1.50	2.3	1.1	5.70	5.10	6.9	3.0
1.90	1.60	2.4	1.2	6.00	5.40	7.2	3.1
2.00	1.70	2.4	1.2	6.50	5.80	7.8	3.3
2.40	2.10	2.9	1.4	6.99	6.30	8.4	3.6
2.50	2.20	3.0	1.4	7.00	6.30	8.4	3.6
2.62	2.30	3.1	1.5	7.50	6.70	9.0	3.8
2.70	2.40	3.2	1.5	8.00	7.20	9.6	4.0
3.00	2.60	3.6	1.6	8.40	7.60	10.1	4.2
3.50	3.10	4.2	1.8	8.50	7.70	10.2	4.2
3.53	3.10	4.2	1.8	9.00	8.20	10.8	4.3
3.60	3.20	4.3	1.8	9.50	8.60	11.4	4.4
4.00	3.50	4.8	2.0	10.00	9.10	12.0	4.5
4.50	4.00	5.4	2.3				

表 15-15　以气体作介质时的 O 形圈槽尺寸

线径 d_2	槽深 t/mm	槽宽 b/mm	轴杆导角 z	线径 d_2	槽深 t/mm	槽宽 b/mm	轴杆导角 z
1.00	0.95	1.3	1.0	5.00	4.65	6.0	2.5
1.50	1.35	1.9	1.0	5.33	4.95	6.4	2.7
1.60	1.45	2.0	1.1	5.50	5.15	6.6	2.8
1.78	1.55	2.3	1.1	5.70	5.35	6.9	3.0
1.90	1.75	2.4	1.2	6.00	5.65	7.2	3.1
2.00	1.80	2.4	1.2	6.50	6.10	7.8	3.3
2.40	2.15	2.9	1.4	6.99	6.60	8.4	3.6
2.50	2.25	3.0	1.4	7.00	6.60	8.4	3.6
2.62	2.35	3.1	1.5	7.50	7.10	9.0	3.8
2.70	2.45	3.2	1.5	8.00	7.60	9.6	4.0
3.00	2.75	3.6	1.6	8.40	7.90	10.1	4.2
3.50	3.25	4.2	1.8	8.50	8.00	10.2	4.2
3.53	3.25	4.2	1.8	9.00	8.50	10.8	4.3
3.60	3.35	4.3	1.8	9.50	9.00	11.4	4.4
4.00	3.70	4.8	2.0	10.00	9.50	12.0	4.5
4.50	4.20	5.4	2.3				

15.4.5　EK 骨架油封

EK 骨架油封尺寸公差值见表 15-16。

EK 骨架油封有两种：

(1) 金属外壳油封（见图 15-4）。这种油封一般均作表面研磨，以达到密封的效果。

(2) 橡胶外壳油封（见图 15-5）。这种密封在铝、铜及陶瓷等较脆弱配套孔中使用效果更佳。

表 15-16　EK 骨架油封尺寸公差值　　单位：mm

轴径公称尺寸	孔径公称尺寸	油封配套孔径之差 (ISO/R286H8)	油封配套轴径公差 (ISO/R286R11)	油封外径公差	
				金属外壳	包胶外壳
6.00	10.00	+0.020 0	0 −0.090	+0.18 +0.07	+0.27 +0.12
10.01	18.00	+0.027 0	0 −0.110	+0.18 +0.07	+0.27 +0.12
18.01	30.00	+0.033 0	0 −0.130	+0.20 +0.08	+0.30 +0.15
30.01	50.00	+0.039 0	0 −0.160	+0.20 +0.08	+0.30 +0.15
50.01	80.00	+0.046 0	0 −0.190	+0.23 +0.09	+0.32 +0.17
80.01	120.00	+0.054 0	0 −0.220	+0.25 +0.10	+0.35 +0.20
120.01	180.00	+0.063 0	0 −0.250	+0.28 +0.11	+0.40 +0.22
180.01	250.00	+0.072 0	0 −0.290	+0.31 +0.13	+0.45 +0.25
250.01	315.00	+0.081 0	0 −0.320	+0.35 +0.15	+0.50 +0.28
315.01	400.00	+0.089 0	0 −0.360	+0.40 +0.18	+0.55 +0.30
400.01	500.00	+0.097 0	0 −0.400	+0.45 +0.20	+0.60 +0.33

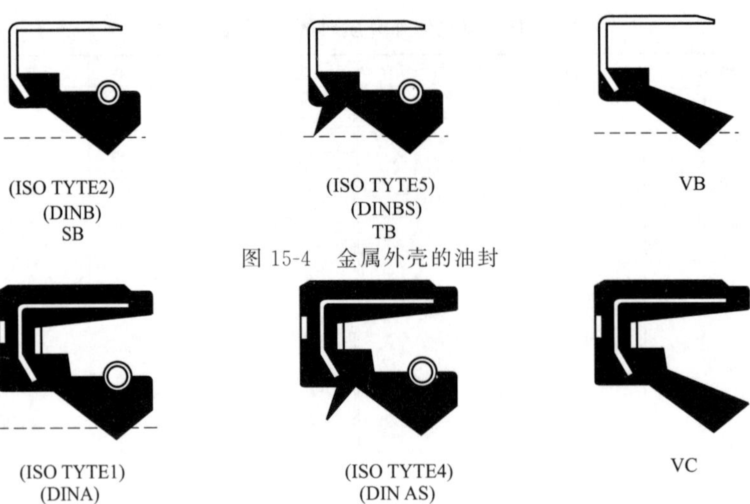

图 15-4　金属外壳的油封

图 15-5　橡胶外壳的油封

15.4.6　TC 双唇包胶油封

TC 双唇包胶油封见表 15-17。

表 15-17　TC 双唇包胶油封　　单位：mm

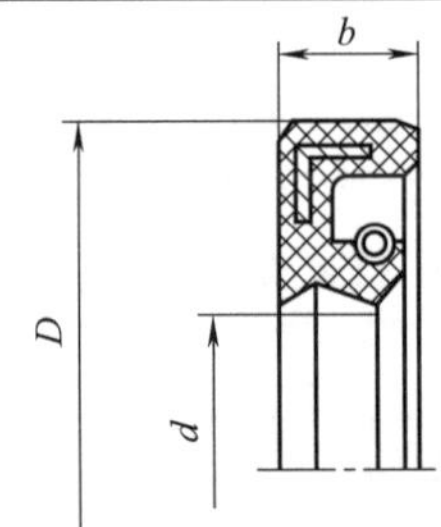

尺寸 $d\times D\times b$	尺寸 $d\times D\times b$	尺寸 $d\times D\times b$	尺寸 $d\times D\times b$
5×15×6	9×19×6	12×25×7	14×28×7
5×16×7	9×22×7	12×25×8	14×29×7
5×17×7	9×24×7	12×26×7	14×30×7
6×16×5	9×27×4	12×28×4	14×30×10
6×16×7	10×18×7	12×28×7	14×32×7
6×18×7	10×19×7	12×30×7	14×35×7
6×19×7	10×22×7	12×30×10	14×35×10
7×16×7	10×23×7	12×32×5	15×23×7
7×18×7	10×24×6	12×32×7	15×24×5
7×19×7	10×24×7	12×35×7	15×24×7
7×22×6	10×25×5	12×42×8	15×25×5
7×30×7	10×26×7	12×48×8	15×25×6
8×16×7	11×22×7	13×22×4	15×25×7
8×18×5	11×25×7	13×26×9	15×25×10
8×18×7	11×30×10	13×28×10	15×26×7
8×20×5	12×19×5	14×22×5	15×27×7
8×20×7	12×20×4	14×24×7	15×28×7
8×22×7	12×21×4	14×25×5	15×30×7
8×30×6	12×22×5	14×25×7	15×30×10
8×30×7	12×22×7	14×26×7	15×32×7
9×19×5	12×24×7	14×27×7	15×35×5

续表

尺寸 $d\times D\times b$	尺寸 $d\times D\times b$	尺寸 $d\times D\times b$	尺寸 $d\times D\times b$
15×35×7	18×40×10	22×38×8	25×42×10
15×35×10	18×47×10	22×40×7	25×43×10
15×37×7	19×27×4	22×40×10	25×44×7
15×40×10	19×27×8	22×42×7	25×45×7
15×42×7	19×30×5	22×42×10	25×45×8
15×42×10	19×30×7	22×42×11	25×45×10
16×24×5	19×32×7	22×47×7	25×45×11
16×24×7	19×35×8	23×34×8	25×46×7
16×25×6	19×35×10	23×35×7	25×47×7
16×26×6	19×36×7	23×36×7	25×47×10
16×26×7	19×37×10	23×38×6	25×48×7
16×27×6	19×38×10	23×40×6	25×49×10
16×28×7	19×47×7	23×47×7	25×50×10
16×29×6	19×47×10	24×33×7	25×52×7
16×30×5	20×28×6	24×34×7	25×52×8
16×30×7	20×28×7	24×35×6	25×52×10
16×32×7	20×30×5	24×35×7	25×55×8
16×32×10	20×30×7	24×36×7	25×62×7
16×35×7	20×32×6	24×36×8	25×62×10
16×35×10	20×32×7	24×37×7	26×36×7
16×40×10	20×34×7	24×38×8	26×37×7
17×25×7	20×35×7	24×40×7	26×38×5
17×27×7	20×35×8	24×40×8	26×38×8
17×27×10	20×35×10	24×41×11	26×40×7
17×28×4	20×35×12	24×42×8	26×41×11
17×28×6	20×36×7	24×42×10	26×42×8
17×28×7	20×36×8	24×45×7	26×47×5
17×29×5	20×37×7	24×45×10	26×47×7
17×30×7	20×37×8	24×45×11	26×48×7
17×30×10	20×38×5	24×46×10	26×50×10
17×32×7	20×38×7	24×47×7	26×62×9
17×32×8	20×38×10	24×47×10	26×72×10
17×33×7	20×40×5	24×48×7	27×35×12
17×34×4	20×40×7	24×48×10	27×37×7
17×35×7	20×40×10	24×49×8	27×40×8
17×35×8	20×42×7	24×49×10	27×42×6
17×35×10	20×42×8	24×49×12	27×42×7
17×37×7	20×42×10	24×52×10	27×43×8
17×37×10	20×45×7	24×62×7	27×43×9
17×38×7	20×45×10	25×34×5	27×45×9
17×40×5	20×47×7	25×35×5	27×47×8
17×40×7	20×47×10	25×35×6	28×38×5
17×47×7	20×52×7	25×35×7	28×38×7
17×47×8	20×52×8	25×35×10	28×40×6
18×28×5	20×52×9	25×36×7	28×40×7
18×28×7	20×55×7	25×37×6	28×40×8
18×30×5	21×31×7	25×37×7	28×40×10
18×30×6	21×32×5	25×38×5	28×42×7
18×30×7	21×40×7	25×38×7	28×42×11
18×30×10	22×30×7	25×38×8	28×43×8
18×32×8	22×32×7	25×40×7	28×45×7
18×35×7	22×35×5	25×40×8	28×45×8
18×35×8	22×35×7	25×40×10	28×45×9
18×35×10	22×35×8	25×42×6	28×45×10
18×38×7	22×36×7	25×42×7	28×47×7
18×40×7	22×38×7	25×42×8	28×47×8

续表

尺寸 $d \times D \times b$	尺寸 $d \times D \times b$	尺寸 $d \times D \times b$	尺寸 $d \times D \times b$
28×47×10	32×44×7	35×55×8	38×68×10
28×48×7	32×45×6	35×55×10	38×72×8
28×50×8	32×45×7	35×55×12	38×74×11
28×50×10	32×45×8	35×56×10	38×85×12
28×52×7	32×46×7	35×56×12	40×50×7
28×52×10	32×46×8	35×57×8	40×52×5
28×60×10	32×47×7	35×58×10	40×52×7
28×62×10	32×47×10	35×58×12	40×52×8
29×50×10	32×48×7	35×60×10	40×54×7
30×38×5	32×48×8	35×60×12	40×55×7
30×40×4	32×48×10	35×62×5	40×55×8
30×40×7	32×50×7	35×62×6	40×55×10
30×41×7	32×52×5	35×62×7	40×56×8
30×42×5	32×52×7	35×62×8	40×56×10
30×42×7	32×52×10	35×62×10	40×56×12
30×42×8	32×52×11	35×62×12	40×58×8
30×44×7	32×53×7	35×65×10	40×58×10
30×45×7	32×54×10	35×68×10	40×60×7
30×45×8	32×55×7	35×70×10	40×60×8
30×45×9	32×56×10	35×72×7	40×60×10
30×45×10	32×57×12	35×72×8	40×60×12
30×46×7	32×58×10	35×72×10	40×62×5
30×46×8	32×62×7	35×80×8	40×62×7
30×47×7	32×62×10	35×80×10	40×62×8
30×47×10	32×65×10	35×82×7	40×62×9
30×48×7	32×72×10	35×82×12	40×62×10
30×48×8	33×50×6	36×46×7	40×62×11
30×48×10	33×52×6	36×47×7	40×62×12
30×50×7	33×55×10	36×49×7	40×64×10
30×50×8	33×66×12	36×50×7	40×64×12
30×50×10	34×44×8	36×52×7	40×65×7
30×52×7	34×46×8	36×54×7	40×65×10
30×52×8	34×47×10	36×58×8	40×65×12
30×52×10	34×48×7	36×62×7	40×68×6
30×55×7	34×50×7	36×62×10	40×68×10
30×55×8	34×50×10	36×68×10	40×70×8
30×55×10	34×52×10	37×53×7	40×70×10
30×56×10	34×62×10	37×64×13	40×70×12
30×58×10	34×72×10	38×50×7	40×72×7
30×60×12	35×45×7	38×50×8	40×72×10
30×62×7	35×47×7	38×50×10	40×72×12
30×62×8	35×48×7	38×52×7	40×75×8
30×62×10	35×48×8	38×52×11	40×75×12
30×62×12	35×48×10	38×54×10	40×80×7
30×65×10	35×50×7	38×55×7	40×80×10
30×72×8	35×50×8	38×55×8	40×80×13
30×72×10	35×50×9	38×56×10	40×85×10
30×75×10	35×50×10	38×56×12	41×56×10
30×77×9	35×50×12	38×58×8	42×52×4
31×49×7	35×52×6	38×58×11	42×55×7
31×52×6	35×52×7	38×59×8	42×55×8
32×40×5	35×52×8	38×60×10	42×56×7
32×40×7	35×52×10	38×62×7	42×56×10
32×42×7	35×52×12	38×62×10	42×58×8
32×43×7	35×53×10	38×62×12	42×58×10
32×44×5	35×54×8	38×65×10	42×60×7

续表

尺寸 $d\times D\times b$	尺寸 $d\times D\times b$	尺寸 $d\times D\times b$	尺寸 $d\times D\times b$
42×60×9	45×72×10	50×70×12	55×78×12
42×62×7	45×72×12	50×72×7	55×78×15
42×62×8	45×72×13	50×72×8	55×80×8
42×62×10	45×75×8	50×72×9	55×80×10
42×62×12	45×75×10	50×72×10	55×80×12
42×63×8	45×75×12	50×72×12	55×82×10
42×64×8	45×80×5	50×75×8	55×82×12
42×65×8	45×80×10	50×75×10	55×85×8
42×65×10	45×80×12	50×75×12	55×85×10
42×65×12	45×85×10	50×76×9	55×85×12
42×68×8	45×90×10	50×76×12	55×90×8
42×68×12	45×100×8	50×80×8	55×90×10
42×70×10	45×100×10	50×80×10	55×100×10
42×72×8	46×60×10	50×80×12	55×100×12
42×72×10	46×62×8	50×80×13	56×67×7
42×72×12	46×70×12	50×85×8	56×72×8
42×75×10	47×69×7	50×85×10	56×72×10
42×75×12	47×77×7	50×90×10	56×75×8
42×76×12	48×60×7	50×90×13	56×76×10
42×78×10	48×60×9	52×62×10	56×80×8
43×54×7	48×60×10	52×63×10	56×85×8
43×62×8	48×62×7	52×65×9	56×100×10
44×60×4	48×62×8	52×68×8	57×67×7
44×60×7	48×62×10	52×68×13	57×72×9
44×60×10	48×65×9	52×70×8	57×75×7
44×62×8	48×65×10	52×70×9	57×76×9
44×63×7	48×68×7	52×70×10	57×80×12
44×67×10	48×68×10	52×70×12	57×85×10
44×69×7	48×70×8	52×72×8	58×72×8
45×55×6	48×70×10	52×72×10	58×72×9
45×55×7	48×70×12	52×72×12	58×72×10
45×55×10	48×72×8	52×75×10	58×74×10
45×56×8	48×72×10	52×75×12	58×75×9
45×57×9	48×74×10	52×85×10	58×80×10
45×58×7	48×75×10	52×100×10	58×80×12
45×58×10	48×80×10	53×68×10	58×85×13
45×59×7	48×82×11	53×76×13	58×90×10
45×60×7	48×85×10	54×65×10	59×72×7
45×60×8	48×90×13	54×68×10	60×72×8
45×60×10	49×71×10	54×72×10	60×74×10
45×60×12	50×58×4	54×80×10	60×75×8
45×62×7	50×58×8	54×81×10	60×75×9
45×62×8	50×60×8	54×82×10	60×75×10
45×62×9	50×62×7	55×65×8	60×75×12
45×62×10	50×63×8	55×68×8	60×80×7
45×62×12	50×65×8	55×70×8	60×80×8
45×65×8	50×65×9	55×70×10	60×80×9
45×65×9	50×65×10	55×70×12	60×80×10
45×65×10	50×67×11	55×72×8	60×80×12
45×65×12	50×68×8	55×72×9	60×82×7
45×68×8	50×68×9	55×72×10	60×82×9
45×68×10	50×68×10	55×75×8	60×82×12
45×68×12	50×69×7	55×75×10	60×84×10
45×70×10	50×70×8	55×75×12	60×85×8
45×70×12	50×70×9	55×78×8	60×85×10
45×72×8	50×70×10	55×78×10	60×85×12

续表

尺寸 $d \times D \times b$	尺寸 $d \times D \times b$	尺寸 $d \times D \times b$	尺寸 $d \times D \times b$
60×86×10	70×88×12	85×110×13	110×140×14
60×90×8	70×90×7	85×115×15	110×145×15
60×90×10	70×90×10	85×120×12	110×160×12
60×90×12	70×90×12	85×125×12	111×146×14
60×90×13	70×92×10	85×130×12	115×130×12
60×95×10	70×92×12	85×140×12	115×140×12
60×100×10	70×95×10	90×105×10	115×140×14
60×110×12	70×95×12	90×110×8	115×145×14
62×80×10	70×100×10	90×110×10	115×150×12
62×80×12	70×100×12	90×110×12	116×135×13
62×85×10	70×100×13	90×115×12	120×140×12
62×85×13	70×102×13	90×115×13	120×140×14
62×90×13	70×110×8	90×118×12	120×150×12
62×93×12	70×110×13	90×120×12	120×150×14
62×110×13	72×90×10	90×120×13	120×155×15
62×120×12	72×95×12	90×125×13	120×160×12
63×79×8	72×96×9	90×135×15	120×160×14
63×80×9	72×100×10	90×140×10	120×180×15
63×85×10	72×105×13	92×120×12	125×150×12
63×88×11	74×100×10	95×110×10	125×150×15
63×88×12	75×90×10	95×114×8	125×155×14
63×89×11	75×95×10	95×114×12	125×160×12
63×90×10	75×95×12	95×115×12	130×155×10
64×85×10	75×100×10	95×115×13	130×160×12
65×80×8	75×100×12	95×119×12	130×160×13
65×80×12	75×100×13	95×120×10	130×160×14
65×80×10	75×105×12	95×120×12	130×160×15
65×82×12	75×110×10	95×120×13	130×165×13
65×85×8	75×110×13	95×125×12	130×170×12
65×85×10	75×115×10	95×130×12	130×170×14
65×85×12	75×120×12	95×135×13	130×180×14
65×88×5	76×95×11	95×145×13	133×157×14
65×88×12	76×102×13	95×170×13	135×160×12
65×90×8	78×100×10	100×120×12	135×160×13
65×90×10	78×100×13	100×120×13	135×160×15
65×90×12	80×95×8	100×125×10	135×165×13
65×90×13	80×100×10	100×125×12	135×165×14
65×92×10	80×100×12	100×125×13	135×170×10
65×95×10	80×100×13	100×130×10	139×170×14
65×100×10	80×105×10	100×130×12	140×160×12
65×105×13	80×105×12	100×130×13	140×160×13
65×110×13	80×110×10	100×140×13	140×170×12
65×115×12	80×110×12	102×150×12	140×170×14
67×82×7	80×115×12	105×125×10	140×170×15
68×82×7	80×115×13	105×125×12	140×180×14
68×85×10	82×105×12	105×130×12	142×170×15
68×85×13	82×160×13	105×130×13	145×175×15
68×90×10	84×110×16	105×135×14	145×180×13
68×90×12	85×100×9	105×140×13	150×170×15
68×100×12	85×100×10	105×145×14	150×180×12
69×89×13	85×100×13	108×170×15	150×180×13
70×80×10	85×105×8	110×125×9	150×180×14
70×83×5	85×105×12	110×130×12	150×180×15
70×85×8	85×105×13	110×130×13	150×190×15
70×85×10	85×110×10	110×140×12	154×180×12
70×87×10	85×110×12	110×140×13	155×180×13

续表

尺寸 $d\times D\times b$	尺寸 $d\times D\times b$	尺寸 $d\times D\times b$	尺寸 $d\times D\times b$
155×180×15	180×220×10	210×250×16	300×340×18
160×180×13	180×220×15	220×240×16	320×350×18
160×185×12	180×220×16	220×250×15	320×360×18
160×190×13	185×210×13	230×260×15	330×370×13
160×190×15	190×220×15	230×260×20	340×370×15
160×220×15	190×230×15	240×270×15	340×380×20
170×200×12	200×230×15	240×280×18	350×380×16
170×200×15	200×235×16	250×280×15	360×400×18
170×200×16	200×240×16	260×290×15	370×410×20
170×210×15	200×240×18	260×300×20	380×420×20
175×200×15	200×240×20	280×320×18	400×440×20
180×210×15	210×240×15	290×330×18	
180×210×16	210×250×15	300×340×16	

15.5 宝色霞板油封

宝色霞板油封是由德国宝色霞板（Busak＋shamban）公司生产，宝色霞板公司在上海、广州、大连均设有技术服务中心。

15.5.1 概述

旋转轴唇形密封圈是标准的密封元件，用来对旋转轴和具有较小压差的容腔进行密封。

旋转轴唇形密封圈由带密封唇的弹性胶层、卡紧弹簧和金属骨架组成，如图 15-6 所示。

胶层和骨架是在模具中硫化时连接在一起的。在有些型号，例如 H 和 I 型以及泛力型中，它们是采用夹持方法组装在一起的。

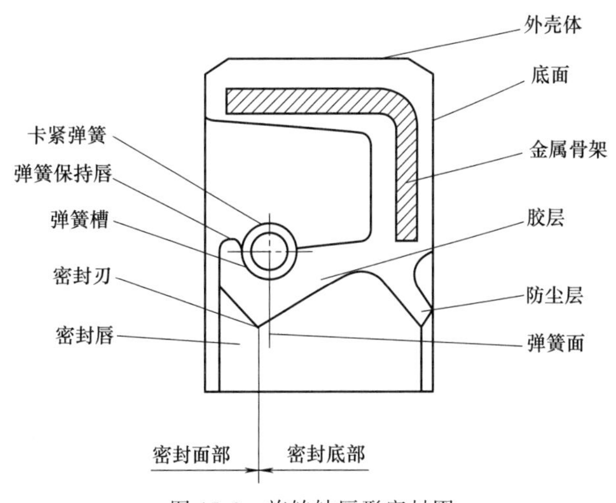

图 15-6 旋转轴唇形密封圈

15.5.2 结构

（1）标准型

① 密封唇 密封唇的几何形状和目前的技术发展水平相适应，且是以多年的应用经验为依据的。密封刃既可注射成型，又可用机械切割的方法进行修整而得到。油封的径向力是由弹簧的切向拉力以及弹性密封唇的预张紧而获得的。后者取决于变形的大小，是由材料的弹性、密封唇的几何形状，以及轴和油封间的过盈量所决定。

② 弹性橡胶外壳体 有弹性橡胶外壳体的油封可保证座孔良好的静密封，弥补了过大的表面粗糙度，且可补偿热膨胀引起密封的变化。它没有摩擦腐蚀的危险。

这种类型的旋转轴唇形密封圈，适用于密封低黏度的液体或气体介质，也可安装在剖分的机座中，分为A型（有防尘唇）和B型（无防尘唇）两种形式，外周有一光滑的外壳体，如图15-7所示。

（2）金属骨架　这里首先要区分夹持弹性元件的金属骨架以及硫化密封唇的金属骨架（见图15-8的C型和D型）。

金属零件周围的表面可用深拉伸、精车或磨削方法制出，涂上油防止其产生锈蚀。为得到良好的静密封，座孔需有较好的表面光洁度。

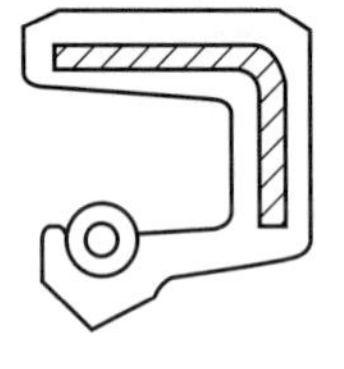

(a) A型(无防尘唇)

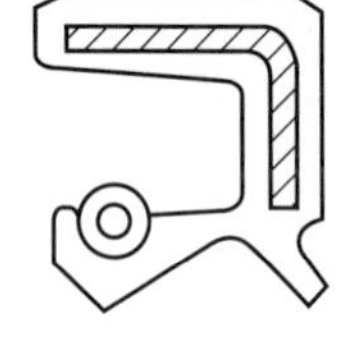

(b) E型(有防尘唇)

图15-7　符合DIN 3760的标准型

(a) C型(无防尘唇)

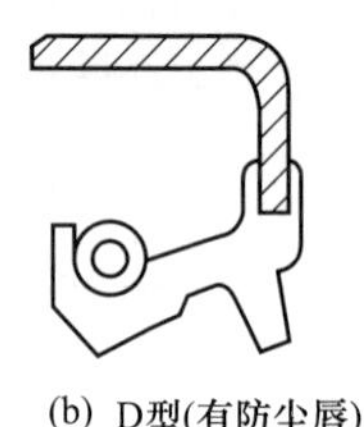

(b) D型(有防尘唇)

图15-8　有金属骨架的标准型

（3）无弹簧的特殊型　K型和G型旋转轴径向油封的特点是具有很小巧的结构和很低的摩擦因数。这些油封适用于特殊的应用场合，例如机床滚动轴承的润滑脂密封或是防尘密封等。为了保证精确的配合，K型具有波纹状的外表面（见图15-9）。

（4）径向压力油封　压力超过0.05MPa时，推荐使用U形油封（见图15-10）。

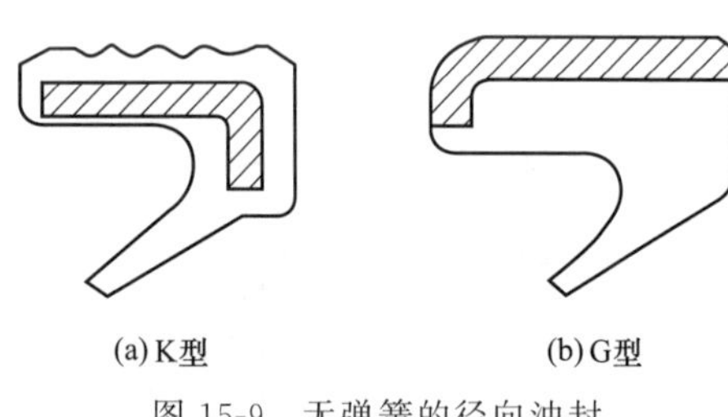

(a) K型　　(b) G型

图15-9　无弹簧的径向油封

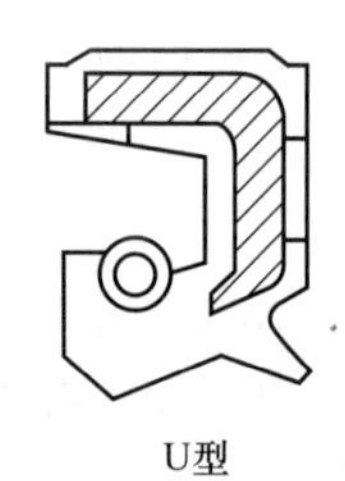

U型

图15-10　径向压力油封

这种类型油封具有耐高压特性。它是利用胶层具有一加长的金属骨架来达到的，因而密封唇更加坚硬，对压力载荷不太敏感。所以U型旋转轴径向油封适用于液压马达、液压泵等场合。对于这类装置有进一步要求的应用场合，也可供应短时能承受达3.0MPa压力载荷的径向油封。

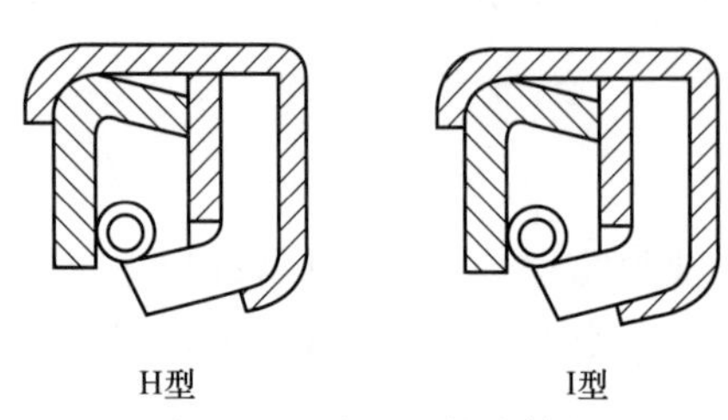

H型　　I型

图15-11　有金属外壳体的特殊型油封

特殊的旋转轴唇形密封圈（见图15-11），是用机械加工方法而不是模压方法制出的，其各个部分是用卷边方法装配起来的。

这些密封最适合于要满足下述要求的应用场合：特殊尺寸、量少、大直径、供货时间短、用于修理。

和H型相比，I型的密封唇有较大的支承，因而就增大了使用压力限；但与此同时，密封唇的径向偏差就受限制，要小于0.2mm。

（5）大直径纤维加强结构　除卡紧弹簧外，纤维加强的旋转轴唇形密封圈不含有金属骨架。纤维加强件取代了金属骨架，硫化在圈的外部区段上。因而油封即使直径很大时仍保持柔性，且在运输和安装时消除了变形，图 15-12 所示为大直径纤维加强结构。

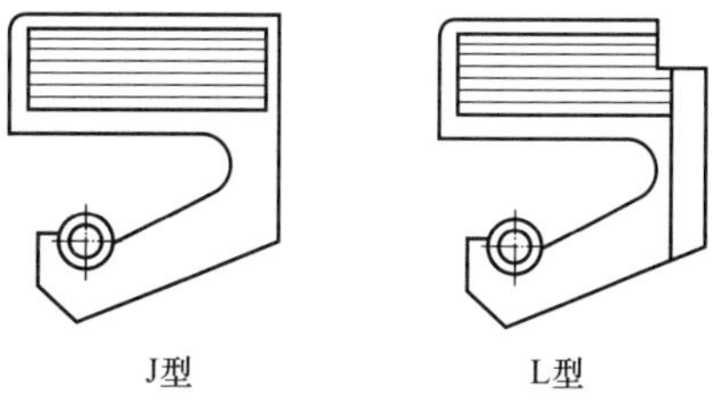

图 15-12　大直径纤维加强结构

纤维加强径向油封主要安装在有较大密封直径的机件和装置上，例如钻机、轧钢机、造纸机、船舶以及重型机械上。

① 分割油封　为了便于安装，J 型和 L 型油封也可以用断开方式供应。断开线处于没有纤维骨架的弹性材料区域，因而保证接头处无漏损。断开线应始终位于油面以上。如同时安装两个分割油封，则断开线应相互间错开 30°。

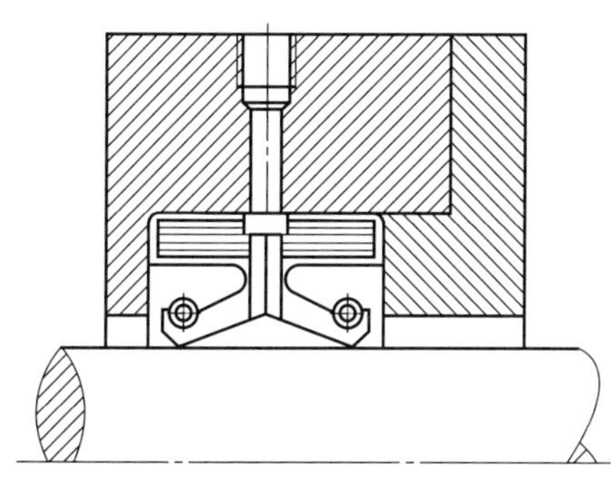

图 15-13　双向作用排列的 L 形油封

② 隔离两种介质　隔离两种介质时，不能只用一个径向油封。在这种情况下，应背对背安装两个油封。

L 型适合于大直径的密封。这是一种特殊的设计，它有流通润滑油的径向和周向沟槽。有了连续的环形沟槽，就不必在机壳中再切出沟槽。图 15-13 示出了两个 L 型的径向油封背对背安装的例子。

这种结构可以应用在：隔离两种不同的介质；需要由外面引入附加润滑时；轴承的润滑剂不允许漏失，以及不允许从外面有尘埃侵入时。

（6）泛力　图 15-14 所示 A 型泛力径向油封是一种单唇密封，在一般性工业应用场合，压力可达 0.5MPa。由于下述原因，在应用标准径向油封失效时，最好使用泛力径向油封。

① 和介质不相容。

② 润滑不良。

③ 压力较高。

④ 速度较大。

⑤ 摩擦小。

在宝色霞板的泛力样本中，还有其他形式的油封。

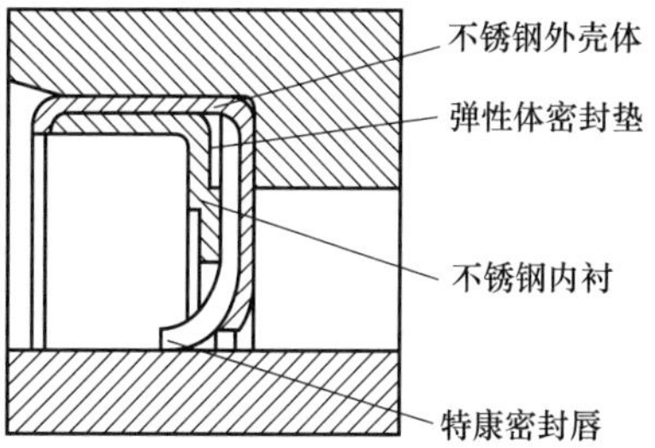

图 15-14　A 型泛力径向油封

15.5.3　作用机理

旋转轴唇形密封圈的作用是要持久和可靠地分隔里面的油液或润滑脂，以及隔开外面的污垢、灰尘、水等。

这包括要达到两个单独的密封目的：相对于机壳中油封固定座的静密封，轴的静密封和动密封见图 15-15。

在机壳中的油封固定座是利用相对于公称外径有压入配合的公差来得到的。

利用密封唇制造时小于公称尺寸，使之在径向用一径向力压住在轴的表面上，再利用弹簧的切向拉力加大密封的径向力。

在接触区段形成一狭窄的滑动密封表面。密封唇的几何形状，使在接触面上产生不对称形状的压力分布（见图 15-16），在油液侧具有最大值并且增高极快，从而导致了流向密封唇底面侧的剪切流。

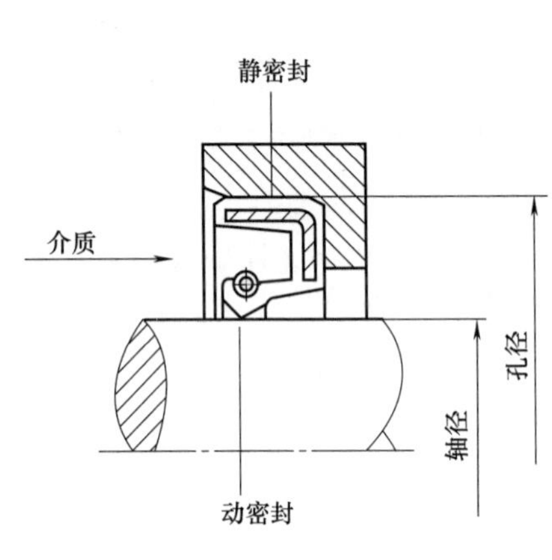

图 15-15　用径向油封密封

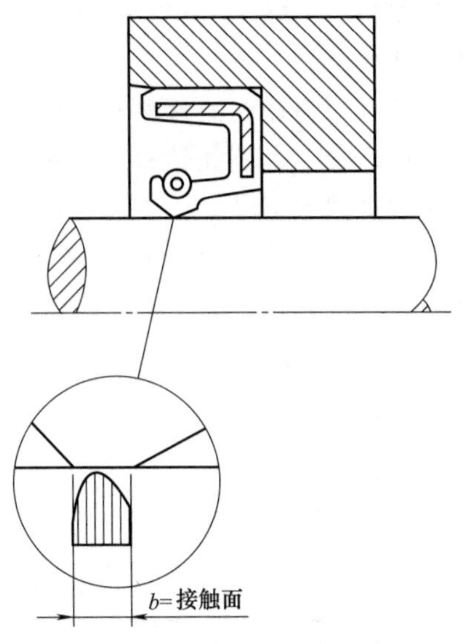

图 15-16　接触面上的压力

旋转运动开始时，摩擦状态从静摩擦经过混合摩擦而转变成流体动力润滑状态。

旋转轴唇形密封圈具有以下优点。采用标准化的元件；应用范围广；安装沟槽小；尺寸范围大；安装方便；使用寿命长；价格便宜。

带防尘唇的油封被推荐应用在那些在其外侧有极脏和极潮湿的场合。在密封唇和防尘唇之间的间隙中，在安装之前应涂满润滑脂。润滑脂可以防护防尘唇不致产生干运转，以及可防止由外界潮气侵入而产生的腐蚀。

15.5.4　应用

在所有的技术和工程领域中，使用着无数个旋转轴唇形密封圈。对于在低压下旋转轴必须对油液润滑脂或其他介质进行密封的设计师而言，它们是一些标准的结构元件。

旋转轴唇形密封圈可以防止油液从齿轮箱、轴承、泵等部件中的漏失。同时它们也可防止污垢和尘埃的侵入。

15.5.5　材料

表 15-18 列出了在某些推荐应用场合可以使用的材料一览。

表 15-19 中包含了在密封点处稳定温度最高允许值的资料。这些数值包括了由摩擦热产生的温升。情况不利时（如高速、润滑不良），这种温升值可高达+50℃。

如对材料没有特殊的要求，则可选择邵氏 A70 硬度的 NBR（丁腈橡胶）作为标准的材料。如使用生物上会分解的油液场合。

表 15-18　标准径向油封用材料

材料代号	密封唇	壳体骨架	弹　簧
N7MM	NBR 邵氏 A 70	薄钢板	DIN 17223 *
N8MV	NBR 邵氏 A 80	纤维	AISI 302
V7MW	FPM 邵氏 A 70	薄钢板	1.4301 AISI 304
A7MM	ACM 邵氏 A 70	薄钢板	DIN 17223 *
S7MM	MVQ 邵氏 A 70	薄钢板	DIN 17223 *

注：* 和 AISI1060 相仿。

在对腐蚀液体和化学品进行密封时，必须注意对金属材料（壳体、骨架、弹簧）的抗耐性。

标准的旋转轴唇形密封圈一般不完全由橡胶包覆的。这就意味着骨架的金属部件在一定程度上会和介质产生接触。

如要求耐化学品，则骨架和弹簧需用抗介质的不锈钢制成。需要时亦可采用特殊材料。推荐材料见表 15-19。

表 15-19　推荐的材料

密封一般介质的材料		材料名称				
		丁腈橡胶 NBR	氟橡胶 FPM	聚丙烯酸 酯橡胶 ACM	硅橡胶 MVQ	特康 （泛力）
		材料缩写				
		N	V	A	S	T25
		稳定温度最高允许值/℃				
矿物油	机油	90	150	125	135	170
	传动油	90	150	125	—	150
	准双曲面齿轮传动油	80	150	125	—	150
	ATF 油	100	170	125	130	170
	液压油 （DIN 51524）	90	150	120	130	150
阻燃液压液 （VDMA 24317） （VDMA 24320）	润滑脂	80	—	—	—	150
	油—水乳化液	60	—	—	60	90
	水—油乳化液	60	—	—	60	90
	水溶液	60	—	—	—	90
	无水液	—	150	—	—	150
其他介质	燃油	70	—	—	—	70
	水	70	—	—	—	90
	碱液	70	—	—	—	90
	空气、气体	—	—	—	—	200

15.5.6 设计须知

（1）允许速度和允许圆周速度

① 无压工况　图15-17示出了各种弹性体材料用合适矿物油润滑以及与之接触良好，利于散热时在无压工况下轴的允许速度的值。对于充填润滑脂的油封，此数值至少应降低40％。

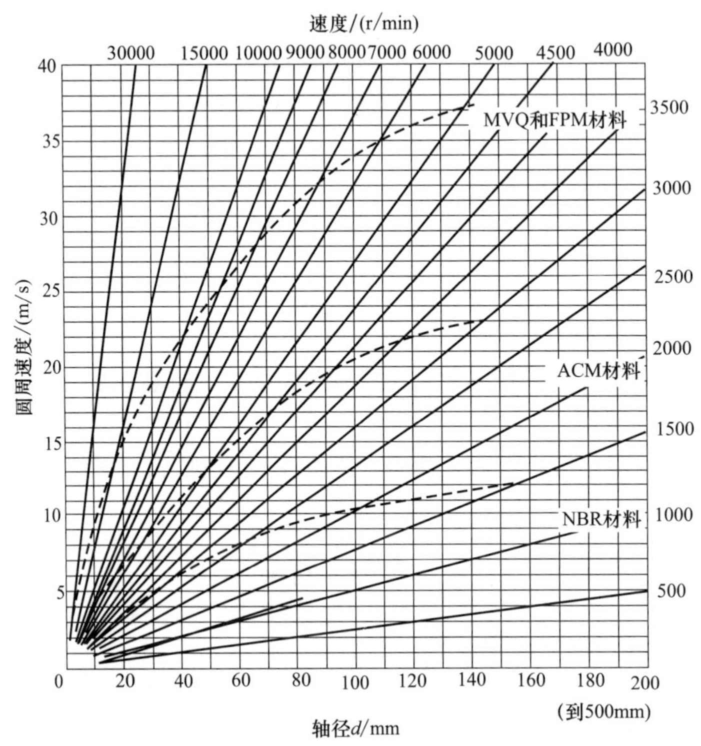

图15-17　DIN 3760规定的在无压状态时的允许速度

② 有压工况　在对液体和润滑脂进行密封的低压腔室，其允许值可由表15-20中得到。

表15-20　有压工况时轴的允许速度

最大压差/MPa(bar)	轴	
	允许速度/(r/min)	最大圆周速度/(m/s)
0.050(0.50)	达1.000	2.80
0.035(0.35)	达2.000	3.15
0.020(0.20)	达3.000	5.60

（2）接触面的硬度　密封唇的使用寿命也取决于轴上接触面处的硬度。硬度至少应是45HRC。介质受污染，或外界有尘埃侵入以及圆周速度超过4m/s时，硬度至少应是55HRC。在表面淬硬时，淬硬深度至少需0.3mm。在渗氮后，表面应进行抛光。

（3）轴表面　旋转轴唇形密封圈最重要的作用面是在密封唇和轴表面间的接触面。除了几何的、与材料有关以及和应用有关的一些参数外，这一接触面对于防漏和使用寿命而言有着重要的意义。在接触面积上，表面应没有螺线，最好经切入磨削或滚子挤压加工。

表面粗糙度：

$$Ra = 0.2 \sim 0.8\mu m$$
$$Rz = 1 \sim 4\mu m$$
$$R_{max} < 6.3\mu m$$

（4）往压盖中安装　在安装孔中的静密封是依靠在油封的外壳体处压配公差来得到的。安装深度和导锥如图 15-18 所示。

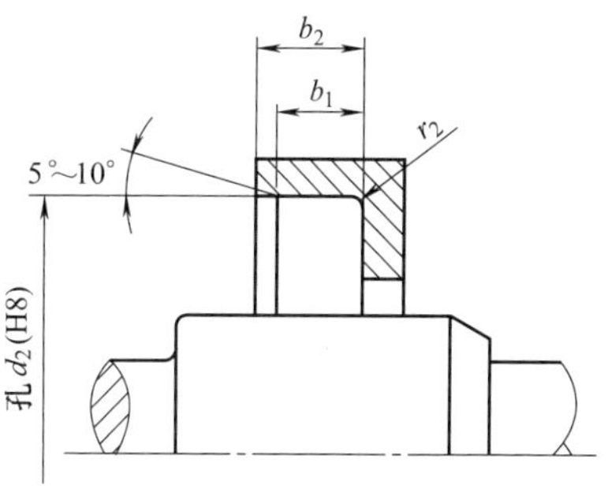

图 15-18　安装深度和导锥

径向油封可依外壳体是橡胶包覆的、光滑或波形的、或是金属的来分类。孔的公差是 ISO H8。

表面粗糙度按 ISO 6194/1 加以规定。

一般值：

$$Ra = 1.6 \sim 6.3\mu m$$
$$Rz = 10 \sim 20\mu m$$
$$R_{max} = 16 \sim 25\mu m$$

对金属/金属密封或气体密封，表面精加工应无刻痕和螺线。如果旋转轴唇形密封圈是黏合到油封座中去的，应保证黏合剂不能和密封唇或轴发生接触。油封座尺寸见表 15-21。

表 15-21　油封座尺寸

宽度 b /mm	$b_1(0.85\times b)$ /mm	$b_2(b+0.3)$/mm	r_2 max./mm
7	5.95	7.3	0.5
8	6.80	8.3	
10	8.50	10.3	
12	10.30	12.3	0.7
15	12.75	15.3	
20	17.00	20.3	

（5）往轴上安装　往轴上安装取决于不同安装方向（Y 或 Z），推荐在轴上制出导锥或倒圆。它们的尺寸见图 15-19 和表 15-22。

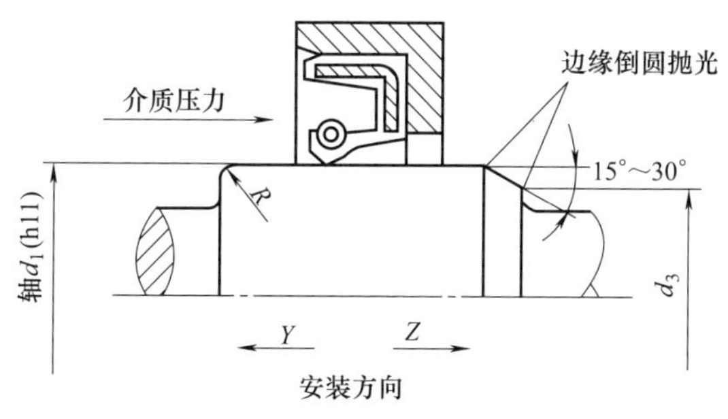

图 15-19　径向油封的安装

有压工况应用场合，密封唇的背面面向轴时的安装如图 15-20 所示。

（6）泛力的导锥　在安装泛力油封时，为了防止损坏密封唇，操作时应特别小心。依设计的不同，可以采用几种方法。

① 如油封是从背部进行安装时，倒圆或导锥必须制在轴端上（见图 15-21）。

② 当油封的唇面向轴端进行安装时，就需要有导锥，它的最小直径应小于密封唇自由状态时的直径。表 15-23 示出了此参考值。

（7）安装须知　在安装旋转轴唇形密封圈时，必须遵守下列要点。

① 安装前，清洗安装沟槽。轴和油封必须涂润滑脂或上油。

② 尖棱应倒角或倒圆，不然就盖住。

表 15-22　轴端的导锥长度

d_1/mm	d_3/mm	R/mm
<10	$d_1-1.5$	2
>10～20	$d_1-2.0$	2
>20～30	$d_1-2.5$	3
>30～40	$d_1-3.0$	3
>40～50	$d_1-3.5$	4
>50～70	$d_1-4.0$	4
>70～95	$d_1-4.5$	5
>95～130	$d_1-5.5$	6
>130～240	$d_1-7.0$	8
>240～500	$d_1-11.0$	12

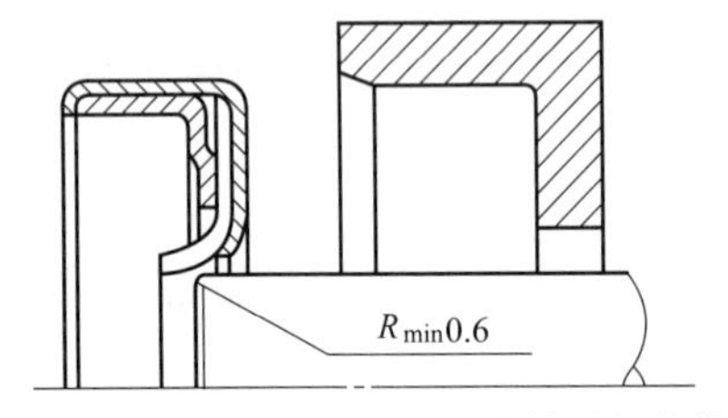

图 15-20　密封唇的背面面向轴时的安装

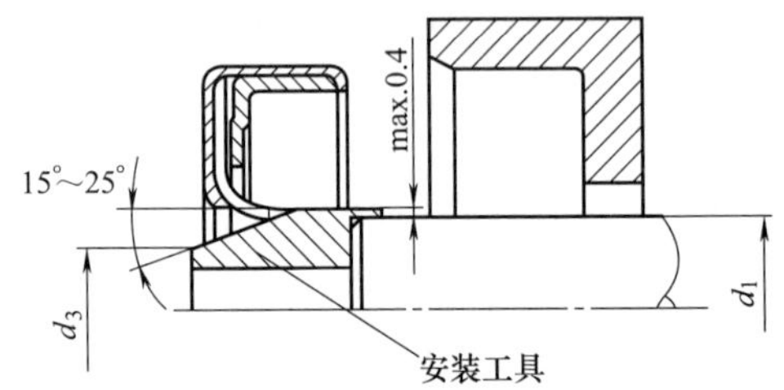

图 15-21　使用安装工具安装密封唇

表 15-23　导锥

轴径 d_1/mm	6～60	65～135	140～170
锥部直径 d_3/mm	d_1-3	d_1-4	$d_1-5.5$

③ 密封压入时必须小心，密封圈不应扭曲。

④ 压入力应尽可能地施加在油封的周边上。

⑤ 安装后，油封应同心且和轴成直角。

⑥ 安装孔的端面一般用作接触面，油封也可用轴肩或定位垫圈加以固定。

图 15-22 给出了安置压配旋转轴唇形密封圈的几种情况。

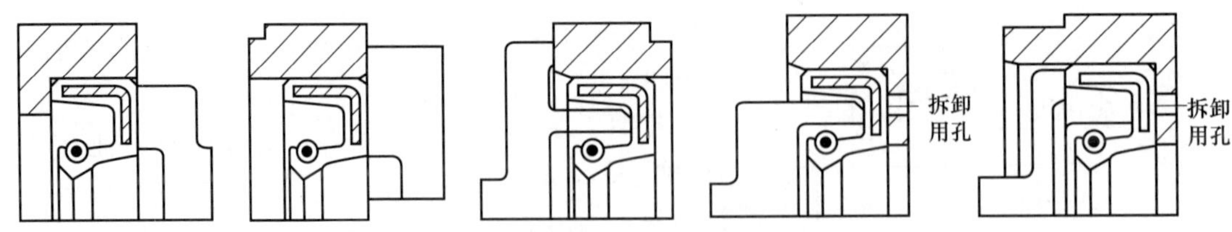

图 15-22　压配旋转轴唇形密封圈的安装方法

密封储存时，应使其不受外界的影响而导致损坏，特别是在储存时应避免其产生变形。

特康材料的密封（泛力）实际上有无限的寿命。它们的物理和化学性能也可完全保持不变。

在国际标准中制订了关于弹性体密封元件的储存、清洗和维护的要点。

可以使用下述标准：DIN 7716、DIN 9088、MIL—HDBK—695C、MIL—STD—1523A。

个别的标准给出了取决于材料级别的弹性体的储存寿命的推荐值。

在各种外界因素诸如热、湿度、光、氧、臭氧等的影响下以及和液体介质相接触的结

果，某些硫化物的性质会发生变化。例如，变形、硬化、老化和风化会破坏其原始的机械和物理性能。

尤其是为了保持弹性体的物理与化学性能和交货时的性能一致，经常应遵守下述一些规则：

① 热　弹性体的理想储存温度是在+5～+25℃之间。应避免直接和热源接触。

② 湿度　部件应贮存在干燥处。

③ 光　为确保产品的性质能够维持，弹性体密封不应在阳光或氖光灯直接照射的场合下贮存。

④ 氧　为了防氧，弹性体应置于原始装箱或气密的容器内。

⑤ 臭氧　臭氧对很多种弹性体有害。臭氧可由下述机器和设备产生：汞弧灯、高压设备、电动机、电火花源或放电。

（8）A 型和 E 型径向油封（见图 15-23 和表 15-24）

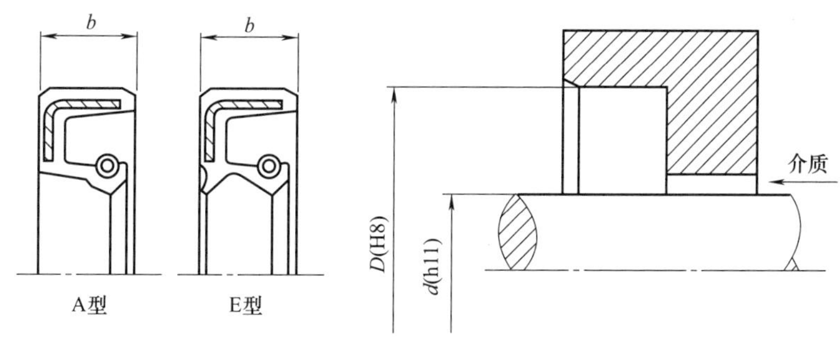

图 15-23　A 型和 E 型径向油封安装图

表 15-24　优先系列尺寸、型号

尺寸			型号	
d/mm	D/mm	b/mm	A 型	E 型
4.0	12.0	6.0	TRA100040	
5.0	15.0	6.0	TRA000050	
5.0	16.0	7.0	TRA100050	
5.0	22.0	8.0	TRA200050	
6.0	15.0	4.0	TRA000060	
6.0	16.0	5.0	TRA100060	
6.0	16.0	7.0	TRAA00060	TREA00060
6.0	19.0	6.0	TRA200060	
6.0	22.0	7.0	TRAB00060	
7.0	16.0	7.0	TRA000070	
7.0	22.0	7.0	TRAA00070	
8.0	22.0	7.0	TRAA00080	
8.0	24.0	7.0	TRAB00080	
9.0	22.0	7.0	TRAA00090	
10.0	16.0	4.0	TRA000100	
10.0	18.0	6.0	TRA300100	TRE100100
10.0	19.0	7.0	TRA400100	TRE200100
10.0	20.0	5.0		TRE30010
10.0	22.0	7.0	TRAA00100	TREA00100
10.0	24.0	7.0	TRAB00100	TREB00100
10.0	25.0	8.0	TRA500100	

续表

尺寸			型号	
d/mm	D/mm	b/mm	A 型	E 型
10.0	26.0	7.0	TRAC00100	TREC00100
10.0	28.0	7.0	TRA600100	TRE400100
11.0	17.0	4.0	TRA000110	
11.0	19.0	7.0	TRA100110	
11.0	22.0	7.0	TRAA00110	
11.0	26.0	7.0	TRAB00110	
12.0	19.0	5.0	TRA000120	TRE000120
12.0	20.0	5.0	TRA200120	
12.0	22.0	7.0	TRAA00120	TREA00120
12.0	24.0	7.0	TRAB00120	TREB00120
12.0	25.0	7.0	TRAE00120	TREE00120
12.0	28.0	7.0	TRAC00120	TREC00120
12.0	30.0	7.0	TRAD00120	TRED00120
12.0	30.0	10.0	TRA300120	
12.0	32.0	7.0	TRAH00120	TRE300120
12.0	32.0	10.0	TRAI00120	
12.0	37.0	10.0	TRAK00120	
13.0	28.0	6.0	TRE000130	
13.0	30.0	8.0		TRE300130
14.0	22.0	4.0	TRA000140	
14.0	24.0	7.0	TRAA00140	TREA00140
14.0	25.0	5.0	TRA100140	
14.0	25.0	7.0	TRA200140	
14.0	26.0	7.0	TRA300140	TRE000140
14.0	28.0	7.0	TRAB00140	TREB00140
14.0	30.0	7.0	TRAC00140	TREC00140
14.0	35.0	7.0	TRAD00140	
15.0	24.0	7.0	TRA200150	TRE000150
15.0	25.0	5.0	TRA300150	TRE100150
15.0	25.0	7.0	TRA200150	TRE200150
15.0	26.0	7.0	TRAA00150	TREA00150
15.0	28.0	7.0	TRA600150	TRE100150
15.0	30.0	7.0	TRAB00150	TREB00150
15.0	32.0	7.0	TRAC00150	TREC00150
15.0	32.0	9.0	TRA800150	
15.0	35.0	7.0	TRAD00150	TRED00150
15.0	35.0	8.0	TRA900150	
15.0	42.0	10.0	TRAH00150	
16.0	26.0	7.0	TRA400160	
16.0	28.0	6.0	TRA100160	
16.0	28.0	7.0	TRAA00160	TREA00160
16.0	30.0	7.0	TRAB00160	TREB00160
16.0	32.0	7.0	TRAC00160	TREC00160
16.0	35.0	7.0	TRAD00160	
16.0	47.0	7.0	TRA800160	
17.0	26.0	6.0	TRA300170	TRE000170
17.0	28.0	7.0	TRAA00170	TREA00170
17.0	30.0	6.0	TRA500170	

续表

尺　　寸			型　　号	
d/mm	D/mm	b/mm	A 型	E 型
17.0	30.0	7.0	TRAB00170	TREB00170
17.0	30.0	8.0	TRA200170	
17.0	32.0	7.0	TRAH00170	TREC00170
17.0	35.0	7.0	TRAD00170	TRED00170
17.0	35.0	8.0	TRA700170	
17.0	40.0	7.0	TRAE00170	TREE00170
17.0	40.0	10.0	TRAF00170	
18.0	28.0	7.0	TRA100180	TRE000180
18.0	30.0	7.0	TRAA00180	TREA00180
18.0	32.0	7.0	TRAB00180	TREB00180
18.0	32.0	8.0	TRA200180	TRE100180
18.0	35.0	7.0	TRAC00180	TREC00180
18.0	35.0	10.0	TRA300180	
18.0	40.0	7.0	TRAD00180	
19.0	30.0	8.0	TRA100190	
19.0	32.0	7.0	TRA200190	
19.0	35.0	8.0	TRA400190	TRE000190
20.0	28.0	6.0	TRA100200	
20.0	30.0	7.0	TRAA00200	TREA00200
20.0	32.0	7.0	TRAB00200	TREB00200
20.0	32.0	8.0	TRA100200	
20.0	35.0	6.0	TRA600200	
20.0	35.0	7.0	TRAC00200	TREC00200
20.0	35.0	8.0	TRA700200	
20.0	35.0	10.0	TRA800200	
20.0	36.0	7.0		TRE200200
20.0	37.0	8.0	TRA900200	
20.0	40.0	6.0	TRA600200	
20.0	40.0	7.0	TRAD00200	TRED00200
20.0	42.0	7.0	TRAG00200	TRE300200
20.0	42.0	10.0	TRAH00200	
20.0	45.0	11.0	TRA900200	
20.0	47.0	7.0	TRAE00200	TREE00200
20.0	47.0	10.0	TRA100200	
20.0	52.0	10.0	TRAK00200	
22.0	32.0	7.0	TRAA00220	TREA00220
22.0	35.0	7.0	TRAB00220	TREB00220
22.0	35.0	8.0	TRA000220	
22.0	38.0	8.0	TRA500220	TRE100220
22.0	40.0	7.0	TRAC00220	TREC00220
22.0	42.0	7.0	TRA800220	TRE200220
22.0	42.0	10.0	TRA900220	
22.0	47.0	7.0	TRAD00220	TRED00220
24.0	35.0	6.0	TRA000240	
24.0	35.0	7.0	TRAA00240	TREA00240
24.0	37.0	7.0	TRAB00240	TREB00240
24.0	28.0	8.0	TRA100240	
24.0	38.0	10.0	TRA200240	

续表

尺寸			型号	
d/mm	D/mm	b/mm	A型	E型
24.0	40.0	7.0	TRAC00240	TREC00240
24.0	47.0	7.0	TRAI00240	
24.0	62.0	10.0	TRA400240	
25.0	32.0	6.0	TRA000250	
25.0	33.0	6.0	TRA300250	
25.0	35.0	6.0		TRE000250
25.0	35.0	7.0	TRAA00250	TREA00250
25.0	36.0	6.0	TRA500250	
25.0	36.0	7.0	TRA600250	
25.0	37.0	7.0	TRA700250	
25.0	37.0	8.0	TRA500250	
25.0	36.0	7.0	TRA600250	
25.0	40.0	7.0	TRAB00250	TREB00250
25.0	40.0	8.0	TRAF00250	TRE100250
25.0	42.0	7.0	TRAC00250	TREC00250
25.0	42.0	10.0	TRAH00250	TRE300250
25.0	45.0	7.0	TRAI00250	TRE400250
25.0	45.0	8.0	TRA900250	
25.0	45.0	10.0	TRA300250	TRE500250
25.0	46.0	7.0	TRAK00250	
25.0	47.0	6.0	TRAL00250	
25.0	47.0	7.0	TRAD00250	TRED00250
25.0	47.0	8.0	TRAK00250	TRE600250
25.0	47.0	10.0	TRAL00250	TRE700250
25.0	52.0	7.0	TRAE00250	TREE00250
25.0	52.0	8.0	TRAN00250	TRE800250
25.0	52.0	10.0	TRAN00250	TRE900250
25.0	52.0	12.0	TRAP00250	TREF00250
25.0	62.0	7.0	TRAQ00250	TREG00250
26.0	35.0	7.0	TRA000260	
26.0	37.0	7.0	TRAA00260	TREA00260
26.0	42.0	7.0	TRAB00260	TREB00260
26.0	47.0	7.0	TRAC00260	TREC00260
28.0	38.0	7.0	TRA000280	
28.0	40.0	7.0	TRAA00280	TREA00280
28.0	40.0	8.0	TRA100250	
28.0	42.0	8.0	TRA200280	TRE200280
28.0	45.0	7.0	TRA300280	TREE30280
28.0	47.0	7.0	TRAB00280	TREB00280
28.0	47.0	10.0	TRA500280	TRE400280
28.0	52.0	7.0	TRAC00280	TREC00280
28.0	52.0	10.0	TRA700280	TRE500280
30.0	40.0	7.0	TRAA00300	TREA00300
30.0	42.0	7.0	TRAB00300	TREB00300
30.0	42.0	8.0		TRE100300
30.0	44.0	10.0	TRA000300	
30.0	45.0	8.0	TRA500300	TRE200300
30.0	45.0	10.0	TRA700300	

续表

尺　寸			型　号	
d/mm	D/mm	b/mm	A型	E型
30.0	47.0	7.0	TRAC00300	TREC00300
30.0	47.0	10.0	TRAF00300	TRE400300
30.0	48.0	8.0	TRAG00300	TRE500300
30.0	50.0	7.0	TRAI00300	TRE300300
30.0	50.0	10.0	TRAJ00300	TRE600300
30.0	52.0	7.0	TRAD00300	TRED00300
30.0	52.0	10.0	TRAM00300	TRE700300
30.0	55.0	10.0	TRA000300	TRE900300
30.0	62.0	7.0	TRAE00300	TREE00300
30.0	62.0	10.0	TRAR00300	TREF00300
30.0	62.0	12.0	TRA500300	
30.0	72.0	10.0	TRAU00300	TRE600300
32.0	42.0	7.0	TRA300320	
32.0	45.0	7.0	TRAA00320	TREA00320
32.0	47.0	7.0	TRAB00320	TREB00320
32.0	50.0	7.0	TRA100320	
32.0	50.0	7.0	TRA200320	
32.0	52.0	7.0	TRAC00320	TREC00320
32.0	52.0	8.0	TRA700320	TRE000320
32.0	62.0	10.0	TRAI00320	TRE200320
34.0	52.0	8.0	TRA300340	
34.0	62.0	10.0	TRA600340	
35.0	45.0	7.0	TRA000350	TRE000350
35.0	47.0	7.0	TRAA00350	TREA00350
35.0	48.0	7.0		TRE000350
35.0	48.0	8.0	TRA100350	
35.0	50.0	7.0	TRAB00350	TREB00350
35.0	50.0	8.0	TRA200350	
35.0	50.0	10.0	TRA300350	
35.0	52.0	6.0		TRE100350
35.0	52.0	7.0	TRAC00350	TREC00350
35.0	52.0	8.0	TRA400350	TRE600350
35.0	52.0	10.0	TRA500350	TRE200350
35.0	52.0	12.0	TRA600350	
35.0	55.0	8.0	TRA600350	
35.0	58.0	10.0	TRAG00350	TREG00350
35.0	62.0	7.0	TRAI00350	TREI00350
35.0	62.0	10.0	TRAJ00350	TRE400350
35.0	62.0	12.0	TRAK00350	TRE500350
35.0	72.0	7.0	TRAM00350	TREH00350
35.0	72.0	10.0	TRAN00350	TRE700350
35.0	72.0	12.0	TRAO00350	TRE800350
35.0	80.0	10.0	TRAG00350	TRE900350
36.0	47.0	7.0	TRAA00360	TREA00360
36.0	50.0	7.0	TRAB00360	TREB00360
36.0	50.0	10.0	TRA000360	
36.0	52.0	7.0	TRAC00360	TREC00360
36.0	62.0	7.0	TRAD00360	

续表

尺寸			型号	
d/mm	D/mm	b/mm	A 型	E 型
37.0	62.0	10.0	TRA200370	
38.0	50.0	7.0	TRA000380	TRE000380
38.0	52.0	7.0	TRAA00380	TREA00380
38.0	55.0	7.0	TRAB00380	
38.0	55.0	8.0		TRE100380
38.0	55.0	10.0	TRA300380	
38.0	62.0	7.0	TRAC00380	TREC00380
38.0	72.0	12.0	TRA800380	TRE400380
40.0	52.0	7.0	TRAA00400	TREA00400
40.0	52.0	8.0	TRA200400	
40.0	55.0	7.0	TRAB00400	TREB00400
40.0	55.0	8.0	TRA400400	TRE100400
40.0	55.0	9.0	TRA200400	
40.0	56.0	8.0	TRA700400	
40.0	58.0	8.0		TRE000400
40.0	58.0	9.0	TRA900400	
40.0	58.0	10.0	TRAF00400	
40.0	60.0	10.0	TRAH00400	TRE400400
40.0	60.0	12.0	TRA700400	
40.0	62.0	7.0	TRAC00400	TREC00400
40.0	62.0	8.0	TRA800400	TRE500400
40.0	62.0	10.0	TRAI00400	TRE600400
40.0	62.0	12.0	TRAJ00400	TRE400400
40.0	65.0	10.0	TRAK00400	TRE500400
40.0	65.0	12.0	TRAL00400	TRE600400
40.0	68.0	7.0	TRAM00400	TRE700400
40.0	68.0	10.0	TRAN00400	TRE800400
40.0	72.0	7.0	TRAZ00400	TRED00400
40.0	72.0	10.0	TRAQ00400	TRE800400
40.0	85.0	10.0	TRAU00400	
40.0	90.0	8.0	TRAV00400	
40.0	90.0	12.0	TRAW00400	TREH00400
42.0	55.0	8.0	TRAA00420	TREA00420
42.0	56.0	7.0	TRA100420	
42.0	62.0	7.0	TRA300420	TRE300420
42.0	62.0	8.0	TRAB00420	TREB00420
42.0	62.0	10.0	TRA400420	
42.0	65.0	10.0	TRA500420	TRE400420
42.0	65.0	12.0	TRA600420	TRE500420
42.0	72.0	8.0	TRAC00420	
42.0	72.0	10.0	TRA800420	TRE600420
45.0	60.0	7.0	TRA400450	TRE000450
45.0	60.0	8.0	TRAA00450	TREA00450
45.0	60.0	10.0	TRA500450	
45.0	61.0	9.0	TRA200450	
45.0	62.0	7.0	TRA600450	TRE100450
45.0	62.0	8.0	TRAB00450	TREB00450
45.0	62.0	9.0	TRA700450	

续表

尺　寸			型　号	
d/mm	D/mm	b/mm	A 型	E 型
45.0	62.0	10.0	TRA800450	TRE200450
45.0	65.0	7.0		TRE400450
45.0	65.0	8.0	TRAC00450	TREC00450
45.0	68.0	10.0	TRAH00450	TRE500450
45.0	68.0	12.0	TRAI00450	
45.0	70.0	12.0	TRA700450	
45.0	72.0	8.0	TRAD00450	TRED00450
45.0	72.0	10.0	TRAK00450	TRE600450
45.0	75.0	8.0	TRAM00450	
45.0	75.0	10.0	TRAN00450	TRE900450
45.0	80.0	10.0	TRAP00450	TREF00450
45.0	85.0	10.0	TRAR00450	TREG00450
48.0	62.0	8.0	TRAA00480	TREA00480
48.0	65.0	10.0	TRA000480	TRE000480
48.0	70.0	10.0	TRA200480	
48.0	70.0	12.0	TRA700480	
48.0	72.0	8.0	TRAB00480	TREB00480
48.0	80.0	10.0	TRA600480	
50.0	62.0	10.0	TRA100500	
50.0	65.0	8.0	TRAA00500	TREA00500
50.0	65.0	10.0	TRA200500	
50.0	68.0	8.0	TRAB00500	TREB00500
50.0	68.0	12.0	TRA400500	
50.0	70.0	10.0	TRA600500	TRE100500
50.0	72.0	8.0	TRAC00500	TREC00500
50.0	72.0	10.0	TRA900500	TRE300500
50.0	75.0	10.0	TRAG00500	TRE500500
50.0	80.0	8.0	TRAD00500	TRED00500
50.0	80.0	10.0	TRAH00500	TRE600500
50.0	85.0	10.0	TRAI00500	TRE700500
50.0	90.0	10.0	TRAK00500	TRE900500
50.0	90.0	13.0	TRAL00500	
52.0	68.0	8.0	TRAA00520	TREA00520
52.0	72.0	8.0	TRAB00520	TREB00520
52.0	72.0	10.0		TRE000520
52.0	75.0	12.0	TRA300520	
52.0	80.0	13.0	TRA500520	
55.0	68.0	8.0	TRA000550	TRE000550
55.0	70.0	8.0	TRAA00550	TREA00550
55.0	70.0	10.0	TRA100550	
55.0	72.0	8.0	TRAB00550	TREB00550
55.0	72.0	10.0	TRA200550	TRE200550
55.0	75.0	8.0	TRA300550	TRE300550
55.0	75.0	10.0	TRA400550	TRE400550
55.0	75.0	12.0	TRA500550	TRE500550
55.0	78.0	10.0	TRAI00550	
55.0	80.0	8.0	TRAC00550	TREC00550
55.0	80.0	10.0	TRA600550	TRE600550

续表

尺寸			型号	
d/mm	D/mm	b/mm	A 型	E 型
55.0	80.0	12.0	TRA700550	
55.0	80.0	13.0	TRA800550	TRE100550
55.0	85.0	8.0	TRAD00550	
55.0	85.0	10.0	TRA900550	TRE700550
55.0	90.0	10.0	TRA600550	TRE800550
56.0	70.0	8.0	TRAA00560	
56.0	72.0	8.0	TRAB00560	TREB00560
56.0	80.0	8.0	TRAC00560	
56.0	85.0	8.0	TRAD00560	
57.0	72.0	9.0		TRE000570
58.0	72.0	8.0	TRAA00580	TREA00580
58.0	75.0	9.0	TRA000580	
58.0	80.0	8.0	TRAB00580	TREB00580
58.0	80.0	10.0	TRA200580	TRE000580
60.0	70.0	7.0	TRA000600	
60.0	72.0	8.0	TRA100600	
60.0	75.0	8.0	TRAA00600	TREA00600
60.0	78.0	10.0	TRA300600	
60.0	80.0	8.0	TRAB00600	TREB00600
60.0	80.0	10.0	TRA500600	TRE100600
60.0	80.0	12.0	TRA400600	
60.0	80.0	13.0	TRA600600	TRE100600
60.0	82.0	9.0		TRE200600
60.0	85.0	8.0	TRAC00600	TREC00500
60.0	85.0	10.0	TRA800600	TRE300600
60.0	90.0	8.0	TRAD00600	
60.0	90.0	10.0	TRAF00500	TRE400600
60.0	95.0	10.0	TRAH00600	TRE500600
62.0	72.0	10.0	TRA000620	
62.0	80.0	9.0	TRA100620	
62.0	85.0	10.0	TRAA00620	TREA00620
62.0	85.0	12.0		TRE000620
62.0	90.0	10.0	TRAB00620	
63.0	85.0	10.0	TRAA00630	TREA00630
63.0	90.0	10.0	TRAB00630	
64.0	80.0	8.0	TRA000640	
65.0	80.0	8.0	TRA000650	TRE000650
65.0	85.0	8.0	TRA200650	
65.0	85.0	10.0	TRAA00650	TREA00650
65.0	85.0	13.0		TRE300650
65.0	83.0	12.0		TRE400650
65.0	90.0	10.0	TRAB00650	TREB00650
65.0	90.0	12.0	TRA400650	
65.0	100.0	10.0	TRAC00650	TREC00650
65.0	120.0	10.0		TRE600650
68.0	85.0	10.0	TRA000680	
68.0	90.0	10.0	TRAA00680	TREA00900
68.0	100.0	10.0	TRAB00680	

续表

尺寸			型号	
d/mm	D/mm	b/mm	A型	E型
70.0	85.0	7.0	TRA000700	
70.0	85.0	8.0	TRA100700	TRE000700
70.0	90.0	10.0	TRAA00700	TREA00700
70.0	90.0	12.0	TRA200700	TRE100700
70.0	95.0	13.0	TRA500700	TRE200700
70.0	100.0	10.0	TRAB00700	TREB00700
72.0	95.0	10.0	TRAA00720	TREA00720
72.0	100.0	10.0	TRAB00720	
73.0	95.0	10.0	TRA000730	
75.0	95.0	10.0	TRAA00750	TREA00750
75.0	100.0	10.0	TRAB00750	TREB00750
75.0	100.0	12.0	TRA400750	TRE100750
75.0	105.0	13.0	TRA000750	
75.0	110.0	13.0	TRA700750	
75.0	115.0	13.0	TRA200750	
78.0	100.0	10.0	TRAA00780	TREA00780
80.0	100.0	10.0	TRAA00800	TREA00800
80.0	100.0	13.0	TRA100800	TRE100800
80.0	105.0	13.0	TRA300800	TRE200800
80.0	110.0	10.0	TRAB00800	TREB00800
80.0	110.0	12.0	TRA400800	
80.0	110.0	13.0	TRA500800	
80.0	115.0	10.0	TRA600800	
80.0	120.0	13.0		TRE400800
85.0	100.0	12.0		TRE000850
85.0	105.0	10.0	TRA000850	TRE100850
85.0	110.0	12.0	TRAA00850	TREA00850
85.0	110.0	13.0	TRA200850	TRE200850
85.0	110.0	15.0	TRA800850	
85.0	120.0	12.0	TRAB00850	TREB00850
85.0	130.0	13.0		TRE500850
85.0	150.0	12.0	TRA600850	TRE600850
88.0	110.0	12.0	TRA000880	
90.0	110.0	8.0	TRA100900	
90.0	110.0	12.0	TRAA00900	TREA00900
90.0	110.0	13.0	TRA300900	TRE000900
90.0	115.0	13.0	TRA500900	TRE100900
90.0	120.0	10.0	TRA600900	
90.0	120.0	12.0	TRAB00900	TREB00900
90.0	120.0	13.0	TRA700900	TRE200900
90.0	130.0	12.0	TRA400900	
90.0	130.0	13.0	TRA500900	TRE300900
90.0	140.0	13.0	TRA900900	
95.0	115.0	13.0	TRA100950	TRE100950
95.0	120.0	12.0	TRAA00950	TREA00950
95.0	120.0	13.0	TRA200950	TRE200950
95.0	125.0	12.0	TRAB00950	TREB00950
100.0	120.0	10.0	TRA001000	TRE001000

续表

尺寸			型号	
d/mm	D/mm	b/mm	A 型	E 型
100.0	120.0	12.0	TRAA01000	TREA01000
100.0	120.0	13.0	TRA101000	
100.0	125.0	12.0	TRAB01000	TREB01000
100.0	125.0	13.0		TRE101000
100.0	130.0	12.0	TRAC01000	TREC01000
100.0	125.0	13.0	TRA201000	
105.0	130.0	12.0	TRAA01050	TREA01050
105.0	140.0	12.0	TRAB01050	
110.0	130.0	12.0	TRAA01100	TREA01100
110.0	130.0	13.0	TRA200110	
110.0	140.0	12.0	TRAB01100	TREB01100
110.0	140.0	13.0	TRA401100	TRE001100
115.0	130.0	12.0	TRA001150	
115.0	140.0	12.0	TRAA01150	TREA01150
115.0	140.0	13.0	TRA101150	
115.0	145.0	14.0		TRE001150
115.0	150.0	12.0	TRAB01150	
120.0	135.0	12.0	TRA001200	
120.0	140.0	13.0	TRA201200	TRE001200
120.0	150.0	12.0	TRAA01200	TREA01200
120.0	150.0	15.0	TRA201200	TRE201200
120.0	160.0	12.0	TRAB01200	TREB01200
122.0	150.0	15.0	TRA001220	
125.0	150.0	12.0	TRAA01250	TREA01250
125.0	150.0	13.0	TRA001250	TRE001250
125.0	160.0	12.0	TRAB01250	
125.0	200.0	13.0		TRE001250
130.0	150.0	10.0	TRA001300	
130.0	160.0	12.0	TRAA01300	TREA01300
130.0	170.0	12.0	TRAB01300	
135.0	160.0	13.0	TRA101350	
135.0	160.0	15.0	TRA301350	TRE001350
135.0	165.0	12.0	TRA201350	
135.0	170.0	12.0	TRAA01350	
140.0	160.0	12.0	TRA201400	
140.0	160.0	13.0	TRA001400	TRE001400
140.0	170.0	12.0	TRA301400	TRE201400
140.0	170.0	15.0	TRAA01400	TREA01400
145.0	175.0	15.0	TRAA01450	TREA01450
150.0	180.0	13.0	TRA301500	TRE001500
150.0	180.0	15.0	TRAA01500	TREA01500
160.0	190.0	15.0	TRAA01600	TREA01600
170.0	190.0	15.0	TRA101700	
170.0	200.0	12.0	TRA201700	
170.0	200.0	15.0	TRAA01700	TREA01700
180.0	210.0	15.0	TRAA01800	TREA01800
185.0	210.0	13.0	TRA101850	
185.0	210.0	15.0	TRA201850	

续表

尺寸			型号	
d/mm	D/mm	b/mm	A型	E型
190.0	220.0	15.0	TRAA01900	TREA01900
190.0	225.0	15.0	TRA001900	
200.0	230.0	15.0	TRAA02000	TREA02000
200.0	250.0	15.0	TRA002000	
210.0	240.0	15.0	TRAA02100	TREA02100
210.0	250.0	15.0	TRA002100	
215.0	240.0	12.0	TRA002150	
220.0	250.0	15.0	TRAA02200	TREA02200
220.0	260.0	16.0	TRA102200	
230.0	260.0	15.0	TRAA02300	TREA02300
240.0	270.0	15.0	TRAA02400	TREA02400
245.0	270.0	16.0	TRA002450	
250.0	280.0	15.0	TRAA02500	TREA02500
260.0	300.0	20.0	TRAA02600	TREA02600
265.0	290.0	16.0	TRA002650	
280.0	320.0	20.0	TRAA02800	TREA02800
300.0	340.0	20.0	TRAA03000	TREA03000
320.0	360.0	20.0	TRAA03200	TREA03200
340.0	380.0	20.0	TRAA03400	
360.0	400.0	20.0	TRAA03600	TREA03600
370.0	410.0	15.0	TRA003700	
380.0	420.0	20.0	TRAA03800	TREA03800
400.0	440.0	20.0	TRAA04000	
420.0	460.0	20.0	TRAA04200	
440.0	480.0	20.0	TRAA04400	
460.0	500.0	20.0	TRAA04600	
480.0	520.0	20.0	TRAA04800	
500.0	540.0	20.0	TRAA05000	

注：黑体字尺寸和 DIN 3760 1993 年 3 月草案相符合。

15.6 密封胶

密封胶是一种新型液态高分子密封材料，用于静密封，例如螺塞、油塞、管堵、法兰、管接头及阀门结合面等处的密封。由于其在涂敷前具有流动性，容易充满两结合面之间的缝隙，因而具有良好的密封效果。

(1) 优点

① 密封性好，承载能力大，并耐一定的振动和冲击。

② 密封面结构简单，封口不受形状限制，加工容易。

③ 不受材料限制，几乎各种材料都可以找到适宜的胶。

④ 耐腐蚀，有绝缘性。

⑤ 涂敷简单，施工方便，省力省时，耗料少，成本低。

(2) 缺点

① 在长期工作过程中，胶层有可能逐渐老化。

② 工作温度不能太高，一般只能在 150℃以下，否则必须选用特殊耐热密封胶。

③ 胶的质量较难控制。

(3) 分类　密封胶的种类很多，主要可分液态密封胶和厌氧密封胶两大类。

① 液态密封胶　液态密封胶是在常温下具有流动性的黏稠液体，涂在两结合面之间，如减速器箱盖与箱座结合面处，在一定的紧固力下，形成不同性质的薄膜，起着密封、防漏作用。为了便于选择，通常按照成态分成四类：干性附着型、干性可剥型、不干性黏型和半干性黏弹型。

目前在减速器上常用的上海新光化工厂生产的密封胶见表 15-25。

表 15-25　密封胶

型号	601	603	604	605	609
特性	半干型	不干型		不干型	干型
密封指标	温度:150℃ 压力:0.7MPa	温度:140℃ 压力:1MPa	温度:300℃ 压力:1.4MPa	温度:150℃ 压力:150MPa	温度:250℃ 压力:1MPa

② 厌氧密封胶　厌氧密封胶简称厌氧胶，涂敷后，必须在隔绝空气的情况下才能固化，使两密封面胶接在一起，起密封作用。其固化时间的长短与是否用加速剂有关。例如，Y-150型腔在 25℃室温下自行固化，需时间 1～3 天，如加用加速剂，则需 1～2h 即可。通常在减速器上常用 ZY-814 厌氧密封胶（上海 4724 厂生产）。

厌氧胶的容许密封间隙较其他液态较大，一般可到 0.3mm，最好是在 0.1mm 以内。

厌氧胶黏结力较大，拆卸较难，可局部加热到 200℃左右，则很易拆开。

附录 全断面岩石掘进机滚刀的合理设计

1 隧洞掘进机的发展现状

隧洞掘进机（TBM）已有100多年的历史，但现代意义的TBM于20世纪50年代由美国罗宾斯（Robbins）公司开发研制，1953年制造出第一台软岩掘进机，1956年研制成功中硬岩掘进机。由此，TBM进入了快速发展时期。

目前，在世界范围内的TBM市场主要被美国罗宾斯公司、德国维尔特（Wirth）公司、奥地利奥钢联（Voest-Alpine）及德国德马克（Demang）公司四家的产品所占领。其中罗宾斯已制造出178台之多，维尔特生产了100多台，奥钢联亦售出90台以上。

我国自1958年开始对TBM进行研究，由于技术和经济等条件限制，发展缓慢。我国1966年试制出第一台全断面隧洞掘进机后，国内共9个厂家先后设计生产了19台掘进机，投入使用17台，涉及工程21个，掘进累计总长18.5km，详细情况见附表1。

附表1 国内TBM试制及使用情况

制造厂家	刀盘直径/m	生产数量/台	完成工程/项	掘进总长/km	备　注
上海水工机械厂	3.4～6.8	6	7	4.5	1台库存未用
上海第一石油机械厂	3～3.2	2	4	3.1	
上海重型机器厂	5.0	1	1	3.7	
山西5409厂	3.2	5	3	3.5	1台库存未用
徐州机械制造厂	5.5	1	1	1.6	
抚顺矿务局机修厂	3.8	1	1	0.3	
萍乡矿务局机修厂	2.6	1	1	0.6	
西安煤矿机械厂	3.5	1	1	0.7	
广州机电工业局机械厂	2.5～4.0	2	2	0.5	
合 计	2.5～6.8	19	21	18.5	

2 盘形滚刀破岩存在问题

盘形滚刀破岩成块状，破岩效率高，掘进速度快，消耗动力又较少，所以我们设计制造的掘进机历来均采用盘形滚刀破岩。过去在云南等工地中硬岩和软岩的实际掘进中存在下列问题：①刀具损坏相当严重，主要是刀圈易崩刃和磨损，轴承不够坚固，容易被压碎；②刀座容易被岩块击落或变形；③密封也欠可靠，容易进入泥浆；④刀具布置误差较大，各把刀具受力不均。所以刀具寿命较低，直接影响机器的掘进速度和工程的经济效益，成为影响机器正常掘进的主要矛盾。

以前我厂生产的掘进机在云南西洱河（花岗片麻岩）、贵州猫跳河（白云质石灰岩）及北京落坡岭（石灰岩）几个工地的掘进中，刀圈平均寿命只有 30～50m/套，或平均破岩量只有 15～30m^3/把。刀具损坏形式：以轴承损坏为最多，占 40%以上；刀刃磨损失效为次之，约占 35%～40%；崩刃和断裂约占 5%～10%；其余则为密封不好，刀圈和刀体配合松脱，刀座损坏。所以研究刀盘和刀具的布置，提高刀具承载能力、改进刀具和刀座结构，是改善和提高掘进机使用性能的重要因素之一。

3 刀具的结构及其寿命分析

（1）正滚刀　以前，正滚刀（见附图 1）主要采用 ϕ280mm 刀圈，刀体内安装两只 7614 轴承，采用橡胶密封。现将刀圈直径改为 ϕ400mm，其中轴承采用 7620，比 7614 轴承承载能力提高近 1 倍。现采用端面浮动密封，密封性能大为改善。由于刀具直径加大，刀刃半径方向的磨损标准 δ 由 7.5mm 提高到 12.5mm。按摩擦磨损原理

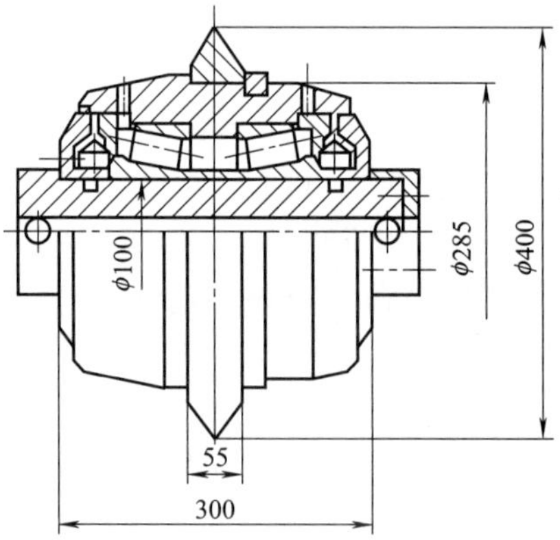

附图 1　单刃盘形正滚刀

磨损量　　$Q=\dfrac{KLF}{H}$

式中　L——摩擦长度；

F——作用力；

H——刀刃强度；

K——磨粒和摩擦条件影响系数。

即磨损量与作用力和摩擦长度成正比，则耐磨寿命 h 与摩擦长度 L（即刀圈直径 D 及磨损标准 δ）成正比，与作用力 F 成反比。所以刀具寿命大为提高。

（2）边滚刀　边滚刀安装在铲斗上，其与隧洞中心线有较大倾角，在掘进破岩时，由于机器晃动等原因产生了较大的轴向力，刀刃两侧载荷变化很大。加上边刀在泥浆石碴中搅拌，发生岩碴的二次破碎，线速度又较高，所以寿命更低。起初采用与正刀相同的结构，损坏相当严重，后来设计了不对称的三轴承结构边刀，情况大为好转。除加大轴承尺寸及其承载能外，采用不对称三轴承结构（见附图 2）。

靠洞壁的一侧，安装了 3620 双列滚子轴承和 549720 推力滚子轴承（自制）；另一侧仍装 7620 轴承。通过与正刀相同的分析，边滚刀轴承和刀圈的耐磨寿命提高的程度与正滚刀相似。

（3）中心滚刀　我们曾用过中心割刀、牙轮钻和牙轮小滚刀等，使用寿命都很低。现采用浮轴双刃盘形滚刀（见附图 3）。

两个刀圈分别装在两个刀体上，各有一对 7616 圆锥滚子轴承支承，各自独立转动，互不干涉。由于相邻刀刃之间的距离大（刀间距的 2 倍），可以避免岩块嵌入，减少刀刃崩裂和刀刃在工作面上的滑动。刀圈直径增大至 ϕ310mm，刀刃半径方向的磨损标准由 6～7mm

相应增加到 9～10mm，刀刃的磨损寿命大为提高。

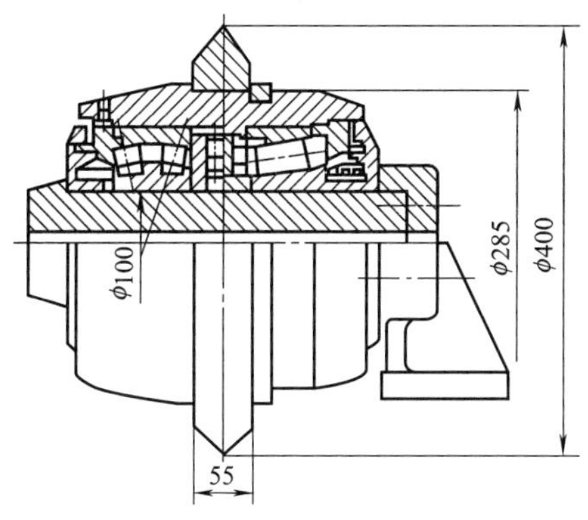

附图 2　三轴承单刃盘形滚刀

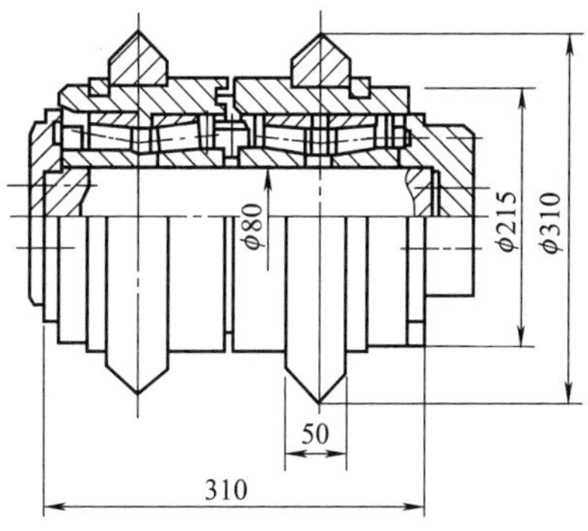

附图 3　双刃盘形中心滚刀

4　刀座和刀具的布置

机器工作面形状采用平面和圆锥过渡，刀座埋入刀盘中，掘进时若遇到断层和塌方，可由刀盘直接顶住，以避免刀座被击落或轧坏。

滚刀与刀座采用方榫联接，以避免因压紧螺栓松动而造成刀具在刀座内转动和磨损，延长刀座等的使用寿命。

布置刀座的平面经过加工，采用螺栓联接，确定刀刃的间距和高差符合设计要求，使各把刀具受力较为均匀。

刀具按双螺旋线对称布置，这样可满足刀盘各点受力的平衡，以减少机器的振动和晃动。

刀间距是刀具布置的重要指标，为了兼顾各种岩石不同特性的需要，并使刀刃磨损变钝时只需适当增大推力（在刀具轴承允许范围内），仍能良好地破岩，因此，在刀盘直径 ϕ5.5～6.0m时，刀间距离定为 76～77mm，在过渡区域刀间距离逐渐减小。

盘形滚刀的滚动速度比沿洞轴线上的推进速度大得多，隧洞掘进主要是靠刀盘旋转完成的。盘形滚刀在岩石上滚压时，刀刃的压入深度和接触弧长都很大，刀刃的前峰点（即切入点）距转动轨迹的中心圆有相当大的距离，所以刀刃内侧接触面旋转轨迹的断面大于外侧相应断面，即刀刃内侧的实际破岩力大于外侧刀刃的破岩力，造成外侧岩石破碎滞后，增加了外侧刀刃的磨损。

为了使刀刃两侧受力平衡，避免或减小刀刃的偏磨现象，在布置刀具时，首先应使刀刃中心平面垂直于工作面，再使前峰点向内侧旋转一角度 β，这样，刀刃与岩石接触面的形心正好落入轨迹圆上。即

$$\beta=\arcsin\frac{3\sqrt{Dh-h^2}}{8R_j}$$

式中　D——滚刀直径；

　　　h——刀刃压入深度；

R_j——刀刃转动轨迹半径。

应当指出，由于安装误差和刀刃压入深度的变化，刀刃两侧破岩量不可能完全一致，微小的偏磨总是不可避免的。

5 滚刀圈

滚刀刀刃在岩石上滚压破碎岩石时，由于压入深度和接触弦长都较大，刀刃上任一点从接触岩石到脱离岩石，其接触轨迹半径是变化的，加上岩块崩碎冲刷，所以在刀刃和岩体之间实际存在着滑动。同时，滚刀在运动过程中，既存在着岩石粗糙表面的硬质突出物滑过刀刃表面的二体磨损，又存在着刀刃和岩体之间夹杂着硬质颗粒的三体磨损，硬质凸出物或硬质颗粒在刀刃表面犁沟或拉槽，引起了刀刃迅速磨损变钝。所以，磨粒磨损是刀具磨损的主要形式，即刀圈的耐磨寿命随着滚压时刀刃表面硬度 H_m 的提高而提高，随着岩石硬度 H_2 的提高而降低。当 $H_m/H_2>0.6\sim0.8$ 时，属软磨粒磨损，增加刀圈硬度将明显提高其耐磨性；当 $H_m/H_2>1$ 时，磨粒磨损就渐趋停止，所以在软岩掘进中，刀圈的耐磨寿命很大；当 $H_m/H_2<0.6\sim0.8$ 时，为硬磨粒磨损，刀刃很易磨损，刀圈的耐磨寿命很低。

笔者曾以 9Cr2Mo 钢作为刀圈的基本材料，淬火硬度>60HRC，由于刀圈冲击韧性不足，在中硬岩层中掘进时，发生严重崩刃和断裂而失败，不得已降低硬度使用。但刀刃硬度降到 50HRC 左右时，刀刃又发生卷边和压溃。经过试验，9Cr2Mo 刀圈淬火硬度以 55～58HRC 为宜。此时，只有少量刀圈碎裂，但所掘岩层若为中等偏硬或磨砺性强的岩石，刀圈耐磨寿命仍不理想。根据多年来的试验研究，在中等偏硬或磨砺性强的岩石及硬岩层中掘进，刀刃负荷及所受冲击都大，刀刃表面温度也高，所以要求刀圈材料的强度 $\sigma_b\geq$ 200MPa，冲击韧性 a_K 值（无缺口）不低于 $70J/cm^2$，对断裂韧性 K_{1c} 也有一定要求，刀圈硬度>60HRC，而且要有较好的热稳定性，以免刀刃因发热而硬度降低，导致刀刃的加速磨损。

多年来，在多个单位的支持与配合下，曾先后采用 90SiMnMoWV、6Cr4W2Mo2V（简称 642）、70W4Cr2MoVMnNi、60W6Cr4Mo2V2Al、W18Cr4V 等材料进行试验，其中 642 的耐磨性较 9Cr2Mo 高 55%～70%，后几种材料的耐磨寿命又有进一步的提高，但成本较高，工艺性差。现采用的刀具材料为 642，其淬火温度为 1120℃，回火温度为 540℃，刀圈硬度 60～64HRC。

由于 642 材料订不到货，通常以 9Cr2Mo 代用居多。现将现场已查清 80 把 642 刀圈的运行记录，经统计、整理和分析，两种材料的寿命比较如附表 2 所列。

附表 2　642 和 9Cr2Mo 刀圈寿命比较

刀　型	平均寿命/m		642 寿命提高/%	平均破岩量/m^3		642 破岩量提高/%
	9Cr2Mo	642		9Cr2Mo	642	
正刀	165	357.0	116.0	119.0	216.0	82.0
边刀	95	170.4	79.0	40.0	73.0	82.5
正、边刀合计	144	290.0	101.0	95.3	173.7	82.3

对于修整洞壁的两把边刀，随着刀刃的磨损，开挖洞径将逐渐缩小，这就增加了机器坡度和更换刀具的困难。所以最后两把边刀安装了镶嵌硬质合金球齿滚刀，球齿材料为 YG15C，基体材料为 20CrNi3Mo，经渗碳淬火，硬质合金柱与基体孔采用过盈配合。

6　结束语

全国掘进机研究攻关指标规定刀具的平均寿命为200m（以3.5m掘进机为标准），刀具的破岩量指标为70m^3/把。我们虽然实践不多，但刀具实际平均寿命为过去的3～4倍以上。只要严格控制刀具的制造质量和使用管理，在$f=5\sim8$的中硬岩层中掘进，642材料刀具的平均寿命可达300～400m，破岩量近200m^3/把，也就是说，可基本上接近国外单刃盘形滚刀的破岩水平。总之，有待于大家共同努力与探索。

参考文献

[1] 张展. 实用齿轮传动计算手册. 北京: 机械工业出版社, 2011.
[2] 张展. 实用机械传动装置设计手册. 北京: 机械工业出版社, 2012.
[3] 张展, 张弘松, 张晓维. 行星差动传动装置. 北京: 机械工业出版社, 2009.
[4] 冯宗青. 机械传动装置选用手册. 北京: 机械工业出版社, 1999.
[5] 编委会. 齿轮手册. 北京: 机械工业出版社, 2007.
[6] 中国齿轮专业协会. 中国齿轮工业年鉴 2010. 北京: 北京理工大学出版社, 2010.
[7] 张展. 实用机械传动设计手册. 北京: 科学出版社, 1994.
[8] 张展. 渐开线变位齿轮传动. 北京: 国防工业出版社, 2011.
[9] 张展. 渐开线少齿差行星传动装置. 北京: 机械工业出版社, 2013.
[10] 张展. 动力换挡变数想. 国外工程机械. 1981, (4): 43-51
[11] JB/T 8548—1997. 工程机械动力换挡变速器　技术条件.
[12] 鲁金科 B H. 行星与谐波传动结构图册. 张展译, 北京: 机械工业出版社, 1990.
[13] Litvin F L. Gear Geometry and Applied Theory. second Edition. CAMBRIDGE University press, 2004.
[14] ANSI / AGMA6123-Bob. American National Standard. Design Manual for Enclosed Epicyclic Gear Drives.
[15] Richard G. Budynas, J. Keith Nisbett. Shigley' s Mechanical Engineering Design. Tenth Edition. Mc Graw Hill, 2014
[16] Gisbert Lechner, Harald Waunheimer. Automotive Transmisson Fundametals. Design and Application. springer, 2010.
[17] 刘希平. 工程机械构造图册. 北京: 机械工业出版社. 1988.
[18] 倪庆兴, 王殿臣等. 起重输送机械图册. 北京: 机械工业出版社, 1992.
[19] 郑训, 张铁, 黄原宝等. 工程机械通用总成. 北京: 机械工业出版社. 2001
[20] 过学迅. 汽车自动变速器—结构原理. 北京: 机械工业出版社, 2001.
[21] 张月相等. 自动变速系统的原理与检修. 哈尔滨: 黑龙江科学技术出版社, 1996.
[22] 本书编委会. 现代机械传动手册. 北京: 机械工业出版社, 1995.
[23] 唐圣世. 工程机械底盘学. 成都: 西南交通大学出版社, 1999.
[24] 张展. 隧洞掘进机用行星齿轮减速器. 传动技术, 2002 (2): 28-31.
[25] 张展. 全断面岩石掘进机滚刀的合理设计. 矿山机械, 2003 (4).
[26] 张展, ϕ5. 8m 全断面岩石掘进机简介. 矿山机械, 2004 (3).